# Metodologia das Ciências Sociais

EDITORA AFILIADA

Diretor Presidente
José Xavier Cortez

Editor
Danilo A. Q. Morales

Redação
Agnaldo A. Oliveira

Edição de Arte
Ricardo Cesar de A. Cordeiro

Universidade Estadual de Campinas

Reitor
José Tadeu Jorge

Coordenador Geral da Universidade
Alvaro Penteado Crósta

MAX WEBER

# METODOLOGIA DAS CIÊNCIAS SOCIAIS

TRADUÇÃO DE
AUGUSTIN WERNET

INTRODUÇÃO À EDIÇÃO BRASILEIRA DE
MAURÍCIO TRAGTENBERG

5ª edição
1ª reimpressão

Título original: *Gesammelte Aufsätze zur Wissenschaftslehre* Max Weber

*Capa:* de Sign Arte Visual
*Copidesque:* Alípio Correia de Franca Neto
*Revisão:* Maria de Lourdes de Almeida
*Composição:* Linea Editora Ltda.

**Dados Internacionais de Catalogação na Publicação (CIP)**
**(Câmara Brasileira do Livro, SP, Brasil)**

Weber, Max, 1864-1920.
Metodologia das ciências sociais / Max Weber ; tradução de Augustin Wernet ; introdução à edição brasileira de Maurício Tragtenberg. – 5. ed. – São Paulo : Cortez; Campinas, SP: Editora da Unicamp, 2016.

Título original: Gesammelte Aufsätze zur Wissenschaftslehre.
ISBN 978-85-249-2300-5 (Cortez Editora)
ISBN 978-85-268-1229-1 (Editora da Unicamp)

1. Ciências sociais – Metodologia I. Tragtenberg, Maurício. II. Título.

14-13217 CDD-300.72

**Índices para catálogo sistemático:**
1. Ciências sociais : Metodologia 300.72



CORTEZ EDITORA
Rua Monte Alegre, 1074 – Perdizes
05014-001 – São Paulo – SP
Tel.: (11) 3864 0111 Fax: (11) 3864 4290
e-mail: cortez@cortezeditora.com.br
www.cortezeditora.com.br

EDITORA DA UNICAMP
Rua Caio Graco Prado, 50
Campus Unicamp – CP 6074
13083-892 – Campinas – SP – Brrasil
Tel./fax: (19) 3521-7718 / 7728
www.editora.unicamp.br
vendas@editora.unicamp.br

Impresso no Brasil – outubro de 2021
Foi feito o depósito legal

# Sumário

# Prefácio à edição alemã

As duas primeiras edições deste ensaio foram publicadas nos anos de 1922 e 1951, sem um prefácio. No último caso, explica-se facilmente este fato a partir das dificuldades da então situação das bibliotecas. Este mesmo fato explica também o seu conteúdo limitado, seja no que diz respeito ao tratamento crítico do texto, seja no que se refere ao aparelho de notas desta segunda edição.

Agora apresento ao público pela segunda vez uma edição crítica dos ensaios de Max Weber sobre Lógica, Metodologia das Ciências Sociais e Culturais que "posthumo" receberam o título de "Teoria da Ciência" (*Wissenschaftslehre*), termo que sem questioná-lo Marianne Weber emprestou da obra filosófica de Fichte que lhe era muito conhecida.

O volume sofreu algumas modificações. Nesta elaboração dos textos, todos os ensaios foram comparados com os textos originais da respectiva primeira publicação. Também foram lidos os autores citados e, destarte, foram retificadas as citações dos respectivos autores feitas pelo autor, comparando-as com os escritos originais. A nova edição foi ampliada com a inclusão de dois textos. Em primeiro lugar, foi incluído o estudo sociológico sobre os "três tipos puros de dominação legítima" — publicação póstuma — escrito no ano de 1913. Este estudo é a continuação imediata de um tratado publicado na revista *Logos*[1] ao qual Weber se refere indiscutivelmente. Também percebe-se com referência a este tratado uma concordância total no que diz respeito ao conteúdo e à

1. Veja-se texto na pág. 470 e nota na pág. 427.

terminologia. Pessoalmente, estou convicto de que se trata de uma versão abreviada das ideias fundamentais da sociologia de dominação de Max Weber e, portanto, seria uma primeira formulação da sua "teoria sobre as categorias fundamentais da sociologia".[2] Ele não se enquadra bem no contexto da segunda parte da sua obra sociológica principal, ou seja, da obra *Economia e Sociedade*.

Pelo contrário, interrompe até o tipo de raciocínio contido nesta obra, fazendo com que a explicação "explícita" de Marianne Weber se justifique plenamente, ou seja, a afirmação feita de que[3] este trabalho não foi encontrado juntamente com o manuscrito intitulado "A economia e as ordens sociais e as potências". Acrescentamos, além disso, aos seis primeiros parágrafos dos conceitos fundamentais da sociologia" o parágrafo número 7 que, ao nosso ver, é indispensável para o entendimento da teoria sobre a ordem legítima. A transcrição inteira dos "conceitos fundamentais da sociologia" teria aumentado muito e desnecessariamente o volume desta publicação, considerando-se o fato de que este capítulo da primeira parte da obra *Economia e Sociedade* não apenas constará da reedição desta mesma publicação, que estará logo disponível, mas também consta uma outra edição especial,[4] e ainda num volume didático sobre os escritos metodológicos de Max Weber.[5]

Considerando o fato de que, nos últimos vinte anos, a pesquisa sobre o pensamento e a obra de Max Weber progrediram muito e surgiu toda uma literatura abrangente sobre problemas lógicos e metodológicos da sociologia como ciência, as indicações limitadas que o editor podia apresentar não estariam mais à altura das exigências científicas da atualidade. Por outro lado, também não pode ser tarefa de um autor aumentar e transformar as explicações claras e autênticas de Max Weber pela

---

2. Veja-se, por exemplo: Max Weber, *Wirtschaft und Gesellschaft* — [Economia e Sociedade, Parte I, Capítulo III, pág. 141].

3. Zeitschrift f. d. ges. Staatswissen., 105. Band, 1949, s. 378, Anmerkung 5 — [Revista para as Ciências Políticas,] Tomo 105, 1949, p. 378, Nota 5 (O escrito original de Marianne Weber encontra-se no arquivo e nos documentos do Instituto de Max Weber da Universidade de Munique).

4. Max Weber, *Soziologische Grundbegriffe* (Conceitos fundamentais da sociologia), Editora J. C. B. Morh (Paul Siebeck), Tübingen, 2. ed., 1966.

5. Max Weber, *Methologische Schriften* (Escritos metodológicos) Editora S. Fischer, Frankfurt am Main, 1968.

elaboração de um aparelho amplo e científico na forma de comentários, explicações e discussões ou amplas indicações bibliográficas que transformariam este ensaio de Max Weber num compêndio alentado sobre a teoria e a metodologia das ciências sociais, fazendo com que esta obra tivesse um destino semelhante ao da obra da Jakob Burckhardt sobre a *Cultura do Renascimento*.

Em concordância com a editora, o organizador deste volume decidiu tomar por princípio organizador esta primeira edição organizada por Marianne Weber. Pretendemos publicar em breve um volume explicativo, cujo conteúdo seria uma introdução aprofundada sobre o estado recente da interpretação da obra de Max Weber, juntamente com um abrangente aparelho explicativo, registro e ampla bibliografia metodológica. Para a elaboração deste volume pretendemos consultar todo o material disponível no arquivo do "Instituto de Max Weber em Munique".

Munique, dezembro de 1967.

*Johannes Winckelmann*

# Introdução à edição brasileira

# Atualidade de Max Weber

*Maurício Tragtenberg**

Max Weber é um autor clássico, portanto, atual. Se pudéssemos sintetizar a temática central do conjunto de sua obra, diríamos que ela se debruça sobre os problemas da racionalização, da secularização, da burocratização das estruturas e dos comportamentos das pessoas como traços específicos da civilização ocidental.

Weber tem uma contribuição à análise do que hoje em dia se discute com o título de "modernidade", em torno da qual se produziu obras significativas como a *Teoria da Ação Comunicativa* de Habermas, o conjunto dos escritos de Baudrillard, Lyotard, Peter Berger e F. Arocena.

---

* Professor da Faculdade de Educação da Unicamp.

"O que em definitivo criou o capitalismo foi a empresa duradoura e racional, a contabilidade racional, a técnica racional, o Direito racional, a tudo isso há que juntar a ideologia racional, a racionalização da vida, a ética racional na economia." (M. Weber, *Historia Económica General*, p. 298, Ed. FCE, 1956.)

A esse processo de racionalização vincula-se o *desencantamento do mundo*, conferindo-lhe um aspecto *negativo*: *o racionalismo estrutural* que entronizara a razão como demiurgo do universo através do paradoxo das consequências transforma-se em *razão técnica instrumental* a serviço do capital, criando a jaula de ferro — a burocracia — que enquadrará o chamado homem moderno.

A civilização ocidental assiste também à *fragmentação* das várias áreas do conhecimento, na medida em que a religião não pode fornecer o "sentido" da vida ao homem, que, abandonado pelas velhas certezas, é instado por Weber a ser fiel à "vocação" da ciência enquanto saber que se legitima por si mesmo, já que a pesquisa científica *não* tem fim e a própria vida também. Tudo é um *processo*.

Para quem não puder afrontar de frente este destino — aponta Weber —, as misericordiosas igrejas estarão abertas, contanto que se faça o *sacrifício do intelecto*.

Racionalização, secularização e individualismo, traços dominantes da nossa civilização e da modernidade, promovem a *autonomia relativa* das inúmeras áreas do conhecimento, daí a *impossibilidade* de uma teoria ontológica do social. Nem a ciência, nem a filosofia podem dar um "sentido" à existência. A modernidade não comporta "soluções". Cabe ao homem conviver com os "paradoxos".

Weber ressalta dois fenômenos básicos da modernidade: a perda do *significado* da vida e a perda da liberdade.

A Alemanha é um país onde a *Aufklarung* não significou propriamente "Iluminismo" e foi um dos elementos fundantes da "modernidade" germânica. Esse fenômeno iria ter influências profundas na vida e cultura alemãs, constituindo uma das "especificidades" do fenômeno alemão, em que a modernização econômica *não* foi acompanhada pela modernização social e cultural. A Alemanha conheceu a industrialização e o autoritarismo, sua filosofia "moderna" foi estruturada a partir de

Leibniz, um discípulo de Paracelso, da seita Rosa-cruz, que prefigura a "solução" rosa-cruz de Hegel, a rosa da razão e a cruz do presente.

Surge, então, uma "nova razão" germânica — organicista, evolucionista, historicista, com poder de síntese que será cobrado ao esoterismo. Assim, de Schelling a Hegel, assiste-se a uma esoterização do racionalismo moderno. O romantismo alemão opõe-se à irreligião das Luzes, conceitualiza a filosofia e sistematiza o misticismo. O próprio Hegel confessava-se luterano. Esse *luteranismo* vinculado ao *pietismo* desenvolve um anti-intelectualismo baseado na noção de que a fé é privilégio dos simples e faz ressurgir o velho milenarismo escatológico que cria a temática da "destruição da razão", na qual a *providência divina* retoma a direção dos eventos acima do egoísmo individual. Sem falarmos em Fichte, Kant e Hegel como filósofos da "razão de Estado".

Enquanto o romantismo francês realizava a crítica social, o romantismo alemão idealizava a razão de Estado. Até os dias de hoje não há em alemão nenhuma nomenclatura que se aproxime do conceito anglo-saxão de "ciências sociais", encontramos sim uma *Enciclopédia de Ciências do Estado*.

Weber, oriundo de uma burguesia que *não* realizou sua revolução burguesa, de um liberalismo *iliberal*, de um iluminismo vinculado à franco-maçonaria e ao misticismo rosa-cruz, viu-se cingido a analisar os "dilemas" germânicos, a beatice ante o "culto do Estado", como conciliar Direitos Humanos e um Estado Nacional "de potência". Como impedir que o racionalismo instrumental a serviço do cálculo econômico não se transforme numa "jaula de ferro" que aprisione o homem? Como reagir ante a burocracia como "destino" não só alemão, mas também universal?

No plano das ideias, os manuais de sociologia ressaltam a influência de Dilthey, Simmel, Rickert e Windelband como significativa para a compreensão de Weber. Em que medida isso se dá?

Dilthey pertence à tradição do historicismo alemão e constitui uma reação ao positivismo dominante na sua época. Daí a dialética burocracia *versus* carisma, em que a dominação burocrática significa a obediência a cargos, a hierarquização das pessoas e dos saberes, a aposta na estabilidade; de outro lado, a apatia dos sujeitos como nota dominante, o desinteresse para o que vá além da vida privada, a ênfase na homogeneização e na uniformização massificante. O carisma significa a irrupção da emoção, o questionamento dos valores, a ascensão do nihilismo, a transitoriedade das formas de sentir, pensar e agir de pessoas e grupos. A dualidade burocracia *versus* carisma é sem solução. Os institutos jurídicos, as formas de dominação fundadas em quadros administrativos estáveis, para Weber, são "rotinizações" do fenômeno carismático original, que, "contaminado" com a burocracia, transforma-se em carisma de cargo, carisma de "sangue" hereditário ou carisma institucional. A fragmentação da visão do mundo, a multiplicidade das esferas socioculturais, sua autonomia crescente e o relativismo como valor definem, para Weber, os parâmetros da modernidade.

Especialmente nesta altura do século XX, com o desmantelamento da URSS e a crise do Leste Europeu, estamos sob a égide do "Deus que faliu", cuja morte fora anunciada no século passado por Nietzsche e se conclui nos dias de hoje.

Reagindo ao positivismo, Dilthey trabalha para a compreensão do significado da experiência simbólica; Weber, com a compreensão do sentido da ação social, trabalha para a compreensão do significado do sujeito. Diferentemente de Weber, em que os fenômenos da "vida" ou da "vivência" tendem a ser submetidos a uma inteligibilidade de seu andamento ou processo, Dilthey concede ao conceito *vida* um valor metafísico, na medida em que é indefinível.

Preso a este conceito irracionalista de *vida* está Simmel, que trabalha com conceitos como *vida* e *forma*. Para ele, as ações de cada indivíduo teriam certa permanência em que a *forma* criada pela *vida* converte-se numa esfera autônoma, obediente às leis do "fetichismo da mercadoria". Simmel deve ter sofrido influência de Bergson na valorização do conceito *vida* quando equipara ao conceito de *substância*, da filosofia grega, a noção cristã medieval de *Deus* e a ideia de *natureza* do Renascimento. O trágico da noção de "vida" é que para esta se realizar deve se converter em "não-vida"; essa é a grande tragédia da cultura, aduz Simmel.

Simmel aproxima-se de Weber na negação da ideia de "uma totalidade", que se revela como impossibilidade de conhecimento. Ele se atém às *perspectivas específicas do sujeito*. Weber escreve sobre "tipos ideais", Simmel sobre "tipo de forma".

Sociólogo que também influiu em Weber foi Ferdinand Tönnies, cujos conceitos de "comunidade" e "sociedade" se aproximam dos "tipos ideais" daquele. A "sociedade", segundo Tönnies, é a base da civilização racionalista, pragmática, urbana e industrial. São estruturas históricas, na medida em que nenhuma *sociedade* que existe deixará de ser precedida pela *comunidade*. Por outro lado, para Tönnies, esses conceitos são transistóricos já que *coexistem* em instituições como a família, a igreja, o Estado. Observa-se em Tönnies a preocupação de fundir o orgânico (comunidade) ao mecânico (sociedade), preocupação que na sociologia de Durkheim tomaria a denominação de solidariedade orgânica (sociedades primitivas) e solidariedade mecânica (sociedades industriais).

Georg Simmel é um autor do "círculo de Weber" que irá influenciá-lo. Sua contribuição à sociologia inicia-se com a introdução dos conceitos de "relação" e "função". Para ele, a sociedade consiste numa "função" que aparece nas relações dinâmicas interindividuais; só há ações e relações entre indivíduos que formam uma unidade em interação.

Simmel se coloca uma questão na forma de Kant: É possível a sociedade? Para ele, a pergunta fundamental de Kant fora a seguinte: A natureza é passível de ser objeto da ciência? Segundo Simmel, Kant poderia ter adiantado uma resposta, já que a natureza era vista como *representação* da natureza. A natureza é a maneira com que nosso intelecto recebe e ordena as percepções dos sentidos, é uma espécie de cognição. Esta é a razão de Simmel propor idêntica pergunta em relação à sociedade: quais são as condições *a priori* que tornam a sociedade possível? Há elementos individuais, são sintetizados na unidade do social mediante um processo de *consciência* que coloca a existência individual de vários elementos numa relação definitiva através das *formas*, conforme leis definidas. Porém, há uma diferença entre a unidade da natureza e a unidade da sociedade. Enquanto a unidade na natureza se realiza pela contemplação do sujeito, a unidade da sociedade é realizada pelos membros que a compõem. O processo de socialização se realiza através das experiências do indivíduo. Não é através da mediação de um observador externo que a sociedade adquire uma unidade objetiva, não o necessita. Ela é uma unidade direta entre observadores. Diz Simmel: "A sociedade é minha *representação* no processo de atividade da consciência". A resposta à pergunta — como é possível a sociedade? — é fornecida por um *a priori* que está contido nos sujeitos sociais.

Descobertos os apriorismos sociológicos, enuncia Simmel, teremos condições de pesquisar a socialização como associação consciente de pessoas. Para Simmel, inicialmente, a associação representa a intersecção de dois domínios. Ingressar na sociedade é participar de um coletivo; ao mesmo tempo, o homem possui um núcleo individual. Partindo da completa singularidade da personalidade, temos uma representação dela não idêntica à realidade específica e que tão pouco corresponde a uma tipologia generalizante.

*O diálogo com a sombra de Marx* se dá, para Max Weber, através de *Economia e Sociedade*, que indica a intenção do autor de submeter a um exame a tese sociológica marxista. Em primeiro lugar, Weber pretende mostrar que os problemas sociológicos da economia, da religião e do Direito dependeram de alguma maneira de processos econômico-sociais. Ele insiste no fato de que todos os grupos sociais possuem dinâmica própria e autonomia específica, além das influências econômicas. Weber procura refutar o determinismo como algo não comprovado pela pesquisa científica, procura pesquisar o caráter *específico* do capitalismo ocidental, mais do que propriamente afirmar a supremacia das forças espirituais sobre as materiais. Segundo ele, o capitalismo ocidental é produto de circunstâncias históricas *específicas*, não deixando de mencionar também os obstáculos de caráter *mágico* que impediram o desenvolvimento do capitalismo industrial em várias civilizações. Por outro lado, procurou mostrar que tanto a religião quanto o Direito têm seu nível de autonomia relativa ante o econômico, em que a transformação de "seita" em "Igreja" e a codificação jurídica vinculada a um saber especializado constituem *momentos* no processo de burocratização da religião e do Direito.

Para Weber, a antinomia burocracia *versus* carisma é central na civilização moderna. "Burocracia" significa a rotina, a estabilidade, o estatuído, a obediência às regras, enquanto "carisma" significa a irrupção violenta de personalidades "exemplares" que se julgam portadoras de uma missão de salvação. O carisma constitui, no início, um fator revolucionário. Ele nega o existente, é com sua rotinização e integração no quotidiano que o carisma se torna hereditário, de sangue, "de cargo", deixa de ser atribuído a uma pessoa para ser transferido a uma instituição ou a um "cargo".

O dualismo racionalismo e irracionalismo permeia *Economia e Sociedade*. O desenvolvimento de uma profissão jurídica criou o racionalismo lógico e um pensamento sistemático como constitutivos do pensamento jurídico. Ao lado disso, persiste a justiça de *cadi* exercida por não especialistas, como, por exemplo, o júri no caso de julgamentos na área criminal.

Weber não só se preocupou em analisar como o econômico influi no social, no político, no religioso, mas também como estes *reagem* ao econômico. Essa discussão com a sombra de Marx permite a Weber tornar-se o grande sociólogo das "superestruturas".

## Roscher e Knies e os problemas lógicos de Economia Política Histórica (1903/6)

Neste texto, Weber submete a uma crítica os fundamentos lógicos da Escola Histórica da economia, ressaltando uma herança romântica no plano do seu método. Ele toma posição ante o debate metodológico sobre a classificação das ciências, ao qual participavam Dilthey, Windelband Wundt, Rickert, os positivistas e muitos outros.

Weber procura mostrar que a chamada escola histórica não se constitui num núcleo de pesquisa histórica, mas sim num evolucionismo em que as categorias do romantismo estão presentes. O mérito dessa posição é permitir a emergência de pesquisas na área da história econômica que possibilitariam conhecer as diversas formações econômicas. Essa posição já fora sustentada pelo economista Carl Menger no seu debate com os adeptos do historicismo.

Weber critica a falácia da metodologia romântica que privilegia entidades metafísicas como sociedades "orgânicas"; apela a um improvável "espírito do povo", apelo este em que está contida a herança romântica na sociologia. A importância de Weber está exatamente na demolição desta sistemática. Weber vê a utilização, pela Escola Histórica, de entidades metafísicas mal-alinhavadas, em que a referência a valores impede uma pesquisa objetiva. Critica Lipps e Benedetto Croce mostrando a incompatibilidade em firmar a autonomia do conhecimento histórico na visão crociana da existência de uma realidade psíquica oposta à física ou que privilegia a intuição como elemento fundante da compreensão.

Preocupado em fundamentar o caráter objetivo das ciências sociais, Weber critica tanto o intuicionismo como a visão diltheana da classificação das ciências conforme seu objeto. Para ele, não é a distinção entre ciências da natureza e ciências do espírito o fundamental, nem a explicação pela "compreensão" ou "causalidade". Longe disso, o fator distintivo é a estrutura lógica das ciências sociais pelo seu caráter *individualizante*.

Fundado em Rickert, Weber privilegia não o objeto como tal, mas sim o fim e a elaboração conceitual, em que a compreensão liga-se à verificação empírica vinculada a uma forma de causalidade.

Através de Weber, Dilthey é reinterpretado e aproximado de Rickert. Para Weber, a compreensão não exclui a causalidade; ao contrário, acentua a prova do nexo causal individualizado. Através do processo interpretativo, estudam-se as relações causais entre fenômenos diversamente relacionados na sua especificidade.

O problema central que preocupa Weber é o da fundamentação da objetividade das ciências sociais, daí a importância de sua polêmica contra o romantismo subjacente à Escola Histórica. Da crítica ao historicismo, ele deduz a noção da neutralidade axiológica e a necessidade da explicação causal da fundamentação de suas proposições.

Weber dedica boa parte do texto da *Metodologia*... à obra de Knies, a quem sucederá na cátedra universitária, porém discutirá a contribuição de Wundt, Lipps, Gottl e Simmel. Ele prometia dedicar uma parte do texto à análise da obra de Knies, porém isso jamais foi escrito.

A impossibilidade de construir um sistema racional que dê conta da realidade deve levar-nos a aceitar as irrupções irracionalistas com suas metodologias intuicionistas? Knies procede a uma classificação das ciências conforme o objeto, pois pensa que este determina o método a ser empregado. Para ele, existem as ciências da história, do espírito e da natureza. Observa ele que se dá uma intervenção da natureza em obediência às leis e oposta à atividade humana, vista como livre, singular e irracional.

A influência da natureza sobre a economia deveria produzir um crescimento econômico sujeito a leis; se isso não ocorre, é porque as leis naturais continuam sendo assim, não são leis econômicas, pelo fato da ação da vontade humana que introduz a irracionalidade. O dilema que Knies enfrenta é a oposição entre a causalidade mecânica operante no mundo natural e a ação "criadora", devida à ação das pessoas na economia.

Weber mostra como pertence ao passado o preconceito positivista, segundo o qual os fenômenos de massa seriam mais objetivos e menos singulares do que a ação de um indivíduo. Porém, o que chama a sua atenção é o emprego do termo "criador" por Knies, que Wundt introduz nas ciências humanas com o nome de "síntese crítica". Weber procura mostrar que esses conceitos nada mais são do que processos avaliativos, nos quais o termo "criativo" pouco significa para o entendimento de uma ação humana. Argumenta que os processos que permitiram a formação de um diamante no mundo natural são "sínteses criativas", como a formação de uma religião organizada em torno do seu profeta, porém o sentido da ação que levou ao surgimento dos dois fenômenos é totalmente diferente devido às referências a valores diferenciais.

Há um processo lógico que estabelece uma síntese na esfera das mudanças qualitativas. Quando isso ocorre, estamos em condições de atribuir um caráter causal a alguns elementos selecionados; procedemos a uma escolha. Portanto, o fator que diferencia as causas em importantes e desimportantes é obra do nosso conhecimento e não do curso "real" dos eventos. Em outros termos, uma ação causal formada por elementos desiguais depende das diferentes referências a valores a que estamos submetidos.

Em si mesmos, os processos da natureza e da história não têm significação maior. É o homem pensando e agindo com referência a valores que constitui o elemento determinante da valorização de certos fenômenos e de vários tipos de causalidade que imputamos aos acontecimentos. Daí a razão pela qual Weber concebe a "síntese criativa" não como princípio imanente do devenir psíquico e histórico, mas como adaptação, progresso e muitos outros conceitos assemelhados, que se constituem numa introdução sub-reptícia da referência a valores na análise científica.

O que Weber procura demonstrar contra Wundt é que a finalidade da ciência é a pesquisa infinita e a luta pelo progresso do conhecimento. Os resultados têm veracidade vinculados às normas lógicas de nosso pensamento. Daí Weber deduz uma visão de processo histórico, na medida em que o processo da natureza e da história são em si mesmos destituídos de significação; nenhuma filosofia da história pode arvorar-se a falar em nome da ciência. Ao mesmo tempo, ao admitir que o desenvolvimento de referências a valores é infinito na medida em que não há um único absoluto sistema de valores, Weber rejeita o psicologismo, o historicismo e o naturalismo que pretendam passar por concepções do mundo.

Como a realidade empírica é infinita, a ciência não pode abarcar a sua totalidade da realidade empírica. Quando o faz, transforma-na em entidade metafísica, prejudicial à filosofia e à pesquisa científica.

Quanto à irracionalidade, Weber critica aqueles que atribuem à ação humana uma irracionalidade maior do que a dos fenômenos meteorológicos, estes, bem menos previsíveis.

O comportamento humano, para Weber, pode ser inteligível através da compreensão e da revivescência, reconstruindo-se o nexo causal a que ele obedece. É o que chama o comportamento com referência a fins. O comportamento livre não é em si irracional; é passível de interpretação, porque obedece a uma teleologia.

Weber analisa criticamente a visão do psicólogo Mustenberg a respeito do papel da interpretação nas ciências, acentuando que o cientista é o juiz de seu trabalho. É ele quem avalia o nível de precisão dos conceitos, conforme as finalidades da pesquisa. Adverte ainda que a realidade é infinita, não cabendo à ciência transformar divisões meramente metodológicas em divisões do *ser* enquanto tal. A interpretação, para Weber, é um dos meios usuais de acesso ao conhecimento. Não nega a explicação por via indutiva ou pelo cálculo estatístico; são as necessidades da pesquisa que definirão a eleição de um método. A interpretação poderá ser um dos ângulos da relação causal, admitida a relação meios e fins ou a ação racional tendente a fins.

Por sua vez, Simmel procurou desenvolver uma teoria da interpretação e compreensão, distinguindo a compreensão objetiva da compreensão subjetiva. A primeira procura o sentido de uma expressão; a segunda, os motivos de quem se exprime. A interpretação a partir dos motivos, para Simmel, é incerta, na medida em que o motivo é ambivalente, podendo conduzir tanto ao amor como ao ódio. A compreensão objetiva do sentido tem mais espaço, porém é limitada na pesquisa científica pelo fato de o sentido definir-se no âmbito de uma unidade coerente logicamente.

Admirando a fineza das análises de Simmel, Weber mostra que é artificial a distinção entre objetividade da compreensão e subjetividade da interpretação. Assim, segundo ele, sentimentos e práticas correntes podem ser submetidas à análise compreensiva, seja o sentido de uma ordem, seja um apelo direto à consciência e ao sentimento de dignidade. O apelo à interpretação teórica, quando determinado o conteúdo, não é compreendido de imediato; tem como fim compreender objetivamente o sentido de uma ordem ou apelo.

Crítica idêntica Weber dirige à obra de Gottl. E, finalmente, dirige críticas a Lipps e a Benedetto Croce, embora estes autores se situem no âmbito da estética.

Para Lipps, a compreensão de uma expressão de alguém transcende à simples intelectualidade, comporta uma entropatia, entendida como uma imitação interiorizada do comportamento alheio. Para Weber, a entropatia não se constitui como condição de conhecimento, nada nos indica que possamos identificá-la, pois o conhecimento, em razão de sua finalidade, opera uma seleção de aspectos do "vivido". O "eu", como fonte da coisificação, coloca a questão da natureza lógica do conceito "coisa", e isso já nos remete à sua crítica a Benedetto Croce.

Para Croce, um conceito não é uma intuição, na medida em que por essência é geral e abstrato. As coisas são individuais, não passíveis de redução a conceitos, mas podem ser captadas pela intuição. Não existe conceito do singular. A história, vista como conhecimento do singular e portanto do fenômeno artístico, é uma sucessão de intuição. Weber argumenta que o conhecimento só é válido cientificamente, caso possa ser controlado, verificado. A ciência exige a prova e a demonstração, do contrário, teríamos uma ciência sem problematizações ou pesquisa. A intuição tem um papel de exploração inicial, mas é a conceitualização a condição da clareza e validade das proposições.

Weber define a história como ciência do real, não pelo fato de fotografá-lo, nem pelo fato de utilizar fórmulas matemáticas, mas sim pelo fato de trabalhar com conceitos definidos para compreensão da determinação dos acontecimentos e de suas relações intrínsecas. Para ele, o "vivido" e a "experiência" não se negam; pelo contrário, a compreensão pressupõe a experiência, a evidência da primeira assertiva tem como base a segunda. O que muda é a qualidade da evidência. Weber alerta para se evitar a confusão entre evidência e validade, pois o que é percebido intuitivamente como evidente pode não ter validade para a ciência.

A validade de uma proposição depende da lógica da verdade, enquanto uma relação pode nos parecer evidente ou hipotética, ou ainda na forma de tipo ideal.

O passado continua vivo graças à relação com os valores e à confrontação do historiador com o passado, o que permite que ele seja reescrito. A história se integra a novas interpretações do historiador, por isso, para Weber, ela é fecundada pela filosofia da história devido à referência a valores com que trabalha o historiador. A seleção dos fatos históricos dá-se conforme os valores do pesquisador e é expressa em julgamentos articulados que permitem ao leitor controlar sua fundamentação. Assim, é possível, através da ação racional com vista a fins, procurar a inteligibilidade do comportamento humano. A ação racional pressupõe a racionalização daquela fatia da realidade que indica que expectativas devemos ter de um determinado comportamento. Deste modo, a racionalização teleológica pode construir formas de mentalização com grande valor heurístico na análise da causalidade histórica. Elas são ideais típicas, na medida em que permitem medir a distância entre a realidade e a racionalidade teleológica.

Para Weber, as ciências humanas utilizam a categoria da causalidade plenamente. Procuram, através da abstração, descobrir nas relações causais regras de causalidade, como explicar as relações causais concretas por meio de regras. Na área da História, Weber situa a explicação causal que se vincula à interpretação compreensiva.

## A objetividade cognoscitiva da Ciência Social e da Política Social

Weber procurava garantir a objetividade das ciências sociais através de pressupostos que garantissem certa neutralidade valorativa e, ao mesmo tempo, cobrava o rigor da explicação causal. Esta é a temática deste texto.

Como fugir dos pressupostos que levam a valores? Weber recorre a Rickert, para o qual as ciências naturais implicam um conhecimento *ge-*

*neralizante* e a história um conhecimento individualizado. Isso pressupõe uma "relação de valor", pois significa determinar o objeto como indivíduo.

O mundo histórico é o mundo da "cultura", dos valores. As ciências histórico-sociais organizam-se enquanto ciências culturais. Rickert irá admitir o conceito "compreensão" no esforço de entender o significado inerente às ciências culturais. Para ele, a abrangência das ciências naturais e culturais passa pela existência ou não de uma "relação de valor".[1] Weber via nos fundamentos metafísicos da "Escola Histórica" um sentido político conservador, pois a visão da sociedade como "organismo" definia um ideário político estático como critério de referência a valores.

É importante salientar que as analogias entre a sociedade e o organismo estão presentes no romantismo alemão; constituem-se em unidades de referência. É o termo de uma época inaugurada por Herder, presente em Schelling e Goethe. É através do termo "organismo" que a unidade da forma em movimento adquire sua autoconsciência.

Através de Schelling e Goethe, a "metáfora orgânica" incorporou-se ao romantismo alemão, cujas inconsistências Weber submete à crítica em sua metodologia.

Por isso, as disciplinas que integram as ciências sociais estruturam-se segundo determinadas "visões". Assim, a cultura não está eternamente determinada, mas constitui-se através de áreas autônomas do conhecimento, redefinindo o problema da causalidade.

No âmbito da esfera do *agir*, Weber ingressara no grupo dos "socialistas de cátedra", grupo de economistas interessados na "questão social"

---

1. Para Weber, esta relação de valor define-se pela sua "significação cultural" vista individualmente, na qual um fenômeno é condicionado por relações específicas com outros fenômenos. Isso pressupõe uma transformação interna no esquema de Rickert através da interpretação que Weber oferece da relação entre o fenômeno histórico e os valores. Rickert vê nessa relação a validade indiscutível do conhecimento histórico social no que se refere a valores, orientando o processo seletivo vistos como necessários universalmente.

Diferentemente, Weber mostra que a relação do fenômeno empírico a valores *não* garante que a seleção dos fatos seja efetuada pela ótica dos valores universais, pois resultam de uma seleção.

A metodologia de Rickert afirma-se como uma forma de situar os valores como critérios seletivos presidindo a estruturação das ciências sociais.

e preocupados com a "modernização" da Alemanha. Os problemas de política social estavam *vinculados* à metodologia da pesquisa, pois definir uma política agrária, por exemplo, implicava uma pesquisa de campo.

Weber admitia que a sociologia devia se pronunciar ante fatos concretos. Porém, argumentava que a pesquisa devia ser objetiva. As ciências sociais atuam no nível da existência objetiva de problemas e não cabe a elas definir os fins últimos; elas definem o que *é*, não o que *será*.

As ciências sociais movem-se no mundo fatual e não no mundo ideal dos valores. Isso terá implicações em sua visão sobre "neutralidade" e "compromisso": na ciência, a primeira categoria seria a dominante; na esfera da ação política, a segunda categoria seria dominante. Assim, ética e ciência podem funcionar em campos relativamente autônomos, enquanto ética e política quase sempre implicam a cumplicidade do sujeito ativo.

## Estudos críticos sobre a lógica das Ciências da Cultura

A ciência natural faz referência a uma lei geral para explicar os fenômenos, enquanto as ciências sociais o fazem através da *individualização*, em que a forma de compreensão tem aspecto explicativo. Weber pergunta: quais são os recursos utilizados para chegar a este resultado?

A seleção numa multiplicidade de fenômenos é condição prévia da explicação de um fenômeno histórico-social, ao mesmo tempo implica a análise das múltiplas relações que vinculam os fenômenos entre si.

Na medida em que a pesquisa para compreender o conjunto das relações causais é infinita, o suceder de um fenômeno é inesgotável conceitualmente. A área de pesquisa que abrange a análise deve ser delimitada mediante uma seleção. A explicação abrange um número limitado de fenômenos que, na sua especificidade, sob uma certa visão, seguem uma direção nas relações fenomênicas. É o que Weber define como o ato de *imputar* um acontecimento a suas "causas", como é comum nas ciências históricas.

Como verificar a imputação de forma empírica, à procura da relação causal que opera no fenômeno específico? Selecionado um conjunto de relações, como é possível saber se essas relações precisamente condicionaram o fenômeno a ser explicado?

Weber propõe a construção de um processo o mais *afastado* do real, através da exclusão de vários elementos do mesmo, para uma *comparação* futura entre o processo objetivo e o construído por hipótese. Conforme a exclusão desse fator, desenvolve-se a visão de um processo hipotético relativamente diverso do real e é possível inferir-se que a importância do elemento excluído no processo tem maior ou menor peso.

Para Weber a imputação de um elemento se dá indiretamente através de conceitos definidos por ele, de possibilidade objetiva graduada entre duas situações exteriores, ao qual denomina *causação acidental*, isto é, sua ausência ou não são indiferentes à análise do fenômeno.

Onde o processo hipotético não leve ao objeto que se pretende explicar, infere-se que o elemento excluído está vinculado ao objeto por uma relação de *causação adequada*, concluindo-se que o elemento excluído no conjunto de suas condições é necessário.

A importância causal de certo elemento relacionado ao fenômeno a ser explicado aparece como produto da *comparação* entre o processo real e o hipotético. Essas causas o são enquanto "condições" especificadas seguindo um certo andamento de pesquisa. A causalidade em Weber percorre o trajeto da "acidental" à "adequada", produzindo uma explicação condicional que atenua a rigidez da explicação causal.

Para Weber, quando as ciências histórico-sociais, através dos pontos de vista expressos nas pesquisas realizadas, delimitam um grupo específico de fenômenos do qual depende um fenômeno individualmente considerado, elas *não* estabelecem causas determinantes, mas determinam certas condições vinculadas a outras que permitem a emergência do fenômeno. Enquanto o modelo clássico de causalidade considerava certo fenômeno explicado desde que fosse enunciado o conjunto de fatores determinantes, na explicação *condicionada* há possibilidades de inúmeras explicações em relação às várias posturas diferenciadas que definem o sentido e direção das relações analisadas.

É por essa via que Weber procurou definir as condições básicas que garantem a objetividade das ciências histórico-sociais. Através da *diferenciação* entre pesquisa objetiva e juízo de valor, procurou determinar a condição de objetividade do conhecimento; através da análise causal, ele pretendia chegar a uma determinação objetiva.

As ciências histórico-sociais, na medida em que são condicionadas pelo ponto de vista do sujeito pesquisador, têm como ponto de partida a subjetividade, porém *a estrutura lógica da explicação* é a garantia da validade objetiva de suas assertivas.

Rickert vê o conhecimento histórico constituído por diversas disciplinas que definem as ciências da cultura, fundadas em *relações fixas*, cada uma se constituindo num espaço objetivo de pesquisa. Weber vê a relação entre as matérias que constituem as "ciências da cultura" em termos problematizantes; as disciplinas podem variar com a emergência de problemas criados por situações originais. Podem surgir novas disciplinas, estabelecem-se novas relações entre elas e os limites entre as mesmas podem alterar-se no tempo.

O que há de comum entre essas disciplinas é a preocupação com os fenômenos do mundo histórico-cultural na sua especificidade e individualidade. Caberia discutir a posição dos conceitos e das regras gerais no âmbito do conhecimento histórico-social, ou como na economia formam-se conceitos abstratos que devem ser estudados pela função que exercem. Daí o surgimento do *tipo ideal*. Para Weber, o instrumento conceitual específico a ser utilizado na análise sociológica para apreender o elemento individualizante que qualifica a *ação social* no seu condicionamento histórico é o *tipo ideal*.

A teoria do tipo ideal é o ponto terminal do processo de pesquisa, representa o momento maduro da metodologia weberiana, o instrumento de pesquisa utilizado por Weber nos seus mais importantes estudos. Os tipos ideais são pontos de referência obrigatórios acentuando deliberadamente alguns aspectos da ação humana? Trata-se de conceito dado, dotado de uma rigorosa lógica interna? Se não é instrumento de trabalho, que lógica preside sua elaboração? Se por tipo entendermos sua repetibilidade e uniformidade, nesse contexto o que significa "ideal"? Poderá ser estudado como "racional" ou abstrato?

Para Weber o aparato conceitual sociológico deverá captar a "tipicidade" ou a "homogeneidade" dos fenômenos históricos, tendo como finalidade conferir um tratamento científico aos mesmos ou o término de um processo de *explicação* ou *imputação causal*. Tal resultado não pode ser obtido através de uma "lógica dos conceitos" tributários da tradição aristotélica — *genus proximum/differentia especifica* — característica das matérias dogmáticas que empregam silogismos.

Weber propõe a necessidade de estabelecer novo procedimento metodológico que garanta a qualificação científica às ciências histórico-sociais, particularmente à sociologia. E enfrenta essa tarefa através da construção dos *tipos ideais*.

Os tipos ideais são estabelecidos convencional e abstratamente. São inteligíveis na medida em que na sua construção se dá a *integração* entre compreensão e experimentação, sinônimo de "explicação", "valor" ou "conceito" entre o "devir" e o "ser" empírico. Para ele, o tipo ideal constitui a síntese entre o objetivo e o subjetivo, o particular e o geral.

Weber percebe dois sentidos do termo "ideal", um sentido lógico e outro normativo. Qualificar ideal o conceito típico tem um sentido lógico, porém de caráter abstrato, ante a realidade da qual fazem parte as "normas", os "valores" e o "dever-ser". Os tipos ideais definem, no plano empírico, o que é ou não o dever-ser. Os valores que penetram em sua estrutura o fazem através do controle e da distância que Weber denomina "crítica interna do valor". Em um sem-número de textos, Weber define que cabe à consciência definir os critérios sem maiores especulações, em se tratando de juízos de valor.

> "Obtém-se um tipo ideal, acentuando unilateralmente um ou vários pontos de vista, encadeando uma multidão de fenômenos isolados, difusos e discretos que se encontram ora em grande número ora em pequeno número até o mínimo possível, que se ordenam segundo os anteriores pontos de vista escolhidos unilateralmente para formarem um quadro de pensamento homogêneo."

Desta forma, o tipo ideal define o conjunto de conceitos que o sociólogo constrói para fins de pesquisa. Weber não aceita a concepção clássica de ciência, segundo a qual ela pode abranger a "substância" das coisas integrando-as num sistema totalizante no qual o pensamento abranja a totalidade do real. Todo conhecimento é hipotético na medida em que nenhum sistema reproduz a realidade que é infinita.

O tipo ideal constitui-se como um momento em que o *sujeito* cognoscente analisa o real conforme as relações que seu *ponto de vista* mantém com os valores. Essa relação com os valores elimina o que deva ser desconsiderado; o rigor conceitual dos conceitos ainda está ausente. É o papel do tipo ideal.

O tipo ideal aparece como um método das ciências histórico-sociais, cujo objeto é captar os fenômenos na sua singularidade. Daí a pergunta de Weber: Como conhecer a realidade na sua singularidade se não se pode recorrer a analogias com outras realidades, já que tal atitude submete os fenômenos a conceitos *gerais* que apagam o *singular* que caracteriza os fenômenos histórico-sociais?

Para Weber, a solução está na construção do tipo ideal que pode tomar a forma de um tipo médio ou de uma pesquisa que mostre os traços específicos "típicos" de um sistema econômico (capitalismo) de uma organização peculiar do saber (a ciência ocidental) ou a vinculação entre ascetismo protestante e acumulação capitalista. A avareza é um conceito geral, porém *O Pai Goriot* de Balzac é um tipo, é um personagem que apresenta o que há de típico na avareza.

Para Weber, uma das características da cultura ocidental é sua ênfase na racionalização da economia, do direito, da prática religiosa. Porém, a frequência de um elemento é menos importante para caracterizar a peculiaridade da civilização ocidental do que o elemento *original* que determina o específico e o singular na articulação da empresa capitalista fundada no cálculo racional; racionalização do direito e racionalização da vida através da disciplina do cotidiano. A acentuação unilateral de um dos componentes da realidade histórico-social permite a construção rigorosa de um tipo ideal, na medida em que amplia os traços distintivos de um fenômeno e elabora um esquema intelectual unívoco sem contradições internas.

O tipo ideal, em Weber, é contraposto aos conceitos substancialistas que pretendem ordenar os fenômenos hierarquicamente e, ao mesmo tempo, é uma representação de uma totalidade histórica singular. É através da historicização e da racionalização do singular que Weber procura ordenar a aparência "caótica" do mundo "vivido". O tipo ideal não é construído como *reflexo* do real; muito pelo contrário, é pelo seu afastamento do real concreto e através da acentuação unilateral das características de determinados fenômenos que ele chega a uma explicação mais rigorosa do caos existente no social.

Na medida em que o tipo ideal é construído com referência a valores, a noção que temos de uma época histórica, de uma doutrina ou acontecimento não corresponde à visão que os contemporâneos tinham da época vista sob o ângulo do tipo ideal. O tipo ideal está longe de qualquer imposição normativa dos fenômenos que estuda, distante de qualquer pretensão valorativa. O único caminho para chegar ao conhecimento ideal típico, para Weber, consiste na preocupação com o máximo rigor conceitual, evitando os mal-entendidos, as falsas analogias e as falsas identificações. É sabido que o processo do conhecimento avança não somente pelo saber cumulativo herdado, como também pela construção de novos paradigmas de novos conceitos. Weber não construiu um sistema, sua obra é *um ponto de vista* que tem como ponto de partida a noção de que o real é infinito. Só pode ser aprendido através de conceitos que captam fragmentos deste real conforme nossos valores e nossos centros de interesse.

O tipo ideal constitui-se como recurso metodológico para a compreensão do real, possui um valor heurístico, isto é, é criado conforme as exigências do andamento da pesquisa. O tipo ideal tem sentido por sua capacidade explicativa. Para Weber, ele tem utilidade ou não como qualquer outro instrumento. Na medida em que o processo de pesquisa é ilimitado, os conceitos tendem a autossuperar-se quanto mais avançar o conhecimento, que é sempre aproximativo. O tipo ideal deve construir o conhecimento aproximativo de forma mais definida, através da seleção das relações típicas que configuram um panorama intelectual. Partindo de um ponto de vista "unilateral", acentuam-se "elementos" ou "traços", atribuindo a outros papel secundário. O tipo ideal deve clarificar ao pesquisador o nível de exposição e de pesquisa. Assim, a imputação causal se dá através do tipo ideal na medida em que este fundamenta a elaboração de hipóteses através de uma mente disciplinada que acentua a exigência de rigor.

Muitos sociólogos não assumem os tipos ideais, correndo o risco de empregá-los *inconscientemente*, confundindo ciência e juízos de valor. Para

Weber, o tipo ideal atua como elemento integrador da imputação causal e da causação adequada. Para ele, o processo histórico ocorre mediante fenômenos singulares, o que Rickert situa no âmbito das ciências ideográficas ou individualizantes.

Os fenômenos de caráter coletivo intervêm na produção dos fatos — na economia, na política ou na religião —, porém para o pesquisador sua importância varia ou, como dizia Machado de Assis: "A realidade é uma só, o que importa é a retina". Em outros termos, o que varia é o critério seletivo entre fatos e valores que o sujeito investigador utiliza para a compreensão do real.

Weber pergunta: se os persas tivessem vencido os gregos nas batalhas de Marathon e Salamina, o que aconteceria com o destino da civilização ocidental? A tendência do pesquisador é eliminar uma causa destes sucessos, colocando-se a questão: *com* ou *sem* ela o que mudaria nos acontecimentos que se sucederam? O historiador Eduard Mayer, com quem Weber polemiza, admite que, caso a Grécia fosse derrotada pela Pérsia, a história da humanidade poderia ser diferente.

Para Weber, é através da construção de causas irreais que se chega às causas reais. A possibilidade objetiva se funda na análise das fontes à disposição do pesquisador, nas quais, através da eliminação de uma causa, pode-se vislumbrar uma *possibilidade* do suceder histórico.

Voltando à batalha de Marathon, a vitória da Grécia sobre a Pérsia, como de fato ocorreu, foi a vitória da cultura secular e racional. Caso ocorresse o oposto, os persas imporiam às regiões dominadas sua cultura teocrática.

A objetividade desta visão radica no saber histórico e na sua construção racional.

Através do tipo ideal a possibilidade objetiva constrói uma utopia com valor heurístico. Essa utopia tem como referência um conhecimento na experiência; ao se excluir um fenômeno do conjunto, o "antecedente" suprimido não seria a causa única, pois, para Weber, não existe unicidade causal.

Voltando ao exemplo da guerra entre gregos e persas, caso a Pérsia fosse a vencedora, isso seria a realização de uma *possibilidade*, não de um *destino*. Para Weber, a *causalidade* é disciplinada através da *probabilidade*.

Embora possamos dominar a maioria das variáveis de um fenômeno, a seleção pelo *sujeito* inevitavelmente implica uma atitude *probabilística*. Em Weber, o conceito de possibilidade objetiva realiza-se através da atribuição de significados a inúmeras causas de um acontecimento. Para ele, a causalidade *adequada* ocorre quando a probabilidade é muito grande. Quando isso não se dá, estamos ante uma causalidade *acidental*. Como, para Weber, o futuro está prenhe de irracionalidades, ele utiliza o conceito adequado e não o necessário. É muito clara a sua posição contra os determinismos e o naturalismo. Em suma, juízos probabilísticos formados objetivamente através de uma adequação causal, para Weber, constituem o fundamento do conhecimento histórico-social, isso apesar das irregularidades, do acaso e da contingência.

Na medida em que são atividades humanas, tanto a história (individualização) quanto a sociologia (generalização) seguem o mesmo método. O sociólogo que procura rigor conceitual deve construir tipos ideais (burocracia, capitalismo ou racionalidade) trabalhando com a adequação causal e a possibilidade objetiva. O portador do conhecimento histórico-social sempre julga *a posteriori* para saber se uma classe ou um grupo atingiu o *fim* que se propunha mediante a *escolha* de meios determinados.

Para Weber, o pesquisador deverá analisar determinada ação social mediante a adequação entre meios e fins, consoante sua tipologia que predica um modelo de ação racional tendente a fins. Porém, isso passa pela construção do tipo ideal de ação social operando em três níveis: na consideração histórica, pensada na ação dos sujeitos específicos; na consideração sociológica da massa, pensada em nível de média ou aproximativamente; e construída cientificamente pelo método tipológico para elaboração de um *tipo ideal* de um fenômeno frequente. Assim, é possível medir os tipos de afastamento da ação típica ideal e a empírica, desvendando os elementos irracionais e emocionais existentes numa ação social.

Para Weber, qualquer ação social, seja a racional em relação a fins ou a tradicional em obediência a mandatos milenares, implica uma relação causal. Weber considerava que a ação social tem como referência a expectativa de comportamento de outros, o que leva o agente a construir, pelo imaginário com base na realidade, a ação ideal através da adequação dos meios aos fins.

## Stammler e a superação da concepção materialista da História

Para Stammler, a jurisprudência teórica trata o direito como um conjunto de normas que formulam os meios adequados para atingir objetivos humanos; estuda os meios através dos quais se realizam os fins humanos e a justificação das normas para consegui-los. O método "crítico" de Stammler segue o trajeto dos procedimentos de Kant; estabelece uma distinção entre forma e conteúdo, procurando descobrir as formas "puras" do direito independentemente de seu específico conteúdo material. Stammler estabelece uma *distinção* entre direito e justiça. O "direito" define a vinculação de meios e fins no exercício da vontade social; a "justiça" proporciona os critérios do direito *justo*.

A percepção e a vontade são duas formas de introdução da ordem na consciência. A *percepção* trata as impressões sensoriais, conforme algumas categorias em objetos de uma ordem. A *vontade* ordena os materiais, conforme o objetivo a alcançar no futuro. O direito é uma forma de *vontade* na qual existe a preocupação dos instrumentos necessários para atingir um fim.

Todo princípio jurídico formula um fim a ser atingido. Porém, esclarece Stammler, algumas formas de vontade *não* são jurídicas. Uma delas, a que se apresenta para alcançar os fins da personalidade individual, é a "volição isolada". A volição isolada se *distingue* da obrigatória, que implica uma relação social em que a vontade de um utiliza a vontade de outro dirigidas a um fim para alcançar seus próprios fins. A sociedade resulta num grupo de vontades que atuam como meios e fins recíprocos. Mediante a cooperação, diz Stammler, a sociedade alcança os fins comuns. O direito, como vontade com poder de obrigar, refere-se à forma externa dos atos do homem em suas relações sociais.

No entanto, nem toda volição é direito, afirma Stammler. A juridicidade de uma volição é determinada de duas maneiras: 1) Alguns meios podem ser essenciais para se conseguir atingir um fim ou realizar um desejo. 2) A pretensão de validade universal nasce da noção de justiça. Independentemente da validade condicional dos meios adequados, há um critério de validade incondicional e absoluta. A justiça baseia-se na harmonia do esforço e da vontade, o que exige de nós subordinarmos o particular ao universal e considerarmos todos os fins particulares em função da máxima harmonia possível com todos os fins.

A diferença entre a vontade particular e a capaz de obrigar é a que situa o espaço da moralidade. Esta se refere à vida interna e à expressão da personalidade. O direito, no entanto, trata das relações externas dos homens e do caráter obrigatório que suas vontades possuem entre si. O ideal de justiça aplicado à moralidade, segundo Stammler, nos leva à ideia da "vontade pura", que exige sinceridade e honradez consigo próprio e o princípio da perfectibilidade.

Na esfera do direito, a ideia de justiça é substituída pela ideia de "comunidade pura". Uma comunidade, segundo Stammler, possui uma vontade pura quando sua ordem se baseia em princípios de validade universal. Os princípios da "lei justa" são o *respeito* (as pessoas como fins em si mesmas) e a *cooperação* (ninguém pode ser arbitrariamente excluído da comunidade, se legalmente dela é parte integrante).

Uma norma é lei justa ou da natureza quando passa por certas provas. Essas provas localizam-se numa vontade desprovida de subjetividade, em benefício de uma harmonia ideal representada por uma comunidade que se baseia em fins objetivos. Nessa comunidade de homens livres, cada um é livre e ao mesmo tempo vinculado a ela; cada pessoa é um fim em si mesma. Todos estão ligados pelo *respeito* aos fins dos outros, mas, ao mesmo tempo, ninguém está submetido ao capricho de alguém, nem pode ser excluído arbitrariamente dos benefícios advindos do fato de pertencer a uma sociedade.

A lei não se origina do Estado; pelo contrário, o Estado é um tipo de ordem legal que pressupõe a noção de direito em geral. Assim, argumenta Stammler, as obrigações de direito internacional não se fundam na existência de uma liga de Estados, mas sim da ideia de justiça. O que existe é uma comunidade de homens que se articulam livremente, como expressão unitária que abrange os possíveis fins das pessoas unidas sob o Direito. É o que Stammler chama o *ideal social*. Stammler propõe ainda que todos os conteúdos de nossos princípios sejam eliminados, tudo que seja empírico e pertença à esfera do material. Entre outras coisas, Stammler dá grande importância ao contraste entre moralidade e direito.

Weber procura mostrar o quão longe está Stammler com o livro *Economia e Direito conforme a concepção materialista da História* de um trabalho de caráter rigoroso e científico. A abordagem que Stammler faz da obra de Marx, segundo Weber, é caricatural, não fazendo jus a um escrito que se pretenda de nível universitário. Quando Stammler atribui ao marxismo a ênfase no "econômico" como fator único da vida social e suas mudanças e a cultura como reflexo da economia, Weber acredita que revela um primarismo filosófico que a pergunta que fica no ar é a seguinte: Quem tenta enganar quem?

A primeira exigência a ser feita a um autor que tem a pretensão de dissertar a respeito de questões lógicas e de metodologia, diz Weber, é a exigência do rigor conceitual. Esclarece Weber que a univocidade metodológica não pode ser substituída pela univocidade terminológica. Stammler pratica essa confusão, diz Weber. Serve de exemplo a maneira com que Stammler usa o conceito "legalidade", não diferenciando a pesquisa nomotética (generalizante), que procura leis gerais na base de experiências específicas e determinadas, e a pesquisa histórica, que procura e utiliza leis gerais na interpretação causal de relações singularmente definidas. Esta confusão leva Stammler a identificar legalidade e causalidade, confundindo leis da natureza e normas de pensar. Stammler define como "legalidade para designar" um ponto de vista uniforme que comandaria o conhecimento no seu conjunto. Ora, diz Weber, não somente cada disciplina — a matemática ou a física — representa um ponto de vista sobre a realidade, mas também a formação de disciplinas específicas representa um pluralismo de "pontos de vista", excluindo a definição incondicional e universalista que Stammler atribui ao conceito "legalidade".

A confusão de Stammler é total, segundo Weber, pois confunde a noção de categoria às vezes como axioma, às vezes como proposição empírica. Stammler comete equívocos ao lidar com conceitos como "conteúdo", "forma", "matéria", "natureza", "social" e a "causalidade". A pretexto de promover um esclarecimento rigoroso de um conceito, Weber utiliza o conceito *regra* para definir suas várias significações. Diz que o conceito *regra* pode proceder a enunciados gerais a respeito de relações causais relativas ao ser; são as leis da natureza. A regra pode designar uma norma para medir, conforme os juízos de valor, os acontecimentos passados, presentes e futuros. Há as regras denominadas máximas de ação. Weber exemplifica com Robinson Crusoé que, apesar de estar "fora" da sociedade, isolado numa ilha, comporta-se conforme regras — no dizer de Stammler, isso foi possível porque vivera anteriormente em sociedade. Stammler defende o ponto de vista segundo o qual a causalidade social não é indispensável para definir a essência da regra, no entanto recorre à explicação causal para explicar Robinson Crusoé, mas na impossibilidade de seu comportamento ser explicado pelas ciências sociais, cabe à ciência natural a explicação. É que ele vê a solidão absoluta de Robinson, sem qualquer contacto social, como um comportamento adequado à razão técnica. Opondo técnica à vida social, Stammler não contribui para esclarecer as relações existentes entre elas. Segundo Weber, a regra pode funcionar como uma construção típica-ideal, suscetível de ser checada pelos fatos.

Para Stammler, a sociedade não é um organismo (Spencer) nem é algo oposto à sociedade jurídica (Rumelin), pois a sociedade "é a convivência de homens submetidos a regras exteriormente obrigatórias". Regras que se devem compreender num sentido amplíssimo, como tudo o que liga os homens que convivem a algo que se satisfaça com um cumprimento externo, mas se distinguem em duas grandes classes: as regras propriamente jurídicas e as regras de convenção, sendo as primeiras obrigatórias, sem necessidade de consenso dos submetidos, e as segundas (entre as quais se contam os preceitos do decoro e do costume, as formas de urbanidade, da moeda, do código de honra cavalheiresco e outros análogos) somente hipotéticas. O complexo das regras jurídicas e convencionais é designado por Stammler de forma social; e, sob essas regras, seguindo-as e determinando-as, ou também violando-as, os homens atuam para satisfazerem suas necessidades. Nisto consiste a vida humana.

Os fatos concretos que levam a atuação coletiva de homens em sociedade é designado por Stammler matéria ou economia social. Regras e ações submetidas às regras: estes são os dois elementos em que consiste todo o fato social. Se faltassem as regras, estar-se-ia fora da sociedade: animais ou deuses, segundo o antigo brocardo; se faltassem as ações, só se teria uma forma vazia, uma hipótese irrealizável em qualquer sítio. A lei do movimento das sociedades, para Stammler, deve ser procurada na vida social. Daí, segundo ele, ser errôneo se falar de ligação causal do direito com a economia e o inverso: a relação direito e economia não é uma relação de causa e efeito e a razão determinante dos movimentos sociais está na execução concreta das regras sociais. Estas ações são submetidas a regras em produzir: a) transformações sociais somente quantitativas (na quantidade de fatos sociais de uma e outra espécie); b) transformações também qualitativas, que consistem na mutação das próprias regras. Daí se tem o círculo da vida social: regras, fatos sociais nascidos sob aquelas; ideias, opiniões, desejos, esforços nascidos destes fatos; mudança de regras. Quando e como surgiu na terra a vida social é questão histórica que não interessa ao teórico, segundo Stammler.

Forma e matéria da vida social entram em conflito, daí surge a transformação. Qual é o critério que nos permite determinar como pode ser resolvido o conflito? Ater-se aos fatos, inventar uma necessidade causal? Deve haver uma lei de fins e ideais, uma teleologia social, segundo Stammler. O materialismo histórico identifica a causalidade e teleologia. Esta parte da obra de Stammler foi muito elogiada. Nela ele demonstra como o teleologismo está continuamente subentendido no materialismo histórico em todas as afirmações de natureza prática. Porém cabe-nos observar que o centro de gravitação do marxismo é o problema prático e não a teoria abstrata e que a negação da finalidade formulada pelo materialismo é a negação da finalidade meramente subjetiva e arbitrária.

Cabe uma pergunta: qual é esta ciência social de Stammler em virtude da qual ele se jacta de haver criado algo semelhante à *Crítica da Razão Pura* de Kant e da qual assinalamos os traços mais salientes? É facilmente perceptível ao leitor atento que a indagação a respeito da teleologia social não é outra coisa que uma modernizada Filosofia do Direito ou Direito Natural. Quanto à primeira indagação de Stammler, será a tão desejada Sociologia Geral? Ela nos proporciona um conceito de sociedade novo e aceitável? A nós nos parece claro que da primeira análise da sociedade não resulta senão uma ciência formal do direito ou doutrina geral do direito. Stammler estuda nela o direito como realidade e não pode achá-lo senão na sociedade submetida a regras que impõem obrigações exteriores. Na segunda, estuda o direito como ideal e estabelece a filosofia imperativa do direito.

Quanto à investigação a respeito da teleologia, Stammler vem à nossa presença para atribuir o estabelecimento da teleologia social ao que ele denomina filosofia e que define como ciência da verdade e do bem, ciência do absoluto: à filosofia, como se entendia uma vez, a rainha de todas as ciências.

O professor Stammler fala com agrado do monismo da vida social, aceitando como certa a denominação de materialismo que se deu à concepção histórica de Marx. Colocou este materialismo em relação com o materialismo metafísico e aplicou-lhe também o juízo de Lange: "que o materialismo é o primeiro grau e o mais baixo, mas também o mais sólido e firme da filosofia". Para ele, o materialismo histórico disse a verdade, ainda que *não* toda a verdade, pois considerou — segundo Stammler — só como matéria a realidade e *não* também a forma de vida social. Daí a pretensão de Stammler em fundir na unidade da vida social a relação forma e matéria. Stammler cria o termo "materialismo social" para entender o materialismo de Marx.

Quanto ao grupo das ciências concretas, das que têm por objetivo as sociedades historicamente dadas, ninguém que se ocupe da classificação das ciências está disposto a conceder-lhes caráter científico enquanto ciências autônomas e independentes aos estudos dos problemas práticos desta ou daquelas sociedades, nem à jurisprudência ou estudo técnico de direito. Esta última não é mais do que interpretação de um direito particular existente, atendendo a necessidades práticas.

Contudo, o conceito apresentado por Stammler de economia social suscita objeções mais complexas que giram em torno dos seguintes pontos: se estamos realmente diante de uma nova concepção ou se se deve reduzir a algo já conhecido, ou, afinal, se ela não é totalmente errônea. O dilema está entre a economia social apresentada por Stammler como portadora da característica das *regras externas*, nas quais as ações se envolvem; o dilema está entre a consideração tecnológica natural e a social. Não há uma terceira solução. Isso é repetido por Stammler à saciedade. No entanto, é sabido que o elemento social constitui um meio através do qual atua a influência do princípio econômico, produzindo determinados efeitos. Retomando a temática da regra, Weber explicita que não deve ser utilizado tal conceito visto como norma ideal de racionalidade designativa da máxima referente ao comportamento empírico, ao mesmo tempo que deve ser feita a distinção entre o sentido ideal da dogmática do sentido e o sentido concreto que os atores atribuem efetivamente a seu comportamento. Reafirma, assim, a noção que sem rigor conceitual não há estudo científico válido. É claro que a área jurídica pode ser vista do ponto de vista social, econômico e político, porém erra o jurista que considere uma situação em seus aspectos unicamente jurídicos. Há determinadas situações em que os aspectos socioeconômicos não se deixam anular pelos jurídicos, quando se estudar as situações dos trabalhadores de determinado ramo da produção industrial. Weber não pretende neste texto esgotar todos os significados possíveis da noção de regra, porém, do ponto de vista da diferenciação lógica entre norma ideal e fato empírico, isso é irrelevante.

## A teoria sobre o limite do aproveitamento e a "Lei Fundamental da Psicofísica"

Trata-se de uma dissertação a respeito da história da teoria do valor de Aristóteles que tomou a denominação "A Evolução da Teoria do Valor" do economista e historiador Lujo Brentano.

Weber critica a tentativa de Brentano de estabelecer relações entre a teoria subjetiva do valor com certos conceitos extraídos da psicologia experimental, como a chamada lei de Weber-Fechner. Weber faz uma crítica ao marginalismo e sua posição psicologista como fora explicitada por Brentano. Contesta a posição de Brentano, segundo a qual a lei Weber-Fechner será a base da teoria marginalista. Essa lei resumidamente diz o seguinte: toda vez que a sensação intervém, é possível constatar a validade da proposição que afirma a dependência da sensação em relação à excitação, no sentido exposto por Bernoulli, na qual existiria uma relação de dependência entre a sensação de felicidade que nasce do crescimento de uma soma monetária e o valor global da fortuna. A felicidade, argumenta Weber, não é um conceito qualitativo unívoco; não é nem um conceito puramente psicológico. Daí ser impossível identificar felicidade com sensação, mesmo a pretexto de uma analogia geral.

Não cabe à economia receber diretivas da lei de Fechner ou da psicologia em geral, o marginalismo não tem fundamento psicológico como o diz Brentano. Weber argumenta que sua base é o pragmatismo intrinsecamente ligado à vinculação entre meios e fins. As proposições e as teorias econômicas para Weber nada mais são do que meios destinados à análise das relações causais da realidade empírica; não são cópias fotográficas do real. São tipos ideais, conclui Weber.

Em *Teorias culturais energéticas* Weber resenha dois livros de W. Ostwald, *Fundamentos energéticos da ciência cultural* e *Livraria filosófica sociológica*. Critica Ostwald, porque no plano lógico absolutizou determinadas formas abstratas das ciências naturais como sendo o pensamento científico; achou que as formas heterogêneas do pensar exigidas pela "economia do pensar" nos problemas de outras ciências seriam atrasos, tendendo a enquadrar todo o futuro em termos de "relações energéticas" e, finalmente, sua tendência a deduzir dos fatos soluções ético-políticas "patrióticas" é a transformação de uma "imagem do mundo" numa "visão do mundo".

Devido ao significado da química para o sistema econômico, Ostwald privilegia, em seus escritos, os ideais técnicos como indicadores de uma linha de atuação social e política.

Weber denuncia a fonte das ideias de Ostwald: Quetelet e Comte e o Instituto de Sociologia Solvay de Bruxelas, que possui um fundo para pesquisas e publicações fundadas no método sociológico "exato". Segundo Weber, uma análise dos estudos de Solvay "mostra que fatos podem ser produzidos quando tecnólogos formados nos procedimentos das ciências naturais aplicam uma camisa de força nos procedimentos sociológicos" (Weber, *Metodologia*..., p. 295-6).

Ostwald, nas suas referências à pedagogia, privilegia o aproveitamento através do ensino de um ideário tecnológico, que, segundo Weber, nada mais é do que a pregação da submissão e da adaptação aos poderes dominantes institucionalizados. Em suma, a liberdade de pensamento não se caracteriza por ser um ideal tecnológico que possa ser fundado "energeticamente".

Segundo Weber, argumentando contra Ostwald, o verdadeiro espírito científico não nasceu da visão tecnológica da ciência de um Bacon, mas sim, através da expressão de Swammerdam, para "fornecer a prova da sabedoria divina através da anatomia de um piolho", em que a figura de Deus funcionava como um princípio heurístico fecundo. Ainda segundo Weber, isto não quer dizer que não se reconheça os interesses econômicos determinando o desenvolvimento da indústria química e as pesquisas na área da química.

## Sobre as categorias da Sociologia Compreensiva

Neste texto, Weber está preocupado em definir rigorosamente o significado dos conceitos sociológicos, daí desenvolver, com essa finalidade, uma espécie de sociologia sistemática.

Preocupa-se em fundamentar o uso dos tipos ideais pelo sociólogo diversamente de sua utilização pelo historiador. Concebe a sociologia como a ciência da ação social, preocupado com a pesquisa das uniformidades da conduta e procurando compreendê-las por seu *significado*.

Essas uniformidades não se apresentam para Weber como leis necessárias como no âmbito do positivismo. Para ele, a compreensão é crucial na definição da ação social dos agentes, porém a conduta sociologicamente considerada é a ação humana enquanto ação social. Como toda ação social, ela é pertinente a uma expectativa de comportamento de outros agentes. Para Weber, compreende-se uma ação ou conduta pelo sentido pensado pelos sujeitos.

Cabe à sociologia compreensiva elaborar critérios para estudo recorrente do comportamento dos sujeitos. Um tipo de ação é a ação racional referente a fins. Cabe também à sociologia analisar a ação racional com tendência a valores e a ação tradicional afetiva como a ação "comunitária" e a "societária".

Para Weber, a ação social pressupõe uma relação social entendida como a possibilidade previsível de que determinados indivíduos adotem determinado comportamento. Embora uma relação social possa sobreviver aos indivíduos que lhe deram origem, ela desaparece se a conduta dos indivíduos que a mantinha viva se esgota ou deixa de existir. As formas de ação "comunitária" ou "societária" são relações sociais que pressupõem determinados tipos de comportamento.

Justamente o estudo das inter-relações acima definidas, especialmente as formas societárias e a organização socioeconômica, terá sua conclusão lógica no *Economia e Sociedade*, cujo primeiro volume abrange a definição dos conceitos que Weber utilizará nos volumes seguintes. É importante esclarecer que no seu texto sobre a "Objetividade..." e os "Estudos Críticos..." anteriormente tratados, não ficava clara a dívida de Weber com o neokantismo de Rickert. Weber, na medida em que define como *seleção* a integração de valores na pesquisa científica, rompe com a filosofia neokantiana exposta através de Windelband e Rickert.

Rickert estava preocupado com a fundamentação do conhecimento histórico-social na sua estrutura dos valores; pesquisar a relação entre valores e mundo era base normativa da ação social em cada configuração específica.

Estudar a cultura como formadora de valores transcendentes, com validade independente da historicidade humana para sua efetivação, revelara-se impossível, especialmente após a crítica da razão histórica de Dilthey. Em Weber, observa-se uma preocupação com a vinculação do homem com sua historicidade, em que operava não uma natureza, mas sim uma condição humana na qual os valores perdiam seu aspecto absoluto, pois só através da seleção os valores adquiriam um significado.

Weber fora levado ao estudo e à diferenciação entre pesquisa objetiva e juízos de valor.

O tema dos julgamentos de valor discutido há meio século não perde jamais sua atualidade. As publicações que chegaram a público por ocasião da comemoração do centenário da morte de Weber traduzem um certo *pathos* na discussão a respeito de um tema aparentemente singelo — a imparcialidade nas ciências sociais. Recusando a formação de julgamentos de valor, Weber não nega o fato de a sociologia procurar chegar a um conhecimento de nível científico. A simples escolha de um objeto de pesquisa já significa um julgamento de valor na medida em que ele é privilegiado como "significativo" entre tantos outros temas sujeitos à pesquisa.

Em Weber, a atitude científica excludente de julgamento de valor na sociologia aparece mais como uma incapacidade ética de posicionar-se; é o chamado "cientificismo", que pretende ver os problemas sociais como meras composições de hidrogênio ou oxigênio sem referência a valores.

Basta ter conhecido a postura positiva de Weber para ver que ele contrariava a postura do acadêmico indiferente aos problemas de seu tempo; no entanto, o cuidado que ele tinha lidando com a ciência, em se tratando de política, e a força de seu temperamento e de suas convicções dominavam em primeiro plano. O racionalismo de Weber é o de um homem engajado. É necessário salientar que, se Weber contrapõe julgamentos de valor e atitude científica, ele não exclui as "relações" com valores como objetos dessa ciência.

Dharendorf, especulando a respeito, mostra a existência de seis pontos de referência da preocupação científica com referência a valores. Dharendorf sublinha em primeiro lugar a importância da escolha do objeto, cuja seleção já implica num julgamento de valor. Assim, por exemplo, Gunnar Myrdal no *American Dilemma*, provou que é possível examinar um tema como as relações raciais definindo nível de imparcialidade científica sem excluir valores. Ele assim o fez, ao enunciar que o sociólogo deva enunciar claramente os princípios éticos, políticos ou morais que o levaram à escolha do tema, a fim de eliminar qualquer ambiguidade e impedir que seus julgamentos de valor alterem, consciente ou inconscientemente, sua pesquisa. No caso de Myrdal, os seus juízos de valor se identificam aos ideais igualitários no plano racial e político. Definido isto, nada impede que se examine objetivamente o conflito racial norte-americano.

É sabido que o comportamento social está regulado por máximas, normas, regras, mas essas "relações" não podem ser confundidas com "julgamentos". É altamente problemático, na ótica de Weber, o esforço de alguns sociólogos em apresentar postulados práticos ou políticos como hipóteses científicas. Assim, por exemplo, um conservador verá no processo de desaparecimento da família patriarcal o desaparecimento total da instituição família; um crítico de "esquerda" verá no desaparecimento da forma patriarcal de família fenômeno idêntico. Um sociólogo livre do dogmatismo procurará elaborar uma *tipologia* das formas diferenciais de família, ressaltando as relações existentes entre certas formas de família e alguns traços da sociedade global. Assim, por exemplo, alguns sociólogos da indústria mostraram o processo de alienação existente no interior desta, que leva à atomização do trabalhador. O que é verdadeiro, porém não é menos verdadeiro que os trabalhadores reagem a essa atomização criando grupos informais na fábrica.

Que possibilidades tem o cientista de passar da teoria à prática? A questão é que a ciência por si só é incapaz de demonstrar que determinada forma de ação resulte inevitavelmente da pesquisa científica. O que é possível afirmar, situa Weber, é que determinadas condições possibilitam determinadas consequências. Mas é impossível dizer peremptoriamente que tal solução prática é justa e outra é falsa. O que ocorre é que determinadas justificações têm o caráter eminentemente ideológico, isto é, encobrem interesses subjacentes, os quais cabe à sociologia denunciar.

Weber sofre uma "leitura" que separa radicalmente o intelectual da ação prática. Na medida em que ele se impõe uma disciplina lógica, controlando o julgamento de valor na atividade científica, Weber quer se preparar melhor para a ação. Em nome de certos *valores* ele se recusa a um julgamento de *valor*.

Da mesma maneira que a ação social sempre implica valores, a ciência implica valores, a exigência da verdade. Weber prega neutralidade ante valores em nome do juízo de valor, a verdade.

O não engajamento de Weber é na realidade um engajamento indireto. Para aceitar o valor "verdade", Weber aceita uma outra série de valores: da lógica, da estrutura da prova etc. A defesa de uma ciência não ideológica, para Weber, implica uma aceitação de outra série de valores no âmbito epistemológico. Submetendo-se às exigências da lógica e da metodologia, ele realiza outra ideia normativa, orientada para as consequências da ação e da escolha da atividade científica. Por que alguém decide por essa atividade e não por outra forma de ação? Tal escolha apresenta inúmeras razões, uma reside na noção da racionalidade do pensamento e da ação. Essa racionalidade é o postulado de qualquer ação racional e responsável. Para ele, a escolha científica é uma escolha moral orientada pelo mais universal dos valores: a verdade.

Para Weber, é o racionalismo um dos meios de se chegar à liberdade, dominando sentimentos, emoções e condicionamentos psicossociais. Ele mostra na sua teoria da ação que a ação "tradicional", segundo valores absolutos no sentido kantiano, termina na ação racional tendo em vista a adequação entre meios e fins. Weber trabalha com a ideia de conflitos de interesses na sociedade e da multiplicidade dos conflitos entre valores. Um valor existe na medida em que outro é excluído; daí instalar-se um conflito permanente, como consequência imediata da predominância de um valor específico. Por isso, a existência social aparece aos seus olhos como um conjunto ininterrupto de *conflitos* e lutas. Num mundo dilacerado entre conflitos étnicos, nacionais, religiosos e econômicos, o apelo à racionalidade, para Weber, é a condição de não se submeter a imperativos ideológicos inerentes a religiões seculares, que negam o *politeísmo* dos valores.

"O sentido da neutralidade axiológica nas ciências sociais e econômicas" expressa uma preocupação constante em Weber entre a ação e a teoria, a ciência e a ideologia, as limitações institucionais à ação, o conflito entre valores. Weber coloca a questão: o cientista tem o direito de usar de sua autoridade científica para impor pontos de vista partidários? Geralmente é comum observar-se o quanto os cientistas se preocupam com uma transferência de prestígio. Aceitas suas opiniões em áreas específicas, elas se transformam em garantia de sua competência na área das avaliações políticas e sociais.

Weber separa dois planos: o científico e o pedagógico-político. Ele afirma que, na cátedra, o professor deve abster-se de profecias professorais. Critica os que apresentam como verdades científicas irrefutáveis suas opções pessoais e políticas, confundindo formulações cientificamente controladas com juízos de valor fundados em artigos de fé ou fundamentados "em razões últimas" ou ainda em "filosofias primeiras".

Weber postula que uma sala de aula não se confunde com um comício público; enquanto, na primeira, o estudante deve manter silêncio, na segunda tem a oportunidade como *cidadão* de manifestar sua *aprovação* ou *reprovação* do discurso que lhe é oferecido. Segundo ele, o professor deve evitar transformar sua cátedra em púlpito, movido pela crença em fins últimos, discutíveis. Ele deve utilizar recursos mais concordes com os objetivos político-partidários através da imprensa — espaço legítimo das profecias secularizadas. O pesquisador, para Weber, deve evitar tornar-se de contestador em agente do poder constituído, tratando somente de questões que interessam às minorias dominantes; ele não pode ser canal de transmissão de influências externas à universidade.

Weber não separa, como explicamos anteriormente, preocupações científicas de juízos valorativos. Chega a defender a contratação de um professor de orientação anarquista para a Cátedra de Teoria do Estado, argumentando que, justamente por ser crítico do Estado, pode apresentar aspectos do mesmo que escapam aos seus legitimadores. O pesquisador, para ele, deve assumir, se for o caso, seus juízos de valor. Com isso, mostrará como vive o conflito entre a ciência e a ética da convicção. Por sua vez, conclui Weber, a própria neutralidade ante valores precisa ser avaliada.

No plano científico, Weber postula a distinção entre convicção e ciência, pois isso corresponde a uma necessidade lógica e aos pressupostos da ciência. O cientista trabalha no nível da ação *racional* tendente a *fins*, ele se preocupa em estabelecer proposições fatuais, relações causais em interpretações fundadas na *compreensão* com validade *universal*.

Weber mostra como a ciência é um dos paradigmas da ação racional tendente a fins, pressupõe obediência a regras da pesquisa para validação dos resultados. É parte de um processo mais amplo de "racionalização" e "desencantamento" do mundo. A ciência racional à qual Weber está vinculado é parte do processo de racionalização. A objetividade é uma de suas características básicas, além da renúncia a julgamentos de valor em determinado nível de sua elaboração.

## Os três tipos de dominação legítima

Weber, na sua sociologia da dominação, vê a temática à luz dos dominantes, isto é, das estratégias que estes utilizam para assegurar sua dominação valorizando especialmente as "crenças" que permitem aos dominados aceitarem sua submissão.

Quando a dominação é total, o problema da legitimidade não se coloca. A dominação, ou seja, a probabilidade em encontrar obediência de forma direta ou através de um "quadro" administrativo, pode obedecer a um hábito cego de lealdade a quem dispõe dos meios de coação, em obediência a normas e regras imemoriais que se perdem no tempo, ou, em obediência a um carisma pessoal que se coloca como portador de uma missão de salvação, trazendo uma "boa nova" e reunindo um séquito de companheiros em torno de si com a exortação "Está escrito, mas em verdade vos digo".

A questão fundamental é que uma dominação fundada unicamente no carisma pessoal de quem quer que seja é instável, daí a necessidade de um estatuto que defina quem manda e quem é mandado, defina um cosmos de direitos e deveres, uma hierarquia entre o séquito, em suma, a existência de um quadro administrativo entre dominantes e dominados que dê estabilidade à dominação.

Weber mostra que a dominação racional legal no seu tipo "puro" é aquela fundada na existência de uma burocracia. O quadro administrativo consiste em funcionários nomeados por quem detém o poder político, enquadrados numa estrutura de carreira, em que a função administrativa constitui sua forma de vida dominante. Em suma, dominação burocrática é acima de tudo *obediência a cargos*. Tanto o que manda quanto o que é mandado obedecem a uma norma estatuída "superior". O tipo de burocrata é o que tem formação específica, recebe um salário e está enquadrado numa "carreira". Ele deve trabalhar em obediência a regras racionais e impessoais, acompanhando o "processo" administrativo sem consideração por razões "pessoais" e "subjetivas".

A empresa capitalista também é regida por normas burocráticas, mostra Weber. A existência do contrato de trabalho na empresa capitalista mostra a predominância da relação legal de dominação.

A burocracia, para Weber, constitui o tipo "puro" da dominação legal. Nas associações políticas, embora exista o quadro burocrático, os altos cargos são exercidos por monarcas hereditariamente carismáticos ou presidentes eleitos pelo povo de forma carismática-plebiscitária, ou ainda, eleitos por um colegiado parlamentar, cujos senhores são os chefes sejam carismáticos, sejam "notáveis" dignitários dos partidos majoritários.

No entanto o trabalho rotineiro está entregue a funcionários burocráticos submetidos a um expediente. Da mesma forma que a evolução do Estado Moderno identifica-se com a expansão do burocratismo, o mesmo se dá com a empresa capitalista privada.

Weber esclarece que a burocracia não se constitui no único "tipo" de dominação legal, comitês, grupos parlamentares e colegiados correspondem a este tipo sempre que sua competência esteja fundada em regras estatuídas e seu exercício de domínio esteja compatibilizado com a dominação legal. A *dominação tradicional* se dá em virtude da crença em poderes senhoriais existentes desde longa data ou na santidade das ordenações estatuídas fundadas na tradição. A dominação patriarcal constitui a base da dominação patrimonial, para Weber. Quem manda é o "senhor", quem obedece são os "súditos". As relações entre os súditos e o senhor se dão em razão da *fidelidade*, cuja quebra constitui *injúria*. O senhor exerce seu poder obedecendo a normas tradicionais, cujos limites se encontram no exercício da equidade pelo senhor. Daí a dominação tradicional oscilar entre dois polos: por um lado, Weber aponta uma área dominada pela tradição, pelo sagrado, pelo estatuto válido "desde épocas imemoriais"; de outro lado, a existência da área de arbítrio do senhor, em que este age conforme o prazer, sua simpatia ou antipatia.

O quadro administrativo não é constituído de funcionários nomeados por concurso impessoal, mas sim por dependentes pessoais do senhor, familiares ou servidores domésticos, favoritos, vassalos, vinculados ao senhor por uma relação de fidelidade. Não há esferas definidas de "competência", como na estrutura burocrática "pura". As relações no interior do quadro administrativo não são dominadas pelo sentido do dever objetivo ligado ao cargo, mas sim pela relação de fidelidade pessoal a quem detém o poder.

Na dominação tradicional observam-se duas diferentes posições do quadro administrativo: o quadro administrativo está estruturado patriarcalmente no início da montagem da dominação patriarcal e estruturado patrimonialmente ou estamentalmente, como ponto de chegada do patriarcalismo. Assim, a estrutura "pura" do patriarcalismo se dá quando o quadro administrativo é recrutado por "fidelidade" ao senhor a quem deve obediência. Não há separação entre o público e o privado. O quadro administrativo não tem nenhuma defesa contra o arbítrio do senhor; a forma "pura" desta dominação é o sultanato. Na passagem do patriarcalismo ao patrimonialismo ocorre uma mudança na posição do quadro administrativo, segundo Weber. À estrutura patriarcal, fundada na fidelidade pessoal, opõe-se a estrutura estamental, na qual o funcionário não é um mero "dependente" do senhor, mas sim exerce o cargo por nomeação efetiva, conforme os padrões de legitimidade dominantes na época, ou é dono do cargo por arrendamento ou compra, possuindo um direito a este cargo infenso aos arbítrios senhoriais.

A competição entre os que exercem os cargos em relação à extensão de seu poderio define as "áreas de competência", tão claramente delimitadas no tipo "puro" de dominação burocrática.

Enquanto a dominação patriarcal, para Weber, constitui o tipo puro de dominação tradicional, a dominação patrimonial é regida não por uma justiça estereotipada burocraticamente, mas sim pelo que Weber chama da *justiça cádi*, que sintetiza o apelo à tradição e a existência de uma margem de arbítrio do senhor, que julga conforme princípios de equidade e "com referência a pessoa".

A dominação estamental, fundada na apropriação dos poderes do cargo pelo quadro administrativo, significa uma certa "racionalização" da dominação especialmente frente à dominação patriarcal "pura". Assim, a burocracia dos letrados chineses ou brahmanes hindus significa formas de dominação "mediante" uma estrutura estamental.

Diferentemente da dominação estamental ou burocrática "pura", opera a dominação carismática. Para Weber, o carisma surge no solo social mediante uma qualificação "pessoal" do portador de uma mensagem de salvação contra os "poderes deste mundo", reunindo um séquito carismático de "companheiros" ideologicamente qualificados que se propõem a "mudar" o mundo. Quando o líder carismático atinge o poder do Estado, mostra Weber, ocorre o processo de "rotinização". O líder passa a chefe, o séquito de companheiros transmuta-se numa burocracia administrativa hierarquicamente estruturada em função de uma "carreira" de uma ascensão. É quando o carisma se converte em defensor dos interesses "estabelecidos" e fonte de sua legitimação.

A dominação carismática, segundo Weber, caracteriza-se pela instabilidade, enquanto a dominação burocrática tem seu forte na estabilidade.

O maior problema da dominação carismática é a sucessão do carisma. É quando ela entra em crise, pois o sucessor pode ser nomeado por meios mágicos, por exemplo, por um oráculo, pela sorte ou pelo reconhecimento da "comunidade". A transmissão do carisma pode dar-se através do que se convencionou chamar de "carisma hereditário", recurso utilizado nas monarquias europeias do período absolutista, quando a qualificação carismática é encontrada no "sangue". A dominação carismática "pura" dá-se quando o carisma é "reconhecido" pelo séquito. Também pode ocorrer por eleição ou aclamação da comunidade religiosa ou militar. A escolha do carisma pode também ocorrer por via plebiscitária, como Napoleão III. Estamos diante do "carisma plebiscitário" montado no topo de uma estrutura burocrática, o Estado Moderno.

## O sentido da "neutralidade axiológica" nas ciências sociais e econômicas

Para Weber, a ciência na Idade Média constituía-se numa construção "acabada", pelo menos até o século XII. Na época moderna, ela se caracteriza pelo inacabado e pela renúncia a julgamentos de valor. Limitando-se ao estritamente científico, ele crê necessário acabar com todas as "visões do mundo", inclusive as que pretendam fundar-se na ciência.

O cientista pode avaliar os meios escolhidos pelo homem de ação para atingir seus fins. A ciência pode iluminar o homem de ação definindo seus limites, seu querer; ela não pode oferecer normas, fins a atingir. Da mesma maneira que o médico deve tratar da doença e não se preocupar com os fundamentos últimos da "vida", cabe ao sociólogo estudar as formações societárias e não procurar decretar a melhor organização social.

A ciência não pode definir valores como válidos ou não, porém pode definir os meios que permitem a realização ou não de certos valores. Para Weber, há o politeísmo dos valores em luta entre si, por isso descarta uma certeza tranquila na escolha entre valores; ação é escolha valorativa.

Contrariamente a Rickert, Weber rechaça a ideia da transcendência dos valores. Eles são submetidos à prova da realidade através da sociologia como ciência da ação social.

Para Weber, a ciência pode elaborar instrumentos operacionais, porém não pode nos esclarecer a respeito dos fins. O que a ciência desenvolve é a lucidez do sujeito pesquisador através da crescente inteligibilidade de suas proposições, nada além disso. No domínio normativo a ciência poderia colocar essa inscrição no seu pórtico: *Lasciate ogni speranza ó voi que entrate* (Dante).

Quanto à discussão do conceito de avaliação — enquanto seu sentido lógico e avaliação entendida como postura do docente que, em sua atividade pedagógica, deva explicitar sua aceitação de avaliações práticas, fundamentadas em princípios éticos, culturais ou filosóficos — Weber acredita que esta questão não pode ser cientificamente solucionada, na medida em que é uma questão (de avaliação) prática. Daí não poder ser inteiramente resolvida. Weber critica a distinção feita na área das ciências sociais e econômicas entre avaliações vinculadas a posições partidárias e outros tipos de avaliação.

Segundo ele, tal tipo de distinção é inadmissível. Uma vez que se admita a explicitação de avaliações na Universidade, a posição segundo a qual o professor universitário deva ser um ente destituído de paixão e de emoções nada mais é do que uma opinião que peca pela estreiteza burocrática indigna de um ser pensante. No meio universitário, segundo Weber, sempre haverá professores que acham que as universidades cumprem seu papel na medida em que se valoriza a formação especializada por pessoas realmente qualificadas e outros que acham que as universidades devem formar o caráter, inculcar valores e crenças estéticas ou políticas. *Daí ser a integridade intelectual a única virtude específica que as universidades deveriam inculcar*, diz Weber.

Weber é favorável à posição daqueles que acham que o ensino universitário alcança seus objetivos através da formação de pessoas com saber especializado por intermédio de professores especialmente qualificados. Declara-se adepto desta posição, que, segundo ele, pode provir de uma apreciação entusiástica ou de uma apreciação inteiramente moderada do sentido da "formação especializada". Acrescenta que a defesa deste ponto de vista não implica que todos deveriam tornar-se especialistas "puros" o quanto possível. Essa posição pode ser adotada justamente por aqueles que não pretendem que as opções vitais de um estudante estejam subordinadas à especialização; essa posição pode ser assumida também — pondera Weber — em nome da autodisciplina do jovem. Weber rejeita o que chama de "profecia professoral" que se realiza ao abrigo da sala de aula na Universidade sem contestação alguma, diferentemente do profeta de rua que está sujeito à crítica do que enuncia. Enfatiza a dedicação do professor à tarefa docente e de pesquisa do reconhecimento de fatos mesmo desagradáveis, distinguindo-os de suas próprias avaliações.

Weber pondera que, na execução de uma tarefa profissional, uma pessoa deve restringir-se apenas a ela, afastando de modo especial seus amores e ódios. Weber critica enfaticamente "o culto da personalidade" que tende a dominar na área do Estado, da cátedra e do púlpito também aqueles que se opõem ostensivamente à declaração acadêmica de avaliações políticas em nome da "neutralidade ética", que têm, segundo ele, a função de desacreditar as discussões culturais e sociopolíticas em público.

Enfatiza, ainda, que o costume de declarar as avaliações práticas da atividade docente só pode ser sustentado com coerência quando seus proponentes defendam a mesma liberdade de avaliação para os pertencentes a outras facções que devem ter a oportunidade de demonstrar da tribuna universitária a validade de suas avaliações.

Comentando a afirmação de um professor de Direito que jamais permitiria um anarquista como professor de Direito, pelo fato de os anarquistas, por princípio, negarem a validade da lei, Weber argumenta que um anarquista pode ser um estudioso das leis e que o ponto central de suas convicções alheias ao convencionalismo poderia capacitá-lo a problematizar determinados assuntos que, para a média das pessoas, não existem. Weber afirma que *a dúvida mais fundamental é a fonte do conhecimento*.

Na época de Weber, a viabilidade de transformar a Universidade em fórum para discussões práticas pressuporia a mais ampla liberdade de discussão no meio universitário. Isso não ocorria, as avaliações políticas mais importantes não tinham guarida na universidade alemã de sua época.

Weber volta a analisar o juízo de valor em relação à ciência, a coexistência com os princípios da "neutralidade axiológica", criticando Schmoller, quando identifica imperativos éticos e valores culturais. Disserta amplamente sobre o conceito de progresso no mundo histórico-social, detendo-se na análise do fenômeno artístico, especialmente quanto ao surgimento do estilo gótico como solução *técnica* de um problema referente à construção das abóbadas. Exemplifica também com a música, quando aponta que a música harmônica apenas se desenvolveu na Europa num período determinado, enquanto em outros lugares seguiu rumos diferentes.

Passando pela discussão da "racionalidade" econômica, Weber questiona o caráter do Estado Moderno, seu monopólio da violência "legítima", seu poder de vida e morte em tempo de guerra e as implicações sociais daí decorrentes.

## Conceitos sociológicos fundamentais

Weber antecipa-se ao chamado "operacionalismo", ao procurar definir com precisão os conceitos fundamentais de sua sociologia. Para tal, dedica um volume de sua *Economia e Sociedade*, mostrando a incompatibilidade entre uma vulgarização absoluta e a precisão conceitual, optando pela prioridade da precisão conceitual.

Esclarece que o conceito "compreensão" é básico na obra do psiquiatra filósofo Karl Jaspers em sua *Psicopatologia Geral*, embora confesse seu débito a Rickert e Simmel. Esclarece separar-se de Simmel, quando este, na sua *Sociologia* e *Filosofia do Dinheiro*, confunde o que é "imaginado" com o que é objetivamente válido.

Weber situa a sociologia como a ciência da ação social, entendida como ação social com referência a fins, com referência a valores, afetiva e tradicional. A ação racional em relação a fins implica um comportamento de expectativa em que o comportamento de outros homens aparece como "condição" ou "meio" para atingir os fins *racionalmente* perseguidos.

Existe a ação social racional em relação a *valores*, que é determinada pela crença consciente no valor ético ou religioso de determinada conduta sem relação com o resultado. Ela se desdobra em: a) uma ação social afetiva especialmente emocional, caracterizada por determinações sentimentais; b) uma ação social tradicional determinada por costume arraigado.

Na realidade, Weber diz que os vários *tipos* de ação social aparecem na prática mesclados; nenhum é inteiramente *puro*. Essa tipologia da ação social é que permite a Weber afastar-se da visão psicologista da ação. Embora interessado na ação social dos indivíduos, na sua sociologia compreensiva lhe interessa a ação social em nível de ação com regularidade e de massa.

Na medida em que qualquer ação social pressupõe mais do que um indivíduo, Weber supõe que ocorre uma ação quando existe determinado tipo de relações sociais expressas em associações que tornam possível a vida social.

O fundamental para Weber é que uma ação social, seja racional, tradicional ou afetiva, observa uma adequação causal e uma adequação de sentido, isto é, transcorre sempre de uma forma unívoca. A ação social é compreensível na medida em que tem como referência um fim, um "sentido"; o compreensível tem como referência a ação humana, uma máquina é uma máquina, só é meio de produção num circuito capitalista.

Weber explicita as condições de construção dos tipos ideais como instrumentos heurísticos para conhecimento do social, em que compreensão significa uma apreensão interpretativa do sentido que pode ser: a) pensada na ação específica (consideração histórica) de modo aproximativo (na análise sociológica de massa) e b) pensada na construção científica, tendendo à elaboração do tipo *ideal* de um fenômeno frequente.

Em suma, a sociologia, para Weber, constrói tipos ideais procurando descobrir regras gerais do acontecer. Uma condição da peculiaridade de seus conceitos é que tenham de ser relativamente vazios ante a realidade histórica. Isso, para Weber, permitirá a formação de conceitos unívocos.

Weber passa a tratar exaustivamente das condições da ação social e dos vários tipos de ação possíveis. Estrutura um esquema contínuo — a ação social leva à relação social, esta se estratifica na forma de hábito, de costume, terminando por se estruturar como ordem legítima. Essa ordem legítima, Weber tipifica em dois níveis: convenção e direito. *Convenção* existe quando sua validade é garantida pela comunidade que condena qualquer exclusão das normas consensuais ou costumes e há o *direito* quando a validade de determinada norma ou valor é garantida mediante coação.

A ordem legítima pode ser legitimada, segundo Weber, pela tradição (hábitos imemoriais), pela crença (o séquito que *crê* na missão exemplar de um líder carismático) ou pelo estatuto (o conjunto de ordenações, normas e regulamentos).

## A ciência como vocação

Weber enuncia as condições diferenciadas de início de carreira acadêmica na Alemanha e nos EUA. Enquanto na Alemanha o pesquisador recém-formado se inicia como *Privatdozent* sem receber salário regular da Universidade, cobrando dos alunos por cabeça, nos Estados Unidos existe um sistema burocrático no qual o jovem é remunerado ao nível de um operário semiqualificado.

Weber insistia que os pesquisadores que tivessem obtido o título com ele fizessem seus concursos em outra universidade para garantir a isenção e objetividade no julgamento. Infelizmente, relata que um de seus melhores estudantes foi rejeitado em seu lugar, pois ninguém acreditara que esta fosse a verdadeira razão de ele estar tentando habilitar-se lá. Weber mostra a tendência inarredável à burocratização nas universidades e seus institutos de pesquisa, qualificando-os como "capitalistas estatais". Mostra que, da mesma maneira que na fábrica o operário está alienado dos meios de produção, no laboratório o cientista está alienado dos meios de pesquisa. O pesquisador depende do diretor do instituto, da mesma maneira que o operário depende do administrador, já que o diretor do instituto acredita com toda sinceridade que o instituto é dele. A vida universitária alemã, salienta Weber, está se americanizando, mesmo na área das ciências sociais, onde o próprio erudito é o dono dos meios de produção com a existência da biblioteca privada, tal como os artesãos de antigamente eram donos de seus meios de produção.

Mostra ainda a diferença de "clima organizacional" entre um instituto de pesquisa regido capitalisticamente e o catedrático do estilo tradicional. Weber mostra como nem sempre o *status* do professor na Universidade é resultado de qualidades *pessoais*; o papel do *acaso* e do *capital de relações sociais* pode ser decisivo. Argumenta com *seu* próprio exemplo: "É simplesmente obra do acaso que um *Privatdozent* (livre-docente) ou um assistente alguma vez seja bem-sucedido em se tornar professor ou diretor de instituto. O caso não é apenas comum — é extraordinariamente frequente. Não sei de quase carreira alguma no mundo em que ele desempenhe papel como esse. Talvez eu seja o mais habilitado a dizê-lo *uma vez que sou pessoalmente grato a vários fatores absolutamente acidentais, para que ainda muito jovem me tornasse catedrático numa área em que, naquela época, meus contemporâneos sem dúvida haviam realizado muito mais do que eu. Gabo-me de crer que, com base nessa experiência, tenho o olhar um tanto aguçado para o destino injusto de muitos com quem o acaso desempenhou o papel exatamente oposto e que, apesar de toda sua excelência, não atingiram a posição para a qual estavam habilitados"* (p. 433).

Weber diz que o acaso desempenha grande papel na seleção universitária: *"Não seria justo culpar as inadequações pessoais das congregações ou dos funcionários dos ministérios de educação pelo fato de que tantas mediocridades desempenhem papel tão destacado nas universidades"* (p. 433-34).

Segundo ele, isso é resultado da interação entre organizações, entre a Congregação que recomenda a nomeação e o Ministério de Educação. Exemplifica com as *eleições papais*, nas quais raramente o cardeal considerado "favorito" é escolhido; em geral ocupa o segundo ou terceiro lugar. O mesmo se dá nas indicações para presidente, nas convenções partidárias norte-americanas; excepcionalmente o favorito ganha a indicação na convenção partidária e concorre à eleição. *"Essas leis de seleção aplicam-se também às comunidades acadêmicas, e não nos deve admirar que muito frequentemente ocorram enganos. Realmente notável é que, apesar de tudo, seja relativamente tão considerável o número de nomeações acertadas. Medíocres submissos ou oportunistas conseguem vantagem por ocasião da nomeação ou promoção acadêmica apenas quando, como em certos Estados, o Parlamento ou, como atualmente, os ditadores revolucionários intervêm por razões políticas"* (p. 434).

Weber mostra que nem sempre o grande pesquisador é o grande professor, citando em seu abono Helmholtz ou Ranke. Argumenta que os alunos acorrem em massa a determinado curso por motivos superficiais, como o tom de voz do professor ou o temperamento. Desconfia das grandes audiências, preceitua que a *democracia* deva ser praticada onde for *pertinente*. A ciência e a erudição exigem a *vocação* de quem a elas se dedica, isso pressupõe uma aristocracia intelectual — por mais que o termo seja antipático a nossos ouvidos —, fundada na dedicação ao saber e à pesquisa.

Porém, a universidade alemã de sua época praticava formas *racistas* de exclusão de candidatos, escreve Weber: "Quando um jovem cientista ou erudito vem em busca de conselho a respeito de habilitação, a responsabilidade que se assume em aconselhá-lo é de fato muito grande. Se for um judeu, naturalmente se diz a ele: *lasciati ogni speranza* (abandonai essa esperança)" (p. 435). Porém, aos demais, Weber propõe que se submetam a um exame de estoicismo: *"Você crê que será capaz de, ano após ano, continuar vendo um medíocre após outro ser promovido, passando por cima de você e ainda assim não se deixar exasperar ou abater?"* (p. 435).

No âmbito da ciência, escreve Weber, uma realização consistente é sempre *especializada. "Aquele a quem falta a capacidade de, por assim dizer,* pôr antolhos em si mesmo e de convencer-se de que *o destino de sua alma* depende de ser correta sua interpretação particular de determinada passagem de um manuscrito estará sempre alheio à ciência e à erudição" (p. 436). É essa a "preciosa intoxicação". Sem essa *paixão*, a ciência não se constitui como vocação ao candidato a cientista, que deverá mudar de profissão, *"porque nada tem valor humano para um ser humano se não puder fazê-lo com dedicação apaixonada"* (p. 436).

Weber dá espaço ao diletante, argumentando que muitas vezes sua ação é produtiva. Muitas das melhores hipóteses e intuições deveu-se a diletantes. Sem dúvida que a paixão ou inspiração não garantem por si resultados, mas são pré-requisitos de um trabalho científico. O trabalho não substitui uma intuição criativa, que não prescinde de um trabalho perseverante. O destino do trabalho científico é um dia ser ultrapassado e tornar-se obsoleto, esse é o seu significado. *"Porém — deve ser repetido — não só é nosso destino, como também nosso objetivo que sejamos cientificamente superados. Em princípio, esse progresso vai* ad infinitum" (p. 438).

Não se pode esconder das pessoas, afirma Weber, que seu destino é viver uma época indiferente a Deus e aos profetas. Teologia e dogmas não se encontram só no cristianismo, estão nos Upanishads, no islamismo e no judaísmo, porém é no cristianismo que a teologia sistematizou-se — isso por influência helênica. As teologias estão vinculadas a "revelações", porém em toda a teologia chamada positiva o crente chega à seguinte situação: "creio no *absurdo*, para realizar isso". Exige-se dele o *sacrifício do intelecto*. Isto é, o sacrifício da *razão crítica*. Da mesma maneira que o *discípulo* faz legitimamente o *sacrifício do intelecto* em favor do *profeta*, só o *crente* o faz em nome da *igreja*.

Weber critica os "sucedâneos da graça", ou seja, aqueles intelectuais que *"criam sucedâneos de todas as possíveis formas de experiências, aos quais atribuem a dignidade de santidade mística para trancafiá-los no mercado de livros. Ora, tudo isso não passa de uma forma de charlatanismo, de uma maneira de se iludir a si mesmo"* (p. 452).

O que caracteriza nossa época? Weber responde: a racionalização, a intelectualização e o desencantamento do mundo.

Por que levamos adiante uma prática que jamais será completada? Weber responde: pelo fato de a atividade ser razoável e significativa, por motivos práticos e tecnológicos, por continuar na ciência "por ela mesma". Porém, não responde ao fato de permitir-se aprisionar dentro deste empreendimento especializado sem fim. Weber propõe-se esclarecer antes de mais nada o que significa praticamente esta racionalização intelectual criada pela ciência e orientada pela tecnologia.

Nem sempre a racionalização e a intelectualização, que constituem duas características da civilização ocidental, significam por si só que o homem ocidental domine as condições de sua existência mais do que o homem primitivo, que conhece melhor os instrumentos que utiliza para sua sobrevivência, aduz Weber. Simplesmente significa, diz ele

> *"que sabemos ou acreditamos que, a qualquer instante, poderíamos, bastando que o quiséssemos, provar que não existe, em princípio, nenhum poder misterioso e imprevisível no decurso de nossa vida, ou, em outras palavras, que podemos dominar tudo por meio do cálculo. Isto significa que o mundo foi desencantado. Já não precisamos recorrer a meios mágicos para dominar os espíritos e exorcizá-los, como fazia o selvagem que acreditava na existência de poderes misteriosos. Podemos recorrer à técnica e ao cálculo. Isto, acima de tudo, é o que significa a intelectualização"* (p. 439).

Tolstoi preocupava-se com as consequências deste processo na maneira de o homem encarar a vida e a morte. Segundo ele, esta *não* tinha mais sentido na medida em que a vida está imersa no progresso imanente, destituído de qualquer finalidade. Ninguém que morre atinge o pico, pois este é infinito. O homem só capta o provisório, pois a vida é um *processo*.

Para Weber, o início do processo de intelectualização está ligado à descoberta grega do *conceito* vinculado à descoberta renascentista da *experiência racional* elevada ao nível de pesquisa. Esse entorno criou Galileu e Bacon. Pela experimentação, procurava-se chegar a compreender a natureza; outro caminho foi o trilhado pelos pietistas que procuravam compreender a natureza e suas leis como fruto da vontade de

Deus. Weber não se compadece daqueles que procuravam na ciência a felicidade, ressaltando a crítica de Nietzsche aos "últimos homens", porém criticava o que chamava *"o moderno romantismo intelectualista do irracional"* (p. 444).

Segundo Weber, a ciência sem pressupostos exige do crente que, se os fenômenos devem ser explicados sem apelo ao sobrenatural a que a explicação empírica recusa caráter causal, aqueles fenômenos só podem ter explicação pelo método que a ciência irá aplicar. Isso o crente pode admitir, preservando sua crença — alude Weber conclusivamente.

Weber proclama que os deuses antigos abandonaram suas tumbas e que, na forma de poderes impessoais, pretendem gerir nossas vidas, daí deva-se recusar o apelo à "experiência vivida" sem interpretação, pois isso significa um ato de fraqueza — a de não ser capaz de encarar de frente nossa época.

A ciência pode contribuir para o maior conhecimento da vida através do desenvolvimento de métodos de pensar, instrumentos técnicos e treinamento científico. Nisso pode o professor contribuir, sem se transformar em profeta, herói ou carisma, aduz Weber.

Weber conclui sua exortação: *"A quem não é capaz de suportar virilmente esse destino de nossa época (intelectualização, secularização e racionalização) só cabe dar o seguinte conselho: volta em silêncio, com simplicidade e recolhimento, aos braços abertos e cheios de misericórdia das velhas igrejas, sem dar a teu gesto a publicidade habitual dos renegados. E elas não dificultarão este retorno. De uma forma ou de outra ele tem que fazer o 'sacrifício do intelecto' — isso é inevitável"* (p. 453). Está escrito.

# I

# Roscher e Knies e os problemas lógicos de economia política histórica — 1903-1906

Nota preliminar. I. O "Método Histórico" de Roscher. A classificação das ciências conforme Roscher. O conceito de evolução e a irracionalidade da realidade. A psicologia de Roscher e a sua relação com a teoria clássica. A teoria de Roscher sobre os limites do conhecimento discursivo e a causalidade metafísica dos seres vivos. Roscher e o problema das normas práticas e dos ideais.

## Nota preliminar

Este ensaio não pretende ser um retrato literário de nosso velho mestre. Limita-se apenas a tentar mostrar como determinados problemas fundamentais de natureza lógica e metodológica que, nos últimos anos, foram amplamente analisados na ciência da História e também na nossa disciplina científica, estiveram presentes, de maneira marcante, desde o início da economia política.[1] Discutiu-se também o "método histórico"

---

1. Obviamente, abordamos estes problemas apenas de modo geral. Não podemos proceder de outra maneira, já que não temos acesso à ampla literatura específica sobre problemas de

como um possível procedimento para resolver estes problemas. Obviamente, no decorrer do nosso ensaio, analisaremos outrossim as falhas e as eventuais inconsistências deste "método histórico". São exatamente estas falhas que fazem com que nos demoremos em determinados pressupostos, a partir dos quais se inicia o nosso trabalho científico. Nisto consiste, unicamente, o sentido de investigações como a nossa, que, evidentemente, não tem por escopo apresentar uma "obra de arte" ou uma visão global da obra de Roscher, mas, ao contrário, visa apenas elaborar uma análise minuciosa de questões reais, presentes em toda investigação científica, que, às vezes, até mesmo parecem óbvias.

Hoje em dia, é opinião geralmente aceite que os fundadores da "Escola Histórica" foram os seguintes cientistas: Wilhelm Roscher, Karl Knies e Bruno Hildebrand. Sem querer minimizar a grande importância de Bruno Hildebrand, temos que deixá-lo de lado em nossas reflexões, apesar de, num certo sentido, ter sido ele o único que, nas suas pesquisas, aplicou concretamente o "método histórico". O seu relativismo, presente na obra *Nationalökonomie der Gegenwart und Zukunft* (A economia política no passado e no futuro), se utiliza, nos pontos que aqui nos interessam, apenas de ideias e pensamentos que anteriormente foram desenvolvidos por Roscher, Knies e outros. Mas de maneira nenhuma podemos prescindir da exposição das opiniões e posturas metodológicas de Knies. A principal obra metodológica de Knies, aliás, dedicada a Roscher é, por um lado, uma análise das obras do próprio Roscher, publicadas até aquele momento e, por outro, pode também ser entendida como um debate com os representantes da "economia clássica" que, naquele tempo, era indiscutivelmente a tendência predominante nas universidades, no que diz respeito à disciplina "Economia Política". A figura principal e o líder deste último grupo era, sem dúvida, o professor Rau, antecessor de Knies naquela cadeira, na Universidade de Heidelberg.

Em nossa apresentação das questões fundamentais de metodologia científica, serão analisadas as seguintes obras de Roscher: *Leben, Werk und Zeitalter des Thukydides* (1842) (Vida, obra e época de Tucídides); *Grundriss zu Vorlesungen über die Staatswirtschaft nach geschichtlicher*

---

lógica. O especialista em determinada disciplina científica tampouco deveria ignorar problemas de ordem mais geral, sempre fundamentais, como veremos no decorrer deste ensaio. Infelizmente, poucos são os cientistas que se preocupam com tais problemas.

*Methode* (1843) (Esboço das preleções sobre a economia política conforme o método histórico). Consultamos também os artigos publicados nos anos de 1840/50 e as primeiras edições do primeiro volume do *System der Volkswirtschaft* (1ª ed., 1854; 2ª ed., 1857) (Sistema da economia política). Foram trabalhos publicados depois da primeira edição da obra principal de Knies, na qual se analisa explicitamente a validade lógica da obra de Roscher, motivo pelo qual incluímo-los em nossas reflexões.[2]

## I. O "método histórico" de Roscher

Para Roscher, há dois modos de elaborar cientificamente e de representar a realidade: o "filosófico" e o "histórico".[3] O primeiro visa à

2. Não se encontram, a nosso ver, alterações fundamentais e significativas nas obras da maturidade de Roscher. Em termos de mitologia, ele se fechou mais. Roscher também conhecia autores como Comte e Spencer, mas não percebeu em profundidade a importância deles e não assimilou devidamente as suas ideias. Percebe-se isto claramente na sua obra *Geschichte der Nationalökonomie* (1874) (História da economia política.), obra na qual Roscher não fez uma análise objetiva dos escritos destes autores, mas apenas contentou-se em mostrar as suas intenções.

3. Com vistas à finalidade de nossas reflexões, não será apresentada uma visão global e abrangente da obra de Roscher. Para tanto, deveriam ser consultados os seguintes escritos e obras: o ensaio de Schmoller que foi publicado em *Zur Literaturgeschichte der Staats — und Sozialwissenschaften* (Contribuição para a história das ciências políticas e sociais) e o discurso em homenagem a Roscher, proferido por Büchers e publicado em *Preussische Jahrbücher* (1894, t. 77, p. 104 e ss.) (Anais Prussianos). Ambos os artigos, o primeiro publicado ainda em vida de Roscher, e o outro logo depois do seu falecimento, não se ocupam devidamente de um ponto essencial para entender a personalidade de Roscher, ou seja a sua convicção e cosmovisão religiosas. Considerando que nossa geração encara questões da religião apenas de modo subjetivo, este procedimento é perfeitamente compreensível. Mas uma análise minuciosa da obra de Roscher não deveria excluir este fato fundamental. Roscher não era um "homem moderno" como se vê na publicação póstuma de sua obra *Geistlichen Gedanken* (Pensamentos espirituais). Roscher também nunca mostrou-se constrangido em confessar publicamente a sua fé, visivelmente tradicional. Em nossa análise da obra de Roscher, encontrar-se-ão muitas ideias recorrentes e minúcias que para alguns podem parecer desnecessárias. Mas o nosso procedimento justifica-se pelo caráter inacabado da obra de Roscher e pela presença de elementos logicamente contraditórios. Para o especialista em lógica, não há nada que seja óbvio. Portanto, serão também analisadas questões de lógica que, de maneira geral, talvez há tempos estejam

captação conceptual da realidade, por meio da abstração generalizante e da concomitante eliminação das suas "casualidades e contingências". O segundo visa à reprodução e representação de toda a realidade em sua plenitude por meio da descrição plástica. Logo se percebe que o ponto em questão é a validade da divisão já clássica e, hoje em dia, amplamente aceite, entre as ciências das leis e as ciências do real. Esta divisão surge com mais nitidez na oposição metodológica entre as ciências naturais exatas e a história política.[4]

Por um lado, temos ciências que pretendem introduzir, através do uso de conceitos gerais e de um sistema de leis, uma ordem na varieda-

---

superadas e, por causa disso, muitos não irão perder tempo com as mesmas. Mas seria também errado supor que determinadas questões da lógica existentes na obra de Roscher, teriam, hoje em dia, uma solução clara e indiscutível.

4. No que diz respeito à economia política, podemos afirmar que esta oposição de métodos foi claramente percebida por Menger. No decorrer de nosso ensaio, voltaremos a este assunto. Encontramos a formulação lógica e exata desta problemática, de maneira bastante abrangente, na obra de Heinrich Richert, intitulada *Die Grenzen der Naturwissenschaftlichen Begriffsbildung* (Os limites da formação de conceitos nas ciências naturais). Abordagens mais parciais encontramos nas seguintes obras: Dilthey, *Einleitung in die Geisteswissenschaften* (Introdução às ciências do espírito); Simmel, *Probleme der Geschichtsphilosophie* (Problemas da filosofia da história); Windelbands, *Geschichte und Naturwissenschft* (História e ciências naturais). Este último escrito é apenas um discurso seu datado de 1894, proferido no dia em que ele assumiu o cargo de reitor da Universidade do Estrasburgo. Outras obras: Gottl, *Die Herrschaft des Wortes* (1901) (O poder da palavra). Gottl, nesta obra, aproxima-se, de maneira diferente, dos problemas relacionados à formação dos conceitos na economia política. É um trabalho independente e autônomo, mesmo tendo recebido determinadas influências como, por exemplo, as de Wundt, Dilthey, Münsterberg e, também, de Rickert (sobretudo no Volume I). A publicação da obra de H. Rickert superou, nos seus pontos essenciais, o trabalho de Gottl que, entretanto, nem por isso perdeu a sua importância em algumas das suas observações básicas. Parece que nem Heinrich Rickert, nem Eduard Meyer conheciam a obra de Gottl. Mas ambos chegam a afirmações bem semelhantes. O pensamento de Eduard Meyer encontra-se em *Zur Theorie und Methodik der Geschichte* (1902) (Contribuição para a teoria e a metodologia da História). A linguagem de Gottl é quase incompreensível, o que dificulta a inteligibilidade do seu pensamento. Mas esta linguagem é consequência de sua postura teórica que procura estabelecer uma epistemologia psicológica, evitando, conscientemente, a terminologia clássica e de natureza conceptual que se preocupava em reproduzir a plenitude do real através de uma vivência imediata — portanto "não mediata conceptualmente". Queremos chamar a atenção para o tratamento sério e inteligente dado à problemática em questão, mesmo que várias observações do autor continuem a provocar protestos, incluindo, entre estas observações, até mesmo algumas das suas teses principais.

de existente, variedade no sentido da intensidade e da abrangência extensiva. O ideal lógico destas ciências é a mecânica pura. Para conseguir a realização deste ideal, faz-se cada vez mais necessário afastar dos eventos e dos processos concretos toda sorte de casualidade e todo acontecimento fortuito. A lógica deste processo tanto tem por objetivo subordinar sistematicamente conceitos gerais a outros conceitos ainda mais gerais, quanto muito se preocupa com a obtenção de um rigor absoluto, o que leva quase automaticamente à redução máxima das diferenças qualitativas da realidade, igualando-as a diferenças quantitativas que são passíveis de uma mensuração das mais exatas e rigorosas. No intuito de ir além de uma simples classificação dos fenômenos, os seus conceitos devem incluir juízos de uma validade potencialmente geral. Para que estes juízos sejam absolutamente precisos e se assemelhem a uma evidência matemática, devem ser eles representáveis e demonstráveis dentro dos parâmetros das relações causais.

Este procedimento leva, indiscutivelmente, a um afastamento contínuo e crescente da realidade empírica e concreta que, por toda parte, existe apenas com características de individualidade e particularidade. Em última análise, este método leva à criação de um sistema formado por fatores variáveis e quantitativos que não possuem nem realidade nem qualidade, mas que, entretanto, podem ser representados por meio de relações causais. O instrumento lógico e específico para alcançar este objetivo, por nós esboçado, é o uso de conceitos que possuem uma abrangência cada vez maior e, por isso, um conteúdo cada vez menor. O resultado deste procedimento é, logicamente, a constituição de um sistema formado por conceitos relacionais de validade universal (as leis). Procede-se desta maneira em todos os setores em que a essência dos fenômenos — isto é, aquilo que nos interessa saber — coincide com o genérico. Portanto, nosso interesse cientifíco, neste caso, não diz respeito aos casos empíricos em sua individualidade, pois estes foram transformados em exemplos de conceitos genéricos.

Por outro lado, há ciências que têm por escopo o conhecimento da realidade na sua particularidade qualitativa e característica na sua individualidade. Na opinião dos partidários da primeira tendência, um tal conhecimento é impossível. Trata-se da impossibilidade da reprodução e da representação plena e exaustiva de uma parte da realidade, mesmo sendo ela limitada, por causa da sua grande diferença e variedade. Portanto, não poderíamos conhecer aqueles elementos e partes da realidade que nos interessam, sobretudo em nosso procedimento cognitivo, por causa, exatamente, de sua particularidade individual.

O ideal lógico desta última tendência é o seguinte: na análise dos fenômenos individuais, separar aquilo que é essencial daquilo que é "casual" ou "ocasional", isto é, o que não tem significado. O essencial tem de ser representado plástica e conscientemente e, além disso, o individual e o particular devem ser colocados numa conexão universal capaz de fazer com que se perceba, de maneira clara e transparente, as relações entre "causas" e "efeitos". Com isso, exige-se a elaboração, cada vez mais apurada, de um sistema conceptual que continuamente se aproxime da realidade individual por meio da seleção e da união daqueles traços que se apresentam como sendo característicos.

O seu recurso específico,[5] portanto, é a elaboração de conceitos relacionais[6] com um conteúdo cada vez maior[7] e, consequentemente, com uma abrangência cada vez menor.[8] Os resultados específicos[9] deste procedimento são os chamados conceitos concretos[10] de validade universal.

---

5. Não queremos dizer que seria este o seu procedimento exclusivo e preponderante. Afirmamos apenas que este procedimento diferencia estas ciências das ciências naturais.

6. Conceitos que colocam os fenômenos históricos concretos no contexto de um sistema concreto e individual, e, na medida do possível, de caráter universal.

7. À medida que há um progresso do conhecimento sobre os traços característicos dos fenômenos, também aumenta, necessariamente, o conhecimento das suas características individuais.

8. À medida que há um progresso cognitivo dos traços característicos dos fenômenos, há também um progresso cognitivo, no que se refere ao caráter individual.

9. Ver nota 1.

10. É uma expressão incomum na linguagem, que se refere à diferença que há entre os conceitos relacionais e também o perfil de uma personalidade concreta. O termo "conceito", hoje em dia tão discutido como naquela época, é usado por mim para designar cada imagem mental, mesmo sendo individual. Esta imagem mental foi construída por meio da elaboração lógica das variedades empíricas. A sua finalidade consiste no conhecimento do que é essencial. O "conceito" histórico *Bismarck*, por exemplo, contém, da personalidade empiricamente dada que teve este nome, todos os traços essenciais para o nosso conhecimento. Esta personalidade foi marcada e condicionada pelo contexto socioeconômico e, por sua vez, atuou sobre ele, modificando-o. Por enquanto, deixamos de lado questões como a pergunta "quais são estes traços essenciais"? ou "há um princípio metodológico que permita, dentro da variedade e multiplicidade dos fenômenos empíricos, distinguir o 'essencial' do que não é 'essencial'"?

Este procedimento metodológico nos interessa sempre naqueles casos em que desejamos saber o "essencial" da realidade fenomênica, ou seja, quando queremos saber aquilo para o qual se volta nosso real interesse, sem que nos preocupemos com sua classificação e subordinação dentro de um sistema de "conceitos genéricos".

Deixando de lado a mecânica pura e também certos setores das ciências humanas, temos a absoluta certeza de que, no seu procedimento empírico e concreto, nenhuma das ciências elabora o seu sistema conceptual seguindo unicamente um ou outro destes modelos acima esboçados. Historicamente falando, podemos afirmar que a divisão das ciências muitas vezes dependeu de situações ocasionais. Mas, também é necessário lembrar que toda classificação e divisão das ciências é fundamental para a classificação e a diferenciação dos conceitos científicos.[11]

Evidentemente, já que Roscher denomina o seu próprio método de "histórico", caberia à economia política a tarefa de reproduzir plasticamente a totalidade da vida econômica. Fazendo isso, a economia política deveria lançar mão dos métodos da ciência histórica. Os representantes da "escola clássica" da economia política defenderam um outro procedimento metodológico e tiveram uma outra visão da vida econômica. Pretendiam descobrir, por trás da variedade e da multiplicidade dos fenômenos econômicos, a vigência de determinadas forças elementares — quase de leis naturais.

Com efeito, o comentário de Roscher de que a economia política deveria pesquisar com o mesmo interesse as semelhanças e as dessemelhanças nos fenômenos tem algo que ver com esta postura adotada pela "escola clássica".

Considerando estas observações, lemos com certa estranheza a página de n. 150 da obra *Grundriss* (Esboço), na qual se afirma que, anteriormente à obra de Roscher, as tarefas e as questões da economia política-histórica teriam sido empreendidas e cientificamente apresen-

11. Neste ensaio, procurei seguir, o mais fielmente possível, a posição metodológica de Rickert, presente na obra supramencionada. Um dos objetivos deste meu ensaio consiste em experimentar a possibilidade da aplicação dos procedimentos metodológicos daquele autor à economia política. Por isso, não vou citar Rickert todas as vezes em que poderia fazê-lo.

tadas por autores como Adam Smith, Malthus e Rau, e que, além disso, seria sobretudo pelos dois últimos autores que o próprio Roscher viria a sentir grande afinidade (veja-se p. V). Com a mesma surpresa lemos, na página dois, que "o trabalho do cientista natural assemelhar-se-ia ao do historiador" e, na página quatro, que a ciência política (especialmente a parte que diz respeito à Teoria Geral do Estado) seria a teoria que procura descobrir as leis da evolução do Estado. Devemos ainda acrescentar às nossas reflexões que nos escritos de Roscher se encontra frequentemente a expressão "leis naturais da economia", que, aliás, é do conhecimento de todos. E, para dar por encerrado este assunto, temos de lembrar que Roscher defende o ponto de vista de que o conhecimento de regularidades na multiplicidade dos fenômenos seria o conhecimento do "essencial" nos fenômenos,[12] e a tarefa indiscutivelmente aceita por toda a atividade científica.[13] Supondo que as reais leis naturais do devir apenas possam ser formuladas e representadas mediamente um sistema de abstrações conceptuais e por meio da eliminação de "toda e qualquer casualidade histórica", apresenta-se como sendo a finalidade última da economia política a formulação de um sistema lógico de conceitos genéricos e de um sistema de leis, exigindo-se de ambos os sistemas a mais perfeita lógica, tendo como consequência a eliminação de todas as "casualidades". Tem-se a impressão de que Roscher rejeitou esta finalidade de maneira explícita. Mas é apenas impressão. Na realidade, a crítica de Roscher à "teoria clássica" não se

---

12. Um resultado prático e concreto de semelhante procedimento metodológico é a obra de Lamprecht. Na sua *Deutsche Geschichte* (História de Alemanha), primeiro volume suplementar, se apresentam certas figuras efêmeras da história da literatura alemã como sendo muito importantes no processo evolutivo geral, pois, sem a sua existência — que, por essa razão era "teoricamente" valiosa — a pretensa evolução, regida por leis, não poderia ser construída de acordo com os pressupostos teóricos. Outras personalidades, tais como Klinger, Böcklin e outros não teriam importância teórica por ter refreado o processo evolutivo geral — e, portanto, devem ser consideradas como sendo "argamassa para preencher as lacunas da construção". Estas pessoas são classificadas como sendo "idealistas de transição". A obra de R. Wagner também "ganha ou perde" em importância e significação não a partir do significado que tem para nós, mas a partir da pergunta sobre se sua obra se enquadra exatamente em uma determinada linha evolutiva postulada a partir de pressupostos teóricos.

13. Esta observação de Roscher não aparece de modo explícito no *System*, ou seja, na parte em que são explicados os princípios. São comentários de ocasião. Portanto, não se trata de um princípio metodológico e sistematicamente desenvolvido.

dirigiu sobretudo à sua forma lógica, mas teve em mira dois outros pontos importantes desta teoria, que são os seguintes: 1) Roscher rejeita a ideia da possibilidade da dedução de normas ético-práticas de validade universal, a partir de pressupostos hipotéticos de um sistema teórico-conceptual. Este procedimento é o chamado "método filosófico". 2) Roscher é contrário ao princípio, amplamente aceito, da seleção de objetos na economia política. Isto não significa que Roscher, em princípio, teria duvidado de que a inter-relação dos fenômenos econômicos só poderia — e deveria — ser apresentada como um sistema de leis.[14] Entre "causalidade" e "legalidade" há, sem dúvida, certa identidade ou, em outras palavras, a "causalidade" só pode ser representada dentro de um sistema de leis.[15] Segundo Roscher — e é importante notar —, a pesquisa científica não deveria preocupar-se unicamente com a definição das leis que regem os fenômenos na sua dimensão estática, mas outrossim em estabelecer as leis da dinâmica ou da sucessão dos fenômenos.

A partir do ponto de vista de Roscher, surge a seguinte questão: o que pensa Roscher a respeito da importante relação entre leis e acontecimento real no porvir histórico concreto? Podemos ter a certeza de que aquela parte da realidade, que Roscher pretende seja captada em um sistema à maneira de uma "rede de leis", estará realmente presente, de

---

14. Roscher concorda com Rau no que se refere à exigência de "as nossas teorias, formulação de leis [...] não poderem discordar ou pelo menos não se incluírem na discussão das últimas conquistas de respectiva disciplina acadêmica". Veja-se: Rau, *Archiv*, 1835, p. 37 e Roscher, op. cit., 1845, p. 148.

15. A mesma opinião — mesmo com certas restrições que dizem respeito às motivações psicológicas — encontramos também numa resenha de Schmoller que alude à obra de Knies e que foi publicada nos seus *Anais*. A resenha depois foi copiada em *Zur Literatur der Staats und Sozialwissenschaften* (p. 203-9) (Contribuição para a literatura das ciências políticas e sociais). Veja-se também Bücher, *Entstehung der Volkswirtschaft* (A formação da economia política), prefácio da primeira edição: "Todas as conferências apresentaram a mesma concepção sobre o decurso da evolução econômico-histórico que é regido por leis". O uso do termo "lei" para uma evolução única, é ao menos um fato que chama bastante atenção. A afirmação pode ser entendida, pelo menos, de duas maneiras: 1ª) O decurso, regido por leis, apresenta um caráter de periodicidade nos casos em que há realmente uma evolução. Esta, aliás, era a opinião de Roscher. 2ª) Trata-se, talvez, apenas de uma identificação entre "relações causais" e "relações baseadas em leis", pois, muitas vezes, fala-se de "leis causais".

modo a fazer com que este mesmo sistema contenha o que realmente interessa ao nosso conhecimento? Para nós, resta ainda a pergunta: teria Roscher realmente percebido a dimensão e a problemática lógica destas questões, em sua essência?

O procedimento metodológico da escola histórica-jurídica alemã foi, para Roscher, de maneira explícita, o modelo metodológico em sua essência. Na realidade, como Menger já percebeu, trata-se sobretudo de uma interpretação deste método. Savigny e sua Escola preocupavam-se, no seu combate ao racionalismo do iluminismo, com o problema de demonstrar que o direito que surge em meio a um povo ou a uma nação e que entre eles vigora é, basicamente, de caráter irracional, e não é deduzido de máximas éticas de caráter universal. À medida que esta escola persistia em salientar a inseparabilidade entre o direito e todos os outros traços característicos da vida de um povo, teve início um processo de hipostasiar o conceito de "Espírito do Povo" (*Volksgeist*). Este conceito apresenta, indiscutivelmente, características individuais e irracionais, já que pretende mostrar que o "espírito do povo" seria o fator que cria o direito, a língua e todos os demais traços característicos de um povo. Destarte, justifica-se a individualidade e a particularidade dos direitos de todos os povos considerados verdadeiros e reais. Chama a atenção o fato de o conceito "espírito do povo"[16] não estar sendo usado como um conceito relacional para captar e caracterizar provisoriamente uma diversidade e uma variedade de fenômenos individuais que ainda não obtiveram devida elaboração lógica. Ao contrário, o conceito de "espírito do povo" aparece como uma essência uniforme e real, de caráter metafísico, como causa real e fonte da qual todas as manifestações de um povo são apenas "emanações". O "espírito do povo" portanto, longe de ser a média que resulta da confluência das mais diversas influências culturais reais, entende-se, nas afirmações destes autores, como sendo a fonte real e profunda da qual emanam todos os fenômenos culturais de um povo.

O pensamento de Roscher se enquadra, indiscutivelmente, no conjunto de ideias que tem a sua origem na filosofia de Fichte. Como vere-

16. A minha afirmação diz respeito mais aos cientistas da economia política do que aos representantes da escola histórica na jurisprudência.

mos mais tarde, pode-se afirmar que Roscher acreditava na existência de uma uniformidade metafísica do chamado "caráter nacional",[17] entendendo que este, semelhantemente à vida de um indivíduo no seu devir vital, experimentaria a lenta evolução e decadência das formas do Estado, do Direito e da Economia.[18] Tudo isso faria parte do processo evolutivo da vida. "A economia política nasce com o próprio povo, e é produto das características deste mesmo povo."[19] Nestas observações não é explicado, de maneira detalhada, o conceito de "povo". Sem dúvida, não podemos concebê-lo como um conceito "abstrato" e "genérico", pois Roscher vez por outra enaltece os méritos de Fichte e de Adam Müller, rejeitando, explicitamente, concepções "atomísticas" referentes ao termo "povo" e "nação", entendidos como um "aglomerado de indivíduos". Roscher é cauteloso demais para empregar o termo "organismo" ou "orgânico" para indicar a essência do "povo" ou a essência da "economia nacional". Mas admite, indiscutivelmente, que o conceito "organismo" seria muito útil para a resolução de muitos problemas. Parece-nos que, de tudo isso, podemos pelo menos inferir que a interpretação racionalista do conceito "povo" não é, para Roscher, uma interpretação suficiente. Na visão racionalista, o "povo" é apenas o conjunto de cidadãos que se uniram dentro de um sistema politicamente definido. Bem distante desta concepção, resultado de um pensamento racional e abstrato, encontramos, nos escritos de Roscher, certa afinidade com outra concepção que entende o "povo" de maneira orgânica, como sendo ele uma totalidade concreta e detentora de significados e valores.

A elaboração lógica das múltiplas totalidades do real deveria ser feita mediante uma seleção daquelas características da realidade que se-

---

17. Veja-se, por exemplo, as considerações sobre a relação entre o caráter de um "povo" e os condicionamentos geográficos (parágrafo 37 do *System*), nas quais o autor, de um modo quase ingênuo, procura defender a opinião, de natureza idealista, de que o "espírito do povo" seria um elemento primário e não condicionado. Esta afirmação, obviamente, vai de encontro a possíveis interpretações "materialistas" quanto ao entendimento do termo "Espírito do povo" (*Volksgeist*).

18. Sem dúvida, há uma certa influência da psicologia de Herbart, sobretudo no que diz respeito à relação entre o indivíduo e a totalidade. É muito difícil apresentar isso em detalhes e com clareza, e, além disso, no nosso caso, há pouco interesse em fazê-lo. Vez por outra, encontramos, sem dúvida, nos escritos de Roscher, citações de Herbart (§§ 16 e 22). A *Völkerpsychologie* (A psicologia dos povos) de autoria de Lazarus-Steinthal é de publicação mais recente.

19. Veja-se § do *System* tomo 1º.

riam significativas para a pesquisa em questão. Apenas desta maneira seria possível a elaboração de um sistema de conceitos históricos, conceitos que, como já foi explicado, poderiam ser abstratos e sem conteúdo concreto. Parece que Roscher teve plena consciência disso. Não ficou alheio à problemática da formulação de conceitos na "ciência histórica". Ele percebeu que esta meta só poderia ser alcançada selecionando, entre a multiplicidade dos dados empíricos, aqueles fenômenos que são, em termos de História, "significativos", e não os que são "gerais".[20] A esta altura, temos de analisar a chamada "teoria orgânica" da sociedade,[21] com as suas inevitáveis analogias biológicas, que fez com que Roscher — e, aliás, muitos outros sociólogos — afirmasse haver uma identidade entre fenômenos sociológicos e biológicos, acreditando que, na História, só o que é significativo se repete com certa regularidade.[22] Roscher também se ocupa da variedade empírica dos "povos" do modo como um biólogo aborda a variedade empírica de uma certa espécie animal, como, por exemplo, os elefantes,[23] acrescentando ainda que o conceito "povo" não é devidamente explicado. Os "povos", acredita Roscher, são tão diferentes entre si como os seres humanos; da mesma maneira, assim como, apesar desta variedade, o especialista em anatomia ou fisiologia pode, na sua observação, abstrair das diferenças individuais, também o historiador, deixando de lado as particularidades individuais, pode tratar as nações como exemplos das mesmas espécies. O historiador deveria comparar a evolução dos povos para descobrir "paralelismos" que, por meio do contínuo aperfeiçoamento dessa evolução, poderiam alcançar o *status* lógico de "leis naturais", válidas para a espécie "povo". Mesmo admitindo que o seu valor provisório e heurístico pode ser muito grande, é bastante óbvio que um conjunto de regularidades, encontrado deste modo, nunca pode ser considerado como sendo a finalidade última do conheci-

---

20. Veja-se as suas explicações sobre o conceito de "Dinamarca" em *Thukydides* (p. 19).

21. Roscher cita sobretudo Adam Müller. Isto se explica por seus méritos referentes à concepção e ao entendimento dos termos "Estado" e "Economia Política". Veja-se: *System* (v. I, § 12, comentário nº 2, 2ª ed., p. 20) e também as "reservas" constantes nas páginas XI e XII, do Prefácio e nas páginas 20 e 188.

22. Esta opinião figura em *Thukydides* (p. 21).

23. Knies também defende este ponto de vista, ou seja, a opinião de que aquilo que se entende por "povo" é algo "evidente por si mesmo" e, portanto, não necessita de uma "análise conceptual".

mento científico, quer se trate das "ciências da natureza", quer das "ciências do espírito", quer das "ciências que elaboram leis" ou da "ciência histórica".[24] Supondo que fosse realmente descoberto um número eleva-

24. A primeira classificação das ciências é de Dilthey, e a segunda de Windelband e Rickert. Os dois últimos queriam esclarecer a "particularidade lógica" da "ciência histórica". Rickert, basicamente, defende o ponto de vista de que não é a maneira como objetos psíquicos nos são "dados" o que fundamentaria a diferença essencial, no que tange à formulação dos conceitos, entre ciências da natureza e ciências do espírito. Gottl argumentava que a diferença entre "vivências" interiores e "explicação" de fenômenos exteriores não seria apenas uma diferença de caráter lógico, mas de natureza "ontológica" (isso é também opinião de Dilthey). O meu ponto de vista, que ficará mais claro no decorrer deste ensaio, aproxima-se sobretudo do de Rickert. Ao meu ver, Rickert tem razão ao afirmar que em princípio, da mesma maneira como a natureza "morta", os dados "psíquicos" e "espirituais" — não importa qual dos termos utilizarmos — podem ser entendidos e enquadrados num sistema de "leis" e "conceitos". O "pouco rigor" e a dificuldade de "qualificação" não são única ou especificamente características de "leis" e "conceitos" que dizem respeito a objetos "psíquicos" e "espirituais". A questão, ao nosso ver, é outra: as fórmulas que eventualmente podem ser encontradas, e que teriam validade universal, apresentam realmente um valor cognitivo para a compreensão daquelas partes da realidade cultural que são, para nós, importantes e essenciais? O conhecimento da "conexão total e original", assim como ela é vivida na experiência interior e que — conforme Gottl — impediria a abordagem naturalística e causal, típica das ciências da natureza, na realidade, é, na maioria das vezes, infrutífera, ou seja, não traz um conhecimento sobre aquilo que, para nós, interessa e é essencial. Se desejássemos conhecer e entender um processo natural, na sua complexidade e na sua plena concretude, chegaríamos à opinião de que o mesmo serve também para a natureza morta (não apenas como Gottl considera a natureza morta dos fenômenos biológicos). Acontece que, nas ciências naturais, nós não nos preocupamos com isto por causa da particularidade dos seus fins epistemológicos.

Contudo, mesmo aceitando basicamente o ponto de vista de Rickert, para nós não há dúvida — e também Rickert nunca o contestou — de que a oposição metodológica, na qual Rickert, nas suas reflexões, insistiu muito, não é a única, nem a essencial, pensando sobretudo em algumas das ciências existentes. Aceitamos e concordamos basicamente com a postura de Rickert ao afirmar que os objetos da experiência "interna" e os da "externa" não nos são "dados", fundamentalmente, da mesma maneira. Nem por isso julgamos que continua sendo válida a tese — e esta se opõe ao ponto de vista de Rickert — que afirma serem as ações e as expressões humanas acessíveis a uma interpretação, na medida em que se considera o seu significado. Para outros objetos, este significado só poderia ser encontrado numa dimensão metafísica, mas apenas analogamente. Este mesmo significado fundamenta aquela particular e, às vezes, demasiadamente acentuada semelhança entre o caráter lógico de determinados conhecimentos da ciência econômica e da matemática, semelhança que tem consequências importantes, mesmo que alguns autores (por exemplo, Gottl) as tenham exagerado. A possibilidade de dar, por meio da interpretação significativa, um passo além dos dados empíricos, justifica — apesar das ponderações de Rickert — a junção, sob o nome de "ciências de espírito" (*Geisteswissenschaften*), de todas aquelas ciências que sistematicamente fazem uso deste método (o da interpretação signi-

do de leis na evolução histórica, todas empiricamente comprovadas, a atividade do cientista estaria apenas na sua fase inicial, pois ainda faltaria definir outros fatores, como, por exemplo, a transparência causal e a definição do sentido e da finalidade do respectivo conhecimento científico. O cientista, por exemplo, poderia ir em busca de um conhecimento exato, assim como o vemos nas "ciências naturais". Neste caso, a elaboração lógica da realidade levaria, necessariamente, a uma eliminação progressiva das casualidades individuais, e, ao mesmo tempo, a uma progressiva subordinação das "leis" supostamente já descobertas, e a outras leis de caráter mais geral, sendo que as primeiras seriam apenas casos particulares das segundas. Procedendo desta maneira, chega-se a um esgotamento cada vez maior dos conceitos, no que diz respeito ao seu conteúdo, e, ao mesmo tempo, a um afastamento sempre maior da realidade empírica e concreta que, em última análise, deveria ser compreendida. O ideal lógico deste procedimento consiste na formulação de um sistema de conceitos de validade absoluta e universal, representando, de maneira abstrata, o que é comum ao devir histórico. Ao nosso ver, obviamente nunca é possível, a partir destes sistemas conceptuais, chegar à realidade histórica concreta, sobretudo quando se trata do "processo histórico universal" ou dos fenômenos culturais.[25] A explicação causal, neste caso, consiste apenas na formação de um sistema de conceitos relacionais de caráter geral, e o seu intuito é a redução máxima de todos os fenômenos culturais a categorias puras e quantitativas. Um exemplo seria a tentativa de reduzir "relações qualitativas de intensidade" afetiva a simples fatores psíquicos. Neste caso, do ponto de vista metodológico, não importa saber

---

ficativa). Nem por isso incorremos no erro — como mostraremos mais adiante — de que, analogamente ao papel da matemática nas ciências naturais, deveria ser criada, para as "ciências do espírito", uma nova disciplina, com papel análogo à matemática, ou seja: a psicologia social. Retomaremos este assunto posteriormente.

25. Chegamos a esta conclusão não apenas pensando nas regras da elaboração lógica dos dados empíricos, com vistas a elaborar um sistema de leis — conceitos relacionais de validade universal. Procedendo desta maneira, chega-se, necessária e logicamente, ao esvaziamento do conteúdo dos conceitos. Não nos parece possível deduzir, a partir de conceitos gerais, o conteúdo concreto da realidade. Isso não é mais do que um ideal a ser atingido. Mais tarde, voltaremos a esta questão. Schmoller, em sua resposta a Menger (Veja-se: *Jahrbuch*, 1883, p. 979 (*Anais*) foi muito enfático ao escrever que "toda a ciência, no seu estado definitivo, seria dedutiva, pois, mesmo conhecendo a fundo todos os elementos empíricos, a combinação e o entrelaçamento destes elementos só seria possível a partir de uma teoria em que se apoiar."

se chegamos a uma melhor compreensão do processo histórico concreto no qual estamos inseridos.

Se, diferentemente, pretendemos chegar a uma compreensão da realidade concreta, no que diz respeito à sua gênese, temos de, necessariamente, elaborar aqueles paralelismos, tendo em vista um único objetivo, qual seja, o de tomar consciência do significado característico dos fenômenos culturais, na interdependência de causa e efeito.[26] Procedendo desse modo, os paralelismos seriam um meio para se chegar a um fim, o qual procura comparar os vários fenômenos históricos para chegar ao conhecimento daquilo que neles é essencial. Em outras palavras, os paralelismos seriam um meio apropriado para comparar os fenômenos históricos referentes à sua individualidade particular. Portanto, o estudo destes paralelismos constituiria um caminho que partiria da variedade dos fenômenos empíricos, que não são, como tais, transparentes nem suficientemente compreensíveis na sua individualidade, para chegar a uma representação também individual, mas transparente, por meio da seleção daqueles elementos que, ao nosso ver, e para a nossa pesquisa, são significativos. Os paralelismos assim possibilitariam a formação de conceitos. Mas em que condições e em que casos concretos esses paralelismos seriam um meio apropriado para alcançar este fim, isso deve ser decidido em cada caso particular. *A priori*, não há possibilidade nenhuma de dizer em que situações concretas é possível captar o que é "essencial", fato esse que leva facilmente a aberrações graves que, muitas vezes, já ocorreram. Evidentemente, não podemos mais sustentar a opinião de que a finalidade última da formação de conceitos seria a de subordinar leis e conceitos a outras leis e a outros conceitos de validade mais geral. Ao lado destas duas afirmações, há uma terceira possibilidade de dar prosseguimento à problemática.

Recordemos a primeira possibilidade, qual seja, a da seleção de conceitos genéricos como finalidade do conhecimento e, obviamente, dentro da lógica deste procedimento, a sua subordinação a conceitos mais gerais de validade universal. A segunda possibilidade seria a da seleção do que, em termos de individualidade, seria significativo dentro de uma ordena-

---

26. Usamos o termo "experiência interior" provisoriamente, sem explicá-lo melhor.

ção das conexões gerais e universais.[27] Partindo do sistema hegeliano, e procurando superar o *hiatus irrationalis* entre conceitos e realidade através do emprego de conceitos "universais" com a conotação de "entidades metafísicas", que seriam capazes de abranger as coisas e os processos históricos individuais como "realização e emanação" de um processo de devir histórico, adotamos claramente uma concepção de emanação da essência da realidade histórica e da validade dos conceitos. Deste ponto de vista, a relação entre conceitos e realidade pode ser pensada de um modo rigorosamente racional. Em outras palavras: pensar a relação entre a maneira pela qual a realidade pode ser deduzida, de modo decrescente, a partir dos conceitos gerais, e, ao mesmo tempo, captá-la plástica e empiricamente, isto é, de modo a fazer com que a realidade, ao ascender aos conceitos, nada perca do seu conteúdo empírico. Neste caso, conteúdo e extensão dos conceitos não se opõem; pelo contrário, são idênticos, já que o individual não é apenas um exemplar da espécie, mas também uma parte do todo que é representado pelo conceito. O conceito mais geral, do qual tudo poderia ser deduzido, seria, ao mesmo tempo, o conceito capaz de conter maior conteúdo. Um conhecimento conceptual deste tipo, muito distante de nosso conhecimento analítico-discursivo, só seria possível se tivesse, em termos de analogia, as características[28] do conhecimento matemático.[29] Entendendo desse modo o processo cognitivo, surge o pressuposto, de natureza metafísica, de que os conteúdos dos conceitos pensados como realidades metafísicas estariam por trás da realidade, a qual seria uma emanação daquelas realidades metafísicas, de modo se-

27. O ensaio de H. Rickert, intitulado "Les quatre mode de L'universel en histoire" (*Revue de Synthèse Historique*, 1901), é fundamental para entender os diversos sentidos do termo "geral".

28. Veja-se o excelente trabalho de um talentoso discípulo de Rickert: E. Lask, *Fichtes Idealismus und die Geschichte* (p. 39 e ss., 51 e ss. e 64 e ss.) (O idealismo de Fichte e a história).

29. Deixamos de lado problemas de lógica. Estes foram posteriormente abordados por Gottl. Podemos fazer isso sem problema nenhum, pois Roscher nunca incluiu estes problemas nas suas observações. Roscher acha que nós nos aproximamos do conhecimento das interações humanas pelo modo discursivo e "de fora", ou seja, à maneira das ciências naturais, sobre o assunto "auto-observação como fonte do conhecimento", veja-se em comentário *Geschichte der Nationalökonomie* (p. 1036) (História da Economia Política). É exatamente nesta obra que encontramos a passagem, muitas vezes citada, que diz que não é muito importante insistir na diferença entre o "método indutivo" e o "método dedutivo", sendo que Roscher identifica "dedução" com "auto-observação" sem aprofundar-se na problemática

melhante aos teoremas da matemática que se inter-relacionam logicamente. Roscher, indiscutivelmente, teve plena consciência desta problemática.

A sua relação com Hegel[30] foi marcada pela influência dos seus mestres: Ranke, Gervinus e Ritter.[31] Roscher expõe no seu *Thukydides* a sua rejeição ao método dos filósofos.[32] Ele afirmava que haveria "uma grande diferença entre o pensar o conceito e o pensar o conteúdo deste conceito". O historiador não poderia transportar para o mundo real a ideia do filósofo, que afirma ser o conceito mais elevado a causa do menos elevado, pois toda explicação filosófica seria uma definição, ao passo que toda explicação histórica uma descrição.[33] A verdade filosófica assemelhar-se-ia à verdade poética, pois a sua validade diz respeito a uma situação "não real",[34] no sentido empírico. Ela perderia, necessariamente, a sua validade, no momento em que baixasse à esfera do mundo histórico e concreto. A ciência histórica também perderia a sua validade se assimilasse inteiramente conceitos tipicamente filosóficos. Instituições históricas concretamente existentes não podem fazer parte de um sistema geral de conceitos.[35] O elemento integrador das obras dos historiadores — e dos poetas — não é um "conceito muito elevado", mas uma "visão global".[36] Mas não é possível representar esta "visão global" ou "ideia unificadora" num sistema de conceitos lógica e racionalmente elaborado. De modo semelhante à poesia, a ciência histórica "pretende captar e

---

30. O posicionamento de Roscher em face da filosofia de Hegel — presente na *Geschichte der Nationalökonomie* (p. 925 e ss.) (História da Economia Política), não nos interessa muito, pois nela encontramos apenas críticas sobre detalhes, fatos e acontecimentos concretos. Percebe-se, entretanto, que Roscher aborda certas questões "hegelianas" com muita seriedade como, por exemplo, a da "evolução em três fases" que principia no "geral abstrato", passando pelo "particular", até chegar ao "geral concreto". Nesta afirmação, Hegel teria tocado, na opinião de Roscher, numa das mais profundas leis da evolução histórica.

31. Também B. G. Hiebuhr está incluído, mesmo que esteja sendo considerado como um "monumento histórico"; veja-se *Geschichte der Nationalökonomie*, (p. 916 e ss.) (História da Economia Política).

32. *Thukydides* (p. 28) (Tucídides).

33. Idem (p. 33): nesta passagem, Roscher não mencionou os escritos de Hegel, mas Hegel é citado em outras páginas como p. 24, 31, 34 e 69.

34. Idem (p. 24 e 27).

35. Idem (p. 29).

36. Idem (p. 22). As explicações sobre a diferença entre "verdades artísticas" e "verdades científicas" encontram-se nas páginas 27 e 35.

representar a vida na sua plenitude".[37] A procura e a elaboração de analogias é apenas um meio para se chegar a este fim. E é, para dizer a verdade — obviamente, o que nos parece verdadeiro —, um meio com o qual "aquele que não dispõe de talento" pode facilmente se prejudicar, e até mesmo o "talentoso" não chega a grandes resultados.[38] Não é muito importante julgar pormenorizadamente estas nossas afirmações, mas parece óbvio que Roscher percebeu claramente a essência da irracionalidade histórica. Mas, ao mesmo tempo, nota-se, conforme afirmações que constam no *Thukydides*, que ele não teve plena consciência do alcance desta irracionalidade.

Em nossa opinião, todas estas observações de Roscher têm por objetivo refutar a dialética hegeliana[39] e também poder inserir a ciência histórica nos parâmetros metodológicos das ciências naturais, sobretudo no que tange ao problema da formulação dos conceitos. Podemos caracterizar a relação entre as ciências naturais e a ciência histórica, fazendo uso de uma analogia, como a relação existente entre a "arte plástica" e a "poesia" no *Laokoon* de Lessing.[40] As diferenças que realmente existem resultam da matéria que está sendo elaborada, e não do aspecto lógico do conhecimento a que se pretende chegar. E, no que diz respeito à filosofia — da maneira como Roscher a entende —, ela compartilha com a ciência histórica a "felicidade" de poder "ordenar, segundo princípios gerais, aquilo que aparentemente não apresenta regularidade nenhuma".[41]

Já que a ciência histórica[42] tem por finalidade elucidar a relação causal dos fenômenos culturais — entendidos no mais amplo sentido da palavra —, esses princípios gerais apenas poderiam ser entendidos como princípios de relações causais. E é a esta altura do raciocínio de Roscher

---

37. Idem (p. 35).

38. Prefácio (p. XII).

39. Roscher nunca fez uma comparação aprofundada entre a dialética hegeliana e a dialética de Marx. Seus comentários sobre Marx em *Geschichte der Nationalökonomie* (p. 1221-2) — Uma página! — são de uma falta de consistência assustadora, e comprovam claramente que Roscher, no ano dessa publicação, sequer percebeu de longe o significado e a importância das obras de Hegel e de Marx.

40. Veja-se *Thukydides*, p. 10.

41. *Thukydides* (p. 35).

42. Idem (p. 58).

que se encontra uma passagem particularmente interessante.[43] Ele afirma que a ciência — e toda ciência — tem o costume de, numa relação causal entre diferentes objetos, chamar de "causa" o que nos parece mais importante em relação ao menos importante. Esta afirmação, cuja origem emanatista é evidente, só é compreensível se supomos que Roscher, com o termo "mais importante", denomina aquilo que Hegel entende por "mais geral", sem fazer distinção entre o "geral" e o "genérico". Esta nossa afirmação ficará mais clara no decorrer de nossas exposições da metodologia de Roscher. Para Roscher, os conceitos "genérico" e "conteúdo abrangente" são idênticos. Ele tampouco faz distinção entre a validade geral dos conceitos, numa conexão universal, e o significado universal do concebido. Como já vimos, o "legal" seria o "essencial" dos fenômenos.[44] E, finalmente, para Roscher era óbvio — como ainda hoje o é para muitos pesquisadores e cientistas — que a realidade poderia ser deduzida dos conceitos gerais, já que eles foram formados pela abstração do real. Supõe-se, segundo este raciocínio, que a formação dos conceitos se deu de maneira correta. No seu *System*, Roscher se refere, às vezes,[45] de maneira explícita, à matemática, acreditando que seria possível representar certos teoremas da economia política em fórmulas matemáticas. Roscher apenas tem um certo receio de que estas fórmulas pudessem ser, por causa da riqueza da realidade, demasiado complexas e de pouca utilidade prática. Ela também não faz distinção entre o conhecimento empírico e o conhecimento conceptual, achando que as fórmulas matemáticas seriam abstrações como, por exemplo, os conceitos genéricos. Para ele, todos os conceitos são imagens mentais da realidade[46] e as "leis naturais" seriam normas objetivas em face das quais a "natureza" se encontra numa situação semelhante à do "povo" ante as leis do Estado. Toda a sua reflexão sobre a formação dos conceitos demonstra que ele, de uma parte, se afastou, em princípio, do ponto de vista de Hegel, mas

43. Idem (p. 188).

44. Veja-se *Thukydides* (p. 21): "Mesmo na produção artística, o essencial e a única coisa que realmente interessa é o que se repete 'em todos os povos, em todas as épocas e em todos os corações'."

45. Veja-se: *System* (v. I, § 22) (*O sistema*).

46. Veja-se sobre esta problemática o trabalho de Rickert: *Die Grenzen der naturwissenschaftlichen Begriffsbildung*, (p. 245) (Limites da formulação dos conceitos nas ciências naturais).

que, de outra parte, continuou fiel aos parâmetros de uma visão metafísica que alcançou um modo perfeito, lógico e consequente, no sistema emanatista de Hegel. O método de elaboração de paralelismos é, na opinião de Roscher, a forma específica do progresso do conhecimento histórico-causal[47] que, entretanto, nunca chegaria a uma visão final, motivo pelo qual toda a realidade nunca poderia ser deduzida de um sistema de conceitos semelhante. Tal era o pensamento de Hegel. Roscher, diferentemente, acreditava que isso seria possível se chegássemos às "últimas e mais elevadas leis" de todo o porvir histórico. Ao conhecimento histórico do porvir falta a dimensão da necessidade.[48] Em nosso conhecimento, sempre resta, necessariamente, "algo inexplicável", e é exatamente a partir disso que se estabelece a conexão interna do todo,[49] pois é dele que a realidade emanaria. Mas não nos é possível entender este "fundo" por meio do pensamento, e representá-lo devidamente — o que, aliás, era a intenção de Hegel. Na opinião de Roscher, não importa se este "fundo inexplicável" recebe o nome de "força vital" ou de "conceito geral" ou de "pensamento de Deus". Vale a pena atentar para o amálgama singular desta terminologia moderna — biológica — com termos de origem platônica e escolástica. Roscher acha que a tarefa da investigação científica seria "levar" este "fundo" "sempre mais para trás". Podemos concluir que, para Roscher, os conceitos gerais de Hegel existem como entidades metafísicas, mas, por causa deste seu caráter, não são acessíveis ao pensamento científico.

Parece-nos que, em primeiro lugar, deve-se levar em consideração a convicção religiosa de Roscher para que se possa entender o obstáculo que não permitiu a aceitação da proposta hegeliana da solução e da superação dos limites do conhecimento discursivo, apesar de que Roscher, a princípio, pensou a relação entre conceito e realidade de maneira semelhante a Hegel. Para Roscher, as últimas e as mais elevadas — na

47. Roscher acha que todo juízo histórico se baseia em inúmeras analogias — *Thukydides* (p. 20). Postula-se, como pressuposto de uma pesquisa histórica exata, a existência de um sistema de psicologia que ainda não foi descoberto. Nestas observações, Roscher não convence se pensamos nas palavras enérgicas com as quais ele criticou o "mau uso" das analogias (veja-se: Prefácio, p. XI).

48. *Thukydides* (p. 195).

49. *System* (v. I, § 13, nota 4).

terminologia hegeliana, "as mais gerais" — leis do porvir são "pensamentos de Deus".[50] O agnosticismo de Roscher, concernente à racionalidade da realidade, baseia-se no pensamento religioso que afirma ser o espírito humano limitado e finito, se comparado com o espírito divino, ilimitado e infinito, apesar de haver uma certa analogia — *analogia entis*. Especulações filosóficas, afirma Roscher no *Thukydides* (p. 37), são produtos de sua época, e as suas "ideias" são as nossas criações; mas nós, como escreveu Jacobi, precisamos de "uma verdade da qual sejamos as criaturas". Na mesma obra, lemos ainda que todas as forças que atuam na história pertencem a uma das três categorias seguintes: ações humanas, condicionamentos materiais, ou disposições sobre-humanas. O historiador poderia falar de "necessidade" somente se conhecesse estas últimas, ou seja, as disposições sobre-humanas, pois o "livre-arbítrio" apenas tem validade nos casos em que não há uma coação exercida pela "superioridade de uma vontade alheia". Tucídides e Ranke, diz Roscher, afirmam que a ciência histórica explica todas as coisas a partir dos motivos humanos deste mundo, compreensíveis por meio dos agentes históricos. A ciência histórica não está preocupada em encontrar a ação de "Deus na História". A pergunta quanto ao papel da τυχη de Tucídides — providência divina de Roscher — é respondida (*Thukydides*, p. 195) pela afirmação de que o caráter das personalidades teria sido preestabelecido por Deus, e de que a unidade metafísica da personalidade, da qual a ação é apenas uma emanação, se fundamenta na convicção religiosa de Roscher da existência da "providência divina". Aliás, postura semelhante encontraremos, mais tarde, também nos escritos de Knies. Os limites do conhecimento discursivo, portanto, eram, para ele, naturais, por ser, ao lado do desígnio de Deus, consequências lógicas da finitude das coisas e dos seres humanos. Poderíamos concluir que, de maneira semelhante ao pensamento do seu mestre, Ranke, a sua fé religiosa, ao lado da pragmaticidade que acompanha um pesquisador empírico consciencioso, isentou-o de aceitar o sistema pan-logístico de Hegel que, de maneira

---

50. A opinião de Roscher sobre "milagre" é uma opinião muito particular e de natureza conciliatória (veja-se *Geistliche Gedanken*, p. 10 e 15) (Pensamentos espirituais). Ele procurou, assim como o seu mestre Ranke, explicar os fenômenos a partir de fatores e elementos naturais. Nós não temos conhecimento sobre "intervenções divinas" no processo histórico.

significativa, acabou com a ideia da existência de um Deus pessoal, no sentido tradicional.[51] Se a comparação fosse permitida, se fosse oportuna e válida, poderíamos comparar o papel desempenhado por Deus nos escritos científicos de Ranke e Roscher — por analogia, obviamente — com o papel de um monarca num Estado organizado rigorosamente sob os princípios do sistema parlamentar. No que diz respeito a esta forma de Estado, podemos afirmar que o lugar mais elevado é ocupado por alguém que, na realidade, não possui quase nenhuma influência, fazendo com que haja uma economia nas forças políticas que são, consequentemente, canalizadas mais para os serviços prestados ao Estado e aos problemas do Estado do que para a conquista daquele lugar mais elevado no Estado. Qual é o papel que desempenha a fé nas atividades políticas? Os problemas metafísicos que não podem ser solucionados pela pesquisa empírica são deixados de lado e transferidos, de antemão, à esfera da fé religiosa. A investigação científica, livre das especulações filosóficas, desenvolve-se com mais eficácia. A grande aceitação do sistema hegeliano explica o fato de Roscher não ter cortado o "cordão umbilical" ligado a este sistema, como, por exemplo, deu-se com o procedimento de Ranke. Mas isto não é de espantar, se levamos em consideração o fato de que até mesmo oponentes do idealismo hegeliano — como, por exemplo, Gervinus — conseguiram desvencilhar-se desta enorme influência de Hegel, apesar de o terem feito a pouco e pouco e na forma atenuada da *Humboldtschen Ideenlehre* (Doutrina das ideias de Humboldt).[52] Roscher estava convicto de que, se deixasse de lado algum princípio objetivo de estruturação da

---

51. De maneira geral, não podemos dizer que Roscher deixa de lado o raciocínio de Kant que está contido na *Lógica Analítica*. Parece, entretanto, que Roscher não a assimilou profundamente. De Kant, ele cita apenas passagens de *Die Anthropologie* (A Antropologia) (veja-se § 11 na nota 6 de *System*, v. I e *Die Metaphysischen Anfangsgründe der Rechtslehre und der Tugendlehre* (Elementos metafísicos do tratado de direito e da ética). Na *Geschichte der Nationalökonomie* (História da Economia Política) também encontramos um trecho significativo sobre Kant. Aqui, Kant é caracterizado e classificado de maneira sintética e superficial: ele não passa de um representante do "subjetivismo". Percebe-se nestas observações, a profunda antipatia de Roscher — do historiador e do homem religioso — no que concerne às verdades que são apenas "verdades formais".

52. Roscher cita também um estudo de Humboldt que foi publicado nos *Abhandlugen der Berliner Akademie* (1820) (Tratados da Academia Berlinense). Ultimamente discutiu-se muito este estudo. Encontramos também a citação de *Die Historik* de Gervinus (*Thukydides*, p. 44) e o seu ensaio intitulado *Über das allmähliche Verschwinden des metaphysischen Charakters der "Idee"* (Sobre

imensa matéria empírica, haveria apenas duas possibilidades: perder-se na imensa matéria empírica ou elaborá-la mediante concepções arbitrárias e subjetivas.[53] Outra influência importante que Roscher sofreu foi, sem dúvida, a da Escola Histórica do Direito.

A seguir, vamos acompanhar a posição epistemológica de Roscher, descrevendo o tratamento por ele dado ao problema das "leis históricas" na dimensão de sua evolução, cuja descoberta, como já mencionamos, era, indiscutivelmente, o objetivo principal da ciência histórica.

Tratar os "povos" como se fossem "espécies" só é possível quando supomos que a evolução de cada povo dar-se-ia num ciclo fechado e característico, à maneira dos outros seres vivos. Roscher defende este ponto de vista apenas no que diz respeito à evolução histórica dos povos que apresentam uma "evolução" ou "progresso cultural", em termos de totalidade.[54] O processo vital é o processo do surgimento, do amadurecimento, do envelhecimento, e do declínio das chamadas "nações culturais". Seria um processo que, apesar de aparentes formas distintas, dar-se-ia, sem exceção, com todas as nações culturais. Os processos econômicos, por exemplo, têm de ser entendidos "fisiologicamente", ou seja, como uma parte desse processo vital abrangente. Os povos são, para Roscher — como, aliás, Hintze muito bem percebeu —, "espécies biológicas".[55] E a evolução da vida dos povos é, em princípio, sempre igual, e, apesar da aparente contradição, na realidade "não há nada de novo sob o sol";[56]

---

o lento desaparecimento do caráter metafísico da "ideia"). Veja-se também a dissertação de Dippe apresentada na Universidade de Jena no ano de 1892.

53. No que tange a questão da "imparcialidade", Droysen e Roscher não tiveram a mesma opinião (veja-se *Thukydides*, p. 230-231). Roscher defende a opinião do seu mestre Ranke. O caráter formal da teoria de Roscher pode ser parcialmente explicado a partir da sua tendência de defender a "objetividade". A teoria do envelhecimento dos povos foi, para Roscher, uma solução objetiva.

54. Por esta razão, Roscher acreditava que a investigação do desenvolvimento cultural dos povos da Antiguidade clássica, cujo ciclo de vida já terminara, nos ofereceria, de maneira significativa, esclarecimentos sobre a trajetória do desenvolvimento do nosso próprio povo. Roscher, por sua vez, influenciou as primeiras reflexões de Eduardo Meyer. Ultimamente, entretanto, sob a influência de Knies, este último aproximou-se mais dos pontos de vista metodológicos de Lamprecht.

55. Veja-se *Schmollers Jahrbuch*, 1897, p. 29 (Anuário de Schmoller).

56. Certas preocupações atuais de historiografia não existem nos escritos de Roscher. Alguns historiadores modernos — como, por exemplo, von Below, *Historische Zeitschrift*, nº 81, 1898, p.

talvez, apenas alguns componentes de caráter contingente que, em termos de ciência, não interessam muito. É, indiscutivelmente, uma maneira de ver típica das ciências naturais.[57]

Esta trajetória característica da vida de todos os povos culturais manifestar-se-á naturalmente, em graus típicos de desenvolvimento, conclusão que já consta em *Thukydides* (cap. IV). Para muitos historiadores, é fundamental que, em cada obra de arte, se encontre a humanidade em sua totalidade. Referindo-se à história da literatura, Roscher afirma que o historiador deveria comparar toda a literatura da Antiguidade com a dos povos românicos e germânicos, para descobrir as leis da evolução da literatura. Comparações semelhantes deveriam ser feitas no que concerne à evolução da arte, da ciência, da visão do mundo e da vida social. Portanto, há uma preocupação com a descoberta de certas sequências evolutivas que, na sua essência, seriam iguais a todos os setores culturais. Lê-se, nos escritos de Roscher, a afirmação de que seria possível descobrir o caráter nacional dos povos no gosto dos seus vinhos. Ele apresenta a "alma do povo" como algo constante e uniforme, "dela emanando todas as propriedades características" de determinado povo.[58] A alma do povo, como também a alma de cada indivíduo, foi criada diretamente por Deus. De modo semelhante à vida e à alma de cada indivíduo, também a vida e a alma de cada povo, que possuem caráter metafísico, estão subordinadas a um processo evolutivo que, nos seus pontos essenciais, é o mesmo para todos os povos e para todos os setores. Períodos tipicamen-

---

245 (Revista Histórica) — falam do caráter paralisante da ideia de uma "evolução histórica conforme leis", atribuindo à História a tarefa de nos liberar de nossa dependência das ciências naturais, pois a tentativa de elaborar "leis gerais de evolução histórica" seria uma ideia deprimente. Para Roscher, a evolução da humanidade é temporalmente finita, no sentido da existência do "juízo final", e, também, no sentido de que Deus, na sua previdência, designou o caminho e o percurso da vida dos povos. Mas este desígnio de Deus não limita o dever de trabalho, nem a alegria de trabalhar, nem o dever do homem de Estado, nem de cada indivíduo que sabe perfeitamente que, como os povos, crescerá, envelhecerá e morrerá. Aliás, a experiência desmente a opinião de von Below que, nem por isso, deixa de ser um crítico severo e capaz. Outros inovadores — talvez ainda mais radicais — tinham recebido a influência da doutrina calvinista, de *l'homme machine* e da convicção de uma catástrofe final de origem marxista. Mais tarde voltaremos a este assunto.

57. A expressão "à maneira das ciências naturais" entende-se, neste ensaio, sempre como tendo a conotação de "ciências que buscam leis".

58. Veja-se a afirmação característica no § 37 de *System*, v. I.

te marcados por comportamentos convencionais ou individualistas sucedem a outros num processo de revezamento. Percebe-se esta alternação de períodos na poesia, na filosofia, na historiografia e até mesmo nas artes e na ciência. É sempre um processo cíclico que, inevitavelmente, termina na decadência e no desmoronamento da cultura de determinado povo. Para mostrar a validade desta sua tese, apresenta Roscher muitos exemplos da literatura da Antiguidade, da Idade Média e dos tempos modernos, chegando até o final do século XVIII.[59] A sua teoria afirma, basicamente, que a história pode ser a mestra da vida, devido ao fato de que o futuro, de modo análogo, será uma repetição do passado. De maneira bem característica, encontramos esta opinião numa passagem do *Thukydides* (p. 22); o conhecimento histórico liberta os homens da idolatria e do ódio, por meio da constatação daquilo que dura e permanece, e do desprezo ao efêmero e ocasional.[60] Percebe-se, nestas afirmações, certos matizes espinosianos e, em algumas passagens, talvez haja até mesmo certa conotação fatalista.[61]

Roscher aplicou esta teoria[62] à disciplina que nos interessa aqui na sua obra *Aufsäatz über die Nationalökonomie und das klassische Altertum* (1849) (Ensaio sobre Economia Política e a Antiguidade Clássica).

---

59. *Thukydides* (p. 58, 59, 62 e 63).

60. Idem (p. 63).

61. Veja-se o trecho final de *Thukydides*: "Em tempos de decadência, os planos preferidos tiveram sempre como consequência um crescimento e um aumento da servidão e da escravidão em vez de um surgimento da liberdade e da felicidade sempre anunciadas".

62. Entre os historiadores da atualidade, encontramos Lamprecht, que utiliza, sobretudo, conceitos e analogias provenientes das ciências biológicas. Nos seus escritos, encontramos também algo que poderíamos chamar de "hipostasiação" da noção de "nação" que ele, muitas vezes, apresenta como uma "unidade psicossocial" que se encontra num processo evolutivo. Veja-se *Jahrburch für Nationalökonomie*, (nº 69, p. 119) (Anuário para a Economia Política). Este processo evolutivo está sendo apresentado como um "crescimento contínuo da energia psíquica da nação" (veja-se *Deutschce Zeitschrift für Geschichtswissenschaft* (Neue Folge, p. 109 e ss.) (Revista alemã de História — Nova Série). Seria tarefa da ciência histórica a observação e a explicação da causalidade na sequência das fases culturais pelas quais deve passar, necessariamente, cada povo que apresenta um processo de desenvolvimento normal. Encontramos os *diapassons* de Lamprecht — de maneira quase idêntica — no quarto capítulo de *Thukydides*, numa passagem já citada neste ensaio. Roscher e Lamprecht apresentam ainda outras semelhanças: o diletantismo de Lamprecht, por exemplo, com o qual ele constrói a sua história da arte, e a maneira da elaboração das balizas cronológicas. Em nossas observações deixamos de lado o "animismo e simbolismo de Roscher", como também o "subjetivismo de

A economia, obviamente, também está inserida no processo de evolução global. Roscher distingue três graus na evolução da economia, que podem ser detectados pela resposta que se dá à seguinte pergunta: "Qual dos três fatores essenciais predominam na produção dos bens materiais: a natureza, o trabalho ou o capital?" Ele entrevê três períodos bem definidos na evolução de cada povo que chegou ao seu desenvolvimento pleno.

Para os historiadores da atualidade, sobretudo para aqueles que se identificam com o marxismo, é bastante natural afirmar que o desenvolvimento da vida de um povo seria condicionado pelo grau específico do seu desenvolvimento econômico. Aceitando hipoteticamente a tese de Roscher, poderíamos afirmar que a decadência e a morte dos povos estão ligadas ao predomínio do capital. O mesmo serve também para a vida individual e pessoal, e, obviamente, para a vida dos Estados. Mas Roscher não considerou isto devidamente, pois que ele menciona os graus típicos de evolução econômica apenas como um possível princípio de classificação[63] (veja-se o segundo parágrafo de *System*). Para Roscher, não há possibilidade de encontrar uma causa para o envelhecimento e a morte — o processo de vida assim como ele é — seja no que diz respeito à vida individual, seja no que concerne à vida dos povos. A morte, para Roscher,

---

Lamprecht". O recurso lógico do qual Lamprecht faz uso é o da hipóstase do conceito de "nação," entendido como sendo "o portador coletivo daqueles processos psíquicos que, na opinião de Lamprecht, deveriam ser esclarecidos e discutidos pela 'psicologia social'. Neste ponto podemos constatar uma certa semelhança entre todas as teorias "orgânicas". De modo mais velado, mas assim mesmo perceptível, vê-se a existência de uma outra característica típica de ambos — ou seja, de Roscher e de Lamprecht —, isto é, a chamada lei do "grande número," significando que seria necessário, apesar da existência da "liberdade" e da "individualidade", citar um grande número de casos para provar o caráter legal da totalidade dos fenômenos históricos e sociais.

Uma diferença entre Roscher e Lamprecht consiste sobretudo na maior serenidade do primeiro, que nunca acreditava na possibilidade real de poder formular e representar conceptualmente a essência do cosmo unitário num sistema conceptual fechado. Roscher, na sua práxis de cientista, historiador e pesquisador, utilizava-se de sistemas semelhantes, mas apenas "analogamente". E, ainda mais, parece que ele teve plena consciência de sua limitação (veja-se *Thukydides*, p. 17).

63. Veja-se Roscher, *Ansichten der Volkswirtschaft vom geschichtlichen Standpunkt*, v. I (Opiniões sobre a economia política numa visão histórica). O ensaio sobre a relação entre a economia política e a antiguidade clássica faz parte deste livro que foi escrito no ano de 1849.

é parte essencial da "finitude" dos seres vivos.[64] É possível que a morte, que é inevitável, possa ser interpretada metafisicamente, mas não explicada causalmente.[65] A morte, no dizer de Du Bois-Reymond, é um dos "enigmas do mundo".

Mesmo que Roscher tivesse tido um ponto de vista metafísico diferente, não haveria uma solução do problema lógico, ou seja, do problema da possibilidade da elaboração de uma relação causal consistente entre o esquema da evolução biológica e os paralelismos no processo histórico a serem descobertos pela pesquisa empírica. A lógica da afirmação da necessidade do envelhecimento e da morte dos povos é de natureza diferente da de uma lei sobre um processo evolutivo que tivesse sido obtida por meio da abstração, ou da evidência de um axioma matemático.[66] Tal afirmação não tem conteúdo empírico e, portanto, não presta nenhum serviço importante ao historiador. Reduzir

---

64. Veja-se os comentários que se encontram no fim do § 264 e nas respectivas notas. Percebe-se o caráter emanatista da argumentação e a presença de matizes religiosos.

65. Na descrição de decadência dos povos, percebe-se que Roscher, muitas vezes, usa termos vagos (§ 264), nos quais se destacam expressões como "o inevitável desgaste de todos os ideais" e o "afrouxamento pelo prazer". Encontramos também trechos que — semelhantemente à opinião de Nieburhr — interpretam o desaparecimento das camadas médias como sinal e forma principal do envelhecimento de todos os povos que alcançaram um elevado grau de cultura. O otimismo, fundado na religiosidade de Roscher, impediu o surgimento de um pessimismo cultural que encontramos, por exemplo, nas obras de von Vierkandt. Em todas as reedições das obras de Roscher, insistiu ele na necessidade da "decadência de cada organismo, e, portanto, da vida de um povo". Nestas observações, Roscher, de maneira consciente e explícita, distancia-se das opiniões de Scholler. Roscher afirma (*Thukydides*, p. 469) que as mesmas forças que levam um povo ao seu auge, em termos de desenvolvimento cultural, o levam também, posteriormente, com absoluta necessidade, à decadência. Com isso, temos à frente uma das leis mais profundas da evolução. No seu *System* (§ 264, nota 7) lemos a seguinte frase: "grandes soberanos dos quais se diz terem conquistado o mundo por meio de um procedimento coerente e consequente, teriam perdido, com absoluta certeza, este 'mundo conquistado' se tivessem permanecido mais cinquenta anos no poder". Trata-se de posturas algo platônicas e hegelianas apresentando certa conotação religiosa. A ideia da finitude que contém a necessidade daquele decurso apresenta-se como uma sólida ordem divina.

66. Isto seria possível, por exemplo, com referência ao conceito da "morte dos povos" apenas mediante identificação deste conceito como o de "organização política dos estados". Com isto, se esgotaria o conceito "povo". Com este procedimento o conceito "envelhecimento" também transformar-se-ia numa ideia vazia de conteúdo de um determinado período de tempo.

os povos a graus de idade não é uma subsunção de processos econômicos num conceito geral, mas a inserção causal de acontecimentos particulares numa conexão interna e universal.[67] O "envelhecimento" e a "morte" são, indiscutivelmente, um processo de infinita complexidade, cuja regularidade empírica e necessidade legal apenas poderiam ser entendidas de maneira axiomática, por um conhecimento intuitivo (Roscher supõe esta necessidade e regularidade). Para uma abordagem científica das relações entre o processo global e os processos parciais, haveria dois procedimentos possíveis: a ciência poderia demonstrar que o processo global, complexo e repetitivo, não seria mais que a soma de processos parciais que têm as mesmas características. Portanto, o processo global, neste caso, seria a soma dos processos parciais. O procedimento metodológico de Roscher não era desta natureza, pois ele acreditava ser o processo global a causa dos processos parciais.[68] Como veremos mais tarde, a posição oposta também não é aceita por Roscher, no que concerne às Ciências Econômicas.[69] Roscher se aproxima dos parâmetros de um sistema emanatista, isto é, da realidade empírica como sendo o resultado de uma emanação a partir de "ideias", das quais é possível deduzir os processos concretos com absoluta propriedade. A realidade empírica é a emanação dos conceitos mais gerais e mais elevados. Mas, como já vimos, o procedimento metodológico de Roscher apenas assemelha-se e aproxima-se deste procedimento, mas não é, em sua essência, um procedimento emanatista, pois, por um lado, acreditou ele que o conteúdo desta "ideia" geral — ideia divina — estivesse além dos limites da capacidade do conhecimento humano, necessariamente limitado, e, por outro lado, foi a postura escrupulosa de um pesquisador minucioso que fez com que Roscher permanecesse imune em face da opinião da dedutibilidade da realidade a partir de um sistema conceptual.

---

67. Roscher evidentemente não percebeu esta contradição. Ele identifica, por exemplo (§ 22, nota 3) de maneira bem característica, uma abstração conceptual com a decomposição de uma conexão interna em seus elementos. A separação dos músculos e dos casos efetuada pelo especialista em anatomia é, para ele, um procedimento análogo à abstração.

68. Veja-se a afirmação de Roscher sobre o princípio da causalidade. O mais importante deve ser a "razão real", da qual os fenômenos particulares são emanações.

69. Veja-se página 14 desta obra.

Mas, destarte, o seu procedimento metodológico permaneceu, até certo grau, em oposição à convicção da existência de leis de evolução histórica, às vezes defendida por ele mesmo.[70] Nos escritos de Roscher não há uma metodologia bem definida e consequente, mas neles se percebe uma formação histórica abrangente, devido à capacidade de interpretação de uma vasta quantidade de documentos. Foi, aliás, Knies quem, pela primeira vez, chamou a atenção a este pormenor nos escritos de Roscher. As suas considerações sobre a evolução das instituições econômicas são sem dúvida importantes, mas padecem das mesmas falhas metodológicas.

O mesmo poderíamos afirmar sobre os seus escritos referentes à evolução das formas de organização política.[71] Roscher, mediante o método comparativo, entrevê uma regularidade na sucessão das formas de Estado que, na sua opinião, apresentam certo caráter de evolução e podem ser encontradas no desenvolvimento de todos os povos civilizados. As exceções que indubitavelmente existem são explicadas de modo a não invalidar a regra, mas, ao contrário, a confirmam. Roscher não tentou inserir a evolução política numa conexão interna da evolução global dos povos, tampouco explicá-la empiricamente, pois os graus de evolução não passam de "graus de idade" que a espécie "povo" vivencia.[72] Roscher elaborou um imenso material empírico documental, mas não explicou claramente o que uma "vivência" significaria para ele.

O mesmo fenômeno encontramos, de modo até mesmo mais evidente, em sua análise da coexistência de processos e mecanismos econômicos diferentes que, para muitos, até então, era uma das tarefas essenciais da economia política. Analisando o conceito "economia do povo"

---

70. Bücher lamenta o fato de Roscher não ter elaborado o seu critério de periodização a partir da sua especialidade científica. Roscher — a meu ver, e também Knies, como veremos mais tarde — não tinha muita certeza de que este procedimento, que Bücher defende, seria possível e também não estava muito convicto de que, em termos de metodologia, teria trazido grandes resultados.

71. Há um ensaio de Roscher sobre esta questão: *Politik, geschichtliche Naturlehre der Monarchie, Aristokratie und Demokratie* (Política, tratado histórico natural sobre a monarquia, aristocracia e democracia).

72. Veja-se os excelentes comentários de Hintze em *Roschers politische Entwicklungslehre* (Teoria da evolução política de Roscher). O ensaio foi publicado em *Schmollers Jahrbuch* (ano 21, 1897, p. 767 e ss.).

(ou economia nacional) percebe-se com bastante clareza a concepção orgânica de Roscher. A Economia Nacional não é para Roscher, obviamente, uma simples soma geral ou reunião das economias parciais, assim como o corpo humano não é apenas a soma geral de reações químicas. Dentro desta postura adotada por Roscher, surge como problema crucial a seguinte questão: como explicar o surgimento e a continuidade das instituições da vida econômica que, por um lado, não foram criadas propositalmente pelas coletividades, e que, por outro, desempenham, indiscutivelmente, um importante papel para estas mesmas coletividades? A partir daí, surge o problema da finalidade dos organismos biológicos. Pensando na coexistência de economias parciais e de economia nacional a pergunta tem origem devido a formulação ou existência de um sistema conceptual que daria conta desta problemática. A opinião de Roscher, comum a muitos dos seus predecessores e da maioria dos seus sucessores, é a de que apenas uma teoria global sobre a motivação das ações humanas, uma teoria psicológica global sobre os motivos da ação humana, poderia resolver esta questão.[73] Percebe-se logo que se trata das mesmas contradições e incoerências metodológicas já mencionadas em passagens anteriores, especialmente quando abordamos problemas da filosofia da história. Sabemos que Roscher pretendia abordar historicamente os processos históricos, isto é, problemas históricos na sua plenitude. Nesse ponto deveríamos, obviamente, considerar sempre a influência de fatores não econômicos na própria economia, ou seja, a heteronomia causal da economia dos homens, fato considerado sistematicamente, pelo menos desde os escritos de Knies.

Sabemos que Roscher nunca deixou de lado a sua convicção fundamental de que a tarefa de qualquer ciência e, portanto, também da economia política, seria a de formular e elaborar "leis". Mas, com isso, surgiu o problema de combinar a plena captação da vida histórica dentro de um procedimento de contínua abstração que, logicamente, se isola e cada vez mais se afasta da vida real e concreta. É bem provável que Roscher não tenha percebido, com toda clareza, esta dificuldade, por restringir-se, até certo grau, a interpretações do período iluminista de conceitos como "instinto", "impulsão" e "inclinação".

---

73. Não se pretende, aqui, discutir mais detalhadamente esta opinião.

Na opinião de Roscher, o ser humano, na sua vida econômica, é impulsionado por um lado, pela aspiração aos bens materiais deste mundo, e, portanto, por motivos egoístas, mas, por outro lado, há paralelamente um outro impulso fundamental, mais abrangente, ou seja, o do "amor a Deus" que, necessariamente, inclui postulados como os de "justiça", "direito", "afeição aos outros", "perfeição" e o de "liberdade", ideias que acreditamos nunca estarem totalmente ausentes na vida de qualquer pessoa "humana" (*System*, v. I, § 11).

No que tange à relação entre os dois impulsos, percebe-se claramente que Roscher tende a explicar os "impulsos sociais" como sendo resultantes dos interesses particulares e individuais "bem-entendidos".[74]

Genericamente falando, poderíamos afirmar que o "impulso mais elevado", ou seja, o "divino", faz com que o impulso "egoísta" permaneça dentro de determinados limites.[75] Percebemos, portanto, que impulsos de caráter egoísta se misturavam a impulsos de caráter "divino" das mais diversas maneiras, fazendo com que surjam os mais diferentes graus de solidariedade entre os homens, no nível municipal, familiar e internacional. De acordo com a opinião de Roscher, há uma forma de egoísmo mais elevado nos pequenos grupos sociais, e um tipo de egoísmo mais reduzido nos grandes grupos sociais, fazendo com que estes últimos se aproximem mais do "reino de Deus". A partir desta leitura dos escritos de Roscher, poderíamos afirmar que a mistura de "impulsos religiosos" e de "impulsos egoístas" explicam os fenômenos sociais.

---

74. Veja-se *System* (§ 11): "o raciocínio que apenas efetua um cálculo lógico tem de perceber que inúmeras instituições são necessárias... para o indivíduo, mas que não funcionariam sem que houvesse certa solidariedade, pois nenhum indivíduo, de livre e espontânea vontade, entregar-se-ia a determinados sacrifícios". Veja-se também: *Geschichte der Nationalökonomie,* (p. 1034). Nesta obra, encontramos o seguinte comentário, bem característico da pseudoética que encontramos muitas vezes nos representantes do historicismo: "as exigências do egoísmo bem calculado coincidem sempre mais com as exigências da consciência, sobretudo se o círculo dos que disso tiram proveito fica sempre maior e a perspectiva diz respeito ao futuro".

75. Nestas considerações, encontramos algo das explicações de Kant, que afirmam que os impulsos para o bem-estar devem ser limitados pelas virtudes. Em outros escritos de Roscher, a solidariedade é transformada na emanação de um poder social e objetivo. Lemos também que Roscher entendeu por solidariedade o mesmo que Schmoller chama de "costume" e "moral". Knies não aceitou tal interpretação.

Destarte, poderíamos esperar que Roscher, mediante a interação específica destes dois fatores, explicasse, com argumentos de pesquisa empírica, o surgimento dos processos sociais e das instituições políticas.[76]

Porém, olhando bem de perto, vê-se que o procedimento de Roscher é diferente. Roscher percebeu claramente que, nas regiões atualmente desenvolvidas em termos de economia, a vida real e concreta da economia é totalmente dominada pelo "egoísmo", sem nenhum outro tipo de "impulso". Referimo-nos concretamente à práxis da bolsa de valores, serviços bancários etc.

Desta maneira, Roscher usa todo o sistema e aparelho conceptual da economia clássica, cujos princípios se baseiam no egoísmo e no individualismo. A chamada "teoria alemã" — sobretudo a de Rau e Hermann — acrescentou, diferentemente, ao princípio e domínio exclusivo do egoísmo e do individualismo, o princípio da solidariedade na vida econômica de um povo.[77] Com este procedimento, pretendia-se[78] superar a diferença feita pela escola clássica entre esfera particular e esfera pública da ação humana,[79] e a consequente identificação entre "ser" e

76. Para a teoria clássica não existia este problema, pois ela partia do pressuposto de que, numa abordagem científica, um único princípio no setor da vida econômica deveria ser considerado, qual seja, o do egoísmo. Este visa o máximo lucro possível no sistema de uma economia de mercado. Para ela, não se trata de uma abstração quando se considera unicamente este impulso.

77. Rau não desenvolveu sistematicamente este princípio, como, aliás, é de conhecimento geral. Rau contentou-se com a afirmação de que o predomínio do egoísmo seria um "impulso irresistível e natural", e, portanto, algo normal. Outros impulsos, que talvez fossem "mais elevados" ou "quase transcendentes", não poderiam servir de base à elaboração de "leis", pois seriam de caráter irracional. Para ele, era indiscutível que o único objetivo da ciência é a elaboração de leis.

78. Para a "teoria pré-histórica" da economia política — como, aliás, também para a teoria atual — o ser humano não era o sujeito abstrato da economia, mas o cidadão abstrato do Estado. Esta é a postura típica da economia política de tendência racionalista e iluminista. Veja-se o seguinte tratado de Rau: *Grundzüge der Volkswirtschaftslehre* (§ 4) (Princípios para um tratado de economia nacional): "O Estado consiste num determinado número de seres humanos que convivem conforme uma determinada ordem legal. Eles são denominados cidadãos (Staatsbürger) na medida em que... usufruem certos direitos. A totalidade destes cidadãos chama-se 'povo' que é, no sentido da ciência política do termo, a 'nação'. O termo 'povo' tem outro significado, no sentido histórico-genealógico, que leva em conta a origem do povo e a sua separação em face de outros povos" (cf. Knies, 1. ed., p. 28).

79. Uma pesquisa mais minuciosa demonstraria que esta separação teve a sua origem em determinada mentalidade puritana, que foi de grande importância para a gênese do capitalismo, ou melhor, para o "espírito capitalista".

"dever".[80] Roscher, deixando de lado o seu procedimento psicológico, rejeita esta opinião, afirmando que atitudes de egoísmo e de solidariedade não seriam atitudes totalmente opostas.

Mais ainda, ele apresenta uma terceira concepção ou entendimento possível das relações entre "egoísmo", "individualismo" e "solidariedade"[81] que poderíamos definir da seguinte maneira: "o egoísmo e o individualismo nada mais são do que as formas e os procedimentos finitos e compreensíveis do altruísmo e da solidariedade".

Percebe-se logo que estamos em meio ao contexto das teorias do século XVIII, para as quais o individualismo e o egoísmo foram interpretados de maneira positiva e otimista.[82]

Se a fábula das abelhas de Mandeville apresentou, à sua maneira, uma solução para a problemática relação entre interesses públicos e particulares, através da sua conhecida formulação *private vices public benefits*, e, se muitos autores que escreveram posteriormente a Mandeville defenderam consciente ou inconscientemente a mesma opinião, ou seja, a de que o individualismo econômico, por causa de desígnios providenciais, seriam aquela força que "sempre quer o mal, mas mesmo assim cria sempre o bem", poderíamos afirmar a existência da ideia de que o individualismo estaria, diretamente e sem limitação, a serviço dos objetivos culturais de humanidade, interpretados na linguagem e na crença populares, como de caráter "natural" e "divino".

Roscher rejeita, de maneira explícita, este ponto de vista de Mandeville e todo o pensamento iluminista. Em parte, explica-se esta sua postura devido à sua convicção religiosa,[83] mas, obviamente, as consequên-

80. Esta identificação, nas obras de A. Smith, não diz respeito ao predomínio do egoísmo e do individualismo. A situação é diferente nas obras de Mandeville e de Helvetius.

81. *System* (v. I, § 11, 2. ed., p. 17).

82. Ideias semelhantes já se encontram no discurso de Mannon aos anjos caídos (veja-se: Milton, *Das verlorene Paradise* (O Paraíso Perdido). Tudo isso parece contrariar o pensamento puritano.

83. Roscher também rejeita a ideia de que a História e os acontecimentos na vida humana seriam uma teodiceia, *Geistliche Gedanken* (p. 33). Tampouco aceita a formulação de Schiller que escreveu que "a história universal" seria o "juízo universal". Nas explicações de Roscher sobre esta questão, encontramos uma clareza que seria desejável aos representantes modernos da teoria evolucionista. Devido à sua fé religiosa, Roscher descartou a ideia do progresso como "princípio condutor". Sabemos que também Ranke — outro homem religioso e pesquisador compe-

cias epistemológicas de sua posição orgânica levam também a esta rejeição. Parece que chegamos, novamente, ao ponto central de todas as suas contradições. De uma parte, fenômenos como impostos, juros e salários são explicados por Roscher como consequências de sistemas econômicos que se baseiam em interesses particulares, mas, de outro, não encontramos o mesmo procedimento metodológico quando se trata de instituições mais complexas, sejam elas sociais ou políticas, que sempre são apresentadas como "formações orgânicas", ou, para usar um termo de Dilthey, "sistemas finalíticos" que não seriam acessíveis àquele tratamento metodológico. Esta opinião é válida para todas aquelas formações sociais que têm por fundamento o princípio da "solidariedade" como, por exemplo, o Estado e o Direito, mas também para as relações constantes dentro de uma determinada ordem econômica que, aliás, não pode ser explicada causalmente, pois "causa" e "efeito" nunca podem ser separados. Roscher quis dizer o seguinte: que, na vida social, cada efeito pode transformar-se em causa, e que há um condicionamento mútuo entre os termos "causa-efeito" e "efeito-causa". Portanto, a explicação causal somente é possível dentro dos parâmetros de um círculo hermenêutico.[84] A única possibilidade de "sair" deste círculo hermenêu-

---

tente — sustentava uma ideia semelhante. A ideia de "progresso" surge como uma necessidade, quando não se acredita mais num sentido religioso e transcendente do decurso da história da humanidade, e, em lugar disso, procura-se estabelecer um sentido objetivo e imanente.

84. Veja-se *System* (v. I, § 13). Comentários semelhantes já se encontram no *Thukydides* (p. 201), no qual, por exemplo, lemos a afirmação de que toda a explicação histórica bem elaborada anda em círculo. Esta particularidade do conhecimento discursivo advém do fato de estas ciências pretenderem coordenar os objetivos da realidade. Diferente é o procedimento na metodologia hegeliana, na qual a coordenação seria substituída pela subordinação. A oposição entre a História (viva) e a Natureza (morta) — característica da obra de Roscher — ainda está ausente no *Thukydides*. Esta problemática encontra-se em *System*, porém de modo menos evidente. Ele afirma, por exemplo, que (§ 13, 2. ed., p. 21) apenas o vento poderia ser a causa da rotação do moinho, sendo impossível imaginar o inverso, isto é, o moinho como causa do vento (?). Sem dúvida, este é um exemplo infeliz, e não explica muita coisa. Percebemos, também, nestas observações, uma certa semelhança com opiniões e afirmações de Gottl e W. Dilthey: *Sitzungsberichte der Berliner Akademie*, (1894, nº 2, p. 1313) (Atas da Academia Berlinense). Gottl, por exemplo, acha que existe uma oposição fundamental — de caráter ontológico e não apenas lógico — entre o processo cognitivo vivencial da "conexão interna" dos objetos psíquico-humanos e a explicação causal da "natureza morta" que estaria em contínuo processo de decomposição. Mas Gottl admite a necessidade da transposição de conceitos antropomórficos para as investigações biológicas. Roscher, pelo contrário, defende outra transposição: conceitos provenientes da biologia deveriam ser usados na explicação científica da vida em sociedade. Não

tico seria a concepção orgânica do universo e da sociedade. Nesta concepção, os processos e fenômenos parciais seriam emanações ou "exteriorizações" de um "todo orgânico". Na opinião de Roscher, como, aliás, já explicamos anteriormente, haveria um "fundo inexplicável", do qual emanariam todos os fenômenos parciais e individuais. É tarefa da Ciência "levar sempre mais para trás" e diminuir este "fundo inexplicável".

Percebe-se, portanto, que os limites e as limitações do conhecimento científico nos setores econômicos e políticos não podem ser caracterizados como sendo um *hiatus irrationalis* entre uma realidade, que sempre existe apenas concreta e individualmente, e conceitos e leis gerais, elaborados por meio da abstração. Roscher, ao meu ver, nunca duvidou da possibilidade de uma apreensão conceptual da realidade econômica concreta. Obviamente, para conseguir isso, deveria ser elaborado um grande número de leis naturais. A "uniformidade orgânica" seria, na opinião de Roscher, o fator principal para a afirmação de que elas seriam mais difíceis de serem explicadas do que os organismos naturais.[85] O limite do conhe-

---

queremos aqui apresentar uma crítica destas posturas adotadas. Gostaríamos apenas de chamar a atenção para o fato de haver também — no mesmo sentido e no mesmo grau —, no âmbito da natureza morta, uma "interação" e uma "conexão interna". Isto pode ser percebido claramente quando alguém tenciona conhecer um fenômeno isolado da natureza na sua plena, concreta e intensiva infinitude. Uma reflexão mais profunda mostrar-nos-ia que há procedimentos antropomórficos em todos os processos cognitivos que dizem respeito à natureza.

85. Este é exatamente o ponto de vista epistemológico da visão orgânica da sociedade que não aceita a visão hegeliana. Menger, e, depois dele muitos outros, perceberam que a situação é exatamente inversa, pois, nas ciências sociais, encontramo-nos na situação privilegiada de poder observar o interior dos "menores segmentos" que constituem a sociedade e que percorrem todos os liames de suas relações internas. É significativo que Gierke defenda o ponto de vista epistemológico assim como Roscher. Como se sabe, a "teoria orgânica do Estado" foi defendida por Gierke em seu discurso, por ocasião de sua posse no cargo de reitor da Universidade de Berlim. Veja-se: *Das Wesen der menschlichen Verbände* (1902) (A essência das associações humanas). Neste discurso, o Estado é apresentado como uma personalidade, uma pessoa cuja essência seria um "enigma" que não pode ser decifrado nem pela ciência, nem provisoriamente, nem definitivamente. Só seria possível uma interpretação metafísica — por meio da fantasia ou da fé, como ele próprio diz. É compreensível que Gierke, na sua crítica da opinião de Jellinek, defenda opinião semelhante. Para ele, as "comunidades são unidades vitais e supraindividuais". Esta ideia lhe foi da melhor serventia e muito o beneficiou. Mas é estranho que Gierke, para poder ter fé na força e no significado do conteúdo de uma ideia moral ou do conteúdo do patriotismo necessariamente as considere como "entidades". Também é estranho o fato de ele, inversamente, deduzir do significado moral daqueles sentimentos a sua existência como uma personalidade, hipostaseando, portanto, os conteúdos dos sentimentos. Negamos o caráter

cimento racional, para Roscher, não consiste no fato de os fenômenos singulares não poderem ser enquadrados num sistema de conceitos gerais, mas, diferentemente, no fato de que, por serem organismos, as relações internas e causais não poderem ser explicadas causalmente a partir dos fenômenos particulares. Isto é uma convicção de Roscher, um pressuposto que não precisa ser justificado. Em princípio, seria impossível uma explicação causal do "todo" a partir dos fenômenos particulares. Mas, mesmo assim, encontramos, em determinadas passagens dos escritos de Roscher, afirmações que se colocam dentro de conexões e relações causais. Porém, relação causal, na maioria das vezes, significa aqui "relação causal de caráter metafísico",[86] ou, de uma "ordem mais elevada", cujas manifestações só podem ser apreendidas por nosso conhecimento ocasionalmente e cuja essência não pode ser descoberta. Em termos análogos, esta afirmação também é válida para o processo de vida da natureza e da biologia. A "natureza metafísica" ou a "ordem mais elevada" que explicam os fenômenos da vida econômica são percebidos com mais clareza na chamada "lei de grande número",[87] que transforma o todo, apesar da aparente arbitrariedade, numa "harmonia maravilhosa".

---

metafísico, ou o de serem totalidade, no sentido apresentado por Gierke. Não são totalidades de caráter metafísico: 1º o conjunto de normas que tem validade numa determinada comunidade; 2º o conjunto das relações sociais entre os indivíduos que vivem no sistema normativo; 3º o conjunto dos condicionamentos da ação dos indivíduos por essas normas. Admitimos, entretanto, que estes conjuntos resultam da "simples soma ou adição de elementos particulares ou individuais". O mesmo poderíamos também afirmar sobre a relação entre vendedor e comprador dentro de um sistema regulamentado por normas jurídicas. Também, neste caso, o relacionamento entre os dois indivíduos difere da simples adição dos seus interesses individuais, sem que, por isso, possuam um "caráter místico". Por trás daquelas normas e relações não há um "misterioso ser vivo", mas apenas uma ideia moral sobre as vontades e os sentimentos humanos.

86. Há uma certa semelhança com os "fatores dominantes" das modernas teorias biológicas de Reinke, por exemplo. Mas Reinke privou-os do caráter metafísico que, por necessidade conceptual, lhes era inerente. Destarte, o seu papel de ser *forma formans* se reduziu ao de *forma formata* apenas. E, com isso, os "fatores predominantes" perderam exatamente o que neles poderia ser útil a uma reflexão especulativa acerca do universo. Veja-se também os diálogos de Reinke com Drew publicados nos *Preussische Jahrücher* (Anuário da Prússia) no ano de 1904.

87. Parece desnecessário lembrar que existe um longo caminho a ser percorrido, que vai do entendimento atual — e, às vezes, isso é mais um malentendimento — ao *homme moyen* de Quetelet. Toscher não rejeitou explicitamente ou, em princípio, o método de Quetelet (veja-se § 18, nota 2, *System*, v. I). Roscher escreve que a estatística "só pode considerar como verdadeiros os fatos "que são passíveis de ser reduzidos a 'leis conhecidas da evolução'". A elaboração de outras séries de conexões causais teria o caráter de um "experimento inacabado" (§ 18). A

A oposição entre a ordem social e os fenômenos particulares que podem ser analisados teoricamente não consiste, portanto, numa limitação metodológica da apreensão da realidade através de conceitos genéricos e através de leis, mas, diferentemente, no fato de haver, na realidade, forças e fatores que transcendem a nossa capacidade cognoscitiva. Novamente encontramo-nos no limiar do emanatismo. Entretanto, o seu senso do real empírico fez com que ele não aceitasse a tese que afirma que "partes orgânicas" daquela ordem geral seriam apenas emanações de "ideias".

Roscher aceita tacitamente tal ponto de vista como hipótese de trabalho. Encontramos a sua opinião real[88] sobre a questão da possibilidade de uma abordagem científica da política econômica na sua "teoria de repetições cíclicas"[89] que, por um lado, explica a categoria de "solidariedade", e, por outro, como já explicamos, o seu próprio ponto de vista a respeito. A heteronomia da política econômica, na opinião de Roscher, é uma consequência da inseparável conexão interna entre a economia e a vida cultural de um modo geral. A única finalidade da política econômica que se evidencia por si mesma não pode ser apenas "a fomentação de riqueza nacional" — conceito, aliás, que Roscher não teve a coragem de deixar de lado. Roscher defende o ponto de vista de que a política econômica de um Estado não pode ser apenas uma mera *crestomatia*.[90] Além do mais, o conhecimento das mudanças históricas dos fenômenos econômicos faz com que se chegue à conclusão ou à convicção de que a

---

fé nas leis confunde-se aqui com o bom senso do pesquisador empírico, que pretende compreender a realidade e não apenas decompô-la por meio de fórmulas teóricas.

88. Aqui, o assunto só nos interessa na medida em que se trata de uma questão de fundamental importância. Mas não pretendemos analisá-la sistematicamente e em profundidade.

89. O próprio Roscher fez questão de mencionar que, em sua obra, os problemas da política econômica são abordados nos capítulos que tratam da "Teoria do Estado".

90. Também nesta passagem, parece-nos que a posição de Roscher não foi totalmente consequente. Em toda obra, estão presentes juízos de valor dos mais diversos tipos. Veja-se, por exemplo, a afirmação do § 1 que apresenta até mesmo "matizes socialistas": "Uma situação 'ideal' seria se todos os seres humanos tivessem apenas necessidades 'elevadas' e 'nobres', e se tivessem plena consciência desta situação". Veja-se também os seus comentários sobre o conceito de "produtividade" (§ 63 e ss.) e a sua afirmação sobre as "condições ideais de uma população" (§ 253): "A evolução da economia política atinge o seu ponto mais alto quando o maior número possível de seres humanos encontram, ao mesmo tempo, a mais plena satisfação de suas necessidades".

ciência apenas é capaz de elaborar normas relativas, isto é, normas que estão em concordância com o grau de desenvolvimento do respectivo povo.[91] Mas, com semelhante afirmação, o relativismo de Roscher chega ao seu ponto máximo. Roscher nunca admitiu que os juízos de valor, que são o fundamento das máximas da política econômica, pudessem apenas possuir significação subjetiva.[92] Por conseguinte, não percebeu não ser possível elaborar normas éticas cientificamente fundamentadas. Afirmando que não pretende elaborar sistematicamente "ideais válidos para todos" (§ 26), e alegando que o seu papel não seria o de um "guia" mas o de um "mapa geográfico" por meio do qual o leitor se pudesse orientar, Roscher nem por isso responde àquele que procurasse receber "ideais de orientação" simples. "Torne-se aquilo que você é". Pelo menos em tese, encontramos nos seus escritos a convicção da existência de uma fundamentação objetiva para as normas morais, válidas não apenas para certas situações subjetivas e concretas, mas também para os mais diversos graus dentro do processo evolutivo da economia política.[93] Roscher acreditava que a política econômica fosse algo semelhante a uma ação terapêutica da vida econômica.[94] Uma ação terapêutica só é possível se soubermos qual seria o estado normal de saúde de uma sociedade que, obviamente, pode ser diferente em relação a outras sociedades, o que, aliás, se pensarmos, também é o caso dos indivíduos. O restabelecimento e a garantia do estado normal de saúde seria o objetivo do médico, se pensarmos

91. Veja-se § 25: "A andadeira da criança e a muleta do velho seriam para o homem, em pleno vigor de suas forças, apenas pesadas amarras". E mais ainda: "No decurso de sua história, os povos se modificam e, com esta modificação, modificam-se também as suas reais necessidades e os seus ideais sobre a vida econômica".

92. Roscher não admite limitações para a validade destas normas, mesmo levando em consideração as situações da vida cotidiana. Esta postura está evidenciada nos seus comentários sobre Goethe e do Doutor Fausto (veja-se: *Geistliche Gedanken* (p. 76 e 82).

93. Neste sentido, é característica a comparação que Roscher faz entre os ideais econômicos que, necessariamente, são individuais e as medidas de um vestido ou de um terno os quais também são, necessariamente, individuais (§ 25). Talvez seja interessante para o leitor atentar para as explicações constantes no § 27, nas quais Roscher se aproxima de uma postura bastante utópica, afirmando que seria possível reduzir as diferentes ideologias dos partidos políticos apenas à percepção insuficiente do verdadeiro estágio de desenvolvimento da respectiva nação.

94. Veja-se: *System*, v. I, §§ 15 e 264. Ranke, aliás, defendeu o mesmo ponto de vista sobre o objetivo da política econômica do Estado. Veja-se: *Sämtliche. Werke* (Obras Completas), v. 24, p. 290 e ss.

nos indivíduos, e o objetivo da ação do político na área da economia, se pensarmos na sociedade.

Num primeiro momento, não pretendemos discutir se é possível ou não constatar este estado normal de saúde sem enganar a nós próprios num certo grau. Esta afirmação é válida sobretudo se tivermos uma concepção puramente imanatista da vida. Roscher acreditava na possibilidade de detectar o estado normal de saúde. Esta postura, obviamente, explica-se a partir de sua filosofia da história. Como já dissemos, Roscher acreditava na existência de um desenvolvimento típico e recorrente dos povos. Foi sobretudo a sua fé religiosa que fez com que ficassem excluídas e "marginalizadas" todas e quaisquer consequências fatalísticas dentro de sua teoria. Roscher teve a convicção de que nós sabemos em que estágio de desenvolvimento se encontra a humanidade, segundo, obviamente, os pressupostos e os parâmetros do cristianismo, ou seja, com a convicção de que este processo — o processo histórico — seria um processo finito. Também não sabemos em que estágio se encontra a nossa cultura nacional que, obviamente, também está condenada a um processo de envelhecimento e decadência. Para a ação do político, na opinião de Roscher, este desconhecimento é uma vantagem, como também o é o fato de o indivíduo não conhecer a hora de sua morte. Mas esta situação não impede que a consciência do indivíduo, e o seu bom senso, indiquem tarefas vitais, que, em última análise, na opinião de Roscher, seriam designadas por Deus. Considerando esta visão global, há, indiscutivelmente, um estreito campo de ação para o político no setor da vida econômica. Segundo a evolução conforme "leis", as reais necessidades de um povo impor-se-iam quase que automaticamente ou naturalmente.[95] Uma postura totalmente diferente chocar-se-ia com a fé e a contrariaria na providência divina. Podemos classificar esta postura de Roscher, em última análise, como um sistema fechado, pois a finitude do nosso conhecimento discursivo não permitiria a apreensão total e integral das "leis da evolução". A princípio, esta apreensão total é impossível, em termos pragmáticos e factuais, do modo como Roscher vez por outra claramente dá a entender (§ 25). Para Roscher, o mesmo também é válido para a atividade política.

95. Veja-se: *System* (v. I, § 24) — nestas observações não há diferença entre Roscher e os representantes da escola clássica.

À guisa de conclusão, podemos dizer que as inúmeras observações de Roscher sobre a política econômica revelam claramente características de sua personalidade, ou seja, as de uma pessoa humilde, moderada e conciliadora, por um lado, mas, por outro, percebe-se também que nos encontramos diante de uma pessoa que não possui ideias claras e lógicas. Para ele, não pode haver, de antemão, conflitos reais, sérios e contínuos entre o decurso providencial da história e as "tarefas" que Deus designou para os indivíduos e para os povos. Consequentemente, rejeita-se a ideia de que seja possível que cada indivíduo, em plena autonomia, possa indicar os seus valores absolutos. Roscher, destarte, permaneceu relativista sem transformar-se num partidário do chamado evolucionismo ético, que ele rejeitou de maneira explícita.[96] Não se sabe se ele percebeu com toda

---

96. Analisando a obra de Kautz, intitulada *Geschichte der Nationalökonomie* (História da Economia Política), afirma Roscher (a passagem consta apenas nas últimas edições desta obra, § 29, nota 2): "Kautz diz, admitindo a história e a razão ética como fontes de economia política, que evitamos o mal-entendido de considerar a ciência econômica como um simples reflexo da vida econômica, em vez de, ao mesmo tempo, elaborar um modelo da vida econômica. Nisto, ao meu ver, não há uma contradição real. Não considerando, por enquanto, que apenas a razão ético-prática do homem pode realmente compreender a história, podemos afirmar que são exatamente os ideais de cada período histórico que se apresentam como os elementos mais importantes e mais atuantes na história. Neles aparecem, com maior clareza e maior agudeza, as reais necessidades de cada período. Não queremos afirmar com isso que o partidário da economia político-histórica não seja apto ou, em princípios, contrário à elaboração de planos de reforma no setor da economia. Queremos apenas dizer que, dificilmente, um partidário da economia política recomendaria planos reais no sentido de que fossem melhores do que outros existentes. Ele procuraria apenas demonstrar a existência de uma necessidade real a que se poderia atender mais com os planos propostos".

O primeiro trecho sublinhado por nós é, sem dúvida, uma resposta clássica a uma questão muito discutida e que será por nós tratada mais tarde. É a questão que diz respeito à opinião de alguns que acham que a História seria uma "ciência sem pressupostos". No segundo trecho por nós sublinhado, já encontramos, de modo bem mais característico, as observações confusas que os representantes da economia político-histórica costumam fazer, no que diz respeito ao significado dos termos "devir", "deve ser" e "ético". A análise do significado destes termos será retomada mais tarde. Percebe-se que a ideia da evolução histórica, em vez de funcionar como simples método, transformou-se numa visão de mundo de caráter normativo. Achamos que temos de fazer certas restrições quanto a este tipo de raciocínio. Estas restrições, ao nosso ver, também se estendem às ideias evolucionistas existentes nas ciências naturais. Como caso típico, podemos citar o fato de certos partidários do evolucionismo terem aconselhado, de maneira simplista, as religiões que fizessem certas "alianças novas". Roscher, no lugar do evolucionismo ético, defendeu sempre uma psicologia idealista, de certa conotação religiosa. Ele assumiu esta postura não apenas quando se tratava do "Darwinismo", ao qual ele sempre fez restrições, sobretudo por causa de suas convicções religiosas. Bem significativo é o seguinte trecho dos seus *Geistliche Gedanken* (p. 75): "Quem apenas considera a base material das

clareza que a ideia de evolução histórica quase que automaticamente leva a um desgaste do caráter normativo dos valores éticos e morais. Provavelmente, a causa de tudo isso foi, novamente, a sua fé religiosa.

Em resumo, podemos afirmar que o "método histórico" de Roscher é contraditório unicamente do ponto de vista da Lógica. Tentativas de apreender a realidade dos fenômenos de maneira global coexistem e contrastam com tentativas e pretensões em dissolvê-los por meio da elaboração de leis gerais, ou de leis naturais. Em algumas passagens, percebe-se que Roscher segue os passos de uma concepção orgânica da história, chegando ao limite da concepção emanatista de Hegel, que apenas não aceitou na sua íntegra por motivos religiosos. Roscher não trabalha com a concepção orgânica ao analisar fenômenos históricos particulares, adotando, nestes casos, em termos de metodologia, procedimentos característicos da economia clássica, ou seja, a justaposição de sistematizações conceptuais a par de comentários de caráter empírico-estatístico. Deste modo, pretende demonstrar a validade de sua afirmação, e também a sua importância. O procedimento orgânico predomina, de maneira absoluta, apenas na apresentação dos sistemas políticos e na classificação orgânica-construtiva dos fenômenos históricos do processo da vida dos povos. O relativismo histórico de Roscher não permite, no que diz respeito à política econômica, estabelecer juízos de valor de natureza objetiva. Mas Roscher sempre pressupõe a existência desses juízos sem, entretanto, desenvolvê-los e formulá-los logicamente dentro dos parâmetros do seu sistema.

Com relação ao pensamento de Hegel, o pensamento de Roscher apresenta-se menos como uma oposição e mais como um retrocesso. Nos escritos de Roscher, não encontramos os elementos da metafísica de Hegel, tampouco as esplêndidas construções metafísicas ou a especulação

---

coisas e o surgimento dos valores a partir da materialidade, interpretará também o pecado — sobretudo o pecado que é 'cultivado' — com grande naturalidade e tranquilidade, classificando-o, ao máximo, por imperfeição. Na verdade, o pecado, entretanto, é um mal absoluto, o inimigo da natureza e da essência do homem; é, na verdade, algo que traz a morte".

Observações semelhantes encontramos nas suas afirmações sobre a teodiceia, mesmo que, neste ponto, diga respeito à opinião de que cada um teria ainda uma evolução pessoal depois da morte, opinião que não se coaduna inteiramente com a doutrina oficial e "correta" de sua Igreja. Veja-se: *Geistliche Gedanken* (p. 33). Leia-se, também, as páginas sete e oito, nas quais há passagens de atitudes simplistas e infantis.

sobre o processo histórico na sua totalidade. Em lugar disso, encontramos uma convicção religiosa e uma religiosidade simples, ingênua e despretensiosa. Mas ao nosso ver, temos de insistir que, ao mesmo tempo e paralelamente, há um processo de libertação da atividade científica de pressupostos não científicos. Roscher não conseguiu dar um fecho ao pensamento de Hegel por causa da não percepção do problema lógico referente à relação entre o conceito e o conteúdo do conceito, problema claramente percebido por Hegel.

## II. Knies e o problema da irracionalidade

— A irracionalidade do agir. Características da obra de Knies. — "Liberdade de arbítrio" e "condicionamentos naturais" na obra de Knies. Comparação com as teorias modernas. — A teoria de Wundt: "A síntese criativa". — A irracionalidade do agir concreto e a irracionalidade do devir natural concreto. — A "categoria da interpretação". — Reflexões epistemológicas sobre esta categoria: 1) As ciências de tendência subjetiva conforme Münsterberg; 2) Simmel e os conceitos de "compreender" e "interpretar"; 3) A teoria da ciência de Gottl.

A obra intitulada *Die politische ökonomie vom Standpunkt der geschichtlichen Methode* (A economia política sob o ponto de vista do método histórico), principal obra metodológica de Knies, só teve sua primeira edição publicada no ano de 1853. Veio a lume, portanto, antes da publicação do primeiro volume de *System* (1854), cuja validade foi analisada por Knies nos *Göttinger gelehrten Anzeigen* (Informações eruditas de Göttinger), que datam do ano de 1855. A obra de Knies, que não fazia parte do círculo fechado e restrito dos especialistas, não foi muito comentada. Roscher, por exemplo, sequer faz menção à obra de Knies, nem a analisa de maneira profunda e clara, fato que, aliás, Knies não teve necessidade de lamentar.[97] O mesmo

97. Esta "reclamação" de Knies não está bem justificada, já que Roscher menciona os escritos de Knies em *System* e também na *Geschichte der Nationalökonomie*. (História da Economia

também se dá com os escritos de Bruno Hildebrandt, com quem, como se sabe, Roscher, posteriormente esteve envolvido em uma grande controvérsia. O livro de Knies já estava quase esquecido quando, entre os anos de 1860 e 1870, as chamadas *Freihandelsschuler* (Escolas Livres de Comércio) obtiveram grande popularidade. A obra de Knies foi lida por um maior número de pessoas nos anos em que o movimento dos chamados "socialistas de cátedra" conseguiu exercer grande influência sobre a juventude estudantil. Este conjunto de fatores talvez possa explicar o fato de que Knies conseguiu publicar a sua segunda edição apenas no ano de 1883, ou seja, trinta anos depois da primeira edição. Nos anos entre a primeira e a segunda edição, Knies publicou outra obra, intitulada: *Geld und Kredit* (Dinheiro e Crédito). Esta obra, em termos de metodologia, está bem distante do chamado "método histórico". Entre os diversos fatores e as diversas circunstâncias que contribuíram para a publicação da segunda edição, podemos mencionar os seguintes: a) as *Untersuchungen über die Methode der Sozialwissenschaften*, (Investigações sobre o método das ciências sociais) da autoria de Menger; b) a resenha crítica de Schmoller sobre mesmo artigo; c) a réplica violenta de Menger sobre a controvérsia metodológica na economia política — o ponto mais alto da discussão; e, finalmente, d) a elaboração de um esboço lógico e metodológico sobre as ciências do espírito, apresentada por Dilthey na *Einleitung in die Geisteswissenschaften* (Introdução às ciências do espírito). Nesta obra, Dilthey procurava desenvolver uma metodologia específica para as ciências do espírito diferente das ciências naturais.

Fazer uma análise de obra de Knies é um empreendimento bastante difícil. Por um lado, é indiscutível que o estilo de Knies é quase incompreensível, mas que, ao mesmo tempo, revela o método de trabalho do cientista que, no seu procedimento reflexivo, justapõe frase a frase sem se preocupar muito com a estrutura lógica e sintática.[98] A multiplicidade de ideias fez com que houvesse em seus escritos afirmações que, num grau elevado, contradizem afirmações anteriores e posteriores, o que faz com que o seu livro se assemelhe muito a um mosaico composto de pedras das mais diversas origens. Esta impressão se

---

Política). É curioso que Roscher nunca tenha discutido explicitamente as afirmações de Knies e tampouco respondido as indagações deste.

98. Veja-se: 1. ed., p. 293 — é uma periodização "impossível".

acentua com os chamados "aditamentos" constantes na segunda edição, os quais, por um lado, parecem observações quase desconexas e sem ligação sistemática com o texto, e, por outro lado, poderiam ser interpretados como "explicações" e "extensões" do seu raciocínio fundamental. Quem pretende reproduzir o conteúdo integral, em profundidade, desta obra, sem dúvida inteligente e repleta de ideias, não tem outra saída a não ser separar as diversas ramificações do raciocínio, paralelas e justapostas, e, isoladamente, abordar de maneira sistemática cada raciocínio em particular.[99]

Knies foi preciso ao definir sua posição sobre o lugar que deveria ocupar a economia política no sistema das ciências apenas na segunda edição de sua obra.[100] O seu raciocínio, entretanto, nos seus traços fundamentais, já está presente em diversas passagens da primeira edição. A economia política, diz ele, discute processos que têm a sua origem no fato de o homem, para satisfazer as suas necessidades, depender do chamado "mundo exterior". Pensando no conjunto das atividades e objetivos da economia política, podemos dizer que esta definição é ao mesmo tempo "restrita demais" e "ampla demais". Para ordenar devidamente o sistema das ciências, Roscher, de modo semelhante a Helmholtz e levando em consideração os respectivos objetos, dividia as ciências em três grupos que são: 1º as "ciências naturais" (*Naturwissenschaften*); 2º as

99. Nós abordamos aqui apenas determinados problemas de lógica, e, portanto, não pretendemos reproduzir a obra em sua íntegra. Para atingirmos nosso objetivo, consultamos a primeira edição de A Economia Política do Ponto de Vista do Método Histórico e os seus artigos que datam dos anos de 1850/60. A segunda edição de A Economia Política do Ponto de Vista do Método Histórico e outros trabalhos seus foram consultados apenas nos casos em que eram úteis para uma compreensão mais profunda da problemática. A nossa afirmação também diz respeito à obra de *Geld und Kredit*. Diferenças que constam em obras posteriores são mencionadas apenas quando dizem respeito ao aspecto lógico e metodológico da obra de Knies, o que, aliás, acontece poucas vezes. Procedemos, aliás, também desta maneira, no que diz respeito à obra de Roscher. Portanto, não faremos uma apreciação do significado histórico da obra de Knies. As suas opiniões e reflexões dizem respeito a problemas epistemológicos — ou problemas do conhecimento científico — que, muitas vezes, até hoje não estão devidamente resolvidos. Pretendemos apresentar e descrever estes problemas que, necessariamente, também são preocupações nossas. Muitos cientistas defendem ainda hoje a postura adotada por Knies. Em nossas considerações, de maneira nenhuma surge uma imagem adequada da importância científica e histórica de Knies. Os escritos de Knies aparecem como "pretexto" e "ocasião" para a explicação das minhas preocupações metodológicas.

100. Veja-se: op. cit., 2. ed., p. 1 e ss. e 215.

"ciências do espírito" (*Geisteswissenschaften*) e 3º as "ciências históricas" (*Geschichtswissenschaften*). Estas últimas se ocupariam de processos do mundo exterior que, entretanto, são condicionados por motivos que têm a sua origem no "espírito humano".

A partir do pressuposto, para ele evidente por si próprio, de que a divisão do trabalho científico é apenas uma separação do material objetivamente dado, prescrevendo a cada grupo de ciências o seu procedimento metodológico, Knies começa a analisar os problemas metodológicos da economia política. Esta ciência diz respeito à ação humana que é condicionada, basicamente, por dois fatores: de uma parte, por condicionamentos naturais e materiais, e, de outra, pelo "livre-arbítrio", que é característica tipicamente humana, e, por outro lado, por "fatores que envolvem necessidade" que são condições naturais, determinadas por leis da natureza. A este segundo fator vem juntar-se ainda a força e o poder de uma coletividade organizada na sua conexão interna sob determinadas condições historicamente dadas.[101]

A influência das "conexões internas naturais" e gerais é entendida por Knies como uma influência de leis, já que, para ele, como também para Roscher, o termo "causalidade" e a expressão "regido por leis" são tidos como sendo "sinônimos".[102] Com isto, apresenta-se a seguinte situação: Knies vê uma oposição entre a "ação livre" das pessoas, *e, portanto, "ação irracional*, individual e não previsível" e a ação das pessoas, determinada pelas condições naturais. Na maioria das vezes, não se percebe que a *oposição é outra*, ou seja, a oposição entre a ação humana que persegue um fim, por um lado, e as condições para esta ação, isto é, os condicionamentos dados pela natureza e pelas respectivas constelações históricas e políticas.[103] Knies acha que a influência da natureza sobre os fenômenos econômicos dá origem a um processo que é regido por leis. Realmente, na opinião de Knies, as leis naturais exercem certa influência sobre a vida econômica, mas estas leis da natureza não seriam realmen-

---

101. Veja-se: op. cit., 1. ed., p. 119. Daqui em diante sempre faremos referência a esta primeira edição.

102. Veja-se p. 344 da mesma obra.

103. As chamadas "conexões internas coletivas" são devidamente consideradas. Para Knies, elas são irracionais, já que contêm elementos da ação social.

te leis da vida econômica,[104] pois o livre-arbítrio intervém nelas na forma de uma ação de caráter "pessoal".

Veremos mais tarde que Knies, em outras passagens de suas obras, não conserva a posição da irracionalidade básica da vida econômica. Nestas passagens, alusivas à influência da natureza sobre a vida econômica, lemos que seriam exatamente as formas particulares das condições econômicas, histórica e geograficamente condicionadas, que impossibilitariam qualquer elaboração de leis com vistas a uma ação racional na economia.

A esta altura das observações de Knies, parece que seria bom aprofundar esta questão.[105] O erro fundamental que, aliás, não se encontra apenas nos escritos de Knies, consiste na identificação da expressão "ser determinado" com "ser regido por leis", por um lado, e, por outro, na identificação da "ação livre" com a "ação individual", ou seja, em desacordo com a ação típica da espécie. Encontramos essas ideias confusas nas discussões metodológicas até os dias de hoje, sobretudo quando se trata de discussões metodológicas sobre disciplinas com grande especialização. A discussão dos historiadores nos dias de hoje sobre a importância e o significado dos fatores individuais na história mostra que não houve progressos e que ela se assemelha muito à discussão de Knies. Nestas considerações e discussões se insiste sempre na "incalculabilidade" do "agir humano" que seria a consequência da "liberdade humana", ou melhor, do "livre-arbítrio" que, por sua vez, é tido por "dignidade específica humana". Este conjunto de observações atinge direta ou indiretamente a história,[106] pois o "significado criativo" da ação humana

---

104. Veja-se: op. cit., p. 237, 333, 334, 345 e 352.

105. Schmoller já havia rejeitado, na sua resenha crítica, as formulações de Knies, argumentando que também há, na natureza, repetição exata dos fenômenos. Veja-se: *Zur Literaturgeschichte der Staats und Sozialwissenschaften* (Contribuição para a história da literatura das ciências políticas e sociais).

106. Veja-se, por exemplo, o artigo de von Hinneberg na *Historiche Zeitschrift*, 1889, p. 29 (Revista Histórica). Conforme com este artigo, o problema fundamental das ciências do espírito (*Geisteswissenschaften*) seria o do livre-arbítrio. Também Stieve defende uma opinião semelhante (semelhante à opinião de Roscher, de Knies e de von Hinneberg). Veja-se o seu artigo publicado na *Deutsche Zeitschrift für Geschichtswissenschaft*, t. VI, p. 41, 1891 (Revista Alemã para a Ciência Histórica). Neste artigo, defende-se o ponto de vista de que o livre-arbítrio excluiria, nas ciências históricas, a ideia da existência de "leis" como as há nas "ciências na-

haveria de se opor fundamentalmente à causalidade mecânica que está por trás do devir na natureza.

Aproveitamos esta oportunidade para retomar a discussão desta questão que, por um lado, parece já ter sido "resolvida", mas que, por outro, sempre ressurge apresentando novos e diferentes aspectos. Pode ser que não cheguemos a nada mais que "evidências" ou "trivialidades", mas, como veremos, se não as discutirmos, serão exatamente estas "evidências" o que poderá encobrir questões de fundamental importância.[107] Provisoriamente, aceitamos sem resistência a opinião de Knies, ou seja, a afirmação de que as ciências nas quais o objeto específico é a ação humana formam um grupo de ciências, o qual também pertence indiscutivelmente à ciência histórica. Portanto, nestas reflexões, nos referimos à ciência histórica e às ciências afins sem, entretanto, enumerá-las a todas. Quando usamos o termo "ciência histórica" entendemo-lo sempre *latu sensu*, ou seja, incluindo a "história política", a "história social", a "história econômica" e "história cultural". No que diz respeito à questão da função e da importância da personalidade individual no processo histórico, podemos afirmar que esta problemática pode ser entendida de duas maneiras: 1ª devido à sua importância *sui generis*, há um interesse específico em conhecer em profundidade e de maneira abrangente o "con-

---

turais". Meinecke, por exemplo, afirma (veja-se: *Historische Zeitschrift*, p. 264): [Revista Histórica]: "entenderemos e interpretaremos os movimentos históricos nos quais existe a presença de grandes massas humanas, de maneira diferente, e, por um lado, vê-se nela (na presença), o resultado da interação de milhares de pessoas que possuem o "livre-arbítrio" e, consequentemente, têm consciência e convicção de sua liberdade, ou, por outro lado, se interpreta estes movimentos históricos apenas como reflexos de forças 'regidas por leis naturais'". Na página de nº 266, encontra-se outra observação interessante sobre essa mesma "problemática": há um "resto irracional" em cada pessoa que se assemelha a um "santuário interior" ou a um "enigma". Também nos escritos de Treitschke encontram-se passagens semelhantes. Por trás de todas essas afirmações que, em termos de metodologia, defendem a *ars ignorandi*, existe uma linha de pensamento que acredita que a contribuição de uma ciência consiste basicamente na solução de problemas concretos e não na elaboração de um "saber geral e amplo". O significado específico da ação humana, portanto, consistiria na dimensão de sua fundamental incompreensibilidade e inexplicabilidade.

107. Não há preocupação com a questão de se este procedimento metodológico, pensando agora em economia política, teria ou não um resultado prático. Procura-se, portanto, procedimentos lógicos e metodológicos válidos em si, sem que se julgue a "economia política" a partir de perguntas quanto ao fato de se ela consegue, e em que medida, elaborar fórmulas concretas para a *práxis social*.

teúdo espiritual" da vida de "grandes" e "extraordinárias" personalidades; 2º sem levar em conta se estas pessoas são ou não importantes, a ação das pessoas importa sempre como elemento constitutivo e fator causal do processo histórico. Percebe-se, claramente, que se tratam de raciocínios logicamente diferentes. No que concerne à primeira observação, podemos afirmar que aquele que não acredita neste interesse específico ou o rejeita como injustificado, não pode ser contestado com argumentos que se baseiem nos métodos das ciências empíricas. O mesmo também serve para o cientista que acredita ser o único procedimento metodologicamente correto o da análise compreensiva, querendo "reviver" a experiência histórica de grandes indivíduos na sua "singularidade". Ambas as posturas podem, evidentemente, ser objeto de uma análise crítica. Mas também está claro que, em ambos os casos, encontramos-nos diante de problemas de filosofia da história e não de problemas metodológicos ou de crítica epistemológica. Em outras palavras, estamos diante da pergunta quanto ao "sentido" do conhecimento do processo histórico.[108] No que se refere ao significado causal — a segunda afirmação —, defendemos a opinião de que somente é possível contestá-lo de maneira geral, não incluindo, em nossas considerações, estas partes do processo histórico, por serem, ao nosso ver, insignificantes. Deixando de lado esta questão que, evidentemente, não é o resultado de uma observação empírica e que também não pode ser demonstrada, por incluir um juízo de valor, podemos dizer que, por um lado, as fontes disponíveis, e, por outro, a questão de qual parte da realidade historicamente dada pretendemos causalmente explicar levam-nos às seguintes alternativas: 1ª podemos encontrar uma causa significativa no regresso causal, no sentido da particularidade da ação concreta de um indivíduo — o édito de Trianon, por exemplo; 2ª podemos acreditar que é suficiente, para a interpretação causal dessa ação concreta, esclarecer as circunstâncias, as motivações e os fatores que se encontram fora do "agente histórico", os quais, de acordo com a nossa experiência, influenciavam a sua ação; 3ª poderíamos também opinar que, paralelamente, seria necessário investigar a singularidade da personalidade do "agente histórico", com o intuito de conhecer as suas "motivações constantes"; 4ª finalmente, po-

108. A teoria do conhecimento da ciência histórica consta e analisa a importância dos valores no conhecimento histórico, mas ela mesma não elabora os fundamentos destes valores.

deríamos ainda acreditar que seria conveniente explicar estas motivações constantes a partir da formação das características daquela personalidade. Esta explicação poderia dar-se a partir da consideração de fatores como a hereditariedade, as influências recebidas na educação, as situações e os acontecimentos específicos de sua vida, e, finalmente, a singularidade do seu meio ambiente. Pensando acerca da questão da irracionalidade, não há uma diferença fundamental entre as ações de um indivíduo ou as de muitos indivíduos. Ao nosso ver, as massas, quando surgem como causas históricas num determinado contexto, não apresentam menos caráter "individual" do que as ações de um "herói".[109] A opinião contrária não passa de um preconceito de diletantes naturalistas e espero que tal preconceito não persista durante muito tempo entre os sociólogos. Knies não faz distinção entre o "agir" das massas e o "agir" de uma grande personalidade; ele apenas trata o "agir" genericamente. Portanto, daqui em diante — se não o mencionarmos explicitamente — ao ocuparmo-nos da "ação humana", da "motivação" ou da "decisão", entendemos não apenas as dos indivíduos, mas também as das massas humanas.

Começamos nossas considerações com alguns comentários sobre o conceito de "criativo" que é um termo fundamental na metodologia das ciências do espírito de Wundt. De antemão, queremos insistir em que não podemos ver nesse conceito outra coisa que não o resultado de um juízo de valor, uma atribuição de um valor seja para o momento causal, seja para o efeito final. Bastante errônea é a ideia de que aquilo que nós entendemos por "caráter criativo" de uma personalidade histórica e concretamente existente e a ação humana corresponderiam a diferenças

---

109. A opinião de Simmel — (veja-se: *Probleme der Geschichtsphilosophie* (Problema da filosofia da história) — evidentemente, não muda em nada esta questão. O fato de que o "genericamente falando igual" da multidão de indivíduos se transforma em "fenômeno de massa", não nos impede de afirmar que o seu significado histórico se resume no conteúdo individual, nas causas individuais e nos efeitos individuais do que a multidão tem em comum — por exemplo, uma determinada convicção religiosa ou interesse econômico determinados, concretos e bem definidos. Na história, objetos reais surgem como causas na sua forma individual. A ciência histórica se interessa por tais causas. Veja-se meus comentários e as minhas discussões com Eduard Meyer (p. 249 desta edição), nas quais se encontram reflexões sobre a relação entre as categorias "causa real" (*Realgrund*) e "causa epistemológica" (*Erkenntnisgrund*) como sendo problemas metodológicos da investigação histórica.

objetivas na modalidade das relações causais. Quero dizer que não correspondem a diferenças objetivamente existentes na realidade empírica e independentes da nossa atribuição de valor. A particularidade de uma personalidade histórica e concretamente existente e a sua ação intervêm como fator causal, de maneira objetiva, no processo histórico, isto é, independente da nossa atribuição de valor e, de modo nenhum, de maneira criativa. Percebe-se também esta intervenção objetiva em elementos causais que nada têm a ver como "pessoas", como, por exemplo, circunstâncias geográficas, situações sociais ou determinados fenômenos naturais. O conceito de "criativo" não é um termo ao qual corresponde objetivamente algo no mundo empírico. Podemos aceitar esta opinião se entendermos "criatividade" como "novidade" no sentido qualitativo, mas, neste sentido, o conteúdo do conceito seria muito diluído. Concluindo, achamos que "criativo" é um conceito relacionado com valores, a partir dos quais percebemos mudanças qualitativas na realidade empírica. Os processos físicos e químicos que, por exemplo, levam à produção de carvão ou de diamantes poderiam ser classificados, em termos de forma, como "sínteses criativas", no mesmo sentido das relações de motivação que explicam o modo como, a partir da intuição de um profeta, por exemplo, nasce uma nova religião. A diferença que existe entre estes dois fenômenos se explica a partir do fato de serem diferentes, e de serem outros os valores que conduzem o processo cognitivo. Em ambos os casos, logicamente falando, a sequência de mudanças qualitativas tem as mesmas características. Isto se deu por causa do relacionamento com valores que acabou fazendo com que relações causais se transformassem em relações de significado. Percebe-se que a reflexão sobre o relacionamento com valores torna-se num dos objetos principais e fundamentais do interesse epistemológico da ciência histórica. Não é possível afirmar a validade da frase *Causa aequat effectum* para as ações humanas. Esta "não-validade" não existe por causa de uma suposta superioridade dos processos psicofisiológicos sobre outros que pertencem às chamadas "leis da natureza" independentemente de serem entendidas *stricto sensu* ou *latu sensu* (a lei da conservação da energia, por exemplo). Esta não-validade se baseia unicamente numa razão lógica. Em outras palavras: os pontos de vista a partir dos quais a "ação humana" torna-se objeto de uma análise científica excluem, de antemão, a possibilidade de uma "relação causal". A nossa afirmação, obviamente, vale para a ação de indivíduos e de grupos, entendidos como uma multiplicidade de pessoas. A partir de interesses históricos, surge a ação histórica como uma espécie *sui generis* da ação social. O "criativo" ou a "criatividade", neste procedimento, consiste apenas no fato de o decurso do processo histórico receber um sentido diferente a partir da maneira de encarar este mesmo decurso histórico. Apresentando o problema de outra maneira, poderíamos afirmar que a partir da intervenção de nossos juízos de valor, nos quais se concentra o nosso interesse epistemológico, a área de ciência histórica, são selecionadas determinadas sequências causais e não outras, dentro das muitas conexões causais e conexões de significado possíveis. A partir de novos interesses epistemológicos surgem novas relações, relações que anteriormente não foram devidamente percebidas e, se, em seguida, fazemos referência ao êxito de uma imputação causal à "ação" humana, existe o costume de denominá-lo de "criatividade". Considerando apenas a dimensão lógica, não podemos afirmar que "puros processos naturais" e processos sociais tenham as mesmas características qualitativas. Nos "puros processos naturais" não há uma imputação causal. A "criatividade", naturalmente, pode também assumir conotações negativas ou significar apenas uma mudança, sem classificá-la precisamente. É, portanto, evidente que não há uma relação necessária entre o sentido da ação humana, que é "criativa", e o resultado que se atribui por imputação causal à criatividade humana. Uma ação que se apresenta para nós sem sentido e valor pode, percebendo os seus efeitos, ser "criativa" pela concatenação de destinos históricos, e, por outro lado, ações humanas que pintamos (apresentamos) com as melhores cores possíveis devido aos nossos valores, e a sua respectiva imputação causal, podem desaparecer na imensidão cinza do que, historicamente falando, é indiferente e sem significado. Também podemos imaginar que algo que aconteceu com certa regularidade chegue a modificar, pela concatenação dos destinos, profundamente o sentido da história.

São sobretudo a estes últimos casos de mudanças de significação na História que se volta o nosso interesse, da maneira mais intensa. Pensando nisto, poderíamos dizer que a pesquisa histórica das ciências culturais se apresenta como antítese das disciplinas científicas que elaboram relações causais. A categoria central e decisiva para estas ciências é a ausência de uma relação causal que possa ser interpretada como relação significativa. Nisto consistiria o sentido da afirmação de que, para as ciências culturais, haveria a particularidade da "síntese criativa", quer nas conexões individuais e psíquicas, quer nas conexões culturais. Porém, acredito que a maneira como Wundt, nas mais diversas ocasiões,[110] usa o conceito "criativo" é insustentável e errada. Obviamente, ninguém culparia Wundt que, sem dúvida, foi um grande erudito, de ter sido ele o responsável pela interpretação de "criativo" nos escritos do historiador Lamprecht. A esta altura das explicações, achamos conveniente, num esboço denso e sintético, analisar a pretensa "teoria psicológica" de Wundt.

Wundt afirma que as "formas psíquicas"[111] se encontram em determinadas relações causais com os seus "elementos" constitutivos. Isto significa que elas, por um lado, são determinadas, mas, por outro, possuem "novas características", que não se encontram nos respectivos elementos. Podemos sem dúvida afirmar o mesmo com referência aos processos naturais todas as vezes em que acreditamos surgirem destes processos mudanças qualitativas. A água, por exemplo, possui, em sua particularidade qualitativa, determinadas características que não se encontram nos seus elementos constitutivos. Se incluirmos em nossas reflexões com a relação de valores, não há, obviamente, sequer um único processo natural que não apresente "novas" características, comparando-o com os seus elementos constitutivos. O mesmo podemos afirmar sobre relações de pura natureza quantitativa, como, por exemplo, o sistema solar, comparando-o com os seus elementos constitutivos que, neste caso, seriam os planetas ou com as forças mecânicas que fizeram com que o sistema solar se formasse, emergindo das nebulosas. Em todos estes exemplos, trata-se da concatenação de processos físicos, cuja relação causal pode ser expressa em fórmulas matemáticas. Porém, voltemos a Wundt. Para um pesquisador, afirma ele, um cristal não pode ser outra coisa a não ser "a soma das moléculas justamente com as forças constitutivas que agem entre si". O mesmo se poderia dizer, também, de unidades orgânicas que apenas podem ser a soma dos seus elementos constitutivos, mesmo que não seja possível deduzir causalmente o todo a partir desses elementos. A expressão decisiva e importante que se encontra nestas afirmações de Wundt é a expressão "para o pesquisador

110. Veja-se, por exemplo, a sua *Völkerpsychologie* (Psicologia dos povos).

111. Veja-se: *Logik*, 2. ed., v. II, n. 2, p. 267 e ss. (A lógica).

da natureza", pois este, dentro dos seus objetivos particulares, tem, necessariamente, de afastar-se por meio da abstração da realidade empírica assim como ela é experimentada na "vivência imediata". Obviamente, as coisas são diferentes para o especialista em economia política, para não mencionar profissões intermediárias. Para Wundt, há uma diferença fundamental entre a situação em que a correlação dos elementos químicos é feita para representar, de maneira apropriada, um grão de cereal, que é necessário para a alimentação, e a correlação para representar um diamante. Em outras palavras, para ele há uma diferença fundamental entre a situação em que os mesmos elementos químicos servem para a satisfação da necessidade básica da nutrição e a situação em que se trata de satisfazer a necessidade de adornar-se. No primeiro caso, a natureza produziu um objeto que pode ser avaliado economicamente. Alguém poderia argumentar que, neste caso, foram introduzidos inteligentemente "fatores psicológicos". Este argumento talvez tenha sido malformulado, mas tem em si algo de certo. Esta introdução de "fatores psicológicos" consiste no fato de "sentimentos de valores" e "juízos de valor" serem interpretados mediante uma "causalidade de ordem psíquica". O mesmo é válido também para a totalidade dos fenômenos psíquicos. Deixando de lado toda e qualquer relação a valores, ou, em outras palavras, do ponto de vista da objetividade, não há nada mais do que uma concatenação de mudanças qualitativas, da qual temos plena consciência, seja diretamente, por meio da "revivência interior", seja indiretamente, por meio da interpretação daquilo que, empiricamente falando, é visível. Não é possível entender porque estas mudanças não podem ser analisadas sem se considerar os "juízos de valor", ou seja, da mesma maneira como as modificações na chamada "natureza morta".[112] Como se sabe, Wundt opõe ao cristal e à forma orgânica uma "ideia" sobre eles que "nunca poderia ser apenas a soma dos seus elementos constitutivos", e, mais ainda, acha que "processos intelectuais", como, por exemplo, um "juízo" ou uma "conclusão", nunca poderiam ser entendidos como "a soma das

---

112. Ninguém mais do que Rickert insistiu nesta minha observação. É até um dos temas fundamentais dos escritos de Rickert que, deste modo, podem ser interpretados como sendo afirmações que se opõem às de Dilthey. Veja-se, por exemplo, a sua obra, intitulada *Die Grenzen der naturwissenschaftlichen Begriffsbildung* (Os limites da formação de conceitos nas ciências naturais). Muitos sociólogos, aliás, ainda não perceberam, devidamente, este fato.

sensações e das ideias". Ele explica a sua opinião da seguinte maneira: o que surge como resultado significativo nestes processos naturais está sendo composto por elementos constitutivos deste mesmo processo. A situação seria outra nos processos puramente naturais. Há, por exemplo, uma diferença qualitativa entre o significado que o diamante ou o grão de trigo possuem com relação a determinadas maneiras e sentimentos de valor, e o significado dos fenômenos, das situações e dos acontecimentos constituídos por determinadas ideias e juízos de valor como sendo seus elementos constitutivos? Ou, explicando em outras palavras, e argumentando com exemplos históricos: o significado e a importância da peste negra para a história da sociedade, ou o significado e a importância da invasão do Dollart* no que concerne à história da colonização dos Estados Unidos, por exemplo, era determinado, de antemão, no primeiro caso, pelas bactérias, por outras causas da peste negra ou, pensando no segundo caso, pelas circunstâncias meteorológicas e geológicas? Em ambos os casos, não há diferença entre estes casos, por exemplo, e a invasão de Gustavo Adolfo, rei da Suécia, na Alemanha do Norte, ou a invasão de Gengis-Cã na área central da Europa. Segundo nos parece, todos estes acontecimentos e processos históricos acarretaram consequências significativas, no que diz respeito à história, na medida em que são comparados com os valores da "cultura ocidental". Se encaramos com seriedade o princípio da validade universal da causalidade — como Wundt indiscutivelmente o faz — podemos afirmar que todos estes acontecimentos e processos são determinados causalmente. Todos eles são fatores causais para determinados fenômenos "psíquicos" e "físicos". Porém tratando do assunto com objetividade, a atribuição de um "significado histórico", feita por nós, não se explica a partir de "relações causais". Nas "relações causais" objetivas não se nota a presença de elementos psíquicos, que estão presentes em todos os casos, nos quais usamos os termos de "sentido" ou "significado". A atribuição de valores e a imputação causal dependem dos "valores", a partir dos quais ordenamos a heterogeneidade e a diversidade dos fenômenos sociais a serem analisados. Nossa relação psíquica com valores — independentemente de tratar de "sentimentos não diferenciados de valores" ou de "juízos racionais de valor" — apresenta-se como fator essencial do que Wundt

* Dollart é uma região do mar Báltico que foi a causa de inúmeras inundações. (N. do T.)

chama de "síntese criativa". De minha parte, não haveria objeção nenhuma se se tratasse apenas da definição de um "objetivo" da pesquisa psicológica, ou seja, do objetivo de investigar o condicionamento psíquico ou psicofísico da formulação ou do surgimento de "juízos de valor" e de "sentimentos de valor", ou, em outras palavras, da tentativa de elaborar e de indicar os componentes causais destes processos fundamentais. Mas, para se perceber melhor as reais consequências do procedimento metodológico de Wundt, que, provisoriamente, poderíamos classificar de "método psicológico", temos de ler, necessariamente, determinadas passagens nas quais, entre outras coisas, está escrito o seguinte: "No decorrer de cada processo evolutivo, independentemente de ser ele individual ou geral, são produzidos 'valores espirituais' que, na fase inicial de cada processo, ainda não existiam na sua qualidade específica", pois ao princípio da conservação da energia física, na opinião de Wundt, junta-se — no que tange aos fenômenos vistos — um outro princípio, qual seja, o do "crescimento da energia psíquica". Estas afirmações seriam válidas tanto para o comportamento do "alcoólatra nato" como para "o assassino estuprador", e, obviamente, também para o "gênio religioso". A tendência geral que leva ao surgimento de "valores sempre mais elevados", pode, evidentemente, ser interrompida por perturbações que poderiam ser evitadas parcial ou integralmente, mas que, mesmo assim, são elementos constitutivos e fatores muito importantes para o fim ou o término global desta mesma tendência que, em outras palavras e numa linguagem mais comum, nada mais é do que a Morte. Mas temos de lembrar que, na opinião de Wundt, apesar da morte do indivíduo, não se interrompe totalmente o processo de crescimento da "energia espiritual de uma comunidade" sendo, desta maneira, compensado o desaparecimento da energia espiritual individual. O mesmo processo é percebido também na relação entre a comunidade humana global e as diferentes comunidades nacionais. Uma disciplina científica, entretanto, que pretenda ser empírica, deveria pelo menos de maneira aproximativa, demonstrar a exatidão destas afirmações. Já que não apenas o professor, mas também o político e mesmo cada indivíduo, passa por um processo de "evolução empírica", surge a seguinte pergunta: "Para quem pode ter valor esta situação consoladora de 'ter compensação'?" Em outras palavras: se a morte de César ou de um simples varredor de rua pode ser considerada como sendo "compensada", surgem outras perguntas e questões como, por exemplo, as seguintes: 1ª isto é válido para o morto ou para o moribundo? 2ª para a família do morto? 3ª para aquele que foi beneficiado com um "lugar" ou com uma "ocasião" para agir? 4ª para o fisco? 5ª para a burocracia? 6ª determinadas tendências político-partidárias? 7ª a Deus que governa o mundo com a sua divina providência? ou talvez ao metafísico de tendência psicológica? Somente esta última hipótese parece aceitável e consistente. Como se percebe claramente, não se trata aqui de uma abordagem científica, mas de uma construção de natureza filosófica que, *a priori*, postula que o processo histórico seria um "progresso", sendo que esta postura, de maneira inteligente, é apresentada como se fosse uma abordagem objetiva e científica dentro dos parâmetros da Psicologia. Da "síntese criativa" emana a "trindade psicológica das categorias históricas", ou seja, a "lei dos resultantes históricos", a "lei das relações históricas" e a dos "contrastes históricos". E, a partir desta trindade, explica-se, pretensamente e à maneira psicológica, a formação da sociedade, a sua essência e a própria sociedade interpretada como "totalidade". A partir desta mesma ideia, chega-se à conclusão (ou pretensão) de que fenômenos culturais só poderiam ser explicados dentro dos parâmetros do chamado "regresso causal" o que significa "partir do efeito para chegar à causa". Em todas essas observações, parece que não se percebe que o mesmo ocorre também nos chamados "processos naturais". Mais tarde, retornaremos a esse assunto. Por enquanto, queremos apenas enumerar os traços característicos da teoria de Wundt. A extraordinária estima e aceitação das pesquisas e do pensamento abrangentes deste notável erudito não deve impedir a percepção de problemas específicos dentro dos parâmetros de sua teoria, que fazem com que uma psicologia, concebida de tal maneira, em última análise, desempenhe o papel de um veneno para o historiador de "notável ingenuidade", pois pode induzi-lo a ocultar o fato de ele ter descoberto valores por meio de procedimentos filosóficos e afirmar, falsamente, o fato de tê-los encontrado com base em categorias científicas da psicologia. Destarte, afirma-se, por exemplo, haver exatidão científica quando, na verdade, não há. Os escritos e pesquisas de Lamprecht são exemplos típicos deste procedimento.

Devido à extraordinária importância dos trabalhos de Wundt no setor da psicologia, aprofundamos em seguida mais um pouco a questão da relação entre a psicologia causal-explicativa e as "normas" e "valores".

De antemão, queremos deixar bem claro que determinadas críticas de nossa autoria, como, por exemplo, a nossa não-aceitação das "pretensas" leis psicológicas de Wundt, e nossa insistência na existência de uma clara conotação de juízos de valor em determinados conceitos psicológicos, de maneira nenhuma pretendem diminuir o significado e a importância da psicologia como tal, e das disciplinas específicas a ela pertencentes, nem mesmo apontar lacunas na validade do princípio da causalidade nas ciências empíricas. Acontece que exatamente o contrário é verdadeiro. A psicologia, entendida como ciência empírica, somente é pensável se dela afastamos todos os juízos de valor que, entretanto, nas "leis" de Wundt, indiscutivelmente estão presentes. A psicologia espera que qualquer dia se constate aquela constelação de "elementos" psíquicos que são, em termos de causa, condições inequívocas para o surgimento dentro de nós de um "sentimento" de "poder fazer" ou de "ter feito" um juízo objetivamente "válido" sobre um determinado assunto. A pesquisa sobre a anatomia do cérebro talvez nos leve, futuramente, ao conhecimento dos condicionamentos e do funcionamento dos processos físicos. Mas, no momento, não nos interessa se isto será possível algum dia, mas, em todo o caso, tal pretensão não nos parece ser destituída de lógica. No que tange à situação atual e objetiva, podemos dizer que, por exemplo, o conceito de "energia potencial" no qual se baseia a "lei da energia" contém elementos que são tão "incompreensíveis" (aqui: não transparentes) como quaisquer hipóteses sobre a anatomia do cérebro da psicofísica que pretendem explicar o decurso quase "explosivo" de determinados processos cerebrais. Pressupor a possibilidade de tais constatações é, como problemática, fértil e significativo. Esta pressuposição da possibilidade é, obviamente, apenas uma meta "ideal" da pesquisa psicofísica, mesmo que esta meta dificilmente possa ser atingida. Para apresentar um exemplo de um outro setor, podemos dizer que é possível que a biologia possa compreender o desenvolvimento "psíquico" das nossas categorias lógicas. O uso consciente do princípio da causalidade, por exemplo, poderia ser explicado como sendo o resultado de um amplo processo de adaptação. Sabe-se que muitos cientistas procuravam entender as "limitações" da nossa capacidade cognoscitiva a partir da opinião que defende o ponto de vista de que a "consciência" teria surgido apenas como meio para garantir a conservação de nossa espécie, e, portanto, não ultrapassaria os limites da esfera desta mesma função. Esta interpretação essencialmente "teleológica" poderia ser substituída, sem problema nenhum, por uma "explicação causal", na qual o lento surgimento da capacidade cognoscitiva poderia ser entendido como o resultado de inúmeras reações específicas, ou de determinados estímulos que ocorreram no decorrer da longa evolução filogenética de milhões de anos. Poderíamos, também, pôr de lado o emprego de determinados termos como "adaptação", "disparo" etc., e procurar explicar os "processos de desencadeamento" que se encontram na fase inicial da ciência moderna — no sentido mais amplo do termo —, como resultado da tentativa de resolver por meio da práxis problemas da vida cotidiana. Eram desafios para o pensamento que surgiam a partir de constelações concretas das situações sociais. Também seria possível mostrar como o uso de determinadas formas de "interpretação do real" representam, ao mesmo tempo, as melhores possibilidades pensáveis para, por meio da práxis, satisfazer determinadas necessidades e interesses de certos grupos e camadas sociais. Em nossa maneira de ver as coisas, poderíamos incluir, mesmo de maneira deturpada, uma das afirmações básicas do "materialismo histórico", ou seja, a de que "a super-estrutura seria apenas a função da situação social infraestrutural". E, pensando no mundo dos pensamentos e das ideias, poderíamos levar a sério e, até certo grau, demonstrar, historicamente, a sentença que diz: "é costume ser considerado como sendo verdadeiro apenas aquilo que nas circunstâncias dadas é útil." Podemos encarar estas observações com certo ceticismo, mas um algo ilógico se dá apenas nos casos em que se confundem as expressões "valor cognitivo" e "significado prático" e, nos casos em que não está presente a categoria de "norma". Isto quer dizer no caso em que se afirma que: o útil, por ser útil, também é verdadeiro, e, portanto, o "significado prático" ou aqueles processos de "desencadeamento" e de adaptação fizeram com que as sentenças da matemática tivessem uma validade — não validade fatual. Esta maneira de ver as coisas não tem sentido. Todas as reflexões desta natureza deparam-se com o problema dos limites epistemológicos, se entendermos objetivo epistemológico apenas a partir de parâmetros imanentes e medindo o "valor cognitivo" com a capacidade de sua utilidade e aplicabilidade imediata de "explicar" os dados empíricos sem contradições, sendo que a explicação se confirma em todas as experiências empíricas. A questão da validade dos resultados dos nossos "processos de pensamento" ou, em outras palavras, a questão do seu "valor cognitivo" não foi respondida por estas especulações, mesmo que futuramente, do modo o mais adequado, seja possível explicar o fenômeno "pensar" por meio da utilização de teorias psicológicas, fisiológicas, biogenéticas, sociológicas e históricas. Por enquanto, esperamos que futuras investigações científicas nos expliquem, mediante constelações anatômicas e filogenéticas, a validade da tabuada. A validade da frase 2 × 2 = 4 de que não depende do microscópio ou de qualquer consideração biológica, psicológica ou histórica, é, pelo contrário, única e exclusivamente um problema que pertence à lógica. A afirmação de que as regras da tabuada são, em termos de lógica, válidas, transcende as observações empíricas ou psicológicas e não depende de nenhuma delas e tampouco de qualquer explicação causal. A validade das regras da tabuada é um pressuposto lógico e empiricamente não comprovável. Por exemplo, o fato de, na Idade Média, os banqueiros florentinos, devido ao desconhecimento dos algarismos arábicos, mesmo tratando-se de questões de herança, terem muitas vezes efetuado cálculos errados, e de "cálculos corretos" serem quase "casos excepcionais" contrasta com a situação atual na qual "cálculos corretos" são a regra e "cálculos errados" a exceção, indicando um "mau banqueiro". Para exemplificar nossa afirmação, seria interessante dar uma olhada nos livros de contabilidade dos Peruzzi. As regras da tabuada, naquele tempo, não eram "válidas"? Ou as regras da tabuada, hoje em dia, não teriam validade apenas pelo fato de um número elevado de pessoas não as dominarem? Em todos esses casos, não é a validade das regras da tabuada que está em questão, mas apenas a nossa capacidade de dominar ou não estas regras. Acredito que Wundt dificilmente contestaria tais observações, mesmo que estas não se enquadrassem muito bem em suas reflexões teóricas, que seguem sobretudo uma linha de raciocínio que defende uma "evolução" do intelecto humano. Segundo o raciocínio de Wundt, o princípio da "síntese criativa" e/ou o do "aumento da energia psíquica" significa que os seres humanos, no decorrer de sua evolução cultural, ampliam cada vez mais a sua capacidade de assimilar intelectualmente as normas atemporais e universalmente válidas. Este raciocínio apenas objetaria que esta pretensa abordagem "empírico-psicológica" não seria uma análise empírica sem pressupostos, ou seja, que não haveria nela "relações de valor", mas, ao contrário, que implicaria e incluiria um "julgamento", ou melhor, "um juízo de valor" sobre a "evolução cultural" emitido a partir de um "valor supostamente a indiscutivelmente válido", ou seja, o do valor da insistência de um "conhecimento correto". Pois é óbvio que aquela pretensa lei da evolução seria reconhecida e aceita como estando presente apenas naqueles casos em que se pudesse perceber uma mudança rumo à comprovação daquelas normas.[113] Mas este valor, no qual está enraizado todo o nosso moderno conhecimento científico, não tem, evidentemente, fundamento nem base "empíricos". Admitindo e reconhecendo, por exemplo, que a finalidade da análise científica de uma determinada realidade empírica teria "significado" — quaisquer que fossem os motivos que contribuíssem para isso — não é possível justificar ou fundamentar o "significado" desta finalidade a partir da própria ciência. O significado tem de ser encontrado e justificado "extracientificamente" ou "fora do âmbito da ciência", enquanto as "normas" referentes ao caráter correto ou não do pensamento científico são evidentes por si mesmas e forçosamente científicas. As normas do procedimento científico podem ser postas a serviço das mais diversas atividades e dos mais diferentes interesses como, por exemplo, dos interesses clínicos, técnicos, econômicos, políticos e de muitos outros interesses "práticos". Para todos esses casos, as normas científicas são *a priori*, anteriores aos interesses aos quais a ciência serve ou para os quais presta serviços. Em nossas afirmações surge, constatando-se apenas empiricamente, a pergunta do "valor" das "ciências puras". Do ponto de vista unicamente empírico-psicológico, o valor de uma ciência pura, ou seja, de uma ciência que unicamente tem por finalidade a "própria cientificidade", não é apenas "praticamente falando" uma "ciência pura" por não servir, por exemplo, explicitamente a determinadas convicções religiosas ou a *raisons* de um Estado, mas também é "ciência pura" por princípio ou por meio da afirmação radical de valores puramente "vitais" ou de "sobrevivência", em oposição a valores que os negam. Não há nada de absurdo ou de contraditório em nossas afirmações, pois na "ciência pura" não se dá a presença de outros valores que não os da própria cientificidade e da própria verdade científica.

---

113. Pensando nos teóricos da "teoria evolucionista" em psicologia, poderíamos apresentar a nossa tese da seguinte maneira: "onde há evolução, há evolução em direção àqueles valores". Na realidade, a situação talvez seja outra: "nós denominamos uma 'mudança' como sendo uma 'evolução cultural' apenas nos casos em que há uma mudança relacionada com valores, ou seja, tida por 'relevante' em relação a valores".

Depois de todas essas explicações, sem dúvida bastante complexas, sobre "coisas que parecem ser evidentes" e "óbvias", sem dúvida é demasiado acrescentar que a nossa afirmação também serve para todos os outros valores. O valor de se buscar um conhecimento científico é apenas um entre muitos outros valores possíveis. Em última análise, não há ponte que ligue realmente a análise empírica de uma dada realidade por meio da elaboração de relações causais e da confirmação ou negação da validade de determinados "juízos de valor". E, obviamente, termos wundtianos, como "síntese criativa", "leis do aumento da energia psíquica", não são apenas "juízos de valor" da mais nítida clareza. Sem dúvida, é esclarecedor explicitar os motivos que levaram à elaboração destes termos. Um dos motivos, por exemplo, consiste no fato de presenciarmos a existência de um ampliamento de valor daqueles povos que por nós são classificados como sendo "povos civilizados". Este "juízo de valor" faz com que o interesse histórico se volte à percepção da existência de uma desigualdade, sendo que esta desigualdade, em seguida, é medida e julgada a partir da especificidade de nossa evolução cultural. A nossa evolução surge para nós como "evolução cultural", isto é, como um processo histórico interpretado como progresso que se transforma em "história". Dentro da imensa variedade de processos históricos possíveis, nós nos aferramos a um processo e, destarte, escapamos à falta de um "sentido" da história e do total absurdo do processo histórico. Tudo isso contribui para o surgimento de uma fé metafísica que afirma haver algo como uma fonte da eterna juventude da qual jorra, continuadamente e de maneira objetiva, a água pura de um "progresso da humanidade" em direção a um futuro infinito em termos de tempo. Abstraindo o nosso juízo de valor, esta fonte seria a ponte entre o reino dos valores atemporais e os valores relativos do devir histórico, que dar-se-ia com a mediação, quer de "personalidades geniais", quer da "evolução sócio-psíquica".

A psicologia de Wundt é a apologia desta fé num "progresso". E Knies compartilha claramente desta mesma fé metafísica, levando em consideração o seu ponto de vista metodológico. Knies, sem dúvida, não precisa envergonhar-se desta fé, já que um pensador de maior envergadura formulou esta mesma fé de maneira clássica. O arquétipo filosófico de todas essas teorias metafísicas sobre "cultura" e "personalidade" nada mais é do que a teoria de Kant, que foi formulada segundo a forma clássica de afirmação da causalidade mediante a "liberdade", afirmação que, na evolução filosófica posterior, se ramificou em várias tendências. A partir de convicção do caráter inteligível mediado pelas normas óticas, chega-se, nas relações causais empíricas, facilmente a opiniões como, por exemplo, de que, através das normas éticas, algo do mundo das "coisas em si" deve estar presente na realidade empírica, ou de que todas as mudanças no setor dos valores são, na realidade, o resultado de "forças criativas" que seguem as regras causais que não são as do nosso mundo. Em tais observações, sobretudo na segunda, os raciocínios não têm aquela clareza que é típica do pensamento de Kant e que está presente sobretudo em afirmações de caráter lógico. Este "raciocínio", logicamente "degenerado", também está presente nos conceitos wundtianos de "síntese criativa" e da "lei do aumento da energia psíquica".

Não nos interessa aqui em que medida estas afirmações teriam validade no contexto de uma reflexão metafísica; tampouco pretendemos discutir agora as dificuldades objetivas desta "causalidade mediante a liberdade" e de construções e afirmações semelhantes a todas que, em última análise, se localizam num contexto metafísico.[114] Em todo o caso, queremos deixar bem claro que o chamado "psicologismo", entendido como a pretensão da psicologia de criar uma visão do mundo, não tem sentido. Esta maneira de ver as coisas não é apenas "sem sentido" mas até "perigosa" para a ingenuidade da ciência empírica, o que, aliás, também acontece com o chamado "naturalismo", independentemente de ele pretender basear-se na mecânica ou na biologia, por um lado, ou, por outro, no chamado "historismo" que se baseia na "História da cultura".[115]

---

114. Veja-se as explicações de Windelbandt na sua obra *Über die Willensfreiheit*, p. 61 e ss. (Sobre o livre-arbítrio).

115. Hoje em dia é muito comum a pretensão de se querer elaborar uma "visão de mundo" a partir de "reais" ou "pretensos" métodos de pesquisa empírica. Resultados desastrosos deste tipo de procedimento encontramos, por exemplo, em afirmações de Mach (veja-se p. 18, nota 12 da *Analyse der Empfinfungen* [Análise das sensações]). L. M. Hartmann já percebeu isto claramente (veja-se o último capítulo de *Die Geschichtliche Entwicklung* (1905). A evolução histórica. Pretendo comentar os equívocos feitos por este erudito de renome em outra ocasião. No que tange às questões metodológicas, a obra é de uma riqueza enorme. Veja-se a seguinte resenha: F. Eulenburg, *Deutsche Literatur-Zeitung*, 1905, nº 24 (Jornal Literário Alemão).

Münsterberg já demonstrou com bastante clareza que a psicologia que trabalha com o "pretenso" princípio do devir psíquico não chega a resultado nenhum.[116] O devir "psíquico" que é "objetivado", isto é, sem se relacionar com valores, só conhece o conceito de "mudança qualitativa", e a observação causal objetivada, apenas o de "inadequação causal". O conceito de "criativo" desempenha apenas uma função no momento em que começamos a colocar determinados elementos dessas mudanças objetivamente existentes dentro de um esquema de "relacionamento com valores". Quando procedemos desta maneira, é possível aplicar o termo "criativo" no mesmo sentido a fenômenos como o surgimento do sistema solar das nebulosas, ou a inundação do Dollart, como também a feitura da madona na Capela Sistina ou a elaboração da *Crítica da Razão Pura* de Kant. Um "significado criativo" específico de "personalidades" ou de "ações humanas" não pode ser deduzido de uma característica "objetiva", isto é, "livre de valores" ou de relações causais objetivamente existentes na realidade. Nestas linhas, gostaria de insistir nestes pontos, mesmo que eles possam ser evidentes por si mesmos.

Não quero discutir aqui em que sentido o historiador utiliza o termo "criativo" e com que direito subjetivo ele pode usá-lo. Em lugar disso, gostaria de me reportar a alguns pontos iniciais que existem nas reflexões de Knies. Em primeiro lugar, alguns comentários sobre a sua convicção de que a irracionalidade seria típica da ação humana, e sobre o seu conceito de "personalidade". Num primeiro momento, num sentido muito comum e vulgar, entendemos por "irracionalidade" apenas a chamada "incalculabilidade" da ação humana que, na opinião de Knies e de muitos outros pensadores, seria sintomática para o livre-arbítrio que, por sua vez, seria característico da espécie "homem". Raciocinando deste modo, o livre-arbítrio seria, exatamente, entendido como "incalculabilidade" que daria às "ciências do espírito" a sua especificidade. Mas, logo de início, queremos lembrar que na "vivência" e na "experiência" da realidade histórica não se sente uma "incalculabilidade". Cada ordem militar, cada lei penal e cada sinal que fazemos, por exemplo, no trânsito, provoca, no nosso cálculo racional, uma determinada reação. Obviamente,

116. Veja-se: *Grundzüge der Psychologie*, Leipzig, v. I, 1900 (Fundamentos da psicologia). Retomaremos o assunto adiante. Veja-se p. 52.

não se espera uma única e exclusiva reação possível ou uma reação absolutamente necessária, mas, pelo menos, espera-se uma reação que seja suficiente à finalidade para a qual este mesmo sinal ou esta mesma ordem foi dada. Logicamente falando, cálculos racionais da mesma natureza são feitos por um engenheiro que pretende construir uma ponte, e muitos outros cálculos são da mesma natureza como, por exemplo, os de um proprietário rural que pretende aumentar a sua produção com o uso de agroquímicos, ou as reflexões fisiológicas de um criador de gado. Todos esses cálculos são da mesma natureza dos de um economista nas suas ponderações ou de um executivo na organização de seus compromissos profissionais. Todos esses cálculos são considerados suficientes, se, no âmbito da especialidade profissional, e considerando a qualidade do material disponível, chega-se, na medida do possível, a um determinado grau de exatidão e de previsibilidade. Em princípio, não há uma diferença entre estes cálculos e os das ciências naturais. A "calculabilidade" dos processos naturais como, por exemplo, no setor da "previsão do tempo", muitas vezes nem de longe é tão exata como o cálculo que diz respeito ao comportamento de uma pessoa, cujos hábitos comportamentais conhecemos muito bem. Mesmo aperfeiçoando muito o nosso conhecimento nomológico, dificilmente chegaríamos a um grau tão elevado de "previsibilidade" e de "calculabilidade", como no caso de comportamento dos seres humanos. Esta nossa afirmação é válida em todos os casos em que não se trata de determinadas relações abstratas, mas da plena individualidade de um futuro "processo natural".[117] Podemos até mesmo afirmar que as coisas reais são bem diferentes das afirmações feitas pelos partidários da "incalculabilidade". Em todo o caso, não podemos admitir que, em comparação com o saber nomológico, haja, no setor das ações humanas, maior irracionalidade, mesmo sem se considerar devidamente as nossas afirmações sobre o relacionamento de valores.

Se uma tempestade desloca um rochedo, e este cai e se parte em inúmeros estilhaços, estamos em meio a circunstâncias que não nos per-

---

117. Por causa disso, a questão da "incalculabilidade" não deveria ser o centro das discussões metodológicas, assim como acontece, por exemplo, no livro de Bernheim, *Historische Methode*, 3. ed., p. 97 (Método Histórico).

mitem saber detalhadamente o que aconteceu com todos os estilhaços. Talvez ainda fosse possível, por meio de um cálculo feito *a posteriori*, explicar causalmente, com o uso das leis da mecânica, determinados rumos e particularidades do estilhaçamento, ou seja, questões como: em quantos pedaços o rochedo se partiu? De que forma é a provável distribuição destes pedaços? Nossa necessidade de uma "explicação causal" satisfaz-se com todos estes detalhes e em muitas outras questões da queda do bloco quando chegarmos à conclusão de que o fato ou o acontecimento em questão não é "algo inexplicável", o que quer dizer que o acontecido não está em contradição com o nosso "saber nomológico". Mas uma explicação regressiva causal não seria apenas inútil, mas também impossível, devido à absoluta "incalculabilidade" total de todos os detalhes deste processo. Os determinantes concretos desapareceram e não existem mais. A nossa necessidade de uma explicação causal apenas surgiria novamente, se, na queda daquele bloco de rochedo, houvesse, à primeira vista, uma contradição com as "leis da natureza" que nós conhecemos. Mesmo que, aparentemente, se tratasse de algo óbvio e simples, teríamos de ter certeza de que esta forma de explicação causal, que é bastante vaga e que exclui qualquer afirmação de caráter absolutamente necessário e objetivo, vem a ser realmente o procedimento normal e típico numa "explicação causal" de acontecimentos individuais e concretos. Como se deu com o caso simples ora descrito, e com base na mesma necessidade de uma explicação causal, outras ciências, num número bastante elevado, têm de responder e resolver determinadas questões como, por exemplo, a Geografia, a Meteorologia e a Biologia. Isto acontece todas as vezes em que buscamos uma explicação de fenômenos concretos e individuais. Acredito que, hoje em dia, todos concordarão com a afirmação de que, por exemplo, o conceito "biológico" de "adaptação" está muito longe de uma "exata imputação causal", feita a partir dos processos filogenéticos.[118] Em todos estes casos, podemos considerarmo-nos felizes, se percebermos que os fenômenos individuais e concretos em questão, de modo genérico, foram interpretados por "conceitos" e não contêm diretamente elementos que estão em contradição com o nosso conhecimento nomológico. Nós cultivamos esta atitude de

118. Os comentários de Hartmann demonstram claramente que a natureza daquele conceito não foi devidamente compreendida.

modéstia, como no caso dos fenômenos filogenéticos, em parte, por não poder saber mais, pelo menos no momento, e talvez nunca mais, ou, como no caso da queda de um bloco de rochedo, por não haver maior necessidade de se querer saber mais.

Afirmações do caráter da necessidade causal absoluta é a exceção e não a regra nas "explicações causais" de fenômenos concretos. Estas explicações sempre dizem respeito a casos individuais e a casos específicos, abstraindo e excluindo, dentro do processo global e abrangente, um número muito elevado de outros casos individuais que, dentro daquela constelação concreta, foram considerados como sendo "insignificantes". Sem dúvida, no setor das ações humanas que historicamente são relevantes, também há possibilidade de um procedimento de regressão causal ter êxito. Nestes casos, a complexidade é bem semelhante, e há características que se assemelham às do caso citado da queda de um rochedo. Também não há uma diferença fundamental entre casos que dizem respeito a ações historicamente relevantes de indivíduos e casos relativos a mudanças ocorridas dentro de determinados grupos sociais que somente foram possíveis com a participação e a colaboração de muitos indivíduos. Considerando que, no caso da queda e do estilhaçamento de um rochedo, as possibilidades a serem consideradas e explicadas poderiam ser levadas a um número virtualmente sempre maior do que os dados reais, podemos afirmar que, em princípio, nenhum decurso de ação "humana", por mais complexo que ele seja, objetivamente falando, pode conter mais elementos do que os simples processos naturais. As diferenças realmente existentes entre "processos naturais" e "processos sociais" podemos, diferentemente, descrever da seguinte maneira:

**1.** A nossa necessidade de uma "explicação causal" pode, na análise do comportamento humano, satisfazer-se de maneira diferente, em termos qualitativos, fazendo com que o conceito de "irracionalidade" também assuma características e matizes diferentes. Podemos, por exemplo, pelo menos em princípio, indicar como sendo nossa meta, não apreendê-lo nem entendê-lo dentro do procedimento de uma "explicação causal" ou de um saber nomológico, mas podemos querer enquadrá-lo num procedimento de "compreensão", isto é, indagar pela "revivência interior" os motivos ou complexos de motivos aos quais podemos atribuir ou imputar uma certa causalidade. Obviamente, dependemos, neste caso, fortemente da qualidade do material documental. Em outras palavras, somos da opinião de que a "ação individual", por causa da possibilidade de ela ser interpretada a partir do seu significado, é, em princípio, menos "irracional" do que os processos naturais nos seus detalhes concretos e individuais. Tudo isso só tem validade dentro do âmbito e do alcance da "interpretabilidade". No momento em que não houvesse mais a possibilidade de algo poder ser interpretado, este comportamento ou ação humana assemelhar-se-ia à queda de um rochedo. Em outras palavras, a "incalculabilidade", no sentido da ausência de uma possível interpretação, é, ao meu ver, o princípio da "demência" ou da "loucura". Quando percebemos, com referência ao conhecimento histórico, algo como um comportamento "irracional", no sentido de sua interpretação ser impossível, não há, a nosso ver, outra solução a não ser satisfazer a nossa necessidade de uma exploração causal a partir da existência de um significado, não havendo outra solução a não ser contentar-se com um saber nomológico sem interpretação, como, por exemplo, o caso do estilhaçamento do rochedo. Facilmente podemos exemplificar o sentido desta racionalidade qualitativa de processos interpretáveis. Não há explicação causal para o fato de o número seis ser o número resultante de um lance de dados, supondo, obviamente, que o dado não é falsificado. Na opinião de todos, é possível que isto aconteça, ou, em outras palavras, não é contrário ao nosso saber nomológico, mas a convicção de que tenha de acontecer, permanece, necessariamente, um puro *a priori*. Supondo que o dado não apresente nenhuma "falsificação", parece plausível que o número seis caia muitas vezes, mas há a mesma possibilidade que cada um dos outros números também caia. Com estas reflexões, constatamos empiricamente e compreendemos a chamada "lei dos grandes números", e, temos que questionar se aconteça o contrário, ou seja, que determinado número caia muito mais vezes e isto continuadamente. O que caracteriza este tipo de raciocínio parece ser o procedimento negativo, ou seja, o fato de existir uma necessidade de "explicação" todas as vezes em que o acontecimento real e concreto não se encontra dentro dos parâmetros da previsão, isto é, das regras da probabilidade. Podemos comparar estas nossas observações com a interpretação que se dá a determinados dados estatísticos, que são resultados de determinadas mudanças econômicas. Como exemplo, podíamos citar o caso da influência de mudanças econômicas sobre a frequência de casamentos. Podemos explicar processos desta natureza, que conhecemos a partir da vivência cotidiana, com uma interpretação causal a partir de motivos. No setor do "não-interpretável" resta sempre um resquício de "irracionalidade" de um processo singular e individual, como se dá com o caso do jogo de dados e com o do estilhaçamento do rochedo. Em todos esses casos, não temos outra solução a não ser contentarmo-nos com a chamada "possibilidade" causal, ou seja, com o fato de um acontecimento não estar em contradição com os múltiplos resultados das ciências empíricas. Concluindo, poderíamos dizer que os casos individuais reais são apenas "possibilidades probabilísticas e estatísticas". Podemos dizer, por exemplo, que o comportamento de Frederico II no ano de 1756 que, numa situação muito singular, chegou à conclusão de que não apenas era "possível", segundo os parâmetros de um saber nomológico — como aquele estilhaçamento do rochedo —, como também "teleologicamente falando" racional, não no sentido de chegar, pela imputação causal, a uma decisão que seria a única possível, mas no sentido de uma imputação causal adequada, isto quer dizer que o processo se deu a partir de determinadas intenções do rei e a partir de (falsos ou corretos) juízos do rei e também mediante um agir racional, condicionado pelas intenções e juízos. Em comparação com os "processos naturais" interpretáveis, há, indiscutivelmente, neste caso, pensando na "interpretabilidade", uma maior "calculabilidade". Esta assemelha-se aos casos enquadrados na "lei dos grandes números", se pensarmos na maneira como a necessidade de uma "explicação causal" foi satisfeita. A situação — pelo menos, como possibilidade — permanece a mesma, mesmo nos casos em que há falhas na "interpretabilidade racional" por causa da presença de "intenções" e de "juízos" que foram influenciados por fatores passionais que têm de ser interpretados como sendo "irracionais", pois estes fatores também podem ser incluídos nos nossos cálculos como fatores inteligíveis e previsíveis, se conhecemos devidamente as características de um determinado agente social. Só podemos chegar ao grau de irracionalidade que há nos processos naturais quando nos defrontamos com casos realmente patológicos e, portanto, de maneira alguma acessíveis a uma interpretação racional, como parece-nos, de vez em quando, acontece com o procedimento de Frederico Guilherme IV. Mas, nestes casos, à medida que vamos percebendo uma diminuição da possibilidade da "interpretabilidade" — e, consequentemente, de um aumento da "incalculabilidade" — constata-se que, costumeiramente, nega-se ao agente social o chamado "livre-arbítrio".[119] Em outras palavras, percebe-se claramente, supondo que haja uma relação entre a chamada "liberdade de agir" (seja qual for o sentido que se dê a este conceito) e a irracionalidade do devir histórico, que esta relação, de maneira nenhuma pode ser interpretada como sendo de mútuo condicionamento, ou seja, no sentido de haver também na presença ou no aumento de um destes fatores um aumento do outro fator. A nosso ver, é exatamente o contrário que acontece.

Mas a nossa necessidade de "explicações causais" exige que nos casos em que, em princípio, há possibilidade de "interpretação", esta seja feita realmente, e isto quer dizer que, na interpretação da "ação humana", não é suficiente indicar apenas uma simples relação causal possível, conforme exatas observações empíricas. Exige-se uma interpretação que leve em consideração o "sentido" da ação. Provisoriamente, deixamos de lado os problemas que o uso deste conceito quase que automaticamente acarreta. Mas, mesmo assim, podemos dizer que, nos casos em que este "sentido" se evidencia imediatamente — sem mediação — não seria necessário elaborar uma regra do devir histórico na qual se enquadrasse o caso concreto.[120] Por outro lado, a formulação de uma tal regra, mesmo se ela tivesse todas as características de uma rigorosa regularidade *stricto sensu*, nunca poderia substituir a interpretação "significativa" dos respectivos fenômenos. E mais ainda: tais "leis" ou "regularidades", consideradas em si, não têm nenhum significado para nossa interpretação da "ação humana". Suponhamos um caso em que tivéssemos conseguido elaborar uma prova rigorosa e empírico-estatisticamente consistente a demonstrar que, todas as vezes em que tivéssemos tal situação, haveria sempre a mesma reação — ou seja, o caso de incluir todos os homens em todos os tempos e em todos os lugares e, ainda, pensando numa mesma reação em gênero, número e grau, podendo afirmar, por-

119. Veja-se: Windelbandt, *Über die Willensfreiheit*, p. 19 e ss. (Sobre o livre-arbítrio).

120. Para a "interpretação", a relação a regras é, logicamente e objetivamente falando, irrelevante. Mais tarde, veremos isso com mais clareza. A esta altura de nossas reflexões, queremos, apenas, acentuar que a "interpretação" fenomenologicamente não se enquadra na "categoria de subsunção em regras". Veremos mais tarde que a essência do seu teor epistemológico realmente é de uma alta complexidade.

tanto, que esta reação seria plenamente "calculada" temos que dizer, como tal, que a interpretação "não fez nenhum progresso", pois uma tal prova não nos daria condições para "compreender" o "porquê" desta reação sempre igual. Faz-se necessária uma "reconstrução interior" do "porquê" da "motivação".[121] Sem esta reconstrução interior, a mais completa e mais abrangente prova empírico-estatística de uma regularidade conforme "leis" não haveria de satisfazer às exigências que fazemos à ciência histórica e a outras ciências do espírito, sem, neste momento, enumerar e explicitar estas exigências.

Em consequência desta incongruência dos objetivos cognitivos formais da pesquisa "interpretativa", em comparação à "investigação nomológica", fez-se a afirmação de que a ciência histórica e outras ciências afins como, por exemplo, também a economia política, têm por objeto um "ser" que fundamentalmente é diferente do de todas aquelas ciências que têm por escopo a formulação de conceitos gerais através da "indução", da "formulação de hipóteses", da "verificação das hipóteses" por meio de "fatos" para se conseguir uma "experiência objetivada". Neste procedimento, incluem-se ciências tais como a física, a química, a biologia e a psicologia. Não se trata, portanto, de uma oposição entre o "físico" e o "psíquico". Trata-se de outra questão, qual seja, a da opinião segundo a qual aquele "ser" que, como tal, pode transformar-se em "objeto" de uma abordagem analítica — seja ele de natureza "física" ou "psíquica" —, em princípio, consistiria num modo diferente ou num sentido diferente daquela realidade que, pela "vivência" nos é dada imediatamente e na qual o conceito do "psíquico", da maneira como é usado na psicologia, de maneira nenhuma pode ser aplicado. Uma tal concepção poderia, talvez, em princípio, dar-nos um fundamento para o conceito de "interpretação" que, até agora, ainda não foi devidamente analisado por nós. Esta maneira de conceber o processo cognitivo tratar-se-ia, evidentemente, de uma expressão particular e típica de um "método subjetivo". A grande diferença, ou até mesmo o abismo entre aqueles dois tipos de ciências, fariam, evidentemente, com que se apresentassem como sendo problemáticas todas as categorias do processo cognitivo "objetivo", ou

---

121. Veremos mais tarde que apenas num sentido bastante deturpado podemos falar de "cópia" ou "reprodução". Mas, no momento, parece que a expressão é adequada por tratar-se da oposição entre o que é "interpretável" e o que não é "interpretável".

seja, as de "causalidade", "lei" e "conceito". As teses fundamentais de uma tal doutrina de ciência foram desenvolvidas, da maneira mais consequente possível, por Münsterberg na sua obra *Grundzüge der Psychologie* (Fundamentos da Psicologia), que, logo depois de sua publicação, começaram a exercer uma grande influência sobre a fundamentação teórica das "ciências culturais" (*Kulturwissenschaften*). Obviamente, não pretendemos aqui levar a cabo uma crítica exaustiva deste livro brilhante,[122] mas, mesmo assim, é necessário, sem dúvida, um comentário e um posicionamento, sobretudo quanto àquelas passagens que dizem respeito ao problema da causalidade no setor da "ação humana", já que, nessas passagens, o conceito de "irracionalidade" daquilo que se chama de "pessoal" ou de "personalidade" parece receber uma conotação totalmente diferente. Um posicionamento neste setor é inevitável, quer pensemos na problemática da causalidade das ações humanas, quer no que diz respeito a alguns autores que se destacaram sobremaneira como, por exemplo, Gottl. Poderíamos, de modo sintético, resumir o ponto de vista de Münsterberg do seguinte modo:[123] O "Eu" da vida real, da manei-

---

122. Um elogio desta natureza é uma pressuposição, já que não apresentamos a justificativa do nosso juízo de valor. Refiro-me aqui apenas às partes da obra que abordam os problemas epistemológicos das disciplinas históricas cujo valor pode ser apreciado sem que se seja especialista nesta disciplina. De maneira nenhuma pretendo avaliar e apreciar os seus comentários sobre a metodologia da psicologia que, aliás, são muito interessantes. Tampouco procurarei um especialista nesta ciência para informar-me sobre o valor das afirmações, já que os representantes das duas tendências não se relacionam muito bem. Pensando em algumas afirmações de Münsterberg, creio que até o leigo se vê confuso como, por exemplo, diante das explicações sobre a "fundamentação epistemológica" da introjeção do psíquico no cérebro. Aproveito esta ocasião para chamar a atenção para a necessidade de uma discussão acerca "dos limites da teoria epistemológica", pois, com o surgimento e o florescimento do interesse epistemológico, surge o perigo de que se defenda o ponto de vista de que problemas objetivos deveriam ser resolvidos a partir de princípios lógicos. Com posturas desta natureza, estamos numa situação em que há um "renascimento da escolástica".

123. Abordamos apenas esta tese, deixando de lado, portanto, muitas outras questões. Estas outras questões, na opinião de Münsterberg, seriam, obviamente, também importantes. Tampouco tecemos considerações sobre a questão de como o "psíquico" se transforma em objeto para a chamada "psicologia experimental". O mesmo problema dá-se também com os conceitos de "realidade vivida" e "sujeito que se posiciona". Conforme Münsterberg, trata-se, sobretudo, da diferença entre ciências de "tendência subjetivante" e ciências de "tendência objetivante" com atenção especial para a questão, acerca de "que tipo de ciência pertenceria a "ciência histórica". Veja-se a análise clara, concisa e objetiva do obra de Münsterberg feita por H. Rickert, publicada em *Deutsch Literatur-Zeitung*, nº 14, 1901 (Jornal Alemão de Literatura).

ra como nós o "experimentamos existencialmente", não pode, em cada momento, ser objeto de uma investigação analítica que se utilize de conceitos, leis e da explicação causal, pois este "Eu" nunca é encontrado da mesma maneira como, por exemplo, o nosso meio-ambiente. Este "Eu" é algo como um "ser indescritível". O mesmo podemos afirmar no que se refere ao "mundo" que é realmente "vivido e experimentado" por este "Eu". A afirmação é válida pelo fato de este "Eu" nunca estar apenas presente de maneira passiva, mas, sempre e em cada momento, como um "Eu" que se posiciona, que avalia e que emite juízos de valor. Portanto, para este "Eu", o mundo não surge como algo que é "descritível" ou, em outras palavras, apenas objeto de uma possível descrição. Mas, sobretudo, é um mundo que continuamente pode e deve ser avaliado e apreciado. Somente na medida em que eu represento este mundo como estando isolado do meu "Eu", talvez para comunicar-me com alguém e explicar algo, este mesmo mundo é percebido como um mero complexo de fatos. Já a esta altura de nossas reflexões, temos de lembrar que, dentro dos pressupostos desta teoria, se nós queremos entendê-la literalmente, não há lugar como "vivência não objetivada" para uma reflexão racional sobre os meios para se chegar a determinados fins, pois, fazendo isto, transforma-se o "mundo" num "objeto" que é percebido segundo o princípio da causalidade, ou, em outras palavras, num "complexo fatual constatado". Não há um "agir racional"[124] sem a experimentação de regras referentes ao decurso histórico que apenas podem ser percebidas e elaboradas mediante uma "percepção e observação objetivantes". Münsterberg, sem dúvida, responderia a este tipo de argumentação que a "objetivação" do mundo com fins cognitivos teria, em última instância, a sua raiz naquela ação racional que supõe a existência, para o mundo experimentado pela "vivência", de um cosmos do "experimentado", para assegurar a nossa "expectativa do futuro" com um determinado posicionamento, e que, realmente, seja a causa mais profunda — ou seja a fonte — de todas as ciências que usam e trabalham com conceitos e leis. A "experiência", entretanto, que é o resultado da ciência objetivante, só seria possível depois de se separar a realidade da atualidade realmente vivida. Ela seria algo como o produto da abstração, produzido, inicial-

124. Mais tarde, retornaremos a este ponto.

mente, com determinadas finalidades práticas que, em seguida, se transformariam ou seriam apresentadas como sendo encaradas como "finalidades lógicas". Sobretudo não haveria uma "vivência" do querer atual. De antemão, indubitavelmente, há uma tendência, no sentido de fazer objeções a esta colocação, que afirma tratar-se apenas da "diversidade" do "existente" a partir de um "juízo existencial" que pode referir-se, de maneira idêntica, a qualquer outro objeto. É natural que o "querer" existe, isto é, uma "vivência real". Mas esta vivência é algo diferente, no que concerne à lógica, do "conhecimento desta vivência". Münsterberg, obviamente, responderia que a sua opinião apenas afirma que "a vontade" apenas pode ser objeto da "descrição e da explicação" depois de uma "introjeção do psíquico num corpo", o que, por sua vez só é possível depois de uma clara e evidente separação entre o "psíquico" e o "físico". Mas esta "vontade", obviamente, não seria mais a vontade "real" do "sujeito atual", mas "objeto" resultante de uma abstração a ser analisado. Mas, na sua opinião, temos também um conhecimento de vontade real na sua realidade vivida. Mas este "saber" da própria "atualidade" que, continuadamente, se posiciona, isto é, saber do sujeito que se posiciona, que avalia e formula juízos de valor — do homem, portanto, ou como ele vez por outra faz questão de ressaltar, animal? — se daria na esfera da realidade imediatamente vivida, na esfera do "mundo dos valores", e, portanto, significa também uma compreensão imediata, isto é, nas formas de "comvivência", "re-vivência", ressentir de "apreciação" e "avaliação" de "atualidades". Diferentemente surge o objeto do conhecimento analítico que é "relacionado com valores" e que é o resultado de um processo de "objetivação", isto é, surge depois de um isolamento artificial do sujeito que sempre avalia e se posiciona. Este conhecimento analítico e "livre de valores", não pretende, portanto, "compreender" a partir do interior um mundo de "atualidades", mas apenas "descrever" um mundo de objetos que são dados e encontrados, e, além disso, pretende explicá-lo por meio da "decomposição de seus elementos". Para se alcançar esta meta, ou seja "descrição" e "explicação", este procedimento cognitivo e objetivante precisa lidar com "conceitos" e com "leis", que não têm grande valor cognitivo no procedimento "compreensivo" do "Eu atual". Na opinião de Münsterberg, "a atualidade" deste Eu, da qual uma "ciência do real" não pode ser abstraída, seria "o mundo da liberdade" e manifestar-se-ia, como tal, para o conhecimento, como o mundo que é compreensível apenas pela interpretação, um mundo que pode ser compreendido pela "revivência", um mundo, afinal, do qual temos exatamente aquele conhecimento que se baseia na "vivência" que, de maneira nenhuma, pode ser aprofundado por meio do uso de métodos do "conhecimento objetivante"; ou seja, por meio do uso de "conceitos e de leis". Mas, já que na opinião de Münsterberg a psicologia "objetivante" também parte dos "conteúdos vividos" da realidade, para, em seguida, analisá-la por meio da "descrição" e da "explicação", permanece, em última análise, como diferença entre "disciplinas objetivantes" e "disciplinas subjetivantes" apenas o tipo ou a especificidade da dependência do "Eu" destas disciplinas. As "disciplinas subjetivantes" nem podem nem devem desfazer-se desta dependência, enquanto as "disciplinas objetivantes" permanecem apenas numa dependência que poderíamos classificar de uma "experiência teórica e livre de valores do objeto". Obviamente, com este procedimento não se pode atingir um centro que seria a "unidade teórica" que conferiria certa unidade e harmonia ao "eu" que eternamente se posiciona, pois este "eu" não é objeto de uma "descrição" e/ou de "explicação", mas apenas de uma "vivência". Nesta linha de raciocínio, a ciência histórica, evidentemente, é entendida e classificada como sendo uma "disciplina subjetivante", já que a História se refere a "ações" de "pessoas" e de "personalidades", e, consequentemente, precisa elaborar uma teoria com relação a "conexões intencionais" na qual haveria a possibilidade de uma "re-vivência" plena da "avalição" e da "vontade" humanas.

Deixando de lado algumas falhas de raciocínio lógico,[125] o conteúdo essencial da concepção de Münsterberg sobre a particularidade da ciência histórica e, de certa maneira, de todas as "ciências do espírito", está descaracterizado por afirmações tais como: as categorias peculiares do conhecimento "subjetivante" seriam as de "revivência empática" e de "compreensão". Podemos usá-las apenas na área dos "fenômenos espirituais" ou "psíquicos" — há um abismo intransponível entre este procedimento metodológico e o do conhecimento "objetivante" — e não é possível nem se justifica a vontade de se pretender "saltar" de um pro-

---

125. Münsterberg (p. 92), acredita que as lacunas dos conhecimentos anatômico-cerebrais poderiam ser preenchidas por conhecimentos psicológicos.

cedimento metodológico para o outro, ou até mesmo, através do uso de ambos os métodos, querer "tapar os buracos" de um procedimento por meio da utilização do outro, como, por exemplo, usar simultaneamente a interpretação psicofísica e a interpretação compreensiva.[126] Sabemos

126. Como falhas lógicas, podemos enumerar as seguintes:

1 Münsterberg não compreende que há uma infinitude intensiva em toda variedade empiricamente dada (p. 38) que é, indiscutivelmente, o pressuposto (negativo) para a seleção do material que interessa para cada uma das ciências empíricas. Esta atitude de Münsterberg — como, aliás, Rickert já comentou — só é possível devido à sua persistência em não entender criticamente o fenômeno "observação". Isto significa que Münsterberg identifica a totalidade do empiricamente dado com aquilo para o qual o nosso interesse se volta — portanto, com o resultado da nossa seleção. Este ponto de vista tem como consequência um outro erro:

2 Münsterberg não compreende devidamente as relações entre "lei" e "indivíduo" (no seu sentido lógico), sustentando sobretudo a opinião de que a realidade individual "objetivada" estaria contida inteira e integralmente nas leis (p. 39). De maneira marcante este erro é percebido na seguinte passagem de Münsterberg (p. 114): "Se Nero tivesse 'vivenciado' outras ideias, deveria ser modificado o sistema ideal da psicologia"; exatamente porque a lei, se houvesse um conhecimento suficientemente especializado das "condições", explicaria integralmente o caso individual, sendo até possível uma lei para o caso particular. Segundo este raciocínio, não se percebe que a hipótese de uma "vivência" diferente deveria, em primeiro lugar, levar à elaboração de uma outra hipótese, concernente ao conjunto das condições antecedentes, e estas "condições anteriormente dadas", por sua vez, contêm, em primeiro lugar, em termos de causa, o desenvolvimento individual da história antiga, apenas da maneira como Nero estaria presente na árvore genealógica — portanto, não apenas objetos de uma psicologia, mesmo que ela apresente várias facetas. E, em segundo lugar — só se pode considerar determinadas psicoclínicas das ideias de Nero, mesmo que, em termos de número, não sejam infinitas. Portanto, confrontamo-nos com um objeto que é o resultado de uma seleção, e, portanto, nunca é possível explicar o desenvolvimento total de um fenômeno individual. O "histórico" num determinado processo, isto é, o objeto que só pode ser explicado historicamente, é fato da existência efetiva destas condições numa determinada circunstância. E este objeto não pode ser o resultado de uma dedução a partir de uma ou de um grande número de leis. A observação de Simmel pode ser também mal-interpretada (*Probleme der Geschichtsphilosophie*, 2. ed., p. 95 — Problemas da Filosofia da História): caso houvesse o mais perfeito e completo conhecimento nomológico, seria suficiente, para a perfeição do nosso conhecimento, que houvesse um único caso empírico. Mas este "único" caso ou "único fato", também teria, obviamente, um conteúdo imenso. Já que, como se tem dito, a evolução da história universal teria sido diferente se imaginássemos um grão de areia sendo colocado por alguém num outro lugar que não aquele em que ele efetivamente se encontrava, vê-se que esta observação não está correta, quando se verifica que — para não restringirmo-nos ao exemplo — através de um perfeito conhecimento nomológico seria possível o conhecimento da posição deste "grão de areia" na sua mudança temporal dentro do conjunto de todos os grãos de areia. Com esta finalidade, deveríamos ainda conhecer a posição de todos os grãos de areia (e de todos os outros objetos) numa outra dimensão temporal.

que Schopenhauer, em certa ocasião, afirmou que a causalidade não seria um "cocheiro do qual se poderia exigir que parasse em qualquer lugar". Münsterberg rejeita totalmente a possibilidade do uso da categoria de "causalidade" nas áreas do conhecimento subjetivante, pois o abismo entre a concepção subjetivante e a objetivante é tão grande que o respectivo procedimento metodológico apenas teria validade dentro de sua área, e não poderia "atravessar as respectivas fronteiras". Portanto, se tivermos começado com o método de explicação causal, de maneira alguma "poderemos deixar de usá-lo", mesmo que, eventualmente, confrontemo-nos com uma ação "que se baseia numa 'vontade'" a qual, ao lado "da sua constituição sensível, contém elementos que só seriam compreensíveis a partir do interior da pessoa" (p. 130). Neste caso, não haveria outra solução a não ser a de tentar decompor esta "ação que se baseia numa vontade" num grande número de elementos psicofísicos. Se isso não fosse possível, ou se não o tivéssemos conseguido, restaria

---

3 Também Rickert já deu a entender (*Deutsche Literatur Zeitung*, nº 14, 1901 — Jornal Literário Alemão) que nas diversas discussões sobre o fato de a ciência histórica se referir a questões "gerais", não há um sentido unívoco do "geral", ou seja, não há clareza se "geral" significa "genérico" ou se significa "universal". Esta imprecisão volta à problemática da falha nº 1.

4 Apesar do rigor e da elegância com que Münsterberg elaborou a separação e o paralelismo das ciências em duas classes ou categorias diferentes, não foi devida e logicamente explicada a relação entre sujeito e objeto e, em algumas passagens, esta relação fica meio confusa; acredito que tal se dê por descuido ou engano. Na página 35 e na página 45 há uma identificação entre o "sujeito epistemológico" e o "sujeito que assume determinada posição no que concerne a valores". E, com isso, uma das categorias decisivas de Münsterberg, ou seja, a da "objetivação", passa a ser imprecisa e oscilante, pois a questão decisiva é exatamente a de se, e em que medida, a ciência histórica e as disciplinas afins podem ser — ou não — classificadas como disciplinas "objetivantes". Se Münsterberg, por exemplo, afirma (p. 57) que o sujeito que "vive uma experiência" (portanto, o sujeito que se defronta com o "mundo objetivado") seria o sujeito efetivo e real, encontramo-nos frente a uma afirmação confusa e dúbia. O sujeito que "vive uma experiência", ou existe, na realidade, como um sujeito real e atual, cuja única atualidade consiste na dimensão de conseguir resultados científicos de caráter empírico, ou se trata daquele conceito muito teórico do apenas imaginado e teoricamente pesado "sujeito epistemológico", cujo caso limite nada mais é do que a "malfalada" consciência. Em seguida, Münsterberg ainda introduz no conceito da "experiência sensível" o de "decompor em seus elementos" e, ainda mais, o de "regressão até aos últimos elementos", apesar de que, como já vimos, por exemplo, na biologia — ciência "objetivante" — este procedimento está longe de ser unanimemente aceito. Pelo menos, podemos afirmar — em caráter provisório — que, de acordo com a concepção de Münsterberg, no que diz respeito à relação entre lei e individualidade lógica, as afirmações que constam na página 336, referentes às ciências naturais, também

"certa área obscura" que não poderia ser elucidada por meio da "revivência empática" (parece-me que isto significa que não pode ser elucidada por meio da psicofísica) (p. 131). Por outro lado, nada acrescentaríamos ao conhecimento de relações subjetivas se enquadrássemos coisas "que não foram compreendidas em categorias de relações objetivas (idem, ibidem) — isto, obviamente, quer dizer que não teríamos uma "maior compreensão", no sentido da "revivência empática". Mas, para começar com as últimas considerações, mais ou menos periféricas, estes argumentos, ao nosso ver, não são concludentes. As interpretações "subjetivantes", com as quais uma análise sócio-histórica poderia, por exemplo, abordar as relações entre mudanças religiosas e mudanças socioeconômicas no tempo da Reforma Protestante, dizem respeito, em primeiro lugar, se considerarmos a "parte interior" dos agentes e pensarmos ainda no ponto de vista do pesquisador da psicologia empírica, — essas interpretações dizem respeito a conteúdos de consciência de grande complexidade. Neste caso, a complexidade é tal que, por ora, nem existe índice de uma "decomposição" desta em "sensações" simples ou em outras sensações que, por enquanto, não podem ser decompostas em outros elementos. À esta circunstância bastante trivial acrescenta-se outra, ainda mais trivial, que é o fato de dificilmente podermos imaginar como se consegue o material necessário para uma tal "decomposição" que, evidentemente, somente poderia ser feita num laboratório, por meio de uma observação "exata". Mas o que é decisivo e o que realmente importa é o fato de a História não se desenvolver apenas e unicamente a partir da

---

não teriam validade para a ciência histórica ou para a economia política etc. Nessa página, lemos: "estas ciências nunca se transformariam em 'psicologias aplicadas', já que elas não apenas consideram o desenvolvimento psíquico, mas também, e sobretudo, as condições externas da sua ação". A investigação do desenvolvimento psíquico foi feita por alguns historiadores (Eduard Meyer, por exemplo), que chegaram à conclusão de que não tinha grande importância em comparação com os fatores determinantes das condições externas. Se a história é um sistema formado por uma interação entre "intenções e finalidades objetivas" o que se segue fica sendo o "decisivo": existe uma maneira de "compreensão" que é objetiva, no sentido de que na "avaliação do seu material" não assume uma posição, mas apenas apresenta "juízos válidos" sobre o desenvolvimento efetivo da história e sobre as relações entre "fatos". Nas observações de Münsterberg, falta o conceito decisivo da "relação teórica com valores", conceito que ele identifica ao de "avaliar". No que diz respeito à separação das ciências entre disciplinas científicas "objetivantes" e disciplinas científicas "subjetivantes" veja-se também: Husserl, *Logische Untersuchungen* II, p. 340 e ss. (Investigações Lógicas II).

"parte interior e psíquica", obrigando-nos também a apreender a totalidade da constelação histórica "exterior", que, por um lado, deve ser compreendida como "causa" e, por outro, como resultado dos "processos interiores e psíquicos" dos agentes sociais históricos. Trata-se, portanto, de coisas que, na sua variedade concreta, não podem ser investigadas num laboratório de psicologia, nem podem ser devidamente esclarecidas segundo os parâmetros de uma abordagem apenas psicológica, independentemente de como se definam os limites da psicologia. Para se resgatar uma disciplina da área das ciências "objetivantes", não bastam afirmações tais como: uma "ação que se baseia numa vontade" é uma "unidade teleológica" e, como tal, não pode ser decomposta em seus elementos; ou, esta disciplina aborda as "ações" a partir das "motivações" ou a partir de "personalidades" que, como tais, não podem ser decompostas em seus elementos. Com o termo "célula", que é usado pelo biólogo, sucede o mesmo, se o comparamos com os termos da física e da química. Além disso, não é possível entender porque, por exemplo, a exata análise psicológica da histeria religiosa não poderia, futuramente, obter resultados seguros, dos quais a ciência histórica pudesse utilizar-se na forma de instrumentos auxiliares conceptuais na imputação causal de determinados fenômenos individuais, o que ela, aliás, já fez com referência a outras ciências, sempre que distingue uma utilidade concreta neste procedimento. Ao fazer isto — se, por exemplo, a ciência histórica, apoiando-se nas teses da patologia, percebe que certos "procedimentos" de Federico Guilherme IV se enquadram perfeitamente nas regras de reações psicopatológicas — acontece exatamente o que Münsterberg julga impossível: aquilo que "não conseguimos compreender" podemos explicar por meio da "objetivação".[127] E o próprio Münsterberg afirma

---

127. Veremos logo em seguida de que modo e porque motivo Münsterberg, apesar disso, tem razão no que diz respeito à ciência histórica. Mas a oposição sugerida entre ciências "noéticas" e ciências que procuram "leis" não é igualmente válida para a ciência histórica e para outras disciplinas científicas. A afirmação de Münsterberg sobre as tarefas da "psicologia social" — entendida como "psicofísica da sociedade" — é totalmente arbitrária e insustentável. Para investigações "psicossociais", o paralelismo "psicofísico" é tão absurdo e insignificante como a eventual contribuição de "hipóteses energéticas". Mais tarde, veremos também que a "interpretação" nem de longe tem o significado exclusivo de "interpretação de desenvolvimentos individuais". Investigações "sócio-psicológicas" — supondo que, hoje em dia, possamos afirmar que tais pesquisas existam — apresentam, indiscutivelmente, as características de um procedimento "nomológico". Evidentemente, estas investigações levam em consideração os resultados

que, em última análise, as ciências "subjetivantes" procedem da mesma maneira em todos os casos nos quais os resultados das ciências "objetivantes" se lhes apresentam como sendo relevantes. Ele expõe isso ao afirmar que os resultados da psicologia experimental podem e devem ser aproveitados pela pedagogia.[128] Ele apenas faz uma restrição que, a nosso ver, é correta — mas que nunca ocorrerá na ciência histórica nem em qualquer outra disciplina científica —, de que o educador, no seu procedimento concreto, ou seja, no seu contato com os alunos, não venha a transformar-se em psicólogo experimental. Isto não deve acontecer pelas seguintes razões: 1) conforme a própria terminologia de Münsterberg, o educador é um "sujeito que se posiciona" e, exatamente por causa disso, não é um homem da ciência, também nem de uma ciência "subjetivante". Ele deve conseguir a vivência, por parte dos alunos, de certos valores e normas que são ideais do "dever-ser", sobre cujo valor ou não-valor uma ciência empírico-analítica não pode dar contribuição nenhuma; 2) para fins educacionais práticos, os resultados da psicologia experimental são extremamente pobres e são de longe superados em termos de significação pelo "bom senso" e pela "experiência prática". Detendo-nos um pouco mais neste exemplo esclarecedor, surge a pergunta: como se explica este fenômeno, para o qual Münsterberg não fornece nenhum fundamento, considerando-se que ele é de grande interesse? A nosso ver, ele se explica pelo fato de o aluno concreto ou os alunos concretos, na educação, serem tratados como indivíduos cujas qualidades relevantes para a ação pedagógica são condicionadas em pontos importantes por um grande número de influências concretas, tais como "tendências" e "ambientes específicos" que, por sua vez, podem, sem dúvida, converter-se em objetos de análise científica dos mais diversos pontos de vista, inclusive a partir de uma abordagem "objetivante", mas, certamente, não podem ser reproduzidos experimentalmente num laboratório de um psicólogo. Do ponto de vista das "ciências no-

---

das disciplinas e das investigações psicoexperimentais, psicopatológicas de outras disciplinas pertencentes às ciências naturais, e, obviamente, se interessam pela questão do aproveitamento destes conhecimentos, sem, entretanto, ter a obrigação de precisar recorrer a "elementos psíquicos", no sentido de ser este um dos objetivos da formação dos seus conceitos científicos. Restringem-se àquele grau de "definição" e "certeza" que é suficiente aos seus objetivos epistemológicos.

128. Cf. *Grandzüge der Psychologie*, p. 193 (parte final) (Fundamentos da psicologia).

motéticas", podemos dizer que cada aluno representa uma constelação particular dentro de um infinito número de possíveis séries causais, e, como tal, mesmo enquadrando-o como um "exemplar" num número muito grande de "leis", talvez até mesmo atingindo um *optimum* possível de "leis", não se chega a outro resultado que o termos de admitir que estas leis são interpretadas como sendo "eficazes" segundo as premissas de uma infinidade de outras realidades concretamente dadas. Destarte, podemos afirmar que não há diferença entre a realidade de processos "físicos", que foram objetos de uma "vivência", e a realidade de processos "psíquicos", que também foram objetos de uma "vivência". Parece-nos que Münsterberg não contesta, de maneira alguma, esta opinião, já que ele insiste explicitamente no caráter secundário da separação do mundo em um "mundo físico" e em um "mundo psíquico" como consequência da "objetivação". Neste caso, o conhecimento "nomológico" mais abrangente possível — conhecimento de leis, portanto, isto significa "abstrações" — significa aqui tão pouco como, em outros casos, o conhecimento da infinitude "ontológica" da realidade. É incontestável que um conhecimento científico resultante, em psicologia, de fins epistemológicos das mais diversas naturezas, pode ser, num caso concreto, um "meio" para se alcançar um determinado "fim pedagógico". Mas, por outro lado, também é incontestável que não pode haver, *a priori*, uma garantia para que isso aconteça, pois, naturalmente, depende também do conteúdo do fim concreto da ação educacional, se e em que medida as observações exatas de psicologia de natureza generalizante como, por exemplo, observações exatas sobre as causas do cansaço, da atenção e da memória, podem resultar em regras exatas e geralmente válidas no setor da ação educacional. A característica fundamental da "compreensão empática" é exatamente a de poder conceber realidades individuais e "espirituais" na sua conexão interna, numa imagem mental de modo a possibilitar a formação de uma "comunidade espiritual" entre o educador e/ou os alunos que possibilita, por sua vez, um influenciar para uma determinada tendência espiritual. O fluir imensurável e inesgotável de "vivências" que sempre são individuais, que perpassa a nossa vida, disciplina a "fantasia" do educador — e do aluno — e possibilita aquela "compreensão interpretativa" da vida espiritual que é, para o educador, uma absoluta necessidade. Depende unicamente da questão de que se determinados conhecimentos "novos", que teriam para o educador uma utilidade pragmática[129] e que são o resultado de uma observação exata e conceptualmente bem definida — e isso não se dá com a "psicologia vulgar e popular" —, se e em que medida há motivos para traduzir estes seus conhecimentos de "bom senso" sobre a pessoa humana para o setor do "conhecimento sensível", através da utilização da elaboração de "regularidades", do uso de "conceitos" e, sobretudo, da elaboração lógica de leis de validade "exata" e universal.

Nossas observações, obviamente, também são válidas no que diz respeito às disciplinas históricas. As afirmações de Münsterberg sobre as ciências históricas e sobre o lugar que ocupam no sistema das ciências são corretas apenas quando se considera aquilo que, para a ciência histórica, não é interpretável. Afirmações empíricas da psicopatologia e regularidades legais da psicofísica têm, para a ciência histórica, o mesmo

129. A oposição, muito explorada pela "psicologia científica" e pela "psicologia", que resulta do "conhecimento dos seres humanos segundo o bom senso", da maneira como é apresentada por Münsterberg — e por muitos outros —, apresenta pouca consistência, não convincente e, sobretudo, não pode ser utilizado na discussão sobre os dois métodos científicos. Vejamos o que está escrito na página 181 (parte final): "Aquele que conhece o ser humano segundo o bom senso conhece o ser humano 'inteiramente' ou nada conhece sobre ele". A esta afirmação sem fundamento, poderíamos argumentar que ele conhece apenas o que no ser humano é relevante para determinados objetivos epistemológicos concretos. Uma psicologia que se preocupa em elaborar as próprias "leis gerais" jamais perceberá o que numa determinada situação concreta é significativo para a pessoa humana. É um argumento lógico. O que realmente interessa não depende apenas dos elementos psíquicos das infinitas constelações possíveis da vida concreta, que nenhuma teoria é capaz de esgotar nas suas "hipóteses iniciais". Se Münsterberg compara a insignificância de conhecimentos psicológicos, em relação à política, com a importância e a significação dos conhecimentos físicos para a construção de pontes — para evidenciar o abismo entre a "psique" da psicologia, resultante da psicologia "objetivante", e a "psique" do sujeito da vida prática, podemos afirmar que esta comparação não é consistente nem convence, pois, para o construtor de uma ponte, ou para o engenheiro envolvido nesta construção, as características e particularidades que uma ponte deveria ter desempenham um papel totalmente diferente do que as que foram consideradas, por serem importantes, para os objetivos de um político. A nossa afirmação ficará mais clara se substituirmos o "construtor de pontes" por um jogador de bilhar. Outra afirmação, a nosso ver, bastante confusa, é a que consta na página 185, na qual Münsterberg afirma que os "conteúdos psíquicos" de outra pessoa não poderiam ter jamais um significado prático para nós. Neste sentido, Münsterberg afirma explicitamente que "a nossa previsão prática e concreta da ação do nosso semelhante... se restringe absolutamente ao seu corpo e aos movimentos deste". Mas, em inúmeros casos, como, por exemplo, em se tratando de nossa mãe, de nosso amigo e de um "Gentleman" não nos é indiferente o que o outro "sente" a respeito de nós, mesmo que, na maioria destes casos, não haja uma constatação empírica de "ações" ou de "movimentos corporais".

valor epistemológico na condição de conhecimentos físicos, biológicos e meteorológicos.

Isto significa que varia de caso para caso o fato de a ciência histórica ou a economia política tomar conhecimento ou não dos resultados relativamente seguros de uma ciência nomotética como, por exemplo, a "psicofísica". Obviamente, é insustentável a afirmação, às vezes defendida, de que a psicologia, de maneira geral, ou alguma psicologia específica ainda a ser criada, deveriam ser "ciências básicas" para a ciência histórica e para a economia política. Esta afirmação se apoia na opinião de que todos os processos históricos e econômicos passam, necessariamente, por determinadas "fases psíquicas". Se este ponto de vista for correto, também a acústica e as teorias sobre "o pingar de líquidos" deveriam ser ciências básicas para a ciência histórica, já que toda "ação" dos estadistas atuais está sendo transmitida pelas palavras faladas ou escritas, portanto, por ondas acústicas e "por meio da tinta". É opinião, hoje bastante popular, que seria suficiente, para mostrar o significado de determinados "fatores" reais, perceber relações causais da vida cultural, para, o mais rapidamente possível, elaborar e fundar uma nova e específica ciência relacionada com estes "fatores". Ora, a principal questão sempre é perceber se, de maneira geral, naqueles fatores, existe algum problema ou alguma problemática que só se poderia solucionar mediante um procedimento metodológico específico. Se esta questão tivesse sido levantada com certa regularidade, sem dúvida estaríamos livres de muitas "logias". Considerando todas essas observações, de maneira alguma podemos afirmar *a priori* que a ciência histórica deveria ter uma relação mais "estreita" ou mais "próxima" com a psicologia do que com quaisquer outras ciências. Pois a ciência histórica não se interessa pelo processo interior do ser humano, desencadeado por certos estímulos; antes, ela se interessa pelo comportamento do homem em sua relação com o "mundo", no que concerne aos condicionamentos e efeitos "externos". Evidentemente, o ponto de vista da ciência histórica é sempre um ponto de vista antropocêntrico, entendendo este "antropocêntrico", obviamente, num sentido bem específico. Se, na história da Inglaterra, a peste negra não é explicada como sendo o resultado de uma regressão causal ao setor, por exemplo, dos conhecimentos bacteriológicos, mas como resultado de fatores, num certo sentido, "extra-históricos", isto é, como se fosse um "acaso", explica-se este procedimento a partir dos chamados "princípios de composição" aos quais qualquer procedimento científico está submetido. Portanto, não há nenhuma especificidade epistemológica. Obviamente, é possível elaborar e escrever uma "história da peste negra" que cuidadosamente analisaria as condições concretas e a evolução da epidemia a partir de conhecimentos da medicina; ela só seria "ciência histórica", no sentido verdadeiro da palavra, no caso em que fosse orientada e conduzida por aqueles valores culturais que também orientam e conduzem a nossa reflexão e observação da história da Inglaterra. O objetivo da epistemologia não é o de descobrir leis, por exemplo, da bacteriologia, mas o de explicar causalmente "fatos" socioculturais. Em consequência da essência do conceito de "cultura", isto significa que sempre esta explicação deve levar-nos ao conhecimento de uma conexão interna, dentro da qual a ação humana, que pode ser compreendida, ou, de maneira mais geral, o "comportamento" estão sendo pensados como sendo influenciados. O interesse "histórico" se volta exatamente rumo a estas influências.

Uma formulação de conceitos psicológicos que, preocupada com a "exatidão", recorresse a elementos "passíveis de revivência", que não são dados pela psicologia empírica, colocaria a ciência histórica na mesma situação em que se encontra o conhecimento nomológico de qualquer outra ciência natural ou qualquer série de regularidades estatísticas que não são "compreensíveis" por meio da interpretação. Na medida em que conceitos psicológicos, regras ou números estatísticos não são passíveis de "interpretação", é certo que, como puros dados, eles devem ser aceitos pela ciência histórica, mas não contribuem em nada para a satisfação do "interesse tipicamente histórico".

Portanto, existe uma ligação específica e particular entre o interesse histórico e a "interpretabilidade", ou seja, aquilo que é passível de interpretação.

Münsterberg acrescenta apenas várias ideias confusas às análises e esclarecimentos do significado deste fato. O seu raciocínio se torna sobremaneira confuso devido ao fato de confundir conceitos e categorias epistemológicas de origem diversa apenas para ampliar ao máximo o abismo entre procedimentos "objetivantes" e "subjetivantes". Em suas diversas observações, não fica bem claro se os conceitos de "compreender e avaliar" devem ser entendidos, e em que medida, como uma "unidade conceptual inseparável" ou como dois conceitos diferentes, mesmo que sempre se encontrem juntos no procedimento "subjetivante" (esses conceitos são, conforme Münsterberg, os termos que definem a maneira natural do procedimento das ciências do espírito).[130] Parece que Münsterberg nunca contestou e que, portanto, teve absoluta certeza de que a "avaliação" por parte do "sujeito que se posiciona" também se dá no que se refere a fatos e eventos que não são objetos das ciências do espírito; portanto, no que diz respeito a acontecimentos que são passíveis de serem "compreendidos". Resta, portanto, a pergunta de que se é possível, em que medida, uma "compreensão" subjetivante da vida "espiritual" sem uma "avaliação". Poderíamos, sem dúvida, dar uma resposta afirmativa, já que Münsterberg faz uma distinção entre "ciências normativas" e "ciências históricas subjetivantes". Mas, novamente, tudo se torna um tanto duvidoso diante do fato de uma tabela, referente ao sistema das ciências, que consta num "apêndice",[131] indicar a filologia como a "mãe" de todas as ciências "exatas". A filologia, conforme Münsterberg, seria, sem dúvida, uma ciência "objetivante", ainda que o filólogo, sem dúvida, use o método da "interpretação" (talvez, não exclusivamente, mas de maneira significativa). Isto não acontece apenas quando se trata de "trabalhos conjunturais" — Münsterberg talvez os classificasse de "trabalhos parciais" da literatura ou história da cultura — mas também quando se trata de pesquisas classificatórias no setor da gramática e/ou da fonologia,[132] mesmo que este último caso seja um "caso limite". Em todos estes casos, a filologia deve recorrer ao método da "revivência compreensiva". Podemos concluir, portanto, que há procedimentos científicos "interpretativos" que dizem respeito a disciplinas "objetivantes", já que não formulam juízos de valor. Mas Münsterberg,

130. Cf. *Grundzüge der Psychologie*, p. 14 (parte inicial). (Elementos da psicologia).

131. Veja-se: *Psychological Review Monogr*. supl., v. IV. *Grundzüge der Psychologie*, p. 17. Ver também o trabalho de uma de suas alunas: Mary Whiton Calkins, *Der doppelte Standpunkt in der Psychologie*, Leipzig, 1905 (Os dois pontos de vista da psicologia).

132. Veja-se a publicação de K. Vossler, *Positivismus und Idealismus in der Sprachwissenschaft* (1904) (Positivismo e idealismo na linguística). Esta publicação de Vossler analisa a validade da opinião de Wechssler, contida no seu artigo na *Festgabe für Suchier*. (Edição em homenagem a Suchier). Vossler respeita a identificação entre "Legalidade" e "Causalidade". Esta problemática também está presente, embora "mal compreendida", no escrito de Wundt: *Völkerpsychologie*, Band I (Psicologia dos povos).

na abordagem desta problemática, introduz pontos de vista muito heterogêneos. Isto é percebido de maneira clara no fato de ele identificar a "compreensão", a "revivência empática", a "familiarização" e a "avaliação" das "ciências subjetivantes" com "pensamento teleológico.[133]

Por "pensamento teleológico" podem ser entendidos posicionamentos teóricos bastante diferentes. Numa primeira acepção, podemos entender que se trata da interpretação de processos a partir da sua finalidade. Temos plena certeza — e mais tarde voltaremos a discutir isso — de que o "pensamento teleológico" abrange um setor menor da "compreensão" e da "revivência empática subjetivante". Nesta acepção, o "pensamento teleológico" não se restringe, de maneira nenhuma, apenas à "vida do espírito" ou à ação humana, mas encontra-se também, pelo menos como uma "fase" do procedimento metodológico, em todas as ciências relacionadas com "organismos" — como as plantas, por exemplo. Finalmente, queremos insistir que as categorias "meios" e "fins", sem as quais não há "pensamento teleológico", e na medida em que estas categorias são usadas num procedimento científico, devem ser colocadas no esquema de um conhecimento nomológico formalmente correto; isto significa que devem ser incluídos conceitos, regras e a categoria da causalidade. Pois pode haver relações causais sem teleologia, mas não pode haver teleologia ou conceitos teleológicos sem as regras da causalidade.[134] Mas, entendendo por "pensamento teleológico" apenas a articulação do material a partir de "relações com valores" ou, com outras a "formação de conceitos teleológicos" ou o princípio da "depen-

---

133. Cf. Münsterberg, op. cit., p. 14 e 17. Vê-se ainda maior confusão quando Münsterberg afirma (p. 14) que "é livre aquele que estabelece claramente metas" e, em seguida, defende o ponto de vista de que o "por fins" seria uma função racional que se confunde com a "variedade plástica" da "vivência". Veja-se também a passagem na página 106, na qual se identifica o "ato voluntário" com a "realidade vivida".

134. Mais tarde, voltaremos a discutir o problema da formação de conceitos teleológicos. Bastante confuso parece-nos o comentário de E. Bernheim, *Historische Methode*, 2. ed., p. 118-119 (Método Histórico): "As ações históricas humanas podem ser apreendidas e compreendidas teleologicamente; isto significa que, basicamente, as 'ações intencionais' são determinadas por finalidades, e, por causa disso, o seu conhecimento conceptual difere, essencialmente, do das ciências naturais, cujos conceitos não dependem da conexão interna e da unidade de elementos psíquicos." Bernheim nem procurou precisar mais esta suposta diferença. Obviamente, não podemos qualificar de "teleológica" uma formação de conceitos que estariam dependentes ou seriam submetidos a uma "causalidade psíquica", a partir da qual se entendem os "fins".

dência teleológica", como, por exemplo, Rickert e outros o fizeram,[135] não poderíamos mais afirmar que o princípio da "causalidade" teria sido substituído por uma "teleologia" ou que haveria uma oposição ao "método objetivante". Pois, nesta acepção do conceito, trata-se apenas de um princípio da seleção daquilo que é essencial para a formação dos conceitos por causa de uma relação com valores. Neste procedimento, portanto, pressupõe-se que a realidade seja objeto de uma "objetivação" e de uma "análise".

O uso do "pensamento teleológico" nas disciplinas históricas também poderia ser entendido no sentido de que estas ciências utilizam conceitos de disciplinas "normativas" como, por exemplo, e sobretudo, os da jurisprudência. É óbvio que a formulação dos conceitos jurídicos não tem nada a ver com "causalidade". Ela é feita, no caso de haver uma abstração conceptual, a partir de um problema, qual seja, o de como deve ser pensado o conceito X — ainda a ser definido — para que todas aquelas normas positivas que pressupõem e fazem uso daquele conceito possam existir umas ao lado das outras sem contradições. Não acho que possa haver objeção quando alguém denomina de "teleológica"[136] esta modalidade de formulação de conceitos, que é uma particularidade do "mundo subjetivo" da dogmática jurídica. No entanto, por um lado, é óbvio que estes conceitos jurídicos têm plena autonomia em relação aos conceitos de todas as disciplinas causais, e não dizem respeito a uma explicação causal da realidade; por outro lado, porém, também é indiscutível que a ciência histórica e todas as outras ciências sociais não-normativas se utilizam destes conceitos num sentido totalmente diferente do da dogmática jurídica. Para esta última, trata-se da validade conceptual de determinadas normas jurídicas; para uma abordagem

---

135. No que diz respeito à formação de "conceitos teleológicos", podemos afirmar, indiscutivelmente, que também Konrad Schmidt cometeu um engano: veja-se a resenha dele de um escrito de Adler publicado no *Archiv für Sozialwissenschaft und Sozialpolitik*, t. XX, p. 397 (Arquivo para ciência social e política social). Neste artigo, Rickert é classificado como sendo um "partidário da teleologia" do tipo de Stammler e, mais ainda, para essa constatação são utilizados escritos de minha autoria. Mas a "formação de conceitos teleológicos" de Rickert não tem nada que ver com uma eventual "substituição" da categoria da causalidade pela categoria da "teleologia".

136. Sobre a diferença dos construtos conceptuais jurídicos e dos conceitos das "disciplinas empírico-causais", recomendamos a leitura da obra de von Jellinek, intitulada *System der subjektiven öffentlichen Rechte*, 1905, p. 23 e ss. (Sistema dos direitos públicos subjetivos).

empírico-histórica, trata-se, diferentemente, apenas da "existência" fatual de uma "ordem jurídica" concreta ou de "relações jurídicas" consideradas do ponto de vista de causa e efeito. Estas disciplinas encontram as "normas jurídicas" como "fatos" resultantes da formulação de conceitos jurídico-dogmáticos e existem apenas na mente das pessoas. Como tais, as normas surgem, entre outros fatores, como causas da ação e das inspirações humanas, constituindo-se em partes da realidade objetiva. Além disso, as normas que serão tratadas como todas as outras partes da realidade recebem um tratamento de "imputação causal". A "vigência" de uma determinada "norma jurídica", por exemplo, pode, para a teoria econômica, em meio a certas circunstâncias, ser reduzida ao seguinte conteúdo: para o futuro, determinadas expectativas econômicas possuem grande possibilidade de realizar-se com grande segurança. Se a história política ou a história social fazem uso de conceitos jurídicos — e elas o fazem continuamente —, não se discute a "vigência ideal" da norma jurídica. A ciência histórica se interessa apenas pela realização fática das ações humanas externas e pelas normas jurídicas, que na medida do possível são incluídas na explicação destas ações. O termo (norma jurídica) é o mesmo, mas o que se entende por ele, no sentido lógico, é algo totalmente diferente. O termo "jurídico" pode ser aqui entendido, em parte, como designação de uma ou de muitas relações reais, em parte, como conceito coletivo "ideal-característico". Acontece que muitas vezes é comum não percebermos isto com toda clareza, o que se explica em função do significado dos termos jurídicos para a prática concreta de nossa vida cotidiana. Aliás, esta "deficiência da vista" é tão frequente e tão grave quanto o seu oposto, ou seja, a identificação dos construtos mentais do pensamento jurídico com objetos naturais. A situação objetiva e real, a nosso ver, é essa: o conceito jurídico é usado — e normalmente isso se dá sem problema nenhum — para a apreensão de fatos reais que devem ser analisados causalmente. O funcionamento da vida coletiva social real identifica-se, neste caso, com as normas jurídicas que apenas "deveriam vigorar".[137]

---

137. Quando se fala dos "interesses comerciais da Alemanha", o termo "Alemanha", usado neste contexto, tem, evidentemente, um significado diferente do que é atribuído, por exemplo, à "pessoa jurídica" do "Império Alemão" que, para dar um exemplo, termina um tratado comercial. Obviamente, há muitos equívocos no que concerne aos "conceitos coletivos" que, em última análise, nunca poderão ser resolvidos ou evitados totalmente.

Finalmente, o que podemos entender por "pensamento subjetivante" e, por isso mesmo, "teleológico" — o que, aliás, é, em última análise, a opinião de Münsterberg — é aquele procedimento que, sem preocupar-se com teorias psicológicas, toma como objeto de conhecimento o "querer" como tal, como um dado real e concreto, para, em seguida, apreendê-lo por meio de um procedimento reflexivo no seu desenvolvimento, nos seus conflitos e nas suas relações com o "querer" de outras pessoas. Poderíamos incluir também nessa categoria os conflitos resultantes da resistência da natureza e das relações com ela, a partir de condições específicas por ela impostas — o que, entretanto, Münsterberg não faz. Levando em consideração que há outras disciplinas científicas que abordam, dentro de seus objetivos epistemológicos específicos, o "querer" como sendo um "complexo ou um conjunto de sensações", não se justifica a afirmação de Münsterberg referente ao abismo fundamental e "ontológico" dos dois procedimentos científicos. Uma disciplina científica que tenha como objeto de análise o "querer" como "unidade última", e que não busque decompô-lo em outros elementos, procederá, indiscutivelmente, de maneira analítica e causal.

Podemos, portanto, concluir que a "revivência" e a "compreensão empática", ou melhor, a "compreensão interpretativa", são as características específicas e os objetivos das ciências "subjetivantes", na medida em que elas são ciências históricas e não ciências normativas. Mas nestas disciplinas, que visam a "compreensão", não cabe a objetivação do processo concreto-físico. O "querer", por exemplo, que é "imediatamente" compreensível, ou o "Eu" como "unidade" que imediatamente pode ser "compreendido", nunca deve ser enquadrado num procedimento nomológico e científico já que, neste procedimento, trata-se essencialmente de se tentar chegar a uma verdade "objetiva" e, portanto, supraindividual. Obviamente, esta objetivação pode fazer uso de argumentos e de provas diferentes, dependendo do fato de se tratar de uma compreensão "interpretativa" ou de uma situação em que se pretenda explicar algo "não compreendido" por um procedimento de "regressão causal". Mas sempre será uma "objetivação". É outra a opinião de Münsterberg.[138] Ele acredita que o procedimento típico do historiador seja o da "revivência empá-

138. *Grundzüge der Psychologie*, p. 126.

tica" em oposição à psicologia, que pretende chegar ao conhecimento da outra pessoa através da "transposição empática" ou da "introjeção", fazendo uso, em termos metodológicos, da descrição, da explicação e da comunicação. Na opinião de Münsterberg, seria possível, através da "revivência empática", apreender o "elemento atemporal" da "vivência" que, essencialmente, seria idêntica à "compreensão" do sujeito que "se posiciona". O historiador melhor se aproxima do seu objetivo na medida em que expressões usadas não são definidas conceptualmente. Mais tarde, voltaremos a esta questão. Por ora, só nos interessa fazer o seguinte comentário: podemos entender a categoria "interpretação", pelo menos de duas maneiras: 1ª como um estímulo para um posicionamento sentimental determinado frente a um objeto como, por exemplo, a inspiração ou a sugestão de uma obra de arte ou de uma beleza natural; nesse caso, ela seria o incitamento a uma determinada avaliação; 2ª como "incitamento" a um juízo, no sentido da afirmação e da aceitação de uma conexão real que foi compreendida "como sendo válida". Neste caso, referimo-nos a um conhecimento causal de "interpretação" ou a um conhecimento "interpretativo" causal.[139] Ela não é possível quando se pensa em nosso exemplo da "beleza natural", por causa da impossibilidade metafísica de poder definir o conceito de "beleza natural". É bastante limitada, no que concerne ao exemplo da obra de arte, pois temos de considerar as "intenções", o "caráter" do artista e muitos outros fatores que determinam o seu trabalho artístico. Considerando-se que na "fruição" da obra de arte os dois tipos de "compreensão" estão presentes e se confundem, e considerando-se ainda que nas observações do historiador da arte também não há distinção clara e nítida acerca disso, mesmo que tal distinção seja realmente tarefa difícil e, para fazê-la seja necessário um grande esforço, e mesmo admitindo que a "interpretação que avalia" é uma fase ou uma etapa imprescindível à "interpretação causal", insistimos como sendo um postulado lógico a existência de uma diferença fundamental indiscutível. Se não fizermos esta distinção, con-

---

139. Ainda não discorremos devidamente neste ensaio sobre a existência, entre estas duas categorias, de uma "terceira", a chamada "interpretação". Esta não é uma maneira "causal" de ver as coisas, tampouco uma "avaliação relacionada com valores", mas, diferentemente, uma "interpretação" de caráter introdutório ou propedêutico que, por meio de tentativas de analisar possíveis relações com valores, prepara o terreno para a "avaliação" de um determinado objeto (como, por exemplo, do *Fausto* de Goethe).

fundiremos o "objetivo epistemológico" com o "objetivo prático", o que também muitas vezes se dá entre "razão epistemológica" e "razão real". Obviamente, qualquer um tem liberdade de assumir determinadas posturas na sua obra historiográfica ou de posicionar-se como sujeito, de propagar determinados ideais políticos e culturais ou outros quaisquer "juízos de valor", e de lançar mão das fontes históricas como ilustração do significado prático destes ou de outros ideais combatidos ou não. O historiador procede, neste caso, de modo semelhante ao biólogo ou ao antropologo que introduz nas suas investigações científicas determinadas convicções filosóficas ou ideais considerados "progressistas". Se ele procede dessa forma, não faz mais do que alguém que utiliza todos os conhecimentos das ciências naturais para mostrar e ilustrar a "bondade divina". Porém temos de admitir que em todos estes casos não é o pesquisador que fala e escreve, mas um homem que assume uma posição, que avalia e que formula juízos de valor e se volta a sujeitos que também se interessam por juízos de valor e não a sujeitos interessados em conhecimentos teóricos. A lógica não consegue impedir que, por causa destes fatos, se deixe de acreditar que o "valor" real de uma "obra histórica" consiste na sua contribuição e participação na vida que eternamente produz avaliações volitivas, éticas e estéticas. Parece que tal é a situação, mas temos de admitir que, neste procedimento, a medida para atribuir um "valor" à "obra histórica" não é, de maneira nenhuma, o "objetivo epistemológico", mas, ao contrário, outros objetivos e sentimentos da realidade da vida. A ciência histórica também se interessa e aborda "posicionamentos objetivados" que Münsterberg admite[140] para a psicologia na fase inicial de formação de seus conceitos. A diferença entre as duas ciências é que a ciência histórica, por um lado, emprega conceitos gerais e "leis", na medida em que são úteis para a imputação causal de um fenômeno individual, enquanto a ciência histórica não pretende elaborar tais leis. Com este procedimento, a História não se afasta da realidade concreta da maneira como acontece com a psicologia.

Parece-nos bem correto que, na síntese "interpretativa" de um processo histórico individual, ou de uma "personalidade" histórica, usamos "conceitos valorativos", cujo sentido é, para nós, uma contínua "vivência", na medida em que somos sujeitos que se posicionam, agem

140. Veja-se: *Grundzüge der Psychologie*, p. 95 e 96.

e têm sentimentos. Isto acontece sobretudo na área das ciências culturais, devido às suas particularidades e aos seus objetivos epistemológicos, mas, nem por isso, é apanágio destas ciências. "Interpretações", por exemplo, pelo menos como etapa transitória, as há indiscutivelmente na "psicologia animal"[141] e também notamo-las em partes "teleológicas" de determinados conceitos biológicos. Mas devido ao fato de, nestes casos, no lugar da introdução interpretativa de caráter metafísico de um "sentido" colocar-se a constatação fatual de funções "teleológicas", tendo por finalidade a manutenção da vida, podemos perceber que, no caso da ciência histórica, a relação teórica com valores coloca-se no lugar da "avaliação" e, no lugar do "posicionamento" de sujeito que experimenta uma "vivência", a "compreensão" causal do historiador que interpreta. Em todos estes casos, os conceitos oriundos de fenômenos que foram objetos de "vivências" ou "revivência empática" são postos a serviço de um conhecimento "objetivante". Este fato tem, em termos metodológicos, consequências importantes e interessantes. Mas estas consequências não são aquelas que Münsterberg enumera. Quais seriam elas? Todas as consequências somente poderiam ser elaboradas a partir de uma teoria ampla sobre a "interpretação" que, entretanto, nem se encontra hoje em dia numa etapa inicial.[142] Podemos apenas fazer algumas observações

---

141. Münsterberg afirmou em várias ocasiões que temos de reconhecer que o animal também é um sujeito que assume uma posição em face de um objeto. Portanto, surge a questão de se e por que, em termos de lógica, somente as disciplinas "subjetivantes" seriam as únicas disciplinas que se ocupam dos seres humanos como objeto da abordagem científica.

142. Não comentamos nem apresentamos aqui as obras de Schleiermacher e de Boeckh sobre a "hermenêutica", pois estas não se ocupam dos problemas da lógica e da epistemologia da ciência histórica. Acho também que as "sérias" restrições feitas à obra de Dilthey pelo psicólogo Elbinghaus, que foram apresentadas nas sessões da *Berliner Akademie* (1894) (Academia Berlinense), se caracterizam, a nosso ver, por um certo preconceito que defende o ponto de vista de que "a determinadas categorias formais do nosso conhecimento" deveriam também corresponder "determinadas" ciências específicas e sistemáticas (veja-se: Rickert, op. cit., p. 188). Também deixamos de lado uma discussão mais específica e mais profunda sobre os pensamentos deste ilustre cientista, pois, se procedêssemos de outra forma, deveríamos analisar, para a compreensão de Münsterberg e de Gottl, também as posições e as opiniões de Mach e de Avenarius. Porém, se assim o fizéssemos, nunca chegaríamos a uma conclusão. Para uma melhor compreensão destas observações recomendamos a leitura das seguintes publicações de Dilthey: *Zur Entstehung der Hermeneutik* (Sobre o surgimento da hermenêutica) na *Festgabe für Sigwart* (Edição em homenagem a Sigwart). *Biträge zum Studiem der Individualität* (Contribuições para o estudo da individualidade) em *Berliner Akademie*, 1896, v. XIII; *Studiem zur Grundlegung*

levando em consideração tudo que, neste ensaio, já foi dito. Faremos ainda algumas considerações sobre o alcance desta problemática e a situação atual da sua análise.

Os fundamentos logicamente mais desenvolvidos sobre uma teoria da "compreensão", encontramo-los na segunda edição do livro de Simmel, intitulado *Probleme der Geschichtsphilosophie* (p. 27-62).[143] Em termos de

---

*der Geisteswissenschaften* (Estudos sobre os fundamentos das ciências do espírito) em *Berliner Akademie*, 1905, v. XIV. No que tange à opinião de Dilthey sobre a sociologia, veja-se um artigo de Otto Spann na *Zeiteschrift für Staatswissenschaften*, 1903, p. 193 (Revista das Ciências Políticas). A dimensão psicológica — não a dimensão epistemológica — foi também abordada por Elsenhaus no seu discurso sobre *Die Aufgaben einer Psychologie der Deutung als Vorarbeit für die Geisteswissenschaften*, Giessen, 1904 (Objetivos de uma Psicologia da Interpretação como trabalho preliminar para as ciências do espírito). Mais tarde, voltaremos a certas afirmações presentes neste ensaio.

143. Em questões epistemológicas decisivas, Simmel concorda, basicamente, com o ponto de vista de Rickert (tal afirmação não poderia ser feita anos atrás). Não creio que a polêmica entre Rickert e Simmel diga respeito a problemas centrais de nossa análise. A nosso ver, Simmel deve perceber claramente que a infinidade e a variedade multifacetada e concreta, e também a absoluta "irracionalidade de vida" — posição adotada por Simmel — fazem com que a ideia da "representação como adequação fiel e objetiva" desta realidade, independentemente da ciência que a elabora, não pode ser outra coisa que não um pensamento totalmente absurdo. Rickert não contestará o fato de a realidade — como "instância negativa" — não ser a causa histórica ou a "razão real" da constituição lógica das nossas ciências empíricas. Estas ciências, a nosso ver, e, sobretudo, as suas categorias lógicas, só podem ser deduzidas a partir dos nossos interesses epistemológicos. Ele tem razão quando afirma (p. 121) que a indicação dos interesses no tratamento das fontes, indubitavelmente, contribui para a formação dos conceitos históricos, mas não oferece solução ao caso, por se tratar de um conceito genérico. Com estas indicações e comentários, delineou-se, decerto, apenas a tarefa da análise psicológica dos interesses históricos de caráter epistemológico. Mas esta tarefa, sem dúvida, ainda não foi solucionada. Outrossim, o problema de conteúdo dos valores continua sendo um problema não solucionado. Porém, mesmo assim, podemos afirmar que a afirmação de Simmel concernente aos fundamentos lógicos peculiares da formação dos conceitos históricos é fundamental e de grande importância, pois Simmel não pretende encontrar a solução de problemas da psicologia ou da metafísica. Mas, por outra parte, temos de admitir que, do ponto de vista da argumentação lógica, algumas das suas afirmações são bastante discutíveis (p. 124; p. 126; p. 33). Gostaria ainda de chamar a atenção para um item sobre o qual Simmel e Münsterberg têm, em última análise, a mesma opinião. Ambos salientam e insistem que sentimentos de valor não apenas estariam relacionados à "individualidade" e à "particularidade" de determinados fenômenos, mas também à sua "recorrência" sistemática, distanciando-se, nesta afirmação, da opinião de Rickert, que insiste no significado da relação com valores, quando se trata do conhecimento do que é individual. Mas esta observação, de caráter psicológico, não atinge o problema lógico da questão, pois Rickert não se vê na obrigação de afirmar que apenas o "individual" e o "particular" teriam alguma relação com valores. Para ele, era importante afirmar que o conhecimento histórico de relações indi-

metodologia, Gottl foi sem dúvida quem procurou da maneira mais abrangente possível usar a categoria "compreensão", no que diz respeito à ciência histórica e à economia política. Sem dúvida, neste caso, a influência de Münsterberg foi grande. Em se tratando de estética, temos de mencionar os nomes de Lipp e de B. Croce.[144]

A Simmel[145] indiscutivelmente cabe o mérito de ter definido a diferença entre os conceitos "compreender" (*verstehen*) e "entender" (*begreifen*).[146] O "entender" não inclui "revivência" interior da realidade dada, que é um dos elementos básicos do conceito "compreender". Também especificou e diferenciou o "compreender" do "compreender" objetivo, e da "interpretação" subjetiva. A "compreensão" objetiva refere-se à compreensão do sentido de sinais (externos) e a "interpretação" subjetiva à compreensão dos motivos que estão por trás (internos) da fala ou da ação de uma pessoa.[147] No primeiro caso, "compreendemos"

---

viduais não é possível sem uma relação com valores. Com esta afirmação, Rickert demonstra não se importar com o papel que os valores desempenham em ciências que não sejam as ciências históricas.

144. Veja-se a primeira parte deste ensaio e também o artigo de Eulenburg, publicado na *Deutschen Literatur Zeitung*, 1903, nº 7. Nesta ocasião, também foi publicada a conferência de Gottl, pronunciada no *Historikertag*, 1903 (Reunião anual dos historiadores), sobre *Die Grenzen der Geschichte* (Os limites da ciência histórica). Percebe-se a influência muito forte que Münsterberg exerceu sobre o seu raciocínio, ao passo que, nos ensaios anteriores, predominam outras influências, como as de Dilthey, Mach e Wundt, sem que seja nosso desejo contestar, com tal afirmação, a originalidade do raciocínio de Gottl e, de maneira nenhuma, considerando-o apenas a repetição do pensamento de outro. No que tange ao pensamento de Gottl, nós nos interessamos sobretudo pelo modo de ele entender a apresentar o termo "interpretação". Queremos lembrar e deixar bem claro que, nos escritos de Gottl, já encontramos todas aquelas afirmações algo confusas sobre o significado do "télos" em oposição à "causalidade" que, hoje em dia, estão muito em voga.

145. Em nossas observações, não nos interessa a opinião de Simmel sobre o conceito de "sociedade", tampouco suas afirmações sobre as tarefas da sociologia. Tais afirmações encontram-se dispersas em vários dos seus escritos. Sobre estes dois problemas, veja-se: O. Spann, *Zeitschrift für Staatswissenschaften*, n. 61, p. 311 e ss., 1905 (Revista para as Ciências Políticas).

146. Gottl emprega estes dois termos num sentido diferente; poderíamos dizer até "inverso". Ao nosso ver, este procedimento não é muito conveniente, nem pensamos apenas no linguajar comum, popular e cotidiano, e, muito menos, na terminologia científica (veja-se as confusões terminológicas entre autores como Gottl, Münsterberg e Dilthey). O mesmo também serve para determinadas expressões de Gottl, como, por exemplo, "fórmulas" de conceitos que seriam capazes de "apreender" a "ação compreensiva" das pessoas (p. 80).

147. Veja-se: Dilthey, *Festgabe für Sigwart* (p. 109): neste ensaio, o processo da "compreensão", de acordo com a hermenêutica, é restrito à interpretação de sinais externos que, por exemplo,

aquilo que foi dito ou falado, e, no segundo, "compreendemos" a pessoa que falou ou agiu. Simmel acha que a primeira forma de "compreensão" só existe quando se trata de um conhecimento teórico, do conhecimento de um conteúdo objetivo em forma lógica que — por ser conhecimento — poderia ser elaborado objetivamente. Mas isso não é verdadeiro. A compreensão de algo apenas falado dá-se, por exemplo, quando se ouve e se escuta uma ordem, quando se atende ao apelo à consciência quanto a valores e a juízos de valor que, obviamente, não têm por finalidade uma interpretação teórica mas, diferentemente, visa "de maneira prática" provocar um sentimento e uma ação. É justamente o sujeito da vida real de Münsterberg que se posiciona, isto é, que tem intenções e que avalia, que normalmente se contenta em compreender o falado (ou melhor: o exteriorizado) e talvez nem tenda nem seja capaz de uma "interpretação" no sentido da maneira como deveriam proceder, conforme Münsterberg, as chamadas ciências "subjetivantes". A "interpretação" é uma categoria secundária e peculiar do mundo artificial da ciência. Também "a compreensão do falado" no sentido de Simmel, se enquadra no procedimento característico do sujeito que "se posiciona". No "entendimento", a "compreensão" se apresenta como posicionamento frente ao sentido "objetivo" de um juízo. A expressão "entendida" pode conter diferentes formas lógicas, naturalmente também a de uma pergunta. Mas sempre diz repeito à validade de juízos, eventualmente de um simples juízo existencial frente ao qual aquele que "compreende" se posiciona de maneira afirmativa, negativa, ou a pôr em dúvida. Numa terminologia psicologística, Simmel expressa este fato da seguinte maneira: "pela palavra falada, os processos espirituais daquele que fala... provocam uma ressonância no ouvinte". Neste processo, seria "eliminado" o primeiro, e apenas o conteúdo do falado continuaria no pensamento do segundo, paralela e simultaneamente ao conteúdo no pensamento do primeiro. Tenho dúvidas quanto ao fato de que se, com esta descrição psicológica, o caráter desta maneira específica de "com-

---

sequer seriam apropriados para a "compreensão" de um diálogo "falado" (Simmel, aliás, também entende o termo "compreensão" desta maneira). Por outra parte, sabe-se que, para Dilthey (veja-se op. cit., p. 187), um "mais elevado grau de compreensão" do que é singular, com conotação de validade geral, é tipicamente um problema das ciências do espírito, sendo que exatamente aí ocorre uma diferença entre estas e as ciências naturais. A nosso ver, há, indubitavelmente, um certo exagero nesta afirmação.

preender" fica devidamente esclarecido. Em todo o caso, seria errôneo acreditar que o processo de "compreender" apenas se daria nos casos de um "conhecimento objetivo". É certo que, nestes casos, trata-se da "compreensão" de uma ordem, de uma pergunta, de uma afirmação, de um apelo a um sentimento, como o amor à pátria, ou seja, de um fenômeno dentro da esfera da atualidade "frente à qual temos de assumir uma posição", para ficar mais ou menos dentro da terminologia de Münsterberg. A "interpretação" não se enquadra em uma compreensão "atual". Nos casos e exemplos citados, a "interpretação" entraria em cena apenas no momento em que o "sentido" de uma afirmação, independentemente de sua natureza, não fosse "compreendido" imediatamente e que, além disso, não fosse possível uma "comunicação" atual, mas houvesse absoluta necessidade de uma "compreensão". Uma ordem militar, por exemplo, redigida sem a devida clareza — para ficar na realidade da vida real e "atual" — obriga o receptor a refletir e ponderar juntamente com o oficial para, talvez, "interpretar" devidamente os objetivos e os motivos desta mesma ordem.[148] A pergunta, portanto, é: como teria surgido psicologicamente esta ordem a fim de solucionar a "questão epistemológica" por meio do "sentido" da ordem? Neste caso, a "interpretação" teórica do agir pessoal ou, eventualmente, de uma "personalidade" (daquele que ordena) serve a fins práticos e atuais.

No momento em que ela presta serviços à ciência empírica estamos frente à "interpretação" da maneira como, neste momento, ela nos interessa. Considerando-se toda a nossa reflexão, percebe-se que a "interpretação" — diferentemente da opinião de Münsterberg — é uma modalidade da explicação causal, e também não é sustentável o fato de haver diferenças fundamentais entre a "explicação objetiva" e o "conhecimento objetivante" — entendido à maneira de Münsterberg — pois, o "interpretado" num sujeito, isto é, num "indivíduo psicofísico", não justifica uma tal diferença.[149] Para ampliar a discussão sobre a essência da "interpretação" apresentamos, em seguida, algumas posturas de

148. Simmel exemplifica (p. 28) com observações que teriam a sua origem em preconceitos e em certos dissabores... Porém decisivo é apenas se, e, em que medida, estas afirmações exteriores são transformadas em objeto de análise e reflexão epistemológica.

149. Mais tarde, veremos que, nesta categoria, estão como que ocultos ainda muitos outros elementos.

Gottl. Facilmente, podemos aproveitar as suas exposições como elo de ligação, para esclarecer melhor "negativamente" — ou seja, para mostrar que não existe o significado da "interpretação".[150] Procedendo desta

---

150. Neste ensaio, não pretendemos elaborar uma reflexão crítica e exaustiva dos escritos de Gottl, sobretudo o que se refere à obra principal dele e à obra que teve maior repercussão, ou seja, *Die Herrschaft des Wortes* (O domínio da palavra). Esta obra brilhante, no que diz respeito à sua apresentação e ao modo como foi escrita, nunca foi plenamente aceita, mesmo que, relendo-a, tenhamos de admitir que nela há inúmeros comentários. Entre outras coisas, por exemplo, percebemos que críticas minhas, feitas em outra ocasião, alusivas à ideia de uma sistematização da Economia Política, *in nuce*, já estão contidas nas explicações de Gottl (veja-se as p. 147-149). Mas, no contexto da nossa problemática, não há motivo o bastante para uma "crítica positiva", o que será feito em outra ocasião. Enumeramos aqui apenas alguns pontos que nos parecem — na sua dimensão lógica — pouco convenientes. Eles são os seguintes:

1) Para ser mais persuasivo quanto à afirmação de que o abismo entre as ciências do espírito e as ciências naturais é ontológico, Gottl deveria antes considerar que as ciências naturais já foram, sem dúvida, elaboradas cientificamente (veja-se sobretudo a obra *Die Herrschaft des Wortes* (p. 149 final da página), ao passo que a chamada "vivência interior" ainda não recebeu o devido tratamento lógico e metodológico. O mundo externo "efetivamente dado" não possui as características indicadas por Gottl, quais sejam, as de "uma justaposição com muitas lacunas". Foi precisamente Mach, do qual Gottl recebeu forte influência, quem não apenas refletiu sobre este ponto de modo diferente, como também até fez, em certa ocasião, a seguinte afirmação interessante: "Se tivéssemos um conhecimento pleno e elaborado de modo abrangente do terremoto de Lisboa, e se possuíssemos, no mesmo grau de cientificidade e de plasticidade, informações acerca dos processos subterrâneos, em princípio, não precisaríamos saber nada mais sobre o terremoto". Pensando na realidade concreta, individual e objetiva, temos de admitir que a situação é realmente essa. Somente através de um tratamento abstrato e sistemático é possível elaborar um sistema de leis e de objetos que, num certo sentido, constituem a espinha dorsal ao redor da qual se estabelecem os acontecimentos reais e individuais. Neste sistema abstrato, entretanto, já não há mais nada daquela plasticidade e, obviamente, numa dimensão lógica, não há identidade entre esta e a realidade apreendida plasticamente pela descrição. Mas a convicção de Gottl, quanto ao fato de nos ser possível, em oposição às ciências da natureza, pensar e representar o "devir" que se converteu em objeto de uma "vivência", de maneira que haja uma "perfeita adequação" entre a representação e a sua "vivência", é, tendo em vista as leis da lógica, obviamente, impossível. Podemos dizer que, até certo grau, esta afirmação está correta, mas só serve para a reflexão objetivada, isolada e rigorosamente pensada dentro da lógica de um raciocínio teleológico, pois este é, logicamente, apenas um conjunto de ideias. É importante lembrar que, seja qual for a circunstância, o mesmo não se dá na esfera "pessoal". Concluindo: um "conceito", portanto, é algo completamente diferente de uma "vivência" a que se possa referir. Tal afirmação nossa não é apenas válida para os dados do mundo "externo" — o que é o ponto de vista de Gottl — mas também, em grau idêntico, para os "processos individuais de natureza interna". A partir destas observações, outras surgem, da parte de Gottl:

2) As ideias de Gottl sobre os princípios da seleção científica do material são, a nosso ver, bastante confusas. Gottl acredita (p. 128, op. cit. e ss.) haver conexões internas na realidade que,

maneira, também podemos assumir uma postura bem definida no que tange a algumas teses de Münsterberg, figura fundamental para os argumentos de Gottl, e, ao mesmo tempo, podemos nos posicionar aceitando ou rejeitando, sempre parcialmente, determinadas formulações

---

em termos de objetividade, teriam mais densidade (mais densidades do que outras), e estas poderiam ser "objeto" de uma "vivência", no sentido objetivo ou, em outras palavras: o material poderia ser captado e concebido diretamente da "vivência". A partir disso, saberíamos o que significaria, por exemplo, "um rei sem coroa" (*ein ungekrönter König*) ou uma "ação oficial do Estado".

3) Temos de avaliar também a seguinte ideia sua: a de que o objeto das "ciências narrativas", com a sua representação "plástica" da ação humana — as quais, aliás, teriam apenas uma importância secundária para o conhecimento histórico — poderia ser identificado com o objeto da "não história" e com o da "vida cotidiana" (p. 133 e ss.; 139 e ss. e 171 e ss.). Neste caso, não haveria previamente nenhuma seleção científica. Uma "separação" em "partes", não implicaria, neste caso, princípios lógicos nem epistemológicos, mas, diferentemente, seria apenas uma "seleção" feita devido a motivos didáticos, e, em grande parte, à "comodidade", de modo arbitrário. Se Gottl tivesse registrado as "experiências" de sua vida cotidiana, seria, muito provavelmente, fácil convencê-lo de que não seria correto que, dentro dos parâmetros de uma abordagem científica, fosse possível incluir e tratar de todas as ações reais, de qualquer natureza possível e imaginável. A representação do "conteúdo cultural" de uma época, mesmo que ela seja a mais abrangente possível, é sempre só a "iluminação" a partir de uma "vivência", em face da possibilidade de uma pluralidade de "possíveis pontos de vista", qualitativamente diferentes. Todos estes "pontos de vista" são dirigidos por "juízos de valor" que, por sua vez, numa observação científica, podem ser convertidos em objetos de "vivência", sendo eles "vivências da vida cotidiana" que, obviamente, podem, por sua vez, transformar-se em objetos de uma abordagem científica, e sendo, dentro dos parâmetros deste procedimento, transformados em "objetos de uma abordagem cultural-científica". Como tais serão enquadrados em conexões internas e concretas, estruturadas pelo pensamento e, em seguida, serão convertidos em objetos da formação de conceitos "históricos" ou "nomotéticos", dependendo de qual seja o ponto de vista.

4) O núcleo central dos erros de Gottl está na confusão e no engano, acontecimento muito frequente nos mais diversos psicologismos, entre o processo psicológico referente à formação de conhecimentos objetivos e reais, e a essência lógica dos conceitos, a partir da qual este conhecimento é concebido. Admitindo, hipoteticamente, que através de um procedimento psicológico *sui generis* chegaríamos, pelo menos, em grande parte, ao conhecimento das conexões de uma "ação", ainda não teríamos feito nenhuma afirmação concernente ao caráter lógico dos conceitos. Seria a "lógica" diferente das outras ciências? O caráter não é nada mais que a formulação. Gottl acha que os conceitos "elefante" e "amigo" não poderiam ser definidos de maneira igual. Poderíamos dizer "obviamente que não", pois o primeiro é um "conceito individual", ao passo que o segundo é um "conceito relacional". "Elefante" e "tubos correspondentes", por exemplo, pelo menos em princípio também não podem ser definidos da mesma maneira. Diferente seria o caso da forma lógica de qualquer conceito "típico" da área "sócio-psicológica", que, de modo nenhum seria diferente de qualquer conceito "relacional" da química, por exemplo, mesmo que o conteúdo fosse totalmente diferente. Em nosso

de Simmel.[151] Ao mesmo tempo, pretendemos, na medida em que as circunstâncias permitirem, analisar as posições e as observações de Lipp e de Croce.

Conforme Gottl, o conhecimento "histórico" em sua essência se opõe ao "conhecimento experimental" das ciências naturais. Os argumentos são os seguintes:

1. O tratamento do objeto do conhecimento: começa-se — é possível dizer — com uma certa percepção "interpretativa" do sentido das ações humanas, e, em seguida, acrescenta-se sempre novas partes e elementos "interpretados", na realidade histórica concreta; ao mesmo tempo, surgem novas fontes que, obviamente, devem ser "interpretadas" dentro dos parâmetros do sentido da ação humana, cujos vestígios, em última análise, elas representam. Destarte, forma-se um conjunto sempre mais abrangente das ações significativas das pessoas, cujos elementos mutuamente se explicam e servem de apoio a este mesmo conjunto. Esta elaboração, na opinião de Gottl, é peculiar ao conhecimento das ações humanas e o diferencia de todas as ciências naturais que procuram aproximar-se, o máximo possível, da realidade, mediante a descoberta de leis que, num primeiro momento, possuem validade hipotética. Nesta linha de raciocínio, identifica-se o fim do conhecimento com o seu método, e, num segundo momento, as formas da representação são identificadas com os procedimentos metodológicos durante a investiga-

---

texto, abordaremos algumas das consequências destes pressupostos de Gottl que, na sua dimensão lógica, são totalmente erradas. É, sem dúvida, uma afirmação dúbia e meio incorreta dizer que "no mundo da ação concreta", o conceito seria anterior ao "material concebido". O mesmo é válido também para a afirmação de que o "bom senso" e um "certo conhecimento popular e natural" seriam suficientes para a "economia política". A primeira afirmação não só acha a sua validade no "mundo da ação" ou da "praxis", e, a segunda, a nosso ver, significa apenas o seguinte: "a interpretação compreensível dos fenômenos econômicos é a finalidade da "economia política", pois também nestes casos, não há uma elaboração lógica da "experiência comum".

151. Neste ensaio, não pretendemos apresentar uma crítica sistemática sobre a opinião de Simmel. No *Archiv für Sozialwissenschaft und Sozialpolitik* (Arquivo para a ciência social e para a política Social) discutiremos algumas das teses de Simmel que, na maioria das vezes, são muito bem formuladas. No que diz respeito à crítica lógica do segundo capítulo do seu livro *Gesetze der Geschichte* (Leis da História) veja-se a bem formulada opinião de Otto Spann no seu artigo sobre "Leis da História", publicado em: *Zeitschrift für Staatswissenschaften*, p. 302 e ss., 1905 (Revista para as Ciências Políticas).

ção, e, finalmente, numa terceira etapa, introduz-se uma distinção entre o desenvolvimento concreto e real da pesquisa com os seus resultados que, ao nosso ver, na realidade, não existem, pelo menos não em tal procedimento. De maneira geral, não podemos afirmar que o resultado do conhecimento histórico depende, em primeiro lugar, da investigação da "interpretação"; e, em segundo, é bom lembrar que o papel desempenhado por nossa "fantasia" histórica, ou, falando mais genericamente, por nossa "fantasia interpretativa" na exploração dos processos históricos, tem certa analogia com o procedimento em outras ciências: na física, por exemplo, este mesmo papel está sendo desempenhado pela "fantasia" ou "criatividade matemática". Ainda temos de lembrar e insistir que a comprovação de hipóteses que resultam deste procedimento é algo comum a todas as ciências. A criatividade de Ranke, no que diz respeito às relações históricas, por exemplo, não difere, essencialmente, da de Bunsen, no setor da química. Se há uma diferença, não podemos caracterizá-la com o termo "exploração", um dos termos centrais da argumentação de Gottl. Mas temos que ver que Gottl dá um tratamento mais específico à sua afirmação no sentido de que:

2. A "exploração" do devir histórico sempre foi feita a partir do "solo firme" das leis do pensamento; isto significa que, para a ciência histórica, na sua descrição plástica do devir, apenas interessa aquilo que pode ser enquadrado nas "leis do raciocínio lógico", estando, portanto, fora do âmbito da explicação histórica todos os outros fenômenos, mais ou menos fortuitos como, por exemplo, a inundação do Dollart ou a do Zuyder See.

A esta altura de nossas reflexões, em face de um outro problema, qual seja, o de confundir "causa" com "condição" — o que, obviamente, não pode ser analisado, neste ensaio, de maneira exaustiva. Se, por exemplo, alguém se dispusesse a escrever uma "história" da sífilis — isto é, se alguém pretendesse acompanhar as mudanças histórico-culturais que foram provocadas causalmente pelo surgimento da sífilis e de sua propagação, para, em seguida, explicar fenômenos histórico-culturais que foram consequências da sífilis ou que apareceram, concomitantemente, de modo natural —, preocupar-se-ia ou procuraria o micróbio patogênico como sendo a "causa", as situações histórico-culturais como as "condições" mutáveis, e observaria quais teriam sido as consequências. Se uma tal pesquisa pretendesse ser uma contribuição para a história cultural e não um trabalho preparatório para a elaboração de uma teoria clínica, ficaria, sem dúvida, como sendo verdadeira aquela afirmação de Gottl, que é o cerne da questão, e uma afirmação correta nos procedimentos errôneos do próprio Gottl, que diz, em última instância, que o interesse científico está enraizado naquelas partes do desenvolvimento histórico que se referem a um comportamento humano acessível a uma compreensão interpretativa, pensando-se no papel que aquele comportamento "significativo" tem desempenhado em estreita conexão com as forças da natureza, que, diferentemente, "não têm sentido" num "significado", e pensando-se também na influência destas últimas sobre o comportamento humano. A opinião de Gottl, portanto, não está bem fundamentada na medida em que ele percebeu que a ciência histórica elabora uma relação entre "os processos naturais e os valores culturais" dos seres humanos. Destarte, para a ciência histórica, é sempre essencial a investigação das influências que as forças da natureza exercem sobre as ações humanas. Somente procedendo desta maneira, podemos chamar uma explicação de "histórica". Trata-se, aqui, da direção específica para onde se volta nosso interesse cognitivo, que é condicionado por valores. Gottl percebeu este fato apenas de maneira vaga. Podemos afirmar, indiscutivelmente, que é um erro fundamental o fato de Münsterberg escrever que a "exploração" do processo histórico dar-se-ia com base nas "leis do pensamento", quando, na realidade, trata-se apenas da "interpretabilidade", da possibilidade de o processo histórico poder ser convertido em objeto de uma "compreensão" por meio da "revivência empática". Esta terminologia de modo nenhum é irrelevante, pois, em consequência dela, lemos, em outras passagens da obra de Gottl, que haveria certa identidade entre uma "ação compreensiva" e o "devir racional" que, obviamente, são fenômenos diferentes. Ainda nos dias de hoje notemos, sobretudo nas ciências culturais, principalmente na ciência histórica, que esta identificação de algo que é "compreensível" por meio da "interpretação" com algo que é elaborado a partir das regras da lógica — opinião de Gottl — continua a desempenhar um papel importante e decisivo. Este modo de abordar o desenvolvimento histórico facilmente leva a um princípio de construção racional dos processos históricos reais e, indiscutivelmente, é "uma violência para com a realidade".[152] A

---

152. Veja-se a crítica muito sutil de Meinecke, concernente à explicação do comportamento de Frederico Guilherme IV, na *Historische Zeitschrift*, 1902 (Revista Histórica). Isso não é es-

percepção e a elaboração do sentido de uma ação humana em determinadas situações, tendo como pressuposto o seu caráter lógico, só pode continuar sendo, sempre, uma hipótese provisoriamente elaborada com a finalidade de uma possível "interpretação". E, em princípio, qualquer hipótese de trabalho precisa ser verificada sempre empiricamente, mesmo em casos que parecem ser óbvios e aos quais se apresentem inúmeras justificativas. A hipótese, portanto, deve ser de tal natureza que seja possível a sua verificação empírica. Pois, da mesma maneira, nós compreendemos a vigência irracional de sentimentos desmedidos tão bem quanto o desenrolar de reflexões racionais, e, do mesmo modo, as ações e os sentimentos do criminoso, bem como os do "gênio" — apesar de termos plena consciência de nunca os termos experimentado. Em princípio, podemos também reviver as ações do "homem normal ou comum", se elas forem adequadamente "interpretadas".[153] Tudo isto significa

---

pecialidade nossa, e, neste contexto, também não nos interessa saber se Meinecke teve razão ou não. Nosso interesse aqui é única e exclusivamente de caráter epistemológico.

153. Simmel discutiu justo esta afirmação: "não precisamos ser César para poder compreender César" (p. 57). Simmel, curiosamente, levanta a questão da possibilidade de nossa compreensão interpretativa poder ser mais abrangente do que a própria "vivência", em termos de um problema psicogenético, em vez de enquadrá-la no problema de gênese do conhecimento individual e concreto. Para solucionar esta questão, recorre Simmel a uma versão biológica da ideia platônica da *Anamnesis*. Esta hipótese, no entanto, só poderia ser aceita se cada ser humano tivesse um César, como um dos seus antepassados, com todas as suas "experiências" individuais e particulares que, de uma ou de outra forma, teriam sido transmitidas pela hereditariedade biológica. Se ora nos encontramos em face de um problema que só pode ser solucionado desta maneira, o mesmo problema surge todas as vezes em que esta compreensão interpretativa abrangente ocorre. Não parece difícil explicar, pelo menos, não mais difícil do que explicar "vivências" interiores e sempre novas; do que uma constelação ou uma combinação, em termos de número e de qualidade, de inúmeras e muito variáveis relações internas, e de combinações de elementos "psíquicos" — seja o que for que se entenda por este termo — o que, para nós, se apresenta numa particularidade e singularidade tais que nós a classificamos como "genius", mesmo que na composição e estruturação estejam contidos elementos que não sejam totalmente desconhecidos. A observação sutil de Simmel (op. cit., p. 61) de que personalidades "claramente definidas" e aquelas com um destacado grau de "individualidade" são, normalmente, compreendidas mais profundamente e de maneira menos dúbia — ou pelo menos, em casos concretos, temos a convicção de que se dá dessa forma — tem, indiscutivelmente, algo a ver com a estrutura particular do conhecimento histórico: a "singularidade" do conhecimento histórico consiste na relação com valores e no interesse específico pela "compreensão" daquilo que, por causa de sua particularidade, é significativo, o que sofreria uma grande diminuição se o historiador se preocupasse apenas com a aproximação da "média". Outrossim, a unidade do indivíduo histórico a quem Simmel se refere é o resultado de uma

apenas o seguinte: que a "interpretabilidade" da ação humana, como pressuposto da formação e do surgimento do interesse especificamente "histórico", significa, evidentemente, apenas aquele "axioma de todo e qualquer conhecimento histórico", aceito e defendido por Ranke, e também pelos modernos metodólogos,[154] que afirma e defende o princípio da "igualdade fundamental" da "natureza humana". Conceitos como "homem normal" e "ação normal", evidentemente, são construtos ideais típicos, como os elaborados para determinados fins, como — no sentido contrário — o conhecido "cavalo doente" no *Eisernem Rittmeister* (O férreo capitão de cavalaria), de Hoffmann; a "essência", por exemplo, do afeto de um animal "compreendida por nós" da mesma maneira e no mesmo sentido que a "essência" do afeto humano. Tudo isso já demonstra claramente que — diferentemente da opinião de Gottl — não devemos pensar que a "interpretação" teria surgido exclusivamente através de uma "ob-

---

relação com valores, e a partir deste fato podemos também entender aquelas observações de Simmel, concernentes (p. 51 e ss.) ao significado da destacada individualidade do historiador, que seria necessário para o sucesso das suas "interpretações". Neste ponto, sem dúvida, concordamos plenamente com Simmel. (O conceito de "individualidade destacada" não é bem definido. Poderíamos, por exemplo, pensar em Ranke. Mas, neste caso, talvez ficássemos em apuros.) A consolidação de todo o sentido de um conhecimento da individualidade em ideias de valores também se deixa ver na "criatividade" e nos juízos de valor próprios e consistentes do historiador, que podem contribuir para o partejamento de conhecimentos históricos. Da mesma maneira como a "interpretação" teleológica foi posta a serviço do conhecimento biológico — e, nos primeiros tempos da ciência moderna, de todo o conhecimento das ciências naturais, apesar de que a sua possível eliminação é exatamente o sentido de todo o conhecimento na área das ciências naturais — em todos estes casos, os juízos de valor são postos também a serviço da interpretação (outrossim, encontram-se, na obra de Simmel, no último capítulo, observações e reflexões sutis sobre especulações acerca do "sentido da história").

154. Veja-se a formulação um tanto discutível que encontramos na obra de Bernheim, *Historische Methode*, 3. ed., p. 170 (O método histórico): Os "axiomas" fundamentais de todo conhecimento histórico seriam "uma analogia da maneira de sentir, pensar e querer entre os homens"; "a identidade da natureza humana", "a identidade dos processos psíquicos", "a identidade das leis do pensamento", "as disposições sempre iguais referentes à composição psíquica e mental". A nosso ver, tudo isso significa apenas o seguinte: que a ciência histórica é possível (na sua especificidade) por causa de e na medida em que somos capazes de "compreender" os seres humanos e de "interpretar" as suas ações. Se isso pressupõe aquela "igualdade" da qual Bernheim fala, isso já é outra coisa, e deveria, a meu ver, ser analisado melhor. Por outro lado, também não podemos aceitar a afirmação de Bernheim (p. 104) sobre a impossibilidade de leis históricas, exclusivamente por causa da "diferença qualitativa" dos indivíduos, que seria um fato fundamental de toda vida orgânica, pois notamos essa diferença em todos os indivíduos (individualidades), e também nos indivíduos do mundo não orgânico.

jetivação", que estaria livre de qualquer plasticidade através de uma simples imitação. Não é apenas o fato de a exploração interpretativa precisar, às vezes, de apoio de conhecimentos clínico-patológicos,[155] mas, em oposição à suposição de Gottl, continuadamente se serve do "controle" por meio da "experiência", no mesmo sentido lógico, as hipóteses de trabalho na área das "ciências naturais".

Insistiu-se muitas vezes — e, em essência, é esse o procedimento de Gottl — numa "certeza" específica das "interpretações" em oposição a todas as outras modalidades epistemológicas, ou seja, que o conteúdo mais seguro do nosso conhecimento seria a "própria vivência".[156] Num sentido bem específico, o qual retomaremos adiante, podemos dizer que esta observação é correta na medida em que ela é entendida em oposição às "vivências" dos outros, e também na medida em que o conceito "vivência" se amplia num certo sentido, fazendo com que também sejam incluídos determinados momentos que são dados de maneira imediata, do mundo psíquico e físico, e, finalmente, na medida em que não se entende pelo termo "vivenciado" apenas a realidade a ser formada a partir da observação científica, mas a totalidade das percepções, juntamente com as respectivas "sensações" e "vontades"; portanto, genericamente falando, a partir das "posturas" que, a cada momento, assumimos e das quais, em grau e sentido diferentes, temos plena consciência. Visto deste ângulo, podemos dizer que o objeto de uma "vivência" é algo que não pode ser convertido em "objeto" de juízos e sentenças, do modo como se procede na explicação dos fatos empíricos, e, por causa disso, fica-se, indiscutivelmente, numa situação de "indiferença" em comparação a qualquer conhecimento empírico. Se, diferentemente, entendemos

---

155. Pois também a psicopatologia — por exemplo, em casos de histeria, não exclusivamente, é verdade — procede de "maneira interpretativa". Mais tarde, daremos alguns exemplos no que tange à relação entre "revivência empática" e "experiência".

156. Münsterberg também (p. 55) — bem como muitos outros — defende este ponto de vista. O "significado não-mecânico" da sentença da pessoa alheia seria "captado imediatamente". Isto significa apenas que "esta sentença é compreendida" ou "mal entendida" ou "não compreendida". Em cada um dos dois primeiros casos, o significado é "formalmente evidente", mas se ele é "válido" empiricamente, isso é uma questão pertencente à "experiência". Para certas argumentações e observações alusivas à "certeza" específica, no que diz respeito ao maior grau de realidade da experiência interior, veja-se: Husserl, *Logische Untersuchungen, Beilage zu Band II*, p. 703 (Investigações Lógicas, suplemento do tomo II).

ou deveríamos entender o termo "objeto de uma vivência" como o acontecer "psíquico" "dentro" de nós, em oposição à totalidade do acontecer "fora" de nós — sem que importe, neste momento, estabelecer os limites entre as duas maneiras de entender e, além disso, se e em que medida este acontecer "psíquico" deve ser entendido como sendo objeto de um conhecimento "válido" sobre fatos reais — então, realmente, a situação é bem diferente, mesmo considerando-se a concepção münsterbergiana que foi aceita por Gottl.

Porém, embora adotemos uma oposição — parece ser esta a intenção de Gottl — que, além da separação da "vivência" em partes "psíquicas" e em partes "físicas" da realidade objetivada, "concebe" apenas o mundo "físico" como ocasião de nosso posicionamento, pressupõe-se que cada conhecimento que pretenda ser válido, isto é, conhecimento concernente a conexões concretas e acessíveis a uma "vivência", logicamente falando, seja da mesma natureza que a elaboração lógica do mundo "objetivado". Num primeiro momento, temos de admitir que o comportamento humano, quando convertido em objeto de análise "interpretativa", sempre contém partes que simplesmente devem ser aceitas da maneira como também são aceitos os "objetos" nas ciências naturais. Vejamos um caso relativamente simples: o processo da aprendizagem de habilidades mentais, entendido da maneira como é compreendido na história cultural, é compreensível indubitavelmente de modo imediato, seja no que diz respeito ao seu desenvolvimento, seja no que se refere às suas consequências. Indiscutivelmente, o seu progresso, relacionado com determinadas partes quantificáveis e passíveis de medição, pode ser transformado em objeto de "psicometria", mas, a nosso ver, temos de admitir que conhecemos muito bem as consequências, sobretudo por causa da própria experiência; basta pensar, por exemplo, na aprendizagem de línguas estrangeiras. Não há dúvida de que este processo existe, e que portanto foi possível, mas, em última análise, ele só pode ser constatado da maneira como se constata que um determinado corpo é pesado. Porém, nossas próprias disposições e "sentimentos" — no sentido como são entendidos na terminologia "psicológica" e como também são usadas inúmeras vezes nas ciências culturais — que parcialmente condicionam a nossa avaliação e a nossa ação, não podem ser interpretados imediatamente no seu sentido e nos seus elementos "parciais". De maneira diferente — como se percebe, por exemplo, com grande clareza no prazer estético, bem como nos tipos de comportamento de uma determinada classe social — não é exceção mas regra, que estes fenômenos não possam ser apenas "interpretados" em todas as dimensões por meio da interpretação mediante a analogia, isto é, por meio da ajuda de "experiências" alheias que foram escolhidas a fim de comparar, e, portanto, pressuponham um certo grau de isolamento e de análise, mas também que, desta maneira, sejam controlados e analisados, se é que pretendem ter aquele caráter inequívoco de clareza, com o qual Gottl trabalha *a priori*. A pesada uni-cidade da "experiência" — que é, indiscutivelmente, também a opinião de Gottl deve ser quebrada, para que possa iniciar-se o processo da "compreensão" de nós mesmos. Quando se afirma que cada "experiência" seria o que há de mais certo na consciência, isso é válido apenas para o fato de termos feito realmente uma experiência. Mas o que nós experimentamos, podemos apenas compreendê-lo por meio da "interpretação", depois de termos passado pela fase da "experiência", e do "experimentado" que, então, será convertido em "objeto" de juízos, que por sua vez, no tocante ao conteúdo, não mais são "experimentados" numa pesada unicidade, mas deverão ser reconhecidos como "válidos". Este "reconhecer", que é pensado como parte do posicionamento, não se dá como Münsterberg curiosamente supõe — no "sujeito", mas faz parte da validade dos juízos pessoais e dos de outras pessoas. O máximo da "certeza" no sentido de "ser válido e certo" — e este é o único sentido que interessa às ciências — encontramo-lo em sentenças como, por exemplo, $2 \times 2 = 4$, depois de estas sentenças terem sido "reconhecidas", mas não o encontramos nas experiências imediatas e indivisas que "fazemos" ou, o que é a mesma coisa, que "existem". E a categoria do "valer" ou do "ter validade" assume sua função como um elemento formador no momento em que a pergunta pelo "o quê" e pelo "como" da experiência é feita em nossa mente, e essa pergunta deveria ser respondida com "validade".[157] Para a apreciação da

157. Münsterberg também afirma (p. 31) que a "unidade" que foi objeto de uma "vivência" não seria apenas uma "conexão de processos internos" que, em princípio, poderiam ser descritos. Sem dúvida, Münsterberg está com a razão, na medida em que esta unidade é o objeto

essência lógica do conhecimento que resultou de uma "interpretação", interessa unicamente o modo como este processo se dá, e, por causa disso, daqui em diante, essa será a nossa única preocupação.

## III. Knies e o problema da irracionalidade

4) A "compreensão empática" em Lipps, e a "contemplação" em Croce. — "Evidência" e "Validade". — "Sensibilidade" heurística e representação "sugestiva" do historiador. — A interpretação "racional". — A dupla mudança da categoria de causalidade, e a relação entre irracionalidade e indeterminismo. — O conceito de indivíduo em Knies. Emanatismo antropológico.

---

de uma "vivência", mas, indiscutivelmente, a nosso ver, engana-se quando esta unidade é objeto de um raciocínio lógico. Se é a circunstância que "determina" a "natureza" ou a "qualidade" de algo, e se esta possibilidade de se poder determinar, nestas condições, faz com que — mesmo num estágio pré-científico — algo possa ser convertido em "objeto" de uma análise científica — para dizer a verdade, não me recordo de uma bibliografia que discorde basicamente desta minha observação — podemos dizer que a História, como ciência, diz respeito, indiscutivelmente, a "objetos". E é por causa da particularidade da "reprodução poética" da realidade — mesmo que, obviamente, também esta não seja, de modo nenhum, uma "imagem real e fiel da realidade" — que a realidade deve ser abordada de maneira que "cada um sinta aquilo que está dentro do seu coração". Temos de admitir que descrições e depoimentos simples e plasticamente apresentados também podem ser classificados como "histórias" — obviamente, também estas medidas pelo pensamento — mas, nem por isso, podemos admitir que sejam um conhecimento científico e, portanto, nem uma abordagem de E. Zola, tampouco a mais fiel descrição de um acontecimento numa loja ou na bolsa de valores podem ser tomadas como conhecimento científico, mesmo que este acontecimento, possa ter sido, indiscutivelmente, uma "vivência". Defendendo o ponto de vista — do modo como Münsterberg, por exemplo, o faz — de que a essência do conhecimento histórico consistiria no fato de o historiador ter a capacidade de, através de suas palavras escritas, conseguir que se "ria e se chore", poder-se-ia afirmar da mesma maneira que essa essência consistiria nas ilustrações e nos adornos de uma obra histórica. Mais adiante, mostraremos que a tão "salientada" e "lembrada" imediatez da "compreensão" faz parte das teorias sobre a gênese psicológica dos juízos sobre a história, mas, de maneira nenhuma do pensamento e das reflexões sobre o seu sentido lógico. As ideias confusas que, muitas vezes, se encontram difundidas e que afirmam que a História "não" seria uma ciência têm os seus fundamentos (falsos) nos pressupostos (errôneos) sobre aquilo que se entende por "ciência".

Para a análise da posição lógica da "interpretação" (no sentido até agora explicado neste ensaio), é inevitável apresentar algumas das modernas teorias sobre o processo psicológico da "compreensão".

Lipps, com a finalidade de elaborar uma fundamentação dos valores estéticos,[158] desenvolveu uma teoria bem peculiar sobre a "interpretação". Ele afirma que "a compreensão" da "expressão viva" de outra pessoa (por exemplo, de uma manifestação de um sentimento afetivo) seria "algo mais" do que uma mera "compreensão intelectual" (p. 106). A "compreensão" inclui, evidentemente, o elemento da "revivência empática" que, aliás, é um conceito de fundamental importância nos escritos de Lipps, porém seria mais do que isso; seria algo que faz parte da "imitação" que, por sua vez, é exclusivamente entendida por imitação "interna" de um acontecimento qualquer (p. 120) como, por exemplo, as acrobacias de um equilibrista no circo. De maneira nenhuma seria uma consideração reflexiva sobre aquilo que a outra pessoa está fazendo, mas uma "vivência" unicamente interna, ao lado da qual o juízo ou a percepção do fato de que não sou eu mas o equilibrista que "realmente" está acima da corda, que permanece "inconsciente" (p. 122).[159] A partir desta revivência empática "perfeita" que, portanto, significa uma total transposição ou "penetração" psíquica do "eu" no objeto em questão ou, em outras palavras, que é uma ação (interna) real no nível da imaginação, não apenas uma ação que nada mais é do que uma fantasia, pode ser convertida em objeto de uma "imaginação".[160] Esta "compreensão imitativa e imaginativa" é, para Lipps, a categoria fundamental e essencial da "revivência empática" na área da estética, que leva ao gozo ou à fruição estética. De modo diferente se dá a "compreensão intelectual".

158. Cf. *Grundlegung der Aesthetik*, Hamburg, 1903, 2. ed. incompleta de 1914 (Fundamentos da estética). Serão abordados apenas aqueles itens que se referem à nossa problemática.

159. Por causa disso, Lipps, acentua e insiste (p. 126 e ss.) em que o termo "imitação interna" seria apenas um termo provisório, pois, na realidade, não se trata de uma "imitação", mas de uma "vivência".

160. Lipps considera muito importante esta diferença (p. 129). Na opinião dele, há três diferentes modos psicológicos da "ação real": 1. "ação interior" apenas imaginada; 2. "ação intelectual" (que refaz um pensamento e que avalia); 3. aquela ação que somente está satisfeita "no ser real", isto é, nos sentimentos e na consciência de que algo é efetivamente real. Parece-nos que se trata de uma ação externa e real. A validade destas diferenciações, neste momento, não pode ser apreciada.

Nesta — para usarmos como exemplo a imagem do equilibrista — aquele juízo "inconsciente" (não sou "eu" mas o "equilibrista" que está em cima da corda) será levado ao nível da "consciência" e, através deste procedimento, o "eu" será dividido em dois "eus" ou seja, em um "eu" imaginado (na corda) e em um "eu real" (aquele que imagina e pensa o "eu" imaginado) (p. 125). Segundo a terminologia de Münsterberg, poderíamos dizer que, além disso, tem início o processo da "objetivação" na forma de uma "interpretação causal". Mas, sem uma "experiência" causal anterior, não pode haver uma "revivência empática": uma criança não tem uma "vivência" do equilibrista. Seguindo o raciocínio de Lipps, poderíamos argumentar que esta "experiência" não é o produto objetivado de uma ciência nomológica, mas, diferentemente, é uma causalidade subjetiva (ou do sujeito) da vida cotidiana, que foi objeto de uma "vivência" relacionada com realidades denominadas com termos como "ação", "força ativa" e "ambição". Isso é percebido com maior clareza quando se trata da "revivência empática" de processos naturais. Pois, de acordo com Lipps, a categoria de "vivência empática" não se restringe unicamente a processos "psíquicos". Ela também diz respeito ao mundo físico (externo), na medida em que partes deste mundo físico são objetos de uma "vivência" sentimental (p. 188) por serem interpretados como "exteriorizações" e "manifestações" de uma "força" ou de uma "tendência" dentro da validade de uma determinada lei. Esta causalidade "individual" e "antropomórfica", que existe nos processos da natureza, é, de acordo com Lipps, a fonte das chamadas "belezas da natureza" ou "belezas naturais". A natureza como objeto de "vivência", em oposição à natureza objetivada — isto é, uma natureza representada por conceitos relacionais — composta de "coisas" no mesmo sentido em que o próprio "eu" pode ser uma "coisa". A diferença entre a "natureza" e o "eu" consiste apenas no fato de o "eu", que foi objeto de uma "vivência", ser a única "coisa" realmente "existente", da qual "todos os indivíduos naturais" recebem o seu caráter de poder ser objetos de uma "vivência" e de poder constituir uma "unidade vital" (p. 196).

Seja qual for a nossa opinião sobre o valor desta fundamentação da estética, temos de lembrar que, num raciocínio lógico, fica evidente que a "compreensão individual" não é uma "vivência empática" — o que, aliás, pelo menos nas entrelinhas, também consta nas colocações de Lipps. Mas a "compreensão individual" não é derivada da "vivência empática" da maneira como Lipps afirma e descreve. Quem se põe na pessoa do equilibrista por meio da "revivência empática" não "vivencia" aquilo que essa pessoa "vivencia" em cima da corda, nem aquilo que a própria pessoa "vivenciaria" se ela mesma estivesse lá no alto, porém "vivencia" apenas algo imaginário e algo que não foi claramente definido, que concerne a "esta vaga sensação de estar em cima da corda"; portanto, algo que não apenas traz um "conhecimento", como também algo que não inclui o objeto "histórico", alvo do processo cognitivo. O que acontece não é uma "divisão" do eu que se transpõe empaticamente, mas o deslocamento da própria vivência por meio da reflexão sobre um "objeto" alheio, no momento em que ela se inicia. A nosso ver, está correta apenas a afirmação que alega que também a "compreensão intelectual" inclui, realmente, uma "participação interior" e, portanto, uma "revivência empática", embora, na medida em que esta vise e consiga um "conhecimento", seja uma "participação interior", respeitante apenas a algumas partes da realidade que serão selecionadas a partir de determinados fins. A opinião de que a "revivência empática" seria "mais" do que uma "compreensão intelectual", portanto, não pode significar que haja um "mais" referente ao "valor do conhecimento" ou à sua "validade", mas apenas significar que se trata, neste caso, de uma "vivência empática" e subjetiva, e não de um "conhecimento" objetivado. Além disso, é importante e decisivo se a efetividade que Lipps única e exclusivamente atribui ao "eu" tem consequências para a análise científica de processos que serão convertidos em objetos de uma "revivência empática interior". Esta questão, por sua vez, faz parte de um problema maior, que diz respeito à natureza lógica dos conceitos individuais, cuja formulação mais geral poderia ser feita da seguinte maneira: existem realmente conceitos individuais? Muitas vezes, deu-se uma resposta negativa a esta pergunta, e as consequências de uma tal posição relativa à avaliação lógica da história são percebidas por último, de modo típico, na posição oposta à de Lipps e à do psicologismo que foi apresentado de modo inteligente por Benedetto Croce:[161] "Coisas são intuições", afirma laconicamente Croce, e "conceitos, diferentemente, referem-se a relações entre as coisas". Portanto, o conceito é, por essência e definição, de natureza geral e abstrata. Ele já não é mais "intuição", mas,

---

161. Por questões práticas estou citando a tradução alemã da *Estética* de Federn Leipzig, 1905.

ao mesmo tempo, apesar disso, e num sentido determinado, continua sendo "intuição", pois ele é uma "elaboração das intuições". A consequência do caráter necessariamente abstrato dos conceitos consiste no fato de as "coisas" que são sempre individuais não poderem ser apreendidas pelos conceitos, mas só poderem ser objetos de um processo de "intuição": portanto, o conhecimento das coisas só é possível de "maneira artística". Um conceito sobre algo individual é uma *contradictio in adjecto*, já que a ciência histórica visa conhecer o individual na sua individualidade; é exatamente por causa disso que ela é uma "arte", ou seja, uma "junção de intuições". Nenhuma análise conceptual pode dar uma resposta à questão quanto a determinado fato de nossa vida realmente ter ou não acontecido, o que é típico do interesse histórico; por isso, a história seria apenas uma "reprodução de intuições": "história é memória, e os juízos que formam o seu conteúdo não são formados por 'conceitos', pois, como mera representação material da impressão de uma experiência, só podem ser "expressões" de intuições. Portanto, a História, com isso, sequer pode transformar-se em objeto de uma avaliação lógica, pois a "lógica" unicamente diz respeito a conceitos gerais e definições destes conceitos.[162]

Estas observações são consequências dos seguintes erros de posições tipicamente naturalísticas: 1. Apenas "conceitos relacionais" e, mais ainda, apenas "conceitos relacionais" com determinadas características, isto é, só aqueles conceitos relacionais que podem ser enquadrados num sistema de relações causais, seriam "conceitos", no sentido próprio do termo, pois os conceitos relacionais da experiência imediata da vida cotidiana contém o mesmo número de "intuições" que os conceitos individuais.[163] Podemos objetar que nem a física se utilize exclusivamente de tais conceitos. 2. A afirmação estritamente ligada à nossa observação de número 1, que alega que conceitos individuais não seriam "conceitos", mas que apenas seriam "intuições", é uma das consequências da indefinição e da

---

162. Intencionalmente deixamos de lado a *Logica come scienza del concetto puro* (Acc. Pont., Nápoles, 1905), pois não queremos analisar detalhadamente a postura de Croce, mas apenas comentar um exemplo típico de suas opiniões que são amplamente divulgadas. Mais tarde, é possível que façamos algumas observações acerca do supracitado escrito.

163. Omissões de Husserl não contradizem, necessariamente, estas observações — (*Logische Untersuchungen* II, p. 607 (Investigações lógicas), já que o "conceito individual", por um lado não apenas "menos", mas, ao mesmo tempo, por outro lado também "mais" do que a "mera intuição sensorial" ou do que a "mera vivência". Mais tarde, retornaremos a este assunto.

polissemia do conceito "intuição". Da mesma forma como a evidência intuitiva do axioma matemático é diferente da evidência imediatamente dada de uma "experiência" — que é "intuição" a partir da variedade do real — que foi o objeto de uma "vivência" interna ou externa, que seria, segundo a terminologia de Husserl, a diferença entre a "intuição" categorial e a "intuição" sensorial[164] — também é χατ' ἐξοχήν: também ocorre uma diferença fundamental entre a "coisa" de Croce e sobretudo a "coisa" de Lipps. Temos de afirmar que o "eu", assim como é entendido e utilizado nas "ciências empíricas", é algo totalmente diferente do "eu vivenciado", que é uma "unidade" resultante de uma "intuição sensorial e sentimental" e que, como tal, se apresenta como um conjunto de "conteúdos" na sua dimensão de "memória" da consciência do "eu" individual. Quando a ciência empírica aborda uma determinada variedade como sendo uma "coisa" e como uma "unidade", por exemplo, uma personalidade de determinado homem histórico e concreto, este objeto é sempre definido e determinado "relativamente"; isto quer dizer que é apresentado apenas como uma "intuição" empírica com um determinado conteúdo, mas que, nem por isso, é necessária e exclusivamente só um "construto artificial",[165] cuja "unidade" é determinada mediante a "seleção" daquilo que, concernente aos fins de pesquisas, se apresenta como "essencial". Poderíamos dizer que é um "produto do pensamento" ou um "produto mental" que tem uma relação "funcional" com a realidade "dada"; portanto, é somente um "conceito", afirmação que não é válida apenas no caso em que se entende por este termo uma parte da realidade dada, que foi construída "artificialmente". 3. Por causa disso, naturalmente, é falsa a opinião amplamente difundida e aceita, sobretudo em círculos de "não especialistas", de que a história seria uma "reprodução" de intuições empíricas, ou uma imagem fiel de "vivências" anteriores. Tampouco a própria "vivência" pode, a partir do

164. Cf. Husserl, op. cit., p. 637 e ss.

165. Os diversos erros de Münsterberg encontram a sua explicação no desconhecimento do caráter artificial do histórico. Por um lado, percebe-se que Münsterberg concorda com a afirmação (p. 132, 119) de que o interesse específico, portanto, a atribuição de valores, condiciona a modação do histórico, mas, por outro lado, à pergunta acerca das "vontades" que são introduzidas no histórico, recebemos a resposta de que estas não deveriam ser consideradas por seu "alcance", pois seriam vontades "ocasionais" que imediatamente seriam substituídas por vontades contrárias (p. 127).

momento em que ela é apreendida pelo pensamento, simplesmente ser "copiada" ou "reproduzida": se assim fosse, não tratar-se-ia mais de um "pensamento", mas de uma "vivência", ou, antes, de uma nova "vivência",[166] da "vivência anterior", na qual está presente o "sentimento" de já a ter "vivenciado" uma vez (isto é uma parte indefinida de um dado como "vivência" presente). Em outra ocasião, demonstrei — sem com isso pretender dizer algo "novo" — de que modo também o mais simples "juízo existencial" ("Pedro está passeando", para exemplificar com Croce), no momento em que pretende ser um "juízo" e, como tal, ser "válido" — pois é esta a questão básica —, pressupõe operações lógicas que contêm não a "criação", mas a utilização de "conceitos gerais" que, por sua vez, significam isolamento e comparação.

Retornando agora às explicações de Gottl, temos de chamar a atenção para o fato de que o erro básico de todas aquelas teorias, infelizmente amplamente aceitas também por historiadores profissionais, as quais acham que o especificamente "artístico" e "intuitivo" do conhecimento histórico — por exemplo, uma "interpretação" de uma "personalidade" — seria apanágio da ciência histórica, fazendo com que a pergunta quanto ao processo psicológico na formação de um conhecimento fosse confundida com a pergunta quanto ao "sentido" lógico da sua validade "empírica". No que concerne ao processo psicológico, o papel desempenhado pela "intuição" é essencialmente o mesmo em todos os setores das ciências — o que já foi dito anteriormente. A diferença apenas diz respeito ao grau da determinação conceptual universal de que podemos e queremos nos aproximar. A estrutura lógica de um conhecimento só é percebida no momento em que se deve demonstrar, com casos concretos, a sua validade empírica — e esta demonstração é sempre problemática. Somente a demonstração exige incondicionalmente a determinação (relativa) do sistema conceptual, e pressupõe sempre e sem exceção um conhecimento generalizante — o que é uma condição para a elaboração mental do que foi uma "vivência" ou uma "revivência empática". Estas "vivências" agora são transformadas em "experiências".[167] O uso de

166. Veja-se: Husserl, op. cit., v. II, p. 333, 607.

167. O mesmo é válido também em setores como, por exemplo, no das pesquisas psicopatológicas. A "revivência empática" de uma psique doente por meio da "psicoanálise" não permanece algo como "propriedade particular e incomunicável" na pessoa do pesquisador que,

determinadas "regras" na "validação empírica", tendo por fim o controle da "interpretação" das ações humanas, apenas pode ser tida como diferente do procedimento nas "ciências naturais", quando se aborda esta questão de modo assaz superficial. Esta impressão existe devido ao fato de, em consequência de nossas fantasias, treinadas no dia a dia, deixarmos de lado, na "interpretação" das ações humanas, a elaboração de regras, num sentido mais específico, achando que esta elaboração mais sistemática seria "antieconômica" e desnecessária, procedendo apenas "implicitamente" através de generalizações. Pois a pergunta teria sentido científico quando, através da abstração, se elaborasse, a partir do próprio comportamento humano, regras e "leis" referentes às disciplinas "interpretativas", o que depende, obviamente, da questão de se, e em que medida, para o conhecimento causal e interpretativo do historiador, ou do economista, podem ser elaborados novos conhecimentos que seriam úteis para a solução de determinados problemas. De maneira geral, não é provável que isto aconteça, por causa da precisão restrita, levando também em consideração que a grande maioria de sentenças empíricas adquiridas desta maneira teriam um caráter bastante trivial. A quem pretender perceber esta nossa opinião com maior abrangência — a realização consequente da elaboração de "regras" — recomendamos as leituras das obras de Wilhelm Busch. Este grande humorista obteve os seus melhores e mais engraçados efeitos exatamente pelo fato de ter expresso, em sentenças científicas, todas aquelas inúmeras e triviais experiências da vida cotidiana das quais nos utilizamos em nossas "interpretações" das mesmas. O bonito versinho de "Plisch e Plum", "*wer sich freut, wenn wer betrübt, macht sich meistens unbeliebt*" (quem fica alegre com a tristeza alheia na maioria das vezes é malvisto) é apenas a formulação impecável de uma "lei histórica", já que o genérico de um processo não é apresentado como sendo "necessário", mas como regra de uma

talvez, tenha aptidões específicas no setor, mas haverá sempre uma conexão entre os resultados de uma psicologia compreensiva e a conceituação elaborada por meio da psiquiatria "empírica", caso contrário os resultados deste psicólogo teriam um valor "discutível" e "problemático" por serem incomunicáveis e indemonstráveis. Seriam apenas "intuições" do pesquisador que demonstrou talento neste procedimento, mas ficaria totalmente fora de qualquer controle, na medida em que teriam uma validade "objetiva". E, por causa disso, o seu valor científico também seria afetado. Veja-se sobre esta problemática: W. Hellpach, *Zur Wissenschaftslehre der Psychopathologie*. Wundtsche Studien, 1906 (Sobre a teoria da ciência da psicopatologia).

"causação adequada". O seu conteúdo de verdade empírico é um meio muito útil e apropriado para a "interpretação", por exemplo, da tensão política entre a Alemanha e a Inglaterra depois da Guerra dos Boêres (obviamente, ao lado de muitos outros elementos que, na sua essência, são mais importantes). Uma análise "sócio-psicológica" de semelhantes evoluções de tensões políticas poderia, sem dúvida, fornecer-nos resultados interessantes nas mais diversas dimensões e, evidentemente, teriam também um grande valor para a interpretação histórica destas situações políticas. Mas, de antemão, não temos a certeza de que tais análises devem ser feitas, pois talvez, neste caso concreto, fosse suficiente uma explicação que se baseasse em conhecimentos de uma "psicologia vulgar". O procedimento que insiste na necessidade de ilustrar o máximo possível as explicações históricas (e econômicas) com leis da "psicologia" — algo como uma vaidade naturalística — talvez no caso concreto fosse apenas uma infração da exigência de também fazer "economia" no trabalho científico. Com o objetivo de um tratamento "psicológico" segundo a "interpretação compreensiva", é possível abordar os "fenômenos culturais" a partir de procedimentos lógicos de características bem específicas: sem dúvida é possível, e até necessário, elaborar um sistema de "conceitos genéricos" e de "leis" *latu sensu*, no sentido de "regras de causação adequada". Estas últimas devem ser elaboradas, e são de grande valor somente naqueles casos em que a "experiência da vida cotidiana" não é suficiente para aquele grau de "relativa determinação" de uma imputação causal, que é necessário para o interesse de uma "univocidade" da interpretação dos fenômenos culturais. O valor cognitivo será sempre maior à medida que o pesquisador procura substituir o procedimento quantitativo com formulações e sistematizações semelhantes às das ciências naturais, por uma "interpretação" dos fenômenos por meio da compreensão empática e, por causa disso, na medida em que também se assimilar, o menos possível, aqueles pressupostos gerais que são usados pelas disciplinas das ciências naturais por causa dos seus fins epistemológicos específicos. Conceitos como, por exemplo, o "paralelismo psicofísico" não possuem o menor significado para tais investigações, pois se situam além daquilo que possa ser objeto de uma "vivência", e os melhores resultados de interpretação "psicofísica" que conhecemos não dependem do seu valor cognitivo da validade de todas as premissas desta natureza, da mesma maneira como seria um absurdo querer enquadrá-los num "sistema" perfeito de conhecimentos psicológicos. A causa lógica e decisiva para isso é a seguinte: a ciência histórica, por um lado, não é uma "ciência do real", no sentido de que ela "reproduz" fielmente todo o conteúdo de uma determinada realidade — isso é impossível, em princípio — mas no sentido de que partes da realidade concreta que, como tais, somente podem ser definidas conceptualmente, num certo grau de relativismo, são inseridas como partes "reais" numa relação causal concreta. Estas sentenças sobre a existência de uma relação causal concreta, consideradas em si mesmas, podem ser levadas *ad infinitum*[168] e só com um número infinito chegaríamos a uma imputação causal completa, com a ajuda de "leis" exatas — e isso se pensarmos apenas na perfeição absoluta do conhecimento nomológico. O conhecimento histórico procede desta maneira — por meio da decomposição do real em relações causais concretas — até onde os fins cognitivos concretos o exigem, e esta necessariamente relativa perfeição da imputação causal, revela-se, por sua vez, na relativa definição das "regras empíricas": as "regras", portanto, que se baseiam numa elaboração metódica, e as que futuramente poderiam ainda ser elaboradas, são apenas uma "ilha" dentro das marés da experiência cotidiana, de caráter "vulgar-psicológico". E é esta "ilha" que serve à imputação causal histórica. Mas, no sentido lógico, também dá-se o mesmo com a "experiência".

A "vivência" e "experiência" que, conforme Gottl, se opõem fortemente,[169] realmente são oposições, mas não no sentido de que processos

---

168. Veja-se também a minha explicação no *Archiv für Sozialwissenschaft und Sozialpolitik*, caderno de janeiro, 1906, parte final da p. 271 e ss. (Arquivo para a ciência social e para política social).

169. A diferença, conforme Gottl, seria a seguinte: O "destrinchar" do histórico não diz respeito à "experiência", pois "as leis do pensamento lógico" também se encontram em idêntica situação. Na história, "a lógica se encontra no próprio processo histórico com a sua própria logicidade". Aquelas "leis do pensamento lógico" seriam, para o conhecimento histórico, a "última instância" que o determinam forçosamente, de modo que um conhecimento histórico válido sempre significaria uma aproximação daquilo que "é certo num sentido absoluto", em oposição ao conhecimento geológico e biogenético, classificado por Gottl como sendo "meta-história", que, mesmo que chegasse a resultados os mais ideais, do ponto de vista epistemológico, não seriam mais que uma "interpolação" sobre o devir de fenômenos "espaciais", ordenados numa dimensão temporal e, por isso, teria validade a conclusão de que as coisas que nos são dadas na experiência só podem ser conhecidas como se tivessem sido um fenômeno cósmico ou biogenético. Unicamente, a experiência mostra, e cada historiador deve concordar com isso,

"internos" opor-se-iam aos "externos", ou de que a "ação" opor-se-ia à "natureza".

"Compreensão" — no sentido da "interpretação" evidente — e "experiência", por um lado, não se opõem, pois toda "compreensão" pressupõe (em termos de psicologia) uma "experiência", e (em termos de lógica) a sua validade deveria ser demonstrada, no que diz respeito, pelo menos, a uma "experiência". Por outro lado, é preciso notar que as duas categorias não são idênticas na medida em que, na qualidade de "evidência",[170] consistem na diferença entre o "compreendido" e o "compreensível" (que é evidente) e o "entendido" (que é apenas o resultado do mundo apreendido por regras metodológicas). O envolvimento no jogo das "paixões humanas" pode, certamente, ser objeto de uma "revivência empática" e tem uma "abrangência" num sentido qualitativamente diferente daquilo que é objeto de uma "vivência" de fenômenos "naturais". Mas, a esta altura de nossas considerações, temos de fazer

---

que nós temos de nos satisfazer todos os dias, na "interpretação" causal de "personalidades", de "ações" e de "evoluções culturais", com o resultado de que os "dados" indiscutivelmente transmitidos são de tal maneira que é como se tivessem realmente existido as "conexões interpretadas", e que, por causa disso, concluiu-se que o conhecimento histórico tivesse uma "incerteza específica" e — erroneamente — uma "subjetividade" específica que, em princípio, não poderia ser superada. Simmel foi quem em primeiro lugar acentuou o caráter hipotético da interpretação, apresentando, até mesmo, inúmeros exemplos (op. cit., p. 9 e ss.). Porém, divergindo da postura dele, temos de observar claramente que, de maneira nenhuma, é uma particularidade da "explicação causal psíquica" a circunstância de nós ficarmos sabendo da "disposição psíquica" apenas depois do acontecer fatual de uma determinada decisão. Nos processos "naturais", acontece, inúmeras vezes, a mesma coisa e nos casos em que nos interessa a dimensão qualitativo-individual de "determinados processos naturais", de maneira geral, apenas o êxito nos ensina sobre a respectiva constelação. Não concordando com a opinião de E. Meyer, defendemos o ponto de vista de que a "explicação causal" de fenômenos que foram "concebidos" de maneira individual, via de regra, parte do efeito à causa, e, como já procuramos explicar anteriormente, chega apenas a resultados que afirmam ser possível "conciliar" o resultado do conhecimento científico com o nosso conhecimento empírico e cotidiano. Apenas para determinados casos, in concreto, haveria a necessidade de uma explicação científica, baseada em "leis".

170. Aqui, esta expressão é usada em lugar de se falar da "plasticidade interior dos processos conscientes". Fazemos isso propositadamente para evitar a polissemia do termo *anschaulich* (abrangente e plástico), que também pode dizer respeito a uma "vivência" que ainda não foi "logicamente elaborada". Temos plena consciência de que a expressão é usada num outro sentido pelos especialistas em Lógica, ou seja, como sendo "o entendimento das razões de um determinado juízo".

distinção entre a "evidência" daquilo que foi interpretado por meio da "compreensão" e a vivência que diz respeito a qualquer tipo de "validação". Pois, em termos de lógica, a evidência inclui como pressupostos apenas a "possibilidade de pensamento" — a possibilidade de ser pensado e, com referência ao conteúdo, apenas a possibilidade objetiva[171] das conexões que poderiam ser apreendidas mediante a "interpretação". Para a análise da realidade, entretanto, ela tem apenas o caráter de uma "hipótese de trabalho" — quando se trata da explicação de um processo concreto e/ou quando se trata da formação de conceitos universais —, independentemente se, neste momento, estes conceitos estão sendo elaborados com fins heurísticos ou com a finalidade da elaboração de uma terminologia uniforme — ela apenas se apresenta como um "construto ideal-típico". E este mesmo dualismo entre a "evidência" e a "validade empírica", encontramo-lo também no setor daquelas disciplinas que se orientam segundo normas da matemática, e até no procedimento metodológico da própria matemática.[172] Porém enquanto a "evidência" dos conhecimentos das relações que foram formulados matematicamente e quantitativamente possui caráter "categorial", a "evidência" psicológica, diferentemente, faz parte do chamado "mundo fenomênico". Esta evidência é fundamentada fenomenologicamente — a terminologia de Lipps, sem dúvida, é muito útil neste caso. Este condicionamento diz respeito aos matizes bem específicos que decorrem da "revivência empática" individual e concreta, dos quais podemos, até certo grau, ter consciência como "objetivamente possíveis". O seu significado lógico, entretanto, consiste na necessidade de ter de se admitir que o "conteúdo objetivo" da "revivência empática" de algo que é atual para uma pessoa alheia faz parte também daquelas "valorizações" que se apoiam no sentido do "conhecimento histórico" e que, por causa disso, da perspectiva de uma ciência cujo objeto foi formulado à maneira de uma filosofia de história,

---

171. Sobre o significado do conceito "objetivamente possível" ou "possibilidade objetiva" no setor da História, leia-se os meus comentários no *Archiv für Sozialwissenschaft und Sozialpolitik*, caderno de janeiro de 1906 (trata-se da discussão de algumas das teses de Knies).

172. O espaço "pseudoesférico" pode ser construído sem contradições e é plenamente "evidente". Alguns matemáticos, entre estes também Helmholtz (rejeitando Kant), afirmam que este "conceito" teria uma abrangência categorial enorme, o que não contradiz o fato de ele possuir validade empírica.

é apenas a realização de "valores",[173] e que os sujeitos que continuadamente atribuem valores sempre devem ser tratados como "portadores" ou "agentes" daquele mesmo processo.[174]

Entre estes dois polos, ou seja, entre a evidência matemática e categorial das relações espaciais e a evidência condicionada fenomenologicamente dos processos da vida espiritual, que podem ser convertidos em objetos de uma "revivência empática", existe ainda um "mundo de conhecimentos possíveis" de "evidências", os quais não pertencem ao primeiro, nem ao segundo tipo, mas que, nem por isso — ou seja, nem pela "impossibilidade" de poderem ser definidos exatamente — perdem a sua "dignidade", a sua "validade empírica". Pois, repetindo o que já foi dito anteriormente, o erro fundamental da teoria epistemológica de Gottl consiste no fato de confundir ao máximo a "evidência" com a "certeza empírica". Da mesma forma que o destino variado dos chamados "axiomas físicos" "sempre mostra novamente aquele processo,[175] e que uma construção conceptual, comprovada empiricamente, sempre visa a "dignidade" de uma necessidade do pensamento, da mesma forma, a identificação do termo "evidência" com o de "certeza" — ou, como alguns epígonos de Menger queriam, com o termo "necessidade de pensamento" — nas construções "ideal-típicas" no setor das ciências sociais, acaba trazendo erros bem parecidos — e também Gottl enveredou por este caminho de erros devido a algumas de suas afirmações no seu *Domínio da Palavra*.[176] Apesar de tudo o que foi dito até agora, muitos continuariam a defender o ponto de vista de que, pelo menos num úni-

---

173. A meu ver, não deveria ser necessário insistir e salientar que, de maneira nenhuma, tratarse-ia de uma "realização objetiva" ou um "absoluto" como uma "tendência universal" e empiricamente constatável. Não se trata de algo "metafísico", mesmo que, talvez, determinadas observações que constam no último capítulo de Rickert foram e possam ser interpretadas desta maneira.

174. O "centro histórico", que é um conceito de Rickert, esclarece bastante acerca disso.

175. Por *anschaulich* entendemos aqui o que é "inteligível por categorias", mas também significa, ao mesmo tempo, o que é passível de uma "compreensão interior".

176. Sobre este tema, veja-se: Wundt, *Die physikalischen Axiome* (Os axiomas físicos). Trata-se de um escrito da juventude do autor. A sentença "evidente" *cessante causa, cessat effectus* era um obstáculo para a descoberta da lei da energia até que "a necessidade de pensamento" (*Denknotwendigkeit*) da sentença: *Nil fist ex nihilo, nil fit ad nihilum* fez surgir o conceito de "energia potencial", que, por sua vez, contribuiu para a elaboração da "lei da energia" via "necessidade de pensamento".

co setor, o significado psico-epistemológico ou psicocognitivo da "interpretação empática" de fato teria validade: trata-se dos casos em que apenas sentimentos não articulados são os objetos do conhecimento histórico, e, exatamente por causa disso, aqueles sentimentos "sugeridos" poderiam ser o ideal unicamente possível do conhecimento. A "transposição empática" de um historiador, de um arqueólogo ou de um filólogo em "personalidades", em "épocas artísticas" e em línguas, seria feita a partir da existência de determinados "sentimentos comuns" e de "sentimentos linguísticos", e estes sentimentos em seguida foram apresentados[177] como sendo o "cânone mais seguro" para a determinação de his-

---

177. Não é possível, neste momento, investigar as categorias básicas do pensamento econômico — o que é uma proposta de Gottl, no seu escrito "domínio da palavra". Esta impossibilidade diz respeito, por um lado, à evidência destas categorias, e, por outro lado, também à sua estrutura lógica, isto é, quando enquadramo-la no contexto da "necessidade de pensamento". Apresentamos aqui apenas alguns exemplos: uma "situação fundamental" e, portanto, uma categoria básica seria: (1) a "penúria": na opinião de Gottl, esta "categoria" surge da circunstância "de que nunca seria possível satisfazer as próprias vontades sem impedir a satisfação das necessidades de outra pessoa"; (2) outra "categoria básica" seria o "poder" que teria nascido do fato de sempre sermos livres para unirmo-nos, e, desta maneira, seria possível conseguir aquilo que cada um por si nunca conseguiria". A nosso ver, falta a estas "categorias básicas" a característica de elas admitirem "exceções" — o que é regra da vida cotidiana. Além do que não é verdade que a "colisão" e a necessidade de "escolha" ou de "seleção" entre vários fins é uma constatação absolutamente válida, e, a nosso ver, tampouco é verdade que a união de muitas pessoas é, necessariamente, sempre um meio apropriado para aumentar as possibilidades de se alcançar determinado objetivo. Percebendo talvez a possibilidade de tais objeções, Gottl explica que — no que se refere à "situação básica" (1), "a penúria" —, o "avaliar" que surge a partir desta situação só deveria ser entendido no sentido de que, entre muitas possibilidades conflitantes, apenas uma será realidade efetiva. Portanto, não se deveria entender como se se tratasse de uma escolha "consciente" entre "fins". Mas, entendido desta maneira, o fato em questão, na realidade, é apenas o que se entende, dentro dos parâmetros dos construtos naturalísticos, por "possibilidade": às diversas "possibilidades" do decurso da ação diante de "fatos" reais dentro de determinado decurso concreto — de acordo com as afirmações de Gottl — não se trata de diversas possibilidades as quais o sujeito da ação tem, mas, diferentemente das diversas possibilidades que existem "mentalmente" para o sujeito que analisa a ação. Porém esta afirmação é válida também para os "processos naturais" ou os processos da natureza, na medida em que fazemos uma análise dos fenômenos naturais a partir da categoria "possibilidade". Não será analisado aqui em que casos está presente a categoria "possibilidade", mas que ela é uma categoria encarada com seriedade nos mostram "os cálculos de probabilidade". No que respeita ao "termo" "economizar" (p. 209) — uma ação calculada de modo que o cálculo garanta, pelo menos até certo grau, os resultados objetivados — acreditamos que ele não contenha elementos novos que já não estejam incluídos no conceito de "adaptação". Em resumo, poderíamos dizer que o conteúdo das regras de "adaptação" afirma que "existem ações que são

tória, por exemplo, da proveniência de um documento, de uma obra de arte, ou também para a interpretação da razão e do sentido de uma ação histórica. Já que, por outro lado, o objetivo do trabalho do historiador seria também conseguir com que nós "revivenciássemos" os "fenômenos culturais" (aos quais, obviamente, também são incluídas determinadas tendências e ambientes históricos e políticos), e já que o historiador deveria, portanto, "sugerir determinadas vivências" em nós, pelo menos neste caso, a "interpretação sugestiva" seria um procedimento que teria plena autonomia em comparação com uma articulação conceitual.

Em seguida tentaremos separar aquilo que, nestas afirmações, é correto, daquilo que, nelas, é errôneo. Primeiramente, no que respeita à afirmação sobre o significado dos "sentimentos comuns" ou dos "sentimentos globalizantes" como "cânone" para o enquadramento de fenômenos histórico-culturais ou da interpretação de "personalidades", é de fundamental importância e algo até mesmo insubstituível a preocupação "mental" contínua e constante com "a matéria em questão". Isto apenas significa que é significativo e importante um "certo sentimento" ou um certo "senso" no que tange ao material que é o resultado de uma "familiarização", portanto, de "exercícios" e de "experiências".[178] Esta familiaridade é importante sobretudo para a gênese psicológica da hipótese de

---

repetidas, cuja repetição se explica com base numa 'adaptação' necessária a uma determinada situação". O conceito "economizar" não implica uma "explicação causal" — e nem deveria implicar. E com o uso deste conceito não se esclarece nada que não era a opinião de Gottl. Neste sentido, o conceito de "economizar" se assemelha muito a determinados conceitos das ciências biológicas. Queremos insistir sobretudo que, nem de longe, temos, nestas nossas observações, a intenção e diminuir os méritos dos trabalhos de Gottl que, até certo grau, dá continuidade às pesquisas iniciadas pela Escola Austríaca. Percebe-se, indiscutivelmente, um progresso significativo nas observações de Gottl quando ele aborda de maneira clara uma situação "objetivamente dada" na realidade, em vez de insistir em pretensas "abstrações psicológicas". A situação objetivamente dada nada mais é do que a limitação do "poder fazer", com relação ao "querer fazer". Gottl, além disso liberta, ao mesmo tempo, a teoria abstrata da fundamentação de valores da sua caracterização de ser apenas uma fundamentação "psicológica", para o que, certamente, contribuíram determinadas posturas de Bonar, John e Menger. A "doutrina sobre os limites do proveito" (*Grenznutzlehre*) não tem nada a ver com psicologia, seja ela "psicologia individual" ou "psicologia social".

178. Esta é a postura de Elsenhans, no seu artigo citado anteriormente. Os "sentimentos totais", com os quais olhamos para o conjunto das ideias de determinada "época histórica", poderiam, "apesar de sua aparente indeterminação, fornecer-nos um "cânone seguro" para o nosso "processo cognitivo". Sobretudo seria possível decidir com "certeza instintiva" se um

trabalho de um historiador. Ainda não foi produzida nenhuma obra histórica de valor, e talvez nenhum conhecimento importante de qualquer tipo e em qualquer área de conhecimento, só por meio da articulação desordenada de "percepções" e de "conceitos". Diferentemente, no que concerne à pretensa "certeza", no sentido da "validade" científica, acreditamos que cada pesquisador sério somente pode e deve rejeitar esta opinião de maneira absoluta. Não é possível admitir que tais "sentimentos globalizantes" concernentes, por exemplo, ao caráter geral de uma época ou de um artista etc. possuam valor científico, sem ser formulados em sentenças de certo modo articuladas e demonstradas, ou seja, expressas em "experiências" que foram elaboradas pelo uso de "conceitos bem definidos". Com isso já se percebe também qual é a nossa opinião sobre a "reprodução" de conteúdos espirituais de sentimentos que têm relevância (relevância causal histórica). Que "sentimentos" não podem ser "definidos" conceptualmente da mesma maneira como, por exemplo, triângulos-retângulos ou como resultados abstratos das ciências quantificáveis é algo óbvio e comum a todos os fenômenos "qualitativos". Todas as "qualia" — qualidades — possuem esta característica, independentemente de se tratar das qualidades que nós projetamos nas coisas do mundo "externo" ou de se tratar das qualidades que foram introjetadas como "vivências psíquicas". Nossa afirmação é válida para sentimentos provocados por luzes, sons e recendências e da mesma forma para "sentimentos" religiosos, estéticos e éticos. Na plasticidade de sua descrição, cada um sente "o que já está no seu coração". Levando em consideração apenas estas circunstâncias, podemos afirmar que a interpretação dos fenômenos psíquicos trabalha com conceitos que não são inteiramente definíveis da mesma forma, como também o faz qualquer ciência que não pode abstrair totalmente o elemento qualitativo.[179]

Na medida em que o historiador, na representação de sua obra historiográfica, se dirige ao nosso "sentimento", mediante procedimentos

---

conjunto de ideias se "ajusta" ao todo dos "sentimentos". O mesmo também seria possível com a "sensibilidade linguística".

179. Em sua essência seria igual, ou da mesma natureza, ao sentimento "articulado conscientemente", com a ajuda do qual, por exemplo, age o capitão de um navio, no momento em que há perigo de colisão, ao tomar, num décimo de segundo, uma decisão da qual, em última análise, depende sua vida. O decisivo, em ambos os casos, é uma experiência "condenada", e o princípio da possibilidade de uma "articulação".

que "sugerem" determinadas coisas, ou, em outras palavras, quando pretende provocar em nós uma "vivência" que não é articulável conceptualmente, há dois modos de se entender este procedimento. O primeiro é considerar que pode se tratar de uma "síntese" da representação de fenômenos parciais de um objeto, cuja determinação ou definição conceptual, no caso concreto, sem prejuízo cognitivo, pode ser emitido. Esta maneira de entender é apenas uma consequência do fato de a realidade, na sua plenitude, ser inesgotável, sendo cada representação, portanto, apenas o resultado de um determinado processo cognitivo, e tendo sua validade apenas dentro dos limites desta relatividade. O segundo é considerar que isso pode significar que o suscitar uma "vivência" puramente sentimental seria um instrumento epistemológico específico para conseguir a "ilustração", por exemplo, do "caráter" de uma época cultural ou de uma obra de arte. Nesta segunda acepção há, novamente, em termos de lógica, duas possibilidades: 1) ela pode apresentar-se com o objetivo de "representar" uma "revivência" do "conteúdo espiritual" ou "psíquico" da vida numa época que a ela corresponde ou da personalidade ou da obra de arte. Neste caso, ela inclui sempre e inevitavelmente "determinados sentimentos valorativos próprios", aos quais não há a mínima garantia de que haja uma correspondência com os sentimentos dos seres humanos, naquele tempo, realmente existentes.[180] Esta

---

180. Obviamente, a situação permanece igual, mesmo que seja possível, no setor da psicologia experimental, medir "quantitativamente" certos fenômenos e processos psíquicos. Pois, de maneira nenhuma, está correta a afirmação de que o "fenômeno psíquico" como tal seria incomunicável (Münsterberg) — esta afirmação apenas tem a sua validade quando se trata de "vivências" normalmente definidas como "místicas". No entanto, podemos afirmar que — como é o caso com tudo que é "qualitativo" — só é comunicável de modo relativamente inequívoco. Semelhantemente à numeração na estatística, a medição capta apenas algumas manifestações do psíquico ou apenas aqueles fenômenos que podem ser medidos. A medição psicométrica não significa uma "condição *sine qua non*" em si, da possibilidade da comunicação (Münsterberg); apenas significa um certo aumento de determinação e maior certeza por meio da quantificação das manifestações de "fenômenos psíquicos". Mas a ciência ficaria numa situação pouco desejável se, por causa disso, não fosse possível uma classificação e uma relativa mas suficiente determinação do "objeto" psíquico, através de uma elaboração conceitual. Esta formação de conceitos é percebida continuadamente em todas as ciências que trabalham com métodos quantitativos. Muitas vezes, afirmava-se, com razão, que a enorme importância do dinheiro consistiria exatamente na possibilidade de quantificar, medir e expressar, de modo objetivo, "valorações" subjetivas. Mas de maneira nenhuma podemos, neste contexto, esquecer que o "preço" não é de modo nenhum algo análogo e paralelo ao experimento psicométrico, sobre-

afirmação é válida para quem escreve a pretender provocar sentimentos no leitor, e também em se tratando do leitor que assimila os sentimentos sugeridos de uma determinada maneira. Exatamente por causa disso não há possibilidade de um controle racional entre aquilo que é "essencial" e o que não o é. Fato semelhante dá-se com o "sentimento globalizante", que surge em nós ao se entrar em contato com uma cidade "desconhecida". A localização das chaminés, a forma dos telhados e coisas dessa sorte, que parecem ser "coisas puramente fortuitas ou ocasionais", por não serem explicadas causalmente a partir das situações objetivas dos respectivos habitantes da referida cidade, costumam ser constatadas semelhante e analogamente a "intuições" que são históricas e inarticuladas. Normalmente, o seu valor cognitivo-científico diminui paralela e conjuntamente com o seu encanto estético. Em certas circunstâncias, podem ter elevado "valor heurístico" mas, em outras circunstâncias, podem até impedir um "conhecimento objetivo" por obscurecer a consciência de que se trata de conteúdos sentimentais do observador e não da "época em questão" ou do respectivo artista. O caráter subjetivo dos "conhecimentos" desta natureza, neste caso, é idêntico à falta de validade, exatamente por causa do fato de ter sido omitida uma articulação conceptual deste fato. Neste caso, qualquer "revivência" ou "transposição empática" não é passível de demonstração e controle. E tal procedimento, que procura substituir a análise causal das relações pela busca de "sentimentos globalizantes", contribui para o fortalecimento de uma outra tendência "lamentável" de nosso tempo, qual seja, a de valorizar mais "determinadas tendências" com atratividade sentimental do que resultados de uma análise lógica de investigações empíricas. A "interpretação" sentimental e subjetiva, elaborada desta maneira, nem ao menos apresenta conhecimentos históricos de caráter empírico, no que concerne a relações causais, nem algo que, eventualmente, poderia ser entendido por ela: uma interpretação relacionada com valores. Pois é precisamente este o sentido que pode ser dado ao termo "vivência" de

---

tudo não é nenhum critério de uma avaliação "sociopsíquica" ou de um "valor de uso" social, mas, diferentemente, o resultado que surgiu de um compromisso entre interesses conflitantes dentro de determinadas condições sociais historicamente bem definidas. Talvez se assemelhe ao experimento psicométrico apenas num aspecto, ou seja, no de que as "tendências conflitantes", dentro de uma constelação histórica bem específica, transformadas em "manifestações materiais", possam ser "medidas" quantitativamente pelos "preços".

um objeto histórico ao lado da expressão "imputação causal". Abordei a problemática da "dimensão lógica" desta categoria em outra ocasião, com referência à história.[181] Parece suficiente constatar aqui que, nesta função, a "interpretação" de um objeto a ser "avaliado" a partir dos mais diversos pontos de vista, tais como o estético, ético, intelectual etc., não pode apenas fazer "parte" de uma representação puramente histórico-empírica (no sentido lógico), mas ser muito mais, levando em consideração o ponto de vista da ciência histórica — a "formação" do "indivíduo histórico". A "interpretação" do *Fausto* de Goethe, por exemplo, a "interpretação" do "puritanismo" ou a de quaisquer conteúdo da "cultura grega", neste sentido, é apenas a "descoberta" de valores que, a nosso ver, se realizaram ou foram realizados nos respectivos objetos, e também daquela "forma" sempre individual dentro da qual achamo-los como sendo "realizados", e, por causa da qual, aqueles "indivíduos" são convertidos em objetos de uma "explicação" histórica. Acreditamos que isso seja uma realização da natureza da "Filosofia da História". Ela é realmente "subjetivante" se, com este conceito, entendemos a "validade" daqueles valores que nunca poderiam depender da "validade" de fatos ou "acontecimentos" empíricos. Pois, na acepção neste momento aceita, ela não interpreta aquilo que os que participaram, histórica e concretamente falando, da formação do "objeto" a ser avaliado sentiram realmente, mas, de modo diferente, aquilo que nós podemos encontrar como sendo "valores" nos respectivos objetos — e, parece-nos, que tudo isso talvez não passe de um eventual "instrumento" para uma melhor e mais apropriada "compreensão" dos valores.[182] Neste último caso, claramente, são indicados objetivos que fazem parte de "disciplinas normativas", como, por exemplo, a "estética". Neste último caso, ela se propõe objetivos típicos de uma disciplina normativa — como, por exemplo, a estética — e chega a emitir "juízos de valor", sendo que, no primeiro caso, ela se baseia, em

181. Quem quiser uma ideia mais exata entre uma tal "interpretação" de sentimentos, em oposição a uma análise empírica e conceptualmente articulada, faça uma comparação na obra *Rembrandt* de Carl Neumann entre a interpretação da *Nachtwache* (vigilante noturno) e a de *Manoahs Opfer* (sacrifício de Manoah). Ambas são interpretações excelentes na área de análise de obras de arte, mas somente a primeira — e, de maneira nenhuma, a segunda — possui as características de uma análise empírica.

182. Veja-se: *Archiv für Sozialwissenschaft und Sozialpolitik*, caderno de janeiro, 1906, p. 245 e ss.. Veja-se também várias observações acerca dos escritos de Rickert.

termos de lógica, nos fundamentos de uma análise "dialética" dos valores, e averigua "possíveis" relações com valores do seu respectivo objeto. É, entretanto, exatamente este relacionamento com valores — e, no nosso contexto, este relacionamento com valores desempenha uma função essencial e importante — que, ao mesmo tempo, se apresenta como o único caminho possível para se poder sair efetivamente da total determinação da "revivência empática", para que se possa chegar a um grau de maior determinação, de natureza tal que possibilite um conhecimento real e efetivo dos conteúdos individuais e mentais de determinada consciência. Pois, em oposição ao mero conteúdo "compreendido por sentimentos", designamos como "valores" só aquilo que pode ser convertido em objeto de um posicionamento "valorativo": isto quer dizer que pode ser objeto de um "juízo de valor" que foi articulado conscientemente, independentemente de se ter emitido um "juízo de valor" negativo ou positivo. Trata-se, portanto, de algo que está bem à nossa frente, que requer de nós um "juízo", com referência à sua "validade"; de algo, cujo reconhecimento como sendo um "valor que tem validade" "para nós", deve, logicamente, ser em seguida "reconhecido" "por nós" como um valor que deve ser aceito, rejeitado ou ser "objeto de uma avaliação", seja qual for a sua natureza. A "exigência" da validade de determinados valores éticos e estéticos, sem exceção, sempre inclui, necessariamente, a "emissão de um juízo de valor". Sem a possibilidade de um maior aprofundamento da questão da "essência" dos "juízos de valor",[183] temos de, dentro das limitações e finalidades de nossas reflexões, afirmar o seguinte: que é exatamente a determinação do conteúdo de um "juízo de valor" o que faz com que o "objeto" a que diz respeito o respectivo "juízo de valor" saia e se afaste da esfera do que é apenas objeto passível de "sentimentos". Não é possível comprovar e averiguar com toda clareza se alguém "vê" o "vermelho" de um "determinado carpete" da mesma forma como "eu" vejo, ou se "a ressonância sentimental" provocada por este "vermelho" é a mesma. A respectiva "opinião" fica necessariamente indeterminada na sua comunicação com outras pessoas. A crença, ou seja, a "exigência" e a "suposição" de ter a mesma opinião, com referência a uma determinada "emissão de um juízo de valor", obviamente, não teria sentido nenhum — mesmo admitindo a presença

183. Neste aspecto, concordo plenamente com B. Croce.

de "fatores" sentimentais, irracionais e incomunicáveis — se o "conteúdo" supostamente aceito do respectivo "juízo de valor" não pudesse ser "compreendido" intersubjetivamente da mesma maneira, pelo menos nos seus "pontos essenciais". Relação do individual com "valores" possíveis significa — sempre num grau relativo — uma maneira de eliminar aquilo que foi apenas objeto de uma "compreensão sentimental" ou "empática". E é exatamente por causa disto — e, até certo grau, estamos repetindo afirmações anteriormente feitas — que é indiscutível que a "interpretação" histórico-filosófica está a serviço da "compreensão mediante a transposição empática" do historiador. Esta nossa afirmação é válida independentemente de como se entenda o termo "filosofia da história"; ou seja, num sentido claramente "metafísico", ou apenas no sentido de ela elaborar uma "análise dos valores" que seriam forças diretrizes da história. Para uma melhor compreensão desta problemática, recomendamos a leitura das reflexões que a propósito foram feitas por Simmel,[184] mesmo que, no que diz respeito à sua formulação, ou seja, a determinadas colocações de conteúdo, possam ser discutidas. Do nosso lado, quero apenas acrescentar o seguinte: já que o "indivíduo histórico", até mesmo na sua expressão muito específica de "personalidade", no sentido lógico, somente pode ser entendido como uma "unidade", que é o resultado de uma "construção um tanto artificial", feita a partir de certo relacionamento com valores, é uma fase psicológica normal para a "compreensão intelectual". Explicitar inteiramente partes historicamente relevantes da "evolução interna" de uma personalidade, ou de apenas uma ação concreta num determinado contexto (o que fez Goethe, por exemplo, ou Bismarck), efetivamente se faz mediante a confrontação de "possíveis avaliações" do seu comportamento. Porém esta fase inicial, transitória e de caráter psicológico, deve ser superada, em seguida, pelo historiador, no seu processo cognitivo. Como, por exemplo, no caso já anteriormente citado do chefe de uma patrulha, a interpretação causal serviu a um "posicionamento" prático, por ter possibilitado a "compreensão" noética de uma ordem que não foi dada de maneira bem clara; só nestes casos, e vice-versa, a própria avaliação serve como meio à "com-

---

184. É algo como uma "tendência" psicológica, nas explicações em si antipsicologísticas de Croce: ele nega a existência de "juízos de valor", apesar de que, com esta postura, a sua própria posição perde a sua validade.

preensão" que, no momento, significa interpretação causal de uma ação alheia.[185] Neste sentido, e por estas razões, está correta a afirmação de que uma forte "individualidade" por parte do historiador, isto significa avaliações bem precisas, pode ajudar muito no processo de conhecimento causal, mesmo que, por outro lado, também possa pôr em perigo a "validade" dos resultados concretos por causa de sua extraordinária força explicativa.[186]

---

185. As formulações de Simmel (p. 52, 54, 56) são de natureza psicológico-descritivas e, por causa disso, na sua dimensão lógica, nem sempre muito consistentes, apesar de serem muito sutis. Concordamos com as seguintes afirmações: 1. que não é necessariamente uma vantagem o fato de o historiador, como "personalidade", possuir uma forte "subjetividade" na interpretação "causal" de fenômenos históricos; 2. o nosso conhecimento histórico de "personalidades" fortemente "marcantes" e de destacada "subjetividade" é, muitas vezes, de uma elevada "evidência". O papel desempenhado pela relação com valores explica, em grande parte, a validade das suas afirmações. Os "intensos" "juízos de valor" de uma "personalidade" rica e "bem específica" de um historiador é um instrumental heurístico de primeira grandeza para descobrir "relações com valores" de processos históricos e de personalidades históricas que se situam sob a superfície. Mas esta capacidade de historiador de formular tais juízos de valor e, a partir disso, elaborar conhecimentos relacionados com valores, não é algo irracional, na particular individualidade deste historiador. Em termos de psicologia, tem início a "compreensão" como uma unidade (ainda não separada) entre atribuição de valores e interpretação causal. A elaboração lógica apenas substitui a "atribuição de valores" pela "relação puramente teórica com valores" (dentro do processo da formação de "indivíduos históricos"). Não concordamos com a opinião de Simmel (final da p. 55 e 56) — ou, pelo menos, julgamo-la discutível — de que o historiador não é livre, no que diz respeito às fontes, mas teria apenas plena liberdade na elaboração e na formulação do todo de um processo histórico. A situação, a nosso ver, é exatamente o contrário: o historiador tem plena liberdade na seleção dos valores que o conduzem, e, somente depois, na seleção das fontes e na articulação da explicação do respectivo "indivíduo histórico" (sempre no sentido lógico do termo). Mas, em seguida, o historiador é obrigado a considerar os princípios da "imputação causal" e, em certo sentido, é "livre" apenas na elaboração e inclusão — ou não — daquilo que é "ocasional" e "fortuito": na elaboração e forma de representação, no sentido da estética, do material documental.

186. Em termos de lógica, a situação é também a mesma em todos os casos em que se trabalha com a atribuição de valores "teleológicos", com a utilização das categorias de "fim" e de "meios" — os exemplos mais conhecidos nos livros didáticos dizem respeito à história das guerras. Baseando-se em raciocínios "estratégicos", por exemplo, chega-se à afirmação de que uma determinada medida de Moltke teria sido "um erro", ou seja, de que ele não teria "usado" os meios mais "apropriados" para alcançar o "fim" pretendido. Este tipo de raciocínio na representação historiográfica apenas tem o sentido de um auxílio para se chegar ao conhecimento de significado causal que aquela decisão ("errônea" num procedimento "teleológico") teve sobre o decurso de acontecimentos históricos relevantes. Dos livros e das doutrinas sobre "procedimentos estratégicos", só adquirimos o conhecimento de possibilidades "objetivas", que devem ser pensadas e consideradas quando se trata da realização de determinadas decisões

E, para pôr fim a esta discussão, necessariamente monótona, sobre as mais diversas e extravagantes teorias sobre a particularidade das "disciplinas subjetivantes" e a sua importância para a ciência histórica, temos de admitir que o resultado é apenas uma constatação muito trivial mas, nem por isso, muito questionada, que não há nada que impossibilita o seu sentido lógico e a sua "validade": nem as qualidades do seu "material", nem diferenças "ontológicas" do seu "ser", e, finalmente, nem o "procedimento psicológico" do seu processo cognitivo. Qualquer conhecimento empírico, seja na área do "espiritual", seja na da natureza "externa", seja na de processos "internos" ou seja na dos "externos", sempre é elaborado mediante a "formação de conceitos", e a essência de um "conceito", em ambas as "áreas", é, em termos de lógica, a mesma. A particularidade lógica de um conhecimento "histórico" não tem nada a ver com oposição, no sentido lógico de conhecimento das "ciências naturais", nem com a divisão do todo numa parte "psíquica" e numa "física", ou divisão entre "personalidade" e "ação" ou divisão do "objeto morto da natureza" e "processo mecânico natural".[187] Tampouco podemos identificar a "evidência" da "revivência empática" de reais ou potenciais "vivências conscientes" — uma qualidade fenomenológica da "interpretação" com a "certeza" especificamente empírica de processos que podem ser "interpretados". Se e na medida em que uma "realidade" psíquica e/ou física pode ter um "significado" para nós, surge como sendo um "indivíduo histórico". O comportamento humano ("ação") que pode ser interpretado devido ao fato de ter um "sentido", pois pode ser determinado por "avaliações" e por "significados", é apreendido de maneira específica por nosso interesse causal numa explicação "histórica" de determinado "indivíduo". E, finalmente, a práxis e o comportamento humanos podem ser "compreendidos" de "maneira evidente" na sua especificidade, na medida em que são orientados por avaliações "significativas", ou confrontadas com estas. Portanto, segundo o papel específico daquilo que pode ser compreendido pela "interpretação" na História, trata-se de diferenças que (1) dizem respeito ao nosso interesse causal e

---

(as explicações de Bernheim também não apresentam muita logicidade no que diz respeito a este problema).

187. Jacob Burckhardt é um ótimo exemplo para os dois lados deste processo.

(2) dizem respeito à qualidade da pretendida "evidência" das relações causais. Mas não se trata de diferenças que dizem respeito à causalidade ou ao significado e à maneira da formação dos conceitos.

Falta apenas fazer algumas considerações acerca de determinado tipo de conhecimento "interpretativo": a interpretação "racional" que se elabora com o uso das categorias de "fim" e "meios".

Em todos os casos em que "compreendemos" uma ação humana como sendo condicionada por "fins" que foram conscientemente objetivados, concomitante a um conhecimento claro dos "meios", a "compreensão" atinge um grau especificamente elevado de "evidência". Indagando acerca das razões deste fato, percebemos que estas consistem na circunstância que a relação entre "meios" e "fim" é acessível a uma evidência racional bem semelhante a uma relação causal, que inclui a generalização e as "leis". Não há ação racional sem uma racionalização causal daquela parte da realidade que foi considerada como objeto e meio de influência. Isto quer dizer que esta parte da realidade deve ser enquadrada num sistema de regras empíricas, que nos indicam que grau de êxito se pode esperar em decorrência do nosso comportamento. Mas seria totalmente errôneo se alguém afirmasse que a "interpretação" teleológica de um processo[188] seria, por causa disso, uma "inversão" da "interpretação causal".[189] No entanto, sem dúvida, está correta a opinião de que não

---

188. Veja-se: Rickert, op. cit. A sua afirmação de que, na formação dos conceitos, as ciências naturais buscam sempre descobrir "leis" deu margem a um grande número de "polêmicas", nas quais muitas vezes problemas de "determinadas disciplinas" foram confundidos com o conceito lógico de "ciências naturais".

189. Há uma grande confusão acerca de relação entre "telos" e "causa" nas investigações das ciências sociais. Foi sobretudo Stammler quem, nos seus escritos às vezes eruditos e inteligentes, contribuiu para tal situação. Porém, sem dúvida encontramos o cúmulo da confusão nas seguintes publicações do Dr. Biermann: *W. Wundt und die Logik der Sozialwissenschaften* (*W. Wundt e a lógica das ciências sociais*); *Conrads Jahrbuch*, janeiro de 1903 (Anuário de Conrad); *Natur und Gesellschaft* (Natureza e sociedade); Conrads Jahrbuch, julho de 1903; *Sozialwissenschaft, Geschichte und Naturwissenschaft*, 1904, v. XXVIII, p. 552 e ss. (Ciência Social, História e Ciência Natural). Ele afirma "explicitamente" não defender um ponto de vista oposto à formulação "Teoria e História", pois esta oposição lhe parece "injustificada e pouco clara". É bem verdade que há certa "obscuridade", mas apenas na medida em que aquela relação não foi devidamente entendida pelo autor e também, por outro lado, por ele não ter consultado autores como Rickert e Windelbandt que, sem dúvida, ficariam bastante surpresos com tal contribuição de Biermann. Mas tudo seria um tanto razoável se as "obscuridades" continuassem neste nível,

pode haver nenhuma consideração sobre os meios para o êxito de uma determinada ação sem a convicção da confiabilidade das regras empíricas, e a de que, mais ainda e em estreita ligação com a primeira afirmação, se o fim está com bastante nitidez na nossa mente, é quase "determinada" a seleção dos meios, não no sentido de uma necessidade absoluta, nem ao menos numa total ambiguidade, mas numa certa articulação dos diversos elementos. A interpretação racional assemelha-se bastante a um juízo causal hipotético. (Esquema: tendo a intenção X, o agente, conforme as regras conhecidas do devir, "deveria", para alcançá-la, escolher o meio Y ou um dos Y, Y', Y".) Ao juízo causal hipotético acrescenta-se uma avaliação teleológica da ação empiricamente constatável. (Esquema: a escolha do meio Y, conforme com conhecidas regras do devir, fornece mais garantias para se atingir o objetivo do que Y' ou Y", ou assegura a obtenção do objetivo com um número menor de prejuízos, sendo, por causa disso, mais "conveniente" do que os outros.) Esta reflexão não descarta o fundamento da análise do empiricamente dado, pois ela é apenas uma avaliação de natureza "teórica", isto é, ela avalia, em conformidade com regras da experiência, se os "meios" são adequados para atingir os fins desejados. Com referência ao conhecimen-

---

pois economistas de reputação também emitem, às vezes, opiniões muito discutíveis e, a nosso ver errôneas, acerca do complexo problema da relação entre "telos" e "causa". Pior é o fato de o autor, em suas afirmações "rápidas" sobre o "telos" confundir, ao mesmo tempo, os termos "ser" e "dever ser". Obviamente há, em seguida, e como consequência, uma confusão entre "livre-arbítrio", "causalidade total", "causalidade da evolução", no sentido de que todos estes termos se dirigem a simples oposição, ou melhor, à "antítese" entre "telos" e "causa". Ao cabo de suas observações, adota-se o ponto de vista de que deveria ser defendido um determinado "princípio de investigação" para superar "o individualismo" na pesquisa, ao passo que, na realidade, trata-se exatamente da questão do "entrelaçamento" entre "método de pesquisa" e "programas de pesquisa". Ao ler tudo isso, só fazemos votos que a "moda atual" desapareça o mais rápido possível, e que se entenda por "moda atual" a tendência de cada trabalho inicial de investigação e pesquisa ser, necessariamente, enfeitado de "considerações metodológicas". Facilmente se pode apresentar os novos pensamentos do autor com referência à relação entre "Estado e Economia" sem que se faça tais "considerações metodológicas". Esperamos que o autor, daqui por diante, mesmo se aplicando com todo fervor aos seus ideais, não recaia sempre em erros lógicos devido a puro diletantismo e, por causa disso, o leitor, obviamente, comece a perder a paciência. Só procedendo desta maneira seria possível uma análise fecunda com resultados mais práticos. Uma discussão mais aprofundada e mais abrangente das opiniões de Stammler aumentaria consideravelmente o número de páginas deste ensaio, de modo que não nos parece ser o procedimento mais apropriado.

to do realmente dado, esta avaliação racional se apresenta apenas como uma hipótese ou formação ideal-típica de conceitos. Confrontamos a ação efetiva com aquela que, do ponto de vista "teleológico", é racional, consoante regras gerais da experiência causal, seja para estabelecer um motivo racional que possa ter dirigido o agente, e que pretendemos conhecer mediante a demonstração de que as suas ações efetivas constituem os meios adequados para um fim a que ele "poderia" ter aspirado, seja para tornar compreensível por que um motivo o qual conhecemos do agente teve outro resultado que não o esperado subjetivamente por ele, devido à escolha dos meios. Em ambos os casos, contudo, não empreendemos uma análise "psicológica" da "personalidade", mediante quaisquer recursos peculiares do conhecimento; antes, analisamos a situação "objetivamente" dada com a ajuda do nosso conhecimento nomológico. A "interpretação" reduz-se, aqui, ao conhecimento geral de que podemos agir "eficazmente" o que aqui vale dizer que podemos agir com base na ponderação das diversas "possibilidades" de um decurso futuro, no caso da realização de cada uma das ações (omissões) pensadas como possíveis. Em consequência da grande importância factual da ação "consciente dos fins" na realidade empírica, a racionalização "teleológica" presta-se a ser usada como meio construtivo para a formação de figuras de pensamento, dotadas do mais extraordinário valor heurístico para a análise causal de conexões históricas. Essas figuras construtivas de pensamento podem ser: 1) de caráter puramente individual, como hipóteses interpretativas para conexões singulares concretas (como a análise da política de Frederico Guilherme IV, condicionada por seus fins e pela constelação de "grandes potências"); ou então — e isso é de particular interesse aqui — 2) podem ser construções típico-ideais de caráter geral, como as "leis" da economia abstrata, que constroem as consequências de situações econômicas determinadas com o pressuposto da ação rigorosamente racional. Contudo, em todos os casos, a relação entre estas construções teleológicas e aquela realidade de que tratam as ciências empíricas é apenas a de um conceito típico-ideal, que serve para facilitar a interpretação empiricamente válida, na medida em que os fatos dados são comparados com uma possibilidade de interpretação — um esquema interpretativo. Ela muito se assemelha à interpretação teleológica na biologia. Outrossim não ocorre — o que era a opinião de Gottl — que conheçamos, através da interpretação racional, a "ação real", mas, sim, conexões "objetivamente possíveis". A evidência teleológica tampouco significa, nestas construções, "uma medida específica de validade empírica", mas a construção racional "evidente" que, quando corretamente executada, pode precisamente tornar cognoscíveis os elementos teleologicamente não racionais da ação econômica efetiva, e, por essa via, torná-la compreensível no seu transcurso real. Portanto, aqueles esquemas de interpretação — como alguns afirmaram —, tampouco são "hipóteses" análogas às "leis" hipotéticas nas ciências naturais. Eles podem desempenhar o papel de hipóteses, usando-os heuristicamente na interpretação de processos concretos. Mas, em oposição às hipóteses das ciências naturais, a constatação da sua não validade, em casos concretos, não diminui o seu valor cognitivo, tampouco, por exemplo, a não validade do espaço pseudoesférico alcança a "validade" de sua construção. Neste caso, simplesmente não seria possível elaborar uma interpretação com a ajuda de um esquema racional — pois os fins "pressupostos" no esquema não existiriam como motivos no caso concreto — o que, entretanto, não exclui a possibilidade do uso deste esquema num outro caso. Uma "lei natural" hipotética será abandonada como hipótese se fracassar apenas num único caso. De modo diferente, as construções ideal-típicas na economia política — entendidas no sentido concreto — pretendem ter validade geral, ao passo que uma "lei natural" tem de ter esta prestação, se não perde o seu significado. Por fim, uma chamada lei "empírica" é uma regra empiricamente válida, com interpretação causal problemática, ao passo que um esquema teleológico do agir racional é uma interpretação com validade empiricamente problemática: ambos, portanto, são, em termos de lógica, polos opostos. Mas aqueles esquemas são "formações conceituais ideal-típicas".[190] É apenas com a condição de que

190. É surpreendente que também Wundt — *Logik*, v. I, n. 2, p. 642 (Lógica) — aceita este erro popular. Escreve ele: "Se na percepção a imaginação do movimento antecede as mudanças externas (a) parece que o movimento é a causa da mudança. Se, diferentemente, (b) a imaginação da mudança externa antecede a imaginação do movimento, parece que a mudança é o fim, e o movimento o meio através do qual se consegue realizar o fim. Portanto, no início da formação psicológica dos conceitos, fim e causa surgem de um mesmo e idêntico processo, só que visto de diversos ângulos". A respeito disso, o seguinte comentário: é claro que as duas afirmações marcadas com (a) e (b) não dizem respeito ao mesmo processo, mas cada uma concerne a determinada parte de um processo que, seguindo livremente a afirmação de Wundt, po-

as categorias "fim" e "meios" determinem a racionalização da realidade empírica que se torna possível construir tais esquemas.[191]

Visto deste ângulo, esclarece-se a afirmação sobre a específica irracionalidade empírica da "personalidade" e da sua ação "livre".

Quanto mais "livre", isto é, quanto mais a "decisão" do agente for tomada com base apenas em "ponderações" próprias, não pressionadas por "coação externa", nem por "paixões" irresistíveis, tanto mais a motivação se adapta, *ceteris paribus*, às categorias "fim" e "meios"; tanto mais sua análise racional e, eventualmente, a sua inserção num esquema de ação racional, se tornam possíveis; porém é igualmente grande, em consequência disso, o papel desempenhado pelo conhecimento nomológico, tanto para o agente quanto para o pesquisador, sobretudo no caso em que o agente é condicionado pelos meios. Ainda há mais. Quanto mais "livre", no sentido aqui empregado, é a ação, tanto menos traz em si o caráter do "decurso natural"; mais se realiza, finalmente, aquele conceito de "personalidade" que encontra a sua "essência" na constância de sua relação interior com determinados "valores" e "significados" últimos da vida, que se exprimem em suas ações e fins, e, assim, se convertem em "ação teleológica-racional". Para o fabricante, na concorrência

---

deríamos formular da seguinte maneira: 1. "Imaginação" de uma mudança desejada (v) no mundo "exterior", juntamente com 2. imaginação de um movimento (m), apropriado para provocar esta mudança; em seguida, 3. movimento (m), e 4. uma mudança (v') no mundo exterior, causado por (m). A afirmação de Wundt só diz respeito às partes 3. e 4.: movimento externo e consequência do movimento: mas faltam as partes 1. e 2. — a imaginação do êxito, ou, na linguagem de um materialista convicto, falta o respectivo processo cerebral. Com referência à afirmação (b), não podemos dizer com clareza se ela inclui os elementos 1. e 2. ou se os mistura com os elementos 3. e 4. Mas, em nenhum dos casos, a afirmação (b) inclui uma "concepção" do mesmo processo do que a afirmação (a), pois não é evidente que a mudança (v'), causada pelo movimento (m), seja idêntica à mudança (v) que foi o "efeito", tendo o movimento (m) como meio. No momento em que o êxito "intencionado" apenas parcialmente difere do êxito "efetivo", todo o esquema de Wundt não tem mais nenhuma validade. Exatamente esta não coincidência entre aquilo que foi desejado e aquilo que realmente aconteceu — o não conseguir do final — é, sem dúvida, constitutivo da gênese psicológica do conceito "fim", cuja abordagem lógica não foi feita por Wundt. Não se pode entender como chegamos a ter ideia de uma categoria autônoma, ou seja, da ideia do "fim", se houvesse plena coincidência entre v e v'.

191. Sobre este conceito, veja-se o meu artigo no *Archiv für Sozialwissenschaft und Sozialpolitik*, v. XIX, p. 190 e ss. Mais tarde, desenvolverei melhor as ideias apenas esboçadas nesse artigo, que, por causa disso, facilmente podem ser mal-interpretadas.

de mercado, ou para o investidor na bolsa, a crença no seu "livre-arbítrio" é de bem pouca valia. Ele pode optar entre a ruína econômica ou a obediência a máximas muito determinadas de conduta econômica. Se, para seu prejuízo, ele não as segue, somos levados a considerar — entre outras hipóteses — a explicação de que ele carecia de "livre-arbítrio".

Precisamente as "leis" da economia teórica pressupõem, necessariamente, tal como ocorre de modo natural com qualquer interpretação racional de um evento histórico singular, a presença do "livre-arbítrio" em qualquer sentido possível do termo no plano empírico.

Diferentemente do problema da ação racional-teleológica, apresenta-se o do "livre-arbítrio" que, entretanto, não tem significado para a ciência histórica, independentemente de como se entenda o assunto.

A investigação "compreensiva" dos motivos do historiador é uma imputação causal no mesmo sentido lógico que a interpretação causal de qualquer processo individual da natureza, pois a sua finalidade é a constatação de uma razão "suficiente" (pelo menos, como hipótese), bem como o é também a finalidade da pesquisa das partes individuais dos complexos processos naturais. Ela não pode ter como fim cognitivo um determinado "dever-agir" (no sentido de leis naturais), exceto se for partidária de um emanatismo hegeliano, ou se for uma variedade do moderno ocultismo antropológico, pois o indivíduo humano, na sua concretitude, como qualquer indivíduo concreto (seja ele "vivo" ou "morto"), sendo um segmento apenas da totalidade do devir cósmico, nunca pode "adaptar-se" totalmente, em todo o âmbito do seu devir, a um mero conhecimento "nomológico", pois sempre e, em todos os setores (não apenas no da "personalidade"), há uma infinidade intensiva de variedades, que, do ponto de vista lógico, para uma relação causal histórica, pode ser pensada em todas as possíveis relações e sequências causais entre as partes empiricamente constatadas.

A maneira de usar a categoria de causalidade realmente difere de disciplina para disciplina e, num certo sentido —, realmente temos de admitir tal fato — com isso se modifica também o seu conteúdo. De modo que, a nosso ver, da totalidade das suas partes, às vezes uma, às vezes outra, perderia o seu sentido se encarássemos com seriedade a aplicação do princípio da causalidade e a levássemos às últimas consequências.[192] O sentido "original" e pleno do princípio da causalidade revela duas coisas: de uma parte, a ideia de "causar" como, por assim dizer, um liame dinâmico entre fenômenos qualitativamente diferentes e, de outra, a ideia da obrigatoriedade de se seguir determinadas "regras". O "causar" como conteúdo objetivo da categoria da causalidade; com isso, o conceito "causa" perde o seu sentido e desaparece em todos os casos em que foi elaborado como expressão de relações causais espaciais a abstração quantificativa de uma equação matemática. Se alguém ainda pretende salvar algum sentido para a categoria da causalidade, só o faria se se tratasse de uma regra de sequência temporal de movimentos, no sentido de expressões da metamorfose de algo que, na sua essência, é eternamente igual. Em sentido inverso, desaparece a ideia de "regras" da categoria da causalidade se se leva ao centro da reflexão a unicidade qualitativa do processo histórico e cósmico que percorre o tempo e a particularidade qualitativa de todo segmento espácio-temporal. O conceito de regra causal perde totalmente o seu sentido quando se pressupõe a existência de um processo cósmico global e único (mesmo que se considere apenas parte deste processo) bem como, no mesmo sentido, o conceito de "ação causal" na equação matemática causal. E se quisermos "salvar" o sentido da categoria da causalidade, levando em consideração a infinitude abrangente do devir concreto, nos resta a ideia de "ser causado", no sentido de que, em cada diferencial temporal, o "novo" "deve" aparecer do modo como aconteceu no "passado", o que, entretanto, não é outra coisa que a indicação do fato de que algo "aconteceu" neste momento, no "agora", portanto, em absoluta singularidade, mas dentro de uma certa continuidade do devir.

---

192. É o cúmulo do mal-entendido alguém conceber que as construções da teoria abstrata — seria o caso da "doutrina sobre os limites de proveito" (*Grenznutzgesetz*) — seriam produtos "psicológicos" e interpretações "psicológicas e individuais", ou se pretender elaborar uma "fundamentação psicológica" dos "valores econômicos". A particularidade destas construções, seja no que se refere ao seu valor heurístico, seja no que diz respeito à sua limitação na validade empírica, consiste exatamente no fato de não possuir nada de "psicologia". Alguns representantes da escola, que trabalham com este esquema, são até certo ponto culpados por terem feito certas analogias com "graus de estímulos", com os quais estas construções puramente racionais nada têm que ver. Elas somente podem ser pensadas com base em raciocínios financeiros.

Aquelas disciplinas empíricas que trabalham com a categoria da causalidade, que tratam das qualidades da realidade, e que pertencem também a ciência histórica e a todas as "ciências culturais", se utilizam desta categoria na sua plenitude: elas consideram situações e mudanças da realidade como "causadas" e "causantes", e, em parte, procuram estabelecer "regras" de "causação", através da abstração de conexões concretas, em parte, "explicar" relações "causais" concretas através do seu relacionamento com "regras". Mas trata-se da questão do fim cognitivo específico questionar o papel que a formulação de "regras" desempenhou, indagar qual a forma lógica destas regras e se, como tal, realmente existe uma formulação de regras. A formulação de juízos necessários causais não é, entretanto, o único fim, e a impossibilidade de emitir juízos apodícticos não se limita apenas às "ciências do espírito". Para a ciência histórica, especificamente, a forma de explicação causal é uma consequência da "interpretação" compreensiva. Certamente também ela busca se utilizar de conceitos relativamente bem definidos, e visa a máxima clareza possível e determinação na sua imputação causal, dependendo, obviamente, do êxito do material disponível. Mas a interpretação do historiador não se dirige à nossa capacidade de enquadrar "fatos" como exemplares em fórmulas e conceitos genéricos, mas antes à nossa familiaridade com a tarefa diária de "compreender", a partir dos motivos, o agir individual e humano. As "interpretações" hipotéticas, fornecidas pela "compreensão" empática, devem ser verificadas pela "experiência". Mas no caso do exemplo da queda de uma rocha, percebemos que a obtenção de juízos de validade necessária só é possível com referência à imputação causal de uma sequência particular de uma imensa multiplicidade de possibilidades. O mesmo sucede também na ciência histórica: ela só pode constatar ter havido uma "conexão causal" de determinado tipo, e pode demonstrar que isso realmente aconteceu, com referência a determinadas regras do devir. A necessidade, *stricto sensu*, portanto, com referência ao acontecer histórico concreto, não é, além disso apenas um postulado ideal, mas também um ideal que é possível dentro de um número infinito de outras possibilidades; por outro lado, fica evidente que não é possível, por causa da irracionalidade do devir, deduzir que haja, nos limites da pesquisa histórica, algo que se defina como sendo "liberdade" ou "livre-arbítrio". Para a ciência histórica, a existência ou não do "livre-arbítrio" é algo que transcende totalmente os limites de sua pesquisa, e, portanto, de maneira nenhuma pode servir como fundamento da "pesquisa histórica". Numa formulação negativa, poderíamos dizer que a situação é tal que ambas as ideias não podem ser verificadas "empiricamente", e, portanto, não deveriam ter influência na pesquisa prática e fatual.

Se, portanto, em discussões metodológicas, não raro se encontra a afirmação de que "também" o ser humano, no seu agir (objetivo) "seria" submetido à "sempre igual conexão causal" (portanto, "legal"),[193] trata-se, nesta afirmação, apenas de um setor da práxis científica que, de maneira nenhuma, diz respeito a uma *protestatio fidei* em favor de um determinismo metafísico, do qual o historiador, de modo algum, pode tirar vantagens quanto ao seu trabalho prático de investigação. Por esta mesma razão, é, para o historiador, bastante irrelevante se se rejeita a crença metafísica no "determinismo" — independentemente de como se entende este termo —, seja por motivos religiosos ou por quaisquer outros motivos que se acham além de qualquer possibilidade empírica de verificação, já que o historiador defende a opinião de que o princípio da interpretação do agir humano é a comprovação empírica dos motivos de ação. Porém é preciso deixar bem claro que está errada a opinião de que postulados de natureza determinista incluem, qualquer que seja o setor científico, o postulado metodológico da elaboração de conceitos genéricos e de "leis" como fim exclusivo.[194] Todavia, também a colocação

193. Sobre este problema, veja-se: O. Ritschl, *Die Kausalbetrachtung in den Geisteswissenschaften* (A abordagem causal nas ciências do espírito), programa da Universidade de Bonn de 1901. Não concordamos, de maneira nenhuma, com Ristchl, quando ele, seguindo as ideias de Münsterberg (*Grundzüge der Psychologie*) vê, como limite de uma reflexão científica, e sobretudo de uma aplicabilidade do pensamento causal, todas as vezes em que se pretende "reviver por meio da compreensão" um determinado processo. Só está correta a percepção de que nenhuma reflexão causal é equivalente a "vivência". Não pretendemos analisar aqui o significado desta afirmação com referência a reflexões metafísicas. Mas esta não-equivalência é válida para toda "compreensão" de conexões de motivos e, além disso, não há razão para se afirmar que os princípios de uma reflexão causal empírica terminam no instante em que se começa a elaborar a "compreensão" de motivações. A imputação de processos "compreensíveis" se faz logicamente e consoante às mesmas regras dos fenômenos naturais. Tendo em vista as ciências empíricas, há apenas um problema, qual seja, o de não considerar o princípio da causalidade como fim possível e ideal de uma abordagem científica.

194. A mesma opinião, encontramo-la também nos escritos de Schmoller.

inversa está errada, a de que uma convicção metafísica da existência do "livre-arbítrio" excluiria a necessidade de se utilizar de conceitos genéricos e de "regras", no que tange ao comportamento humano, ou de que o "livre-arbítrio" da pessoa humana teria relação com a "incalculabilidade" específica dos seres humanos ou de qualquer outra particularidade de "irracionalidade" da ação humana. Vemos que o contrário é realmente o verdadeiro.

Ao final de todas essas considerações sobre modernos problemas de pesquisa, temos de voltar a Knies, investigar e esclarecer a questão: qual é o fundamento filosófico do seu conceito de "liberdade", e quais são as consequências que esta fundamentação traz à lógica e à metodologia da ciência? Fazendo isso, perceberemos logo que — e em que sentido — também Knies foi profundamente influenciado por aquela doutrina "orgânica" dos direitos naturais, que, sobretudo na Alemanha, na chamada escola histórico-jurídica, influenciaram todos os setores de investigação cultural. Pensando didaticamente, poderíamos começar com a pergunta pelo conceito de "personalidade", que está presente nas suas ideias sobre liberdade. Logo se percebe que "liberdade" não significa "ausência de causalidade", mas, diferentemente, o resultado da ação da substância individual de uma personalidade, e que, consequentemente, a irracionalidade da ação deste caráter, desta personalidade, será tratada, em seguida, do ângulo de racionalidade.

Na opinião de Knies, a essência de uma "personalidade" consiste, em primeiro lugar, numa pretensa "unidade". Esta "unidade" é apresentada, entretanto, logo em seguida, numa concepção naturalística — orgânica de "unidade", e, esta, por sua vez, é pensada como não apresentando "contradição" interna, e, basicamente, como sendo racional.[195] O

195. Mesmo que o material de conexões históricas concretas consistisse em processos condicionados por histeria, hipnotismo e coisas relativas à paranoia, que, portanto, não poderiam ser "compreendidos", devendo ser tratados como "objetos da natureza", o princípio da formação de conceitos históricos continuaria o mesmo. Outrossim, neste caso, "o significado" que fosse atribuído a uma constelação individual no contexto do meio-ambiente seria igualmente individual, seria o ponto de partida; o fim seria o conhecimento de conexões individuais, e os meios seriam a imputação causal individual da elaboração científica. Neste sentido, Taine também continuaria ser "historiador", embora às vezes não concorde com todas essas considerações.

ser humano é um ser orgânico, e como tal compartilha com todos os organismos o "impulso fundamental" da "autoconservação" e do "aperfeiçoamento", um impulso que — conforme Knies — como o "amor próprio", é plenamente normal, eticamente sustentável, e, sobretudo, não contém em si nenhuma oposição ao chamado "amor ao próximo", e/ou "senso comunitário", mas apenas pode ser uma "anormalidade" na sua "degeneração em egoísmo", tendência que se opõe radicalmente àqueles "impulsos sociais" (p. 161). Tendo em vista o homem comum, entretanto, aquelas duas categorias de "impulsos" seriam apenas "dimensões" diferentes de uma única tendência para o aperfeiçoamento da "espécie humana" (p. 165). E estes "impulsos" coexistem com um "terceiro e principal impulso", qual seja, "o econômico", que tem o significado de "economicamente", no que diz respeito ao "senso de equidade e de justiça" de determinada personalidade. No lugar da generalidade construtiva de determinados impulsos concretos, sobretudo o de "amor próprio", que são conceitos que tradicionalmente na economia política, e no lugar do dualismo ético de Roscher que se baseia em fundamentos religiosos, encontramos, nos escritos de Knies, a uniformidade construtiva do indivíduo concreto que, por causa disso, com o desenvolvimento cultural progressivo, não faz aumentar o "amor próprio", mas, ao contrário, o diminui. Esta afirmação, na opinião de Knies, seria válida, se comparássemos o século XIX com o XVIII. Depois de uma discussão sobre o grande desenvolvimento da ação caritativa na época moderna, escreve ele: "E, se uma atividade é apenas a doação daquilo que foi ganho, nem por isso se opõe ao 'amor próprio', nem é, considerado em si, uma contradição psicológica insolúvel, se imaginarmos que as massas no trabalho e na produção seriam apenas levadas por 'amor próprio' e por 'egoísmo', sem se preocupar nem um pouco com o bem-estar do próximo, nem com o bem-estar geral, nem com o bem comum, enquanto pretendem adquirir bens".[196] Mas a experiência diz exatamente o contrário, e todos os que conhecem o empresário, quer seja o dos tempos heróicos dos inícios do capitalismo, quer os seus epígonos dos de hoje,

196. Knies formula o ponto de partida de sua teoria — mas não com muita clareza — da seguinte maneira: "Vida pessoal e, ao mesmo tempo, ausência de um único núcleo central é uma contradição — onde ela aparece pode apenas ser uma aparência" (p. 247).

devem estar de acordo comigo — independentemente de ser este conhecimento um "conhecimento livresco" ou "de experiência própria". "Tendências culturais", como, por exemplo, o puritanismo, são exatamente "marcadas" — conforme Knies — por esta "contradição psicológica". Como será mostrado melhor na nota "o indivíduo não deve ser 'um ser humano em contradição a si mesmo'", é, diferentemente, "um livro bem pensado", senão não corresponderia ao postulado da "não contradição".

O conceito de "unidade psicológica" do indivíduo leva Knies à opinião da "impossibilidade da sua decomposição científica". A tentativa da "decomposição" do ser humano em determinados "impulsos" seria um dos erros básicos do chamado "método clássico".[197] Poderíamos supor que Knies, com estas últimas declarações, tivesse declarado guerra àquela opinião, que, tendo Mandeville e Helvétius como oponentes, sustentava que seria possível deduzir os fundamentos da economia política teórica de uma "vida impulsiva" "imaginada", e, por causa disso, já que um dos impulsos principais, ou seja, o do "egoísmo" teria uma determinada conotação negativa — em termos de ética — acabou por confundir teoria e teodiceia, representação e avaliação que, dificilmente, pode ser restringida. Na realidade, pelo menos numa passagem, Knies se aproxima, em grande medida, da abordagem corrente da questão, ou seja, da fundamentação das "leis econômicas": numa formulação algo confusa, dirigida a Roscher, acerca dos "impulsos" (2. ed., p. 246), lemos que "em princípio" não se trataria de fazer uma separação entre "manifestações do amor próprio" e o princípio de se "precisar fazer economia" numa administração econômica, ou entre o "amor próprio" e o "egoísmo". Percebe-se aqui que ele se aproximou muito da percepção e do conhecimento de que as "leis econômicas" são esquemas de ação racional, deduzidas não da análise psicológica dos indivíduos, mas mediante a reprodução típico-ideal do mecanismo da guerra de preços a partir da situação objetiva assim construída na teoria. Esta, quando se exprime de

197. Observe-se esta afirmação, ainda mais clara por causa da construção de natureza racional: "O amor-próprio do homem não traz em si, no seu conceito (!), uma contradição ao amor que se tem à família, ao próximo ou à pátria. No egoísmo existe esta contradição, pois ele traz em si um elemento particular e negativo, qual seja, o elemento de que não é conciliável com o amor tudo que não coincide com o eu de cada um" (p. 160-161).

maneira "pura", só deixa para o indivíduo envolvido no mercado optar entre a adaptação "teleológica" ao "mercado" ou a ruína econômica. Mesmo entrevendo, às vezes, estes problemas, Knies não tirou as devidas consequências metodológicas: como já elucidamos em passagens anteriormente citadas, e como ainda veremos mais vezes adiante, Knies ficou, em última análise, inabalável na sua convicção de que precisaríamos fazer apenas uma análise de todas as ações humanas, de suas forças psíquicas e de suas motivações psíquicas para entender que os donos das fábricas, de maneira geral, pretendem comprar a matéria-prima por preços baixos e vender os seus produtos finais por preços altos. A rejeição da ideia da "decomposição" de um "indivíduo" tem (em Knies) outro sentido: "já... que as particularidades de um homem individual, como as de todo um povo, jorram de uma fonte única, e já que todas as manifestações das atividades humanas se originam numa totalidade, também as motivações da atividade econômica, bem como os fatos e fenômenos econômicos, não podem revelar a sua essência e as suas particularidades, quando os analisamos isoladamente" (p. 244). Esta passagem demonstra, em primeiro lugar — pensando de maneira muito semelhante a de Roscher —, que a "teoria orgânica" de Knies acerca da essência do indivíduo também se aplica, em princípio, ao "povo". Ele sequer acha necessário determinar o que entende por "povo" na sua abordagem teórica. Parece que acreditava que fosse objeto[198] empiricamente dado, e vez por outra o identifica com uma comunidade organizada num Estado (2. ed., p. 490). Para ele, esta comunidade, por sua vez, era, obviamente, algo diferente da "soma dos indivíduos" apenas, sendo que esta última circunstância é uma simples consequência de um princípio mais geral, que alega que sempre, e em todo lugar — como escreve na página 109 — "há uma harmonia entre as manifestações vitais de todo um povo" (da mesma forma que tal haveria em todas as manifestações de uma "personalidade"). Pois a "existência" histórica de um povo abrange, a partir de um

198. "O químico pode separar o corpo 'elementar' e 'puro' das conexões concretas e investigá-lo em todas as dimensões possíveis. Este corpo elementar também se apresenta como tal e está realmente presente nestas conexões. Mas a alma do homem é algo único e unitário, que não pode ser decomposta em partes, e decompor a alma do 'homem que por natureza é social' num impulso autônomo e isolado à maneira de puro egoísmo apresenta-se como sendo uma hipótese inadmissível" (2. ed., p. 505).

único núcleo, todos os setores parciais. Esta uniformidade não é, para Knies, apenas uma unidade jurídica ou uma unidade resultante de uma história comum, a unidade de tradições e bens culturais resultantes de um passado comum nele condicionados, mas, ao contrário, deve ser entendida como o *prius* do qual emana a cultura do povo. Esta unidade ou "totalidade" apriorística significa, sobretudo para o povo, um condicionamento psicológico único de todas as suas manifestações culturais: para Knies, também os povos são os portadores de "forças" uniformes. O "caráter total ou global" não é constituído pelos componentes de fenômenos historicamente desenvolvidos e empiricamente constatáveis, mas, diferentemente, o "caráter global total" é o fundamento real dos fenômenos culturais individuais; não é algo como uma síntese ou uma composição, mas o único e uniforme que se manifesta nos fenômenos. Podemos falar de composição — diferentemente dos organismos da natureza — apenas quando nos referimos ao "corpo" (não à alma) do organismo "povo".[199] Setores parciais da cultura de um povo, portanto, não existem de maneira isolada ou separada, mas, de modo diferente, podem ser apreendidos cientificamente a partir do caráter global e uniforme de um povo. Pois a fusão é condicionada por processos de mútua adaptação e assimilação, ou pelo que se denomine como concatenação e conexão interna global, que são condicionadas por mútua influência, mas num sentido bem oposto: o "caráter de um povo", que é necessariamente uniforme e isento de contradições, sempre "tende", por sua vez, inevitavelmente, a estabelecer, em todas as circunstâncias, uma situação de homogeneidade em todos os setores da vida.[200] Não pretendemos anali-

---

199. Há, sem dúvida, objetos para cuja representação conceitual a experiência da vida cotidiana apresenta todos os elementos necessários, e cuja constatação talvez não passe de uma conveniência, fazendo com que ela só possa ser geral sob determinadas pressuposições. Ao primeiro, por exemplo, pertence o conceito "povo"; ao último, o conceito "economia" (p. 125).

200. Sobre este assunto, veja-se a segunda edição da obra (p. 164): "Além do fato de sermos pressionados por diversas 'razões', de termos o direito de conceber a economia política, com sua estratificação social e com sua ordem jurídica, como sendo uma "formação orgânica". Porém, neste caso, trata-se de um organismo, de uma ordem, ou de nível superior, cuja essência específica, exatamente, consiste no fato de não se tratar de um organismo individual e natural, como, por exemplo, dá-se com os organismos animais e vegetais, mas de um "corpo composto", de um "organismo coletivo" e de um produto cultural cujos elementos particulares e individuais têm, até certo ponto, vida própria para garantir a manutenção da espécie, a pen-

sar aqui a natureza desta força "obscura", que se assemelha à "força vital": ela se assemelha também ao "fundo" de Roscher, e, em última instância, é o *agens* cuja presença é percebida na análise dos fenômenos históricos. Para Knies, a "alma do povo" é uma substância, bem como o conceito de "personalidade" ou de "caráter de um indivíduo", que é uma concepção característica do romantismo. Trata-se de uma imagem pálida da convicção metafísica de Roscher de que as "almas", quer as dos indivíduos, quer as dos povos, originam-se diretamente em Deus.

Acima dos "organismos" dos diversos povos há, finalmente, uma conexão orgânica, embora elevada: a da humanidade. Mas a evolução da humanidade não poderia consistir numa evolução paralela e sucessiva dos povos, cujo desenvolvimento se formasse nas suas relações historicamente relevantes, um movimento cíclico, pois, se assim fosse, tratar-se-ia apenas de paralelismos, de movimentos sucessivos e, sobretudo, "anorgânicos". Diferentemente, temos de conceber a evolução da humanidade como uma evolução global, na qual cada povo desempenha o papel individual que lhe foi atribuído historicamente. Percebe-se, nesta concepção de Knies, presente de modo tácito em toda a obra, a ruptura decisiva com as ideias de Roscher. A consequência desta concepção é que, para a ciência, os indivíduos, bem como os povos, não deveriam, em última análise, ser concebidos como "seres genéricos", dotados de qualidades iguais, mas, diferentemente — em conformidade com a concepção orgânica —, como "indivíduos" que desempenham "funções" de significados diferentes. Esta concepção está presente com todo o seu rigor na metodologia de Knies.

Mas há uma outra dimensão na obra de Knies. O caráter metafísico ou, em termos de lógica, o caráter emanatista dos pressupostos de Knies; ou seja, a concepção da "unidade" do indivíduo, que age como "força" real e biológica — deixando de lado o fato de ela também poder se transformar numa mística, sob as vestes da antropologia — necessariamente quase levou a retomada da discussão das consequências racionalistas do panlogismo de Hegel, que é uma "herança" da qual os seus epígonos não escaparam. Um dos problemas da lógica emanatista, na

sar acerca de tudo na reprodução da espécie absolutamente necessária, que se dá mediante o relacionamento sexual.

sua fase decadente, é o entrelaçamento entre o coletivo real e o conceito genérico. Temos de "insistir" escreve Knies (p. 345) "em que há algo eterno e igual em cada vida e ações humanas, pois nenhum homem singular poderia pertencer à espécie se não houvesse algo comum, entre os indivíduos, que o transformasse num todo comum. E esse algo eterno e igual também se manifesta nas comunidades, pois a comunidade é a base da particularidade dos indivíduos". Percebe-se, aqui, a existência de um processo de identificação de termos como "conexão geral" e "conceito geral", e pertença real à espécie subsunção sob um conceito genérico. A maneira como Knies concebeu a "unidade" da totalidade real como conceito não contraditório fez com que a conexão real da humanidade e de sua evolução chegasse a ser uma "igualdade" conceitual, na qual os indivíduos são colocados. Acrescenta-se ainda o fato de haver também uma identificação entre "causalidade" e "legalidade", que também é "filho legítimo" da dialética panlogística de evolução, e que apenas nesta base pode ser pensada. Knies escreve (p. 235): "Quem acha que a economia política é uma ciência, não terá dúvidas de que esta diz respeito às leis dos fenômenos. A diferença entre a ciência e o saber comum está no fato de que este último consiste apenas no conhecimento de fatos e de fenômenos, ao passo que a ciência transmite o conhecimento da relação causal entre estes fenômenos e as suas respectivas causas, e, além disso, a ciência estabelece as leis que existem no respectivo setor das investigações". Esta afirmação deve causar estranheza se levamos em consideração tudo que foi dito desde o início deste ensaio acerca da liberdade de "agir" (o livre-arbítrio) e sobre a relação entre "personalidade" e "irracionalidade" — e mais tarde, veremos, quando abordarmos a sua teoria da história, que Knies levou esta irracionalidade até às últimas consequências. Tudo isto encontra a sua explicação no fato de Knies entender por "legalidade" a evolução real da história da humanidade regida por aquela "força vital" unificante, da qual emanam os fenômenos individuais. O fato de a ideia grandiosa de Hegel ter sido atrofiada, deformada e apresentada numa forma antropológico-biológica explica esta ruptura que existe na fundamentação epistemológica, no pensamento de Knies e no de Roscher. Este fato marcou, ainda em meados do século passado, tendências influentes na filosofia da história, na linguística e na filosofia cultural. Em lugar do naturalismo da teoria cíclica de Roscher, recuperou-se, nos escritos de Knies, o conceito do "indivíduo". Até agora, apenas entrevemos isso, porém mais tarde tal assunto será exposto de modo mais claro. Mas a opinião de que a relação entre realidade e conceito teria um caráter "real-substancial" — opinião típica do emanatismo — explica, pelo menos em parte, que a teoria de Knies nem sequer tentou investigar a relação entre conceito e realidade, e tal fato, como também veremos mais adiante, só pôde acarretar resultados essencialmente negativos e até destrutivos.[201]

201. Os trechos que se seguem ilustram muito bem a nossa afirmação: "É bem provável que, com o passar do tempo, a tendência do progresso consiga ocupar, em alguns setores, um maior espaço... mas é preciso notar que sempre se trata de um progresso global e total, no qual são incluídas todas as partes de maneira homogênea." (p. 114). E, no mesmo sentido (p. 115): "Do mesmo modo que o entendimento da situação econômica de determinada época só pode ser obtido se for possível conhecê-la em estreita conexão com todas as outras manifestações da vida histórica de um povo, também o setor da economia, isto é, quando se percebe que os fenômenos apenas podem ser entendidos como sendo elementos parciais de um processo sistemático mais global". "Não se trata apenas de constatação de que todas as partes específicas da economia fazem parte de um entrelaçamento dentro de um sistema global e unificado, mas sobretudo da opinião de que este 'todo' estaria relacionado, indissoluvelmente, com a totalidade da vida do povo. Esta opinião sobre a 'conexão interna' é importante, e dela sempre se deve lembrar nos casos em que se propõe fazer perguntas pelas causas e pelas circunstâncias, a partir das quais determinadas situações econômicas surgiram. E, de modo contrário, também é importante, quando se pretende mostrar os efeitos dos resultados (últimos) destas constelações sobre os outros setores da vida" (p. 111). "Por isso, será sempre conservada a 'uniformidade' do caráter geral que se manifesta nos mais diversos setores da vida. Todas as formas da vida exterior nada mais são do que 'resultados' e 'produtos' de tendências naturais uniformes, que tendem a se afirmar sempre e continuadamente, sendo que as variações e modificações se enquadram perfeitamente na evolução global". E, para finalizar: "obviamente é possível que surjam formas 'novas' como resultados de uma certa evolução em determinados setores da vida de um povo — de características e afirmações diferentes — mas diferem muito entre si; são apenas aparências de um processo bem definido, em termos globais, que, em seu interior, trazem todas essas possibilidades divergentes" (p. 110).

# II

# A "objetividade" do conhecimento na Ciência Social e na Ciência Política[1] — 1904

A primeira pergunta que se deve fazer a uma revista de ciências sociais e de política social no momento em que fica sob a responsabili-

1. Sempre que, na primeira parte das considerações que se seguem, se falar explicitamente em nome dos editores, ou quando se delegar determinadas tarefas ao *Archiv für Sozialwissenschaft und Sozialpolitik* (Arquivo para a ciência social e política social) não tratar-se-á, naturalmente, de opiniões particulares do autor, mas de formulações que foram expressamente autorizadas pelos coeditores. A responsabilidade da segunda parte recai, exclusivamente, sobre o autor, seja no tocante à forma, ou no que diz respeito ao conteúdo.

O *Arquivo* jamais cairá no sectarismo de uma determinada opinião dogmática, o que será assegurado pela diversidade dos pontos de vista, não apenas dos seus colaboradores, mas também dos seus editores, mesmo no que diz respeito a questões metodológicas. Naturalmente, certo consenso com referência a determinadas concepções básicas era um pré-requisito para se poder assumir uma direção coletiva. Este consenso consiste, em particular, na apreciação do valor do conhecimento teórico a partir de pontos de vista "unilaterais", bem como na exigência da formação de conceitos precisos e na rigorosa separação entre o "saber empírico" e os "juízos de valor" — sem, com isso, se acreditar na existência de algo "essencialmente novo".

A ampliação da discussão (na segunda parte) e a frequente repetição da mesma ideia servem ao fim exclusivo de alcançar, através de tais considerações, o máximo de "compreensibilidade geral". Em função deste interesse, sacrificou-se — esperamos que não de maneira excessiva — o rigor nas expressões, e, em virtude do mesmo interesse, deixamos de lado a

dade de uma nova redação, é, obviamente, a pergunta quanto às suas "tendências".[2] Não podemos nos negar a respondê-la e, pretendemos aqui, dar uma resposta em consonância com a nossa "nota introdutória" segundo um plano fundamental. Procedendo desta maneira, se nos oferece a oportunidade de ilustrar, em conformidade com as diversas tendências, os trabalhos de pesquisa da "ciência social" na sua especificidade, que pode ter alguma utilidade, senão para o especialista, ao menos para muitos leitores, mesmo que se encontrem um tanto afastados da prática científica, para quem talvez se trate apenas de "coisas óbvias".

Foi explicitamente o propósito do *Arquivo*, desde o seu surgimento, ao lado da ampliação do nosso saber sobre as "condições sociais de todos os países", e, portanto, dos fatos da vida social, a formação do juízo sobre seus problemas práticos, e, com isso, — dentro das limitações que semelhante meta pode ser executada por estudiosos particulares — a crítica da práxis sociopolítica, inclusive a da legislação. Ao mesmo tempo, desde o início, o *Arquivo* defendeu o ponto de vista de ser uma revista exclusivamente científica, trabalhando exclusivamente com os meios característicos da investigação científica. Destarte surge indiscutivelmente uma pergunta, qual seja: Como se haveria de conciliar aquele fim com esta limitação dos meios; significaria tal fato que o *Arquivo* permitiria nas suas colunas a avaliação de regras e medidas sobre a legislação, a administração e propostas práticas? Quais poderiam ser as normas para estes juízos? Qual é a validade dos juízos de valor que um determinado autor sugere como estando corretos no que tange a projetos práticos? Até que parte esta discussão fica no terreno das reflexões

---

tentativa de apresentar uma investigação sistemática para apresentar justaposições e exemplificações de alguns pontos de vista metodológicos. Uma abordagem sistemática implica a inclusão de uma multiplicidade de problemas epistemológicos que, em parte, requerem uma discussão em um nível muito mais profundo. Não abordamos aqui, de maneira direta, questões de lógica, mas apenas utilizamo-nos de alguns conhecidos resultados da lógica moderna. Também não pretendemos solucionar problemas da lógica, mas tão somente ilustrar o seu significado para os especialistas. Quem conhece os trabalhos dos lógicos modernos — serão mencionados aqui apenas os nomes de Windelbant, Simmel, e, com ênfase para os nossos fins, Heinrich Rickert — logo perceberá que, na sua essência, são estas as linhas de pensamento presentes em nosso raciocínio.

2. Este ensaio foi publicado no momento em que a direção do *Archiv für Sozialwissenschaft und Sozialpolitik* (Arquivo para ciência social e política social) foi entregue aos editores Werner Sombart, Max Weber e Edgar Jaffé (nota de Marianne Weber).

científicas, já que o elemento característico do conhecimento científico consistiria na "validade" objetiva dos resultados da pesquisa, que são todas por "verdades"? Apresentaremos, em primeiro lugar, o nosso ponto de vista sobre esta questão, para, em seguida, abordar outra: em que sentido há "verdades objetivamente válidas" na área das ciências que se ocupam da vida "cultural"? Esta pergunta não pode ser evitada tendo em vista a contínua mudança e as acaloradas polêmicas acerca dos problemas aparentemente elementares de nossa disciplina, do método de trabalho, da formação dos conceitos e da sua validade. Não queremos fornecer soluções mas apontar problemas, para conhecer aqueles aos quais nossa revista deve voltar sua atenção a fim de cumprir suas tarefas atuais e futuras.

## I. O sentido da crítica científica de ideias e de juízos de valor

Todos sabemos que, como qualquer outra ciência que tenha por objeto as instituições e os processos da cultura humana — com exceção, talvez, da história política — também a nossa partiu historicamente de perspectivas práticas. Formular juízos de valor sobre determinadas medidas do Estado com referência à economia política constituiu o seu fim imediato e, no início, até o seu fim único. Ela foi uma "técnica", no sentido de que também o são as disciplinas clínicas das ciências médicas. É sabido que esta posição foi se transformando lentamente, sem que, no entanto, se introduzisse uma divisão de princípios entre o conhecimento daquilo "que é" e daquilo que "deve ser". Contrária a esta divisão foi a opinião de que, de uma parte, os processos econômicos seriam regidos por leis naturais e, de outra, de que haveria um princípio bem determinado da evolução dos processos econômicos, e que, consequentemente, o "dever ser", ou coincidiria com o próprio ser na sua imutabilidade — no primeiro caso — ou que o "dever ser" — no segundo caso — Coincidiria com aquilo que eternamente faz parte de um "devir". Com o despertar do sentido histórico, passou a predominar na nossa ciência uma combinação entre evolucionismo ético e relativismo histórico que procurava despojar das forças éticas o seu caráter formal, e determiná-las com referência ao seu conteúdo, introduzindo a totalidade dos valores culturais no âmbito do "ético", e, além disso, elevar a economia política à dignidade de uma "ciência ética" com bases empíricas. Enquanto se atribuía à totalidade de ideais culturais possíveis o título de "ético", esvaía-se a dignidade específica do imperativo moral, e, no entanto, nada se lograva para a "objetividade" da validade daqueles ideais. Por ora, podemos e devemos deixar de lado uma discussão aprofundada sobre esta posição: mencionamos apenas de maneira simples o fato de que, ainda hoje, não desapareceu a opinião imprecisa — mas, antes, continua a ser muito comum entre os homens de práxis — de que a economia política deveria emitir juízos de valor a partir de uma específica "cosmovisão econômica".

Nossa revista, como representante de uma disciplina empírica, deve — gostaríamos de insistir nisso de antemão — rejeitar em princípio este ponto de vista, pois é nossa opinião de que jamais pode ser tarefa de uma ciência empírica proporcionar normas e ideais obrigatórios, dos quais se possa derivar "receitas" para a prática.

Porém, o que se depreende desta afirmação? Juízos de valor não deveriam ser extraídos de maneira nenhuma da análise científica, devido ao fato de derivarem, em última instância, de determinados ideais, e de por isso terem origens "subjetivas". A práxis e o fim de nossa revista desautorizará sempre semelhante afirmação. A crítica não se detém em face dos juízos de valor. A questão é a seguinte: o que significa e o que se propõe a crítica científica dos ideais e dos juízos de valor? Esta questão merece considerações mais profundas.

Toda reflexão conceitual sobre os elementos últimos da ação humana prevista com sentido, prende-se, antes de tudo, às categorias de "fim" e "meios". Queremos algo em concreto ou "em virtude de seu próprio valor", ou como meio que está a serviço daquilo a que se aspira em última instância?. À consideração científica pode ser submetida, incondicionalmente, a questão de se determinados meios são apropriados para alcançar os objetivos pretendidos. Já que podemos — dentro dos limites do nosso saber, diferindo de caso para caso — estabelecer quais meios seriam apropriados ou não aos determinados fins propostos, podemos também, seguindo este mesmo procedimento, ponderar acerca da possibilidade de alcançar um determinado fim, considerando os respectivos meios disponíveis, e, a partir dela própria, criticar indiretamente a proposta dos fins, tendo em conta a situação historicamente dada, como sendo prevista de sentido, ou, diferentemente, classificá-la como sendo sem sentido. Podemos, além disso, se a possibilidade de alcançar um fim proposto parece como dada, comprovar e constatar as consequências que teria a aplicação do meio requerido, e, também, do eventual lucro do fim pretendido, levando em consideração a interdependência de todo o devir. Deste modo, oferecemos aos atores a possibilidade de refletir sobre as consequências "não intentadas", comparando-as com as "intentadas", para responder à pergunta seguinte: qual é o "custo" do alcance do fim desejado em termos da perda previsível da realização de outros valores, ou em comparação a ela? Supondo que, na grande maioria dos casos, qualquer fim a que se aspire, neste sentido, "custa" alguma coisa ou "pode custar algo", a autorreflexão dos homens que agem com responsabilidade não pode prescindir da ponderação entre fins e consequências de determinada ação. Possibilitar isto é, exatamente, uma das funções mais importantes da crítica técnica que até agora foi objeto de nossas reflexões. Mas tomar uma determinada decisão em função daquelas ponderações já não é mais tarefa possível para a ciência. Ela é própria do homem da ação: ele pondera e escolhe, entre os valores em questão, aqueles que estão de acordo com sua própria consciência e sua cosmovisão pessoal. A ciência pode proporcionar-lhe a consciência de que toda a ação, e também, de modo natural, conforme com as circunstâncias, a "não-ação" implicam, no que tange às suas consequências, uma tomada de posição a favor de determinados valores, e, deste modo, em regra geral, "contra outros valores" — fato que, hoje em dia, é facilmente esquecido. Decidir-se por uma opção é exclusivamente "assunto pessoal".

Entretanto, no que diz respeito a esta opção, podemos oferecer algo a mais: o conhecimento do significado daquilo que é o "objeto" da aspiração. Podemos ensinar a alguém o conhecimento dos fins que esse alguém procura, e entre os quais faz uma seleção, num primeiro momento, por meio da indicação e conexão lógica das ideias que talvez possam estar na base do fim concreto. Pois, uma das tarefas essenciais de qualquer ciência da vida cultural dos homens é, realmente, desde o início, a apresentação clara e transparente de suas ideias, para compreendê-las e para saber o porquê de se ter lutado por elas. Este procedimento, a nosso ver, não ultrapassa os limites de uma ciência que pretende elaborar "uma ordenação conceitual da realidade empírica", nem os meios que servem a esta interpretação de valores espirituais que são apenas "induções", no sentido corrente deste termo. Não obstante, pelo menos em parte, esta tarefa permanece fora dos quadros típicos da economia política, entendida como disciplina especializada dentro da divisão costumeira das ciências. Trata-se de questões próprias da filosofia social. Mas, devido à força histórica das ideias que foi grande, e que ainda continua sendo importante para o desenvolvimento da vida social, a nossa revista não pode abster-se de abordar estas questões que, indiscutivelmente, fazem parte de suas preocupações essenciais.

Para uma abordagem científica dos juízos de valor não é suficiente apenas compreender e reviver os fins pretendidos e os ideais que estão no seu fundamento, mas também e, acima de tudo, ensinar a "avaliá-los" criticamente. Esta crítica, no entanto, só pode ter caráter dialético; isto significa que só pode consistir numa avaliação lógico-formal do material que se apresenta nos juízos de valor e nas ideias historicamente dadas, e num exame dos ideais, no que diz respeito ao postulado da ausência de uma contradição interna do desejado. Enquanto se propõe a este fim, ela pode proporcionar ao homem que quer a consciência dos últimos axiomas, que estão na base do conteúdo do seu querer, a consciência dos critérios últimos de valor que se constituem de maneira inconsciente o ponto de partida — dos quais, para ser consequente, deveria partir. Realmente, chegar à consciência destes critérios últimos que se manifestam nos juízos de valor concretos é o máximo que ela pode fazer sem entrar no terreno da especulação. Se o sujeito que emite juízos de valor deve professar estes critérios últimos, isso é um problema pessoal, uma questão de sua vontade e de sua consciência; não tem nada a ver com o conhecimento empírico.

Uma ciência empírica não pode ensinar a ninguém o que deve fazer; só lhe é dado — em certas circunstâncias — o que quer fazer. É verdade que, no setor das nossas atividades científicas, continuadamente são introduzidos elementos da cosmovisão pessoal, bem como na argumentação científica. Eles sempre causam problemas, fazendo com que nós atribuamos pesos diferentes na elaboração de simples relações causais entre fatos, na medida em que o resultado aumenta ou diminui a possibilidade da realização de nossas ideias pessoais. No que tange a este fato, é óbvio que também aos editores e colaboradores de nossa revista "nada que é humano lhes será estranho". Mas há muito caminho a ser percorrido entre este reconhecimento das fraquezas humanas e a crença numa ciência "ética" da economia política, que poderia extrair do seu material ideais ou normas concretas por meio da aplicação de imperativos éticos de valor universal. Sem dúvida, é verdade que exatamente aqueles elementos mais íntimos da "personalidade", ou seja, os últimos e supremos juízos de valor, que determinam a nossa ação e conferem sentido e significado à nossa vida, são percebidos por nós como sendo objetivamente válidos. Podemos defendê-los apenas quando eles se apresentam como válidos, dependentes ou derivados dos nossos juízos de valor, de nossa vida, e, portanto, quando se desenvolvem em oposição aos obstáculos. Sem dúvida, a dignidade de uma "personalidade" reside no fato de que, para ela, existem valores aos quais a sua própria vida diz respeito, mesmo se estes — em casos bem particulares — residem exclusivamente dentro da esfera da própria individualidade, do "viver plenamente" os interesses para os quais se exige a validade enquanto valores, constitui para ela, exatamente, a ideia à qual ela se refere. Seja como for, somente a partir do pressuposto da fé em valores tem sentido a intenção de defender certos valores publicamente. Porém emitir um juízo sobre a validade de tais valores é assunto da fé, e talvez também seja tarefa de uma consideração e interpretação especulativa da vida e do mundo, no tocante ao seu sentido, mas, certamente, não é tarefa de uma ciência empírica, no sentido como nós a entendemos. Com referência a esta distinção — o que é a opinião de muitos —, não possui peso decisivo o fato, empiricamente constatável, de aqueles últimos fins variarem muito e terem sido questionados historicamente. Outrossim, o conhecimento das proposições mais seguras do nosso conhecimento teórico — o das ciências naturais exatas e o da matemática — é, da mesma maneira, da forma do refinamento e do aguçamento da consciência; é apenas um produto da cultura. Quando pensamos especificamente acerca dos problemas práticos da política econômica e social (no sentido comumente entendido deste termo), percebemos, com clareza, que há numerosas, e até mesmo infinitas questões práticas particulares, para cuja análise, de comum acordo, se começa a partir de certos fins que parecem óbvios — como, por exemplo, a ajuda previdencial, as tarefas concretas da saúde pública, o socorro aos pobres, as medidas tais como inspeção das fábricas, os tribunais industriais, os atestados de trabalho e outras normas legais para a proteção dos operários — com referência a estas questões, pelo menos aparentemente, só são analisados os meios para se conseguir dinheiro. E, mesmo se confundíssemos — coisa que a ciência nunca deveria fazer impunemente — a aparência do óbvio com a verdade, e se quiséssemos ver os conflitos aos quais, de imediato, conduz a tentativa da realização prática na forma de questões puramente técnicas — o que, pelo menos em muitos casos, seria errôneo — deveríamos constatar, sem dúvida, que também esta aparência do caráter óbvio dos critérios que regulam os valores desaparecem logo quando, a partir dos problemas concretos do serviço de assistência e bem-estar, mudamos de nível, para analisar questões gerais da política econômica e social. O que caracteriza o caráter político-social de um problema consiste, precisamente, no fato de não se poder resolver a questão com base em meras considerações técnicas, a partir de fins preestabelecidos e de os critérios reguladores de valor poderem e deverem ser postos em discussão, pois o problema faz parte de questões gerais de cultura. É opinião geral que há disputas entre diferentes "interesses de classe", mas também entre cosmovisões — admitindo, entretanto, que seja verdade que a opção, por parte do indivíduo de determinada cosmovisão depende, entre outros fatores, e com elevado grau de certeza, da afinidade que ela tem com o seu "interesse de classe" e aceitando, provisoriamente, este conceito como unívoco. Uma coisa, sem dúvida, é certa, em qualquer circunstância: quanto mais "universal" for o problema em questão, isto é, quanto mais amplo for o seu significado cultural, quanto menos for possível dar uma resposta extraída do material do conhecimento empírico, tanto maior será o papel dos axiomas últimos e pessoais da fé e das ideias éticas. É simplesmente um ato ingênuo, mesmo que ele seja compartilhado por certos especialistas, acreditar que é necessário, para a ciência social prática, estabelecer, sobretudo, "um princípio", demonstrado cientificamente como válido, a partir do qual, em seguida, podem ser deduzidas, de maneira unívoca, as normas para a solução de problemas práticos singulares. Por mais que, na ciência social, sejam necessárias explicações "de princípios" sobre problemas práticos, isto é, a referência a juízos de valor que se introduzem de maneira não-refletida, com referência ao conteúdo das ideias, e por mais que a nossa revista se proponha dedicar-se de maneira particular a tais explicações, certamente não poderá ser sua tarefa — e, de maneira geral, de nenhuma ciência empírica — determinar um denominador comum prático para os nossos problemas na forma de ideias últimas e universalmente válidas; uma tal determinação não apenas seria praticamente impossível, como também não teria nenhum sentido. Por mais que fosse possível interpretar o fundamento e o modo de obrigatoriedade dos imperativos éticos, é certo que, a partir destes imperativos, enquanto normas para a ação dos indivíduos condicionadas concretamente, é impossível deduzir, de maneira unívoca, conteúdos culturais que sejam obrigatórios, e tanto menos quanto mais forem abrangentes os conteúdos em questão. Somente as religiões positivas — ou, para ser mais preciso, as seitas ligadas por um dogma podem conferir ao conteúdo de valores culturais a dignidade de um mandamento ético incondicionalmente válido. Deixando de lado religiões, os ideais culturais que o indivíduo pretende realizar e os deveres éticos que deve cumprir têm uma dignidade fundamentalmente diferente. O destino de uma época cultural que "provou da árvore do conhecimento" é ter de saber que podemos falar a respeito do sentido do devir do mundo, não a partir do resultado de uma investigação, por mais perfeita e acabada que seja, mas a partir de nós próprios que temos de ser capazes de criar este sentido. Temos de admitir que "cosmovisões" nunca podem ser o resultado de um avanço do conhecimento empírico, e que, portanto, os ideais supremos que nos movem com a máxima força possível, existem, em todas as épocas, na forma de uma luta com outros ideais que são, para outras pessoas, tão sagrados como o são para nós os nossos.

Apenas um sincretismo otimista, que às vezes surge do relativismo histórico-evolutivo, é capaz de equivocar-se teoricamente acerca da extrema seriedade deste estado de coisas, ou de evitar, na prática, as suas consequências. É óbvio que, em casos particulares, pode ser até mesmo um dever para o político prático, querer conciliar opiniões opostas, ou tomar partido de uma delas. Mas isto não tem nada a ver com a "objetividade" científica. A "linha média" de modo nenhum acerta a verdade científica mais do que os ideais dos partidos extremos, que sejam de direita ou de esquerda. Nada prejudicou mais o interesse da ciência do que não se querer ver os fatos incômodos e as realidades da vida na sua dureza. O *Arquivo* lutará incondicionalmente contra a grave ilusão que acredita ser possível, por meio da síntese entre opiniões partidárias, ou seguindo uma linha diagonal entre elas, obter efetivamente normas práticas de validade científica. Esta opinião, na realidade, já que pretenderia encobrir de maneira relativista seus próprios critérios de valor, são mais perigosas para uma investigação imparcial do que a velha e ingênua fé dos partidos que acreditam na "demonstrabilidade" dos seus dogmas. A capacidade e diferença entre conhecer e julgar, e o cumprimento, tanto do dever científico de ver a verdade dos fatos, como do dever prático de aderir aos próprios ideais, é, realmente, aquilo com que buscamos nos familiarizar cada vez mais.

É certo que existe — e é isso que nos interessa —, em qualquer época, uma diferença intransponível, quando uma argumentação se dirige ao nosso sentimento e à capacidade que temos de nos entusiasmar por objetivos práticos concretos e por formas e conteúdos culturais, ou quando se dirige à nossa consciência, no caso em que se trata da validade de certas normas éticas, ou, por fim, quando se dirige à nossa capacidade e necessidade de ordenar conceitualmente a realidade empírica, de uma maneira que insiste na pretensão de validade da verdade empírica. E esta afirmação continua correta mesmo quando, como mostraremos, aqueles "valores" supremos do interesse prático têm importância decisiva, pois sempre a terão, no que diz respeito à orientação que a atividade ordenadora do pensamento introduz, em cada um dos casos, no setor das ciências da cultura. É certo que — e continuará a sê-lo — se uma demonstração científica, metodologicamente correta no setor das ciências sociais, pretende ter alcançado o seu fim, tem de ser aceita como sendo correta também por um chinês. Sendo mais preciso: deve aspirar, em qualquer caso, atingir esta meta, mesmo quando, talvez, não possa ser alcançada devido a deficiências do material. Isto também significa que a análise lógica de um ideal, com referência ao seu conteúdo, aos seus axiomas últimos e à indicação das consequências que sua execução acarretará nos setores lógicos e práticos, também deve ter validade para um chinês, se é que pode ser considerado como alcançado. Mas este mesmo chinês talvez possa não ter a "sensibilidade" necessária aos nossos imperativos éticos, enquanto rejeita — pelo menos, muitas vezes assim procederá — o ideal e os julgamentos concretos dele derivados, pois disso afeta o valor científico daquelas análises conceituais. A nossa revista de modo nenhum ignorará as tentativas que sempre, e de maneira inevitável, se repetem, de determinar univocamente o sentido da vida cultural. Pelo contrário, elas pertencem ou constituem os mais importantes produtos desta mesma vida cultural, e, em certas circunstâncias, podem ser uma força motriz das mais importantes. Por isso, acompanharemos sempre com cuidado o percurso das análises da "filosofia social". Porém, ainda mais: não compartilhamos, de modo nenhum, do preconceito de que as reflexões sobre a vida cultural, que pretendem interpretar metafisicamente o mundo, indo portanto, além da ordenação conceitual dos dados empíricos, não poderiam, por causa desta sua característica, contribuir, de alguma forma, para o conhecimento. Em que possa consistir esta contribuição, isso é uma problema da teoria do conhecimento, cuja resposta para as nossas finalidades podemos e devemos deixar de lado. No que diz respeito ao nosso trabalho, queremos deixar bem claro o seguinte: uma revista de ciências sociais, no sentido em que nós a entendemos, deve, na medida em que pretende ser científica, ser um lugar onde se busca a verdade do modo que um chinês — para lançar mão do nosso exemplo novamente — deva reconhecer a validade de um certo ordenamento conceptual da realidade empírica.

Certamente, os editores não podem, de uma vez por todas, proibir a si próprios e aos seus colaboradores que expressem os ideais que sustentam, inclusive os seus juízos de valor. Mas a partir disso nascem dois importantes deveres. Em primeiro lugar, o dever de tanto o autor como os leitores terem a clara consciência, em cada momento, da questão de "quais são os critérios empregados para medir a realidade, e para obter — partindo destes critérios — o juízo de valor. Defendemos este procedimento em vez de nos enganarmos acerca do conflito entre os ideais, e de pretender "oferecer um pouco a cada um", como acontece com demasiada frequência, devido a uma estranha confusão de valores da mais diversa espécie. Se este dever é observado estritamente, o posicionamento prático, em função do puro interesse científico, pode dar resultados não só prejudiciais, mas até mesmo diretamente de grande utilidade: na crítica científica de propostas legislativas e de outras propostas práticas, a elucidação dos motivos do legislador e dos ideais do publicista criticado não pode, muitas vezes, ser feita em todo o seu alcance em outra forma intuitivamente compreensível que não a da confrontação dos critérios axiológicos, que estão na sua base, justamente com os outros critérios, e, por certo e acima de tudo, também com os próprios. Cada valoração de uma vontade alheia só pode ser uma crítica a partir da própria "cosmovisão", num combate ao ideal alheio com base no ideal da própria pessoa. Portanto, se, no caso particular, o axioma do valor último, que está na base de uma vontade prática, deve ser não somente comprovado e analisado cientificamente, mas também apresentado nas suas relações com outros axiomas de valores, é inevitável uma crítica "positiva", que se faça por meio da exposição da conexão recíproca destas últimas.

Por isso, nas colunas da revista, se tratará — especificamente no tratamento das leis — ao lado da ciência social — que é o ordenamento conceitual dos fatos — inevitavelmente, também da política social — que é a exposição de ideais. Mas não pretendemos de modo nenhum apresentar tais polêmicas como "ciência", e empregaremos os nossos melhores esforços em precaver-nos de não confundir as coisas. De todo modo, não será mais a "ciência" quem fala, neste caso, e, em consequência disso, existe um segundo imperativo fundamental, qual seja, o da imparcialidade científica, que consiste no seguinte: em tais casos, é necessário indicar aos leitores — e digamos novamente a nós mesmos — em que momento cessa a fala do pesquisador e começa a fala do homem que está sujeito a intenções e a vontades, em que momento os argumentos se dirigem ao intelecto, e em qual se dirigem ao sentimento. A permanente confusão entre a elucidação científica dos fatos e a reflexão valorativa é uma das características mais difundidas em nossas disciplinas, e também uma das mais prejudiciais. Contra esta confusão, dirigem-se precisamente as considerações anteriores e, de maneira nenhuma, contra a intromissão dos próprios ideais. A descaracterização e a "objetividade" científica não têm nada em comum. O nosso *Arquivo,* pelo menos de acordo com os seus propósitos, jamais foi, e nunca deverá ser, um lugar onde se polemiza contra determinados políticos que têm uma política social bem definida e, menos ainda, um lugar onde se faz proselitismo em favor ou contra determinados ideais sociais e políticos. Para tanto, existem outros órgãos. O que caracterizou a revista foi, e, sem dúvida, será, no futuro, no que depender dos editores, conseguir a colaboração do trabalho científico dos oponentes políticos mais encarniçados que se encontrarem ao redor. Até este momento, o *Arquivo* não foi um órgão "socialista", nem será futuramente um órgão "burguês". Ninguém será excluído do círculo de seus colaboradores, se ele continuar no terreno da discussão científica. A revista não pode ser uma arena na qual existem "respostas", "réplicas" e "tréplicas", tampouco deve proteger os seus colaboradores, e, menos ainda, os seus editores quando, por acaso, estes são expostos à mais severa crítica, baseada em fatos cientificamente comprovados. Quem não suporta este procedimento, ou quem se encontra na situação de não querer colaborar nessas condições com pessoas que estão a serviço de um ideal que não o seu, ou seja, a serviço do ideal do conhecimento científico, pode, sem problema nenhum, ficar à parte de nossa revista.

Porém, infelizmente, com esta última afirmação — e não queremos nos enganar sobre isto — dissemos muito mais do que, talvez, possa parecer, num primeiro momento. Antes de mais nada, como já mencionamos anteriormente, a possibilidade de colaborar imparcialmente com oponentes políticos num terreno neutro — socialmente entendido, ou no nível das ideias — tem as suas limitações psicológicas em todas as partes, mas, sobretudo, nas condições sociais atuais da Alemanha. Isso em si deveria ser combatido, já que é um sinal da estreiteza fanática e do atraso em matéria de cultura política. E mais ainda: este momento adquire, para uma revista como a nossa, gravidade decisiva, devido ao fato de, no âmbito das ciências, o impulso para o tratamento de problemas científicos advir, como regra geral, de "questionamentos práticos", de modo que o mero reconhecimento da existência de um problema científico está em estreita união "pessoal" com a respectiva e bem determinada vontade humana. Por causa disso, nas colunas de uma revista que nasceu sob a influência de um interesse geral por um problema concreto, normalmente deveriam se reunir como colaboradores homens que voltam o seu interesse pessoal a este problema, pois estes considerariam que certas circunstâncias concretas estão em contradição com os ideais em que acreditam e que estariam ameaçados. A afinidade com estes ideais reunirá, sem dúvida, este círculo de colaboradores, e permitirá o recrutamento de outros "novos", fato que conferirá à revista, pelo menos no que diz respeito ao tratamento de problemas político-sociais práticos, um determinado "caráter", com as inevitáveis consequências que sempre estarão presentes toda vez que homens com sensibilidade procuram colaborar uns com os outros, e cuja posição "valorativa" não pode, obviamente, ser sufocada, nem no caso de se tratar de um trabalho puramente teórico; homens que, aliás, se manifestam também — e com total legitimidade — na crítica de projetos e de medidas práticas, obviamente, dentre os pré-requisitos já mencionados. O *Arquivo* apareceu, sem dúvida, numa época em que determinados problemas práticos ocupavam o primeiro plano das discussões nas ciências, no que tange à "questão dos operários", entendendo-se esta expressão num sentido bastante tradicional. Essas personalidades, para quem a revista buscará abordar a questão, estavam ligadas a supremos e decisivos ideais de valor, e, além disso, se tornaram seus colaboradores normais, passando a ser representantes e partidários de uma concepção de cultura que foi caracterizada — não de um modo totalmente idêntico mas, pelo menos, semelhante — por estas mesmas ideias de valor. Todos sabem que esta revista rejeitou, de maneira explícita, toda e qualquer "tendência". Certamente possuía, no entanto, este determinado "caráter", no sentido já aludido, apesar de sua limitação às discussões científicas e do convite expresso aos "partidários de todas as posições políticas". Este caráter foi criado pelo círculo dos seus colaboradores regulares. Tratava-se, de uma maneira geral, de homens que, por mais que divergissem eventualmente em outros setores, tinham por escopo a defesa da saúde física das massas operárias, e a sua crescente participação nos bens materiais e nos bens espirituais da nossa cultura, para os quais, sem dúvida, estavam convictos de que o meio mais apropriado seria o aumento da intervenção do Estado nas esferas dos interesses materiais com o concomitante desenvolvimento posterior da ordem estatal e jurídica existente. E mais ainda: qualquer que fosse a sua opinião sobre a forma da ordem social no futuro remoto, defenderam todos o ponto de vista de que, para o momento, seria certo o desenvolvimento do sistema capitalista, não porque lhes parecesse, em comparação com formas mais antigas, o mais apropriado, mas por considerarem que o capitalismo seria quase inevitável na prática, e por pensarem que a tentativa de comandar uma luta fundamental contra ele não significaria um melhoramento, mas, antes, um obstáculo à ascensão da classe operária à luz da cultura. Nas condições atualmente existentes na Alemanha — as quais não necessitam aqui de um tratamento detalhado — isto era, e ainda é, inevitável. Na realidade, este procedimento redundou no benefício da mais ampla participação nas disciplinas científicas, contribuição que dá forma à revista — nas condições atuais — constitui um dos títulos que justificam, exatamente, a sua existência.

Não há dúvida de que o desenvolvimento de um "caráter", no sentido mencionado, pode constituir, no caso de uma revista científica, um perigo para a imparcialidade do trabalho científico, e de fato significaria, fosse a seleção dos colaboradores deliberadamente parcial. Neste caso, a formação daquele "caráter" equivaleria a uma "tendência". Os editores têm plena consciência da responsabilidade que este estado de coisas lhes impõe. Eles não pretendem modificar deliberadamente o caráter do *Arquivo*, nem conservá-lo de maneira artificial, por meio da restrição premeditada do círculo dos seus colaboradores e especialistas que sustentam determinadas opiniões. Aceitam-no como algo dado, e confiam no seu "posterior" desenvolvimento. Qual será a configuração no futuro, e como serão as transformações em consequência da inevitável ampliação do círculo dos nossos colaboradores, isso é algo que dependerá, em primeiro lugar, do caráter daquelas personalidades que, com intenção de colocar-se a serviço do trabalho científico, entram nesse círculo e começam a se familiarizar com ele — continuam a se familiarizar com ele — e com as páginas da mesma revista. Mas dependerá também da ampliação dos problemas, cuja indagação é o objetivo da revista.

Com esta observação chegamos ao problema que até agora não foi devidamente abordado, qual seja, o da limitação objetiva da nossa área de pesquisa. Mas não é possível respondê-lo sem levar em consideração a natureza do fim cognitivo da ciência social. Até agora, enquanto fizemos uma distinção "de princípio" entre "juízos de valor" e "conhecimento empírico", pressupomos a existência de um tipo de conhecimento incondicionalmente válido, isto é, o ordenamento conceitual da realidade empírica na área das ciências sociais. Agora, este pressuposto se transforma num problema, pois deveríamos discutir o possível significado da "validade" objetiva a que pretendemos chegar nesta nossa área de saber. Acreditamos que este problema realmente existe, que não foi criado artificialmente, que é algo que não pode escapar a alguém que observa o combate que se trava ao redor de "métodos", de "conceitos básicos" e de "pressupostos", bem como a contínua mudança dos "pontos de vista" e a constante "redefinição" dos "conceitos" utilizados, e a quem observa o abismo, aparentemente intransponível, que separa a abordagem teórica da abordagem histórica, chegando a tal ponto que, certa vez, um examinando em Viena, a lamentar-se, queixava-se de que haveria "duas economias políticas". O que significa, aqui, "objetividade"? Esta é a única questão que pretendemos examinar nas considerações que se seguem.

## II. O significado constitutivo dos interesses epistemológicos das ciências culturais

A revista[3] sempre abordou todos os objetos de sua análise como sendo de natureza socioeconômica. Embora não seja esse o momento para dedicarmo-nos a determinações de conceitos e delimitações de ciências, impõe-se um esclarecimento sumário acerca do sentido de tudo isso.

Todos os fenômenos que, no sentido mais amplo, designamos por "socioeconômicos" vinculam-se ao fato básico de a nossa existência física, assim como a satisfação das nossas necessidades mais ideais, depararem-se por todos os lados com a limitação quantitativa e com a insuficiência qualitativa dos meios externos, que demandam a previsão planejada e o trabalho, a luta frente a natureza e a associação com os homens. Por sua vez, o caráter de fenômeno "socioeconômico" de um processo não é algo que lhe seja "objetivamente" inerente. Pelo contrário, ele está condicionado pela orientação do nosso interesse de conhecimento e essa orientação define-se em conformidade com o significado cultural que atribuímos ao evento em questão, em cada caso particular. Sempre que um processo da vida cultural se vincula direta ou indiretamente àquele fato básico, através dos elementos da sua especificidade, nos quais repousa, para nós, o seu significado próprio, ele contém, ou pelo menos pode conter conforme o caso, um problema de ciência social; ou seja, envolve uma tarefa para uma disciplina que toma como objetivo elucidar o alcance do fato básico apontado.

Entre os problemas econômico-sociais podemos estabelecer distinções. Temos, em primeiro lugar, eventos e complexos e, deles, normas, instituições etc., cujo significado cultural reside, para nós, basicamente no seu aspecto econômico. Por exemplo, acontecimentos da vida bancária e da bolsa, que desde logo nos interessam essencialmente deste ponto de vista; normalmente, mas não exclusivamente, isso acontece

---

3. Trata-se da revista *Archiv für Sozialwissenschaft* (Arquivo para a Ciência Social e Política Social).

quando se trata de instituições que foram criadas, ou que são utilizadas conscientemente para fins econômicos. Estes objetos do nosso conhecimento podem ser chamados, em sentido restrito, de processos ou instituições "econômicas". A esses acrescentam-se outros, como, por exemplo, acontecimentos da vida religiosa que não nos interessam, ou que, pelo menos, não nos interessam em primeiro lugar, do ângulo do seu significado econômico e em nome dele, mas que, em determinadas, circunstâncias, podem adquirir um significado econômico desse ponto de vista, considerando-se que deles resultam determinados efeitos que nos interessam em uma perspectiva econômica. São, portanto, fenômenos "economicamente relevantes". E, por fim, entre os fenômenos que não são "econômicos", segundo o sentido que lhes atribuímos, encontram-se outros cujos efeitos econômicos pouco ou nenhum interesse oferecem para nós, como, exemplo, a orientação do gosto artístico de uma determinada época. No entanto, tais fenômenos revelam, em determinados aspectos significativos de seu caráter, uma influência mais ou menos intensa de motivos econômicos. Em nosso caso, talvez, por meio da composição social do público interessado em arte, são fenômenos economicamente condicionados. Assim, o complexo de relações humanas, por exemplo, normas e condições normativamente determinadas que designamos por "Estado" é um fenômeno "econômico" no que diz respeito às finanças públicas. Na medida em que intervém na vida econômica por vias legislativas, ou por qualquer outro modo — mesmo nos casos em que o seu comportamento é determinado conscientemente por pontos de vista completamente diferentes dos econômicos — é "economicamente relevante". Finalmente, na medida em que a sua conduta e o seu caráter são determinados por motivos econômicos, também em outras relações, que não as "econômicas", é "economicamente condicionado". Compreende-se, portanto, que, por um lado, o âmbito das manifestações econômicas é fluido e não pode ser delimitado com rigor e, por outro, que os aspectos "econômicos" de um fenômeno não são apenas "economicamente condicionados", nem apenas "economicamente eficazes", e que um fenômeno só conserva a sua qualidade de "econômico" na estrita medida em que o nosso interesse está exclusivamente centrado no seu significado para a luta material pela existência.

A nossa revista, tal como a ciência econômico-social a partir de Marx e Roscher, não se preocupou apenas com os fenômenos "econômicos", mas também com os "economicamente condicionados" e "economicamente relevantes". Naturalmente, o âmbito destes objetos — que varia conforme a orientação do nosso interesse em cada caso — abrange a totalidade dos processos culturais. Os motivos especificamente econômicos — isto é, aqueles que, devido a suas particularidades significativas para nós, estão ligados a este fato básico — atuam sempre onde a satisfação de uma necessidade, por mais imaterial que seja, envolva a utilização de meios limitados. O seu ímpeto contribui, assim, em todo lugar, para determinar e transformar não só a forma da satisfação, mas também o conteúdo das necessidades culturais, mesmo as do tipo mais íntimo. A influência indireta das relações sociais, das instituições e dos agrupamentos humanos, submetidos à pressão de interesses "materiais", estende-se (muitas vezes de maneira indireta) por todos os domínios da cultura, sem exceção, até mesmo nos mais delicados matizes do sentimento religioso e estético. Tanto os acontecimentos da vida cotidiana como os fenômenos "históricos" da alta política, tanto os fenômenos coletivos ou de massa como as ações "individuais" dos estadistas, ou as realizações literárias e artísticas, sofrem a sua influência: são, portanto, economicamente "condicionados". Por outro lado, o conjunto de todos os fenômenos e condições de existência de uma cultura historicamente dada influi na configuração de existência de uma cultura historicamente dada, na configuração das necessidades materiais, no modo de satisfazê-las, na formação dos grupos de interesses materiais, na natureza dos seus meios de poder, e, por essa via, na natureza do curso do "desenvolvimento econômico", tornando-se assim, "economicamente relevantes". Na medida em que nossa ciência, por meio da regressão causal, atribui causas individuais — de caráter econômico ou não — a fenômenos culturais econômicos, ela está buscando um conhecimento "histórico". Na medida em que persegue um elemento específico dos fenômenos culturais — neste caso, o elemento econômico — através dos mais variados complexos culturais, no intuito de distinguir o seu significado cultural, ela está a buscar uma interpretação histórica a partir de um ponto de vista específico. Oferece, assim, uma imagem parcial, um trabalho preliminar, para o conhecimento histórico completo da cultura.

Embora nem sempre em todos os casos em que estão em jogo momentos econômico-sociais, como consequências de causas, exista um problema econômico-social — pois este apenas surge quando o significado de tais momentos é problemático e só pode ser comprovado precisamente com a aplicação dos métodos da ciência econômico-social —, o alcance do campo de trabalho do modo de consideração socioeconômico não deixa de ser quase ilimitado.

Com uma deliberada autolimitação, a nossa revista sempre renunciou ao cultivo de uma série de domínios específicos muito importantes da nossa disciplina, tais como a economia descritiva, a história da economia, *stricto sensu*, e a estatística. Da mesma forma, deixou para outros órgãos o estudo dos problemas técnico-financeiros e técnico-econômicos da formação do mercado e dos preços, na moderna economia de troca. A revista tem mantido como campo de trabalho o significado atual e o desenvolvimento histórico de determinadas constelações de interesse e de conflitos, nascidos na economia dos modernos países civilizados, com base no papel preponderante que o capital deles desempenhou em sua busca de valorização. Nisso, ela não se limitou aos problemas práticos e do desenvolvimento histórico da chamada "questão social" em sentido estrito, tais como as relações entre a moderna classe dos assalariados e a ordem existente. Indubitavelmente, o aprofundamento científico do crescente interesse que este problema teve em nosso país no decorrer da década de 1880 fez com que essa fosse uma das suas tarefas essenciais. No entanto, na medida em que o estudo prático das condições operárias se converteu, também entre nós, em objeto constante da legislação e da discussão pública, o centro de gravidade do trabalho científico foi obrigado a deslocar-se, no sentido de estabelecer as relações mais universais de que estes problemas fazem parte. Assim, teve de desembocar na tarefa de analisar todos os problemas culturais modernos, criados pela natureza particular dos fundamentos econômicos da nossa cultura e, portanto, dela específicos. Por isso, a revista logo se preocupou com as mais diversas condições de vida, em parte "economicamente relevantes", em parte "economicamente condicionadas", das classes das modernas nações civilizadas, bem como com examinar, de um ponto de vista histórico, estatístico e teórico, as relações entre elas. Por isso, não faremos agora outra coisa senão deduzir as consequências desta atitude, ao afirmarmos que o campo de trabalho característico da nossa revista é o da pesquisa científica do significado cultural geral da estrutura socioeconômica da vida social humana, e das suas formas históricas de organização. É precisamente isto, e nada mais que isso, o que queremos dizer ao dar à nossa revista o nome de *Archiv für Sozialwissenschaft* (Arquivo para Ciência Social). Este nome abrange aqui o estudo histórico e teórico dos mesmos problemas cuja solução prática constitui o objeto da "política social", no sentido lato da palavra. Procedendo desta maneira, fazemos uso do direito de utilizar a expressão "social" no significado determinado pelos problemas concretos da atualidade. Quando se dá o nome de "ciências culturais" às disciplinas que estudam os acontecimentos da vida humana a partir do seu significado cultural, a "ciência social", então, tal como nós a entendemos aqui, pertence a esta categoria. Em breve, veremos que consequências de princípio daí decorrem.

Não há dúvida de que acentuar o aspecto econômico-social da vida cultural implica uma delimitação muito sensível dos nossos temas. Argumentar sobre que o ponto de vista econômico ou, como se dizer de maneira imprecisa, "materialista", a partir do qual consideramos a vida cultural, revela-se como sendo algo "parcial". Isso é verdade, e essa parcialidade é intencional. A convicção de que a tarefa do trabalho científico consiste em curar esta parcialidade da perspectiva econômica mediante a sua ampliação, até se chegar a uma ciência geral do social, tem desde logo o defeito de o ponto de vista do "social" — isto é, o das relações sociais entre os homens — possuir precisão suficiente apenas para delimitar problemas científicos quando estes são providos de algum predicado especial que determine o seu conteúdo. Do contrário, considerado como objeto de uma ciência, abrangeria naturalmente tanto a filologia como a história da igreja, e, em especial, todas as disciplinas que se ocupam do mais importante elemento constitutivo de qualquer vida normativa — o Direito. Da mesma forma com que o fato de a economia social se ocupar dos fenômenos da vida ou dos fenômenos de um corpo celeste não nos obriga a considerá-la como parte da biologia ou de uma futura astronomia aperfeiçoada, também o fato de ela tratar de relações "sociais" não constitui razão para que ela seja considerada como precedente necessária de uma "ciência social geral". O domínio do trabalho científico não tem por base as conexões "objetivas" entre as "coisas", mas as conexões conceituais entre os problemas. Só quando se estuda um novo problema com o auxílio de um método novo, e se descobrem verdades que abrem novas e importantes perspectivas, é que nasce uma nova "ciência".

Não é por acaso que o conceito de "social", que parece ter um sentido totalmente geral, adquire, logo que o seu emprego é submetido a um controle, um significado muito particular e específico, embora geralmente indefinido. O que nele há de "geral" deve-se, com efeito, à sua indeterminação. Pois se for encarado no seu significado geral, não oferecerá nenhum ponto de vista específico a partir do qual se possa iluminar o significado de determinados elementos culturais.

Livres do preconceito obsoleto de que a totalidade dos fenômenos culturais pode ser deduzida como produto ou como função de determinadas constelações de interesses "materiais", cremos, no entanto, que a análise dos fenômenos sociais e dos processos culturais da perspectiva especial do seu condicionamento e alcance econômico foi um princípio científico de fecundidade criadora, e continuará a sê-lo, enquanto dele se fizer uso prudente e livre de coibições dogmáticas. Quanto à chamada "concepção materialista da história", é preciso repeli-la com a maior ênfase, enquanto "concepção do mundo", ou quando encarada como denominador comum da explicação causal da realidade histórica — pois o cultivo de uma interpretação econômica da história é um dos fins essenciais da nossa revista. Isso exige uma explicação mais concreta.

Hoje em dia, a chamada "concepção materialista da história", segundo, por exemplo, o sentido genial e primitivo do *Manifesto Comunista,* talvez apenas subsista nas mentes de leigos ou diletantes. Entre esses, com efeito, encontra-se ainda muito difundido o singular fenômeno de que a necessidade de explicação causal de um fenômeno histórico não fica satisfeita enquanto não se mostre (mesmo que só aparentemente) a intervenção de causas econômicas. Feito isto, eles passam a se contentar com as hipóteses mais frágeis e com as formulações mais genéricas, pois já foi satisfeita a sua necessidade dogmática, segundo a qual as "forças" econômicas são as únicas causas "autênticas", "verdadeiras" e "sempre determinantes em última instância". Este fenômeno nada tem de extraordinário. Quase todas as ciências, desde a filologia até a biologia, revelaram, numa ocasião ou noutra, a pretensão de produzir não só os seus conhecimentos específicos, como até mesmo "concepções de mundo". E, sob o impulso produzido pelo enorme significado cultural das modernas transformações econômicas, e principalmente por meio do alcance transcendente da "questão operária", não é de admirar que também viesse desembocar neste caminho a inextirpável tendência monista de todo o conhecimento refratário à autocrítica. Esta mesma tendência manifesta-se hoje na antropologia, exatamente no momento em que as nações se enfrentam com hostilidade crescente, numa luta política e econômica pelo domínio do mundo. É hoje muito difundida a opinião de que "em última análise", o decurso histórico não seria mais do que a resultante da rivalidade entre a ação recíproca de "qualidades raciais" inatas. A mera descrição acrítica das "características de um povo" foi substituída pela montagem, menos crítica ainda, de "teorias da sociedade" supostamente baseadas nas "ciências da natureza". Em nossa revista, acompanharemos muito atentamente o desenvolvimento da investigação antropológica, sempre que se mostrar importante para os nossos pontos de vista. É de se esperar que a situação de se ver na "raça" a essência da explicação causal — o que era apenas um atestado de nossa ignorância — possa ser lentamente substituída mediante um trabalho metodicamente orientado da forma como, de modo semelhante, ocorreu também em relação ao "ambiente' ou, anteriormente, em relação às "circunstâncias da época". Se houve algo que, até neste momento, prejudicou esta investigação, foram as ideias de diletantes fervorosos, que acreditavam poder fornecer ao conhecimento cultural algo de especificamente diferente e mais importante do que a simples ampliação da possibilidade de uma segura imputação dos acontecimentos culturais concretos e individuais da realidade histórica a certas causas concretas e historicamente dadas, mediante a obtenção de um material de observação exato, com perspectivas específicas. Só na medida em que ela, a antropologia, pode proporcionar-nos conhecimentos deste tipo, os seus resultados terão interesse para nós, fazendo com que a "biologia racial" adquira uma importância que é superior ao fato de ser um mero produto da moderna febre de fundamentação científica.

Não é outro o significado da interpretação econômica da História. Se hoje em dia — depois de um período de desmedida supervalorização — quase existe o perigo de se subestimar a sua capacidade de fornecer explicações científicas, isso é apenas consequência da inaudita ausência de espírito crítico, no que diz respeito à interpretação da realidade, concebida como "método universal", no sentido de uma dedução de todos os fenômenos culturais — isto é, de tudo o que, para nós, neles é essencial — a partir de condições que, em última instância, seriam "economicamente condicionadas". Hoje, a forma lógica sob a qual se apresenta esta visão não é totalmente homogênea. Quando a explicação puramente econômica se depara com dificuldades, dispõe-se de vários meios para manter a sua validade geral como fator causal decisivo. Às vezes, considera tudo aquilo que, na realidade histórica, não pode ser deduzido a partir de motivos econômicos como algo que, por isso mesmo, seria "acidental" e, portanto, cientificamente insignificante. Às vezes amplia o conceito de "econômico" até o desfigurar, de modo que nele encontram lugar todos aqueles interesses humanos que, de uma ou de outra forma, são ligados aos meios externos ou ao meio ambiente. No caso de haver a prova histórica de que, em face de duas situações idênticas do ponto de vista econômico, houve reações diferentes — em consequência de diferenças nas determinantes políticas, religiosas, climáticas ou em quaisquer outras determinantes não econômicas — todos estes fatores são então "rebaixados" ao nível de "condições" historicamente acidentais, sob as quais os motivos econômicos atuam como "causas", visando preservar o predomínio do econômico. É óbvio, contudo, que todos estes aspectos "casuais" para a perspectiva econômica seguem as suas próprias leis, no mesmo sentido em que o fazem os aspectos econômicos e que, para uma abordagem que persegue o seu significado específico, as respectivas "condições" econômicas são tão "historicamente acidentais" quanto ocorre também em casos inversos. Por fim, uma tentativa muito comum para manter, apesar de tudo, a supremacia do econômico, consiste em interpretar as constantes cooperações e interações dos diferentes elementos da vida cultural como dependendo causal ou funcionalmente uns dos outros, ou melhor, de um único elemento: o econômico. Deste modo, quando uma determinada instituição não econômica realiza também, historicamente, uma determinada "função" a serviço de quaisquer interesses econômicos de classe — isto é, quando se converte em instrumento desta, como no caso de determinadas instituições religiosas que se deixam utilizar como "política negra" —, essa instituição é apresentada como expressamente criada para tal função, ou, em sentido completamente metafísico, como tendo sido moldada por uma "tendência de desenvolvimento" de caráter econômico.

Hoje em dia, não é preciso explicar a um especialista que esta interpretação dos fins da análise econômica da cultura era resultante, em parte, de uma determinada conjuntura histórica que orientou o interesse científico para certos problemas culturais "economicamente condicionadas", e, em parte, também, de um forte apego à especialidade científica. Achamos que é necessário demonstrar que esta interpretação, nos dias de hoje, está pelo menos ultrapassada. Em nenhum setor dos fenômenos culturais se pode reduzir tudo a causas econômicas, nem sequer no setor específico dos "fenômenos econômicos". Em princípio, a história bancária de qualquer povo que pretendesse alegar a sua história a partir de motivos econômicos é tão impossível como, por exemplo, a "explicação" da Madona da Capela Sistina a partir dos fundamentos socioeconômicos da vida cultural da época de sua criação, e de modo nenhum é mais exaustiva que, por exemplo, a explicação que faz derivar o capitalismo de certas transformações dos conteúdos da consciência religiosa que contribuíram para a gênese do espírito capitalista, ou ainda, a que interpreta qualquer configuração política a partir de determinados condicionamentos geográficos. Em todos estes casos, é decisivo, para a determinação da importância a ser concedida aos condicionamentos "econômicos", a classe de causas que devemos atribuir àqueles elementos específicos do fenômeno em questão que consideramos significativos em cada caso particular. O direito à análise unilateral da realidade cultural a partir de "perspectivas" específicas — em nosso caso, a do seu condicionamento econômico — resulta, desde logo, e em termos puramente metodológicos, da circunstância de que o treino da atenção para se observar o efeito de determinadas categorias causais qualitativamente semelhantes, bem como a constante utilização do mesmo aparelho metodológico-conceitual, oferece todas as vantagens da divisão do trabalho. Ela não é arbitrária enquanto há êxito no seu procedimento, isto é, enquanto oferece um conhecimento de relações que demonstram ser valiosas para a imputação de causas a determinados acontecimentos históricos concretos. Mas a "parcialidade" e a irrealidade da interpretação puramente econômica apenas constituem um caso especial de um princípio de validade muito generalizada para o conhecimento científico da realidade cultural. Todas as subsequentes discussões terão como fim essencial esclarecer as bases lógicas e as consequências gerais de método do que a seguir é exposto.

Não existe nenhuma análise científica totalmente "objetivada" da vida cultural, ou — o que pode significar algo mais limitado, mas seguramente não essencialmente diverso, para os nossos propósitos — dos "fenômenos sociais", que seja independente de determinadas perspectivas especiais e parciais, graças às quais estas manifestações possam ser, explícita ou implicitamente, consciente ou inconcientemente, selecionadas, analisadas e organizadas na exposição, enquanto objeto de pesquisa. Isso se deve ao caráter particular da meta do conhecimento de qualquer trabalho das ciências sociais que se proponha ir além de um estudo meramente formal das normas — legais ou convencionais — da convivência social.

A ciência social que pretendemos exercitar é uma ciência da realidade. Procuramos entender na realidade que está ao nosso redor, e na qual nos encontramos situados, aquilo que ela tem de específico; por um lado, as conexões e a significação cultural das nossas diversas manifestações na sua configuração atual e, por outro, as causas pelas quais ela se desenvolveu historicamente de uma forma e não de outra. Acontece que, tão logo tentamos tomar consciência do modo como se nos apresenta imediatamente a vida, verificamos que ela se nos manifesta "dentro" e "fora" de nós, sob uma quase infinita diversidade de eventos que aparecem e desaparecem sucessiva e simultaneamente. E a absoluta infinitude dessa diversidade subsiste, sem qualquer atenuante do seu caráter intensivo, mesmo quando voltamos a nossa atenção, isoladamente, a um único "objeto" — por exemplo, uma transação concreta — e isso tão logo tentamos descrever de forma exaustiva essa "singularidade" em todos os componentes individuais, e, ainda muito mais, quando tentamos captá-la naquilo que tem de causalmente determinado. Assim, todo o conhecimento da realidade infinita, realizado pelo espírito humano finito, baseia-se na premissa tácita de que apenas um fragmento limitado dessa realidade poderá constituir de cada vez o objeto da compreensão científica e de que só ele será "essencial" no sentido de "digno de ser conhecido". E segundo que princípios se isola esse fragmento? Repetidas vezes acreditou-se poder encontrar o critério decisivo também nas ciências da cultura, na repetição regular, "conforme leis", de determinadas conexões causais. Segundo esta concepção, o conteúdo das "leis" que somos capazes de reconhecer na inesgotável diversidade do curso dos fenômenos deverá ser o único fator considerado cientificamente "essencial". Logo que tenhamos demonstrado a "regularidade" de uma conexão causal, seja mediante uma ampla indução histórica ou por meio de estabelecimento para a experiência íntima da sua evidência imediatamente intuitiva, admite-se que todos os casos semelhantes — por mui numerosos que sejam — ficam subordinados à fórmula assim encontrada. Tudo o que na realidade individual continue a resistir à seleção feita a partir desta regularidade, ou é considerado como um remanescente ainda não elaborado cientificamente (mas que, mediante aperfeiçoamentos contínuos, deverá ser integrado no sistema das "leis"), ou é deixado de lado. Ou seja, é considerado "casual" e cientificamente secundário precisamente porque se revela "ininteligível em face das leis" e não se integra ao processo "típico", de modo que se tornará objeto de uma "curiosidade ociosa". Deste modo, mesmo entre os representantes da escola histórica, reaparece constantemente a concepção de que o ideal para o qual tende ou pode tender todo o conhecimento, mesmo o das ciências da cultura — ainda que seja num futuro longínquo — consistirá num sistema de proposições das quais seria possível "deduzir" a realidade. Sabe-se que um dos porta-vozes das ciências da natureza julgou mesmo poder caracterizar o ideal — praticamente inalcançável — dessa elaboração da realidade cultural como conhecimento "astronômico" dos fenômenos da vida. Por muito debatida que seja esta questão, não medimos esforços para um exame mais profundo do tema. Em primeiro lugar, salta aos olhos que esse conhecimento "astronômico", pensando no caso citado, não é de modo nenhum um conhecimento de leis, mas, pelo contrário, extrai de outras disciplinas, como a mecânica, as "leis" com as quais trabalha, à maneira de premissas. Quanto à própria astronomia, interessa-lhe saber qual o efeito individual produzido pela ação dessas leis sobre uma constelação individual, dado que estas constelações têm importância para nós. Como é natural, toda a constelação individual que a astronomia nos "explica" ou prediz só poderá ser causalmente explicável como uma sequência de outra constelação, igualmente individual, que a precede. E, por muito que recuemos na obscuridade do mais longínquo passado, a realidade para a qual tais leis são válidas permanece também individual e igualmente refratária a uma dedução a partir de leis. Compreende-se que um "estado original" cósmico que não possuísse um caráter individual, ou que o tivesse em menor grau que a realidade cósmica atual, seria evidentemente um pensamento sem nenhum sentido.

No entanto, não sobrevive, em nossa especialidade, um resquício de representações semelhantes, quando se supõem "estados primitivos" socioeconômicos sem qualquer "causalidade" histórica, quer inferidos do direito natural, quer verificados mediante a observação dos "povos primitivos"? Seria o caso, por exemplo, do "comunismo agrário primitivo", da "promiscuidade sexual" etc. dos quais nasceria, mediante uma espécie de "queda pecaminosa" no concreto, o desenvolvimento histórico individual?

Não há qualquer dúvida de que o ponto de partida do interesse pelas ciências sociais reside na configuração real e, portanto, individual da vida sociocultural que nos rodeia, quando queremos apreendê-la no seu contexto universal, nem por isso menos individual, e no seu desenvolvimento a partir de outros estados socioculturais, naturalmente individuais também. Fica evidente que também nós nos encontramos perante a situação extrema que acabamos de expor no caso da Astronomia (e que os lógicos também utilizam regularmente) e até de um modo especificamente acentuado. Enquanto no campo da Astronomia, os aspectos celestes apenas despertam o nosso interesse pelas suas relações quantitativas, suscetíveis de medições exatas, no setor das ciências sociais, pelo contrário, o que nos interessa é o aspecto qualitativo dos fatos. Devemos ainda acrescentar que, nas ciências sociais, se trata da intervenção de fenômenos espirituais, cuja "compreensão" por "revivência" constitui uma tarefa especificamente diferente da que poderiam, ou quereriam resolver as fórmulas do conhecimento exato da natureza. Apesar de tudo isso, tais diferenças não são categóricas, como nos poderia parecer à primeira vista. Exceto o caso da mecânica pura, nenhuma ciência da natureza pode prescindir da noção de qualidade. Além disso, deparamonos em nosso próprio campo, com a opinião — errônea — de que o fenômeno, fundamental para a nossa cultura, do comércio financeiro, é suscetível de quantificação e, portanto, cognoscível, mediante "leis". Por fim, dependeria da definição mais ou menos lata do conceito de "lei" que nele se pudesse incluir, as regularidades não suscetíveis de uma expressão numérica, devido ao fato de não serem quantificáveis. No que diz respeito especialmente à intervenção de motivos "espirituais", esta, de modo algum, exclui o estabelecimento de regras para uma atuação racional. Mas, sobretudo, acontece que, ainda hoje, não desapareceu completamente a opinião de que é tarefa da psicologia desempenhar, para as diversas ciências do espírito (*Geisteswissenschaften*), um papel comparável ao das matemáticas para as "ciências da natureza". Para tal, ela deveria decompor os complexos fenômenos da vida social nas suas condições e efeitos psíquicos, reduzi-los a fatores psíquicos mais simples, e, enfim, classificar estes últimos em gêneros e analisar as suas relações funcionais. Assim, ter-se-ia conseguido criar, senão uma "mecânica", ao menos uma "química" da vida social nas suas bases psíquicas. Não nos cabe decidir aqui se tais análises poderão algum dia contribuir com resultados particulares que sejam valiosos e — o que é diferente — úteis para as ciências da cultura. No entanto, isso não afeta de modo nenhum a possibilidade de se atingir a meta do conhecimento socioeconômico, tal como o entendemos aqui — ou seja, o conhecimento da realidade concreta segundo o seu significado cultural e suas relações causais — mediante a busca da repetição regular. Supondo que alguma vez, quer por meio da psicologia, quer de qualquer outro modo, se conseguisse decompor em fatores últimos e simples todas as conexões causais imagináveis da coexistência humana, tanto as que já foram observadas como as que um dia será possível estabelecer, e supondo que se conseguisse abrangê-las de modo exaustivo numa imensa casuística de conceitos e de regras com a rigorosa validade das leis, o que significaria este resultado para o conhecimento, quer do mundo cultural historicamente dado, quer de algum fenômeno particular, como o do capitalismo na sua evolução ou no seu significado cultural? Como meio de conhecimento, não significa nem mais nem menos que aquilo que um dicionário das combinações da química orgânica significa para o conhecimento biogenético dos reinos animal e vegetal. Tanto num caso como noutro ter-se-á realizado um importante e útil trabalho preliminar. Todavia, e, tanto num caso como noutro, tornar-se-ia impossível chegar algum dia a deduzir a realidade da vida a partir destas "leis" e "fatores". Não por subsistirem ainda, nos fenômenos vitais, determinadas "forças" superiores e misteriosas ("dominantes", "entelequias" ou outras) — o que já constitui outro problema — mas simplesmente porque, para o reconhecimento da realidade, só nos interessa a constelação em que esses "fatores" (hipotéticos) se agrupam, formando um fenômeno cultural historicamente significativo para nós; e também porque, se pretendemos "explicar causalmente" esses agrupamentos individuais, teríamos de nos reportar constantemente a outros agrupamentos igualmente individuais, a partir dos quais os "explicássemos", embora utilizando, naturalmente, os citados (hipotéticos) conceitos denominados "leis". O estabelecimento de tais "leis" e "fatores" (hipotéticos) apenas constituiria, para nós, a primeira das várias operações às quais o conhecimento a que aspiramos nos conduziria. A segunda operação, completamente nova e independente, apesar de se basear nessa tarefa preliminar, seria a análise e a exposição ordenada do agrupamento individual desses "fatores" historicamente dados e da combinação concreta e significativa dele resultante. Mas acima de tudo consistiria em tornar inteligível a causa e a natureza deste significado. A terceira operação seria remontar o máximo possível ao passado e observar como se desenvolveram as diferentes características individuais dos agrupamentos de importância para o presente, e proporcionar uma explicação histórica a partir destas constelações anteriores, igualmente individuais. Por fim, uma quarta operação possível consistiria na avaliação das constelações possíveis no futuro.

Para todas essas finalidades, seria muito útil, e quase indispensável, a existência de conceitos claros e o conhecimento destas "leis" (hipotéticas), como meios heurísticos — mas unicamente como tais. Porém, mesmo com esta função, há um ponto decisivo que demonstra o limite do seu alcance, com o que somos conduzidos à peculiaridade decisiva do método das ciências da cultura, ou seja, nas disciplinas que aspiram a conhecer os fenômenos da vida segundo a sua significação cultural. A significação da configuração de um fenômeno cultural e a causa dessa significação não podem contudo deduzir-se de qualquer sistema de conceitos de leis, por mais perfeito que seja, como também não podem ser justificados nem explicados por ele, tendo em vista que pressupõe a relação dos fenômenos culturais com ideias de valor. O conceito de cultura é um conceito de valor. A realidade empírica é "cultura" para nós porque e na medida em que a relacionamos com ideias de valor. Ela abrange aqueles e somente aqueles componentes da realidade que através desta relação tornam-se significativos para nós. Uma parcela ínfima da realidade individual que observamos em cada caso é matizada pela ação do nosso interesse condicionado por essas ideias de valor; apenas ela tem significado para nós, precisamente porque revela relações tornadas importantes graças à sua vinculação a ideias de valor. E somente por isso, e na medida em que isso ocorre, interessa-nos conhecer a sua característica individual. Entretanto, o que se reveste de significação não poderá ser deduzido de um estudo "isento de pressupostos" do empiricamente dado. Pelo contrário, é a comprovação desta significação que constitui a premissa para que algo se converta em objeto de análise. Naturalmente, o significativo, como tal, não coincide com qualquer lei como tal, e isto tanto menos quanto mais geral for a validade dessa lei. Porque a significação que tem um fragmento da realidade para nós não se encontra evidentemente nas relações que compartilha com o maior número possível de outros elementos. A redução de realidade com ideias de valor que lhe conferem uma significação, assim como o sublinhar e ordenar os elementos do real matizados por esta relação sob o ponto de vista de sua significação cultural, constituem perspectivas completamente diferentes e distintas da análise de realidade levada a cabo para conhecer as suas leis e para ordená-las segundo conceitos gerais. Ambas as modalidades de pensamento ordenador do real não mantêm entre si nenhuma lógica necessária. Poderá acontecer que, num caso concreto, venham alguma vez a coincidir, mas, se essa coincidência causal nos ocultar a sua discrepância de princípios, isso poderá acarretar as mais funestas consequências. O significado cultural de um fenômeno — por exemplo, o do comércio monetário — pode consistir no fato de se manifestar como fenômeno de massa, como um dos elementos fundamentais da cultura contemporânea. Mas, ato contínuo, o fato histórico de desempenhar esse papel é que constitui o que deverá ser compreendido do ponto de vista de seu significado cultural e explicado causalmente da perspectiva da sua origem histórica. A análise da essência geral da troca e da técnica do tráfico comercial constituem uma tarefa preliminar, muito embora extremamente importante e indispensável. Mas não fica assim resolvida a questão de como a troca chegou historicamente a alcançar a significação fundamental que hoje possui, nem a que, em última análise, nos interessa: a de qual é a significação cultural da economia monetária. Pois é por causa dela que nos interessamos pela descrição da técnica de circulação e por sua causa também que existe hoje uma ciência que trata desta técnica. De qualquer modo, não se deduz de nenhuma destas leis. As características genéricas da troca, da compra etc. interessam ao jurista. Mas o que a nós interessa é a tarefa de analisar a significação cultural do fato histórico de a troca constituir, hoje em dia, um fenômeno de massa. Quando este fato precisa ser explicado, quando pretendemos compreender a diferença entre a nossa cultura socioeconômica e a da Antiguidade —

onde a troca apresentava exatamente as mesmas qualidades genéricas de hoje —, quando queremos saber em que consiste a significação da "economia monetária", surgem então na análise princípios lógicos de origem claramente heterogênea. Por certo que, enquanto contiverem elementos significativos da nossa cultura, utilizaremos os conceitos que a análise dos elementos genéricos dos fenômenos econômicos de massa nos oferece como meios de exposição. Porém, por muito exata que seja a distinção desses conceitos e das leis, não só não teremos alcançado o alvo da nossa tarefa, como a questão sobre qual deve ser o objeto da formação de conceitos genéricos não ficará "livre de pressupostos", dado que foi decidida em função da significação que possuem para a cultura determinados elementos dessa multiplicidade infinita que chamamos "circulação". Procuramos conhecer um fenômeno histórico, isto é, significativo na sua especificidade. E o que há de decisivo é o fato de a ideia de um conhecimento dos fenômenos individuais só adquirir sentido lógico mediante a premissa de que apenas uma parte finita da infinita diversidade de fenômenos é significativa. Mesmo com o mais amplo conhecimento de todas as "leis" do devir ficaríamos perplexos diante do problema de como é possível, em geral, a explicação causal de um fato individual, posto que nem sequer se possa pensar a mera descrição exaustiva do mais finito fragmento da realidade. Pois o número e a natureza das causas que determinam qualquer acontecimento individual são sempre infinitos, e não existe nas próprias coisas critério algum que permita escolher dentre elas uma fração que possa entrar isoladamente em consideração. A tentativa de um conhecimento da realidade "livre de pressupostos" só conseguiria produzir um caos de "juízos existenciais" acerca de inúmeras concepções ou percepções particulares. E, o mesmo resultado só seria possível na aparência, já que a realidade de cada uma das percepções, expostas a uma análise detalhada, ofereceria um sem-número de elementos particulares que nunca poderão ser expressos de modo exaustivo nos juízos de percepção. Este caos só pode ser ordenado pelo fato de que, em qualquer caso, unicamente um segmento da realidade individual possui interesse e significado para nós, posto que só ele se encontre em relação com as ideias culturais de valor com que abordamos a realidade. Portanto, só alguns aspectos dos fenômenos particulares infinitamente diversos, e precisamente aqueles a que conferimos uma significação geral para a cultura, merecem ser conhecidos, pois apenas eles são objeto de explicação causal. Também esta explicação causal oferece, por sua vez, o mesmo caráter, pois uma regressão causal exaustiva a partir de qualquer fenômeno concreto para captar a sua plena realidade não só resulta praticamente impossível como é pura e simplesmente um absurdo. Apenas colocamos em relevo as causas a que se podem atribuir, num caso concreto, os elementos "essenciais" de um acontecimento. Quando se trata da individualidade de um fenômeno, o problema da causalidade não incide sobre as leis, mas sobre conexões causais concretas. Não se trata de saber a que fórmula se deve subordinar o fenômeno a título de exemplar, mas sim a que constelação deve ser imputado como resultado. Trata-se, portanto, de um problema de imputação causal. Onde quer que se trate de explicação causal de um fenômeno cultural — ou de uma "individualidade histórica", expressão já utilizada relativamente à metodologia da nossa disciplina e agora habitual na lógica, como uma formulação mais precisa —, o conhecimento das leis da causalidade não poderá constituir o fim, mas apenas o meio na investigação. Ele apenas facilita a imputação causal que leva em consideração aqueles elementos nos acontecimentos que ficaram importantes causalmente para a singular evolução cultural. É apenas na medida em que presta este serviço que poderá ter valor para o conhecimento das conexões individuais. E, quanto mais "gerais", isto é, abstratas, são as leis, tanto menos contribuem para as necessidades da imputação causal dos fenômenos individuais e, indiretamente, para a compreensão da significação dos acontecimentos culturais.

O que se conclui de tudo isso?

Naturalmente não que, no setor das ciências da cultura, o conhecimento do geral, a formação de conceitos genéricos abstratos, o conhecimento de regularidades e a tentativa de formulação de relações "regulares" não tenham uma justificação científica. Muito pelo contrário. Se o conhecimento causal do historiador consiste na imputação de certos resultados concretos a determinadas causas concretas, então é impossível uma imputação válida de qualquer resultado individual sem a utilização de um conhecimento "nomológico", isto é, de um conhecimento das regularidades das conexões causais. Para saber se cabe atribuir a um elemento individual e singular de uma conexão, na realidade, uma importância causal para o resultado que se trata de explicar causalmente, só existe a possibilidade de proceder à avaliação das influências que nos habituamos a esperar geralmente, tanto deste como de outros elementos do mesmo complexo, que sejam pertinentes à explicação. Essas influências constituem, por conseguinte, os efeitos "adequados" dos elementos causais em questão. Saber até que ponto o historiador (no sentido mais lato da palavra) é capaz de realizar com segurança esta imputação, com o auxílio de sua imaginação metodicamente educada e alimentada pela sua experiência pessoal de vida, e até que ponto estará dependente do auxílio de determinadas ciências especializadas postas ao seu alcance, é algo que depende de cada situação particular. Mas, em qualquer caso, e também no setor dos fenômenos econômicos complexos, a certeza da imputação é, por isso, tanto maior quanto mais seguro e amplo for o nosso conhecimento geral. O valor desta afirmação não é de modo nenhum diminuído pelo fato de que nunca, mesmo nas chamadas "leis econômicas", se trata de conexões "regulares", no sentido estrito das ciências da natureza, mas sim de conexões causais adequadas, expressas em regras, e, portanto, de uma aplicação da categoria da "possibilidade objetiva", que não analisaremos aqui com maiores detalhes. Ocorre que o estabelecimento de tais regularidades não é a finalidade, mas sim um meio do conhecimento. E quanto a saber se tem sentido formular como "lei" uma regularidade de conexões causais observada na experiência cotidiana, isso não é mais do que uma questão de conveniência em cada caso concreto. Para as ciências exatas da natureza, as leis são tanto mais importantes e valiosas quanto mais geral é a sua validade. Para o conhecimento das condições concretas dos fenômenos históricos, as leis mais gerais são frequentemente as menos valiosas, por serem as mais vazias de conteúdo. Isto porque, quanto mais vasto é o campo abrangido pela validade de um conceito genérico — isto é, quanto maior a sua extensão — tanto mais nos afasta da riqueza da realidade, posto que, para poder abranger o que existe de comum no maior número possível de fenômenos, forçosamente deve ser o mais abstrato e pobre de conteúdo. No campo das ciências da cultura, o conhecimento do geral nunca tem valor por si próprio.

De tudo o que até aqui se disse, resulta que carece de razão de ser um estudo "objetivo" dos acontecimentos culturais, no sentido de que o fim ideal do trabalho científico deverá consistir numa redução da realidade empírica a certas leis. Carece de razão de ser não porque — como frequentemente se sustentou — os acontecimentos culturais ou, se quiser, os fenômenos espirituais, evoluam "objetivamente" de modo menos sujeito a leis, mas: a) porque o conhecimento de leis sociais não é um conhecimento do socialmente real, mas unicamente um dos diversos meios auxiliares de que nosso pensamento se serve para esse efeito; e b) porque nenhum conhecimento dos acontecimentos culturais poderá ser concebido senão com base na significação que a realidade da vida, sempre configurada de modo individual, possui para nós em determinadas relações singulares. Não existe nenhuma lei que nos mostre em que sentido e em que condições isso sucede, pois o decisivo são as ideias de valor, prisma sob o qual consideramos a "cultura" em cada caso. A "cultura" é um segmento finito e destituído de sentido próprio do mundo, a que o pensamento conferiu — do ponto de vista do homem — um sentido e uma significação. E continua a ser assim mesmo para quem se opõe a uma cultura concreta como inimigo implacável, preconizando o "regresso à natureza". Pois apenas pode adotar essa posição quando compara esta cultura concreta às suas próprias ideias de valor, afigurando-se-lhe aquela como "demasiado superficial". Referimo-nos precisamente a esta circunstância puramente lógica e formal quando afirmamos que todo o indivíduo histórico está arraigado, de modo logicamente necessário, em "ideias de valor". A premissa transcendental de qualquer ciência da cultura reside não no fato de considerarmos valiosa uma "cultura" determinada, mas na circunstância de sermos homens de cultura, dotados da capacidade e da vontade de assumirmos uma posição consciente em face do mundo e de lhe conferirmos um sentido. Seja qual for este sentido, ele influirá para que, no decurso de nossa vida, extraiamos dele avaliações de determinados fenômenos da convivência humana e assumamos, perante eles, considerados significativos, uma posição (positiva ou negativa). Qualquer que seja o conteúdo desta tomada de posição, esses fenômenos possuem para nós uma significação cultural que constitui a base única do seu interesse científico. Consequentemente, quando utilizamos aqui a terminologia dos lógicos modernos (Rickert) e dizemos que o conhecimento cultural é condicionado por determinadas ideias de valor, esperamos que isso não seja suscetível a mal-entendidos tão grosseiros como a opinião de que apenas se deve atribuir significação cultural aos fenômenos valiosos. Pois tanto a prostituição como a religião ou o dinheiro são fenômenos culturais. E todos os três o são, única e exclusivamente, enquanto a sua existência e a força que historicamente adotam correspondem, direta ou indiretamente, aos nossos interesses culturais, enquanto animam o nosso desejo de conhecimento a partir de pontos de vista derivados das ideias de valor, as quais tornam significativo para nós o fragmento de realidade expresso naqueles conceitos.

Disso resulta que todo conhecimento da realidade cultural é sempre um conhecimento subordinado a pontos de vista especificamente particulares. Quando exigimos do historiador ou do sociólogo a premissa elementar de saber distinguir entre o essencial e o secundário, de possuir para esse fim os pontos de vista necessários, queremos unicamente dizer que ele deverá saber referir — consciente ou inconscientemente — os elementos da realidade a "valores culturais" universais, e destacar aquelas conexões que, para nós, se revestem de significado. E se é frequente a opinião de que tais pontos de vista poderão ser "deduzidos da própria matéria", isto apenas se deve à ilusão ingênua do especialista que não se dá conta de que — desde o início e em virtude das ideias de valor com que inconscientemente abordou o tema — destacou da absoluta imensidade um fragmento ínfimo e, particularmente aquele cujo exame lhe importava. A propósito desta seleção de "aspectos" especiais e individuais do devir, que sempre e em todos os casos se realiza consciente ou inconscientemente, reina também essa concepção do trabalho científico-cultural que constitui a base da tão repetida afirmação de que o elemento "pessoal" é o que verdadeiramente confere valor a uma obra científica. Ou seja, de que qualquer obra deverá exprimir uma "personalidade" paralelamente a outras qualidades. Por certo que, sem as ideias de valor do investigador, não existiria nenhum princípio de seleção, nem o conhecimento sensato do real singular, da mesma forma como sem a crença do pesquisador na significação de um conteúdo cultural qualquer, resultaria completamente desprovido de sentido todo o estudo do conhecimento da realidade individual, pois também a orientação da sua convicção pessoal e a difração de valores no espelho da sua alma conferem ao seu trabalho uma direção. E os valores a que o gênio científico refere os objetos da sua investigação poderão determinar a "concepção" que se fará de toda uma época. Isto é, não só poderão ser decisivos para aquilo que, nos fenômenos, se considera "valioso", mas ainda para o que passa por significativo ou insignificante, "importante" ou "secundário".

O conhecimento científico-cultural, tal como o entendemos, encontra-se preso, portanto, a premissas "subjetivas", pelo fato de apenas se ocupar daqueles elementos da realidade que apresentam alguma relação, por muito indireta que seja, com o acontecimento a que conferimos uma significação cultural. Apesar disso, continua naturalmente a ser um conhecimento puramente causal, da mesma maneira como o conhecimento de eventos naturais individuais importantes, que têm caráter qualitativo. Paralelamente às numerosas confusões originadas pelo imiscuir do pensamento jurídico formalista na esfera das ciências culturais, surgiu recentemente (em obra do jurista R. Stammler, entre outras), a tentativa de "refutar" a "concepção materialista da História" através de uma série de engenhosos sofismas. Para tanto, argumenta-se, já que toda a vida econômica deveria evoluir dentro de determinadas formas reguladas de modo legal ou convencional, qualquer "evolução" econômica deveria adotar o aspecto de aspirações para a criação de novas formas jurídicas. Isto é, que apenas poderia ser compreensível a partir de certas máximas morais, e por isso seria diferente, em essência, de qualquer "evolução natural". O conhecimento da evolução econômica teria, assim, um caráter "teleológico". Sem pretendermos discutir aqui o significado ambíguo que o conceito de "evolução" comporta nas ciências sociais, nem o conceito igualmente ambíguo, do ponto de vista lógico, de "teleológico", cabe deixar assente que a economia não é necessariamente "teleológica", tal como pressupõe essa concepção. Mesmo no caso de uma total identidade de forma das normas jurídicas vigentes, a significação cultural das relações jurídicas de caráter normativo pode mudar de modo radical e, consequentemente, as próprias normas. Pois, se nos permitíssemos um mergulho em divagações sobre o futuro, poder-se-ia imaginar, por exemplo, como teoricamente realizável, uma "socialização dos meios de produção", sem que se houvesse produzido qualquer "aspiração" conscientemente dirigida para esse resultado e sem que houvesse necessidade de se acrescentar ou suprimir qualquer artigo na nossa atual legislação. Em compensação, a frequência estatística das diversas relações legalmente normalizadas seria sem dúvida modificada de modo radical, e, em numerosos casos, ficaria reduzida a zero uma grande parte das normas jurídicas, que perderiam praticamente qualquer significado, e toda a sua significação para a cultura se tornaria irreconhecível. Por conseguinte, a "concepção materialista da história" poderia, assim, eliminar com razão as discussões *de lege ferenda* (com referência à legislação futura), visto que o seu ponto de vista básico afirmava precisamente a inevitável mudança da significação das instituições jurídicas. Todo aquele que crê que o modesto trabalho de compreensão causal da realidade histórica constitui uma tarefa inferior poderá desinteressar-se por ele, mas é realmente impossível substituí-lo por qualquer "teleologia". Na nossa concepção, "fim" é a representação de um resultado que se converte em causa que contribua ou possa contribuir para o resultado significativo. A sua significação específica baseia-se unicamente em que podemos e queremos não só constatar a atividade humana, mas também compreendê-la.

Não há dúvida de que as ideias de valor são "subjetivas". Entre o interesse pela evolução dos maiores fenômenos imagináveis, que durante longos períodos foram, e continuam a ser, comuns a uma nação ou a toda a humanidade, existe uma escala infinita de "significações" cujos graus se apresentarão, para cada um de nós, numa ordem diferente. E, naturalmente, esta ordem também varia historicamente de acordo com o caráter da cultura e do pensamento que domina os homens. É evidente, no entanto, que não devemos deduzir de tudo isso que a investigação científico-cultural apenas conseguiria obter resultados "subjetivos", no sentido de serem válidos para uns, mas não para outros. O que varia é o grau de interesse que se manifesta por um ou por outro. Em outras palavras: apenas as ideias de valor que dominam o investigador e uma época podem determinar o objeto do estudo e os limites deste estudo. No que concerne ao método da investigação, o "como" é o ponto de vista dominante que determina a formação dos conceitos auxiliares de que se utiliza. E quanto ao método de utilizá-los, o investigador encontra-se evidentemente ligado às normas de nosso pensamento. Porque só é uma verdade científica aquilo que pretende ser válido para todos os que querem a verdade.

Ora, daqui se deduz a total insensatez da crença que por vezes encontramos mesmo entre historiadores da nossa especialidade, segundo a qual o alvo das ciências da cultura poderia ser a elaboração de um sistema fechado de conceitos que, de um modo ou de outro, sintetizaria a realidade mediante uma articulação definitiva, a partir da qual se poderia de novo deduzi-la. O fluxo do devir incomensurável flui incessantemente ao encontro da eternidade. Os problemas culturais que fazem mover a humanidade renascem a cada instante, sob um aspecto diferente, e permanecem variáveis: o âmbito daquilo que, no fluxo eternamente infinito do individual, adquire para nós importância e significação e se converte em "individualidade histórica". Mudam também as relações intelectuais, sob as quais são estudados e cientificamente compreendidos. Por conseguinte, os pontos de partida das ciências da cultura continuarão a ser variáveis no imenso futuro, enquanto uma espécie de imobilidade chinesa da vida espiritual não desacostumar a humanidade de fazer perguntas à vida sempre inesgotável. Um sistema das ciências culturais, embora só o fosse no sentido de uma fixação definitiva, objetivamente válida e sistematizadora das questões e dos campos dos quais se espera que tratem, seria um absurdo em si. Uma tentativa deste tipo poderá apenas rematar por uma justaposição de diferentes pontos de vista, especificamente particulares, e muitas vezes heterogêneos e díspares entre si, sob os quais a realidade tem sido, e permanecerá para nós, "cultura", isto é, significativa na sua particularidade.

Depois desta prolongada discussão podemos, finalmente, dedicarmo-nos à questão que nos interessa metodologicamente, a propósito do estudo da "objetividade" do conhecimento nas ciências da cultura. Qual é a função lógica e a estrutura dos conceitos com os quais trabalha a nossa ciência, à semelhança de qualquer outra? Ou, para dizê-lo de outra maneira e em função do problema decisivo: qual a significação da teoria e da formação teórica dos conceitos para o conhecimento da realidade cultural?

Como já vimos, a economia política tinha sido originariamente uma "técnica", pelo menos no que diz respeito ao núcleo dos seus estudos, isto é, considerava os fenômenos da realidade de uma perspectiva prática do valor, estável e unívoca pelo menos na aparência: da perspectiva do crescimento da "riqueza" da população num país. Por outro lado, desde o início em que a economia política não era apenas uma "técnica", tendo em vista que se incorporou à poderosa unidade da concepção do mundo do século XVIII, de caráter racionalista e orientada pelo direito natural. Mas a particularidade dessa concepção do mundo, com a sua fé otimista na racionalização teórica e prática do real, comportou um efeito essencial ao evitar que fosse descoberto o caráter problemático da perspectiva que ele pressupunha evidente. Do mesmo modo que o estudo racional da realidade social havia nascido em estreita relação com a evolução moderna das ciências na natureza, continuou semelhante no modo de encarar o seu objeto. Nas disciplinas das ciências da natureza, a perspectiva prática do valor, relativa ao que é diretamente útil, encontra-se tecnicamente em estreita relação com a esperança — herdada da Antiguidade e desenvolvida posteriormente — de que, por meio do caminho generalizador da abstração e da análise do empírico, orientadas para as relações legais, seria possível chegar a um conhecimento puramente "objetivo" — isto é, aqui, um conhecimento sem relação com todos os valores — e, ao mesmo tempo, absolutamente racional — ou seja, um conhecimento monista de toda a realidade, livre de qualquer "contingência" individual, sob o aspecto de um sistema conceitual de validade metafísica e forma matemática. As disciplinas das ciências da natureza, que se encontram ligadas a pontos de vista axiológicos, tais como a medicina clínica, e, mais ainda, a chamada "tecnologia", converteram-se em puras "artes" práticas. Desde o princípio estavam determinados os valores a que deveriam servir: a saúde do paciente, o aperfeiçoamento técnico de um processo de produção etc... Os meios a que recorreram, eram, e só podiam ser, a aplicação prática dos conceitos de lei descobertos pelas disciplinas teóricas. Qualquer progresso de princípio na formação das leis era também e podia sê-lo um progresso na disciplina prática. Porque, quando os fins permanecem inalteráveis, a redução progressiva das questões práticas (um caso de doença, um problema técnico) a leis de validade geral e à consequente ampliação do conhecimento teórico, se liga à ampliação das possibilidades técnicas e práticas e se identifica com ela. No momento em que a biologia moderna conseguiu englobar os elementos da realidade que nos interessam historicamente (pelo fato de haverem ocorrido precisamente assim e não de qualquer outro modo) dentro do conceito de um princípio de evolução de validade geral, que, pelo menos na aparência — mas não na realidade — permitia ordenar todo o essencial daqueles objetos dentro de um esquema de leis com validade geral, dir-se-ia que sobre todas as ciências pairava ameaçadoramente o crepúsculo dos deuses de todas as perspectivas axiológicas. Visto que também o chamado devir histórico era um fragmento da realidade total e que o princípio da causalidade — premissa de qualquer trabalho científico — parecia exigir a redução de todo o devir a "leis" de validade geral, e visto o descomunal êxito das ciências da natureza, que haviam incorporado esse princípio, parecia impossível conceber um trabalho científico que não fosse o da descoberta de leis do devir em geral. O elemento científico essencial dos fenômenos apenas podia ser constituído pelo aspecto "legal", ao passo que os "acontecimentos individuais" só podiam ser levados em conta como "tipos", o que significa, aqui, como representativos das leis. O interesse por eles próprios, enquanto tais, não era considerado um interesse "científico".

É impossível dar pormenores aqui das importantes repercussões deste estado de espírito repleto de confiança do monismo naturalista sobre as disciplinas econômicas. Quando a crítica socialista e o trabalho dos historiadores começaram a transformar em problemas as perspectivas axiológicas originais, a grande evolução da investigação biológica por um lado, e a influência do panlogismo hegeliano, por outro, impediram que a economia política reconhecesse com precisão toda a amplitude da relação entre o conceito e a realidade. O resultado disso, no que nos interessa aqui, é que, apesar do formidável dique erguido pela filosofia idealista alemã desde Fichte, pelo êxito da Escola Histórica do Direito e pelos trabalhos da Escola Histórica Alemã de Economia Política contra a infiltração dos dogmas naturalistas, não foram ainda superados, em determinados aspectos decisivos, os pontos de vista do naturalismo, e, em parte, essa situação ocorre por causa desse esforço. Entre eles, cabe citar a relação, ainda problemática, que na nossa disciplina existe entre o trabalho "teórico" e o "histórico".

Ainda hoje, o método teórico e "abstrato" se opõe de maneira direta e aparentemente incontornável à investigação histórico-empírica. Ele reconhece com toda a exatidão a impossibilidade metodológica de substituir o conhecimento histórico da realidade pela formulação de "leis", ou de, pelo contrário, chegar ao estabelecimento das "leis", no sentido estrito do termo, mediante a mera justaposição de observações históricas. Para conseguir estabelecer as leis — pois há consenso de que este é o fim supremo da ciência — parte do fato de que experimentamos constantemente as relações da atividade humana em sua realidade imediata. Em face disso, julga poder tornar esse curso dos eventos diretamente inteligível com evidência axiomática e assim explorá-los nas suas "leis". A única forma exata do conhecimento, a formulação de leis imediata e intuitivamente evidentes, seria, ao mesmo tempo, a única que nos permitiria deduzir os acontecimentos não diretamente observáveis. Consequentemente, o estabelecimento de um sistema de proposições abstratas e puramente formais, em analogia às proposições das ciências exatas, seria o único meio de dominar intelectualmente a diversidade social, pelo menos no que diz respeito aos fenômenos fundamentais da vida econômica. Apesar de ter sido o criador desta teoria (H. Gossen, precursor da teoria marginalista na Economia, em 1854) o primeiro e único a efetuar uma distinção metodológica de princípio entre o conhecimento legal e o histórico atribuiu uma validade empírica às proposições da teoria abstrata, no sentido de uma possibilidade de dedução da realidade a partir destas "leis". É certo que o não fazia no sentido da validade empírica das proposições econômicas abstratas por elas próprias, mas sim no sentido de, uma vez alcançadas teorias "exatas" correspondentes a todos os outros elementos que entram em linha de conta, dever o conjunto de todas estas teorias abstratas conter a verdadeira realidade das coisas, isto é, tudo aquilo que, da realidade, fosse digno de ser conhecido. A teoria "exata" da Economia estabeleceria a influência de um motivo psicológico, ao passo que outras teorias teriam como tarefa desenvolver analogamente todos os motivos restantes num conjunto de proposições de validade hipotética. Com relação ao resultado do trabalho teórico — isto é, das teorias abstratas da formação dos preços, dos juros, dos rendimentos etc. — houve quem dissesse que, numa suposta analogia com as proposições da física, seria possível empregá-las para deduzir, de premissas reais dadas, resultados quantitativamente determinados — portanto, leis em sentido restrito — com validade para a realidade da vida, posto que em face de fins dados a economia humana ficasse claramente "determinada" com relação aos meios. Não se levava em consideração que, para alcançar tal resultado, ainda que fosse no mais simples dos casos, seria necessário estabelecer previamente como "dada", e pressupor como conhecida, a totalidade da realidade histórica, incluindo todas as suas relações causais. E que, se alguma vez o espírito finito conseguisse alcançar esse conhecimento, não se poderia imaginar qual o valor epistemológico de uma teoria abstrata. O preconceito naturalista segundo o qual se deveria, nesses conceitos, elaborar algo de semelhante às ciências exatas, havia precisamente levado a uma interpretação errônea do sentido dessas formações teóricas do pensamento. Acreditava-se que se tratava do isolamento psicológico do "impulso" específico do homem, o instinto da aquisição, ou então da observação isolada de uma máxima específica da atividade humana, o chamado princípio econômico. A teoria abstrata julgava poder se apoiar em axiomas psicológicos. Isto teve como consequência o fato de os historiadores exigirem uma psicologia empírica, de molde a comprovar a não validade desses axiomas e a poder deduzir psicologicamente o curso dos processos econômicos. Não é nossa intenção criticar aqui pormenorizadamente a significação de uma ciência sistemática da "psicologia social" — ainda não constituída — como futura base das ciências culturais, especialmente da economia social. As tentativas de uma interpretação psicológica dos fenômenos econômicos de que temos conhecimento até agora, em parte brilhantes, demonstram precisamente que esta se dá não a partir da análise das instituições sociais, mas, inversamente, que o esclarecimento das condições e dos efeitos psicológicos das instituições pressupõe o exato conhecimento histórico destas últimas e a análise científica das suas relações. A análise psicológica significa, pois, em cada caso concreto, um valioso aprofundar do conhecimento do seu condicionamento histórico e da sua significação cultural. O que nos interessa na conduta do homem, dentro do âmbito das suas relações sociais, é especificamente particularizado segundo a significação cultural específica da relação em causa. Trata-se de causas e de influências psíquicas extremamente heterogêneas entre si e extremamente concretas na sua composição. A investigação sociopsicológica significa um exame aprofundado dos diversos gêneros particulares e díspares de elementos culturais, tendo em vista a sua acessibilidade para a nossa revivência compreensiva. Partindo do conhecimento das instituições particulares, esse exame auxiliar-nos-á a compreender intelectualmente e, em medida crescente, o seu condicionamento e significação culturais, mas não nos ajudará a explicar as instituições a partir de leis psicológicas ou de fenômenos psicológicos elementares.

Por conseguinte, bem pouco fecunda tem sido a polêmica desencadeada ao redor da questão da legitimidade psicológica das construções teóricas e abstratas, bem como do alcance do "instinto de aquisição", do "princípio econômico" etc.

As construções da teoria abstrata só aparentemente são "deduções" a partir de motivos psicológicos fundamentais. Na realidade, trata-se antes do caso especial de uma forma da construção de conceitos, próprios das ciências da cultura humana e, em certo grau, indispensáveis. Vale a pena compreender a sua caracterização mais profunda, visto que, assim, aproximar-nos-emos da questão lógica sobre a significação da teoria das ciências sociais. Para tanto, passaremos por alto e de uma vez por todas, pela questão de saber se as construções teóricas que utilizamos como exemplos ou a que faremos referência correspondem, tal como são, ao fim a que se destinam. Isto é, se foram formadas praticamente de maneira apropriada. Afinal, a questão de saber até onde se deve levar a atual "teoria abstrata" é também uma questão da economia do trabalho científico, que comporta ainda outros problemas. Também a "teoria da utilidade marginal" está subordinada à "lei da utilidade marginal".

Na teoria econômica abstrata, temos um exemplo dessas sínteses a que se costuma chamar de "ideias" dos fenômenos históricos. Oferece-nos um quadro ideal dos eventos no mercado dos bens de consumo, no caso de uma sociedade organizada segundo o princípio da troca, da livre concorrência e de uma ação estritamente racional. Este quadro de pensamento reúne determinadas relações e acontecimentos da vida histórica para formar um cosmo não contraditório de relações pensadas. Pelo seu conteúdo, essa construção reveste-se do caráter de uma utopia, obtida mediante a acentuação mental de determinados elementos da realidade. A sua relação com os fatos empiricamente dados consiste apenas em que, onde quer que se comprove ou se suspeite que determinadas relações — do tipo das representadas de modo abstrato na citada construção, a saber dos acontecimentos dependentes do mercado — chegaram a atuar, em algum grau, sobre a realidade, podemos representar e tornar compreensível pragmaticamente a natureza particular dessas relações mediante um tipo ideal. Esta possibilidade pode ser valiosa, e mesmo indispensável, tanto para a investigação como para a exposição. No que diz respeito à investigação, o conceito de tipo ideal propõe-se a formar o juízo de atribuição. Não é uma "hipótese", mas pretende apontar o caminho para a formação de hipóteses. Embora não constitua uma exposição da realidade, pretende conferir a ela meios expressivos unívocos. E, portanto, a "ideia" da organização moderna e historicamente dada da sociedade numa economia de mercado, ideia essa que evolui de acordo com os mesmos princípios lógicos que serviram, por exemplo, para formar a ideia da "economia urbana" da Idade Média à maneira de um conceito "genético". Não é pelo estabelecimento de uma média dos princípios econômicos que realmente existiram em todas as cidades examinadas, mas, antes, pela construção de um tipo ideal que, neste último caso, se forma o conceito de "economia urbana". Obtém-se um tipo ideal mediante a acentuação unilateral de um ou de vários pontos de vista e mediante o encadeamento de grande quantidade de fenômenos isoladamente dados, difusos e discretos, que se podem dar em maior ou menor número ou mesmo faltar por completo, e que se ordenam segundo os pontos de vista unilateralmente acentuados, a fim de se formar um quadro homogêneo de pensamento. É impossível encontrar empiricamente na realidade este quadro, na sua pureza conceitual, pois trata-se de uma utopia. A atividade historiográfica defronta-se com a tarefa de determinar, em cada caso particular, a proximidade ou o afastamento entre a realidade e o quadro ideal, na medida, portanto, o caráter econômico das condições de determinada cidade poderá ser qualificada como "economia urbana", no sentido conceitual. Este conceito, desde que cuidadosamente aplicado, cumpre as funções específicas que dele se esperam, em benefício da investigação e da representação. Para analisarmos ainda outro exemplo, pode-se traçar igualmente a "ideia" do "artesanato" sob a forma de uma utopia, para o que se procede à reunião de determinados traços que se manifestam de modo difuso entre os artesãos das mais diversas épocas e países, acentuando de modo unilateral as consequências dessa atividade num quadro não contraditório, e referindo-a a uma expressão do pensamento que nela se manifesta. Além disso, pode-se tentar delinear uma sociedade na qual os ramos da atividade econômica e mesmo a atividade intelectual se encontram dominados por máximas que nos parecem ser aplicações do mesmo princípio que caracteriza o "artesanato" elevado ao nível do tipo ideal. E a este tipo ideal do artesanato pode ainda opor-se, por antítese, um tipo ideal correspondente a uma estrutura capitalista da indústria, obtido a partir da abstração de determinados traços da grande indústria moderna para, com base nisso, se tentar traçar a utopia de uma cultura "capitalista", isto é, dominada unicamente pelo interesse de valorização dos capitais privados. Ela acentuaria diferentes traços difusos da vida cultural, material e espiritual moderna e os reuniria num quadro ideal não contraditório, para efeito de investigação. Este quadro constituiria, então, uma tentativa de traçar uma "ideia" da cultura capitalista — mas não analisaremos agora se isso é possível, e de que modo. Ocorre que é possível e deve se considerar como certo, formular muitas e mesmo inúmeras utopias deste tipo, das quais nenhuma se pareceria com outra, nenhuma poderia ser observada na realidade empírica como ordem realmente válida numa sociedade, mas cada uma pretenderia ser uma representação da "ideia" na cultura capitalista, e cada uma poderia realmente pretender, na medida em que solucionou características da nossa cultura, significativas na sua especificidade, reuni-las num quadro ideal homogêneo. Pois os fenômenos que nos interessam como manifestações culturais, em geral, derivam o seu interesse — a sua significação cultural — de ideias de valor muito diferentes, com as quais podemos relacioná-las. Da mesma forma que existem "pontos de vista" os mais diferentes, a partir dos quais podemos considerar como significativos os fenômenos citados, é possível se fazer uso dos mais diferentes princípios de seleção para as relações suscetíveis de ser integradas no tipo ideal de determinada cultura.

Qual é a significação desses conceitos de tipo ideal para uma ciência empírica, tal como nós pretendemos praticá-la? Queremos sublinhar desde logo a necessidade de que os quadros de pensamento que aqui abordamos, "ideais" em sentido puramente lógico, sejam rigorosamente separados da noção do dever ser, do "exemplar". Trata-se da construção de relações que parecem suficientemente motivadas para a nossa imaginação e, consequentemente, "objetivamente possíveis", e que parecem adequadas ao nosso saber nomológico.

Quem for da opinião de que o conhecimento da realidade histórica deveria, ou poderia ser uma cópia "sem pressuposições" de fatos "objetivos", negar-lhes-á qualquer valor. E mesmo aquele que tiver reconhecimento que, no âmbito da realidade, nada está isento de pressuposições em sentido lógico, e que o mais simples extrato de atas ou documentos apenas poderá ter algum sentido científico com relação a "significações" e, assim, em última análise, em relação à ideia de valor, considerará, no entanto, a construção de qualquer espécie de "utopia" histórica como um meio representativo perigoso para a objetividade do trabalho científico, e, com mais frequência, como um simples jogo. E, de fato, nunca poderá se decidir *a priori* se se trata de mero jogo mental, ou de uma construção conceitual fecunda para a ciência. Também existe apenas um critério, o da eficácia, para o conhecimento de fenômenos culturais concretos, tanto nas suas conexões como no seu condicionamento causal e na sua significação. Portanto, a construção de tipos ideais abstratos não interessa como fim, mas única e exclusivamente como meio de conhecimento. Qualquer exame atento dos elementos conceituais da exposição histórica demonstra, no entanto, que o historiador — logo que tentar ir além da mera comprovação de relações concretas, para determinar a significação cultural de um evento individual, por mais simples que seja, isto, é, para "caracterizá-lo" — trabalha, e tem de trabalhar com conceitos que, via de regra, apenas podem ser determinados de modo preciso e unívoco sob a forma de tipos ideais. Ou será que o conteúdo de conceitos tais como "individualismo", "imperialismo", "feudalismo", "mercantilismo", "convencional", bem como as inúmeras construções conceituais deste tipo, mediante as quais procuramos dominar a realidade por meio da reflexão e da compreensão, deverá ser determinado mediante a descrição, "sem pressupostos", de um fenômeno concreto, ou então mediante a síntese, por abstração, daquilo que é comum a vários fenômenos concretos? A linguagem utilizada pelo historiador contém centenas de palavras que comportam semelhantes quadros mentais e que são imprecisas porque escolhidas segundo as necessidades de expressão no vocabulário corrente, não elaborado pela reflexão, e cuja significação inicialmente só é intuída sem ser pensada com clareza. Em inúmeros casos, e, sobretudo no campo da história política descritiva, o caráter impreciso do conteúdo dos conceitos não prejudica de modo nenhum a clareza da exposição. Nestes casos, basta que sintamos aquilo de que o historiador tem uma vaga concepção, ou, então que nos contentemos com a presença difusa de uma especificação particular do conteúdo conceitual, no caso singular que ele cogita. Mas quanto mais clara consciência se pretende ter do caráter significativo de um fenômeno cultural, tanto mais imperiosa se torna a necessidade de trabalhar com conceitos claros, que não tenham sido determinados segundo um só aspecto particular, mas segundo todos. Ora, será absurdo conferir a essa síntese do pensamento histórico uma "definição" segundo o esquema *genus proximum, differentia specifica*; que se tire a prova. Este modo de comprovação da significação das palavras apenas existe no campo das disciplinas dogmáticas, que trabalham com silogismos. Também não existe, pelo menos aparentemente, uma mera "decomposição descritiva" desses conceitos nos seus elementos, posto que o que importa é saber quais desses elementos deverão ser considerados essenciais. Se quisermos tentar uma definição genética do conteúdo do conceito, restar-nos-á apenas a forma do tipo ideal, no sentido anteriormente estabelecido. Trata-se de um quadro de pensamento, não da realidade histórica, e muito menos da realidade "autêntica"; não serve de esquema em que se possa incluir a realidade à maneira de exemplar. Tem, antes, o significado de um conceito-limite, puramente ideal, em relação ao qual se mede a realidade a fim de esclarecer o conteúdo empírico de alguns dos seus elementos importantes, e com o qual esta é comparada. Tais conceitos são configurações nas quais construímos relações, por meio da utilização da categoria de possibilidade objetiva, que a nossa imaginação, formada e orientada segundo a realidade, julga adequadas.

Nesta função, o tipo ideal é, acima de tudo, uma tentativa de apreender os indivíduos históricos ou os seus diversos elementos em conceitos genéticos. Tomemos como exemplos os conceitos "igreja" e "seita". Mediante classificação pura, podemos analisá-los num complexo de características, com o que só o limite entre ambos os conceitos, como o seu conteúdo, permanecerão indistintos. Pelo contrário, se quisermos compreender o conceito de "seita" de modo genético, isto é, com referência a certos significados culturais importantes que o "espírito sectário" teve para a civilização moderna, aparecem então certas características essenciais e precisas de ambos, visto que se encontram numa relação causal adequada relativamente àqueles efeitos. Ora, os conceitos se tornam, então, tipos ideais, isto é, não se manifestam na sua plena pureza conceitual, ou apenas de forma esporádica o fazem. Aqui, como em qualquer outro campo, qualquer conceito que não seja puramente classificatório nos afasta da realidade. Mas a natureza discursiva do nosso conhecimento, a circunstância de apenas captarmos a realidade através de uma cadeia de transformações na ordem da representação, postula este tipo de taquigrafia conceitual. É certo que a nossa imaginação pode, com frequência, prescindir da sua formulação conceitual explícita, no nível dos meios de investigação, mas, em numerosos casos, torna-se imprescindível a sua utilização no campo da análise cultural quando se trata da exposição, e enquanto esta pretende ser unívoca. Quem dela prescinde completamente, forçosamente deverá se limitar ao aspecto formal dos fenômenos culturais, como, por exemplo, o histórico-jurídico. O universo das normas jurídicas pode ser claramente determinado a partir do ponto de vista conceitual e, ao mesmo tempo, é válido para a realidade histórica (no sentido jurídico). Mas é da sua significação prática que se ocupa o trabalho das ciências sociais, tal como as entendemos. É muito frequente, porém, se tomar apenas univocamente esta significação, em se tratando do empiricamente dado a um caso-limite ideal. Se o historiador (no sentido mais lato da palavra) rejeita a tentativa de formular um tipo ideal como esse, sob o pretexto de constituir uma "construção teórica", ou seja, algo inútil ou desnecessário para o fim concreto do conhecimento, resulta, então, em regra geral, que este historiador utiliza, consciente ou inconscientemente, outras construções análogas sem as formular explicitamente e sem elaboração lógica, ou então fica encalhado na esfera do vagamente "sentido".

Decerto, nada há de mais perigoso que a confusão entre teoria e história, nascida dos preconceitos naturalistas. Esta confusão pode apresentar-se sob a forma da crença na fixação de quadros conceituais e teóricos do conteúdo "propriamente dito", ou da sua utilização à maneira de leito de Procusto, no qual a História deverá ser introduzida à força, e hipostasiando ainda as "ideias" como se fossem a realidade "propriamente dita", ou as "forças reais" que, por trás do fluxo dos acontecimentos, manifestam-se na História. Este último perigo é tanto mais constante quanto mais habituados estamos a entender por "ideias" de uma época, os pensamentos e ideais que governaram a massa ou uma parte historicamente decisiva dos homens dessa época, e que, por esse mesmo motivo, constituíram elementos significativos para o aspecto particular da cultura citada.

A tudo isso convém acrescentar duas coisas. Em primeiro lugar, o fato de que entre a "ideia", no sentido de tendência do pensamento prático e teórico de uma época, e a "ideia", no sentido de tipo ideal desta época, por nós construído como um meio conceitual auxiliar, existem, via de regra, determinadas relações. Um tipo ideal de condições sociais determinadas, obtido através da abstração de determinadas manifestações sociais características de uma época, pode ser efetivamente considerado aos olhos dos nossos contemporâneos como um ideal a ser alcançado na prática ou, pelo menos, como máxima para a regulação de certas relações sociais. Assim acontece com a "ideia" da "proteção dos bens de substância" e de outras teorias dos Canônicos, especialmente de São Tomás de Aquino, com relação ao já citado conceito típico-ideal de "economia urbana" medieval, utilizado atualmente. E, com maior razão, assim sucede com o famigerado "conceito fundamental" da economia política: o do "valor" econômico. Desde a escolástica até a teoria marxista, duas noções se entrecruzam, a do "objetivamente" válido, isto é, a de um "dever-ser", e a de uma abstração a partir do processo empírico da formação de preços. A ideia de que o "valor" dos bens deve ser regulado segundo determinados princípios do "direito natural" teve um significado incomensurável para o desenvolvimento da nossa civilização — não apenas na Idade Média — e, ainda hoje, o tem. Em especial, influi intensamente no processo empírico da formação dos preços. Ora, é apenas mediante uma construção rigorosa dos conceitos, ou seja, graças ao tipo ideal, que se torna possível expor de forma unívoca o que se entende e se pode entender pelo conceito teórico do valor. Era isso que o sarcasmo acerca das "robinsonadas" da teoria abstrata deveria ter em conta, pelo menos enquanto não for capaz de nos oferecer algo melhor, o que, aqui, significa algo mais claro.

A relação de causalidade entre a ideia historicamente comprovável que domina os homens e os elementos da realidade histórica dos quais se pode fazer a abstração do tipo ideal correspondente pode adotar formas extremamente variáveis. Em princípio, devemos apenas recordar que ambas são coisas fundamentalmente diferentes. E aqui surge a nossa segunda observação. As "ideias" que dominaram os homens de uma época, isto é, as que neles atuaram de forma difusa, só poderão ser compreendidas sempre que formarem um quadro de pensamento complexo, com rigor conceitual, sob a forma de tipo ideal, pois, empiricamente, elas habitam as mentes de uma quantidade indeterminada e mutável de indivíduos, nos quais estavam expostas aos mais diversos matizes, segundo a forma e o conteúdo, a clareza e o sentido. Os elementos da vida espiritual dos diversos indivíduos em determinada época da Idade Média, por exemplo, que poderíamos designar pelo termo de "cristianismo" dos indivíduos em questão, continuariam, caso fôssemos capazes de expô-los por completo, um caos de relações intelectuais e de sentimentos de toda sorte, infinitamente diferenciados e extremamente contraditórios, se bem que a igreja da Idade Média tenha sido capaz de impor, em elevado grau, a unidade da fé e dos costumes. Posta a questão do que correspondia, no meio daquele caos, ao "cristianismo medieval", temos de trabalhar continuamente com um quadro mental puro por nós criado. Trata-se de uma combinação de artigos de fé, de normas éticas e de direito canônico, de máximas para o comportamento na vida e de inúmeras relações particulares que nós combinamos numa só "ideia", numa síntese que seríamos incapazes de estabelecer de modo não contraditório, senão recorrêssemos, a conceitos típico-ideais.

Claro que, tanto a estrutura lógica dos sistemas conceituais em que expomos essas "ideias" como a sua relação com o imediatamente dado na realidade empírica são, evidentemente, muito diferentes. As coisas apresentam-se, no entanto, de forma bastante simples, sempre que se trata de casos em que um ou alguns raros princípios diretores teóricos, facilmente traduzíveis em fórmulas — como a fé de Calvino na predestinação — ou, então, certos postulados morais passíveis de formulação clara, tenham governado os homens e produzido determinados efeitos históricos, de modo que nos seja possível introduzir a "ideia" numa hierarquia de pensamentos inferidos logicamente desses princípios diretores. Então facilmente se perde de vista por mais importante que tenha sido o poder construtivo, puramente lógico, do pensamento na História — de que o marxismo é um exemplo notável — o processo empírico-histórico que se desenvolveu na mente das pessoas deve ser geralmente compreendido como um processo condicionado psicologicamente, e não logicamente. O caráter típico-ideal dessas sínteses de ideias que tiveram uma ação histórica manifesta-se de forma ainda mais clara se esses princípios diretores e postulados fundamentais já não subsistem nas mentes dos indivíduos, ainda que estes continuem dominados por pensamentos que são consequência lógica destes princípios, ou que deles saíram por associação — quer porque a "ideia" historicamente original que lhes servia de base se extinguiu, quer porque apenas conseguiu exercer influência atráves das suas consequências. E essas sínteses incorporam ainda mais o caráter de "ideias" por nós construídas quando, de início, esses princípios diretores fundamentais não foram captados, ou apenas de modo incompleto, pela consciência dos homens, ou, ainda, quando não adotaram a forma de um conjunto claro e coerente de pensamentos. Assim, se nos empenhamos neste procedimento, como tantas vezes acontece e deverá acontecer, "ideia" que formamos — como a do "liberalismo" de um determinado período, a do "metodismo", ou a de qualquer variante embrionária do socialismo — não é mais do que um tipo ideal puro com o mesmo caráter que as sínteses dos "princípios" de uma época econômica, de que falamos acima. Quanto mais vastas são as relações que se devem expor, e quanto mais variada tiver sido a sua significação cultural, tanto mais a sua apresentação sistemática e global num sistema conceitual e mental se aproximará do tipo ideal e tanto menos se tornará possível ficar com um único conceito deste gênero. E daí resulta ser tanto mais natural e necessário repetir a tentativa de construir novos conceitos de tipo ideal, com a finalidade de tomar consciência de sempre novos aspectos significativos das relações. Assim, por exemplo, todos os enunciados de uma "essência" do cristianismo constituem tipos ideais que, constante e necessariamente, apenas têm uma validade muito relativa e problemática, se reivindicarem a qualidade de enunciado histórico empiricamente dado. Por outro lado, possuem um elevado valor heurístico para a investigação e um enorme valor sistemático para a exposição, se apenas forem utilizados como meios conceituais para comparar e medir, com relação a eles, a realidade. Com esta função, tornam-se mesmo indispensáveis. Tais exposições típico-ideais, contudo, comportam normalmente ainda um outro aspecto que torna ainda mais complexa a sua significação. Geralmente elas pretendem ser, ou inconscientemente o são, tipos ideais, não somente no sentido lógico, mas também no sentido prático. Ou seja, são tipos exemplares que — seguindo o nosso exemplo — contêm aquilo que o cristianismo deveria ser segundo o ponto de vista do cientista; aquilo que, na sua opinião, é "essencial" nesta religião, porque representa um valor permanente para ele. Ora, no caso em que isso ocorrer, de forma consciente ou — como acontece mais frequentemente — inconsciente, tais descrições contêm determinados ideais aos quais o pesquisador refere o cristianismo avaliando-o, isto é, as tarefas e as finalidades segundo as quais orienta a sua "ideia" de cristianismo. Claro que tais ideais podem ser, e sem dúvida o serão sempre, completamente diferentes dos valores com que, por exemplo, os contemporâneos dos primitivos cristãos compararam o cristianismo. Neste caso, as "ideias" já não são meios auxiliares puramente lógicos, nem conceitos relativamente aos quais se mede a realidade de modo comparativo, mas, antes, são ideais a partir dos quais se julga a realidade, avaliando-a. Já não se trata, aqui, do processo puramente teórico da relação do empírico com determinados valores, mas sim de juízos adotados no "conceito" do "cristianismo". Dado que o tipo ideal reivindica aqui uma validade empírica, ele penetra na região da interpretação avaliadora do cristianismo: abandonou-se o campo da ciência experimental para se fazer uma profissão de fé pessoal, não uma construção conceitual típico-ideal. Por muito notável que seja esta diferença quanto aos princípios, a confusão entre estas duas significações, fundamentalmente diferentes da noção de "ideia", dá-se com extraordinária frequência no decorrer do trabalho histórico. Ocorre sempre que o historiador começa a desenvolver a sua própria "apreensão" de uma personalidade ou de uma época. Contrariamente aos padrões éticos constantes que Schlosser estabeleceu segundo o espírito do racionalismo, o historiador moderno, de espírito relativista, que, por um lado, se propõe "compreender por si própria" a época de que fala, e que, por outro, também quer "avaliá-la", sente a necessidade de obter os padrões dos seus juízos a partir da "própria matéria" do seu estudo. Isto é, deixa que a "ideia", no sentido de ideal, nasça da "ideia", no sentido de "tipo-ideal". E o atrativo estético deste procedimento constantemente o incita a esquecer a linha que as separa — daí esta situação intermediária que, por um lado, não pode reprimir o juízo de valor, e, por outro, tende a declinar a responsabilidade dos juízos. É necessário opor a tudo isto um dever elementar do autocontrole científico, único suscetível de evitar surpresas, e que nos convida a fazer uma distinção estrita entre a relação que compara a realidade com tipos ideais no sentido lógico, e a apreciação avaliadora dessa realidade a partir de ideais. Devemos repetir que, no sentido que lhe atribuímos, um "tipo ideal" é algo completamente diferente da avaliação apreciadora, pois nada tem em comum com qualquer "perfeição", salvo com a de caráter puramente lógico. Existem tantos tipos ideais de bordéis como de religiões. E, entre os primeiros, tanto existem alguns que, segundo a atual perspectiva da ética policial, poderiam parecer tecnicamente "oportunos", como outros em que aconteceria justamente o contrário.

Vemo-nos obrigados a passar por alto a discussão pormenorizada do caso que é, em muitos aspectos, o mais complexo e interessante: a questão da estrutura lógica do conceito de Estado. A este respeito, pretendemos apenas fazer notar aqui que, quando perguntamos o que corresponde à noção de "Estado" na realidade empírica, deparamo-nos com uma infinitude de ações e sujeições humanas difusas e discretas, de relações reais e juridicamente ordenadas, singulares ou regularmente repetidas, e unificadas por uma ideia: a crença em normas que se encontram efetivamente em vigor ou que deveriam estar, bem como em determinadas relações de domínio do homem pelo homem. Esta crença é, em parte, uma posse espiritual desenvolvida pelo pensamento, em parte sentida confusamente, e em parte aceita de modo passivo, que se manifesta com os mais diferentes matizes nas mentes dos indivíduos. Se os homens chegassem a conceber com toda a clareza esta "ideia", não precisariam da "teoria geral do Estado" que se propõe esclarecê-la. O conceito científico do Estado, qualquer que seja a forma pela qual se formula, constitui sempre uma síntese que nós realizamos para determinados fins do conhecimento. Mas, por outro lado, obtemo-lo também por abstração das sínteses obscuras que encontramos nas mentes dos homens históricos. Apesar de tudo, o conceito concreto que a noção histórica de "Estado" adota poderá ser apreendido com clareza mediante uma orientação segundo os conceitos de tipo ideal. E, além disso, não há a menor dúvida de que a maneira como os contemporâneos realizam essas sínteses, de uma forma lógica sempre imperfeita, ou seja, as "ideias" que eles têm do Estado — por exemplo, a ideia "orgânica" de Estado da metafísica alemã, em oposição à concepção "comercial" dos americanos — possuem uma significação eminentemente prática. Em outras palavras, também aqui a ideia prática, em cuja validade se crê, bem como o tipo ideal teórico construído para as necessidades da investigação, correm paralelos e mostram uma tendência constante de mutuamente se confundirem.

Mais acima, encaramos intencionalmente o "tipo ideal" como uma construção intelectual destinada à medição e à caracterização sistemática das relações individuais, isto é, significativos pela sua especificidade, tais como o cristianismo, o capitalismo etc. Isso se deu para eliminar a opinião corrente de que, no domínio dos fenômenos culturais, o típico abstrato é idêntico ao genérico abstrato. Esse não é o caso.

Se procuramos analisar aqui logicamente o conceito de "típico", tão discutido e tão desacreditado pelo abuso que dele se faz, podemos já deduzir dos nossos estudos precedentes que a formação de conceitos típicos no sentido da eliminação do "acidental", também, e sobretudo, tem lugar no estudo das individualidades históricas.

Como é natural, também podemos conferir os conceitos genéricos que encontramos continuamente sob a forma de elementos constitutivos dos enunciados históricos, e dos conceitos históricos concretos a forma de tipo ideal com a auxílio da abstração e da acentuação de determinados dos seus elementos conceitualmente essenciais. Trata-se mesmo de um dos modos práticos mais frequentes e importantes de aplicar os conceitos de tipo ideal, pois cada tipo ideal individual é composto de elementos conceituais que têm um caráter genérico, e que foram elaborados à maneira de tipos ideais. Também neste caso exibe-se a função lógica específica dos conceitos de tipo ideal. O conceito de "troca", por exemplo, é um simples conceito genérico, no sentido de um complexo de características que são comuns a vários fenômenos, sempre que deixamos de considerar a significação dos elementos conceituais e, portanto, limitamo-nos a analisá-lo em termos da linguagem cotidiana. Se este conceito, contudo, é posto em relação com a "lei da utilidade marginal" e se forma o conceito de "troca econômica" à maneira de um processo econômico racional, este conceito — como qualquer outro integralmente elaborado de forma lógica — conterá um juízo sobre as condições "típicas" da troca. Assume então um caráter genético e converte-se em típico-ideal, no sentido lógico, isto é, afasta-se da realidade empírica, que apenas se pode comparar e referir a ele. Algo de semelhante podemos dizer acerca de todos os supostos "conceitos fundamentais" da economia política: só é possível desenvolvê-los de forma genética enquanto tipos ideais. A diferença entre conceitos genéricos simples, que apenas reúnem as características comuns a diversos fenômenos empíricos, e os tipos ideais genéricos, como, por exemplo, um conceito de tipo ideal da "essência" do artesanato, naturalmente é fluida nos pormenores. Mas nenhum conceito genérico possui, enquanto tal, um caráter "típico", como também não existe um tipo "médio" puramente genérico. Sempre que falamos de grandezas "típicas" — como na estatística, por exemplo — encontramos algo que é mais do que um mero termo médio. Quanto mais se tratar de classificações de processos que se manifestam na realidade de uma forma maciça, tanto mais se tratará de conceitos genéricos. Pelo contrário, quanto mais se atribui uma forma conceitual aos elementos que constituem o fundamento da significação cultural específica das relações históricas complexas, tanto mais o conceito, ou o sistema de conceitos adquirirá o caráter de tipo ideal. Porque a finalidade da formação de conceitos de tipo ideal consiste sempre em tomar rigorosamente consciência não do que é genérico, mas, muito pelo contrário, do que é específico a fenômenos culturais.

O fato de poderem ser utilizados os tipos ideais, incluídos os de caráter genérico, e de efetivamente o serem, apenas oferecem um interesse metodológico com relação a outra circunstância.

Até este momento, temos nos ocupado principalmente com os tipos ideais no seu aspecto essencial de conceitos abstratos de relações, que concebemos como relações estáveis no fluxo do devir, como indivíduos históricos nos quais se processam desenvolvimentos. Mas se nos apresenta agora uma complicação, que é o preconceito naturalista, segundo o qual a meta das ciências sociais deverá ser a redução da realidade a "leis", introduzido na nossa disciplina com grande facilidade, por meio do conceito de "típico". É que também é possível construir tipos ideais de desenvolvimentos e estas construções podem ter um valor heurístico considerável. No entanto, surge neste caso o perigo iminente de se confundir o tipo ideal e a realidade. Assim, por exemplo, é possível chegar ao resultado teórico de que numa sociedade organizada rigorosamente segundo normas "artesanais", a única fonte de acumulação de capital seria a renda da terra. A partir daqui talvez se pudesse construir — não cabe examinar agora a exatidão dessa construção — um quadro ideal puro da transformação da forma econômica artesanal na capitalista, com base apenas em determinados fatores simples, tais como a escassez do solo, o crescimento da população, a abundância de metais preciosos e a racionalização do modo de vida. Para saber se o curso empírico do desenvolvimento foi efetivamente o mesmo que o construído, é necessário comprová-lo com o auxílio desta construção tomada como meio heurístico, procedendo-se a uma comparação entre o tipo ideal e os "fatos". Se o tipo ideal tiver sido construído de forma "correta" e o decurso efetivo não corresponder ao decurso de tipo ideal, teríamos a prova de que, em determinadas relações, a sociedade medieval não foi uma sociedade estritamente "artesanal". E no caso de o tipo ideal ter sido construído de modo "heuristicamente" "ideal" — não interessa saber aqui se e como, no presente exemplo, este caso poderia dar-se — então, orientaria a investigação para o caminho que conduz a um estudo mais profundo da natureza particular e da significação histórica dos elementos na sociedade medieval que não têm caráter artesanal. Se conduzir a esse resultado, terá cumprido o seu papel lógico, precisamente ao tornar manifesta a sua própria irrealidade. Constitui, nesse caso, a prova de uma hipótese. O processo não desperta nenhuma objeção metodológica, enquanto se tiver presente que a História e a construção típico-ideal do desenvolvimento devem ser rigorosamente diferenciadas, e que a construção apenas serviu como meio para realizar metodicamente a atribuição válida de um processo histórico às suas causas reais, entre as possíveis na situação dada do nosso conhecimento.

Tal como mostra a experiência, torna-se extremamente difícil manter com rigor essa diferença e isto por uma circunstância precisa. No interesse da demonstração clara do tipo ideal ou do desenvolvimento de tipo ideal, ela deverá ser ilustrada mediante um material da realidade empírico-histórica. O perigo deste procedimento, legítimo em si, reside em que o saber histórico aparece como servidor da teoria, em vez de suceder o contrário. O teórico facilmente se vê tentado a considerar como normal esta relação, ou então, o que é pior ainda, misturar a teoria e a história ao ponto de confundi-las. Esse perigo é ainda mais ameaçador quando se chega a combinar, dentro de uma classificação genética, a construção ideal de um desenvolvimento com a classificação conceitual de tipos ideal de determinadas configurações culturais (por exemplo, as formas da empresa industrial a partir da "economia doméstica fechada", ou os conceitos religiosos a partir dos "deuses" do momento). A sequência de tipos que resulta das características conceituais selecionadas corre o risco de ser tomada como uma sucessão histórica de tipos que obedecem à necessidade de uma lei. A ordem lógica dos conceitos, por um lado, e a distribuição empírica daquilo que é conceitualizado no espaço, no tempo e na conexão causal, por outro, aparecem então de tal modo ligados entre si, que quase chega a ser irresistível a tentação de "forçar" a realidade para consolidar a validade efetiva da construção da realidade.

Intencionalmente, não demonstramos a nossa concepção no exemplo de Marx: de longe o mais importante nas construções de tipo ideal. E isso para não complicar a exposição com a introdução das interpretações de Marx e também para não antecipar as futuras discussões de nossa revista, nas quais submeteremos a uma análise crítica as obras escritas sobre este grande pensador, ou inspiradas nas suas doutrinas. Limita-nos a constatar aqui que todas as "leis" e construções do desenvolvimento histórico especificamente marxistas, naturalmente possuem um caráter de tipo ideal, na medida em que sejam teoricamente corretas. Quem quer que tenha trabalhado com os conceitos marxistas conhece a eminente e inigualável importância heurística destes tipos ideais, quando utilizados para sua comparação com a realidade, mas conhece igualmente o seu perigo, logo que apresentados como construção com validade empírica ou, até mesmo, como tendências ou "forças ativas" reais (o que quer dizer, na verdade, "metafísicas").

Conceitos genéricos, tipo ideal, conceitos genéricos de estrutura típico-ideais, ideias no sentido de combinações de pensamento que influem empiricamente nos homens históricos, tipos ideais dessas ideias, ideais que dominam os homens, tipos ideais desses ideais, ideais a que o historiador refere a História, construções teóricas com utilização ilustrativa do empírico, investigação histórica com utilização de conceitos teóricos como casos-limite ideais, enfim, as mais diversas complicações possíveis, que apenas pudemos aqui assinalar — tudo são construções ideais cuja relação com a realidade empírica do imediatamente dado é, em cada caso particular, problemática. Esta lista diminuta demonstra já o constante entrelaçamento dos problemas metodológicos e conceituais que continuamente se encontram no campo das ciências da cultura. E visto que nos limitamos aqui a nos referir aos problemas, vimo-nos obrigados a renunciar ao aprofundamento das questões de metodologia e a discutir com pormenores as relações entre o conhecimento de tipo ideal e o obtido por "leis", entre os conceitos de tipo ideal e os conceitos coletivos etc.

Depois de todas estas abordagens, o historiador talvez continue, no entanto, a insistir em que a preponderância da forma típico-ideal na formação e na construção dos conceitos não é mais que um sintoma específico da juventude de uma disciplina científica. E, em certa medida devemos dar-lhe razão, embora com consequências muito diferentes das que ele deduzirá. Tomemos alguns exemplos de outras disciplinas. Não há dúvida de que, tanto o aluno atormentado do curso elementar como os filólogos antigos imaginam, em princípio, que a língua é algo "orgânico", isto é, uma totalidade supraempírica regida por normas, atribuindo à ciência a tarefa de estabelecer o que deve ter validade como normas linguísticas. A primeira tarefa, a que geralmente se lança qualquer "filologia", é a de elaborar de forma lógica a "língua" escrita, tal como, por exemplo, o faz a Academia della Crusca, reduzindo o seu conteúdo a determinadas regras. E se, em face disso um dos principais filósofos da atualidade proclama que o objeto da filologia é a "fala de cada indivíduo", a instituição de um tal programa só parece possível depois de já existir, na linguagem escrita, um tipo ideal relativamente fixo, com o qual a análise possa trabalhar, ainda que implicitamente, no interior da infinita diversidade da fala, sem o que se encontraria completamente desprovida de qualquer direção e delimitação. Este mesmo papel foi representado pelas construções das teorias do Estado com base no Direito Natural e na concepção orgânica, ou para evocarmos também um tipo ideal na nossa acepção, pela Teoria do Estado Antigo, segundo Benjamin Constant. São, por assim dizer, portos que servem de abrigo à espera de que se consiga uma orientação no mar imenso dos fatos empíricos. Na verdade, a ciência amadurecida significa sempre uma superação do tipo ideal, enquanto se lhe atribui uma validade empírica ou o valor de um conceito genérico. Ora, hoje em dia, não só se torna completamente legítima a utilização da brilhante construção de Constant para demonstrar determinados aspectos e particularidades históricas da vida política antiga, na condição de se manter cuidadosamente o seu caráter de tipo ideal, como ainda, e principalmente, existem ciências dotadas de eterna juventude. É o caso, por exemplo, de todas as disciplinas históricas, de todas aquelas para as quais o fluxo constantemente progressivo da cultura continuamente suscita novos problemas. Na essência de sua tarefa está o caráter transitório de todas as construções típico-ideais, mas também o fato de serem inevitáveis construções típico-ideais sempre novas.

Continuadamente se repetem as tentativas para determinar o sentido "autêntico" e "verdadeiro" dos conceitos históricos, sem jamais alcançarem o seu fim. Assim, é normal que as sínteses com as quais a História constantemente trabalha não sejam mais do que conceitos determinados relativamente, ou logo que se exige para o conteúdo um caráter unívoco, tipos ideais abstratos. Neste último caso, o conceito revela um ponto de vista teórico e, portanto, "unilateral", que, embora esclareça a realidade, demonstra ser impróprio para se tornar um esquema no qual essa realidade pudesse ser completamente incluída.

Porque nenhum destes sistemas de pensamento, que são imprescindíveis para a compreensão dos elementos significativos da realidade, pode esgotar a sua infinita riqueza. Todos não passam de tentativas para conferir uma ordem ao caos dos fatos que incluímos no âmbito do nosso interesse, e que são realizadas com base no estado atual dos nossos conhecimentos e nas estruturas conceituais de que dispomos. O aparelho intelectual que se desenvolveu no passado, mediante uma elaboração reflexiva ou, a rigor, uma transformação reflexiva da realidade imediatamente dada, e ainda através da sua integração nos conceitos que correspondiam ao estado do conhecimento e à orientação assumida pelos interesses, encontra-se em contínuo confronto com tudo o que podemos e queremos adquirir quanto ao conhecimento novo da realidade. É nessa luta que se realiza o progresso do trabalho científico no domínio cultural. O seu resultado é um constante processo de transformação dos conceitos através dos quais tentamos apreender a realidade. Por conseguinte, a história das ciências da vida social é, e continuará a ser, uma alternância constante entre a tentativa de ordenar teoricamente os fatos mediante uma construção de conceitos e a decomposição dos quadros mentais assim obtidos, devido a uma ampliação e a um deslocamento do horizonte científico, e à construção de novos conceitos sobre a base assim modificada. Nisto, de modo nenhum, se expressa um caráter errôneo da intenção de criar sistemas conceituais, pois qualquer ciência — mesmo a simples história descritiva — trabalha o repertório conceitual de sua época. Antes, aqui se exprime o fato de que, nas ciências da cultura humana, a construção de conceitos depende do modo de propor os problemas, e de que este último varia de acordo com o conteúdo da cultura. A relação entre o conceito e o concebido comporta, nas ciências da cultura, o caráter transitório de qualquer dessas sínteses. No campo da nossa ciência, grandes tentativas de construções conceituais deveram o seu valor exatamente ao fato de pôr a descoberto os limites da significação, do ponto de vista que lhes servia de alicerce. Os maiores progressos no campo das ciências sociais estão ligados substancialmente aos deslocamentos dos problemas da civilização e assumem a forma de um crítica da construção dos conceitos. Uma das principais tarefas da nossa revista consistirá, pois, em servir às finalidades da citada crítica e, por conseguinte, ao exame dos princípios da síntese no campo das ciências sociais.

Se deduzirmos as consequências do que foi dito, chegaremos a um ponto em que as nossas opiniões talvez se diferenciem, num ou noutro aspecto, das opiniões de muitos representantes eminentes da escola histórica a que também pertencemos. Pois estes últimos persistem, quer de forma expressa, quer implicitamente, na opinião de que a finalidade e o alvo último de qualquer ciência consistem em ordenar toda a sua matéria de estudo num sistema de conceitos, cujo conteúdo deveria ser estabelecido e progressivamente aperfeiçoado mediante a observação de regularidades empíricas, construção de hipóteses e verificação das mesmas, até que um dia daí nascesse uma ciência "perfeita" e, consequentemente, dedutiva. Para isso, o trabalho histórico e indutivo contemporâneo consistiria apenas numa tarefa preliminar, condicionada pela imperfeição da nossa disciplina. Segundo o ponto de vista desta concepção, nada, pois, poderia existir de mais grave do que a construção e a aplicação de conceitos rigorosos que pudessem vir a antecipar de forma prematura essa meta, a ser atingida apenas num futuro longínquo. Esta concepção seria, em princípio, incontestável no campo da teoria do conhecimento antigo e escolástico, que perdura, profundamente viva, na massa dos especialistas da escola histórica, cujo pressuposto é que os conceitos são cópias representativas da realidade "objetiva". Por causa disto, há uma constante alusão à irrealidade de todos os conceitos rigorosos. Para aquele que desenvolve, levando às últimas consequências, a ideia fundamental da moderna teoria do conhecimento — baseada em Kant, segundo a qual os conceitos são e só podem ser meios intelectuais para o domínio espiritual do empiricamente dado — o fato de os conceitos genéticos rigorosos serem tipos ideais não constitui razão para se opor à sua construção. Para ele, dever-se-ia inverter a relação entre conceito e trabalho historiográfico: meta final acima citada parece-lhe logicamente impossível, e os conceitos não constituem meta, mas meios para o conhecimento das relações significativas, de pontos de vista individuais. Precisamente porque o conteúdo dos conceitos históricos é variável, é preciso formulá-los de cada vez com maior precisão. Ele exigirá apenas que, ao utilizar tais conceitos, se mantenha cuidadosamente o seu caráter de tipo ideal e que não se confunda o tipo ideal e a História. Dado que, devido à inevitável variação das ideias de valor básicas, não há conceitos históricos verdadeiramente definitivos, passíveis de ser considerados como fim último geral, ele admitirá que, precisamente por se formarem conceitos rigorosos e unívocos para o ponto de vista singular que orienta o trabalho, será possível dar-se conta claramente dos limites da sua validade.

Não deixaremos de dar a entender, e, aliás, já o admitimos, que, num caso particular, é possível que o desenvolvimento de uma relação histórica concreta possa ser exposto com clareza sem relacioná-lo constantemente com conceitos definidos. E, consequentemente, poder-se-á reivindicar para o historiador da nossa disciplina o mesmo direito concedido ao historiador político, isto é, "falar a linguagem da vida". Decerto. Mas, quanto a isso, cabe dizer que é neste procedimento, em grande escala acidental, que o ponto de vista, a partir do qual o evento tratado ganha significação, torna-se claramente consciente. Em regra geral, não nos encontramos na situação favorável do historiador político, para quem os conteúdos culturais a que sua descrição se refere são normalmente unívocos, ou, pelo menos, parecem sê-lo. Qualquer descrição meramente intuitiva faz-se acompanhar do fenômeno particular da importância assumida pelo enunciado estético: "cada um sabe o que tem no coração". Os juízos válidos pressupõem sempre, pelo contrário, a elaboração lógica do intuitivo, isto é, a utilização de conceitos. E embora se torne possível, e muitas vezes agradável, do ponto de vista estético, conservá-los *in petto*, há no entanto o perigo de se comprometer a segurança da orientação do leitor e, frequentemente, do próprio escritor, quanto ao conteúdo e ao alcance dos seus juízos.

Porém a omissão da construção de conceitos rigorosos pode ser extremamente perigosa, no caso das discussões práticas de política econômica e social. Assim, um leigo não pode imaginar a confusão que suscita, por exemplo, o emprego do termo "valor", tormento da economia política, ao qual apenas se pode conferir um sentido unívoco através do tipo ideal; ou, então, a confusão suscitada por expressões como "produtivo", "o ponto de vista econômico" etc., que não resistem a uma análise conceitualmente clara. São sobretudo os conceitos coletivos, tomados à linguagem cotidiana, que provocam mais danos. Tome-se, pois, a título de exemplo, o conceito de "agricultura", tal como aparece na expressão "interesses agrários". Consideremos, em primeiro lugar, estes "interesses agrários" como representações subjetivas mais ou menos claras e verificáveis empiricamente, que os diferentes agentes econômicos individuais têm dos seus interesses, sem levar em consideração os inúmeros conflitos de interesses dos agricultores, quer se dediquem à criação de animais, quer à engorda do gado, quer à cultura do trigo, ou à sua transformação em forragem ou à sua destilação. Qualquer especialista, e talvez até mesmo os leigos, conhecem o monumental entrelaçamento de relações de valor opostas e contraditórias que a citada expressão pode representar. Queremos apenas expor alguns: os interesses dos agricultores que desejam vender as suas terras, pelo que apenas lhes interessa uma rápida elevação do preço do terreno; o interesse diametralmente oposto daqueles que querem comprar terras, aumentá-las, ou tomá-las por arrendamento; o interesse dos que estão empenhados em conservar uma propriedade para obter vantagens sociais para os seus descendentes, pelos que estão interessados numa estabilização da propriedade; o interesse contrário desses outros que, com vistas a si próprios, ou a seus filhos, desejam uma redistribuição das terras, em benefício do que melhor as explora ou — o que não é o mesmo — do comprador com mais capital; o interesse puramente econômico que o "explorador mais eficaz", no sentido da economia privada, encontra na liberdade econômica da troca de propriedades; o interesse oposto de certas camadas dominantes da sociedade em conservar a posição social política tradicional do seu "testamento" e dos seus descendentes; o interesse social das camadas sociais não dominantes pela supressão dessas camadas elevadas, que, para elas, significam uma opressão; o interesse, por vezes oposto, que se tem de considerar, de dirigentes políticos das camadas superiores capazes de proteger os interesses das classes inferiores. Poderíamos prolongar indefinidamente a lista, embora tenhamos procedido de modo muito impreciso e sumário. Outrossim, passaremos por alto os interesses "egoístas" que, ocasionalmente, se misturam com os mais diversos valores puramente ideais, pode desviá-los ou reprimi-los. Recordamos ainda que, sempre que falamos dos "interesses agrários", via de regra, pensamos não só nesses valores materiais e ideais a que os agricultores referem os seus "interesses", mas também nas ideias de valor, em parte totalmente heterogêneas, às quais nós próprios referimos a agricultura. Assim, por exemplo, os interesses da produção, que tanto decorrem do interesse em proporcionar à população produtos baratos, como do interesse, nem sempre coincidente, em lhe fornecer produtos de qualidade. Neste ponto, os interesses urbanos podem apresentar as mais variadas divergências em relação aos interesses agrários, assim como os interesses presentes podem colidir com os interesses prováveis das gerações vindouras. Há ainda os interesses demográficos, como o de um país em possuir uma população rural numerosa, quer derive dos "interesses do Estado", por razões de política interna ou externa, quer de outros interesses ideais muito diferentes, como, por exemplo, o que se espera da influência de uma numerosa população rural sobre as peculiaridades culturais de um país. Esse interesse demográfico pode, por sua vez, colidir com os mais variados interesses da economia privada de todos os setores da população rural de um país, e, talvez mesmo, com todos os interesses presentes da população em bloco. Podemos considerar ainda o interesse por determinado tipo de estrutura social da população rural, devido à natureza das influências políticas ou culturais que daí derivam. Este último é capaz de colidir, segundo a sua ótica, com todos os interesses imagináveis, presentes e futuros, tanto dos agricultores como do Estado. Mas o que vem complicar mais a questão é que o "Estado", a cujo "interesse" referimos com tanta facilidade os interesses particulares deste tipo, é, para nós, apenas uma expressão que envolve um enredamento obscuro de ideias de valor, às quais o reportamos nos casos particulares. Tais ideias de valor podem ser: a pura segurança militar, com relação ao exterior; a manutenção do predomínio de uma dinastia ou de determinadas classes, internamente; o interesse pela manutenção e o fortalecimento da unidade formal do Estado, quer por ele próprio, quer para conservar determinados valores culturais objetivos e diferenciados entre si, que nós acreditamos devemos defender em nossa qualidade de povo unificado no seio de um Estado; ou a transformação do caráter social do Estado, no sentido de determinados ideais culturais, por sua vez muito variados. Enfim, mesmo a mera enumeração de tudo quanto está envolvido na expressão "interesses do Estado", a que podemos referir a agricultura, nos levaria demasiado longe. Tanto o exemplo escolhido, como a nossa análise sumária, são toscos e simples. Por isso, convido o leigo a analisar de modo semelhante (e com mais profundidade) o conceito de "interesses da classe operária", para que veja, por si próprio, que emaranhado contraditório essa expressão encerra, compondo-se de interesses e ideais da classe operária, tanto quanto de interesses a partir dos quais nós próprios consideramos os trabalhadores. Torna-se impossível superar os slogans suscitados pela luta de interesses mediante uma acentuação puramente empírica do seu caráter "relativo". O único caminho que nos permite superar a vacuidade retórica é o da determinação clara, rigorosa e conceitual dos diferentes pontos de vista possíveis. O argumento da "livre-troca" como concepção do mundo, ou como norma empiricamente válida, é ridículo. Contudo, seja qual for a natureza dos ideais que cada indivíduo se propõe defender, o fato de haver subestimado o valor heurístico da velha sabedoria dos maiores comerciantes do mundo, expressas nessas fórmulas típico-ideais, causou grandes prejuízos aos nossos estudos sobre a política comercial. Só mediante fórmulas conceituais típico-ideais é que se chega a compreender realmente a natureza particular dos pontos de vista que interessam no caso particular, graças a um confronto entre o empírico e o tipo ideal. A utilização de conceitos coletivos não diferenciados, com os quais trabalha a linguagem cotidiana, muitas vezes é um instrumento de perigosas ilusões, e sempre é um meio de inibir o desenvolvimento do enunciado correto dos problemas.

Chegamos ao final da nossa discussão, que teve como único propósito destacar a linha quase imperceptível que separa a ciência da crença, e pôr a descoberto o sentido do esforço do conhecimento socioeconômico. A validade objetiva de todo saber empírico baseia-se única e exclusivamente na ordenação da realidade dada segundo categorias que são subjetivas, no sentido específico de representarem o pressuposto do nosso conhecimento e de associarem, ao pressuposto de que é valiosa, aquela verdade que só o conhecimento empírico nos pode proporcionar. Com os meios da nossa ciência, nada poderemos oferecer àquele que considere que essa verdade não tem valor, visto que a crença no valor da verdade científica é produto de determinadas culturas, e não um dado da natureza. Mas o certo é que buscará em vão outra verdade que substitua a ciência naquilo que somente ela pode fornecer, isto é, nos conceitos e juízos que não constituem a realidade empírica, nem a podem reproduzir, mas que permitem ordená-la de modo válido por meio do pensamento. Já vimos que, no campo das ciências sociais empíricas da cultura, a possibilidade de um conhecimento dotado de sentido daquilo que, para nós, é essencial na infinita riqueza do devir, liga-se à utilização ininterrupta de pontos de vista de caráter especificamente particular que, em última instância, são orientados por ideias de valor. Estas, por sua vez, podem ser comprovadas e vividas empiricamente como elementos de qualquer ação humana significativa, mas o fundamento da sua validade não deriva da própria matéria empírica. A "objetividade" do conhecimento no campo das ciências sociais depende antes do fato de o empiricamente dado estar constantemente orientado por ideias de valor, que são as únicas e conferir-lhe valor de conhecimento; e ainda que a significação desta objetividade apenas se compreenda a partir de tais ideias de valor, não se trata de converter isso no pedestal de uma prova empiricamente impossível da sua validade. E a crença — que todos nós alimentamos de uma forma ou de outra — na validade supraempírica de ideias de valor últimas e supremas, em que fundamentamos o sentido da nossa existência, não exclui, mas pelo contrário, inclui a variabilidade incessante dos pontos de vista concretos, a partir dos quais a realidade empírica adquire significado. A realidade irracional da vida e o seu conteúdo de possíveis significações são inesgotáveis, e a configuração concreta das relações valorativas mantém-se flutuante, submetida às variações do futuro obscuro da cultura humana; a luz propagada por essas ideias supremas de valor ilumina, de cada vez, uma parte finita e continuamente modificada do curso caótico de eventos que fluem através do tempo.

É preciso não darmos a tudo isso uma falsa interpretação no sentido de considerarmos que a autêntica tarefa das ciências sociais consiste numa perpétua caça a novos pontos de vista e construções conceituais. Pelo contrário, convém insistir mais do que nunca no seguinte: servir o conhecimento da significação cultural de complexos históricos e concretos constitui o fim último e exclusivo ao qual, juntamente com outros meios, é dedicado também o trabalho da construção e crítica de conceitos. Utilizando os termos de Friedrich Theodor Vischer, concluiremos que, em nossa disciplina, também existem cientistas que "cultivam a matéria" e outros que "cultivam o espírito". O apetite dos primeiros, ávidos de fatos, apenas se sacia com grandes volumes de documentos, com tabelas estatísticas e sondagens, mas revela-se insensível aos delicados manjares da ideia nova. O requinte gustativo dos segundos chega a perder o sabor dos fatos através de constantes destilações de novos pensamentos. O virtuosismo legítimo que, entre os historiadores, Ranke possuía em tão elevado grau, costuma manifestar-se precisamente pelo poder de criar algo de novo através da referência de certos fatos conhecidos a determinados pontos de vista, igualmente conhecidos.

Numa época de especialização, qualquer trabalho nas ciências da cultura, depois de ter se orientado para determinada matéria através do seu modo determinado de apresentar os problemas, e uma vez adquiridos os seus princípios metodológicos, verá na elaboração dessa matéria um fim em si próprio, sem controlar continuamente e de forma consciente o valor cognitivo dos fatos isolados, para referência sua às ideias de valor e mesmo sem tomar consciência da sua ligação com essas ideias de valor. E é bom que assim seja. Mas um dia o significado dos pontos de vista adotados irrefletidamente se torna incerto e o caminho se perde no crepúsculo. A luz dos grandes problemas culturais desloca-se para mais além. Então, a ciência também muda o seu cenário e o seu aparelho conceitual e fita o fluxo do devir das alturas do pensamento. Segue a rota dos astros que unicamente podem dar sentido e rumo ao seu trabalho:

> "[...] desperta o novo impulso;
> lanço-me para sorver sua luz eterna;
> diante de mim o dia, atrás a noite,
> Acima de mim o céu, abaixo as ondas."
>
> (*Fausto*, de Goethe)

# III

# Estudos críticos sobre a lógica das ciências da cultura — 1906

I. A polêmica com Eduard Meyer — II. Possibilidade objetiva e causação adequada na consideração causal da História.

## I. A polêmica com Eduard Meyer

O fato de que um dos nossos mais renomados historiadores se vê na obrigação de prestar contas a si mesmo e aos seus colegas sobre os fins e os meios do seu trabalho deve, indiscutivelmente, despertar interesse fora do âmbito do círculo dos especialistas, pois ele, com este procedimento, ultrapassa os limites da sua disciplina específica para entrar no campo de consideração epistemológica. Num primeiro momento, certamente, pode parecer que este procedimento tem consequências negativas. Uma abordagem realmente segura das categorias da lógica que, no estado atual do seu desenvolvimento, se apresenta como uma disciplina tão especializada como qualquer outra, requer sem dúvida um exercício cotidiano como, aliás, também é o caso de qualquer outra disciplina científica. E, a nosso ver, é óbvio que Eduard Meyer, a cujo livro *Zur Theorie und Methodik der Geschichte* (Sobre teoria e metodologia da História) nós nos referimos, nem pode, nem deseja reclamar para si tal exercício cotidiano e familiarização com os problemas da lógica, tampouco como o autor deste ensaio. Eu diria que as observações de crítica do conhecimento que se encontram naquela obra, por assim dizer, representam um relatório clínico elaborado pelo próprio paciente e não elaborado pelo médico, devendo ser entendidas e valorizadas dentro deste panorama. Muitas das observações de Eduard Meyer certamente escandalizam os especialistas em lógica e em teoria do conhecimento, e muito desses especialistas acreditaria não ter encontrado, essencialmente, nada de novo que pudesse ser relevante para os seus interesses epistemológicos. Porém este fato em nada diminui a importância da obra de Meyer, sobretudo no que diz respeito às disciplinas específicas afins.[1] Temos de lembrar que exatamente os resultados mais significativos no campo da teoria do conhecimento especializado são os que se utilizam de imagens mentais formuladas como tipos ideais, com referência às metas e aos procedimentos cognitivos, e passam ao largo dos fins epistemológicos das ciências especializadas, fazendo com que estas últimas dificilmente consigam se reconhecer a si mesmas nestas considerações. Portanto, explicações metodológicas elaboradas dentro dos limites da sua própria especialidade podem ser muito úteis para esclarecer questões metodológicas, apesar de sua formulação metodológica muitas vezes imperfeita. É exatamente isso que acontece com as explicações de Meyer. A exposição de Meyer, com a sua transparente inteligibilidade, oferece aos especialistas das disciplinas vizinhas a possibilidade de entrar em contato com toda uma série de questões, a fim de resolver certos problemas lógicos que são compartilhados com os "historiadores" no sentido estrito. É este o propósito das explicações que se seguem, as quais, sobretudo com referência à obra de Eduard Meyer, abordam, em seguida e sucessivamente, um certo número

---

1. Por isso, é preciso ter em conta que a crítica que consta neste ensaio, e que, deliberadamente, procura as deficiências nas suas formulações, não se atribui à pretensão do autor de querer aparecer como "alguém que conhece tudo melhor". Os erros que, a nosso ver, foram cometidos por um autor reconhecido são mais instrutivos do que a apreciação correta de uma pessoa que não tem muita importância nos meios científicos. Por isso, nós não comentamos os muitos resultados positivos da obra de Eduard Meyer. Pelo contrário, queremos apreender, a partir dos seus erros, determinados problemas da lógica da ciência histórica, a fim de perceber de que como ele os tentou abordar com resultados variados.

de problemas lógicos singulares, para, logo em seguida, a partir do ponto de vista demonstrado, examinar criticamente uma série de novos trabalhos sobre a lógica das ciências da cultura. Partimos de problemas puramente históricos e só mais tarde, no decorrer destas explicações, trataremos daquelas disciplinas da vida social que procuram estabelecer "regras" e "leis". Este procedimento é deliberado, levando em consideração o fato de que frequentemente tentou-se precisar a especificidade das ciências sociais delimitando-as com relação às "ciências da natureza". Estas tentativas sempre tiveram um pressuposto tácito, qual seja, o de que a História seria uma disciplina que se limita à mera coleção de fontes e, portanto, uma disciplina puramente descritiva que, na melhor das hipóteses, introduziria fatos que apenas serviriam como "tijolos" para o trabalho propriamente científico, o qual só depois deste trabalho preliminar teria o seu início. E, por desgraça, os próprios historiadores profissionais, da maneira como pretendiam fundamentar a especificidade da "ciência histórica", contribuíram não pouco para a afirmação deste preconceito, ou seja, o preconceito de que o trabalho "histórico" seria algo qualitativamente diferente do trabalho "científico", porque a História não se interessaria pelos "conceitos" e pelas "regras". Posto que também a nossa disciplina, sob a influência persistente da "Escola Histórica" procure hoje uma fundamentação "histórica", e posto que a relação com a "teoria" continue sendo problemática — como há vinte e cinco anos atrás — parece ser correta e justa a pergunta: o que podemos entender, num sentido lógico, por trabalho "histórico"? E como resolver também esta questão dentro dos limites e do terreno do próprio procedimento metodológico "histórico", procedimento indiscutivelmente reconhecido global e geralmente? Trata-se, exatamente, daquele procedimento metodológico no campo da História que foi criticado na obra de Eduard Meyer.

Eduard Meyer começa com uma advertência referente ao perigo de supervalorizar a importância dos estudos metodológicos para a práxis da investigação histórica: os conhecimentos metodológicos mais abrangentes não fazem com que alguém seja ou se transforme em historiador, nem opiniões errôneas em termos de metodologia, têm como consequência, necessariamente, uma errada práxis científica no campo da História. Elas apenas demonstrariam que o historiador formula ou interpreta, de maneira errada, as regras — em si corretas — que ele mesmo aplica. No essencial, podemos concordar com Eduard Meyer: a metodologia nunca pode ser outra coisa que não a reflexão de si mesmo acerca dos meios que levaram, na práxis, a resultados válidos, e a consciência explícita disso tampouco é um pré-requisito para um trabalho frutífero como, por exemplo, não é um pressuposto para alguém poder "andar corretamente" o conhecimento da estrutura anatômica. Quem busca continuadamente controlar o seu "andamento correto" mediante conhecimentos anatômicos corre o risco de tropeçar, e algo semelhante ocorreria por certo ao especialista que intentasse determinar extrinsecamente as metas do seu trabalho na base das considerações metodológicas.[2] Todas as vezes que o trabalho metodológico — como é também, obviamente, a sua intenção — tem uma utilidade direta para a práxis do historiador, ele o utiliza porque o capacita, de uma vez para sempre, a não deixar-se impressionar por um diletantismo enfeitado de filosofia.

Apenas delimitando e resolvendo problemas concretos é que se fundaram as ciências, e só destarte desenvolveram o seu método. Reflexões puramente epistemológicas e metodológicas, pelo contrário, nunca contribuíram para o seu desenvolvimento decisivo. Tais discussões costumam revestir-se de importância para o cultivo da ciência somente quando, em consequência de deslocamentos notáveis de "pontos de vista", a partir dos quais uma matéria se converte em objeto de uma exposição, surge a ideia de que estes novos "pontos de vista" exigem também uma revisão das formas lógicas, dentro das quais se desenvolvera tradicionalmente o "cultivo" quase consagrado, levando, obviamente a uma situação de incerteza sobre a "essência do próprio trabalho científico. É indiscutível que encontramos este estado de coisas na História, e a opinião que Meyer sustenta sobre a insignificância da metodologia para a "práxis" do historiador não o impediu de tratar, posteriormente, de questões metodológicas reais.

Ele começa com a exposição daquelas teorias recentes que procuraram transformar a ciência histórica a partir de determinados pontos de vista metodológicos. Em seguida, ele formula o seguinte ponto de vista com o qual pretende refletir criticamente (p. 5 e ss.):

1. Para a ciência histórica não tem importância e, consequentemente, são estranhos os seguintes elementos ou fatores:

2. Isso também aconteceria com algumas das observações de Eduard Meyer, como veremos mais tarde — se se levasse a sério todas as suas afirmações.

a. O "acidental".

b. As decisões "livres" de personalidades concretas.

c. A influência das "ideias" sobre as ações dos homens.

2. Diferentemente, são objetos próprios do conhecimento científico:

a. Os fenômenos de "massas" em oposição à ação dos "indivíduos".

b. O "típico" em oposição ao "singular".

c. O desenvolvimento das "comunidades" em especial das "classes" sociais ou das "nações", em oposição à ação política dos indivíduos.

3. E, finalmente, posto que a partir do ponto de vista científico, o desenvolvimento histórico somente é inteligível a partir de "relações causais", entendido como um processo que se desenvolve dentro de "leis", o próprio fim da pesquisa histórica seria o de descobrir as "etapas do desenvolvimento" das comunidades humanas, etapas que se sucedem de maneira "típica" e necessária, incluindo, mesmo assim, as diversidades históricas.

Na exposição que se segue, deixaremos de lado propositadamente todos aqueles pontos considerados por Eduard Meyer que, de maneira específica, dizem respeito à crítica de Lamprecht. Também tomaremos a liberdade de reordenar e reagrupar os argumentos, reservando alguns para criticá-los em capítulos posteriores, conforme as necessidades deste mesmo estudo, que não tem o objetivo de criticar a obra de Eduard Meyer.

A concepção combatida por Eduard Meyer leva o próprio autor a destacar, antes de tudo, a importância ou o papel importante desempenhado pelo "livre-arbítrio" e pelo "acaso" — ambos, na opinião de Meyer, conceitos bem definidos e perfeitamente claros.

Em primeiro lugar, no que diz respeito ao "acaso" e à discussão do "acaso" na História (p. 17 e ss.), é evidente que ele não o entende como "ausência de causalidade" objetiva (acaso absoluto, no sentido metafísico), nem como impossibilidade de conhecer as condições causais, impossibilidade subjetiva, mesmo que absoluta, para cada um dos casos que surge renovado, necessariamente, dentro da espécie em questão, como, por exemplo, cada um dos lances no jogo de dados (acaso absoluto no sentido gnoseológico), mas como "acaso" relativo, no sentido de uma relação lógica entre complexos de causas pensados separadamente.

Entende, portanto, este conceito, mesmo que naturalmente não seja sempre formulado de maneira correta, em sentido idêntico ao que é aceito hoje em dia pela lógica especializada, que, mesmo levando em consideração todos os progressos, continuamos a referir, em essência, e em primeiro lugar, ao primeiro escrito de Windelband.[3] De maneira substancialmente correta, logo faz diferença entre este conceito causal de "acaso" (o chamado "acaso" relativo) e o conceito teleológico do "acidental". Em primeiro lugar, algo que acontece por "acaso" se opõe ao que se espera, de acordo com aqueles elementos causais que reunimos numa unidade conceitual. Não é deduzível causalmente, segundo regras gerais do acontecer, a partir da mera consideração daquelas condições, mas pelo contrário é causado pela eliminação de uma condição que permanece exterior àquelas (p. 17-19). Por outro lado, o conceito teleológico do acidental se opõe ao "essencial", quer se trate da formação de um conceito com fins cognitivos, mediante a exclusão dos ingredientes da realidade que não são "essenciais" (acidentais, "individuais") para o conhecimento, quer se julgue certos objetos, reais ou pensados, como "meios" para um "fim", em cujo caso somente certas propriedades são pertinentes, a partir do ponto de vista prático, como "meios", mesmo que os demais sejam indiferentes a partir do mesmo ponto de vista (p. 20-21).[4] Sem dúvida, é certo que esta formulação deixa muito a desejar (em especial, no que diz respeito à página 20, na qual a "antítese está sendo apresentada como oposição entre "processos" e "coisas") e que, desde o ponto de vista lógico, o problema não foi pensado de maneira totalmente acabada, no que diz respeito às suas consequências, como será mencionado na segunda secção de nosso estudo, quando tratarmos e discutirmos a opinião de Meyer sobre o conceito de "desenvolvimento".

3. Este "acaso" encontramos, por exemplo, nos assim chamados "jogos de azar" com dados e sorteios. A absoluta incognoscibilidade da conexão entre as determinadas partes das conduções concretas, que levam ao sucesso, com o próprio sucesso, é, a nosso ver, elemento constitutivo, num sentido bem rigoroso, da chamada "calculabilidade probabilística".

4. Estes conceitos de "acaso" não podem ser eliminados de nenhuma disciplina histórica; talvez apenas de modo relativo, por exemplo, na Biologia. Numa nota posterior, abordaremos estes conceitos de "aceso". Referimo-nos, evidentemente, também aos escritos de L. M. Hartmann, *Die Geschichtliche Entwicklung*, (O Desenvolvimento Histórico) p. 15 e 25. Mas, mesmo que a sua argumentação seja falha, ele não transforma" a ausência de causa em "causa", como escreve Eulenburg, *Deutsche Literaturzeitung*, nº 24, 1905 (Jornal Literário Alemão).

Seja como for, o que ele diz satisfaz as exigências das necessidades da práxis historiográfica. Aqui nos interessa, sem dúvida, a maneira como será retomada — nas páginas que se seguem — o conceito de "acaso" (p. 28). A "ciência natural", diz Meyer, pode [...] afirmar que, quando se atirar fogo à dinamite haverá, necessariamente, uma explosão. Mas em que momento e em que situação uma determinada pessoa envolvida será salva, ferida ou morta, isso não é dado à ciência responder, pois estas coisas dependem do acaso e do livre-arbítrio, a respeito do qual a ciência nada sabe, mas, talvez, a História". Aqui causa estranheza sobretudo o estreito "entrelaçamento" entre o "azar" e o "livre-arbítrio". Isto, no entanto, mostra-se ainda mais claramente quando Meyer aduz (como exemplo do que diz respeito à possibilidade de cálculos "certos" e "seguros") aos meios de astronomia — a saber: supondo que existam corpos estranhos no sistema solar —, toda a vez que se afirma ser "impossível" predizer se tal constelação, assim calculada, também tem que ser "observada". Em primeiro lugar, de acordo com o pressuposto de Meyer, ou ainda quando se interpreta o "acaso" como sendo a intromissão de um corpo estranho e "incalculável", podemos concluir que não apenas a astronomia, mas também a História, conhecem "acaso" neste sentido. E, em segundo lugar, normalmente se pode calcular com muita facilidade que um astrólogo tentará "observar" a constelação "calculada", e que, se não houver perturbações "acidentais", efetivamente a observará. Temos a impressão de que Meyer, mesmo quando interpreta o "acaso" de uma maneira completamente determinista, concebe, sem formulá-la com clareza, uma afinidade particularmente estreita entre "acaso" e "liberdade humana" ou "livre-arbítrio", o que suporta uma irracionalidade bem específica no devir histórico. Veremos melhor esta questão.

O que Eduard Meyer caracteriza como "livre-arbítrio" de nenhuma maneira entra, em sua opinião, em oposição com o princípio da "razão suficiente", que é "axiomático" e incondicionalmente válido também para a ação humana. Antes, a antítese entre "liberdade" e "necessidade" da ação se resolve numa mera diferença do modo de considerar as coisas: no segundo caso, levamos em consideração o "acontecido" que, para nós, incluindo a decisão efetivamente se adotou a seu tempo, tem valor "necessário"; enquanto que, no primeiro caso, consideramos o processo como "em devir" e portanto, como algo que não está a nossa frente, nem que é "necessário", mas que se constitui apenas uma possibilidade entre as infinitas possíveis. Mas a partir do ponto de vista de um desenvolvimento "em devir", nunca podemos afirmar mais tarde que uma decisão humana poderia ser diferente daquela que efetivamente foi tomada. No que diz respeito às ações humanas, nunca podemos ir além do "eu quero".

Desta maneira, surge, em primeiro lugar a pergunta: teria Eduard Meyer realmente a opinião de que estas antíteses dos modos de encarar as questões (por um lado, o desenvolvimento "em devir" e, consequentemente, imaginado como sendo um desenvolvimento "livre", e, por outro, o "fato", resultado do devir e, como tal, pensado como sendo "necessário") somente se encontram no campo da motivação humana e não no da natureza "morta"? Quando ele comenta (p. 15) que aquele que conhece "a personalidade e as circunstâncias" poderia prever, "talvez com um elevado grau de probabilidade" o resultado, isto é, a "decisão a ser tomada", parece não aceitar esta oposição. Realmente, uma "previsão" efetivamente exata de um processo individual a partir das condições dadas está ligada, também no âmbito da natureza morta, aos dois pressupostos seguintes: 1. No que diz respeito aos dados, deve tratar-se unicamente de elementos "calculáveis", isto é, elementos que podem ser expressos "quantitativamente"; 2. De que todas as condições pertinentes, relativas ao processo, sejam realmente conhecidas, e que estas sejam medidas com exatidão. Nos outros casos, podemos apenas formular juízos probabilísticos de diversos graus de exatidão, o que, aliás, é sempre a regra, quando se trata da individualidade concreta de um acontecimento, como por exemplo a previsão do tempo. Nestes casos, o "livre-arbítrio" não seria um caso especial, e aquele "eu quero" seria apenas o *fiat* formal da consciência, do qual fala James e que, por exemplo, é aceito pelos criminalistas que seguem a orientação determinista[5] sem prejuízo das teorias de imputação. O "livre-arbítrio", portanto, neste caso, não significa outra coisa que não o fato de se atribuir significado causal à "decisão", que, por sua vez, é o resultado de causas que podem classificar-se como "suficientes", mas que nunca explicam completamente este mesmo resultado. Nem um determinista, no sentido mais "estrito", faria objeção a isso. Se se tratasse apenas disso, não se veria o

---

5. Por exemplo: Von Liepmann, *Einleitung in das Strafrecht*, 1900 (Introdução ao Direito Criminal).

porquê de devermos ficar insatisfeitos com a concepção de irracionalidade na História, assunto que é discutido ocasionalmente, ou seja, quando se discorre sobre o conceito de "acaso".

Porém, interpretando desta maneira o ponto de vista de Eduard Meyer, sem dúvida causa estranheza o fato de ele próprio acentuar, neste contexto, que a "liberdade de vontade" — ou seja, o "livre-arbítrio" — como um "fato da experiência interna" seria indispensável para a responsabilidade do indivíduo em face da sua "atividade volutiva". Isto teria a sua justificação somente se se tratasse de atribuir à ciência histórica o papel de um "juiz" que julga os seus heróis. Surge realmente a pergunta de se Eduard Meyer sustenta efetivamente esta opinião. Na página 16 lemos: "Procuramos [...] descobrir os motivos que têm levado — por exemplo, Bismarck, em 1866 — a suas decisões e, em seguida, julgaremos a justeza dessas decisões e o valor (*nota bene*) de sua personalidade". De acordo com essa formulação, poderíamos supor que Eduard Meyer considera ser tarefa suprema da ciência histórica obter juízos de valor sobre a personalidade que "atua historicamente". Sem embargo, não somente a sua posição frente à "biografia" (veja-se no fim da obra), que mais adiante será por nós abordada, mas também as suas observações muito pertinentes sobre a incongruência entre o "valor intrínseco" das personalidades históricas e a sua importância causal (p. 50-51) mostram, sem deixar dúvidas que, na afirmação que mencionamos anteriormente, se entende por "valor" da personalidade — pelo menos, é o único sentido que pode ter, a nosso ver, para ser coerente — a significação causal de certas ações ou de certas qualidades dessas pessoas concretas. (Para um eventual juízo de valor, estas qualidades podem ser positivas ou, como no caso de Frederico Guilherme IV, negativas.) No que diz respeito ao "juízo" sobre a "justeza" de tais decisões, isto pode ser entendido de diversas maneiras: 1. Pode ser um juízo sobre o "valor" do objetivo que se encontrava na base da decisão, como, por exemplo, sobre a opinião de excluir a Áustria da Alemanha a partir do ponto de vista patriótico alemão, ou 2. Como uma análise desta decisão, que se guiasse pela pergunta — já que a História respondeu afirmativamente — se iniciar uma guerra era ou não o meio mais apropriado para se alcançar aquele objetivo, a saber, a unificação da Alemanha. Vamos deixar de lado a questão de Eduard Meyer ter ou não distinguido subjetivamente e com toda a clareza estas duas perguntas, pois, como é conhecido, somente a segunda seria pertinente para uma argumentação sobre a causalidade histórica. Realmente, esta, que tem a forma de um juízo "teleológico" sobre a situação histórica, conforme os conceitos de "meios e fim", possui manifestamente, dentro de uma exposição que não desempenha o papel de um manual para diplomatas mas o de "História", o sentido exclusivo de possibilitar um juízo sobre o significado histórico causal dos fatos, e, portanto, de comprovar que, exatamente naquele momento, não se "perdeu" uma "oportunidade" de se fazer tal decisão, porque o "autor" desta decisão possuía a "força da alma" — expressão que também foi utilizada por Eduard Meyer — para mantê-la em face de todos os obstáculos: desta maneira, percebe-se o grau de "importância" causal desta decisão e das suas pré-condições caracterológicas, como também a medida e o sentido em que a existência destas "qualidades de caráter" constituiu um "momento" de "alcance" histórico. Não obstante, como é óbvio, tais problemas, relacionados com a imputação causal de certo acontecer histórico a ações de homens concretos, devem ser distinguidos nitidamente da questão ou da pergunta pelo sentido e pelo significado da "responsabilidade" ética.

Esta última expressão de Meyer poderia ser interpretada no sentido puramente "objetivo" de uma imputação causal de certos efeitos às qualidades "caracterológicas" dadas, e aos "motivos" das personalidades que atuaram. Estes motivos deveriam ser explicados a partir destas mesmas qualidades, das diversas circunstâncias, do meio ambiente e da situação concreta. Se fizéssemos isso, sem dúvida seria estranho para nós o fato de Meyer, numa passagem posterior de sua obra (p. 44-45) afirmar exatamente que a "investigação de motivos" seria secundária para a ciência histórica.[6] A razão aludida, ou seja, a afirmação de que, na maioria das vezes,

---

6. Aqui não se explica de maneira única o que deve ser entendido por "investigação de motivos". Em todo caso, compreende-se que aceitamos a "decisão" de uma personalidade concreta como um "fato último" quando ela se apresenta como sendo "produzida" pragmaticamente por acaso, isto é, como inacessível a uma interpretação plena ou até não sendo digna desta: por exemplo, os decretos confusos ditados pelo Tzar Paulo, inspirados pela loucura. Ademais, uma das tarefas indiscutíveis da ciência histórica sempre consistiu em compreender as ações externas, empiricamente dadas, e os seus resultados, a partir das "condições", dos "meios" e dos "fins" da ação. Também Eduard Meyer procede desta maneira. E a investigação de motivos — isto é, a análise do que realmente se pretendeu e dos fundamentos deste "querer" — é, por um lado, o meio de impedir que aquela análise degenere numa pragmática a-histórica, mas, por outro, se apresenta como o principal ponto de partida do "interesse histórico":

ela ultrapassa os limites do conhecimento seguro, e de que não é outra coisa a não ser "formulação genética" de uma ação que não pode ser bem explicada com os materiais disponíveis e que, portanto, simplesmente tem de ser aceita como um "fato" — tal razão, a nosso ver, independentemente de ser válida em casos individuais, dificilmente pode ser sustentada como característica logicamente distinta com relação às "explicações" de processos concretos "externos", sendo que também estas explicações frequentemente são problemáticas. Mas, mesmo assim, esta intuição, juntamente com a forte insistência de Meyer no significado que a "decisão volutiva" tem para a História numa dimensão puramente formal, e com a observação, já citada, sobre a "responsabilidade", nos induzem a supor que, para ele, a consideração ética e a consideração causal da ação humana — "avaliação" e "explicação" — tendem a ser confundidas.

Seja como for, se se considera suficiente como fundamentação positiva da dignidade normativa da consciência ética a formulação de Windelbandt, ou seja, a de que a ideia de responsabilidade significa, por completo, uma abstração da causalidade[7] — em qualquer caso esta formulação caracteriza de maneira adequada o modo como se distingue o mundo das "normas" do mundo dos "valores", baseando-se na perspectiva da consideração causal das ciências empíricas. Quando se afirma que uma determinada proposição matemática é "correta", não há nenhum interesse em questões como, por exemplo, o modo como se deu "psicologicamente" este conhecimento ou, por exemplo, se a "fantasia matemática", na sua potência máxima, só foi possível como fenômeno concomitante a determinadas anormalidades do "cérebro matemático". Tampouco significa, evidentemente, perante o fórum da "consciência", a consideração de que o próprio "motivo", avaliado eticamente de acordo com os ensinamentos da ciência empírica, teria sido completamente condicionado causalmente, ou, no caso de um juízo de valor sobre o valor estético de uma obra malfeita, nada interessa ao conhecimento se

queremos, sem dúvida (entre outras coisas) observar como o "querer" do homem se transforma no seu "significado" por meio do encadeamento dos "destinos" históricos.

7. Windelband *Uber Willensfreiheit, letztes Kapitel* (último capítulo) (Sobre o livre-arbítrio). Windelband escolhe esta formulação especialmente para excluir a questão da "liberdade da vontade" das considerações da criminalística. Cabe perguntar, entretanto, se ela é suficiente para os criminólogos, dado que, precisamente, a pergunta pelo tipo de ligação causal de modo algum é irrelevante para a aplicabilidade das normas do direito penal.

a sua produção poderia ser concebida como sendo determinada da mesma maneira que a Capela Sistina. A análise causal de modo nenhum nos proporciona juízos de valor,[8] e um juízo de valor não é, em absoluto, uma explicação causal. E é exatamente por essa razão que a avaliação de um processo — por exemplo, o da "beleza" de um fenômeno natural — se situa numa esfera diferente da de sua explicação causal, e, consequentemente, também a referência à "responsabilidade" do agente histórico perante a sua consciência ou perante qualquer tribunal divino ou humano, bem como toda e qualquer intromissão do problema filosófico da "liberdade" na metodologia da História, eliminaria por completo o seu caráter de ciência empírica, o que também seria o caso se alguém quisesse introduzir milagres em séries causais. Eduard Meyer, seguindo o exemplo de Leopold von Ranke, rejeita, naturalmente, este tipo de raciocínio (p. 26), evocando, para a sua justificação, a existência de "limites bem precisos e marcantes entre o conhecimento histórico e a cosmovisão religiosa". Mas, na minha opinião, teria sido ainda melhor se ele não tivesse sido seduzido pelas considerações de Stammler, às quais ele se refere (p. 16, nota 1), pois Stammler confunde os limites, também bastante precisos, entre o conhecimento histórico e o conhecimento ético. Quão funesta pode ser esta confusão de diferentes modos de abordagens! Pensando no plano metodológico, percebe-se logo em seguida, ainda na mesma página, quando Eduard Meyer sustenta a opinião de que "com isto" — quer dizer, com as ideias empiricamente dadas de liberdade e responsabilidade — apresentar-se-ia, no devir histórico, um "momento puramente individual" que "nunca poderia ser reduzido a uma fórmula", sem que fosse destruída a sua própria essência. E, logo em seguida, Meyer procura ilustrar esta afirmação com o eminente significado histórico (causal) que teriam sido decisões de personalidades individuais. Este antigo erro[9] é tão prejudicial, precisamente a partir do ponto de vista da conservação da especificidade lógica da História, porque ele faz com que sejam transferidos para o setor da ciência histórica problemas oriundos de outras

---

8. O que, certamente, não significa que a consideração causal de sua gênese não pode ser essencial para possibilitar "psicologicamente" a "compreensão" da significação de valor de um objeto (por exemplo, de uma obra de arte). Voltaremos mais tarde a esse assunto.

9. Este erro foi amplamente discutido no meu ensaio *Roscher und Knies und die logischen Probleme der historischen Nationalökonomie* (Roscher e Knies e os problemas lógicos da Economia Política).

áreas da pesquisa e do conhecimento científicos, e, ao mesmo tempo, parece que se supõe, tacitamente, que uma certa convicção filosófica (antideterminista) seria o pré-requisito para a validade do método histórico.

Portanto, percebe-se claramente como é falsa esta suposição, que sustenta a opinião de que uma "liberdade" da vontade, seja o que for que se entenda por isso, é idêntica à "irracionalidade" da ação, ou seja, que a segunda seria condicionada pela primeira. Tão grande "incalculabilidade" específica — mas não maior — como a das "forças cegas da natureza" é apanágio do louco.[10] Inversamente, nós acompanhamos com o máximo grau de "sentimento de liberdade" empírico aquelas ações que, temos plena consciência, foram por nós executadas racionalmente, isto é, sem "coação" física e psíquica, e sem "afetos" passionais e perturbações "contingentes" da clareza do juízo, e nas quais perseguimos um fim com clareza consciente por "meios" que nos pareciam os mais adequados. Se a História se referisse apenas a tais ações, "livres" neste sentido, isto é, como sendo racionais, a sua tarefa seria muito facilitada: a partir dos meios empregados poderiam ser discernidos claramente o fim, o "motivo", a "máxima" do agente, e também seria excluído todo tipo de irracionalidade que, no sentido vegetativo deste termo multívoco, se apresenta como "pessoal" da ação. Supondo que toda a ação que se dá estritamente dentro dos parâmetros da teleologia consiste na aplicação de regras de experiência que indicam os "meios" apropriados para o fim, a História, neste caso, não seria nada mais do que a aplicação de tais regras.[11] Fatos como os de que a ação do homem não pode ser interpretada

---

10. Nós classificamos as ações do Tzar Paulo, no último período de seu governo de aberrações, como não possíveis de interpretação, portanto, sem sentido e "incalculáveis", como também a tempestade que destruiu a invencível armada. Num e noutro caso não investigamos os motivos, pois interpretamos estes processos "livremente" e também porque a sua causalidade deveria ficar oculta para nós. No caso do Tzar Paulo, talvez a patologia pudesse proporcionar-nos uma explicação, mas estas não nos interessam historicamente. Voltaremos mais tarde a este assunto.

11. Veja-se sobre isso as minhas considerações em *Roscher und Knies und die logischen Probleme der historischen Nationalökonomie*. Uma ação rigorosamente racional — é possível formulá-lo assim — seria uma "adaptação" perfeita e sem resíduos à "situação" dada. Os esquemas teóricos de Menger, por exemplo, contêm como pressuposto uma "adaptação rigorosamente racional à "situação de mercado" e ilustram as consequências disto na sua pureza "típico-ideal". A História, neste caso não seria outra coisa senão uma pragmática da adaptação — e Hartmann queria, realmente, transformá-la em uma — se ela fosse apenas uma análise do

de modo tão puramente racional e de que a sua "liberdade" está repleta não só de "preconceitos" irracionais, falhas lógicas e erros sobre os fatos empíricos, como também de "temperamentos", "disposições" e "afetos", e que, portanto, também o seu agir compartilha — em graus muito variados — da "ausência de sentido" empírica dos fenômenos naturais, tudo isso implica, precisamente, a impossibilidade de uma História puramente pragmática. Só que o agir humano compartilha este tipo de "irracionalidade" justamente com os processos naturais individuais, e, portanto, quando o historiador se refere à "irracionalidade" da ação humana como elemento perturbador da interpretação das conexões históricas, na realidade ele está comparando a ação histórico-empírica, não com aquilo que acontece na natureza, mas, ao contrário, com o ideal de uma ação puramente racional, quer dizer, totalmente adaptado a fins e absolutamente orientado por meios adequados.

Se, por um lado, a exposição de Eduard Meyer sobre as categorias de "acaso" e de "livre-arbítrio", que seriam próprias da abordagem historiográfica, revela uma tendência pouco clara para introduzir problemas heterogêneos na metodologia da História, percebemos também que, por outro, sua concepção de causalidade histórica contém contradições espantosas. Por exemplo (p. 40), insiste-se com bastante ênfase que a investigação histórica constantemente e, em todos os casos, apresenta as séries causais a partir dos efeitos em direção à causa. Mas esta observação — da maneira como foi formulada por Eduard Meyer[12] — é discutível: realmente, é possível formular, sob a forma de uma hipótese, os efeitos que um determinado evento histórico poderia ter produzido, e esta hipótese, em seguida, poderia ser verificada através da indicação de "fatos". Mas, na realidade, pretendia-se afirmar outra coisa, como veremos logo em seguida: apenas o assim chamado princípio da "dependência teleológica", como recentemente se costuma denominar, que rege o interesse causal da História. Ademais, é, obviamente, inexato reivindicar como sendo exclusivamente típico da História o remontar do efeito à causa. De maneira bem

---

surgimento e do encadeamento de ações singulares e "livres", isto é, absolutamente racionais a partir do ponto de vista teleológico de alguns indivíduos. Se se tira de conceito de "adaptação" este sentido, como o faz Hartmann, então ele se torna totalmente inútil para a história.

12. Na mesma passagem, afirma-se de maneira ainda mais infeliz: "a investigação historiográfica procede passando do efeito para a causa".

semelhante procede também a "explicação" causal de um "fato natural" concreto. E, como já vimos, enquanto na página 14 Meyer sustenta que o "resultado do devir" vale para nós como algo absolutamente "necessário", e que apenas a ideia referente "ao processo de devir" vale como mera "possibilidade", inversamente, na página 40 o autor insiste no caráter particularmente problemático da inferência da causa a partir do efeito, a tal ponto que Eduard Meyer preferiria que não usasse, no âmbito da História, o termo "causa", e, como já vimos também, a "investigação dos motivos" cai em total descrédito.

Poderíamos resolver, de acordo com o pensamento de Meyer, esta última contradição defendendo a opinião de que o aspecto problemático daquela inferência reside somente nas limitadas possibilidades do nosso conhecimento, e que, portanto, o determinismo seria apenas um postulado ideal. Não obstante, na página 23, Meyer rejeita decididamente esta opinião e prossegue (página 24 e seguintes) com uma polêmica que, por sua vez, deixa margem a muitas dúvidas. Anteriormente, por ocasião da introdução a *Die Geschichte des Altertums* (História da Antiguidade), Meyer identificara a relação entre o "geral" e o "particular" com a que há entre "liberdade" e "necessidade", e ambas, por sua vez, com a relação entre o indivíduo e a "totalidade", chegando à conclusão de que a "liberdade" e, portanto, o "individual" (veja-se mais adiante) regeriam o "detalhe", mas que, nas "grandes linhas" do devir histórico, seriam "regidas" pela "lei" ou pela "regra". Na página 25, parcialmente sob as influências de Rickert e as de von Below, Meyer se retrata desta concepção que, entretanto, prevalece, de fato, entre muitos historiadores "modernos", mesmo que ela seja totalmente errada. Von Below discordou sobretudo da ideia de um "desenvolvimento regido por leis",[13] fazendo uma restrição à observação de Eduard Meyer de que "o desenvolvimento da Alemanha, no sentido de uma unificação nacional, teria sido apenas uma "necessidade histórica", sendo que o momento da unificação e a forma na qual se deu, a de um Estado Federativo de vinte e cinco membros, pelo contrário, teriam dependido da "individualidade dos fatores históricos operantes". A objeção foi feita nos seguintes termos: "A unificação não poderia ter sucedido de outra maneira?" Esta crítica justifica incondicionalmente a opinião de Eduard Meyer. Não

13. *Historische Zeitschrift* (Revista Histórica), v. LXXXI, p. 238, 1899.

obstante, parece-nos fácil perceber — seja qual for o juízo que se faz sobre a formulação de Meyer, contestada por von Below — que tal crítica prova "demais", e que, por isso mesmo, nada prova. Sem dúvida, a mesma objeção deveria ser feita a todos os que — e aí incluímos seguramente Eduard Meyer e von Below — usamos sem hesitar o conceito de "desenvolvimento regido por leis". Por exemplo, que a partir do feto se tenha formado um ser humano, ou que se formará, parece-nos, de fato, um "desenvolvimento regido por leis" — mesmo que não haja dúvida de que este desenvolvimento poderia se dar de outra maneira, quer por causa de "acasos" externos e de "contingências" externas, quer por disposições "patológicas". É evidente que, na polêmica contra os teóricos do "desenvolvimento", só importa entender e delimitar corretamente o sentido lógico do conceito de "desenvolvimento", pois este não pode, simplesmente, ser eliminado com argumentos da forma com que até agora foram apresentados. O próprio Meyer para isso deu o melhor exemplo. Realmente, duas páginas adiante (p. 27), numa nota na qual caracteriza como sendo "fixo" e "definido" o conceito de Idade Média, procede bem de acordo com o esquema daquela "Introdução" da qual ele mesmo se retratara, já que, no texto, havia sustentado que a palavra "necessário" significa, na História, unicamente a "probabilidade" de um resultado histórico a partir das condições dadas alcançar um grau muito elevado, de maneira que, de certo modo, "a totalidade do desenvolvimento tende a fazer com que um certo evento aconteça". Mais do que isso, certamente, ele poderia ter afirmado nas suas observações referentes à unificação da Alemanha. E quando lembra que tal evento, apesar de tudo, talvez pudesse, eventualmente, não ter sucedido, temos de nos lembrar que ele mesmo, no que diz respeito aos cálculos astronômicos, havia insistido no fato de que poderia haver perturbações "pela eventual intromissão de corpos celestes errantes. Acontece que, neste sentido, não há nenhuma diferença com relação aos fenômenos naturais individuais, e tampouco na explicação dos fenômenos naturais — cuja explicação mais detalhada nos levaria, sem dúvida, longe demais.[14] Realmente, o juízo de necessidade não é, no que diz respeito a acontecimentos concretos, nem a única e nem a mais predominante forma da

---

14. Veja-se as minhas considerações em *Roscher e Knies und die legischen Probleme der historischen Nationalökonomie.*

categoria da causalidade. Podemos levantar a hipótese — e não acreditamos que estejamos muito equivocados — de que a desconfiança de Eduard Meyer, no que diz respeito ao conceito de "desenvolvimento", teve origem nas suas discussões com J. Wellhausen que, essencialmente (mas não exclusivamente), giravam ao redor da seguinte oposição: interpretar o "desenvolvimento" do judaísmo como sendo, em essência, o resultado de forças "imanentes" ou a partir "de dentro" (evolucionismo), ou como sendo o resultado da ação de "fatores externos" ou "de fora", ou seja, a força de certos destinos historicamente concretos: particularmente, neste caso, por meio da imposição das "leis" ditadas, por motivos políticos, pelos reis da Pérsia (portanto, por causa da política persa e não pela especificidade do judaísmo), seria um condicionamento "epigenético". Seja como for, de maneira nenhuma aperfeiçoou-se a formulação que consta na "Introdução", quando (na página 46) o "geral" aparece como o "pressuposto" que opera "essencialmente" (?) de maneira negativa, ou, numa formulação mais marcante e mais precisa, quando aparece como um "pressuposto" que desempenha um "papel limitante", que estabelece os "limites dentro dos quais se situam as infinitas possibilidades da configuração histórica", ao passo que a pergunta concernente à questão de qual destas possibilidades será "realidade"[15] dependeria de "fatores individuais mais elevadas (?) da vida histórica". Com isso, obviamente, fica claro que o "geral" — que não significa o "ambiente geral", com o qual, erroneamente, às vezes, é confundido (p. 46 acima), mas, pelo contrário, "a regra", e, portanto, um conceito abstrato — novamente foi hipostasiado como sendo força que opera por trás da história, desconhecendo, destarte, o fato elementar — destacado e salientado por Eduard Meyer em outras passagens — de que somente o concreto e o individual são reais.

Aquela formulação duvidosa das relações entre o "geral" e o "particular" não é, de modo nenhum, exclusiva de Eduard Meyer, nem

15. Esta formulação lembra a certas linhas de pensamento da Escola Sociológica Russa (Michailowski, Karjejew e outros que foram criticados por T. Kistiakewsk, *Die russische Soziologenschule und die Kategorie der Möglichkeit in der sozialwisenschaftlichen Problematik*. In: W. von Nowgorod (Ed.). *Probleme des Idealismus*, Moscou, 1902. [A Escola Russa de sociologia e a categoria da possibilidade na problemática das ciências sociais". In: Problemas de Idealismo.]

dos historiadores que têm a mesma concepção. Pelo contrário: ela se encontra, por exemplo, na base do pensamento popular e também é compartilhada por alguns dos assim chamados historiadores "modernos" — não por Eduard Meyer — que defendem o ponto de vista de que, para abordar racionalmente a História como sendo uma "ciência do individual", seria, em primeiro lugar, necessário estabelecer as "concordâncias" e as "semelhanças" do desenvolvimento da humanidade, em comparação, aos quais "os elementos particulares e indivisíveis" nada mais seriam do que um "resíduo" ou um "resto", ou — como certa vez formulou Breysig com propriedade — "como sendo as flores mais raras". Naturalmente, em comparação com a ideia ingênua de que a história deveria se converter numa "ciência sistemática", esta concepção, sem dúvida, já representa um progresso, e também se adapta melhor à própria práxis historiográfica. Mas, mesmo assim, de qualquer forma, ela é também de uma grande ingenuidade. A tentativa de compreender Bismarck no seu significado histórico, deixando de lado, em sua figura, tudo que ele tem em comum com todos os homens, restando apenas o "particular", seria, sem dúvida, para qualquer principiante, um experimento sumamente instrutivo e divertido. Restaria — supondo, evidentemente, como é normal e de praxe nas explicações lógicas, que as fontes sejam, em termos de ideal, completas — por exemplo, como uma daquelas "flores mais raras", a sua "impressão digital", que é o sinal da "individualidade" no procedimento técnico da polícia criminal, e cuja perda para o historiador seria completamente irreparável. E se se respondesse com indignação que "naturalmente" só as qualidades, os processos "espirituais" e "psicológicos" poderiam ser considerados como "históricos", sem dúvida a vida cotidiana de Bismarck, se a conhecêssemos "exaustivamente", nos ofereceria uma infinidade de manifestações vitais que, nesta combinação, não aconteceram da mesma maneira com nenhum outro homem e, no que diz respeito ao seu interesse, sem dúvida seria melhor do que aquela "impressão digital". Se se objetasse ainda que a ciência "obviamente" só se interessa pelos elementos historicamente "significativos" da vida de Bismarck, a lógica argumentaria da seguinte maneira: o que se qualifica como sendo "óbvio" é, precisamente, o problema decisivo, pois deveria ser verificada qual a característica lógica dos elementos historicamente "significativos".

Este "exercício de resíduo" — supondo que a situação dos documentos fosse a mais completa possível — nunca chegaria a um fim, nem no futuro mais longínquo, e, depois de subtrair uma infinidade de "elementos comuns", ainda assim restaria outra infinidade de elementos, dentro da qual, depois de praticar com bastante desempenho tal subtração durante toda a eternidade, não teríamos avançado, muito provavelmente, nem um passo em direção à pergunta do que seria, enfim, o "essencial" a partir do ponto de vista histórico entre todas essas particularidades. Isso poderia ser uma lição deste procedimento. A outra é a de que uma manipulação deste "resíduo" haveria de pressupor já o conhecimento absolutamente completo da série causal do devir no sentido de que nenhuma ciência deste mundo não poderia nem pretenderia fazer, nem sequer estabelecer como meta ideal. Na realidade, toda comparação no âmbito do histórico supõe de antemão que, mediante a referência a "significados" culturais, já se fez uma seleção que, deixando toda uma infinitude de elementos empiricamente "dados", tanto "gerais" como "individuais", determina positivamente a meta e o sentido da imputação da causa. Portanto, a comparação com processos "análogos" intervém como um meio desta imputação e, conforme a minha opinião, como um dos meios mais importantes que nem de longe foi devida e suficientemente usado. Mais adiante, voltaremos a esse assunto, ocupando-nos com o seu sentido lógico.

Eduard Meyer não incorre nesse erro, como mostra muito bem uma nota sua (página 48 final) — sobre a qual voltaremos a falar mais tarde —, ou seja, da opinião de que o individual, como tal, seria o objeto da história, e os seus comentários sobre o significado do "geral" na História, a saber, de que as "regras" e os conceitos são apenas "meios", ou "pressupostos" do trabalho histórico propriamente dito (p. 29) são, a nosso ver, como veremos mais tarde, em termos de lógica, corretos na sua essência. Apenas a formulação — criticada acima — é, como dissemos, a partir do ponto de vista da lógica, duvidosa e rica dentro dos parâmetros e da mesma tendência do erro ultimamente comentado.

Apesar de todas estas observações polêmicas, o historiador profissional ficará com a impressão de que também nos pontos de vista de Meyer que criticamos até agora, há, sem dúvida, um "núcleo de verdade". E, de fato, isto é bem compreensível num historiador de tal categoria, que discute a sua própria maneira de trabalhar. E, a nosso ver, ele acertou realmente muitas vezes, ou foi quem talvez melhor se aproximou, de maneira marcante, de uma formulação logicamente correta daquilo que há de certo nas suas observações. Um exemplo disso é, sem dúvida, o início da página 27, na qual, no que diz respeito "aos graus de desenvolvimento", se afirma que seriam "conceitos" que poderiam servir "como fios condutores para o estabelecimento e o reagrupamento dos fatos", e, especialmente nas numerosas passagens nas quais se trabalha com a categoria de "possibilidade". Mas o problema lógico começa exatamente neste ponto: temos de investigar a questão de como se dá a articulação do histórico através de conceito de desenvolvimento, de qual é o sentido lógico da "categoria de possibilidade" e de que maneira é usada na configuração das conexões históricas. Já que Meyer não o fez, podemos dizer que ele de certa maneira teve um "pressentimento" correto sobre o papel que as "regras" do devir desempenham no trabalho historiográfico, mas não conseguiu, a nosso ver, formulá-lo adequadamente. E é isso que pretendemos fazer na segunda parte deste nosso ensaio. Aqui, nós nos ocupamos, depois destas observações, forçosamente na sua essência negativa, das formulações metodológicas de Eduard Meyer, em primeiro lugar, com a reflexão sobre as suas explicações — sobretudo na segunda parte (p. 35-54) e na terceira (p. 54-56) da sua obra sobre o problema do "objeto" da história — uma questão que já foi abordada indiretamente nas considerações que acabamos de fazer.

Seguindo Eduard Meyer, podemos formular esta questão da seguinte maneira: "quais dos processos de que temos notícia são 'históricos'?" A esta pergunta responde Eduard Meyer, num primeiro momento, de modo muito geral: "é 'histórico' aquilo que é ou era." Consequentemente, o "histórico" é aquilo que é relevante causalmente numa conexão concreta individual. Deixamos de lado todas as questões que poderiam ser levantadas sobre esta formulação, para, em primeiro lugar, constatar que Eduard Meyer, já na página 37, abandona este conceito, formulado na página anterior, ou seja, na página 36.

Para ele, é claro que — ele admite isso de maneira explícita — "mesmo limitando-se ao que é eficaz [...] o número dos processos particulares" ainda continua sendo "infinito". E, com todo direito, pergunta Meyer: em que se orienta o historiador ao fazer a "seleção" entre estes processos? E responde: no "interesse histórico". Para este, como ele acrescenta depois de alguns comentários sobre os quais faremos algumas considerações mais tarde, não há nenhuma "norma absoluta", e, em seguida, nos apresenta as razões por que isso se dá, de modo que, como já dissemos, abandona a "limitação" do histórico para aquilo que é "eficaz", o que ele próprio havia estabelecido anteriormente. Referindo-se à observação exemplar de Rickert, ou seja, de que a "rejeição da coroa imperial alemã, por parte de Frederico Guilherme IV, é um evento 'histórico', mas que é totalmente inútil saber que costureiro confeccionou o seu traje", disse Meyer (p. 37, no final): "Para a História Política, o costureiro é, sem dúvida, indiferente, mas podemos obviamente imaginar que nós nos interessamos por ele, quando, por exemplo, tratamos da História da Moda, da tecelagem e dos preços etc." Isto, sem dúvida, é correto. Mas, fazendo um exame da questão de maneira mais minuciosa, dificilmente Eduard Meyer não admitiria que o "interesse" num e no outro caso apresenta importantes diferenças no que diz respeito à sua estrutura lógica, e que aquele que isso não leva em consideração, corre o risco de confundir duas categorias que, por um lado, são fundamentalmente diferentes, e por outro, muitas vezes tidas por idênticas: o "fundamento real" e o "fundamento cognoscitivo". Já que o exemplo do costureiro é um pouco ambíguo, ilustraremos esta oposição num outro exemplo que é mais claro e que mostra mais abertamente aquela mescla.

K. Breysig, num ensaio sobre *Die Entstehung des Staates [...] bei Tlinkit und Irokesen* (A origem do Estado [...] entre os Tlinkit e Irokesen)[16] procurou provar que certos processos que encontramos naquelas tribos, e que ele interpretou como "a origem do Estado a partir de uma organização de linhagem", seriam "importantes por ser representativos de um tipo", quer dizer, por representarem uma forma "típica" da constituição de um Estado, e, por causa disso, como ele mesmo escreveu, adquirem uma "validade de significado quase histórico-universal".

Supondo naturalmente que as exposições de Breysig estejam corretas, é bastante evidente que o surgimento destes "Estados" indígenas, bem como a forma em que se constituíram, teve pouca "importância" na

16. *Schmollers Jahrbuch*, 1904 (Anuário de Schmoller), p. 483 ss.: "Eu não considero o valor objetivo do trabalho. Supomos que todas as formulações de Breysig sejam inteiramente corretas."

conexão causal do desenvolvimento da história mundial. Nenhum fato importante da configuração posterior política e cultural do mundo foi influenciado pelo surgimento destes Estados, isto é, nenhum Estado pode ser deduzido daquele como sendo a sua causa. Para a formação das relações políticas e culturais dos Estados Unidos de hoje, foi "indiferente" a maneira como estes outros Estados se formaram e até a sua própria existência; isto quer dizer que não pode ser demonstrado que há uma conexão causal entre aqueles Estados e estes, ao passo que, por exemplo, as consequências de certas decisões de Temístocles ainda hoje podem ser experimentadas, por estranho que isto possa parecer, ou sê-la para a nossa intenção de escrever uma história "evolutiva" de impressionante unidade. Diferentemente — supondo ainda que as observações de Breysig estejam corretas — seria enorme o significado do conhecimento obtido mediante a análise do processo de formação daqueles Estados para os nossos conhecimentos, quando buscamos um saber de caráter "generalizante" sobre a formação dos Estados. Se a concepção de Breysig se constitui como um "tipo" e representa um saber "novo", estariam na condição de poder formar determinados conceitos que, deixando de lado por enquanto o seu valor cognitivo para a formação de conceitos na Teoria do Estado, poderiam ser aplicados como meio heurístico na interpretação causal de outros processos históricos. Em outras palavras: aqueles processos nada significam como fundamento real; mas, como fundamento cognoscitivo, a análise de Breysig é de enorme significado. Diferentemente, o conhecimento daquelas decisões de Temístocles, por exemplo, nada significam para a "psicologia" ou para qualquer outra ciência que se preocupa com a formulação de conceitos: que um estadista podia realmente, naquela situação, tomar aquela decisão, entendemos sem precisar da ajuda das "ciências das leis", e o fato de o compreendermos é, sem dúvida, um pré-requisito da conexão causal concreta, mas, nem por isso, enriquece o nosso conhecimento com relação a conceitos genéricos.

Também podemos tomar um exemplo do âmbito da "natureza": aqueles raios-X concretos que Röntgen viu cintilar na tela deixaram determinados efeitos concretos que, de acordo com a lei da energia, ainda hoje podem produzir efeitos em algum lugar do devir cósmico. Porém a "significação" desses raios concretos do laboratório de Röntgen não consiste nisso, ou seja, na propriedade de poder ser uma causa real cósmica. Porém, diferentemente, aquele processo é considerado — como acontece com qualquer outro experimento — somente enquanto se apresenta como fundamento cognoscitivo de determinadas leis do devir.[17] A situação é precisamente a mesma nos casos que Eduard Meyer menciona numa nota de rodapé da passagem ora criticada por nós (nota 2 da página 37). Ele afirma que "as pessoas mais insignificantes, das quais por acaso temos notícia (por meio de inscrições e de documentos), adquirem um interesse histórico porque, através delas, podemos chegar a conhecer as circunstâncias do passado." E a mesma confusão se apresenta de maneira ainda mais nítida quando — se não nos falta a memória — Breysig, por sua vez (numa passagem que, neste momento não estamos encontrando), acredita que pode subestimar o fato de que a seleção dos materiais, por parte da história, é feita a partir do que, para o indivíduo, é "significativo" e "importante", argumentando que a investigação histórica obteve os seus resultados mais importantes a partir da investigação de "restos de argila" e de objetos semelhantes. Argumentos semelhantes são hoje em dia muito "populares" e o seu parentesco com os "trajes" de Frederico Guilherme IV é bastante óbvio, como

17. Não queremos dizer com isto que aqueles raios concretos de Röntgen não poderiam ser fatos "históricos": sem dúvida o seriam, numa história da física, por exemplo. Esta poderia interessar-se também pelas "circunstâncias acidentais" que produziram, naquele dia, no laboratório de Röntgen, aquelas constelações, ocasionando aquela radiação, e, com isso — como queremos crer aqui — provocaram causalmente a "respectiva" lei. É bastante claro como procedendo destarte, modifica-se totalmente o estatuto lógico daqueles raios concretos. Isso é possível devido ao fato de que aqui determinados valores (e "progresso da ciência") desempenharam um papel dentro desta conexão toda. Alguém poderia acreditar que esta diferença lógica é apenas a consequência de fato de que demos um salto para o âmbito objetivo das ciências de espírito: os efeitos cósmicos daqueles raios não foram devidamente considerados. Mas se o objeto concreto "avaliado", a respeito do qual aqueles raios eram causalmente "significativos" era de natureza "física" ou "psíquica", é totalmente irrelevante, na medida em que aquele tem, para nós, um "significado" e um "valor". Supondo-se a possibilidade factual de um conhecimento orientado neste sentido, poder-se-ia (teoricamente) fazer com que também os efeitos cósmicos concretos (físicos, químicos etc.) daqueles raios concretos se transformassem em "fatos históricos": isto seria apenas possível no caso — caso que dificilmente poderia ser construído — em que o progresso causal a partir deles resultasse numa consequência concreta que, por sua vez, seria um "indíviduo histórico", isto é, que seria "avaliada" por nós como universal, na sua especificidade de individual. Mas tudo isso é impossível e, portanto, qualquer tentativa neste sentido não teria sentido nenhum.

também com as "pessoas insignificantes" de Eduard Meyer. Mas também é óbvia aquela confusão que aqui novamente se apresenta. É indiscutível, como já explicamos anteriormente, que os "restos de argila" de Breysig, e as "pessoas insignificantes" de Eduard Meyer — como também os raios-X do laboratório de Röntgen — não se integram como elo causal na conexão histórica, mas apenas algumas das suas características são um meio de conhecimento para determinados fatos históricos, os quais, por sua vez, de caso para caso, de maneira diferente, podem tornar-se importantes, seja para a formação de "conceitos", e, em consequência disso, também como um meio de conhecimento, por exemplo, referente ao caráter geral de determinadas "épocas" artísticas, seja para interpretação causal de determinadas conexões históricas. Insistimos, pois, nesta antítese do uso lógico de determinados fatos da realidade cultural:[18] (1) por um lado, a formação de conceitos mediante a aplicação paradigmática do "fato particular" como representante "típico" de um conceito abstrato, quer dizer, como meio de conhecimento, e, por outro (2) a inclusão do "fato particular" como elo, quer dizer, como "fundamento real" numa conexão real, e, portanto, concreta, mediante a aplicação — entre outros procedimentos — dos resultados da formação dos conceitos, seja como meios heurísticos, seja como meios de exposição. Esta antítese contém aquela outra oposição de acordo com Windelband — entre o procedimento "nomotético", atribuído por Rickert como sendo "típico" das "ciências naturais", por um lado, e os fins lógicos, por outro, das "ciências culturais históricas". Esta antítese contém também o único sentido correto possível para poder caracterizar a História como ciência da realidade, pois, para a História, os elementos individuais da realidade estão sendo considerados — outra coisa, a nosso ver, não pode significar tal expressão — não como meio de conhecimento, mas exatamente como objeto de conhecimento. E as relações causais concretas não são o fundamento cognoscitivo, mas o fundamento real. No que se refere a outras afirmações, veremos mais tarde quão pouco corresponde à realidade a concepção ingênua e popular que entende a História como "mera"

---

18. Aqui o autor escreveu na margem da primeira edição: "Salto no raciocínio! Intercalar que um fato, quando é tratado como um exemplar de um conceito genérico, é apenas um meio de conhecimento. Porém não que qualquer meio de conhecimento seja um exemplar genérico" (nota de Marianne Weber).

descrição de realidades previamente existentes e dadas, ou como simples reprodução de "fatos".[19]

O mesmo que aconteceu com os restos de argila e com as "personalidades insignificantes", conservadas em inscrições, acontece também com aquele "costureiro", de Rickert, que foi criticado por Eduard Meyer. E muito provavelmente também com referência à conexão causal histórico-cultural do desenvolvimento da "moda" ou da "tecelagem", ou seja, o fato de que determinado costureiro confeccionou o traje para um determinado imperador não tem nenhum significado causal. O contrário seria certo somente no caso em que esta confecção concreta tivesse produzido determinados efeitos históricos, e, consequentemente, se a personalidade deste costureiro e o destino do seu negócio tivessem sido, a partir de um ponto de vista, "causalmente significativos" para a transformação da moda ou da organização industrial e se esta situação histórica tivesse sido condicionada causalmente precisamente pela confecção deste traje. Mas, diferentemente, como meio de conhecimento para a determinação da moda etc., o estilo dos trajes de Frederico Guilherme IV e o fato de que estes trajes vieram de certos costureiros e artesãos (de Berlim, por exemplo) podem ter um "significado" semelhante ao de qualquer outra coisa da qual dispomos para perceber e verificar a moda daquele período. Portanto, mesmo nesse caso, os trajes do rei são levados em consideração como paradigma de um conceito genérico a se construir, como meio de conhecimento. Coisa diferente vale para a renúncia da coroa imperial, com a qual o caso anterior foi comparado. Este é um elo concreto numa conexão histórica, como efeito e causa que são reais dentro de uma série de determinadas transformações. Para a lógica, estas diferenças são fundamentais, em absoluto, e o serão sempre. E há tempos que estes pontos de vista *toto coelo* diferentes se entrecruzam de muitas maneiras na práxis do investigador da cultura — isto sempre acontece, e é fonte dos mais interessantes problemas metodológicos — e quem não sabe distinguir cuidadosamente estas coisas, nunca compreenderá a essência lógica da "História".

---

19. No sentido que damos aqui à expressão "ciência da realidade", ela é inteiramente apropriada à essência lógica da história. O mal-entendido implícito na interpretação popular desta expressão, como mera "descrição" sem "pressupostos", foi rejeitado suficientemente por Heinrich Rickert e Simmel.

No que diz respeito à relação entre ambas as categorias, logicamente distintas, da "importância histórica", Eduard Meyer apresentou duas posições incompatíveis entre si. Por um lado, para ele, como já vimos, o "interesse histórico" pelo historicamente "eficaz", quer dizer, os elos reais das conexões históricas causais (a renúncia à coroa imperial), se confunde com aqueles fatos (como o traje de Frederico Guilherme IV, as inscrições etc.) que podem ser importantes como meio de conhecimento para o historiador. Mas, por outro — e temos de falar agora sobre isto — para ele, a oposição entre o "historicamente eficaz" e todos os outros objetos do nosso conhecimento efetivo ou possível aumenta de maneira que impõe limites ao interesse científico do historiador, de modo que, se ele mesmo acatasse na sua grande obra de historiador, todos os seus admiradores deveriam lamentá-lo vivamente. Na página 48, ele chega a afirmar: "Durante muito tempo, realmente acreditei que o característico (isto é, o especificamente singular, mediante o qual uma instituição ou uma individualidade se distingue de todas as análogas) era ou seria decisivo para a seleção que o historiador necessariamente deveria fazer. Isto, inegavelmente, é o fato real. Mas, para a História, é digno de consideração só quando podemos apreendê-lo através dos traços específicos característicos da especificidade cultural [...], portanto, do ponto de vista histórico, trata-se apenas de um meio que se torna captável para nós [...] sua eficácia "histórica". Isso, como mostram claramente todas as nossas considerações anteriores, é totalmente correto, bem como as conclusões que se deve tirar disso: que a formulação popular da questão relativa ao "significado" do individual e das personalidades para a História é mal apresentada; que a "personalidade" se insere nas conexões históricas da maneira apenas como o historiador a constrói, não na sua totalidade, mas apenas nas manifestações de importância causal; que nada tem que ver entre si o significado histórico de uma personalidade concreta e o seu "significado humano" universal, de acordo com o seu "valor intrínseco" e que, exatamente também os "defeitos" de uma personalidade que ocupa uma posição decisiva podem ser causalmente significativos. Com tudo isso, concordamos plenamente. Mas, mesmo assim, fica a pergunta, e temos que respondê-la, se, ou como talvez seria melhor, em que sentido é correto afirmar que o único fim da análise dos conteúdos culturais é — a partir do ponto de vista histórico — tornar inteligíveis os respectivos processos culturais enquanto "eficazes".

O alcance lógico desta questão é percebido quando refletimos sobre as conclusões que Meyer tirou desta tese. Em primeiro lugar, ele concluiu (página 47) que "as circunstâncias e situações existentes por si mesmas nunca são objetos da História, mas apenas na medida em que têm uma 'eficácia'". Analisar uma obra de arte, um produto literário, organizações de direito estatal, costumes etc., "em todos os seus aspectos" é, numa exposição histórica (também quando se trata da História da arte ou da História da literatura) totalmente impossível. Realmente, nestes casos, sempre seria necessário incluir elementos que não têm "eficácia histórica"; mesmo que, por outro lado, o historiador pudesse incluí-los dentro de um "sistema" (por exemplo, de direito público) muitos dos seus detalhes "apareceriam como sendo subordinados". E, além disso, conclui Meyer, em particular, sempre a se basear naquele princípio da seleção histórica (p. 55), a biografia seria uma disciplina filológica e não histórica. Por quê? "O seu objeto seria a respectiva personalidade em si, na sua totalidade, e não um fator historicamente eficaz; que ela realmente tenha sido isso é apenas o pressuposto e a causa de lhe consagrar uma biografia" (p. 56). Ao passo que uma biografia é apenas uma biografia e não constitui numa história de época do seu herói, ela não pode cumprir as tarefas da História, ou seja, a exposição de um processo histórico. Em face a esta observação, podemos perguntar: "Por que atribuir às personalidades esta posição especial?" "Por exemplo, a batalha de Maratona ou as guerras persas, descritas na sua 'totalidade', ou seja, à maneira dos relatos homéricos com todos os seus *specimina fortitudinis*, se apresentam como uma exposição histórica?" Obviamente, apenas na medida em que estão descritas condições e processos para a conexão histórica causal. Desde que as mitologias sobre os heróis foram separadas dos processos históricos, é esta a situação concorde com os princípios da lógica. E como se apresenta esta situação na biografia? Obviamente é errôneo (ou melhor, uma hipérbole verbal) acreditar que numa biografia deveriam estar contidas "todas as particularidades [...] da vida exterior e interior do seu herói", mesmo que, por exemplo, a "filologia" goetheana, na qual Eduard Meyer certamente pensa, pudesse apresentar-se como tal. Mas trata-se, aqui, de uma coleção de materiais que tem por objetivo conservar tudo o que eventualmente possa ter significado para a história de Goethe, seja como componente de uma série causal — e, portanto, como fato historicamente importante — seja como meio de conhecimento de fato historicamente importante, ou seja, como "fontes". Mas, a nosso ver, está claro que numa biografia científica de Goethe apenas deveriam entrar como elementos da exposição aqueles fatos que têm um certo "significado".

Aqui, indiscutivelmente, deparamo-nos com o problema da duplicidade do sentido lógico deste termo que, por causa disso, deve ser analisado e que, como mostraremos mais adiante, é muito apropriado para esclarecer o "núcleo de verdade" da posição de Eduard Meyer, como também, ao mesmo tempo, as falhas na formulação de sua teoria sobre o "historicamente eficaz" enquanto objeto da História.

Tomemos um exemplo para ilustrar os distintos pontos de vista lógicos a partir dos quais é possível considerar cientificamente "fatos" da vida cultural: as cartas de Goethe à Senhora von Stein. Neste caso, é desnecessário dizê-lo, não entra em consideração como "histórico" o fato perceptível, ou seja, o papel escrito: este, naturalmente, é apenas um meio de conhecimento do outro "fato", qual seja, que Goethe nele expôs, escreveu e comunicou à Senhora von Stein os sentimentos e recebe desta Senhora respostas cujo sentido, de maneira aproximada, podemos presumir a partir do "conteúdo" das cartas de Goethe, se nós interpretamo-las corretamente. Este "fato" que precisamos apreender mediante uma "interpretação" do sentido das cartas, eventualmente com o apoio em recursos "científicos", e que é exatamente o que na verdade levamos em considerações, poderia ser abordado de diversas maneiras: 1. O fato pode ser incluído diretamente, como tal, numa conexão histórica causal. Por exemplo, a ascese daqueles anos, ligada a uma paixão de força inaudita, deixou, obviamente, no desenvolvimento de Goethe, fortes vestígios que nem sequer desapareceram sob a influência do céu do sul da Europa: sem dúvida, é tarefa da história da literatura procurar estes efeitos na "personalidade" literária de Goethe, investigar os vestígios nas suas criações e "interpretá-los" causalmente, mostrando a sua conexão com as vivências daqueles anos, sempre que isso for possível. Desta maneira, os fatos dos quais temos notícia através daquelas cartas transformam-se em fatos "históricos", isto é, como já vimos, elementos reais de uma cadeia causal. Suponhamos agora — naturalmente, nada importa a verossimilhança de tal pressuposição, nem tampouco, obviamente, a das pressuposições que faremos futuramente — que, de alguma maneira, poderia ser provado, de modo positivo, que aquelas vivências não influíram em nada no desenvolvimento pessoal e literário de Goethe. Ou, em outras palavras: que absolutamente nenhuma das manifestações de vida que nos interessam esteve realmente influenciada por aquelas vivências. Neste caso: 2. Aquelas vivências, apesar de tudo, chamam a nossa atenção como meio de conhecimento, pois poderiam representar, sobretudo, algo "característico" — como é costume dizer — sobre a individualidade histórica de Goethe. Isto significa — se é o caso efetivo, mas isso não nos interessa aqui — que poderíamos deduzir destas vivências a percepção de um certo modo de vida e de uma concepção de vida, tão característica de Goethe, que fez com que, durante um longo período, de maneira permanente, essas vivências marcassem o seu caráter e que, por causa disso, precisamente influenciaram de maneira determinante aquelas expressões de Goethe, quer pessoais, quer literárias, que para nós têm interesse histórico. O fato "histórico" que será inserido como elemento real na trama causal de sua "vida" seria, pois, precisamente aquela "concepção de vida", isto é, um nexo conceitual coletivo de "qualidades" pessoais herdadas e adquiridas através da educação, através do meio-ambiente e das vicissitudes da vida, e também (talvez) por meio das "máximas", conscientemente adotadas, de acordo com as quais ele vivia e que, portanto, influenciaram o seu comportamento e as suas criações. Neste caso, as experiências vividas com a Senhora von Stein constituiriam-se, sem dúvida — supondo que aquela "concepção de vida" seja um conjunto coletivo e conceitual que se exterioriza nos processos de vida particulares —, como componentes reais de uma situação "histórica". Mesmo assim, é claro — levando em consideração os pressupostos por nós mencionados — que estas vivências como tais não seriam consideradas de uma maneira especial para o nosso interesse, mas, diferentemente, apenas como "sintoma" daquela "concepção de vida", quer dizer, como meio de conhecimento; por isso mesmo, a sua relação lógica para com o objeto se deslocou. Suponhamos agora que nem tenha sido isso o que aconteceu: aquelas vivências, portanto, não teriam em nada caracterizado Goethe em comparação e em contraposição aos seus contemporâneos, mas seriam apenas e exclusivamente, de maneira geral, algo "típico" da conduta de vida de certos círculos de vida alemães daquela época. Neste caso: 3. Essas vivências não nos diriam nada de novo, no que diz respeito ao conhecimento histórico de Goethe, mas, sem dúvida, poderiam, em certas circunstâncias, despertar o nosso interesse como um paradigma do "tipo" próprio daqueles círculos. A originalidade dos costumes "típicos" e próprios daqueles círculos — de acordo com os nossos pressupostos —, como sendo a sua manifestação externa, aquela conduta de vida em sua oposição à de outras épocas, nações e sociedades, constituíram, então, o fato "histórico", subsumido numa conexão causal histórico-cultural como causa e efeito reais; este deveria ser interpretado causalmente na sua diferença, por exemplo, no que diz respeito à galantaria italiana ou de qualquer outro tipo, a partir do ponto de vista histórico, mediante a "história dos costumes alemã", ou, se tais diversidades nacionais não subsistissem, através de uma história universal dos costumes daquela época. 4. Suponhamos agora que para este fim tampouco seja útil o conteúdo daquela correspondência, e que, pelo contrário, se demonstre que fenômenos do mesmo tipo — em certos pontos "essenciais" — sobrevivem regularmente sob certas condições culturais e que, portanto, nestes pontos, a cultura alemã do século XVIII não apresenta nenhuma originalidade, sendo fenômeno comum a todas as culturas, que aparece em certas condições, e que deveria ser determinado conceitualmente de maneira bem precisa. Seria a tarefa de uma "psicologia", ou de uma "psicologia da cultura", investigar os elementos e as condições em que costuma ocorrer tal fenômeno e, depois, mediante a análise, a abstração e a generalização, estabelecer por meio da "interpretação" a razão desta sequência regular, formulando finalmente a "regra" obtida por um conceito genérico genético. Estes elementos inteiramente genéricos sobre aquelas experiências de Goethe, que na sua especificidade individual seriam irrelevantes, somente teriam interesses na medida em que serviriam como um meio para obter este conceito genérico. 5. Por fim, temos de levar em consideração que *a priori* é bem possível que aquelas "experiências" nada possuam de característico para qualquer camada social ou época cultural. Neste caso, ou seja, na ausência de todos aqueles motivos de interesse para as "ciências da cultura", podemos imaginar — se é real, novamente, não nos interessa aqui — que um psiquiatra que se interessa, digamos, pela psicologia do erótico, poderia, de um ponto de vista "proveitoso", tratá-las (as experiências de Goethe) como exemplo "típico-ideal" de determinadas "aberrações" ascéticas, de modo semelhante sem dúvida, às *Confessions* de Rousseau, que revestem-se de indubitável interesse para o especialista em enfermidades nervosas. Naturalmente, temos de levar ainda em consideração e examinar a probabilidade de aquelas cartas terem interesse, por causa das diferentes partes do seu conteúdo, para todos aqueles distintos fins cognitivos de caráter científico — obviamente, não foram mencionadas todas as "possibilidades" — como também por causa dos mesmos elementos com finalidades diferentes.[20]

Fazendo uma retrospectiva, até agora percebemos que as cartas dirigidas à Senhora von Stein, isto é, o conteúdo que podemos extrair delas enquanto manifestações e vivências de Goethe, adquiriram "significado" de diversas maneiras (a nossa enumeração começa com a última e termina com a primeira): a) Como exemplar de um gênero e, portanto, como meio de conhecimento de sua essência geral (4 e 5); b) Como elemento "característico" de um conjunto coletivo, e, portanto, como meio de conhecimento de sua especificidade individual (2 e 3);[21] c) Como elemento causal de uma conexão histórica (1). Nos casos incluídos em *a*) (ou seja, 4 e 5) existe um "significado" para a História somente na medida em que este conceito genérico, que foi obtido através deste exemplar único, pode adquirir importância, em determinadas circunstâncias — falaremos mais tarde — para o controle da demonstração histórica. Diferentemente, se Eduard Meyer restringe o âmbito do "histórico" ao "eficaz" — seria, portanto, no caso 1 (mencionado aqui como *c*) — de maneira alguma pode significar que a consideração da segunda categoria (mencionada como *b*) está fora do círculo da História, ou seja, que os próprios fatos que não constituem elementos de séries causais históricas, mas apenas servem para encontrar fatos que fazem parte de tais séries causais — por exemplo, aqueles elementos da correspondência de Goethe que "ilustram" e que são uma "exemplificação" da "peculiaridade" decisiva de sua produção literária, ou os aspectos que são

20. Isto, obviamente, não provaria que a lógica tem razão, se se separasse rigorosamente estes diferentes pontos de vista, que se encontram dentro de uma mesma exposição científica. Este argumento, aliás, foi o pressuposto de inúmeras objeções feitas às observações de Rickert.

21. Estudaremos particularmente este caso numa secção adiante. Intencionalmente, portanto, fica sem resposta aqui se, e em que medida, isto deve ser entendido como algo diferente no sentido lógico. Constatamos aqui apenas que, naturalmente, de modo algum se prejudica a clareza da oposição lógica entre o uso histórico e o nomotético dos fatos concretos. Pois o fato concreto, na colocação dele, não se torna em "fato histórico" no sentido como nós o entendemos, ou seja, como elo de uma série causal.

essenciais para o desenvolvimento dos costumes culturais do século XVIII — deveriam ser menoscabadas, de uma vez por todas pela História, senão (como no caso 2) de uma "História de Goethe", pelo menos de uma "História dos costumes do século XVIII (como no caso 3). Meyer, na sua própria obra, precisava continuadamente operar com tais meios de conhecimento. Aqui apenas queremos sublinhar que se trata de "meios de conhecimento" e não de "componentes das conexões históricas". Por outro lado, a "biografia" ou a "ciência da antiguidade" não emprega, num outro sentido, tais "peculiaridades características". É evidente, portanto, que não se localiza aqui o que é decisivo para Eduard Meyer.

Num nível mais elevado, surge agora, acima de todos os tipos de "significação" até agora analisados, uma outra: aquelas vivências de Goethe — para ainda fazer uso do nosso exemplo — não têm apenas "significado" para nós como "causa" e como "meio de conhecimento", mas também devemos observar que o conteúdo destas cartas, tal qual ele é, sem referência alguma a "significações" marginais e não incluídas, é, para nós, na peculiaridade, um objeto de avaliação, e o seria mesmo que nada se conhecesse sobre o autor. Nesta afirmação, prescindimos totalmente da questão de se nós, através dessas vivências, podemos chegar ao conhecimento de algo novo que, de outro modo, ficaria desconhecido, com referência à concepção de vida de Goethe, à cultura do século XVIII e ao decurso "típico" de processos culturais; e também prescindimos da questão de se estas cartas tiveram ou não alguma influência causal sobre o seu desenvolvimento. Sobretudo duas coisas nos interessam aqui: em primeiro lugar, o fato de esta "avaliação" estar ou não ligada à especificidade, ao incomparável, ao único e literalmente insubstituível; em segundo lugar, que esta "avaliação" do objeto na sua especificidade individual passe a ser o fundamento para que este possa tornar-se tema da reflexão e da elaboração — deliberadamente evitamos o termo "científico" — conceitual, a saber: a interpretação. Esta "interpretação", por sua vez, ou, para dizer de modo mais apropriado, interpretação científica ("Deutung") pode tomar duas direções distintas, que em nível factual quase sempre se encontram juntos, mas que, em nível lógico, são distintos: em primeiro lugar, ela pode ser e será "interpretação de valores", isto significa que nos ensinará a "compreender" o conteúdo "espiritual" daquela correspondência e, portanto, a desdobrar aquilo que "sentimos" de maneira obscura e indeterminada para o esclarecimento de uma "avaliação" articulada. A interpretação, para este fim, não precisa, de modo nenhum, emitir ou "sugerir" um juízo de valor. Mas o que ela realmente "sugere" no processo da análise são apenas possibilidades de relações de valores do objeto. Por outro lado, a "tomada de posição" que o objeto avaliado suscita em nós, de modo nenhum precisa ter, como é natural, uma conotação positiva: no que diz respeito à relação de Goethe com a Senhora Von Stein, tanto o filisteísmo de modernas correntes em matéria sexual, como, por exemplo, o moralista católico, se é que ele consegue compreendê-la como tal, manifestam a sua rejeição. E se levamos em consideração, como objeto de reflexão, *O capital* de Karl Marx, *O Fausto* de Goethe, a Cúpula da Capela Sistina, as *Confessions* de Rousseau, ou as experiências da Santa Teresa, de Madame Roland, de Tolstoi, de Rabelais, de Maria Bashkirtseff, ou até o Sermão da Montanha, sucessivamente, se oferece uma multiplicidade infinita de tomadas de posição "valorativas". E a "interpretação" destes objetos de tão diferentes valores — se é que ela se apresenta como sendo "vantajosa" e se a consideramos assim, coisa que aqui devemos supor em função dos fins do nosso ensaio —, apresenta como traço comum unicamente o elemento formal no sentido que consiste, precisamente, em nos mostrar e revelar possíveis "pontos de vista" e "maneiras de abordagens" da "avaliação". Ela pode impor-nos uma determinada avaliação como sendo a única "científica" possível, quando, como no caso do conteúdo conceitual de *O Capital* de Karl Marx, entram em consideração normas (neste caso, normas do pensamento). Mas, mesmo assim, também neste caso uma "avaliação" objetiva do objeto (neste exemplo, o caráter "logicamente correto" das formas de pensamento de Karl Marx) é necessariamente a finalidade de uma "investigação", e esta afirmação teria sobretudo a sua validade no caso em que não se tratasse de "normas", mas de "valores culturais", o que é uma tarefa que ultrapassa totalmente o âmbito da "interpretação". Alguém pode, sem incorrer em contradições lógicas e factuais, — é isso que nos interessa unicamente aqui — rejeitar como "não válido" para si todos os resultados e produtos da cultura literária e artística da Antiguidade, ou o sentimento religioso do Sermão da Montanha, ou aquele misto entre paixão ardente, por um lado, e ascese, por outro, juntamente com aquelas florzinhas mais delicadas da vida interior sentimental que encontramos nas cartas que são dirigidas à Senhora Von Stein. Mas se se fizesse uma tal "interpretação", de maneira nenhuma seria ela, para quem a fizesse, "sem sentido", pois poderia, apesar disso, e, talvez, exatamente por causa disso, oferecer um "conhecimento" no sentido de que, como dissemos, esta interpretação ampliaria a sua própria "vida interior", o seu "horizonte espiritual", fazendo-o capaz de penetrar e captar possibilidades e matizes de estilo de vida como tais, e de desenvolver o seu próprio estilo de vida em nível intelectual, estético e ético (no sentido mais amplo), transformando, por assim dizer, a sua própria "psique" a fim de torná-la mais apta a captar "valores". A "interpretação" das criações espirituais, estéticas e éticas tem, neste caso, o mesmo efeito que a própria ética, e a afirmação de que a "história" é, num certo sentido, "arte", encontra aí o seu "núcleo de verdade", o que, aliás, acontece da mesma maneira com a caracterização das "ciências do espírito" como sendo "ciências subjetivantes". Mas, temos de ver que, nestas observações, chegamos aos últimos limites daquilo que pode ser caracterizado como "elaboração conceitual do empírico", e, em sentido lógico, já não se trata mais de um "trabalho histórico".

É evidente que Eduard Meyer queria caracterizar, com aquilo que ele chama de "reflexão filológica do passado" (p. 54), este tipo de interpretação que parte das relações, atemporais por essência, de objetos "históricos" (isto é, a sua validade axiológica) e ensina a "compreendê-las". Isto se depreende de sua definição deste tipo de atividade científica (p. 55) que, segundo ele "desloca os resultados da história para o presente [...] e, portanto, os trata como sendo atuais", e, portanto, em contraposição à história, não o considera como "em devir" e "em ação" historicamente, a não ser como apenas existente", aspirando a uma interpretação "exaustiva" das criações culturais particulares", sobretudo da literatura e da arte, como também, como Meyer explicitamente acrescenta, das instituições estatais e religiosas, dos costumes e das intuições, "e, finalmente, de toda cultura de uma época, concebida como uma unidade". Obviamente, este tipo de "interpretação" não é algo "filológico", no sentido de uma disciplina especializada. A interpretação do "sentido" linguístico de um objeto literário e a "interpretação" do seu "conteúdo espiritual", isto é, do seu "sentido", de acordo com esta acepção do termo, ou seja a "interpretação orientada por valores", podem, muitas vezes, efetivamente e com bons fundamentos, dar-se conjuntamente uma com outra. Mas, mesmo assim, trata-se de processos que são, em princípio, distintos a partir do ponto de vista da lógica. A "interpretação" linguística é o trabalho preparatório elementar — elementar, não no que diz respeito ao valor e à intensidade do esforço espiritual, mas no que diz respeito ao seu conteúdo lógico — para toda e qualquer elaboração e utilização científicas das "fontes". Portanto, esta "interpretação", do ponto de vista da história, é um meio técnico para a verificação de "fatos": é um instrumento da história (bem como de muitas outras disciplinas). Tal "interpretação" no sentido de "análise de valor" — termo com que *ad hoc* denominamos provisoriamente os processos descritos acima[22] — de maneira alguma tem relação semelhante com a história. E, visto que este tipo de "interpretação" tampouco se dirige à averiguação de fatos "causalmente" importantes para uma conexão histórica, nem à abstração de elementos "típicos" que podem ser usados para a formação de um conceito genérico, a não ser que se considere, ao contrário, os objetos, isto é, — para ficar com o exemplo de Eduard Meyer a "cultura total" do florescimento helenístico, por exemplo — entendido como uma unidade e concebido "por eles mesmos" e permite compreendê-los nas suas relações de valor, tal tipo de interpretação, portanto, tampouco, pertence a uma das outras categorias de conhecer, cujas relações com a história, direta ou indiretamente, já foram discutidas. Ela não pode, acima de tudo, ser caracterizada, verdadeiramente, como uma "ciência auxiliar" da história — da maneira como Meyer faz, na página 54, no que diz respeito à "filologia" — pois ela aborda os seus objetos a partir de pontos de vista totalmente distintos dos da ciência histórica. Se a oposição entre ambas as maneiras de proceder consiste no fato de um procedimento (a "análise do valor") observar os objetos "estaticamente" e o outro (a-histórica) como "desenvolvimento", sendo que a primeira abordagem faz cortes transversais, e, a outra, cortes longitudinais, esta oposição não seria de muita importância e alcance; também o historiador, como, por exemplo, o próprio Eduard Meyer na sua obra, deve, para tecer o fio de sua trama, partir de certos "dados", entendidos "estaticamente", e no decorrer de sua exposição sempre resumirá na forma de um corte transversal como sendo estados, os "resultados" do "desenvol-

22. Essencialmente, para distinguir este tipo de "interpretação" da meramente linguística. Que esta separação, de fato, não se estabelece via de regra, em nada impede a investigação lógica.

vimento". Um estudo monográfico sobre a composição social da assembleia ateniense num determinado momento que, por um lado, tem a finalidade de mostrar e ilustrar o seu condicionamento histórico-social, e, por outro, a sua influência sobre a "situação" política de Atenas, seguramente apresenta-se também para Meyer como um estudo "histórico". Mas a diferença, para ele, consiste no fato de que, no que tange à abordagem "filológica" (a "análise do valor"), entram provavelmente em consideração, via de regra, fatos relevantes para a "história" e, eventualmente, também fatos inteiramente distintos de fatos históricos, tais como: (1) mesmo elementos de uma cadeia causal histórica ainda (2) podem ser usados como meio de conhecimento, com referência a fatos da primeira categoria e, portanto, não entram em nenhuma das relações históricas até agora consideradas. Mas que outras relações são estas? Ou este tipo de observação, a "análise do valor" é totalmente estranha a todo conhecimento histórico? Retomemos, para continuar as nossas reflexões, o nosso exemplo, qual seja, o das cartas dirigidas à Senhora Von Stein, e, em seguida, como segundo exemplo *O capital* de Karl Marx. Obviamente, ambos os temas podem tornar-se objeto de uma "interpretação", não somente de uma "interpretação linguística" a qual não queremos no momento comentar, mas também de uma "análise de valor" que nos ofereça a "compreensão" de suas relações de valor, interpretando "psicologicamente" as cartas dirigidas à Senhora Von Stein de maneira semelhante como também é possível "interpretar" por exemplo *O Fausto* ou como é possível investigar *O capital* de Karl Marx, com referência ao seu conteúdo conceitual portanto, não histórico —, comparando-os na sua relação conceitual com outros sistemas de pensamento que se preocupam com os mesmos problemas. Fazendo isto e seguindo a terminologia de Eduard Meyer, podemos afirmar que a "análise do valor" dá aos seus objetos um tratamento sobretudo "estático", isto é, para dizer o mesmo o mais corretamente: esta análise parte da especificidade destes como um "valor" independente de todo o significado puramente histórico-causal, valor que se encontra, para nós, além do puramente histórico. Mas ela se contenta com isso? Seguramente que não, e esta afirmação é válida com referência à interpretação daquelas cartas de Goethe, tanto quanto com referência à interpretação de *O capital*, de *O Fausto*, de *A Orestíade* ou das pinturas da Capela Sistina. Obviamente, uma tal "análise do valor", para alcançar plenamente o seu próprio fim, deve refletir acerca do fato de que aquele objeto ideal de valor estava condicionado historicamente, e que muitos dos matizes, das nuances, dos sentimentos e particularidades de pensamento ficam "incompreensíveis" a não ser que sejam conhecidas as condições gerais, o meio-ambiente social e os processos e acontecimentos totalmente concretos do momento em que aquelas cartas de Goethe foram escritas, ou, por exemplo, a situação dos problemas historicamente dados da época em que Karl Marx escreveu o seu livro — ou a sua evolução como pensador não é explicada. Deste modo, portanto, a "interpretação" se ela quiser ter êxito, exige uma investigação histórica das condições em que foram escritas aquelas cartas, e, também, de todas as conexões e relações, das menores até as mais amplas, da vida meramente pessoal e "doméstica" de Goethe e da vida cultural do "ambiente" total da época — entendendo "ambiente" num sentido amplo —, condições essas que tiveram significação causal para a singularidade de Goethe, isto é, que eram eficazes e operantes, no sentido usado por Eduard Meyer. O conhecimento, portanto, de todas estas condições causais nos prepara para "compreender" efetivamente as constelações da alma a partir das quais aquelas cartas se originaram e, só destarte, podemos "compreendê-las" realmente.[23] Por sua vez, também

---

23. Também Vessler confirma isto, involuntariamente, na sua análise de uma fábula de La Fontaine, que foi incluída no livro *Die Sprache als Schöpfung und Entwicklung*, Heidelberg, 1905, página. 84 e seguintes (A língua como criação e desenvolvimento). Este livro é escrito de modo tão brilhante quão unilateral é o seu conteúdo. A única tarefa legítima de uma interpretação "estética" é para ele (como também para B. Croce, a cuja posição ele se aproxima) a demonstração de que a criação literária é uma "expressão" adequada, e em que medida ela o é. E mais ainda, ele deve recorrer a características "psíquicas" concretas de La Fontaine (página 93), e além disso, ao meio e à "raça" (página 94). E não é possível entender que esta imputação causal, a investigação do "resultado do devir" que sempre trabalha também com conceitos generalizantes (mais tarde, voltaremos a este assunto) deveria exatamente aqui, neste ponto, ser interrompido, e a sua continuação perder o seu valor para a "interpretação" como dá-se, precisamente, no esquema muito atraente e instrutivo. Quando Vossler elimina as concessões que ele mesmo fez, admitindo para a "matéria" (p. 95) apenas o condicionamento "temporal" e "espacial", e afirma da "forma estética, unicamente essencial, apenas afirma que seria uma "criação livre do espírito", é preciso recordar que ele usa aqui uma terminologia bem semelhante à de B. Croce: "liberdade" equivale à "adequadação a norma", e "forma" é a expressão exata do sentido de Croce, e como tal idêntica ao valor estético. Esta terminologia tem como inconveniente o fato de não distinguir o "ser" da "norma". O grande mérito do brilhante escrito de Von Vossler consiste exatamente no fato de ter ele insistido com força e contra os puros glotólogos e investigadores positivistas da linguagem que:

é verdadeiro e correto que, neste caso, como em todos os outros, a "explicação" causal, considerada por si só e feita à maneira de Düntzer, tem "em suas mãos apenas partes". E, como é obvio, é precisamente este tipo de "interpretação" que caracterizamos neste ensaio como "análise do valor", e é a que se constitui em guia para esta outra interpretação: a histórica, isto é, a causal. A análise daquela mostrou os momentos "valorizados" do objeto, cuja "explicação" causal é o problema desta. Aquela determinou os pontos centrais e o fio, ao redor do qual se teve a regressão causal, proporcionando a este os "pontos de vista" decisivos para se encontrar o caminho, sem os quais seria obrigado a orientar-se, por assim dizer, sem uma bússola, na imensidão sem fim. Sem dúvida, alguém — e muitos já o fizeram — poderia, pensando em si, rejeitar a ideia de que seja necessário trabalhar com todo este aparato da investigação histórica para conseguir a "explicação causal" de uma série de "cartas de amor", por mais sublimes que elas fossem. Sem dúvida, isto está certo — mas o mesmo vale, por mais irritante que parece ser, também para *O capital* de Karl Marx e, em geral, para todos os objetos da investigação histórica. O conhecimento das fontes, com a ajuda das quais Marx elaborou a sua obra, e o conhecimento do condicionamento histórico da gênese dos seus pensamentos, bem como qualquer conhecimento sobre a constelação política de então, e o desenvolvimento do Estado Alemão de maneira específica, poderia parecer a alguém uma coisa inteiramente

---

1. Ao lado da psicologia e da fisiologia da linguagem, ao lado das investigações "históricas" e das "leis fonéticas", existe a tarefa científica, inteiramente autônoma, da interpretação de "valores" e "normas" das criações literárias;

2. A verdadeira compreensão e "revivência" destes "valores" e normas é um pré-requisito imprescindível para a interpretação causal do surgimento e do condicionamento da criação espiritual, pois, inclusive o crítico do produto literário ou da expressão linguística os "vivencia". Mas, sem dúvida, é necessário observar que, neste último caso, em que eles são meios de conhecimento causal e não critérios de valor, eles devem ser considerados, do ponto de vista lógico, não como "normas" mas, pelo contrário, apenas na sua pura facticidade, como conteúdos empíricos possíveis de um acontecer psíquico, "em princípio" do mesmo modo como as ilusões de um paralítico. Creio que a terminologia de Vossler e de B. Croce que tendem a confundir o "avaliar" ou "valorar" com o "explicar", e a negar que a autonomia de segundo termo não se apresenta como um argumento convincente. Aquelas tarefas de um trabalho puramente empírico subsistem junto às atividades caracterizadas por Vossler como "estéticas"; subsistem, de fato e logicamente de maneira autônoma: que esta análise causal tenha recebido hoje em dia o nome de "psicologia dos povos" ou de "psicologia" é uma questão de moda terminológica, mas não muda em nada sua justificação objetiva.

tediosa e estéril, ou algo secundário, e, certamente, se fosse tratada por si só, uma coisa sem sentido, sem que, neste caso, nem a lógica, nem a experiência científica pudessem "confutá-lo", como, aliás, o próprio Meyer admitiu, mesmo com certa renitência.

Para os nossos fins, indubitavelmente, será proveitoso que nos demoremos um instante nesta reflexão sobre a essência lógica desta "análise de valor". Com bastante seriedade, procurava-se entender a ideia, muito claramente desenvolvida por Rickert, de que a formação do "indivíduo histórico" estaria condicionada por "relações de valores", no sentido de que permite afirmar (e com esta afirmação, procurou-se ao mesmo tempo uma "refutação") que esta relação de valores "seria idêntica a uma subsunção sob conceitos gerais.[24] "Estado", "Religião", "Arte" etc. e outros "conceitos" desta natureza seriam justamente os "valores" em questão, e a circunstância em que a História relaciona os seus objetos a eles, e, por este procedimento, obtém "pontos de vista" específicos "seria o mesmo — foi essa a afirmação — que o tratamento separado e específico dos aspectos "químico", "físico" etc. dos processos das ciências naturais.[25] Aqui deparamo-nos com uma assombrosa incompreensão acerca daquilo que pode ser entendido, ou melhor, da única coisa que pode ser compreendida com o termo "relação de valores". Um "juízo de valor" atual sobre um objeto concreto ou o estabelecimento teórico de relações de valor "possíveis", com referência a este objeto, de modo algum significa que façamos uma subsunção deste sob um conceito genérico como, por exemplo, "carta de amor", "formação política" ou "fenômeno econômico". Pelo contrário, um "juízo de valor" significa que "tomo posição" de uma maneira concreta e determinada, em relação a um objeto na sua especificidade concreta, e as fontes subjetivas desta minha tomada de posição, dos meus "juízos de valor" a respeito, de modo algum são "conceitos", e, menos ainda "conceitos abstratos", mas, diferentemente, um "sentir" e "querer" inteiramente concretos, ou, por outro lado,

---

24. Assim, por exemplo B. Schmeidler, In: Ostwald, *Annalen der Naturphilosophie*, v. III, p. 24 e ss. (Anais da filosofia da natureza).

25. Para surpresa minha, também Franz Eulenburg sustenta esta opinião: *Archiv für Sozialwissenschaft und Sozialpolitik*, v. XXI, p. 519 e ss., especialmente p. 525. (Arquivo para a ciência social e política social). A sua polêmica com Rickert ou "e os seus, na minha opinião, é possível quando se deixa de lado o objeto de cuja análise se trata, ou seja, a "história".

em certas circunstâncias, eventualmente a consciência de um "dever ser" que é determinado e configurado concretamente por um "aqui e agora". E ao passar do estágio inicial da avaliação atual do objeto ao da reflexão teórico-interpretativa das possíveis relações de valor, e, portanto, ao ir do objeto em questão para um "indivíduo histórico", isto significa que torno consciente, para mim e para os outros, de maneira interpretativa, a forma concreta e individual e, portanto, em última instância, singular, na qual se traduzem certas "ideias" — para recorrer a um termo metafísico — na respectiva formação política (por exemplo, o Estado de Frederico, o Grande), na respectiva personalidade (por exemplo, Goethe ou Bismarck) e no respectivo produto literário (*O Capital* de Karl Marx). Ou, formulando tudo isso de outro modo deixando de lado expressões metafísicas sempre duvidosas e perfeitamente dispensáveis: eu desenvolvo, de maneira articulada, os pontos de abordagem de possíveis posições "valorativas" que o respectivo setor da realidade mostra e, exatamente, por causa disso, merece uma "significação" mais ou menos universal que deve ser nitidamente distinta da "significação causal". *O capital* de Karl Marx compartilha a qualificação de "produto literário" com todas aquelas combinações de tinta e papel que, semanalmente, aparecem nos catálogos da Brockhauss. Mas, para nós, o que transforma Marx num indivíduo "histórico", não é, de maneira alguma, esta pertença ao gênero, mas, antes, o "conteúdo espiritual" totalmente singular, que encontramos nos seus escritos. Da mesma maneira, a qualidade do processo "político" também inclui politicagem de um filisteu na hora do aperitivo como aquele conjunto de documentos escritos e impressos, ressonâncias e manobras militares na praça, ideias sensatas e insensatas na cabeça dos príncipes e diplomatas etc., que nós costumeiramente reunimos sob a imagem conceitual de "Império Alemão", ao qual atribuímos um determinado "interesse histórico", inteiramente "singular", para nós que estamos ancorados em inúmeros "valores" (não somente políticos). Pensar esta "significação" — e "conteúdo" do objeto, por exemplo — de *O Fausto* com referência a possíveis relações de valor, ou, dito de outra maneira, o "conteúdo do nosso interesse pelo indivíduo histórico", como sendo passível de ser expresso através de um conceito genérico, é, em si, um contrassenso manifesto: precisamente, o caráter inesgotável do seu "conteúdo" com relação a possíveis pontos de referência do nosso interesse é, em grau "máximo", o que caracteriza o indivíduo histórico. O fato de podermos classificar certas orientações "importantes" da relação com o valor histórico e o fato de que esta classificação possa servir, logo em seguida, como fundamento para a divisão de trabalho das ciências da cultura, não altera em nada, naturalmente,[26] o fato de que a ideia de um "valor" de "significado universal" equivalente a um "conceito geral" seja tão estranha como a opinião de que se pode expressar "a verdade" numa proposição, ou realizar o "moral" numa ação ou "encarnar o belo" numa obra de arte. Mas voltemos a Eduard Meyer e à sua tentativa de resolver o problema da "significação" histórica. As considerações precedentes abandonaram, indiscutivelmente, o terreno metodológico para abordar problemas da filosofia da história. Para uma reflexão que fica estritamente no nível metodológico, a circunstância de que certos elementos individuais da realidade são selecionados como objeto de tratamento histórico deve ser fundada exclusivamente pelo fato da existência de uma referência real a um interesse respectivo: a "relação de valores" efetivamente não significa mais do que isso e, por essa razão, também Eduard Meyer se contenta com isso ao assinalar com justiça, a partir deste ponto de vista (p. 38) que, para a História, bastaria a existência de um tal interesse, por mínimo que fosse em termos de importância. Seja como for, as considerações de Eduard Meyer mostram com bastante clareza, mesmo havendo algumas obscuridades e contradições, as consequências daquela falta e a ausência de orientação, no que diz respeito à filosofia da história.

"A seleção" (feita pelo historiador) "baseia-se no interesse histórico que o presente tem com referência a um efeito qualquer como resultado de um desenvolvimento, fazendo com que haja a necessidade de investigar os rastros e os motivos que se encontram na origem destes efeitos" — afirmações de Eduard Meyer (p. 37), interpretando isso mais adiante (p. 45) no sentido de que o historiador extrai "de si mesmo os problemas a partir dos quais analisa as fontes", problemas que lhe proporcionam

---

26. Quando eu investigo os determinantes socioeconômicos da origem de uma "forma" concreta do "Cristianismo", ou, por exemplo, da poesia cavalheiresca provençal, não a converto em um fenômeno em virtude de sua significação econômica. O modo com que, a partir de fundamentos puramente técnicos de divisão de trabalho, o pesquisador ou a "disciplina" tradicionalmente delimitada dividem o seu "campo de trabalho", também não tem, naturalmente, uma importância lógica.

"o fio condutor de acordo com o qual ele ordena os acontecimentos". Isto coincide inteiramente com o que foi dito, e, ademais, é o único sentido possível em que pode ser considerada como sendo correta a observação de Meyer, que já foi criticada, sobre "o remontar do efeito até a causa": contrariamente à sua opinião, não se trata, neste caso, de um modo próprio da história abordar o conceito de causalidade, mas, diferentemente, do fato de que só são "significativas historicamente" aquelas "causas" em que o regresso que parte de um elemento cultural "valorizado" inclui em si seus elementos indispensáveis, a saber, o "princípio da dependência teleológica" como foi denominado ultimamente, de maneira imprópria. Surge agora a pergunta: este ponto de partida do regresso necessariamente tem de ser um elemento do presente, como se poderia acreditar, de acordo com a opinião citada acima, que é, sem dúvida, a de Eduard Meyer? Na realidade, Eduard Meyer não tem a este respeito uma opinião totalmente definida. Como mostramos até agora, podemos dizer que lhe falta uma posição clara com referência ao que ele entende por "historicamente eficaz". Realmente — e isso já foi dito por outras pessoas — se somente pertence à História aquilo que é eficaz, podemos dizer que toda a exposição histórica, por exemplo, da sua própria História da Antiguidade, se encontra numa situação de precisar responder à seguinte pergunta crucial: que resultado final e quais dos seus elementos devem ser tomados como base do "resultado" do desenvolvimento histórico exposto, que permitam decidir se um fato pode ser excluído como sendo historicamente "não essencial" por lhe faltar uma significação causal demonstrável com referência a qualquer elemento do resultado final? Algumas das expressões de Eduard Meyer podem causar a impressão, ou melhor, a ilusão, de que, efetivamente, a "situação cultural" objetiva do presente — para dizê-lo de maneira sucinta — deveria ser decisiva para isso: portanto, pertenceriam, por exemplo, à sua própria História da Antiguidade somente aqueles fatos que ainda hoje têm uma significação causal, ou seja, na nossa situação atual, seja no setor político, econômico, social, religioso, ético, científico, ou que diga respeito a qualquer outro elemento da nossa vida cultural; isto é, elementos, cujos "efeitos" percebemos diretamente no presente (p. 37). E, obviamente, seria totalmente irrelevante se um fato tivesse uma "significação", não interessa em que profundidade, para a especificidade da cultura antiga (p. 48). A obra de Eduard Meyer seria muito reduzida e mutilada — pensamos, por exemplo no volume sobre o Egito — se ele mesmo levasse esta sua afirmação a sério, e muitos exatamente não encontrariam na sua obra aquilo que esperavam que fosse uma "história da antiguidade". Mas Eduard Meyer deixa aberta uma outra saída (p. 37): "Podemos experimentar aquilo que foi historicamente eficaz, também no passado, na medida em que imaginamos como sendo presente qualquer dos seus elementos". A partir desta observação é evidente que, deste modo, qualquer elemento cultural arbitrariamente selecionado pode ser "imaginado" como sendo "eficaz" e "operante" para uma "história da antiguidade". Mas, com isso, eliminar-se-ia, exatamente, aquela delimitação à qual Eduard Meyer aspirava. E, de qualquer modo, surge a seguinte pergunta: que momento, por exemplo, torna-se para uma "história da antiguidade" o critério para o historiador indicar o "essencial"? De acordo com o ponto de vista de Meyer, poderíamos supor que fosse o "fim" da história antiga, isto é, o corte que parece que seja o "ponto final" apropriado: eventualmente, por exemplo, o reinado do Imperador Rômulo, o de Justiniano, ou, talvez, melhor ainda o de Diocleciano. Neste caso não haveria "efeitos de cultura". Pensando destarte grande parte da literatura, da filosofia e da cultura geral, que fazem com que para nós uma "história da antiguidade" tenha "sentido" — este pensamento está presente na obra de Eduard Meyer — deveria ser excluída.

Uma história da antiguidade que quisesse incluir aquilo que era causalmente eficaz sobre uma época posterior, sem dúvida seria — sobretudo se as relações políticas fossem encaradas como a espinha dorsal do histórico — tão vazia como uma "história de Goethe que o mediatize, segundo uma expressão de Ranke, a favor dos seus epígonos, isto é, que só considera aqueles elementos de sua originalidade e de suas manifestações de vida que permaneceram "eficazes" na literatura: a biografia científica não se distingue, em princípio, de objetos históricos definidos de outra maneira. A tese de Eduard Meyer, da maneira como ela foi formulada, não é viável. Ou existiria aqui também uma saída a partir da contradição entre esta sua teoria e a sua própria práxis? Ouvimos que o próprio Eduard Meyer disse que o historiador tira "de si mesmo" os seus problemas, acrescentando ainda este comentário: "o presente do historiador é um momento que não pode ser excluído de nenhuma exposição histórica." Esta "eficácia" de um "fato" que a este dá ou atribui o selo do "histórico" já estaria presente, de certo modo, no momento em que um historiador moderno se interessa por este fato na sua especificidade individual e no interesse por ter-acontecido-deste-modo-e-não-de-outra-maneira e, por causa disso, entende interessar os seus leitores? Indiscutivelmente, nas explicações de Meyer (p. 36, por um lado, e p. 37 e 45, por outro) coexistem, na verdade, dois conceitos distintos de "fato histórico": por um lado, aqueles componentes da realidade que são "avaliados" na sua especificidade concreta como objetos do nosso interesse, poderíamos dizer, "por si mesmos"; e, por outro lado, aqueles componentes da realidade que são descobertos por nossa necessidade de compreender aqueles elementos "avaliados" da realidade no seu condicionamento histórico, e, com isso, através do regresso causal, são consideradas "causas" na medida em que são historicamente "eficazes" no sentido de Eduard Meyer. Os primeiros, podemos denominá-los indivíduos históricos, e os segundos causas históricas (reais) e, em seguida, de acordo com Rickert, fazer distinção entre fatos históricos "primários" e fatos históricos "secundários". Uma delimitação precisa de uma exposição histórica para as "causas históricas", isso é, os fatos históricos "secundários" de Rickert ou os fatos "eficazes" de Eduard Meyer, naturalmente, apenas é possível se já ficou de maneira unívoca estabelecido com referência a que indivíduo histórico exclusivamente deve ser aplicada a explicação causal. Por mais extenso que seja escolhido este objeto primário — suponhamos que se tome como tal a totalidade da cultura "moderna" no seu estágio atual, isto é, a nossa cultura cristã-capitalista — constitucionalista que se irradia a partir da Europa, portanto, um nó emaranhado indissolúvel de "valores culturais" considerados como tais, a partir dos mais diferentes "pontos de vista" — nem por isso, o regresso causal que o "explica" historicamente, mesmo se se volta até a Idade Média ou até a Antiguidade, deverá deixar de lado um grande número de objetos como sendo causalmente não essenciais, pelo menos em parte, objetos, entretanto, que despertam em alto grau o nosso interesse que avalia "por causa deles mesmos", e que, portanto, por sua vez podem transformar-se em "indivíduos históricos" e aos quais se aplica um regresso causal "explicativo". Temos de reconhecer, entretanto, que este "interesse histórico", por causa da falta da significação causal para uma história universal da cultura de hoje, é muito reduzido. O desenvolvimento cultural dos Incas e dos Astecas deixou vestígios historicamente relevantes em número reduzido — proporcionalmente —, fazendo com que uma história universal da gênese da cultura atual, no sentido de Eduard Meyer, pudesse, sem prejuízo, nada dizer a respeito delas. Se isto é assim — e suponhamos uma vez isto —, tudo aquilo que sabemos sobre o seu desenvolvimento cultural não é, em primeira linha, levado em consideração como "objeto histórico", nem como "causa histórica", mas somente como "meio de conhecimento" para a formação de conceitos da teoria da cultura: coisa positiva, por exemplo, para a formação do conceito de feudalismo, como um exemplar bem específico e particular deste, ou de maneira negativa, para delimitar determinados conceitos com os quais trabalhamos na história da cultura europeia, com referência aqueles conteúdos de cultura muito heterogêneos, e, com isso, através da comparação, apreender com maior precisão e geneticamente, a especificidade histórica do desenvolvimento da cultura europeia. Exatamente o mesmo deveria valer, como é natural, para aqueles elementos da cultura antiga que Meyer — se foi consequente — excluiu de uma "história da antiguidade", que é orientada a partir do estado atual da cultura do presente, na medida em que aqueles elementos se apresentaram como historicamente "não eficazes". Em todo o caso, é evidente que, no que diz respeito aos Incas e Astecas, de modo algum, ou seja, nem com fundamentos lógicos e nem de fato, é excluído o fato de que certos conteúdos de sua cultura passam a constituir na sua especificidade, um "indivíduo histórico" o qual, consequentemente, pode ser, em primeiro lugar, analisado de "maneira interpretativa" com relação ao seu "valor" e, logo em seguida, possa ser convertido em objeto de uma investigação "histórica", de tal modo que o regresso causal toma fatos do seu desenvolvimento cultural por "causas históricas" com relação àquele objeto. E se alguém compõe uma "história da antiguidade", é uma vã ilusão acreditar que esta somente contém fatos causalmente "eficazes" com referência à nossa cultura atual, porque somente aborda fatos que parecem ser significativos para nós, quer se trate de fatos "primários" como "indivíduos históricos" que são objeto de "avaliação", quer se trate de "fatos secundários" como as "causas" com referência a estes indivíduos ou a outros. O nosso interesse orientado em "valores", e não a relação causal da nossa cultura com a grega, determinará o âmbito dos valores culturais decisivos para uma história da cultura helenística. Aquela época que caracterizamos na maioria das vezes — valorizando-a de maneira inteiramente subjetiva — como "apogeu" da cultura grega, isto é, aproximadamente, a época entre Ésquilo e Aristóteles, é levada em consideração como "valor intrínseco", com os seus conteúdos culturais, em toda e qualquer "história da antiguidade", inclusive na de Eduard Meyer, e isto somente poderia modificar-se no caso de algum futuro, no que diz respeito àquelas criações culturais, ter com estas uma "relação de valor" tão distante e indireta como o "canto" e a "visão de mundo" de um povo do interior da África que desperta o nosso interesse com representante de um gênero, como meio de formação de conceitos; portanto, como "causa". Que nós, homens de hoje, temos relações de valor de algum tipo com referência às "configurações" individuais dos conteúdos da cultura antiga, é o único sentido possível que pode ser atribuído ao conceito de "eficaz" de Meyer enquanto "histórico". Mas, em que grande medida, o conceito de Meyer de "eficaz" é composto de elementos heterogêneos, revela já a sua motivação do interesse específico que tem em relação aos "povos civilizados". Ele escreve (p. 47) que "isto se baseia no fato de que tais povos e culturas foram *eficazes* em grau infinitamente maior, e ainda continuam sendo nos dias de hoje". Isto, sem dúvida, é correto, mas de modo algum é o único fundamento do nosso "interesse" que é decisivo para a sua significação como objetos históricos, e de maneira alguma, podemos, a partir daí, inferir, como afirma Meyer (ibidem) que aquele interesse seja tanto maior "quanto mais elevados estes forem (os povos civilizados históricos)". Pois a questão do "valor intrínseco" de uma cultura, que aqui está implícita, nada tem que ver com a sua "eficácia" histórica: Meyer confunde precisamente os conceitos de "valorizado" e "causalmente importante". É incondicionalmente certo que toda "história" foi escrita a partir do ponto de vista dos interesses de valor do presente e que, consequentemente, todo presente faz novas perguntas ao material histórico ou, pelo menos, pode fazê-las, porque sempre se modifica, precisamente, o seu interesse, que é orientado pelos valores. E também é igualmente correto que este interesse avalia e converte em "indivíduos" históricos elementos culturais que pertencem já totalmente ao passado (totalmente passados), isto é, elementos que não podem ser reconduzidos, num regresso causal, a um elemento cultural do presente. Falando detalhadamente: objetos como as cartas dirigidas à Senhora Von Stein. Falando em grandes linhas: aqueles elementos da cultura grega cuja influência sobre a cultura do presente há muito não existe mais. Meyer, certamente, como vimos, concordou com isso, só que sem tirar conclusões, admitindo a possibilidade que um momento do passado poderia ser "fingido" — é a expressão de Meyer — como presente, coisa que só a "filologia" poderia fazer conforme as suas observações na p. 37. Com isto, na verdade, ele admitiu implicitamente que podem ser objetos históricos elementos culturais "passados" que não se referem à existência de um "efeito" perceptível. Portanto, numa "história da antiguidade", por exemplo, podem ser decisivos para a seleção dos fatos e para a orientação do trabalho historiográfico os valores "característicos" da própria Antiguidade. E ainda mais.

Quando Eduard Meyer afirma que o único fundamento para que o presente não possa ser objeto da "história" é o fato de que não se sabe e de que nem se poderia saber quais dos seus elementos seriam no futuro "eficazes", parece-nos que tal afirmação sobre o caráter a-histórico (subjetivo) do presente está correta pelo menos sob certas condições. Só o futuro "decidirá", em definitivo, sobre a significação causal dos fatos do presente. Entretanto, não é este o único aspecto do problema, deixando de lado, por enquanto, elementos extrínsecos, ou seja, a falta de documentos e arquivos etc. O presente imediato não só ainda não se transformou em "causa" histórica como também nem é um "indivíduo" histórico, nem tampouco como é objeto de um "saber" empírico uma "vivência", no momento em que ela se dá "em mim" e "ao redor de mim". Toda avaliação histórica inclui, por assim dizer, um "momento contemplativo", não somente e nem em primeiro lugar, por conter o juízo de valor imediato do "sujeito que se posiciona", como também, como vimos, porque o seu conteúdo essencial é um "saber" sobre possíveis "relações de valor" o que, logicamente, pressupõe a possibilidade de modificar, pelo menos teoricamente, o ponto de vista sobre o objeto. Costuma-se expressar este fato dizendo que "temos de tomar uma atitude objetiva" com referência a uma vivência, antes ela "pertença à história" como objeto — o que, entretanto, aqui não significa que seja causalmente "eficaz". Mas não queremos continuar a tecer reflexões sobre esta relação entre "vivência" e "saber". É suficiente que através destas explicações prolixas tenham ficado bem claras as razões por que é insuficiente conceber o "histórico" com o "eficaz" da maneira como Eduard Meyer o faz. A este conceito falta, sobretudo, a diferenciação lógica entre o objeto histórico "primário", ou seja, aquele indivíduo de cultura "avaliado" sobre o qual recai o interesse para "explicação" causal do seu "resultado do devir", e os fatos históricos "secundários", ou seja, as causas às quais é imputada a especificidade "avaliada" daquele "indivíduo" num regresso causal. Esta imputação é empreendida em princípio com a finalidade de que, como verdade de experiência, ela seja "objetivamente" válida com a mesma incondicionalidade, como qualquer outro conhecimento empírico em geral e somente a insuficiência do material decide sobre a questão, a qual não é uma questão lógica mas fáctica, se ela alcança o seu fim, de maneira totalmente idêntica como acontece com qualquer explicação de um processo natural. "Subjetiva", num determinado sentido, que não voltaremos a explicar, não é a constatação das "causas" históricas de um "objeto" de explicação dado, mas a delimitação de "objeto" histórico mesmo, de "indivíduo" mesmo, pois aqui decidem relações de valor cuja "concepção" está submetida à mudança histórica. Consequentemente, é incorreto o que Meyer afirma na p. 45, ou seja, que "jamais" podemos alcançar um conhecimento "absoluto e incondicionalmente válido" sobre algo histórico: isto não está correto, no que diz respeito às "causas". Também é incorreto o que se afirma em seguida, ou seja, que "a validade do conhecimento das ciências naturais" não difere em nada "da validade das ciências históricas". Esta afirmação não está correta quando pensamos nos "indivíduos históricos", isto é, na maneira com que os "valores" desempenham um papel na história e na modalidade destes valores (não importa o que se pense sobre a "validade" daqueles valores como tais, o que, sem dúvida, é algo heterogêneo, se a compararmos com uma relação causal como de verdade de experiência, mesmo que ambas, em última instância, devessem ser concebidas filosoficamente como estando relacionadas a normas). Pois os "pontos de vista", orientados em valores a partir dos quais observamos os objetos de cultura, e que em geral passam a ser para nós "objetos" da investigação histórica estes "pontos de vista", portanto, — como já dissemos — são expostos a mudanças e porque o são e na medida em que o são — partindo do pressuposto que aqui adotamos de uma vez por todas que as "fontes" permanecem imutáveis — convertem-se em "fatos" sempre novos e passam a ser historicamente "essenciais" de maneira sempre renovada. Nas ciências naturais que seguem o modelo da mecânica, não encontramos este tipo de condicionamento por "valores subjetivos", e nisto consiste, precisamente, a oposição específica entre estas e o histórico.

Resumindo: na medida em que a "interpretação" de um objeto é "filológica" no sentido habitual do termo, por exemplo, no sentido "textual", esta interpretação é uma preparação técnica para a "história". Na medida em que ela analisa "de maneira interpretativa" o característico da especificidade de determinadas "épocas culturais", de personalidades ou de determinados objetos singulares (obras de arte, obras literárias), ela está a serviço da formação do conceito historiográfico. E, certamente, do ponto de vista lógico, passa a ser um pressuposto da história, já que se coloca a seu serviço enquanto ajuda a reconhecer e encontrar os elementos causalmente relevantes de um nexo histórico concreto como tal, ou no sentido inverso, quando orienta e mostra o caminho por meio da "interpretação" do conteúdo de um objeto — O *Fausto*, a Orestíade, o cristianismo de uma determinada época etc. — em relações de valor, e, além disso indica "tarefas" ao trabalho causal da história. O conceito de "cultura" de um povo concreto, ou da "cultura" de uma época concreta, o conceito de "cristianismo" e de "Fausto", bem como, por exemplo — o que, aliás, facilmente se esquece — o conceito de "Alemanha" etc. são, como objetos da atividade da história, conceitos de valor individuais, isto é, formados através de relações com ideias de valor.

E, para tocar também neste assunto, se convertemos agora estas avaliações, com as quais nos dirigimos aos fatos, em objetos de análise, o nosso estudo será — de acordo com a meta cognoscitiva — de natureza da filosofia da história ou psicologia do "interesse histórico". Se, pelo contrário, tratamos um objeto concreto "analisando-o valorativamente", isto é, se o "interpretamos" na sua especificidade de maneira a pôr em relevo de maneira "sugestiva" as suas valorizações possíveis, e, como costuma-se dizer de maneira bastante incorreta, procuramos a "revivência" de uma criação cultural, isto não constitui ainda — e nisto consiste o "núcleo de verdade" da formação de Meyer, um trabalho "historiográfico", mas certamente é a absolutamente inevitável *forma formans* para o "interesse" histórico por um objeto, para a formação conceitual primária deste como "indivíduo" e para o trabalho causal da História que apenas desta maneira ganha pleno sentido. Não importa em detalhe — como acontece no começo de toda "história", no caso das comunidades políticas, e sobretudo do próprio Estado — que avaliações cotidianas, que foram recebidas pela educação, possam ter formado o objeto e alterado a direção do trabalho historiográfico e o historiador possa acreditar, consequentemente, que se encontra no seu "âmbito próprio" com estes objetos sólidos que na aparência — mas somente na aparência e para o uso cotidiano — não mais haver necessidade de uma interpretação particular de valor: realmente, no momento em que ele deixa o caminho trilhado e quer obter perspectivas novas, de vasto alcance, sobre a "especificidade" de um determinado Estado ou de um gênio político, deverá proceder também aqui, e isso como questão lógica de princípio, exatamente como um intérprete do *Fausto*. E nisto realmente Eduard Meyer tem razão: quando a análise permanece no estágio de uma tal "interpretação" do "valor próprio" do objeto, onde o trabalho da imputação causal está sendo deixado de lado e o objeto não é submetido a um questionamento com referência ao que "significa" causalmente em relação a outros objetos de cultura, que são mais amplos e até mais atuais, aí o trabalho historiográfico nem sequer tem começado e o historiador, neste caso, somente pode juntar ou acumular tijolos para problemas históricos.

Mas a maneira como Meyer fundamenta o seu ponto de vista, na minha opinião, é insustentável. Quando Meyer vê, particularmente, a oposição principal à abordagem histórica no tratamento "estático" e "sistemático" de um material, e também quando Rickert, por exemplo, — logo depois de ter visto no "sistemático" o próprio e típico das "ciências naturais", inclusive no âmbito da vida "social" e "espiritual", em contraposição às "ciências do espírito" — restabelece novamente o conceito das "ciências sistemáticas da cultura", indica-se como tarefa — o que mais adiante abordaremos numa secção especial — a questão do que pode significar uma "sistemática" propriamente dita e quais são as diversas relações existentes entre os diversos tipos desta sistemática para com a abordagem histórica e os procedimentos das "ciências naturais".[27] O tratamento da cultura da Antiguidade, especialmente da cultura grega, que Eduard Meyer denomina de "método filológico", isto é, a forma do "conhecimento da Antiguidade", é determinado praticamente, sobretudo, pelos pressupostos linguísticos do domínio das fontes. Porém não só determina por estes, como também pela originalidade de determinados pesquisadores, e, sobretudo pela "significação" que a cultura da Antiguidade clássica teve até agora para a nossa própria formação espiritual. Procuraremos agora formular de maneira mais radical e, portanto, teórica, aqueles pontos de vista que são, em princípio, possíveis, com referência a uma cultura da Antiguidade: 1. Um dos pontos de vista seria representar a cultura antiga como um valor absoluto cujas expressões encontramos no humanismo, em Winchelmann e em todas as variantes do chamado "classicismo", mas que não serão analisados aqui. Os elementos da cultura antiga, conforme esta concepção, levada às últimas consequências e na medida em que "cristianismo" da nossa cultura ou os resultados do racionalismo não trouxeram algumas "complementações" e "modificações", os elementos, pelo menos virtualmente, da cultura como tal, pura e simplesmente, não porque atuaram "causalmente" no sentido de Eduard Meyer, mas porque devem, no seu valor absoluto, influenciar causalmente a nossa educação. De acordo com esta opinião, a cultura antiga é, em primeiro lugar, objeto da interpretação *ad usum scholarum*, para a educação da própria nação como povo cultural (*Kulturvolk*): a "filologia", no sentido mais amplo, como "conhecimento de conhecido", vê na Antiguidade algo, em princípio, supra-histórico e atemporalmente válido. 2. A Cultura da Antiguidade na sua verdadeira e real particularidade, acha-se tão incomensuravelmente longe de nós que não tem sentido querer dar, às massas que são numerosas demais, uma visão da sua verdadeira "essência". Ela é um objeto sublime para a valoração, aos poucos que se aprofundam numa forma elevadíssima de humanidade, desaparecida para sempre e sem meios de repetir-se nos seus aspectos essenciais, mas que (esses poucos) querem, de certa

27. Com isso, entramos numa discussão sobre os diferentes princípios possíveis de uma "classificação" das "ciências".

maneira, "gozar artisticamente" esta humanidade.[28] 3. Finalmente, o tratamento da ciência da Antiguidade vai ao encontro de uma orientação do interesse científico à qual a riqueza das fontes antigas oferece, sobretudo, um material etnográfico de extraordinária variedade para a obtenção de conceitos gerais, de analogias e de regras de desenvolvimento que são aplicáveis não apenas à nossa cultura mas a "todas" as culturas. Pensa-se, por exemplo, no desenvolvimento da ciência comparada das religiões, cujo auge atual teria sido impossível sem a abordagem da Antiguidade, com a ajuda de uma rigorosa disciplina filológica. Neste caso, a Antiguidade está sendo levada em consideração pensando no seu conteúdo cultural que é apropriado como meio de conhecimento para a formação de "tipos" gerais, e, portanto, não como uma norma que seria eternamente válida numa primeira "concepção", nem como objeto absolutamente singular de valorização contemplativa e individual como no segundo caso.

Percebe-se claramente que estas três concepções, formuladas aqui "teoricamente", como explicamos, se interessam, dentro dos seus objetivos, pelo tratamento da História Antiga na forma de uma "ciência da Antiguidade" e percebe-se também, sem que seja necessário fazer muitos comentários, que o interesse do historiador pouco tem que ver com a maneira com que cada uma destas três concepções aborda a Antiguidade, pois as três têm como objetivo principal algo distinto do "interesse histórico". Somente se Eduard Meyer exterminasse seriamente da História da Antiguidade tudo aquilo que, a partir do ponto de vista do presente, deixou de ser historicamente "eficaz", ele mesmo daria razão aos seus oponentes, aos olhos de todos aqueles que procuram na Antiguidade algo mais do que mera "causa" histórica. E todos os amigos de sua grande e importante obra alegrar-se-iam pelo fato de ele não ter podido levar às últimas consequências e com toda seriedade todas aquelas ideias de esperarem que ele nem sequer pretendesse fazê-lo, por amor a uma teoria que foi formulada de maneira errada.[29]

---

28. Assim poderia ser formulada a teoria "esotérica" de U. von Wilamowitz, contra a qual se dirige todo o ataque de Meyer.

29. A extensão das discussões precedentes, obviamente, não são proporcionais ao seu "resultado" para a "metodologia", no aspecto diretamente prático. Quem, por este motivo, acha

# II. Possibilidade objetiva e causação adequada na consideração causal da história

"O início da Segunda Guerra Púnica — afirma Eduard Meyer na página 16 da sua obra — é a consequência de uma decisão de Aníbal; o início da Guerra dos Sete Anos é a consequência de uma decisão de Frederico o Grande e o início da Guerra de 1866 é a consequência da decisão de Bismarck. Pudessem todos eles ter tomado outra decisão, e ter sido outras personalidades [...] teriam tomado outras decisões e, consequentemente, seria outro o decurso da História". "Com isso — acrescenta ele numa nota de rodapé da mesma página — nem se afirma nem se nega que nestes casos não tivesse chegado a haver as respectivas guerras. Esta é uma questão que não pode ser respondida e, por tanto, uma questão "ociosa". Prescindindo do fato de que esta segunda afirmação não condiz com as formulações de Meyer, por nós já comentadas, sobre as relações entre "liberdade" e "necessidade" na História, temos de levantar aqui uma objeção, no sentido de que as questões que não podemos responder, ou que não podemos responder com precisão, por si só já são questões "ociosas". A situação das ciências empíricas seria muito ruim se nunca tivessem sido levantados aqueles últimos problemas aos quais elas não podem dar resposta nenhuma. Mas, de maneira alguma, trata-se aqui de tais problemas "últimos", mas apenas de uma questão à qual não é possível dar uma resposta positiva e unívoca, parcialmente, porque ela já foi ultrapassada ou superada pelos acontecimentos e, parcialmente pela situação do nosso real e possível conhecimento. Trata-se também de uma questão que se discute, a partir de um ponto de vista estritamente "determinista", as "consequências" de algo que era "impossível" de acordo com a situação dos "elementos determinantes". Mas, apesar de tudo isto, de modo nenhum é ocioso

---

que ela seria ociosa, deixe de lado a pergunta pelo "sentido" do conhecimento e se contente com obter "conhecimentos relacionados com valores" através do trabalho prático. Não foram os historiadores quem levantaram tais questões, mas exatamente aqueles que formularam as afirmações erradas e continuam a fazê-lo de diversas maneiras, afirmando sempre que o "conhecimento científico" seria idêntico ao "descobrimento de leis". Mas aí nos encontramos em face de uma pergunta sobre o "sentido" do conhecimento.

perguntar pelo que poderia ter acontecido se Bismarck, por exemplo, não tivesse tomado a decisão de declarar a guerra. Pois, realmente, esta pergunta se dirige ao que é decisivo para a formação histórica da realidade, a saber, qual é a significação causal que temos de atribuir a esta decisão individual dentro da totalidade dos "momentos", infinitos em número, todos os quais, neste preciso momento, estavam numa e não noutra determinada situação, para que exatamente se produzisse este resultado e, ainda, uma outra pergunta, qual seja, a do lugar que cabe a esta decisão na exposição histórica. Se a História quer se elevar por cima de uma mera crônica de personalidades e acontecimentos memoráveis, não lhe resta outra alternativa a não ser levantar tais questões. E é exatamente assim que ela procedeu desde que é uma ciência. Nisto consiste o correto na formulação de Meyer, e que já discutimos, a saber: a História considera os acontecimentos a partir do ponto de vista do "devir" pelo qual o seu objeto não está submetido à "necessidade", que é própria ao "resultado do devir"; é correto que o historiador, ao apreciar a significação causal de um acontecimento concreto, se comporta semelhantemente ao homem histórico que quer algo e que toma uma posição de jamais "atuar", se a própria ação lhe parecer "necessária" e não apenas "possível".[30] A diferença consiste somente nisto: o homem que atua, na medida em que age de modo rigorosamente "racional" — o que nós aqui supomos — pondera sobre as condições "externas" conforme a qualidade de seu conhecimento da realidade e do futuro desenvolvimento que lhe interessa. Ele introduz idealmente, num nexo causal, diversos "modos possíveis" de seu próprio comportamento, e os resultados que podem ser esperados em ligação com aquelas condições externas. No fim, de acordo com os resultados "possíveis" (idealmente), ele decide como sendo adequado ao seu "fim" um ou outro comportamento. Num primeiro momento, a situação do historiador é mais vantajosa do que a do seu "herói": em todo o caso, ele sabe *a posteriori* se a apreciação das condições dadas que se apresentaram "externas" a ele, corresponderam, conforme os conhecimentos e expectativas alimentados pelo agente, à situação real então existente.

---

30. Isto é válido também com referência à crítica de Kistiakowski (op. cit. p. 293) que não se refere a este conceito de "probabilidade".

Isto é algo que a "consequência" fatual da ação nos ensina. E supondo que haja um ideal máximo de conhecimento das condições, que supomos aqui teoricamente, já que se trata exclusivamente do esclarecimento de questões lógicas — mesmo que, na realidade, isto aconteça só raras vezes ou até nunca — pode o historiador fazer a mesma ponderação mental retrospectivamente que o seu "herói" fez, mais ou menos claramente, ou, pelo menos, deveria ter feito. E, portanto, o historiador pode levantar a questão com essencialmente melhores possibilidades do que Bismarck: que consequências deveriam ser "esperadas" se tivesse sido tomada uma outra decisão. É bastante claro que esta reflexão está muito longe de ser ociosa. O próprio Eduard Meyer usa este procedimento (p. 43) no que diz respeito àqueles dois disparos que, em Berlim, no mês de março, provocaram imediatamente a eclosão da luta nas ruas daquela cidade. Meyer acha que a pergunta pelo início seja "historicamente irrelevante". Porque mais "irrelevante" do que a discussão das decisões de Aníbal, de Frederico o Grande e de Bismarck? "As coisas estavam de tal maneira que qualquer acidente deveria (!) provocar o início do conflito". Percebe-se que aqui o próprio Eduard Meyer responde à pergunta "sem sentido", ou seja, à pergunta quanto ao que teria acontecido sem aqueles disparos e, com isto, decidiu-se o seu "significado" histórico (neste caso, a sua insignificância). Pelo contrário, parece evidente, pelo menos na opinião de Eduard Meyer, que "as coisas estiveram diferentes" nas decisões de Aníbal, de Frederico o Grande e de Bismarck. Mas não o estiveram no sentido de que o conflito, seja o conflito como tal, seja sob as constelações políticas concretas daquela época que determinaram o seu decurso e o seu resultado, teria começado se a decisão tomada tivesse sido outra. Senão, esta decisão teria sido tão insignificante como aqueles disparos. O juízo de que, se pensamos um fato histórico singular como inexistente ou como modificado dentro do complexo das condições históricas, este fato tivesse provocado um curso diferente dos acontecimentos históricos, com referência a determinadas relações históricas importantes, parece revestir-se de considerável valor para o estabelecimento da "significação histórica" daquele fato, mesmo que o historiador na prática só excepcionalmente, ou seja, no caso em que esta "significação histórica" seja questionada, se veja na obrigação de desenvolver e de fundamentar esse juízo de maneira consciente e explícita. É claro que esta circunstância deveria exigir uma reflexão sobre a essência lógica de tais juízos e de sua significação histórica. São juízos que afirmam o resultado que poderia ser esperado no caso da ausência ou da alteração de um componente causal singular dentro de um complexo de condições. Procuremos obter maior clareza sobre tal questão.

Como ainda há deficiências na lógica da história[31] percebe-se, entre outras coisas, o fato de que as investigações decisivas sobre estas questões importantes não foram empreendidas por historiadores, nem por metodólogos da história, mas por representantes de disciplinas muito distantes.

A teoria da chamada "possibilidade objetiva" à qual nos referimos, baseia-se nos trabalhos do exímio fisiólogo Von Kries[32] e no uso costumeiro deste conceito encontra-se nos trabalhos de autores que são seguidores de von Kries ou que o criticam. São sobretudo criminalistas, mas também juristas, especialmente Merkel, Rümelin, Liepmann e, ultimamente, Radbruch.[33] Na metodologia das ciências sociais, as ideias

---

31. As categorias que discutiremos logo em seguida, como queremos destacar explicitamente, não se aplicam apenas ao setor da assim chamada disciplina especializada "História", mas também à imputação "histórica" de qualquer acontecimento individual, inclusive ao que pertence à "natureza inanimada". O conceito de "história" é aqui um conceito lógico, e não conceito técnico-especializado.

32. *Uber den Begriff der objektiven Möglichkeit und einige Anwendungen desselben*, Leipzig, 1888 (Sobre o conceito da possibilidade objetiva e algumas possibilidades do seu uso). Importantes pressupostos destas considerações foram elaborados por von Kries nos seus *Prinzipien der Wahrscheinlichkeitsrechnung* (Princípios do cálculo de probabilidade). Queremos logo de início observar que, de acordo com a natureza do "objeto histórico" só os aspectos mais elementares da teoria de von Kries têm significação para a metodologia da História. O uso de princípios do assim chamado "cálculo de probabilidade", em sentido estrito, não somente não pode ser considerado para o trabalho causal da História, como também apenas a tentativa de um uso análogo dos seus pontos de vista requerem muita precaução.

33. A crítica mais profunda do uso da teoria de Von Kries nos problemas jurídicos até agora foi feita por Radbruch, *Die Lehre von der adäquaten Verursachung* (A teoria da causação adequada). In: *Abhandlungen* (Tratados) (v. I, caderno 3, 1902) do seminário de Liszt (aqui encontramos também a bibliografia mais relevante). Só mais tarde levamos em consideração a sua decomposição do conceito de "causação adequada"; "mais tarde", isto é, depois de apresentar esta teoria da maneira mais simples possível (e, por isso mesmo também de maneira provisória e não definitiva).

de Kries foram aplicadas quase que unicamente na estatística.[34] É natural que precisamente os juristas, e, em primeiro lugar, os criminalistas, tratem deste problema, pois a questão da culpa penal, na medida em que é incluída a questão sobre em que circunstâncias poderia se afirmar que alguém "causou", através de sua ação, um determinado resultado externo, é uma simples questão de causalidade e, certamen-

---

34. Entre os teóricos da estatística assemelha-se muito a von Kries o cientista L. von Bortkiewitsch *"Die erkenntnistheoretischen Grundlader Wahrscheinlichkeitsrechnung* (Os fundamentos epistemológicos do cálculo de probabilidade). In: *Jahrbücher de Conrad* (Anuários de Conrad) —, v. XVII, 3ª série (veja-se também v. XVIII) e: *"Die Theorie der Bevölkerungs und Moralstatistik nach Lexis"* (A teoria da estatística populacional e da ética (Ibidem, v. XXVII). Também no terreno da teoria de von Kries encontra-se A. Tschuprow, cujo artigo sobre a estatística moral no *Brockhaus-Ephronschen Enzyklopädischen Wörterbuch* (Dicionário Enciclopédico de Ephron-Brockhaus) infelizmente não foi me acessível. Veja-se, também, o seu artigo: "Die Aufgaben der Theorie der Statistik" (As tarefas da teoria estatística). In: *Schmollers Jahrbuch* (Anuário de Schmoller), 1905, p. 421 e ss. Não posso compartilhar a crítica de T. Kitiakowski (no seu ensaio já citado "Probleme des Idealismus" (Problemas do idealismo), op. cit., p. 378 e ss.) Trata-se mais de um esboço esperando o seu desenvolvimento posterior. Ele rejeita a teoria (p. 379) afirmando sobretudo que o conceito de causa seria empregado de maneira errônea; baseando-se na lógica de Mill, rejeita especialmente o emprego das categorias "causas concomitantes" e "causas parciais" que, por sua vez, se baseia numa interpretação antropomórfica da causalidade no sentido de "eficácia" (este último comentário também foi feito por Radbruch, op. cit., p. 22). Mas a ideia de "eficácia" ou, como também se expressou, de maneira menos colorida, mas num sentido totalmente idêntico, a de "laço causal" é inseparável de qualquer consideração causal que reflete sobre séries de transformações qualitativas individuais. Mais tarde voltaremos ao assunto insistindo sobretudo que ele não pode — nem deve — ser carregado com pressupostos metafísicos, duvidosos e desnecessários. (Veja-se Tschuprow, op. cit., p. 436 sobre a pluralidade de causas e causas elementares.) Aqui, temos apenas de observar que a "possibilidade" e, uma categoria "formativa", isto é, que ela entra em função da maneira com que determina a seleção dos elementos causais que foram incluídos na exposição histórica. A matéria informada historicamente, pelo contrário, nada contém de "possibilidade", nem sequer idealmente: a exposição histórica raras vezes alcança de maneira subjetiva juízos de necessidade, mas, objetivamente, trabalha com o pressuposto de que as "causas" às quais é "imputado" o resultado — certamente, com relação àquela infinidade de "condições" que são indicadas apenas sumariamente na exposição por não "possuir" um "interesse científico" — têm de valer como "razões suficientes" para o surgimento deste. Portanto, o emprego daquela categoria, de maneira alguma, implica na concepção, já superada pela teoria da causalidade, de que elementos quaisquer de conexões causais estiveram, por assim dizer, "em suspenso" até a sua entrada na cadeia causal. O próprio von Kries, a nosso ver, expôs (op. cit. p. 107) de maneira totalmente convincente, a diferença entre a sua teoria e a de J. Stuart Mill. Mais tarde voltaremos a isto. Verdade é apenas que também Stuart Mill discutiu a categoria da possibilidade objetiva e formulou ocasionalmente o conceito de "causação adequada" (veja-se *Werke* (Obras), edição alemã sob a responsabilidade de T. Gomperz, v. III, p. 262).

te, da mesma estrutura lógica que a da causalidade histórica. Pois, da mesma maneira que a História, também os problemas das relações sociais práticas dos homens entre si, e especialmente o sistema jurídico, são orientados "antropocentricamente", isto é, perguntam pela significação causal das "ações" humanas. E da mesma maneira como no caso da pergunta pelo condicionamento causal de um resultado concreto que, eventualmente, seja suscetível a uma sanção penal, ou cujos prejuízos requerem uma indenização civil, o problema da causalidade do historiador dirige-se sempre à imputação de resultados concretos a causas concretas e, certamente que não ao exame de "legalidades" abstratas. Mas é bastante evidente que a jurisprudência, em especial a criminalística, se afasta do procedimento comum por causa da especificidade dos seus problemas e por causa de uma outra pergunta que se acrescenta à primeira: se e quando, a imputação objetiva, ou puramente causal, de um resultado à ação de um indivíduo, é suficientemente para qualificar tal resultado como "culpa" subjetiva. Pois, na realidade, esta pergunta não é um problema exclusivamente causal que pode ser resolvido através da mera comprovação "objetiva", através da percepção e da interpretação causal de fatos que deveriam ser verificados, mas é um problema da política criminalística que se em valores éticos e em outros valores. Pois, *a priori* é possível, e frequentemente é até hoje a regra, que o sentido das normas jurídicas aqui tenha sido expresso explicitamente, elaborado pela interpretação, dá-se no sentido de que a existência de uma "culpa" no que tange a uma norma jurídica respectiva, deve depender sobretudo de certas condições subjetivas abusivas ao autor ator (intenção, "capacidade de previsão" subjetiva de resultado) e, dependendo de tudo isso, é possível que se modifique de maneira considerável o significado da diferença categorial do modo das conexões causais.[35] Mas, realmente, nas etapas iniciais da discussão

35. O moderno direito se refere ao agente, não à ação (veja-se Radbruch, op. cit., p. 62) e pergunta pela "culpa" subjetiva, enquanto a História, na medida em que pretende continuar a ser uma ciência empírica, se interessa ou pergunta pelos fundamentos "objetivos" de processos concretos e pelas "consequências" de fatos concretos, e não pretende fazer justiça (no sentido jurídico) ao "agente". A crítica de Radbruch, feita a von Kries baseia-se inteiramente, e com justiça, naquele princípio básico do direito moderno — não de qualquer. Por isso, ele próprio admite a validade da doutrina de Von Kries, nos casos dos assim chamados "delitos de sucesso" (*Erfolgsdelikte*) (p. 65), da compensação por uma "possibilidade abstrata de produzir efeitos"

esta diferença com referência à finalidade da investigação não tem muita importância. Em primeiro lugar, perguntamos, bem de acordo com a teoria jurídica: como é possível, de maneira geral, e em princípio, a imputação de um "resultado" concreto a uma "causa" singular, e como deve ser feita esta imputação, tendo em vista que sempre uma infinitude de momentos causais condicionaram o "surgimento" de um "processo" singular e levando-se ainda em consideração que, no que diz respeito ao surgimento deste resultado na sua configuração concreta, poderia afirmar-se que todos aqueles momentos causais singulares foram imprescindíveis?

A possibilidade de uma seleção entre a infinitude dos elementos determinantes está condicionada, antes de tudo, pelo tipo do nosso interesse histórico. Quando se afirma que a história deve compreender de maneira causal a realidade concreta de um "acontecimento" na sua individualidade, obviamente não se pretende dizer com isso, como já vimos, que ela deve explicar causalmente e "reproduzir", por completo, a totalidade das suas qualidades individuais: esta seria uma tarefa não apenas impossível, de fato, mas, também, absurda, em princípio. À história interessa exclusivamente a explicação causal daqueles "elementos" e "aspectos" do respectivo acontecimento que, sob determinados pontos de vista, adquirem uma "significação geral" e por causa disso, um interesse histórico, da mesma maneira que nas ponderações do juiz não entra em consideração o curso singular total do fato, mas apenas os elementos essenciais para a sua subsunção sob as normas. Nem sequer lhe interessa — prescindindo-se inteiramente da infinitude de particularidades "absolutamente" triviais — nada daquilo que pode ser de interesse para outras abordagens da questão, como, por exemplo, a abordagem histórica, científico-natural e artística: não lhe interessa se a punhalada mortal "trouxe" a morte por causa de fenômenos concomitantes que poderiam interessar muito ao fisiólogo, nem se a posição do morto ou do assassino eventualmente constituiu um objeto apropriado para uma representação artística, nem se esta morte, eventualmente, ajudou a uma "desafortunada"

---

(p. 71) da compensação por lucro cessante e por incapacidade de imputação, isto é, sempre que uma causalidade "objetiva" intervém (p. 80). A História apresenta a mesma situação lógica destes casos.

(*hintermann*) a "ascender" na hierarquia dos empregos, tornando-se, a partir deste ponto de vista "significativo" para ele, ou se se transformou em motivo de determinadas ordenanças policiais, ou se, até mesmo, deu origem a um conflito internacional, através do qual se mostrou sendo "historicamente significativo". O único que interessa ao juiz é o fato de se a cadeia causal entre a punhalada e a morte está configurada de tal maneira, e a atitude subjetiva do autor e a sua relação com o fato é de maneira tal que seja possível a aplicação de uma determinada norma penal. Por outro lado, no caso da morte de César, por exemplo, não interessam ao historiador os problemas da criminalística nem os problemas médicos que o "caso" poderia apresentar, como tampouco as singularidades do fato, se estes não revelarem algo importante para a "caracterização" de César ou para "caracterizarem" a situação partidário-política concreta de Roma — portanto, como meios de conhecimento — ou para o "efeito político" de sua morte, quer dizer, como "causa real". Ao historiador, diferentemente, interessa apenas a circunstância de que a morte se deu exatamente naquele momento e dentro de uma situação política concreta, discutindo se tal circunstância, eventualmente, teve determinadas "consequências" importantes para o curso da "História Mundial".

Assim como para a questão da imputação causal histórica, da mesma maneira para a imputação causal jurídica está implicada a exclusão de uma infinidade de elementos do fato real, tidos por "causalmente insignificantes", pois, como já vimos, uma circunstância singular é irrelevante não só quando falta toda e qualquer relação com o acontecimento a ser esclarecido (de modo que, se fizéssemos com que ele não existisse, em nada alterar-se-ia o processo real), mas também quando, *in concreto*, os elementos essenciais e os que essencialmente interessam naquele processo, de maneira nenhuma parecem tê-la causado.

O que nós efetivamente queremos saber é o seguinte: por meio de quais operações lógicas conseguimos a compreensão e a sua fundamentação demonstrativa, da existência de uma tal relação causal entre aqueles elementos "essenciais" do resultado e determinados elementos dentro da infinidade de elementos determinantes. Certamente que não pela simples "obervação" do curso dos acontecimentos — pelo menos não, se por isso se entende uma "fotografia" espiritual, "sem pressupostos", dos processos psíquicos e físicos que aconteceram na época e no lugar em questão — supondo ainda que isso fosse possível. Pelo contrário, a imputação se faz na forma de um processo de pensamento que contém uma série de abstrações. Destas, a primeira e a mais decisiva é a que, entre os componentes causais e reais do processo, supomos um componente ou vários componentes modificados num determinado sentido, e nós nos perguntamos se, nas condições do curso dos acontecimentos que foram modificadas desta maneira, seria "possível" esperar o mesmo resultado (nos seus pontos essenciais) ou qual seria o outro a ser esperado. Tomemos um exemplo que tiramos da prática do próprio Eduard Meyer. Ninguém apresentou de maneira tão clara, plástica e nítida como ele, a "relevância" histórica e mundial das Guerras Persas para o desenvolvimento da cultura ocidental. Mas de que maneira se fez isso, logicamente falando? Essencialmente pela exposição que havia de duas possibilidades: por um lado, a possibilidade do desenvolvimento de uma cultura teocrático-religiosa, cujos princípios iniciais se encontram nos mistérios e nos oráculos, sob a égide do protetorado persa que, na medida do possível, usava em todas as situações, como, por exemplo, com referência aos judeus, a religião nacional como instrumento de dominação, e, por outro, o mundo espiritual grego livre, orientado para os valores deste mundo, que nos concedeu aqueles valores culturais dos quais ainda hoje vivemos. A "decisão" entre estas duas possibilidades deu-se num embate com dimensões tão ínfimas como a "Batalha de Maratana" que, indiscutivelmentte, representou o "pré-requisito indispensável" para o surgimento da frota ática e, portanto, para o sucesso posterior da guerra da libertação e da salvação da independência da cultura helênica, assim como também para o estímulo positivo ao início da historiografia especificamente ocidental e ao pleno desenvolvimento do drama e de toda aquela singular vida espiritual que se deu neste cenário da história mundial que — fosse medida apenas quantitativamente — deu-se num palco muito pequeno.

Evidentemente, a única razão por que nós, que não somos atenienses, fixamos o nosso interesse histórico naquela batalha, consiste no fato de que ela "decidiu" entre aquelas "possibilidades" ou, pelo menos, teve enorme influência sobre elas. Sem avaliar tais "possibilidades" e os insubstituíveis valores culturais que, para a nossa reflexão retrospectiva, "dependeram" daquela decisão, não seria possível estabelecer a sua "significação", e, neste caso, não haveria motivo para não equipará-la a uma rixa entre duas tribos de cafres ou de índios americanos e tomar a série e aceitar real — e verdadeiramente os "absurdos" "ideias fundamentais" da "História Mundial" de Helmolt como se fez nesta "moderna Enciclopédia".[36] Portanto, não há fundamento lógico nenhum quando historiadores modernos, logo que se veem na obrigação, por causa do objeto em questão, de delimitar a "significação" de um acontecimento concreto através de uma reflexão e exposição explícitas sobre as "possibilidades" do desenvolvimento, e, por causa disso, costumam desculpar-se por haver utilizado esta categoria aparentemente antideterminista. Por exemplo, quando K. Hampe, logo depois de realizar no seu *Konradin* uma exposição altamente ilustrativa da "significação" histórica da batalha de Tagliacozzo através da ponderação das diversas "possibilidades" entre as quais ela apresentou "uma decisão" que foi puramente acidental, quer dizer, decidida por procedimentos táticos totalmente individuais, acrescenta inesperadamente: "mas a história não conhece possibilidades" — temos, então, que responder a esta observação: "o suceder histórico que é pensado "de maneira objetivada" sob pressupostos deterministas não as "conhece", porque nem conhece, genericamente falando, "conceitos"; mas a "História" os conhece sempre na medida em que pretende ser uma "ciência". Em cada uma das linhas de qualquer exposição histórica e até mesmo em cada seleção de materiais de arquivos e de documentos para a publicação, estão incluídos "juízos de valor" ou melhor "possíveis juízos de valor" ou, para dizê-lo de maneira diferente, "deve haver tais juízos de valor" se a publicação pretende dispor de um "valor cognoscitivo".

Porém o que significa realmente falarmos de várias "possibilidades" entre as quais levaram a uma "decisão" daquelas lutas e batalhas? Num primeiro momento significa que se fez uma "criação" — digamo-lo

---

36. É óbvio que este juízo não se aplica aos ensaios que fazem parte desta obra, entre os quais há excelentes artigos, mesmo que, no que diz respeito à "metodologia", já estejam bastante ultrapassados. A ideia de uma espécie de justiça "político-social", entretanto, que pretendesse considerar na História, os índios e os cafres tratados com desdém como sendo pelo menos tão importantes — finalmente, finalmente(!) — para a História como, por exemplo, os atenienses, e que, para se fazer claramente esta justiça, procedesse a um ordenamento geográfico das fontes, seria certamente infantil.

tranquilamente — de modelos imaginários pela eliminação de um ou de vários elementos da "realidade" que existiram efetivamente e mediante a construção mental de um curso de acontecimentos que foi modificado em relação a uma ou várias "condições". Portanto, já o primeiro passo em direção ao juízo histórico — e nisto queremos insistir aqui — é um processo de abstração que se dá através da análise e do isolamento conceitual dos componentes do imediatamente dado — que é concebido, precisamente, como um complexo de relações causais possíveis — e que deve desembocar numa síntese da conexão causal "efetivamente real". Já este primeiro passo transforma, aliás, a "realidade" dada, para transformá-la em "fato" histórico, numa ideia mental, ou, para dizê-lo com Goethe: no "fato" sempre já está incluída uma "teoria".

Mas, consideremos agora estes "juízos de possibilidade" — isto é, as afirmações sobre o que aconteceria no caso de haver a eliminação ou a modificação de determinadas condições — mais precisamente perguntamos, num primeiro momento, de que maneira podemos chegar, de modo propriamente dito, a eles? Não pode haver dúvida nenhuma de que, em todos estes casos, se se procede mediante isolamento e generalização; isto significa que decompomos o "dado" nos seus "elementos" até que cada um destes possa ser incluído numa "regra de experiência", e, portanto, possa ser constatado qual resultado era o "esperado" de cada um, considerado "isoladamente" segundo uma "regra de experiência", e dada a presença de outras condições. Portanto, o "juízo de possibilidade", no sentido em que nós o usamos, sempre significa, pois, a referência a regras de experiência. A categoria de "possibilidade", consequentemente, não se usa aqui na sua forma negativa, ou seja, no sentido de que expressa o nosso "não saber" ou o nosso "saber incompleto" em oposição ao juízo assertórico ou apodíctico; pelo contrário, ela implica a referência a um saber positivo sobre as "regras do acontecer" e, portanto, como se costuma dizer, com referência ao nosso "conhecimento nomológico".

Se, à pergunta sobre se um determinado trem já passou por uma determinada estação, alguém responde: "é possível", esta afirmação significa que a pessoa perguntada não conhece, subjetivamente falando, um fato que possa excluir esta suposição, mas também que não está com condições de afirmar que "a afirmação seja correta", portanto, diz apenas que "não sabe". Mas, quando Eduard Meyer julga que na Elíade em Hellas isso teria sido possível, ou que teria sido possível em determinadas condições na época da Batalha de Maratona, ou talvez "provável, em determinadas condições, um desenvolvimento teocrático-religioso, isto significa apenas a afirmação de que certos elementos do dado estavam presentes na História, objetivamente, isto é, suscetíveis a uma comprovação objetivamente válida — isto significa que: são objetivamente suscetíveis a uma comprovação objetivamente válida elementos que, se eliminamos mentalmente da batalha de Maratona (e, obviamente, também um grande número de partes desta mesma batalha), ou, imaginamos que ela tem passado de outra maneira, resultariam certamente em elementos condutores (para usar de uma vez uma expressão usual na criminalística) para produzir tal desenvolvimento de acordo com regras universais da experiência. O "saber" em que se baseia este juízo para fundamentar "a significação" da Batalha de Maratona é, de acordo com tudo o que foi explicado, por um lado, o conhecimento de determinados fatos que pertencem à situação histórica em questão e que são demonstráveis com referência às "fontes" (saber "ontológico"), e, por outro lado, como já vimos, conhecimento de determinadas regras do conhecimento empírico, particularmente referentes à maneira como os homens habitualmente costumam reagir frente a determinadas situações dadas (saber "nomológico"). A validade destas "regras de experiência" é assunto que será tratado mais adiante. Em todo o caso podemos afirmar como certo que Eduard Meyer, para demonstrar a sua tese decisiva sobre a significação da Batalha de Maratona, deveria, no caso em que esta for questionada, decompor aquela "situação" em seus componentes, para que a nossa "fantasia" ou "imaginação" pudesse aplicar este saber "nomológico" extraído da própria práxis vital e do conhecimento sobre a maneira como se comportam os outros homens, julgando positivamente o sentido da ação recíproca daqueles fatos — sob as condições imaginadas e modificadas de certo modo — que "puderam" produzir o resultado cuja "possibilidade objetiva" se afirma. Isto significa somente que, se "pensássemos" tal fato como realmente acontecido, reconheceríamos aqueles fatos concebidos como sendo modificados daquele modo, como "causas suficientes".

A formulação deste simples estado de coisas, que por muitos motivos foi feita de maneira prolixa, mostra que a formulação da conexão causal histórica não somente se serve, unicamente, da abstração nas suas duas vertentes — do isolamento e da generalização —, mas que o juízo histórico mais simples sobre a "significação" histórica de um "fato concreto", longe de se constituir num mero e simples registro do "previamente dado", representa, sobretudo, não somente uma formação conceitual categorialmente constituída, mas, de fato, recebe a sua validade quando juntamos à "realidade dada" todo o repertório do nosso saber empírico e "nomológico".

O historiador arguirá contra tudo isso,[37] que o decurso factual do trabalho histórico e o conteúdo factual da exposição histórica são coisas diferentes. O "tato" ou a "intuição" do historiador, e não generalizações e reflexões sobre as "regras" são os que descobrem nexos causais: a diferença para com as ciências naturais consiste exatamente no fato de que o historiador se ocupa com a explicação de processos e de personalidades, que seriam "interpretados" e "compreendidos" imediatamente por analogia com o nosso próprio ser espiritual; e, na exposição do historiador, é sobretudo o "tato" e a plasticidade do seu relato que permitem ao "leitor" "reviver" o exposto à semelhança do que o próprio historiador intuitivamente "experimentou" numa "vivência", mas não resultando de sutilezas de raciocínio. Mais ainda, argumentar-se-ia que seria muito incerto, e muitas vezes impossível, alcançar aquele juízo de possibilidade objetiva sobre o que deveria ter acontecido, segundo as regras universais da experiência, se se imaginasse que um componente causal singular estivesse ausente ou modificado, sendo que o fundamento desta "imputação" histórica está exposta, permanentemente e de fato, ao fracasso, e, em consequência, não pode ser um elemento constitutivo para o valor lógico do conhecimento histórico. Em argumentos desta natureza há muita confusão: o processo lógico do surgimento de um conhecimento científico e a forma de apresentação do "conhecido" no que se refere à forma "artística" escolhida tem em mira por um lado a

37. Para uma explicação mais detalhada sobre aquilo que aqui se afirma veja-se as minhas considerações contidas em *Roscher und Knies und die logischen Probleme der historischen Nationalökonomie* (Roscher e Knies e os problemas lógicos da Economia Política Histórica).

influência psicológica sobre o leitor, e, por outro, a estrutura lógica do conhecimento.

Ranke adivinhou o passado e também no que diz respeito aos programas de historiadores da mesma importância, a situação não é muito boa, na medida em que ele não possui este dom da "intuição": neste caso, ele não seria apenas um tipo de burocrata subalterno da História. Mas com os conhecimentos realmente grandes da matemática e da ciência natural, a situação não é outra,: todos eles se apresentam com uma imaginação "brilhante", "súbita" e "intuitiva", "imaginação" e "intuição" como "hipóteses" que logo, em seguida, devem passar pela prova da "verificação factual", isto é, que são investigadas com referência a sua validade através da aplicação do conhecimento empírico já existente e de acordo com a sua consistência lógica. Exatamente o mesmo ocorre na História: realmente, se afirmamos que o conhecimento do "essencial" está ligado ao emprego do conceito da possibilidade objetiva, não queremos afirmar nada sobre a questão psicologicamente interessante mas da qual não nos ocupamos aqui: como é que surge uma hipótese histórica na mente do pesquisador, mas somente com referência à questão em que categoria lógica em caso de dúvida e de questionamento é possível demonstrar a validade de tal hipótese pois isso determina a sua estrutura lógica. E quando, de acordo com a forma de sua exposição, o historiador transmite ao leitor o resultado lógico do seu juízo causal histórico sem explicitar os fundamentos cognoscitivos, sugerindo-lhe o decurso dos fatos, em vez de raciocinar "pedanticamente", a sua representação será um romance histórico, não uma comprovação científica, se falta o esqueleto firme da imputação causal por trás da apresentação artística externamente bem modelada. É este esqueleto, exatamente, que interessa para o árido modo de consideração da lógica, pois também a exposição histórica exige "validade" como "verdade" e esta "validade" diz respeito àquele importantíssimo aspecto, o único que consideramos até agora, qual seja, o regresso causal que apenas pode alcançar tal validade se, em caso de questionamento, saiu honrosa da prova daquele isolamento e daquela generalização dos componentes causais singulares, pela aplicação da categoria da possibilidade objetiva e pela imputação causal possibilitada desta maneira.

Sem dúvida, é óbvio que a análise causal de uma ação pessoal não se faz da mesma maneira do ponto de vista lógico, como o desenvolvimento causal da "significação" histórica da Batalha de Maratona através do isolamento, da generalização e da construção de juízos de possibilidade. Tomemos um caso limite: a análise conceitual de nossa própria ação com referência à qual o pensamento não treinado em lógica tende a pensar que não apresenta nenhuns problemas "lógicos" pois é dada imediatamente na vivência e — supondo a "saúde" mental — seria "compreensível" sem problemas, podendo, por isso mesmo, ser "reproduzida" na memória, naturalmente. Considerações muito simples mostram que a situação não é bem assim e que a resposta "válida" à pergunta "porque agi deste modo?" representa uma formação categorialmente construída que pode ser elevada à esfera de um juízo demonstrável somente através do emprego de abstrações — embora neste caso, obviamente, a "demonstração" é feita perante o foro íntimo do próprio "agente".

Suponhamos que uma jovem mãe muito impulsiva se aborreça em face de certas rebeldias de seu filho e que, como boa alemã, lhe dê uns bons tapas, desconhecendo a teoria daquelas lindas palavras de Guilherme Busch, "superficial é o tapa, pois só a força do espírito penetra na alma". Suponhamos ainda que, eventualmente, ela seja "pela palidez do pensamento" suficientemente afetada para, em seguida, "meditar" durante alguns segundos, seja sobre "a conveniência pedagógica", seja sobre a "justiça" ou, pelo menos, "o seu desperdício de forças". Melhor ainda, suponhamos que o choro da criança desperte no *pater familias* que, como alemão, está convicto de sua superioridade em todas as coisas e, portanto, também na educação dos filhos, a necessidade de dirigir à mãe repreensões do ponto de vista "teleológico" — então, é bem provável que a mãe faça uma ponderação e insista na desculpa de que, se naquele momento e seu estado psíquico não tivesse sido "alterado", digamos, por causa de uma discussão com a cozinheira, aquele meio pedagógico não teria sido aplicado, ou não teria sido usado daquele modo, dispondo-se a convencer o marido de "que ele sabe muito bem que ela normalmente não procede assim". Com isso, ela o remete ao seu "saber da experiência", sobre os seus "motivos constantes" que, na maioria de todas as constelações possíveis, teria produzido um outro efeito menos irracional. Em outras palavras, ela reivindica que aquela bofetada foi, no que diz respeito a si mesma, uma reação "acidental" e "não adequada" em face do comportamento do filho, para usar uma terminologia que, logo em seguida, será explicada melhor.

Já este diálogo entre o casal, portanto, era suficiente para converter em "objeto" categorialmente construído aquela "vivência" e mesmo que a jovem mulher ficasse, por assim dizer, surpresa, se por acaso um lógico lhe explicasse que ela havia aplicado uma "imputação causal" semelhante à do historiador e que, em função disso, ela formulou um "juízo de possibilidade objetiva", operando com a respectiva categoria de "causação adequada" (que será abordada por nós logo a seguir), sua surpresa seria provavelmente a mesma que a daquele filisteu na obra de Molière, que, para grata surpresa sua, fica sabendo que ele, durante toda a sua vida, teria falado em prosa sem sabê-lo. Perante o foro da lógica as coisas são assim mesmo. Nunca, em parte alguma, o conhecimento conceitual da própria vivência é uma "efetiva revivência" ou uma simples "fotografia" do vivenciado, pois "a vivência" converte-se em "objeto", adquire sempre perspectivas e conexões que na própria "vivência" não são "conscientes". Neste sentido, a representação de uma ação passada, própria da reflexão, de maneira alguma procede de modo diferente da representação de um "processo natural" passado e concreto, que foi "objeto de uma vivência", relatada por mim mesmo ou por outras pessoas. Não será certamente necessário fazer mais comentários, através de exemplos complexos, sobre a validade universal desta proposição[38] e

38. Consideremos aqui brevemente outro exemplo que foi analisado por K. Vossler (op. cit., p. 101 e ss.) a fim de ilustrar a impossibilidade da formação de "leis". Ele menciona certas curiosidades linguísticas da sua família, "uma ilha de língua italiana no mar da língua alemã", que foram criadas e formadas por seus filhos e imitadas pelos pais nas conversas com os filhos e que remontam na sua origem a motivos muito concretos e que se apresentam com toda a clareza na memória. Então ele pergunta: "o que pretende explicar, nos casos de desenvolvimento linguístico, a psicologia dos povos?" (e poderíamos acrescentar, bem à maneira de Vossler, qualquer "ciência de leis"?) O processo, considerado em si, é satisfatoriamente *prima facie*, explicado nos próprios fatos, mas isso não significa que não possa ser objeto de uma elaboração posterior. Em primeiro lugar, a circunstância de que aqui a relação causal pode ser comprovada de maneira bem determinada, poderia (pelo pensamento, pois isto é a única coisa que aqui nos interessa) ser utilizado como meio heurístico a fim de comprovar se a mesma relação causal encontra-se com probabilidade em outros processos de evolução linguística. Mas isto exigirá, considerado do ponto de vista lógico, a subsunção do caso concreto em uma regra geral. O próprio Vossler formulou, mais tarde, esta regra: "as formas que são usadas com maior frequência atraem as mais raras". Mas isso ainda não é o suficiente. A explicação causal do caso mencionado é, como dissemos, *prima facie*, suficiente. Mas não podemos esquecer que qualquer conexão causal individual,

comprovar expressamente que, na análise de uma decisão tomada por Napoleão ou por Bismarck, procedemos precisamente da mesma maneira como a mãe alemã do exemplo. O fato de que o "aspecto interior" da ação a ser analisada é dado na própria recordação, enquanto a ação de um terceiro tem que ser "interpretada" de "fora" constitui apenas, contra o preconceito ingênuo, uma diferença de grau com referência à acessibilidade e ao caráter mais ou menos completo do "material". É assim que, quando encontramos a "personalidade" de um homem "complicado" e difícil de interpretar, quase sempre temos a tendência de acreditar que ele mesmo, se tivesse vontade sincera, deveria estar em condições de nos oferecer sobre ele mesmo informações decisivas. Não analisamos aqui em detalhes por isso não é assim e porque, muitas vezes, ocorre exatamente o contrário.

---

o mais simples aparentemente, pode ser dividida e decomposta até o infinito, e o ponto em que nós paramos depende apenas e em cada caso dos limites do nosso interesse causal. No caso em questão não é expresso de modo nenhum o fato de nossa necessidade de explicação causal dever contentar-se com a indicação "do fenômeno" do modo como se deu "efetivamente". Uma observação precisa, talvez, poderia nos ensinar, possivelmente, que aquela "atração" que condicionava as modificações linguísticas dos filhos e a imitação por parte dos pais destas criações linguísticas infantis se produziu em graus distintos para as diversas formas lexicais, e, consequentemente, poder-se-ia perguntar se não seria possível afirmar alguma coisa sobre o fato porque determinada forma se apresenta com maior frequência ou não aparece. Neste caso, a nossa necessidade de explicação causal só seria satisfeita quando as condições deste "apresentar-se" fossem formuladas na forma de regras e, no caso concreto, fosse "explicado" que ele se originou de uma constelação particular que, por sua vez, teve sua origem numa ação conjunta ou numa cooperação de tais regras sob condições concretas. Com isso, o próprio Vossler teria instalado na própria casa esta mania de busca de isolamento, generalização e leis. E, mais ainda, por sua própria culpa. Pois a sua concepção geral, ou seja, a afirmação "a analogia é uma forma de força psíquica" indiscutivelmente leva a outra pergunta, ou seja, à de se não é possível perceber algo e expressar algo puramente genérico sobre as condições "psíquicas" de tais "relações de força psíquica"; neste primeiro momento — pelo menos nessa formulação — aparece a suposta inimiga número um de Vossler: "a psicologia". Se nos contentarmos, neste caso concreto, com a simples exposição da origem concreta, a razão para isso pode advir de duas possibilidades: ou aquelas "regras", que uma posterior análise eventualmente possa estabelecer, no caso concreto, não nos ofereceriam, cientificamente falando, nenhuma nova compreensão — isto é, o acontecimento concreto não tem significação como "meio de conhecimento" —, ou o acontecimento mesmo, por ter influência apenas num âmbito muito restrito, não tem alcance universal para o desenvolvimento da linguagem, e, por conseguinte, também não tem "significação" como "causa real". Portanto, apenas os limites do nosso interesse, e não a ausência de sentido lógico, condicionam o fato de que, provavelmente, aquele processo que sucedeu na família Vossler, não seja incluído no problema geral da "formação de conceitos".

Daqui em diante abordaremos, em primeiro lugar, a categoria de "possibilidade objetiva", cuja função analisamos até agora apenas de maneira muito geral, e nos interessaremos sobretudo pela pergunta quanto à modalidade de "validade" dos "juízos de possibilidade". É válida a objeção de que a introdução de "possibilidades" na consideração causal implica, de maneira geral, na renúncia ao conhecimento causal, e que, de fato — apesar de tudo aquilo que afirmamos sobre o fundamento "objetivo" dos juízos de possibilidade — posto que o estabelecimento do processo "possível" deva ser deixado sempre para a "imaginação", o reconhecimento desta categoria implicava precisamente na confissão de que na "historiografia" as portas sempre estariam abertas para o capricho subjetivo e que ela, exatamente por causa disto, não é uma ciência? Realmente: o que "teria" acontecido se pensa como modificado num certo sentido um determinado momento, em relação, obviamente, com as demais condições? Esta pergunta, realmente, não pode ser respondida detalhadamente a partir de regras universais de experiência, mesmo que houvesse uma situação "ideal" no que diz respeito à quantidade de materiais proporcionados pelas fontes.[39] Mas isso também não é absolutamente necessário. O exame da significação causal de um fato deverá começar com esta pergunta: se, eliminando do fato o complexo dos fatores que são considerados como codeterminantes, ou, modificando, num determinado sentido, o curso dos acontecimentos, de acordo com as regras universais de experiência, teria tomado um rumo diferente, qualquer que fosse a sua direção, em pontos que para nós são de interesse decisivo, pois somente consideramos "interessantes" aqueles aspectos do fenômeno que para nós são afetados pelos elementos singulares e codeterminantes. E, mesmo que também para esta pergunta essencialmente negativa, não seja possível conseguir um correspondente "juízo de possibilidade objetiva", se — o que quer dizer a mesma coisa — de acordo com o estado de nosso conhecimento, e cursos do devir nos pontos "historicamente importantes", quer dizer, nos pontos que nos interessam, suposto que se tinha a eliminação ou a modificação daquele fato, teria pois sido o mesmo que de fato resultou, de acordo com o que deveria "ser esperado" conforme as regras universais de experiência, então

39. A tentativa de construir positivamente aquilo que "poderia" ter acontecido, pode, quando feita, levar a resultados monstruosos.

aquele fato não tem efetivamente nenhuma significação acausal e, de maneira alguma, pertence à cadeia causal que o regresso causal da História quer e deve reconstruir.

Os dois disparos em Berlim na noite de março pertencem, aproximadamente, segundo a opinião de Eduard Meyer, a esta categoria — em sua totalidade talvez não exatamente por causa do fato de que, segundo a sua concepção, pelo menos o estado revolucionário estava codeterminado por este no que diz respeito ao momento em que se deu, e um momento posterior, poderia ter implicado também num outro curso dos acontecimentos.

Mas mesmo assim se, de acordo com o nosso conhecimento de experiência, cabe supor que, um certo aspecto, com relação aos pontos importantes, concernente à consideração concreta, reveste-se de relevância causal o juízo de possibilidade objetiva que exprime esta relevância admite toda uma escala de graus de certeza. A opinião de Eduard Meyer de que a "decisão" de Bismarck "provocou" a Guerra de 1866 inclui a afirmação de que, excluindo esta decisão, os outros determinantes existentes fariam com que, num grau muito elevado de "possibilidade objetiva" (nos seus pontos essenciais), acontecesse um desenvolvimento diferente — como, por exemplo, o fim do tratado entre a Prússia e a Itália, a rendição pacífica de Veneza, a coalizão entre a Áustria e a França — ou uma mudança significativa da situação política e militar, efetivamente, teria feito com que Napoleão tivesse sido o "senhor da situação". O juízo de "possibilidade objetiva" admite pois por essência graus, e, apoiando-se em princípios que são empregados na análise lógica do "cálculo de probabilidade", é possível representar mentalmente a relação lógica, concebendo aqueles componentes causais, a cujo resultado "possível" se refere o juízo, como isolados e opostos a todas as demais condições, das quais, de maneira geral, podemos supor que mantêm com eles uma ação recíproca. E perguntando-se de que modo o círculo de todas essas condições, mediante cujo "entrar" esses componentes causais pensados como isolados fizeram com que se desse realmente aquele "possível" resultado, se relaciona com o círculo de todas aquelas condições mediante cujo "entrar" não o tivessem "de acordo com a previsão" realmente provocado. Naturalmente, não obtemos de maneira alguma, através desta operação, uma relação entre ambas as "possibilidades" que fosse calculável numericamente. Isso só seria possível no âmbito do "acaso absoluto" (no sentido lógico), isto nos casos em que — como, por exemplo, no jogo de dados ou na extração de bolas de cores diferentes de uma urna que sempre contém a mesma combinação numérica —, foram determinados de tal maneira, na sua possibilidade, por aquelas condições constantes e unívocas (constituição dos dados, distribuição das bolas), que todas as outras circunstâncias imagináveis não tivessem nenhuma relação causal com aquelas "possibilidades" que possa ser expressa numa proposição geral de experiência. O modo como eu pego o copo de dados e o modo como eu o agito antes de jogá-lo, constitui, sem dúvida, um componente absolutamente determinante do número de pontos que *in concreto* consigo, mas, apesar de todas as superstições do "jogador", não existe possibilidade nenhuma de conceber nem sequer uma proposição de experiência que expresse que uma determinada maneira de executar esses atos "seria apropriada" para fornecer a sorte de determinada quantidade de pontos. Tal causalidade, consequentemente, é absolutamente "acidental", isto é, somos autorizados a afirmar que a maneira física de jogar os dados não influi, de "maneira geral", nas possibilidades de se obter como "chance" um determinado número de pontos: para cada uma dessas maneiras, as possibilidades de que qualquer um dos seis lados caia são para nós totalmente "iguais". Pelo contrário, existe uma proporção de experiência geral segundo a qual se afirma que, se o centro de gravidade dos dados se encontra deslocado, um dos lados deste dado "carregado" é "favorecido" quaisquer que sejam os outros determinantes concretos, e seria possível expressar numericamente o grau deste "favorecimento", da "possibilidade objetiva", através de uma repetição suficientemente elevada de jogar dados. Apesar da advertência que se costuma fazer, com todo o direito, contra a transposição dos princípios do cálculo de probabilidade a outros setores, é claro que este último caso apresenta analogias no âmbito de qualquer causalidade concreta, com a única diferença de que aqui falta por completo a determinação numérica que pressupõe, em primeiro lugar, o "azar absoluto", e, em segundo, determinados aspectos ou resultados numericamente mensuráveis como objeto único de interesse. Apesar desta falta, podemos, sem dúvida, não somente formular juízos de validade geral sobre o caso de que determinadas situações favorecem um tipo de reação igual a certas características da parte dos homens que se defrontam com elas, e isso em menor ou maior grau, e, obviamente, também estamos em condições, quando formulamos uma proposição deste tipo, de assinalar uma enorme massa de circunstâncias que, possivelmente, pudessem se juntar e que não alterariam, de maneira geral, aquele "favorecimento"; e, por fim, avaliar o grau de favorecimento de certo resultado por parte de determinadas "condições", não de maneira unívoca nem conforme o tipo de cálculo de probabilidade: mas ponderar, por comparação, a maneira em que outras condições, imaginadas como sendo modificadas, "poderiam" "favorecer" tal resultado, o "grau" relativo daquele favorecimento geral, e, uma vez realizada exaustivamente na "imaginação" esta comparação, através de modificações concebíveis dos elementos em número suficiente, será possível pensar ou imaginar que se alcança um grau de certeza cada vez maior com referência a um juízo sobre a possibilidade objetiva, pelo menos em princípio — e é esta a única questão que aqui nos interessa. Não somente na vida cotidiana, como também e especialmente na História, aplicamos continuadamente tais juízos sobre o "grau" de "favorecimento", já que sem esse, seria francamente impossível distinguir entre o "importante" e o "insignificante" a partir do ponto de vista causal. Também Eduard Meyer os utilizou, naturalmente, na sua obra que aqui estamos comentando. Se aqueles dois disparos, já tantas vezes mencionados, foram causalmente "inessenciais" porque "qualquer acidente" — conforme a opinião de Eduard Meyer que, neste aspecto não criticamos, no que diz respeito aos fatos — "deveria provocar o estalo do conflito", isto significa que, na constelação histórica dada, podemos isolar conceitualmente determinadas "condições" que teriam provocado aquele efeito, levando ainda em consideração que havia um número imenso de outras condições que poderiam se juntar às primeiras, ao passo que o círculo de tais momentos causais imagináveis, se se as juntasse às outras com relação aos "pontos decisivos" apresentar-se-nos-ia como sendo relativamente limitado. Não acreditamos que este efeito foi realmente nulo, o que é a opinião de Eduard Meyer apesar da expressão usada por ele, "devia ser nulo", dado que este mesmo autor insiste com tanta força no caráter irracional do histórico.

Para nos atermos ao uso terminológico dos teóricos da causalidade em matéria jurídica, uso estabelecido desde os trabalhos de von Kries, denominamos de "causação adequada" os casos que correspondem a um tipo lógico no último termo e que se referem à relação de determinados complexos de "condições" como um "resultado" efetivo, complexos que foram concebidos como isolados e reunidos para a consideração histórica numa unidade (a "causação adequada" se refere à causação daqueles elementos do resultado através destas condições). E, da mesma maneira como o faz Eduard Meyer — que apenas não formula com clareza este conceito — falaremos de "causação acidental" nos casos em que, no que diz respeito aos elementos do resultado que entram na consideração histórica, foram eficazes certos fatos que provocaram um resultado não "adequado" neste sentido, com relação a um complexo de condições concebido como reunido numa unidade.

Para voltar agora aos exemplos que utilizamos anteriormente, a "significação" da batalha de Maratona poderia ser determinada, conforme a opinião de Eduard Meyer, da seguinte maneira: não que a vitória dos persas devesse ter como consequência um desenvolvimento totalmente diferente da cultura grega e, portanto, da cultura universal — pois um juízo semelhante seria impossível — mas, diferentemente, que um desenvolvimento diverso teria sido a consequência "adequada" daquela vitória. E expressemos agora de maneira logicamente correta a opinião de Eduard Meyer sobre a unificação alemã, que recebeu as objeções de von Below: aquela unificação é a consequência "adequada" de determinados acontecimentos no passado, da mesma maneira como a revolução de março em Berlim pode ser compreendida de acordo com regras gerais de experiência como sendo uma consequência "adequada" de certa situação geral, social e política. Pelo contrário, se fosse possível acreditar que sem aqueles dois disparos feitos às portas do palácio de Berlim teria sido possível evitar uma revolução, segundo regras gerais de experiência e com um grau bastante elevado de probabilidade, pois poderia se demonstrar que os demais elementos não teriam "facilitado" — entendendo-se este termo do modo como foi explicado anteriormente — ou não o teria feito numa medida considerável, segundo regras gerais de experiência, o estouro da revolução, então, falaríamos de "causação" acidental e, neste caso (o que seria sem dúvida meio difícil de admitir), a Revolução de Março deveria ser "imputada" causalmente a estes dois tiros. No exemplo da unificação da Alemanha, portanto, o "acidental" não se contrapõe, como supunha von Below", ao "necessário" mas, diferentemente, ao "adequado" entendido no sentido que, seguindo a opinião de von Kries, expusemos anteriormente.[40] Temos de deixar bem claro que, no que diz respeito a esta oposição, em momento algum se trata da diferença de causalidade "objetiva" do curso dos processos históricos e das suas relações causais, mas exclusivamente do fato de que nós isolamos, através da abstração, uma parte das "condições" previamente encontradas no "material" dos acontecimentos e a convertemos em objeto de "juízos de possibilidade", com a finalidade de obter deste modo, com a ajuda de regras de experiência, uma compreensão da "significação" causal dos elementos particulares do devir histórico. A fim de conhecer os nexos causais reais, construímos nexos irreais.

Muito frequentemente não se percebeu com clareza que se trata de abstrações que se baseiam em determinadas teorias de especialistas em causalidade jurídica, baseadas nos pontos de vista de J. Stuart Mill e que foram criticadas de maneira convincente no já citado trabalho de von Kries.[41] Seguindo a opinião de Mill, que acreditava que o quociente de probabilidade matemática se referia à relação entre aquelas causas que "provocaram" um determinado resultado e aquelas que o "impediram", causas que existiram objetivamente num determinado momento dado, também Binding supõe que entre as condições que "promovem um resultado" e as que o "impedem" existe objetivamente (em casos particulares) uma relação que é suscetível à expressão numérica ou, pelo menos, pode ser estimada, e que, em certas circunstâncias se encontram num estado de "equilíbrio". O desenvolvimento da causação consiste, precisamente, no fato de que as primeiras ganham mais peso do que as segundas, inclinando o equilíbrio, portanto, para um lado.[42] É evidente que, aqui, o fenômeno da "luta dos motivos" que se apresenta

40. Mais adiante faremos nossas considerações sobre a questão "de que meios" possuímos para apreciar o "grau" de adequação, e qual é o papel desempenhado pelas assim chamadas "analogias" na decomposição dos "complexos de causas" em seus elementos, para o que, certamente, não possuímos objetivamente uma "chave de decomposição" ou "desmembramento". A formulação aqui é, por força maior, provisória.

41. Tenho absoluta consciência da abrangência das ideias aqui apresentadas, que se baseiam totalmente nos escritos e nos pensamentos de von Kries, que, aliás, as formulou de maneira muito mais precisa.

42. Binding, *Die Normen und ihre übertretung* (As normas e sua infração), v. I, p. 41 e ss. e von Kries, op. cit., p. 107.

como vivência imediata no caso do exame das "ações" humanas, foi erigido em base de teoria da causalidade. Sem que interesse qual seja a significação geral que se queira atribuir a esse fenômeno,[43] é bem claro que nenhuma consideração causal rigorosa, e tampouco a-histórica, consequentemente, pode aceitar este "antropomorfismo".[44] A representação das "forças" atuantes e "opostas" é uma imagem espácio-temporal que unicamente pode ser empregada de maneira não enganosa naqueles processos — especialmente nos de tipo mecânico e físico[45] — nos quais, entre os resultados "opostos" no sentido físico, um é provocado por uma força e outro por outra. Não é somente isso que queremos dizer: sobretudo deve ficar claro, de uma vez por todas, que um resultado concreto não pode ser considerado como resultado de uma luta entre algumas causas que a promovem e outras que a impedem, mas é o conjunto de todas as condições a que nos leva o regresso causal a partir de um "resultado", as quais fizeram "entrar em ação recíproca" este modo e não outro. Realmente, para toda a ciência empírica que trabalha causalmente, o advento do resultado não se estabelece num determinado momento, mas está fixado "desde toda a eternidade". Se, portanto, fala de condições que "favorecem" e que "impedem" certo resultado, isto não pode significar que determinadas condições, no caso concreto, tivessem em vão tentado impedir o resultado que, no fim, efetivamente, se concretizou; pelo contrário, essa expressão, única e exclusivamente pode significar que certos elementos da realidade, que precederam no tempo ao resultado, concebidos como isolados, geralmente "favorecem", segundo regras universais de experiência, um resultado do tipo correspondente — o que significa que nós sabemos que na maioria das combinações

---

43. H. Gompertz, *Über die Wahrscheinlichkeit der Willensentscheidung* (Sobre a probabilidade da decisão da vontade), Viena, 1904 e separata de *Sitzungsberichte der Wiener Akademie*, Phil. — Hist. v. 14 (Relatórios das sessões da Academia Vienense). Gompertz fez disso o fundamento de uma teoria fenomenológica da "decisão". Reservamo-nos o direito de não fazer um comentário sobre o valor de sua exposição. De todos os modos, entretanto, parece-nos que a identificação feita por Windelbandt, puramente analítico-conceitual — efetuada intencionalmente para a sua finalidade — do motivo mais forte com aquele em cujo favor no fim e efetivamente a decisão "se inclina" (Über Willens-Freiheit (Sobre o livre-arbítrio), p. 36 e ss.) não constitui o único modo possível de tratar este problema.

44. Com referência a isso, Kistiakowski (op. cit.) tem absoluta razão.

45. Veja-se: von Kries, op. cit., p. 108.

com outras condições, concebidas como "possíveis", aqueles elementos costumam provocar este resultado, ao passo que outros elementos pelo contrário, geralmente não costumam provocá-lo. Trata-se, portanto, de uma abstração "isolante e generalizante", e não da descrição de um processo que ocorreu efetivamente, como por exemplo, em casos que foram mencionados por Eduard Meyer (p. 27), nos quais tudo faz com que as coisas "sejam impelidas" rumo a um determinado sentido. Com efeito, com isso apenas queremos dizer, formulando-se logicamente, de maneira correta, que podemos "conceitualmente" estabelecer e isolar momentos causais, com referência aos quais o resultado esperado deve ser concebido numa relação de adequação, pois são relativamente poucas as combinações destes momentos causais que possam ser representadas e, separados de outros dos quais se "pudesse" esperar, conforme regras gerais de experiência, um resultado diferente. Costumamos falar, nos casos em que de acordo com a nossa "concepção" as coisas realmente são deste modo descrito por Eduard Meyer, com aquelas palavras, quais sejam, da existência de uma "tendência de desenvolvimento".[46]

Também o emprego de imagens como "forças impulsoras", ou, no sentido inverso, de "forças que impedem" um determinado desenvolvimento — por exemplo, o desenvolvimento do "capitalismo" — e a versão que diz que num caso concreto uma determinada "regra" da conexão causal é "suspensa" ou "cancelada" por causa de determinadas concatenações causais, ou para usar uma expressão mais imprecisa ainda, que uma "lei" seja "suspensa" ou "cancelada" por outra "lei" — todas essas considerações estão fora de qualquer problemática sempre que, e na medida em que se tenha consciência do seu caráter conceitual; sempre que se tenha presente, portanto, que elas se baseiam na abstração de certos elementos da concatenação causal real e na generalização conceitual das demais na forma de juízos de possibilidade objetiva e no emprego destes com vistas à ordenação do devir para a conexão causal de uma determinada articulação.[47] Mas não nos é suficiente, neste caso, que

46. A inelegância da expressão em nada prejudica a existência da situação lógica.

47. Somente quando se esquece isso — o que, aliás, acontece indiscutivelmente muitas vezes — tem fundamento as dúvidas de Kistiakowski (op. cit.) sobre o caráter "metafísico" desta consideração causal.

se admita e que se tenha consciência de que todo o nosso "conhecimento" se relaciona com uma realidade categorialmente construída, e que, portanto, a "causalidade", por exemplo, é uma categoria do nosso pensamento. Realmente, a este respeito, o caráter "adequado" da causação apresenta uma problemática própria.[48] Mesmo que neste ensaio, não seja nossa intenção apresentar uma análise exaustiva desta categoria, será entretanto necessário averiguar, pelo menos de maneira sucinta, a fim de ser bem claro e de tornar compreensível a natureza estritamente relativa e condicionada pela finalidade cognoscitiva concreta em cada caso da oposição entre "causação adequada" e "causação acidental", e ainda fazer compreensível como o conteúdo (que em numerosos casos é absolutamente indefinido), da proposição que está contida num juízo de possibilidade está de acordo com a sua exigência de "validade" e a sua aplicabilidade para a formação de uma série causal histórica.[49]

---

48. Também com referência a isso encontramos comentários e pontos de vista importantes nos escritos de von Kries e de Radbruch.

49. Apresentaremos em seguida outro ensaio (nota do editor alemão).

# IV

# Stammler e a "superação" da concepção materialista da História[1] — 1907



## 1. Notas preliminares

É um empreendimento melindroso o de negar a justificação científica de existência à "segunda edição revista" de um livro que, indis-

---

1. Rudolf Stammler, *Wirtschaft und Recht nach der materialistischen Geschichtsauffassung. Eine sozialphilosophische Untersuchung* (Economia e Direito conforme a concepção materialista da História — Uma investigação sociofilosófica). Segunda edição corrigida, Veit & Co. Leipzig, 1906, 702 páginas.

cutivelmente, exerceu grande influência sobre a análise de questões fundamentais da ciência social, mesmo que esta edição também tenha exercido uma grande influência. Se assim o fazemos, acima de tudo de maneira brutal, faz-se necessário algumas reservas e apresentar uma justificação. De antemão, temos de reconhecer que, na obra de Stammler, está presente, em grau muito elevado, não apenas a informação, o espírito crítico e uma tendência idealista de conhecimento, mas também de "espírito". Porém o monstruoso deste livro consiste, exatamente, na desaprovação que há entre os resultados conseguidos e que podem ser aproveitados, e a imensa ostentação um tanto supérflua dos meios: parece que se deu algo semelhante com o procedimento de um fabricante que utilizou e pôs em movimento todos os recursos e todas as conquistas da tecnologia moderna, um imenso capital e um grande número de forças de trabalho, para, numa fábrica das mais patentes e modernas, produzir apenas "o ar da atmosfera" (em estado gasoso, e não líquido). Reafirmo que o livro indiscutivelmente contém alguns elementos de grande valor, os quais devem satisfazer a todos, e, em lugar apropriado, deveriam ser salientados e, na medida do possível, elucidados. Mas, mesmo se se considerar o seu elevado valor, com relação às desmedidas pretensões do autor, infelizmente, passa a ser de diminuta importância. O seu lugar teria sido melhor, por um lado, numa pesquisa especializada, por exemplo, sobre as relações entre a formação de conceitos jurídicos e econômicos, ou, por outro lado, numa investigação especializada sobre os pressupostos formais de ideais sociais, temas, portanto, que, teriam sido, sem dúvida, continuadamente de utilidade e de interesse, como este livro escrito em estilo exaltado e patético. Seus resultados desaparecem "na mata espessa" de inverdades, de meias-verdades mal formuladas, e por trás das formulações pouco claras se escondem inverdades que estão cheias de conclusões malfeitas e sofismas que transformam a discussão de livre, já por causa de resultado essencialmente negativo, num assunto desagradável, enfadonho e prolixo. Mas mesmo assim, é indispensável a análise de um número relativamente grande de formulações, se quisermos ter uma impressão melhor de pouco ou do nenhum valor destas formulações que Stammler apresenta com a certeza mais desconcertante. Sem dúvida é verdade: *peccatur intra muros et extra*. Sem exceção, é possível encontrar itens nos trabalhos de todos os escritores nos quais o respectivo problema não foi pensado até as últimas consequências, e as formulações são malfeitas, pouco claras ou diretamente falsas. E isto acontece sobretudo no caso de não especialistas em lógica, que se veem na obrigação de apresentar discussões lógicas em nome do interesse objetivo de nossas disciplinas especializadas. É inevitável que, nestes casos, sobretudo com referência a pontos tais que, para o nosso problema concreto, não eram essenciais ou menos essenciais, nestes casos, portanto, é inevitável que a segurança no manejo do aparelho conceitual da lógica especializada logo diminua, com o qual não estamos acostumados pelo uso cotidiano que unicamente poderia garantir aquela segurança. Assim, em primeiro lugar, Stammler pretende falar como "epistemólogo", e, em segundo, trata — como veremos — das partes de sua argumentação que, na sua própria opinião, seriam as principais. Não podemos esquecer que encontramo-nos em face da segunda edição, com referência à qual podemos, com todo o direito, fazer outras exigências que não somente as referentes à primeira. Stammler permitiu a si mesmo nos oferecer uma edição em tal estado, que é exatamente a tal feito que se dirige sobretudo a minha crítica. A minha rejeição absoluta desta segunda edição não se dirige, em primeiro lugar, à sua existência como livro, mas à existência de uma segunda edição em tais condições. Num "primeiro lançamento", como é o caso da primeira edição, lembramo-nos de bom grado da sentença de que é sempre mais fácil criticar um produto do que produzir algo. Mas, numa segunda edição corrigida, sendo que a primeira foi publicada há quase dez anos, exigimos do autor uma autocrítica, e achamos inaceitável que, tratando-se de discussões lógicas, os trabalhos de especialistas em lógica simplesmente nem sequer são mencionados. E, por fim, Stammler diz que seria um representante de "idealismo crítico" e espera que ser reconhecido como verdadeiro discípulo de Kant, seja no que diz respeito à ética, seja com relação à dimensão epistemológica. Não será possível, dentro das discussões que se seguem, fazer ainda mais amplamente considerações sobre os sérios mal-entendidos da teoria de Kant, a qual é evocada por Stammler a seu favor. Mas, em todo o caso, exatamente os seguidores de "idealismo crítico" têm toda a razão de afastar de si os resultados desta obra. Pois a especificidade desta obra é, realmente, apropriada demais para sustentar aquela convicção naturalista, ou seja, a afirmação de que a crítica dos epistemólogos, no dogmatismo naturalista, sempre e somente tenha a opção entre dois modos de demonstração: "ou uma conclusão falsa de grosso calibre, ou uma finíssima captação".

## 2. A exposição de Stammler sobre o materialismo histórico

A obra de Stammler[2] pretende, como repetidas vezes lemos, "superar" cientificamente a "concepção materialista da história". Por causa disso, temos sobretudo e, em primeiro lugar, de perguntar como Stammler reproduz e apresenta esta concepção de história e, em segundo, perceber depois em que momento começa o seu distanciamento em relação a esta. Para perceber ambas as coisas com bastante plasticidade, vale a pena fazer alguns rodeios.

Suponhamos que surgisse um autor no nosso tempo, em que há um interesse cada vez mais forte no alcance dos elementos religiosos para a história cultural, que afirmasse: A História nada mais é do que o processo de lutas e tomadas de posição religiosas da humanidade. Em última análise, são os interesses religiosos e os posicionamentos em face do fenômeno religioso que condicionam "de maneira absoluta" todos os fenômenos da vida cultural, inclusive os fenômenos políticos e econômicos. Todos os acontecimentos e processos, nestes setores, também são, em última análise, reflexos de determinados posicionamentos da humanidade com referência aos problemas religiosos. Eles são, portanto, em última instância, apenas manifestações de forças e ideias religiosas e,

2. A crítica que é apresentada neste ensaio, é, para manter uma certa coerência, de tal modo como se tivessem sido apresentadas, pela primeira vez, as suas considerações e reflexões mais básicas. Obviamente, isto não é correto referente a alguns dos pontos levantados, apesar de que o "entendido no assunto o sabe". De vez em quando referimo-nos também às críticas feitas anteriormente por outros intelectuais.

portanto, de maneira geral, são explicados apenas cientificamente, no momento em que são explicados causalmente a partir destas ideias. Um tal regresso causal, ao mesmo tempo, é a única maneira possível de se apreender todo desenvolvimento "social" conforme leis bem estabelecidas cientificamente e os conceber como uma unidade (final da página 66 e início da página 67), da mesma maneira como o fazem as ciências naturais referente à evolução "natural". Se um representante do "empirismo" objetasse que, indubitavelmente, inúmeros fenômenos concretos da vida política e econômica, manifestamente, não recebem nenhuma influência por motivações religiosas, o nosso "espiritualista" — continuamos a supor — daria a seguinte resposta: Sem dúvida, não há para cada acontecimento singular uma única causa, e encontramos, indiscutivelmente, portanto, na cadeia causal, muitos elementos e motivações que carecem totalmente de uma dimensão religiosa. Mas, é sabido que podemos levar o regresso causal *ad infinitum* e, fazendo isto (p. 67, linha 11) sempre, certamente, em algum lugar, encontraremos uma influência "decisiva" de motivos religiosos sobre a vida humana. Portanto, de acordo com Stammler, todas as outras modificações que havia, de uma ou de outra maneira, tiveram uma influência "decisiva" sobre o comportamento humano. Portanto, todas as outras modificações de conteúdos de vida têm, em última instância, a sua origem no posicionamento em face do fenômeno religioso (p. 31, linha 26) e não têm uma existência real e autônoma (p. 39, linha onze, de baixo para cima), já que são apenas os seus reflexos. Pois, cada modificação das condições religiosas tem como consequência uma correspondente modificação da conduta de vida (p. 24, linha 25) em todos os setores imagináveis. Pois, indiscutivelmente, as últimas forças impulsoras verdadeiras e reais da vida social, bem como — de maneira consciente ou inconsciente — de cada existência humana particular, e conhecendo totalmente a cadeia causal na sua "conexão uniforme", sempre, por fim, se chegará a alcançá-las (p. 67, linha 20). Mas, poderíamos perguntar, como poderia ser diferente? As formas externas políticas e econômicas da vida não existem, obviamente, como mundos fechados e isolados de maneira autônoma na sua própria série causal (p. 26, linha 6 de baixo para cima), mas poderiam ser consideradas apenas como sendo "incompletas" e elaboradas através da abstração do todo da unidade de vida (p. 68, linha 11).

O "bom senso" de nosso representante de "empirismo" talvez fosse inclinado a fazer, no que diz respeito a isso, a seguinte objeção: a de não ser possível, *a priori*, fazer uma afirmação genérica sobre a maneira e a medida do condicionamento de "fenômenos sociais" de espécies diferentes. Talvez fosse possível, pela comparação de casos idênticos ou (aparentemente) semelhantes, elaborar, superando a mera apreensão da medida de condicionamento religioso de fenômenos sociais singulares, regras gerais — mas que esteja bem claro, certamente não de regras sobre o significado causal do "fenômeno religioso" como tal para a "vida social" — isto seria certamente uma problemática vaga e demais deslocada —, mas com referência à relação causal de determinados e bem caracterizados tipos de elementos culturais e religiosos em relação a outros tipos de elementos culturais e religiosos igualmente bem definidos e caracterizados dentro de determinadas constelações histórico-culturais. E o nosso representante "espiritualista", talvez, ainda pudesse acrescentar: os respectivos pontos de vista a partir do quais são rubricados os fenômenos culturais, ou seja, o ponto de vista político, o ponto de vista religioso, o ponto de vista econômico etc. seriam, de maneira consciente, maneiras unilaterais de considerar as coisas que apenas em função da "economia" do trabalho científico são feitas em todas as ocasiões, nas quais, por motivos práticos, forem consideradas como desejáveis. A "totalidade" do desenvolvimento cultural, no sentido científico do termo, ou seja, aquilo que nele se apresenta para nós como "digno de ser conhecido", só poderia ser conhecido cientificamente através de uma integração, através do progresso que vai da "unilateralidade" para a "unilateralidade" da "concepção", mas de maneira nenhuma pela tentativa sem perspectivas de querer representar formações históricas que seriam determinadas e qualificadas, exclusivamente, por particulares e artificialmente singularizados componentes. O regresso causal, neste procedimento, não teria e não levaria a resultado nenhum: se voltasse para os tempos mais remotos da pré-história, sempre seria o destacar dos componentes "religiosos" dentro da totalidade dos fenômenos, e a interrupção do regresso causal, teriam, exatamente neles, a mesma "unilateralidade" como naquele estágio histórico, a partir do qual se iniciou o regresso causal. A limitação da constatação do significado causal de elementos "religiosos" poderia ter, em casos singulares, em termos de heurística, um valor muito significativo; mas, no que diz respeito a isso, unicamente será decidido pelo "sucesso" ou pelos "resultados". Mas a tese do condicionamento da totalidade dos fenômenos culturais, "em última instância", seria unicamente por motivos religiosos uma hipótese, já em si insustentável, e sobretudo não-conciliável com determinados "fatos" comprovados.

Com estes argumentos, até o nosso "bom senso comum" se sairia mal com este nosso "representante espiritualista da história". Ouçamos o que este responderia: "a dúvida de se o elemento religioso, causalmente decisivo, poderia ser reconhecido em todos os casos, de se isto seria importante, deveria questionar como tal a finalidade de um conhecimento 'legal'" (p. 66, linha 11). Mas toda e qualquer consideração científica particular se enquadra nos parâmetros de fundamento da lei causal, e deve, portanto, supor como condição fundamental, a existência de uma conexão global de todos os fenômenos particulares: se esse não for o caso, a afirmação de um conhecimento baseado em "leis" nem teria sentido (p. 67, linha 5 de baixo e página 68 em cima). O postulado da redução explicativa de todos os fenômenos sociais a motivações religiosas nem de longe pretende afirmar que o regresso a estas motivações — são obtidas, efetivamente, sempre ou na maioria das vezes ou como tal (p. 69, linha 8 de baixo para cima). Pois, este procedimento não apenas pretende ser uma mera afirmação de fatos, mas um método (p. 68, linha 6 de baixo para cima), e a repreensão de que tudo isso apenas significaria uma generalização que foi levada longe demais com referência a particulares acontecimentos sócio-históricos, por causa disto, já está errada na sua dimensão "conceitual". Pois aquele postulado não foi o resultado de uma generalização deste tipo, mas *a priori* a partir da pergunta: "com que direito se deve fazer generalizações como esta?" (p. 69, linha 3). A generalização como método para se obter um conhecimento causal pressupõe a existência de um último ponto de vista unitário, que deveria ter a tarefa de apresentar a última unidade fundamental da vida social, pois, sem isto, todo conhecimento causal perder-se-ia no infinito. Aquele postulado, portanto, é um método sistemático para o fato de que maneira de validade universal, os processos concretos da vida social como tais possam ser apreendidos cientificamente (p. 69, linha 12 e ss.), e, portanto, apresenta-se como um princípio formal — fundamental (p. 69, linha 24) da pesquisa social. Mas um método não pode ser "rejeitado" e questionado a partir de fatos históricos, pois, para a questão da validade essencial de tais princípios formais não interessa nem um pouco se a sua aplicação, num caso concreto, é confirmada, pois, muitas vezes, também princípios indubitavelmente de validade universal não satisfazem ao interesse cognoscitivo do ser humano (p. 69, linha 10 de baixo para cima). Aquele princípio fundamental não depende de nenhum conteúdo dos acontecimentos sociais, mesmo no caso em que nenhum fato particular é realmente explicado por este: isto se explica pela dificuldade particular que — o que não precisamos detalhar aqui — (p. 70 no início) — a investigação da vida social dos homens apresenta, quando é feita de acordo com o modo causal de explicação o que, diferentemente, não é o caso da "explicação causal" dos fenômenos naturais. Mas, se, diferentemente, o princípio formal de todo conhecimento causal pode ser aplicado também à vida social, deveria ser suficiente para aquele postulado, e isto não significa apenas a possibilidade de uma redução de toda legalidade social a uma "regularidade fundamental": a dependência do religioso. Portanto, não é possível refutar, com base em fatos, a afirmação de que, em última instância "as forças impulsoras religiosas" condicionam a vida social, e que somente seria possível representar "de maneira científica" esta redução de todos os fenômenos a esta condição de acordo com "leis mecânicas". E ela, tampouco, tem a sua origem numa mera generalização a partir de fatos empíricos (final da p. 68 e início da p. 69). Esta afirmação é uma consequência da natureza do nosso pensamento, na medida em que este tem por finalidade o estabelecimento de leis que deve ser feito por cada procedimento científico que se baseia no princípio da causalidade. Quem, portanto, deseja levantar objeções a esta afirmação, põe em discussão o próprio fim cognoscitivo. Neste caso, a pessoa deve dirigir-se à teoria do conhecimento e fazer a seguinte pergunta: o que é, e o que significa conhecimento de "leis" da vida social? (p. 69, linha 22). Somente quando se questiona o próprio conceito de "conhecimento de leis" podem ser feitas objeções ao mencionado método de um regresso causal de todos os fenômenos sociais a um ponto de vista único e unitário, e, somente desta maneira, pode ser questionada a justificação da afirmação de que, em última instância, todos os fenômenos podem ser explicados a partir de motivos religiosos. "Mas até agora" — o nosso espiritualista em História muito provavelmente ainda não conhece os trabalhos de Stammler — "ainda ninguém procurou fazer isso". Tudo isso não passa de uma discussão vã sobre alguns fatos singulares que não dizem nada sobre o princípio em si (p. 63, linha 2 de baixo para cima).

O que diria o bom senso do nosso "empírico" sobre estas observações? Fico a pensar que se ele é alguém que não deixa facilmente enganar-se, deveria classificá-las como uma ingênua mistificação escolástica e afirmar o seguinte: que é possível — usando a mesma "lógica" — estabelecer também "o princípio metodológico" de que "a vida social" poderia ser deduzida, em última instância, de crânios (a partir das influências das manchas solares, ou a partir de dificuldades no aparelho digestivo), e que este princípio deveria ser considerado como sendo inquestionável enquanto não se estabelecesse "o sentido" das "leis sociais". Eu, pessoalmente, estaria plenamente de acordo com este homem do bom senso.

Mas, obviamente, o raciocínio de Stammler seria diferente. Em nossas observações feitas até agora, as quais, intencionalmente, foram apresentadas de maneira difusa e imprecisa, bem de acordo com o estilo de Stammler, com referência às opiniões do nosso "espiritualista em história", apenas precisaríamos substituir o termo "religioso" pelo termo "materialista", no sentido de "econômico" — e teríamos feito uma observação que, em grande parte, estaria de acordo com o sentido daquela "concepção materialista da história" que se encontra no livro de Stammler e que por ele foi, neste sentido, assimilada[3] — com a única restrição de que nele, em Stammler, finalmente veio aquele homem, que, colocando-se nos fundamentos da "teoria do conhecimento", conseguiu vencer este "Golias" até então invicto — isto não significa que a tenho superado como sendo "não-correta", mas apenas como sendo "não-completa" — não no sentido de "unilateral" mas no de "inacabado". Esta perfeição e esta "superação" são feitas de maneira a demonstrar, através de uma série de manipulações do pensamento, que "legalidade social", no sentido da existência de uma "unidade fundamental" da vida social e do seu conhecimento (estas duas coisas, como veremos mais tarde, muitas vezes são confundidas), como "princípio formal" somente deveria servir, a situado "no mundo dos fins", como um determinado princípio que

3. Compare as páginas 63 e ss., nas quais, indubitavelmente, a palavra está com o próprio Stammler e não com o "socialista" ao qual ele se refere nas páginas 51 e ss.

determina "a forma da vida social dos homens", como uma ideia "unitária", que deveria ser a estrela a conduzir todos os esforços e objetivos da vida social.

Em primeiro lugar não nos interessa aqui se Stammler realmente reproduziu ou não de maneira correta a "concepção materialista da história". Esta teoria passou pelas mais variadas modificações, pensando na sua formulação no *Manifesto Comunista*, até as de seus epígonos de hoje. Concedamos e suponhamos *a priori* que seja provável e possível ela se enquadrar de maneira aproximada nas respectivas observações de Stammler a seu respeito.[4] E se isso eventualmente não for o caso, a tentativa de uma construção própria em diferença com a que "ela deveria haver", teria a sua justificação. Mas aqui não tratamos disso, mas unicamente da versão de Stammler. E por isso, neste lugar, apenas perguntamos de que modo ele desenvolveu e fundamentou a sua "teoria do conhecimento" a qual ele, seja corretamente ou não, pressupõe e sustenta como sendo inatacável ou apenas corrigível a partir dos seus próprios pontos de vista. Talvez lhe tenhamos feito injustiça e ele talvez, na verdade, não se identifique a tal grau como *prima facie* parece? Vejamos, acerca desta problemática, os capítulos introdutórios do seu livro que aborda questões da "teoria do conhecimento".

## 3. A "epistemologia" de Stammler

Para que se perceba bem a particularidade da argumentação de Stammler, não podemos deixar de lado, de transcrever textualmente e como exemplos algumas passagens e maneiras de raciocínio da sua parte introdutória. Tomemos inicialmente o princípio deste capítulo e desmembremo-lo numa série de sentenças que, em seguida serão com-

4. Sobre o sentido do termo "materialista", em Marx, veja-se Max Adler, *Kausalität und Teleologie um Streit um die Wissenschaft* (causalidade e teleologia na disputa científica) — In: *Marx-Studien*, Band I (Estudos de Marx, tomo I), p. 108, nota 1, e p. 111 (argumento correto contra Stammler), e p. 116, nota 1 e em muitas outras passagens.

paradas entre si. Nas primeiras páginas (p. 3-6) do texto encontramos as seguintes observações: cada "pesquisa precisa e individual" fica "sem valor" e "acidental" nos seguintes casos: (1) sem uma "conexão" da existência de uma "regularidade fundamental" e "básica", (2) sem a orientação de uma "linha-mestre do conhecimento", (3) sem relação a uma "regularidade fundamental", (4) sem "relação a um determinado" ponto de vista "unitário" (p. 3), (5) sem a percepção (p. 4) de uma "conexão legal universal", já que (6) a hipótese de uma regularidade legal seria um "pressuposto" em todos os casos em que se pretende ultrapassar os "fenômenos individuais observados"; mas, aqui, seria o caso de se perguntar (7) (p. 5) se seria possível estabelecer uma "regularidade legal e universal" referente à vida social dos homens, da mesma maneira como uma "regularidade legal na natureza como fundamento das ciências naturais". Com referência a esta pergunta, entretanto, (8) na qual se aborda "a questão do caráter legal de todo o nosso conhecimento das situações sociais", infelizmente não se percebe, até este passo, grandes progressos. Mas a pergunta fundamental (9) que se refere ao caráter legal, da qual se percebe uma dependência de toda a vida social, em última instância, refere-se, basicamente e fundamentalmente, à concepção essencial que se tem referente à relação entre a totalidade (ou o todo) e as partes singulares (!), e realmente — citando Stammler — "o esforço para perceber uma formação regular com referência à vida social... é... neste caso... nada mais do que uma questão social". "Por meio do entendimento científico, nas regularidades legais da convivência humana como tal, é possível elaborar... e, base a leis... a convivência humana."

Mas paremos por ora com este tipo de raciocínio. Levando em consideração estas mais diversas afirmações, sendo que todas se referem à "regularidade legal", temos de lamentar que Stammler nunca levou a sério a sua própria afirmação (p. 4): aquele que fala de "processos regidos por leis" deveria, em primeiro lugar, saber "o significado desta sua afirmação". Pois enquanto é bastante óbvio que quase cada uma das dez afirmações citadas acima se refere a uma coisa diferente, a leitura do livro de Stammler leva ao resultado surpreendente de que ele engana a si próprio, acreditando que fala de maneiras diferentes da mesma questão. Este fato sem dúvida é facilitado pela imprecisão e dubiedade de suas formulações. Voltemos para as afirmações transcritas e supracitadas para analisá-las em pontos decisivos e essenciais: a número (01), por exemplo, é obscura no seu sentido: o que pode significar "uma conexão dependente de uma legalidade"? É muito difícil perceber tal afirmação. Seria possível se se entendesse por isso, por um lado, que só se poderia fazer uma investigação particular para, a partir dos seus resultados, se deduzir regularidades universais (gerais) — conhecimento nomotético —, ou, por outro lado: não seria possível interpretar conexões individuais sem um "conhecimento geral de leis" — conhecimento histórico. Se se entende uma dessas duas possibilidades ou até as duas possibilidades, poderíamos deduzir, com certa probabilidade, da afirmação número (7), de acordo com a qual "a pergunta principal" deveria ser a seguinte e novamente temos que interpretar a apresentação da questão do seu caráter impreciso e inexato —, se leis da "vida social" podem ser apreendidas da mesma maneira como as leis da chamada "natureza inanimada". A partir das afirmações número (3) e (6), poderíamos concluir — referem-se à necessidade de "uma regularidade legal e fundamental" que seria o "pressuposto" para a validade concreta de cada um dos "fatos" como sendo "necessário") — que aquelas teses relativas à validade universal da categoria de causalidade (no sentido da "legalidade") foram fundamentadas e justificadas de maneira bastante insatisfatória. Mas, diferentemente, nos casos de número (2) e (8) não mais da "regularidade legal" do devir a ser conhecido, mas da "regularidade legal do nosso conhecimento", não mais, portanto, de "leis" que dominam e regem o "conhecido" e o "que deveria ser conhecido"; portanto, o mundo dos "objetos" (a "natureza" e a "vida social") dominam e regem empiricamente e não se referem à respectiva tarefa da indução (do "particular" para o "geral") para dar (6) a "determinados fatos particulares e individuais o caráter da necessidade" (p. 4), mas, em vez *disso*, falam de normas que seriam válidas para o nosso conhecimento. Pois, dificilmente poderíamos entender entre "linhas gerais e universais do conhecimento" (2) e por "caráter 'legal' de todo o nosso conhecimento a partir de situações sociais" (8). Nestas afirmações, tudo se "mistura" e tudo "se confunde", sobretudo no que diz respeito à diferença entre as "normas de pensamento" e "leis da natureza". Mas não somente isso: a (conforme 5) indispensável apreensão na conexão fatual — um dado concreto não é apenas totalmente confuso com aquilo que se entende por "regularidade legal" — um *abstractum* —, mesmo que este último termo seja entendido como "existência de leis da natureza", modos, portanto, que são opostos, mas que são, pensando na dimensão das "normas de pensamento", contraditórios — mas que, nem por isso, qualquer "conexão legal" de antemão é qualificada com o predicado de "universalmente válida". Que não se trate, nestes casos, da validade do juízo empírico científico referente a uma "conexão de fatos", já, de antemão, indica a infeliz formulação, e até mesmo incompreensível, que encontramos em (5). É óbvio que, neste caso, que não se trata da "validade" do "juízo empírico científico" com referência a uma "conexão de fatos", percebe-se com bastante lucidez na mais que clara formulação número três, na qual se fala da necessidade da "relação" com um "ponto de vista unitário", e, para ser mais exato, com um "ponto de vista incondicionado". Seja a colocação de fatos numa conexão concreta, como também a abstração de "regularidades" a partir de fatos costumam se fazer normalmente sob determinados "pontos de vista": nisto, exatamente, consiste a divisão do trabalho científico da maioria das ciências especializadas. Mas nem por isso podemos falar de um "ponto de vista incondicional", pensando sobretudo na totalidade das disciplinas empíricas. O princípio da quantificação e da elaboração matemática, no qual talvez se pensou nesta colocação, não é igual e uniforme nas assim chamadas "ciências da natureza", e, como é do conhecimento de todos, as chamadas "ciências do espírito" são caracterizadas exatamente pela multiplicidade e pela diferenciação dos seus "pontos de vista", a partir dos quais elas se dirigem à realidade. Mas, de maneira nenhuma, podemos, neste estudo de coisas, identificar um "ponto de vista unitário" com "regularidade legal", a ser exigido para todas as ciências. E mesmo que se concebesse que a categoria da "causalidade" seria equivalente a um "ponto de vista unitário" — voltaremos a isso mais tarde — nas disciplinas históricas que explicam objetos individuais pelo represso causal a outros objetos individuais, o "caráter legal" do devir teria, sem dúvida, uma característica especial, talvez algo como um pressuposto geral, mas obviamente não o único, ao qual seja referida a "observação individual". Enquanto, portanto, encontramos uma confusão total nos escritos de Stammler entre conceitos como "unidade", "uniformidade", "legalidade", "conexão" e "ponto de vista", percebemos que se trata, em verdade, de coisas diferentes, e o tamanho da confusão criada fica mais manifesta quando se percebe conforme a sentença número (9), o que, realmente, se entende por "ponto de vista". A "mais suprema regularidade legal" "da vida social" "desemboca" — novamente se usa um termo meio vago — na "concepção fundamental sobre a relação entre o particular e o todo". Aceitando a afirmação nesta sua formulação malfeita, pergunta-se, obviamente: trata-se, naquela "concepção", da explicação científica das "relações fatuais do singular" à "totalidade", ou se faz aqui um "*salto mortale*" no "mundo dos valores" do "dever-ser"? A sentença número (10), conforme a qual "o entendimento da regularidade existente na vida social humana" é a condição da "possibilidade da sua organização com base em leis", eventualmente ainda poderia ser entendido, como tal, da seguinte maneira: trata-se de uma "intuição" nas leis do devir. Se fosse realmente possível descobrir "leis" da evolução da vida social à maneira das "leis naturais" — e a economia política realmente quase sempre procurava descobrir tais leis —, o seu conhecimento, indubitavelmente, teria grande valor para nós, tendo em vista a dominação "racional" dos fenômenos sociais e a influência sobre o seu decurso, conforme as nossas intenções. É o mesmo caso do conhecimento das "leis" da natureza — é importante para o seu domínio técnico. Mas como demonstra a referência à "questão social", feita na afirmação número (09), de acordo com o sentido desta frase, não poderia ser entendido pelo conceito "decurso legal" da vida social um procedimento sociopolítico da natureza que, como é o caso das leis da natureza, leva apenas em consideração, como de validade fatual, as conhecidas "leis" do devir, mas deveria considerar também as leis do "dever-ser", ou seja, as normas "práticas". E, mesmo que Stammler empregue com muita tranquilidade o mesmo termo, na mesma frase com dois significados diferentes, podemos, apesar de tudo, supor que também aqui a "vigência" das "leis" deve ser entendida como sendo um imperativo, e o seu "entendimento" deveria equivaler ao conhecimento de um "mandamento" fundamental de toda a vida social. O *salto mortale* de que nós suspeitamos, portanto, foi realmente feito e, por enquanto, encontramo-nos no auge desta confusão: conceitos como leis da natureza, categorias de pensamento, e imperativos do agir, "universalidade", "uniformidade", "conexão" e "ponto de vista", validade como necessidade empírica: todos estes termos devem ser entendidos como princípios metodológicos, normas lógicas ou normas práticas? Tudo isso se encontra no início do livro numa grande confusão que faz com que uma discussão que é feita com base numa "teoria de conhecimento" é de tal modo que pode se fazer bons prognósticos.

Mas talvez Stammler apenas finja esta "confusão", pois o seu livro não é totalmente isento da intenção de provocar "efeito", efeitos que geram "tensão", e, portanto, pode ser que ele, nas suas primeiras páginas, escolheu intencionalmente uma maneira de se expressar na qual de modo proposital predomina a obscuridade para, em seguida, assumir gradativamente posturas de clareza lógica e de ordenamento mental e "salvar" o leitor daquela confusão, apresentando-lhe palavras maduras, definitivas, que geram uma ordem. Mas, prosseguindo com a leitura, não se percebe, pelo menos no que diz respeito à "Introdução", uma diminuição da confusão (págs. 3 a 20). Encontramos novamente (p. 12 e p. 13) expressões ambíguas como "doutrinas sociais" e "concepção unitária fundamental" da vida social e (p. 13), acrescentando "conhecimento" na "legalidade" como "fio condutor" de acordo com o qual todas as observações individuais (NB!)* da história social (NB!) "poderiam ser uniformemente concebidas, avaliadas e julgadas" — percebemos, portanto, sobretudo nestas últimas expressões destacadas por nós, que a "ciência social" teria como finalidade emitir juízos de valor, ao passo que o leitor, em conformidade com as duas primeiras expressões destacadas, tem a impressão[5] de que se trata de um conhecimento teórico. E, na página catorze, lemos a seguinte afirmação, que pretende explicar a base da "filosofia social" — "Quem fala da legalidade da vida social" (termo ambíguo, veja-se acima), "de desenvolvimento social" (termo teórico), "de prejuízos sociais" (conceito normativo) e da "possibilidade ou impossibilidade" (conceito teórico)[6] "do seu saneamento" (conceito normativo), "quem faz surgir (!) as leis dos fenômenos socioeconômicos" (conforme o lugar é um conceito teórico), "quem trata de conflitos sociais" (conceito teórico) "e acredita num progresso" (conceito normativo) da existência social do homem ou nega (conceito teórico) quem o quer negar

---

* NB significa "nota bene" (do latim) = veja-se bem; o autor quer chamar a atenção do leitor para a afirmação (Nota do Tradutor).

5. Os trechos grifados nas citações de Stammler são da minha responsabilidade, se não há um comentário a respeito.

6. É "teórico" depois de constatar qual dos estados pode ser considerado como "recuperação" e "progresso". Pois, neste sentido, a pergunta pela recuperação deste estado "possível" ou se se notou um progresso na sua aproximação, e, portanto, um certo progresso, naturalmente, apenas seria uma questão puramente fáctica que, sem problema nenhum, pode ser respondida (em princípio) pela ciência empírica.

(conceito teórico), este deve, se quiser evitar falácias subjetivas e irrelevantes (só vale para os juízos de valor), sobretudo sobre as particularidades do conhecimento social-científico (portanto, não de natureza "sociofilosófico" como até agora) "ter plena clareza que... — como se percebe claramente, nesta passagem, as explicações caem sempre e continuadamente de um "conhecimento de fatos" para a "avaliação de fatos". E se ele, em seguida, ainda afirma (p. 15): "a legalidade universal (NB!) da vida social que se desenvolve na história" (portanto, legalidade ou existência de leis referente ao "objeto do conhecimento") "significa (!) a maneira universal (NB!) e uniforme (?) do seu conhecimento" (NB!) —, percebe-se que há, manifestamente, uma confusão e mistura entre legalidade do devir e norma do conhecimento, como também entre "fundamento de conhecimento" e "fundamento real". O mesmo se percebe também na página dezesseis, na qual se afirma que, de um lado, "a unidade mais elevada de todo o conhecimento social" teria validade como "fundamento de toda a vida social" e, por outro lado (algumas linhas adiante), que esta mesma unidade mais elevada de todo o conhecimento social "deveria ser" o "fundamento universal" a partir da qual seria possível estabelecer "a possibilidade de uma observação com base em leis da vida social humana". Nesta afirmação Stammler consegue misturar e confundir coisas bem diferentes como "leis naturais", "normas práticas" e "normas lógicas". E, numa leitura atenta, fica sempre a impressão de que Stammler, até certo grau, teve consciência da ambiguidade das expressões como "legalidade" e "universalmente válido" e *tutti quanti* aparece no seu linguajar de termos semelhantes, e, até as modificações feitas — riscar e acrescentar — fazem com que aumente esta impressão: Stammler, indubitavelmente, em muitas ocasiões, tem plena consciência de que a sua maneira de expressar-se é vaga e ambígua. Mas, nem de longe, pretendo fazer por causa desta ambiguidade, dificilmente apenas inconsciente, mesmo num sentido indireto, uma repreensão — quero deixar isso bem claro e de modo explícito —, não é, diversamente, aquela particular e instintiva "diplomacia" de um dogmático convicto que acredita ter descoberto realmente ou pressupostamente uma nova "fórmula de explicação do mundo", para a qual já está certo *a priori* que o seu "dogma" e a "ciência" de maneira nenhuma podem se contradizer e que, por causa desta sua certeza de quase "fé" com uma segurança absoluta, evita "comprometer-se" em casos ambíguos e duvidosos com afirmações bem definidas, mas em vez disso, prefere a confusão, que está presente nas suas formulações vagas e imprecisas, tendo a convicção de que, com a ajuda de Deus, estas poderiam ser adaptadas e enquadradas em "fórmulas" bem precisas, no que tange ao conhecimento. Ao não prevenido, parece-nos, deve parecer que seja bem improvável que alguém que comece a "viagem com bagagem tão leve", com uma "mistura" típica de alunos iniciantes de categorias lógicas das mais simples, como nós a encontramos já na primeiras páginas do livro de Stammler, dificilmente vai chegar a grandes resultados sobre a questão de o que deve ser e o que pode ser o fim cognoscitivo de uma disciplina "empírica", como é o caso da "ciência social". E também é fácil de compreender, agora, que Stammler, na argumentação do materialismo histórico supracitada — independentemente de ser ela real ou fictícia — da maneira como ele a reproduziu, pode acreditar que seja reproduzido de maneira correta e que seja irrefutável (exceto, obviamente, a partir do seu "ponto de vista epistemológico"). Para quem "leis da natureza" e "normas" da lógica são a mesma coisa, só podemos dizer que Stammler é um escolástico no sentido restrito da palavra, e, por causa disto, também se acha indefeso contra a argumentação escolástica. Que seja exatamente esse o caso, percebe-se com bastante clareza na página dezenove, na qual, pela primeira vez, se caracteriza a essência científica geral do materialismo histórico. Depois de ter sido reconhecido de maneira explícita (p. 18, § 2) o caráter empírico do problema, encontramos, logo depois, no parágrafo três, a afirmação de que o materialismo histórico procura estabelecer uma "relação de ordem rígida" entre os elementos da vida social — pelo menos, aparentemente, pretenderia estabelecer o significado causal daqueles "elementos" na sua mútua inter-relação de maneira genérica. Porém acontece que, no mesmo parágrafo, um pouco anteriormente, afirma-se que a concepção própria do materialismo histórico, com referência a este ponto, seria um "princípio metodológico" de "significado formal", e, em consequência disto, bem de acordo com o caráter vago do raciocínio de Stammler, uma outra afirmação, ou seja, a de que, de acordo com a "opinião fundamental" (p. 18, última linha) da "concepção materialista da história" (p. 19), — não se afirma aqui que é esta a opinião consciente dos seus representantes, mas uma "consequência" que lhes foi imputada por Stammler, ou que, deveria ser a sua opinião —, dever-se-ia fazer uma distinção entre "as leis particulares conhecidas" e "a legalidade formal geral", isto é, a maneira fundamental das sínteses corretas entre fatos e leis. Sabe-se muito bem que não há termo nenhum tão ambíguo quanto o de "formal" e o de "sentido" na oposição conteúdo-forma. O que poderia ser entendido por estes termos deveria ser estabelecido precisamente de caso para caso. Posto que — de acordo com a opinião de Stammler — a "opinião fundamental" do materialismo histórico pareça ter a direção conforme a qual poder-se-ia afirmar que seriam os "fenômenos", na sua particularidade e no seu desenvolvimento, os fatores que são decisivos para a formação de todos os outros processos históricos, isto é, que são eles as suas causas unívocas, podemos, eventualmente, objetar o caráter impreciso do conceito "fenômenos econômicos", mas, mesmo assim, podemos afirmar que uma coisa é certa: que são decisivas as causas "econômicas", seja em um ou em mais de um caso concreto, seja em espécies de casos concebidos de maneira mais ampla ou mais vaga, e é exatamente nisto que consiste, de maneira geral, a diferença do materialismo histórico com outras concepções. Ela é uma hipótese, com referência à qual, por exemplo, podemos tentar mostrar a sua verossimilhança de "maneira dedutiva", a partir de condições reais e fatuais da vida humana, e, em seguida, sempre de novo e repetidamente, verificá-la por fatos — mas, mesmo assim, ela continua sempre como apenas uma hipótese. Nesta condição de hipótese tampouco muda algo se alguém, por exemplo, declara que a teoria materialista de História não seria uma doutrina, mas deveria apenas ser reconhecida como um "princípio heurístico", e, por causa disso, se apresenta como um método "específico" para a investigação do material histórico de "pontos de vista econômicos". Pois este procedimento, como nos ensina a experiência, que pode sob certas circunstâncias, se se procede de maneira objetiva e rigorosa, dar resultados frutíferos, em altíssimo grau, significa, novamente apenas e somente que aquela afirmação genérica sobre o significado das condições econômicas deve ser tratada como hipótese e o seu alcance e os limites de sua validade devem ser examinados pelos fatos empíricos. Portanto, de maneira nenhuma é concebível que o sentido possa ser modificado como se fosse uma afirmação geral e objetiva, como se adquirisse um caráter "formal" de uma dignidade lógica específica com relação a "leis particulares" — isto é, afirmações ou teorias de caráter menos geral e abrangente —, fazendo com que seja possível afirmar que aquelas "leis particulares" se apoiam "logicamente" naquela relativa ao "valor de sua validade" à "justificação científica de sua existência". Muitas vezes acontece, e, naturalmente é permitido terminologicamente falando, que as respectivas últimas (e "mais elevadas") generalizações de uma disciplina — como, por exemplo, a teoria sobre a "conservação da energia" — sejam classificadas como sendo "formas", exatamente por causa disso, ou seja, porque nelas encontramos juntamente com um *maximum* de abrangência de sua validade, um *minimum* de conteúdo concreto — mas, vejamos bem, não podemos afirmar "nenhum conteúdo concreto". Neste sentido, portanto, seria "formal", como tal, cada generalização "mais elevada" em relação à "menos elevada", isto é, "menos abrangente". Todos "os axiomas" da física, por exemplo, são generalizações "mais elevadas" daquele tipo, isto é, hipóteses de "evidência" matemática e de um grau extraordinariamente elevado de "verificabilidade" por fatos que cresceram sempre mais por seu emprego como "princípios heurísticos" (mas que, mesmo assim, e continuadamente, como vimos claramente na recente "discussão sobre a radicatividade", sempre e de maneira absoluta dependem da "verificação" pelos "fatos"). Mas, a nosso ver, já um estudante que cursa lógica no primeiro semestre tem a obrigação de saber que nem por isso estes axiomas alcançaram, por causa disso, já *a priori*, o caráter lógico de princípios de conhecimentos "formais" no sentido de "categorias epistemológicas" e que, logicamente falando, isso simplesmente é impossível. Se queremos assumir o papel de um "epistemólogo", como o faz Stammler, e queremos apoiarmo-nos, de maneira explícita, em Kant, podemos dizer que há aqui o mesmíssimo erro, e um erro que nem se perdoa a um aluno, que há quando se eleva "axiomas", isto significa afirmações que "sintetizam" a experiência, no nível das "categorias", cuja qualidade formativa, como tal, possibilita que a "experiência" seja significativa, e, em seguida, as classifica como sendo afirmações gerais de experiência, e, por exemplo, posto que nós falemos, de maneira muito imprecisa, de vez em quando, de "lei causal" que entende que as "leis naturais" particulares sejam dependentes, sob certas condições, da "lei causal eficaz geral" como sendo a "generalização a mais geral possível". O último erro mencionado é, pelo menos, um retrocesso de Kant e Hume, e, o primeiro que mencionamos é um erro que volta até a escolástica. Mas é exatamente nesta volta à escolástica, do mais grosso calibre, que se baseia toda a argumentação de Stammler: leia-se, por favor, as transcrições feitas anteriormente e procure-se convencer, na medida do possível, se elas correspondem às afirmações citadas do livro de Stammler nas páginas dezoito e dezenove. O outro erro, bem diferente e até oposto, é o seguinte: a transformação de categorias em afirmações de experiência. Temos que admitir que ele não o cometeu de maneira explícita — pelo contrário: ele se esforça em ficar na base da doutrina de Kant. Que este erro foi realmente cometido, veremos logo em seguida, e mais ainda, ficaremos convencidos, levando em consideração a fraqueza e a inconsequência com as quais ele aborda o problema da "causalidade", que, no efeito prático, não há muita diferença se se eleva os "axiomas" a "categorias" ou se se rebaixa as "categorias" a "axiomas". O mesmo, aliás, vale também para o procedimento que eleva "fundamentos" puramente metodológicos ao grau de "princípios formais" epistemologicamente ancorados, como Stammler o fez na sua reprodução da concepção materialista da História, que foi inicialmente apresentada neste ensaio — somente no sentido inverso, ou seja, a transformação da "sentença da razão suficiente" num "princípio heurístico", que entretanto significa: numa hipótese que deve ser comprovada pela observação — e tais erros imperdoáveis nos são apresentados por um pretenso "discípulo" de Kant (!).

Por fim, um erro imperdoável de todos esses procedimentos lógicos falsos dá-se no momento em que Stammler classifica as "categorias" como sendo "pontos de vista", a partir dos quais se elaboram as generalizações, como ele afirma no final da página doze. Nessa passagem, lemos que é imprescindível a "eterna pergunta" sobre a partir de quais pontos de vista unitários "se faz" determinadas generalizações "com referência às observações" (NB!). Isso se dá a partir da ideia da causalidade ou da teleologia? Por que esta pergunta por um ou por outro sentido? — Em primeiro lugar, esta alternativa, se ela realmente existe, não é uma alternativa exclusivista. O conceito geral, por exemplo, de "objetos brancos", não foi formado nem a partir de pontos de vista "causais", nem a partir de pontos de vista da "teleologia", pois ele é apenas uma ideia geral logicamente elaborada, ou seja, um simples conceito classificatório. Mas, mesmo que não levemos em consideração esta inexatidão de expressão, fica totalmente sem resposta o que, em última análise, seria o sentido daquela alternativa. Pois, o que significa, realmente: "generalização de observações no sentido da ideia teleológica"?

Vamos apresentar as eventuais possibilidades desta afirmação, pois estas reflexões podem contribuir para o esclarecimento de posteriores colocações. Significa eventualmente a apreensão de "fins naturais" de caráter metafísico a partir de "leis naturais" empíricas — talvez no sentido em que procurava demonstrar Eduard von Hartmann a partir da chamada "segunda sentença principal" da doutrina da energia referente ao "fim" do processo cósmico finito? Ou significa outra coisa, como, por exemplo, o uso de conceitos "teleológicos", como é o caso, por exemplo, na biologia, ou seja, como princípio heurístico para a aquisição de conhecimentos gerais referentes às conexões dos fenômenos de vida? No primeiro caso pretende-se sustentar e apoiar uma fé metafísica por afirmações de experiência, e no segundo caso usa-se a metafísica "antropomórfica" de modo heurístico, para se elaborar afirmações de experiência. Ou devemos entender por isso afirmações de experiência referentes aos "meios apropriados" genericamente, para certos e genericamente determinados "fins"? Neste último caso, entretanto, tratar-se-ia apenas de um simples conhecimento genérico causal que se reveste de um "raciocínio prático". Por exemplo, a afirmação: "a medida de natureza político-econômica X, que serve para alcançar o fim Y, nada mais é do que uma formulação diferente da afirmação empírica relativa a uma conexão causal geral que diz: 'se acontece X, o fato Y é apenas uma consequência geral sua'" (seja uma consequência "adequada" ou uma consequência que não tem exceções). É superável que Stammler tivesse querido dizer que a sua observação estaria de acordo com a primeira afirmação, já que ele não pretende fazer metafísica, sobretudo não uma metafísica naturalista, as duas outras versões poderiam ser aceitas eventualmente, por Stammler, interpretando-as como "generalizações no sentido da causalidade". Ou será que ele se refere à elaboração lógica de juízos gerais de valor e de gerais postulados éticos ou políticos? A afirmação, por exemplo: "A proteção dos fracos é uma tarefa do Estado", é — se levarmos em consideração o caráter vago dos conceitos de "proteção" e "fraco" — uma máxima geral de natureza prática, cuja validade na dimensão do "dever-ser", obviamente, é susceptível de discussão, num sentido totalmente e absolutamente diferente da constatação de um fato empírico ou de uma "lei da natureza". Mas, podemos perguntar, pelo menos: tem ela como conteúdo "uma generalização de observações"?, ou, "é possível decidir o seu conteúdo de verdade por meio de "generalizações de observações"? É esta exatamente a diferença que temos de fazer. Ou se retira da máxima diretamente o caráter de um "imperativo" válido — neste caso, a discussão se dá em nível de "normas" éticas —, ou se discute a sua "possibilidade de realização efetiva" — neste caso, trata-se do supramencionado "terceiro caso"; procura-se um X, cuja consequência geral e normal seja Y (neste caso, no exemplo concreto: a proteção dos fracos) e, em seguida, levanta-se uma discussão sobre a questão de haver ou não uma medida estatal referente a este X: uma consideração puramente causal com a aplicação de "regras de experiência". Ou, finalmente, trata-se de um último caso — o mais frequente, aliás —, onde se procura provar sem um direto questionamento da validade da imaginada máxima, que esta, por causa disso, não pode ser imperativa, porque a sua observação, levando em consideração as suas inevitáveis consequências, impediria a realização de outras máximas que também foram aceitas e reconhecidas. Para isso, os oponentes desta afirmação, indiscutivelmente, procurariam estabelecer afirmações gerais de experiência sobre as consequências da aplicação daquelas máximas sociopolíticas e, depois de tê-las obtido ou supostamente obtido, seja por meio de uma indução direta, ou através do estabelecimento de hipóteses, que foram elaboradas com o apoio de outras teorias e doutrinas genericamente aceitas, eles vão contestar a "validade" da máxima por causa, caso seja ela aplicada, de haver uma violação de uma outra máxima, como, por exemplo, a da obrigação do Estado de proteger a saúde física da nação e os portadores da "cultura" estética e intelectual (obviamente, também, neste exemplo, não levamos muito a sério a nossa maneira de formular a questão). As afirmações de experiência, que serão colocadas, novamente, se encontram no terceiro caso acima mencionado, ou seja: elas são colocações gerais sobre conexões causais conforme o seguinte esquema: Y é — sempre conforme a "regra" — uma consequência de X. Mas onde há nisso generalizações de observações "do ponto de vista teleológico" em oposição a afirmações gerais? — As duas máximas que neste caso se opõem são, sem dúvida, valores que deveriam ser "ponderados" no seu significado e entre os quais deveria ser escolhido um. Mas esta escolha, sem dúvida, não se fundamenta por via de "generalização" de "observações", mas através da averiguação "dialética" das suas "consequências intrínsecas", isto é, levando em consideração, portanto, os "axiomas" de conotação "prática" mais elevada, axiomas, portanto, que são os fundamentos daquelas mesmas máximas. De maneira quase totalmente idêntica também procede Stammler, como veremos mais tarde, no último capítulo do seu livro. E não somente nesta ocasião é que ele acentua também, e de maneira correta, o caráter disparatado em absoluto na sua dimensão lógica entre "explicação causal" e "juízo de valor" da previsão de um desenvolvimento e do "dever-ser". Esta oposição já foi discutida por ele no decorrer de sua apresentação do materialismo histórico (pp. 51-55) num "diálogo" entre "burgueses" e "socialistas", um diálogo que, aliás, foi por ele elaborado numa plasticidade memorável. Os dois oponentes "divertem-se, com base em elementos diversos", pois um fala daquilo que — conforme conhecidas regras de experiência, reais ou supostas — inevitavelmente vai acontecer, enquanto o outro fala daquilo que — de acordo com determinados valores culturais, reais ou supostos — de maneira nenhuma deve acontecer. Conforme a expressão de Stammler, trata-se "da luta entre o urso e o tubarão". Muito bem, mas é possível acreditar, levando tudo isso em consideração, que Stammler, por sua vez, poucas páginas depois, conseguiria, bem de acordo com o seu estilo de argumentação, tratar de maneira igual as duas questões que, por essência, são totalmente diferentes? Ou, por acaso, isso se dá quando ele pergunta (p. 72): qual é, finalmente, "o procedimento... de validade universal, de acordo com o qual observações singulares (NB) da história... pela generalização (NB) podem ser conhecidas e determinadas como fenômenos "regidos por leis"? — para logo em seguida continuar afirmando, sem hesitar um momento, na mesma linha de raciocínio: "Se alguém nem sequer sabe o que significa 'justificar' (NB), o que se entende por 'fenômeno da vida social', também não tem sentido discutir, em detalhes, questões mais específicas se, por exemplo, uma determinada opinião ou uma determinada intenção é justificada, ou não. Quem não percebe que, em todos esses exemplos, confunde-se, logicamente, elementos separados, e, supondo que realmente se faz isso, não consegue desfazer a "luta entre o urso e o tubarão" numa confraternização confusa, pacífica e suave, parece-me que este não entendeu a questão.

Mas, como mostra a leitura do livro, como seria provavelmente qualquer outra leitura, esta mistificação que sempre se repete de o leitor estar num contínuo "jogo de equilibrista" entre duas problemáticas heterogêneas, nem de longe se apresenta como sendo a pior das contínuas "tergiversações" com as quais a infraestrutura da crítica stammleriana opera, no que diz respeito ao "materialismo histórico". Deveríamos perguntar: o que significa realmente, para Stammler, o conceito de "materialismo social"? É um termo que, muitas vezes, no linguajar de Stammler, se identifica com o conceito de "concepção materialista de história". Stammler denomina de "materialista", ou, para ser mais correto, de "pretensamente materialista", a concepção "criticada" por ele, pelo fato de que ela — assim, pelo menos, conforme *communis opinio* dos seus representantes — afirmava o condicionamento inequívoco da ação "histórica" dos homens dos processos históricos pela respectiva constituição e maneira de aproveitamento dos bens "materiais", isto é, neste caso, "econômicos" e, sobretudo, também a determinação inequívoca, a ação "histórica dos homens por interesses materiais", isto é, "econômicos". A concessão muito benévola que podemos fazer com referência a Stammler é no sentido de aceitar que todos os conceitos singulares que aqui foram usados para uma definição muito provisória contêm problemas e são, no que respeita ao seu conteúdo, muito indefinidos e nem mesmo podem ser definidos com muita precisão e, portanto, devem ficar meio "vagos", e de que a constatação explícita (mas o que é óbvio para cada um que conhece as condições de um trabalho científico) de que se trata sempre de um isolamento mental, quando se pretende distinguir entre "determinantes econômicos" e "determinantes não econômicos", do devir —, mas tudo isso nem de longe modifica nada no fato de que interesses "econômicos", fenômenos "econômicos", condições "materiais" etc. devem ser pensados ou considerados como sendo uma parte objetiva da totalidade dos fenômenos "históricos" ou "culturais", sobretudo também como uma parte da "vida social" ou "da vida em sociedade" de acordo com a terminologia de Stammler. O próprio Stammler reconheceu (p. 18) que o materialismo histórico queria fazer uma afirmação geral sobre "a relação de graus de importância dos diversos elementos da vida social", e, numa outra passagem, ele (pp. 64-67) apresenta, bem de acordo com esta sua posição, exemplos referentes à relação causal recíproca de motivos "econômicos" ("materiais") e motivos "não econômicos" e os comenta criticamente. Três páginas mais adiante (p. 70, penúltimo parágrafo) lemos de repente: "somente quando se identifica o conceito de legalidade da vida social com o de decurso das modificações sociais causalmente explicado: como seria possível evitar a afirmação de que podem ser reduzidos, finalmente, todos os acontecimentos da vida social ao fundamento da economia social?"[7]

Em vão fazemos a pergunta com que Stammler pretende demonstrar esta argumentação que, no seu resultado, como se vê claramente, concorda com tudo e em tudo com o materialismo histórico. Pois, obviamente, não é possível entender como, com a validade desta afirmação da razão suficiente para todo o devir histórico e para cada um dos fenômenos da vida social, deveríamos tirar a conclusão de que todo o devir histórico e cada um dos fenômenos da vida social, em última instância podem ser explicados, unicamente, a partir de um único dos seus elementos, e em caso contrário tratar-se-ia de uma transgressão de categoria de causalidade. Mas, um momento! — Se voltarmos duas páginas (p. 68) encontraremos a afirmação de que seria impossível supor a existência de uma multiplicidade de "unidades fundamentais", "nas quais se dariam paralelamente cadeias causais diversas". Posto que nenhum especialista no setor da história aceite tal opinião, pelo contrário, todo mundo sabe que o regresso causal daqueles "fenômenos particulares" se dispersa no infinito e que há uma contínua interação entre fenômenos "econômicos" — isto significa fenômenos cujas "dimensões econômicas" são, nos casos dados, os únicos que despertam o nosso interesse e, portanto, a nossa necessidade de explicá-los — e condições políticas, religiosas, éticas, geográficas etc., naturalmente com esta afirmação não é nada demonstrada para a tese de Stammler, já que ele mesmo, logo em seguida, começa a fazer reflexões a partir das quais ele faz a afirmação

7. Veja-se o exemplo na página 71 (início): "a influência decisiva", em última instância, das condições econômicas sobre o desenvolvimento da arquitetura (um caso meio complicado, e que dificilmente pode ser mostrado de maneira convincente, mas que, mesmo assim, procura fundamentar-se em argumentações objetivas e reais, está em contradição com aquele "caráter" formal do princípio) — Aquele procedimento diplomático típico, que chamamos de "falta de clareza", percebemos novamente nesta altura da argumentação, e percebemos em expressões como em "dependência de fazer um regresso", "influência sobremaneira" que são expressões que permitem a Stammler uma saída, caso for necessário, no sentido de sempre poder afirmar que ele, de maneira alguma, afirmava um "condicionamento econômico" (como, indiscutivelmente, é o caso na argumentação de um "materialista" no sentido estrito do termo). Mas, em última análise, tudo isso seria formulado de maneira "materialista demais" para Stammler, para que possa ser utilizado por ele.

de que cada consideração de uma única "dimensão" — portanto, também da dimensão econômica — com a finalidade de elaborar uma análise separada apenas pode significar uma abstração em nível de pensamento da "conexão geral e global". Portanto, ainda não foi esclarecida a fundamentação da opinião mencionada. Se retrocedermos um pouco mais, somente uma página (p. 67), encontraremos uma outra afirmação que afirma que "... cada observação particular, feita com o fundamento da lei da causalidade, tem que supor como condição básica e fundamental a conexão total de todos os fenômenos particulares a partir de uma lei geral e universal, lei que de caso para caso deveria ser encontrada pela investigação". Parece que, claramente, nos encontramos — pelo menos conforme a opinião de Stammler — em face de uma afirmação básica do materialismo histórico que ele demonstra, com bastante evidência — e da qual ele se apropria incondicionalmente como bem mostra a sua tese na página setenta, que nada mais é do que uma consequência disso. Se nos perguntamos pela maneira com que Stammler chegou a esta afirmação, muito provavelmente — pois certezas absolutas dificilmente encontram-se no seu livro — chegamos à conclusão de que em tudo isso deve haver alguns silogismos falsos — sofismas. Muito provavelmente e em primeiro lugar, Stammler teve a vaga ideia — pelo menos é aquilo que podemos deduzir de muitas de suas colocações — que as ciências naturais "exatas" trabalham com a ideia da "redução" das qualidades a quantidades ou, para exemplificar, da "redução" de fenômenos como luz, calor, e som etc. a processos de movimento de "unidades" últimas, que seriam sem qualidades e materiais, e, por causa disso, alimentariam a ideia de que apenas aquelas modificações quantitativas da matéria seriam "realidades" verdadeiras, mas as "qualidades" não seriam nada mais do que o "reflexo subjetivo" delas na consciência e, portanto, não teriam o caráter de "realidades verdadeiras". Bem de acordo com esta colocação, opina Stammler, seriam, de acordo com a doutrina do materialismo histórico, as únicas coisas "verdadeiramente reais" na vida histórica, a "matéria" ("as condições e os interesses econômicos" e as suas "modificações") e todo o restante nada mais seria do que o seu "reflexo" e "superestrutura" ideológica. É muito conhecido que esta analogia, que está totalmente errada e que cientificamente não tem valor nenhum, realmente ainda domina as mentes de alguns "partidários do materialismo histórico" — e parece-nos que também o pensamento do nosso autor.

Mas, no que se refere a Stammler, encontramos ainda um outro sofisma — um falso silogismo — que aliás já comentamos. Visto que falamos de maneira imprecisa e até, indubitavelmente, de modo diretamente errado, da lei causal, muito facilmente se apresenta a "sentença da razão suficiente", pelo menos na sua formulação mais geral, como sendo a mais elevada generalização que é possível dentro dos limites dos fenômenos empíricos, ou como, para usar outros termos, a "teoria" mais abstrada da ciência empírica, cujos "casos concretos de aplicação", que têm "validade" para determinadas condições particulares, seriam, consequentemente, "leis da natureza". A "lei da causalidade", interpretada desta maneira, certamente não afirma nada sobre a realidade de qualquer situação concreta. Mas — muito facilmente se chega à esta opinião — deveria surgir, quando nós a aplicamos à realidade concreta, uma sentença primeira de validade absolutamente universal, uma "lei geral", portanto, cujo conteúdo objetivo não pode ser outro do que "a lei causal" que foi aplicada e tem validade para os "elementos" mais simples e mais gerais da própria realidade concreta. Seria algo como uma "fórmula do universo" como é o sonho de alguns adeptos do naturalismo. Os processos particulares da realidade concreta seriam, "em última instância", a lei causal que "atua" sob condições particulares, como, por exemplo, a órbita da terra nada mais é do que um caso particular da "validade" da lei da gravitação. Nunca encontramos no livro de Stammler uma formulação explícita desta confusão entre leis da natureza e "categorias", confusão aliás que não honra muito um discípulo de Kant — como constatamos anteriormente — e ele muito provavelmente faria altos protestos se sugeríssemos que seria esta realmente a sua posição. Mas, neste caso, deveria fazer a pergunta quanto a que outra maneira poderia ser explicada como tal, por exemplo, a afirmação totalmente "absurda" que ele escreveu nestas duas páginas, aqui comentadas (p. 70, penúltimo parágrafo), juntamente com a sua ideia, já bastante conhecida, de que a teoria mais geral de uma ciência seria o seu "princípio formal", e, finalmente, a sua eterna e contínua confusão entre "pontos de vista" e "princípios metodológicos" com (no sentido kantiano) "formas" transcendentais e, portanto, apriorísticas, isto é, pressupostos lógicos da experiência?

Seja como for, a afirmação sobre a necessidade de uma lei geral que, em todos os casos, seria constituída a partir do ponto de vista unitário para a totalidade de todos os fenômenos da realidade social, que deveriam ser explicados causalmente, traz resultados perturbadores, como também a ideia de que a "generalidade" mais elevada seria a "forma" do ser e, ao mesmo tempo, do conhecimento da realidade social como a sua respectiva "matéria". Ao substantivo "matéria" corresponde o adjetivo "materialista", e, portanto, é possível construir um conceito de uma "concepção materialista da história", cuja particularidade chega ao cúmulo da afirmação de que a "forma" da vida "histórica", ou — o que para Stammler é usado como sendo um sinônimo — da vida "social", seria determinada pela "matéria" desta mesma vida. A nosso ver, esta "concepção" não tem nada em comum com aquilo que se chama costumeiramente "materialismo histórico" e o que também Stammler repetidas vezes assim o denominou. Pois está claro que, no sentido desta terminologia, todos os elementos particulares (para usar o termo de Stammler) da "vida social", portanto, a religião, a política, a arte, a ciência, da mesma forma que a "economia", pertenceriam à "matéria", ao passo que o tradicional e assim também chamado materialismo histórico, pela afirmação do "fator econômico", seria determinante para todos os outros elementos, diz apenas algo sobre a dependência de uma parte da "matéria" de uma outra parte da matéria, mas, de maneira nenhuma, algo afirma sobre a dependência da "forma" da "vida social" — no sentido novo do termo — da "matéria" da mesma vida social. Pois, quando a tradicionalmente assim chamada concepção materialista da história diz que determinadas oposições entre pensamentos políticos e religiosos... "apenas seriam a forma" dentro da qual se manifestam os "interesses conflitantes materiais", ou quando se denomina os fenômenos da luz do calor da eletricidade, do magnetismo etc. como diversas "formas" da "energia" — então é mais que óbvio que a palavra "forma" aqui tem exatamente o sentido oposto do que o existente naquela argumentação de Stammler. Pois, enquanto na argumentação de Stammler, designa-se o "formal" como sendo o unitário, o genérico, o "geral fundamental" em oposição à variedade do "conteúdo", aqui o termo "forma", diferentemente, denomina exatamente aquilo que muda e a variedade do "fenômeno" por trás da qual se esconde a unidade do verdadeiramente real. As "formas" que se modificam no sentido da concepção materialista da história são aqui precisamente aquilo que Stammler designa com o termo "matéria". Percebe-se, portanto, como é perigoso usar categorias tais como "forma-conteúdo" sem fazer interpretações ambíguas. Mas é exatamente a ambiguidade que é o elemento mais típico de Stammler, pois exatamente ela e apenas ela possibilita, no seu procedimento escolástico, "pescar nas águas turvas". Este contínuo uso ambíguo e sempre modificado de dois conceitos profundamente diferentes de "materialista" faz com que seja possível para Stammler afirmar, por exemplo (p. 37), que a religião e a moral, a arte e a ciência, ideias sociais etc. dependem da vida econômica, do mesmo modo (p. 64 e ss.) apresenta como exemplos da validade da concepção materialista da história, por um lado, o condicionamento econômico das cruzadas, a recepção do direito romano etc. e, por outro lado, o condicionamento político da vida camponesa. Mas, em seguida, em outras passagens, como, por exemplo, na página 132, procede bem diferentemente, designando como "material" a "colaboração entre os homens que teria por objetivo a satisfação de necessidades" (isto é, conforme página 136: a "procura do prazer e o evitar o desprazer") e, em seguida, procura mostrar que seria possível explicar totalmente a partir disto "o decurso empírico da vida humana" (p. 136, penúltimo parágrafo), rejeitando, de maneira decidida, a possibilidade de qualquer separação dentro desta "matéria" de acordo, talvez, com o "tipo" de necessidades que deveriam ser satisfeitas (p. 138) e conforme os "meios" (na medida em que haja realmente uma "cooperação") que são empregados (p. 140). E, destarte, Stammler pensa que o uso de um tal conceito de "material" (em oposição ao "formal") da vida social seja apto para "refutar" o materialismo histórico que opera com um conceito totalmente diferente de "material" (em oposição, em primeiro lugar, ao "ideológico"). Mas, talvez, nestas colocações, tenhamos nos adiantado um pouco.

Nos comentários que constam na página 125 e nas seguintes, aos quais nos referimos em nossos exemplos, Stammler já havia introduzido um sentido mais estreito da oposição "conteúdo — forma", que, na sua opinião, teria validade especificamente para a "vida social" e seria até particular e constitutivo da vida social. Expliquemos, em seguida, este conceito, e elaboremos o núcleo positivo desta teoria, já que fizemos até agora tantas críticas nas explicações de Stammler. Mas Stammler talvez nos objetaria (ou pelas palavras dos seus partidários) apesar de todas as nossas observações anteriores: "Eu consegui mistificá-los, pois eles me levaram a sério. Obrigado pelas circunstâncias, usei num primeiro momento o linguajar do materialismo histórico — mas é exatamente o meu objetivo mostrar o absurdo deste linguajar conceitual, na medida em que eu o faço desaparecer no terreno pantanoso da sua própria confusão. Continuem com a leitura e vocês perceberão a autodissolução desta concepção e ao mesmo tempo, em substituição a ela, uma nova e pura teoria. Eu, o profeta desta teoria, por assim dizer, incógnito, 'uivava apenas com os lobos'."

Obviamente, a imitação — se é que podemos afirmar tratar-se de uma — seria de certa bonomia suspeita, mas poderíamos, sem dúvida, levar em consideração a possibilidade desta "mistificação nossa" por parte de Stammler. Ele evita sistematicamente nos explicar sem ambiguidade, onde termina a concepção materialista de história e onde começa a colocação de Stammler. E ele termina o primeiro livro de sua obra, que até agora foi unicamente o objeto da nossa análise, com a seguinte observação solene: "*carmina non prius audita*". Vamos ver, então, o que Stammler nos oferece de coisas boas. Mas talvez fosse bom não esquecer totalmente a atitude cética que fora provocada pelas provas escolhidas até agora, e, também, ter na memória a maneira como determinadas categorias fundamentalmente diferentes são confundidas, mesmo em ocasiões nas quais Stammler não apenas falava o linguajar do materialismo histórico.

É finalidade declarada de Stammler mostrar que a "ciência da vida social" é uma ciência fundamentalmente diferente das "ciências da natureza", insistindo no fato de que ele provará que é logicamente inevitável perceber que o objeto da "vida social" é totalmente diferente do da "natureza", e que, em consequência disto, deve haver um princípio metodológico para as ciências sociais que difere fundamentalmente do princípio metodológico das ciências naturais. Já que a oposição parece ser do modo de uma alternativa exclusiva, seria, naturalmente, da mais elevada importância, estabelecer com unívoca clareza o que deve ser entendido pelos conceitos de "natureza", "ciências naturais" e "método das ciências naturais". Que tudo isso não é evidente por si próprio é óbvio, percebe-se claramente quando pensamos nas discussões lógicas dos últimos anos — discussões que, parece-nos, Stammler não conhece muito bem, ou conhece apenas superficialmente. Mas, temos de conceder realmente, de antemão, que nós usamos estas palavras como "natureza" ou "ciência natural" demasiadamente, com um descuido impreciso, acreditando talvez que o seu sentido no caso concreto não seja ambíguo. Mas esta ingenuidade pode vingar-se, e para alguém que estrutura toda a sua teoria a partir de uma oposição conceitual insuperável entre os objetos dc "natureza" e "vida social", pelo menos apresenta-se como uma questão vital (ou de vida e morte) a pergunta quanto ao "o que" deve ser entendido, em última instância, por "natureza". Acontece que, por "natureza" costumeiramente e no linguajar popular, se entende várias coisas: (01) a natureza "morta" (ou inanimada), ou (02) esta natureza em oposição a fenômenos de vida "especificamente humanos", ou (03) os dois objetos, e além disso, também aqueles fenômenos de vida, seja do tipo "vegetativo" ou do tipo "animal", que o homem tem em comum com o animal, admitindo, obviamente, as atividades de vida "mais elevadas" ou "espirituais" que são específicas da espécie humana. Levando em consideração estas diferenças, poderíamos dizer que o limite do conceito "natureza" situar-se-ia em dependência a partir do objeto a ser destacado dentro da totalidade dos fenômenos empíricos, ou seja, se isto se faz (admitimos que há uma grande imprecisão em tudo isso) em diferença à (01) referente a (01) "Fisiologia" (fisiologia de plantas ou animais); ou (02) referente a (02) "psicologia" (psicologia dos animais ou dos seres humanos); ou (03) referente a (03) as disciplinas empíricas dos "fenômenos culturais" (etnologia e "história cultural" *lato sensu*). Consegue-se elaborar um segundo conceito de "natureza" que é, logicamente falando, diferente do primeiro, se se classifica a investigação da realidade empírica do ponto de vista do "geral", das regras empíricas atemporalmente válidas ("leis naturais") como sendo "ciências naturais", enquanto, com referência à mesma realidade, a investigação que se interessa diferentemente pelo "individual" no seu condicionamento causal, surgem como oposições: o decisivo, neste modo de ver, é a maneira da observação; neste caso o contrário à "natureza" é a "história" e outras ciências como por exemplo a "psicologia", a "psicologia social", a "sociologia", a "economia social teórica", a "ciência de comparação das religiões" e a "jurisprudência comparativa" pertencem às "ciências naturais", enquanto as disciplinas dogmáticas nem podem ser enquadradas neste esquema de ciência. Finalmente[8] surge um terceiro conceito de

8. "Finalmente" não significa, nesta passagem, que se trata de uma enumeração exaustiva dos conceitos possíveis e efetivamente em "uso" do termo "natureza". Veja-se também p. 332, e p. 382 e ss.

"ciência natural" e, com isso, também, pelo menos de modo indireto, de "natureza", quando se opõe à totalidade das disciplinas que pretende apresentar uma "explicação" empírico-causal àquelas disciplinas que perseguem fins cognitivos de natureza dogmática, ou "normativa", de análise conceitual: a lógica, a ética teórica, a estética, a matemática, a dogmática jurídica e as dogmáticas metafísicas (e teológicas). Neste caso, o que é decisivo é a oposição das categorias "ser" e "dever-ser", e, neste caso, obviamente a totalidade dos objetos das "ciências históricas" inclusive, por exemplo, a história da arte, a história dos costumes, a história das economias e a história do direito, são colocadas sob o rótulo de "ciências naturais", cuja abrangência dependeria, basicamente, do fato de a investigação trabalhar com a categoria de causalidade.

Mas tarde voltaremos a esse assunto, apresentando mais dois possíveis conceitos de "natureza": mas interrompemos, por enquanto, o nosso raciocínio, acreditando que ficou óbvio que há uma ambiguidade no entendimento deste "conceito". Levando em consideração este fato, temos de ver sempre em que sentido este conceito é empregado por Stammler quando ele fala da oposição entre a "vida social" e a "natureza". Em seguida investigaremos, em primeiro lugar, as características decisivas e constitutivas desta antítese "natureza" e "vida social", pois é exatamente esta antítese que é a base de toda a argumentação de Stammler.

## 4. A análise do conceito de "regra"

A característica decisiva da "vida social", de sua particularidade "formal", consiste, de acordo com a opinião de Stammler, no fato de que se trata de uma convivência em "conformidade com regras", de relações mútuas, regidas por "regras externas". Vamos logo parar aqui e fazer a pergunta, antes de acompanhar os raciocínios de Stammler: o que deveria ser entendido por termos como "regrada" e "regra"? Por "regra" podem ser entendidas, em primeiro lugar: (1) afirmações gerais sobre conexões causais, "leis da natureza", portanto. Pretende-se entender por "leis" apenas sentenças causais genéricas de rigor absoluto (no sentido de não haver exceções), então surgem várias possibilidades: *a*) Podemos ficar com o termo "regra" para todas as afirmações de experiência, que não possam ser enquadradas neste rigor. *b*) E obviamente, mais ainda para todas aquelas assim denominadas "leis empíricas", para as quais não podemos afirmar não haver exceções, mas têm o necessário condicionamento causal, mesmo sem o entendimento suficiente sobre o fato de haver eventualmente exceções. Por exemplo, é uma "regra" no sentido da "lei empírica" (referente a *b*, portanto) que os homens "necessariamente vão morrer", e é uma "regra" no sentido de uma afirmação de experiência geral (referente a *a*), que uma bofetada vai provocar, adequadamente, determinadas reações por parte de um estudante (Couleyr) que a recebeu. Por "regra", podemos também entender uma "norma (2), na qual serão medidos acontecimentos atuais, passados e futuros no sentido da "emissão de um juízo de valor". Trata-se, neste caso, de afirmações gerais de um "dever-ser" (no sentido lógico, ético ou estético), em oposição ao "ser" empírico, que são os "objetos" únicos de uma "regra" entendida no primeiro sentido. No segundo caso, a "vigência" de uma regra significa um postulado imperativo geral,[9] cujo conteúdo é a própria norma. No primeiro caso, "a vigência" da "regra" significa apenas a pretensão à "validade" da afirmação de que a respectiva regularidade fáctica está "dada" e presente efetivamente na realidade empírica ou que seja deduzível via generalização.

Ao lado destes dois significados fundamentais e simples do conceito de regra — "regra" e "norma" — encontramos ainda outros que não se enquadram fácil e totalmente nos dois primeiros sentidos já comentados. A estes tipos de regra pertence, em primeiro lugar, aquilo que se chama costumeiramente de "máxima" do agir — de Robinson Defoe, por exemplo, executa, no seu isolamento, de acordo com as circunstâncias de sua existência, uma economia "racional", e isto significa, sem dúvida alguma, que ele submete o seu gasto de bens e o seu ganho de bens a determinadas "regras" e, mais especificamente falando, a determinadas regras "econômicas". Concluímos antes de mais nada, deste fato, que é suposto que a "regra" econômica, conceitualmente falando, apenas po-

9. Se necessariamente deve ser "geral", deixamos, por enquanto, sem comentário.

deria pertencer e ser própria da "vida social", ou seja, que esta é uma opinião errada, qual seja, a de que uma "regra" só poderia existir quando já uma maioria ou multiplicidade de sujeitos estejam submetidos a esta "regra"[10] — obviamente, se for possível como tal querer provar algo com Robinson. Sem dúvida, Robinson é um produto irreal da poesia, um ser conceitual, poderíamos dizer, com o qual o "escolástico" gosta de argumentar. Mas temos de ver, em primeiro lugar, que também Stammler é um escolástico e, por isso, obviamente, tem de admitir que os seus leitores o tratam da mesma maneira como ele a seus leitores, e mais ainda: se se discutem delimitações precisas de "conceitos" e o conceito de "regra" é tratado como sendo constitutivo logicamente para a "vida social" e quando, além disso, se acrescenta que "fenômenos econômicos" abordados "conceitualmente" somente seriam algo pensável em termos de fundamento em "normas" (regras "sociais"), o que Stammler afirma não deveria ser entendido como sendo uma "brecha" no "conceito" que se exemplifica com um ser construído como Robinson, apresentado como uma "possibilidade de poder existir" sem contradição lógica. E para Stammler fica muito mal, se ele, prevenindo-se, objeta contra isso (p. 84), que um Robinson seja possível de ser construído causalmente como produto da "vida social" da qual, ele, por acaso, surgiu: ele mesmo, por outro lado, fez sermões, com todo o direito, mas talvez também aqui com pouco, sobre o fato de que a origem causal da "regra" seja algo totalmente irrelevante para a sua essência conceitual. E se Stammler, ademais, insiste (p. 146 e muitas outras) no fato de que um ser particular imaginado deste modo possa ser explicado por meio das "ciências naturais", já que o objeto da discussão vem a ser a "natureza e a sua dominação técnica" (NB), temos de lembrar ao leitor, em primeiro lugar, a ambiguidade e os muitos sentidos possíveis dos conceitos de "natureza" e "ciência natural": qual destes muitos sentidos, Stammler, nesta passagem, tem em mente? Em seguida, temos de lembrar ao leitor sobretudo o fato de que — se o que importa unicamente é o conceito de "regra" — a técnica é exatamente um procedimento conforme regras que foram elaboradas

10. Para a "regra" entendida no sentido de norma ética, compreende-se quase que automaticamente que esta regra, conceitualmente falando, não se restringe ao "ser social" (veja-se, por exemplo, o parágrafo 175 do RStGB, caso número dois).

a partir de "determinados fins". A "cooperação" das várias partes de uma máquina, por exemplo, se dá no mesmo sentido "lógico" que a colaboração entre os seres humanos, seguindo "regras que foram elaboradas por seres humanos", como também a colaboração forçada de cavalos e de escravos, ou, finalmente, da colaboração "livre" dos seres humanos numa fábrica. Neste último caso talvez seja a "coerção psíquica" que faz com que o operário obedeça à ordem do mecanismo global, ou seja, a "ideia" de que seja expulso da fábrica no caso em que ele não obedeça, "regras estabelecidas para o trabalho", ou imaginar a carteira vazia frente à família que passa fome etc. e, ainda eventualmente, talvez provocada por outras "imaginações" e ideias, de natureza ética, por exemplo, ou pelo simples costume. No caso do mecanismo global entre as partes da máquina, diferentemente, se trata apenas da qualidade física e química das mesmas partes. Temos de ver claramente que estas diferenças não significam nada para o sentido lógico do conceito de "regra". As ideias na mente de um operário, o seu "conhecimento de experiência", isto é, a sua alimentação, o seu vestir-se, a calefação, dependem do fato de ele falar certos códigos combinados e do fato de dar outros sinais igualmente combinados (que, se usarmos o linguajar do jurista, constam no chamado "contrato de trabalho"), e do fato de, em seguida, também fisicamente se adapta a este mecanismo até em determinados movimentos musculares. Se ele faz tudo isso, tem a oportunidade de, periodicamente, receber determinados "objetos de metal" (moedas) ou papéis, os quais, se colocados em mãos de outras pessoas, fazem com que ele consiga obter pão, carvão e calças etc. Tudo com o resultado de que, se alguém tentasse lhe tirar tudo isso, e se ele pedisse a ajuda dos outros, muito provavelmente surgiria uma multidão de pessoas com picaretas e outros instrumentos para lhe ajudar. Toda esta série de complicados complexos de raciocínio pode ser comprovada na mente dos operários com grande probabilidade. E o mesmo acontece também com os donos das fábricas que levam em consideração como fatores causais a cooperação das forças musculares humanas no processo técnico de produção como, por exemplo, o peso, a dureza, a elasticidade e muitas qualidades físicas dos materiais e das máquinas, como também as qualidades físicas daquelas máquinas que serão movimentadas por esta. Uns e outros podem ser considerados — no mesmíssimo sentido lógico — como condições causais de um determinado resultado "tecnológico" — como, por exemplo, a produção de X toneladas de ferro a partir de Y toneladas de minérios num tempo Z. E, em ambos os casos, a "cooperação conforme regras" é, no idêntico sentido lógico, uma "pré-condição" daquele "sucesso técnico": não há importância nenhuma, se nos primeiros casos há a presença de "processos conscientes" e nos segundos casos, não. Se, portanto, Stammler opõe considerações "técnicas" a "considerações das "ciências sociais", em todos os casos, o critério decisivo para isso não pode consistir na "presença" de regras de cooperação. O dono da fábrica leva em consideração e calcula o fato de que há pessoas que têm fome e que talvez sejam impedidas por outras pessoas com a sua picareta de empregar neste sentido a sua força física, para conseguir os meios necessários para saciar a fome. Aceita-os simplesmente no lugar de outros, da mesmíssima forma como um caçador leva em consideração a qualidade do seu cachorro. E, da mesma forma como o caçador espera que o cachorro reaja de uma certa maneira ao seu apito ou depois de um tiro faça determinadas coisas, assim também espera o empresário que a afixação de uma determinada ordem de trabalho tenha, com maior probabilidade, um determinado efeito. Bem semelhante ao comportamento "econômico" de Robinson na sua ilha, no que diz respeito às "reservas de mercadorias" e aos "meios de produção", é também — para dar mais um exemplo — a maneira como uma pessoa particular do nosso presente dispõe das moedas que tem (pedaços de metal) no seu bolso, ou as quais, conforme determinadas possibilidades e certos cálculos, tem a "chance" de, eventualmente, ficar no seu bolso através de determinadas manipulações (por exemplo, escrever algo num pedaço de papel, que se chama "cheque", ou pelo destacar de um "cupom") numa determinada loja, os quais ele sabe que são empregados de determinada maneira, tem o resultado de que consiga obter determinados bens, que vê por trás das vitrinas e em restaurantes, os quais ele sabe — por experiência própria e pessoal ou por ensinamento — que não os pode pegar sem mais nem menos, sem que determinadas pessoas com "picaretas" (policiais) venham e o coloquem atrás das grades. Como é possível que aquelas "placas de metal" — moedas — possuam tal particular qualidade e capacidade? Não é necessário que o indivíduo o saiba, tampouco precisa saber como se explica o fato de que consegue andar: ele pode contentar-se com a observação feita desde a infância de que as pernas desenvolvam esta capacidade com uma regularidade como também, por exemplo, o fato de o aquecedor aquecer o quarto e que no mês de julho normalmente faz mais calor do que no mês de abril. De acordo com este conhecimento da "natureza" do dinheiro, o indivíduo organiza o seu uso, administra o dinheiro e elabora "regras" para o seu gasto. Como um indivíduo concreto faz, de fato, esta elaboração de "regras" ou como fazem os milhões e milhares de indivíduos, baseando-se em "experiências próprias" ou em "experiências transmitidas das mais diversas maneiras" e as suas respectivas consequências no metal (ou nos respectivos "pedaços de papel") — tudo isso, conforme Stammler, deveria ser também a tarefa de uma reflexão "técnico-científico-natural", e não uma das "ciências sociais", tudo isso observar e na medida do possível entender, pois aqui se trata de uma explicação do comportamento dos indivíduos concretos. Pois estas regras, de acordo com as quais os indivíduos procedem, são "máximas", como no caso de Robinson, que se apoiam na sua eficácia de influência causal referente ao comportamento empírico do indivíduo, por "regras de experiência" que eles mesmo descobriram ou que eles aprenderam com a ajuda de outros, mais ou menos da seguinte maneira: se eu fizer X, vai acontecer Y, de acordo com "regras de experiência". Com base em tais afirmações de "experiência", faz-se o "agir regrado por fins" de Robinson — como também o do capitalista. A complexidade das condições de existência com as quais este último pode "esperar" pode ser, em relação às de Robinson, imensa — mas na sua dimensão lógica não há diferença nenhuma. Um e outro têm de calcular a maneira costumeira de reagir aos seus "não-eus" em relação a determinados comportamentos que têm. Que, num caso, se encontrem entre estas apenas "reações humanas" e, em outro, apenas reações de animais, plantas e objetos da "natureza não-animada", isso não faz diferença nenhuma na essência "lógica" da máxima. Se o comportamento de Robinson não é um "comportamento econômico", como Stammler acredita, mas apenas uma "técnica", e, por isso, não pode ser objeto das considerações das "ciências sociais", então, logicamente, tampouco é objeto destas ciências o comportamento de um determinado indivíduo com relação a uma multiplicidade de pessoas, de qualquer grupo que sejam, enquanto não seja investigado com referência aos "efeitos" provocados pela "regulamentação" de determinadas máximas "econômicas". A "economia doméstica" ou "a" "economia particular" — poderíamos dizer, para escolher um outro exemplo — também é regida por máximas. Estas, de acordo com a terminologia de Stammler, deveriam ser denominadas "máximas técnicas". Elas regulam o comportamento do indivíduo de maneira empírica com uma constância que sempre muda um pouco. Mas estas "máximas técnicas", de acordo com a afirmação de Stammler sobre Robinson, não podem ser as "regras", ao nosso ver, das quais ele sempre fala. Mas, antes de abordar mais detalhadamente esta questão, faremos ainda esta pergunta: Qual é a relação do conceito de "máxima", do qual falamos tanto, com os dois outros tipos do conceito de "regra", que mencionamos no início da nossa exposição: ou seja, por um lado, a "regularidade empírica", e, por outro, a "norma"? Esta questão, entretanto, exige uma reflexão mais ampla e geral sobre o sentido da afirmação de que um determinado comportamento se daria conforme "regras".

A afirmação: "a minha digestão é normal" está dentro de uma "regularidade". Alguém, num primeiro momento, afirma apenas e simplesmente uma "constatação natural", ou seja, ela se dá em determinados intervalos de tempo. A "regra" é a abstração de um processo natural. Mas ele também pode encontrar-se, por exemplo, numa situação de precisar "normalizá-lo", eliminando certas perturbações — e se ele, nesta situação, afirma a mesma coisa, a forma externa desta afirmação é a mesma, mas o sentido da afirmação é outro. No primeiro caso, a "regra" significava aquilo que foi observado na natureza; no segundo caso, a "regra" significa aquilo que deveria ser de acordo com a "natureza" ou "regra pretendida". Regularidades observadas e regularidades pretendidas podem, de fato, ser até idênticas, e, se este fosse o caso, sem dúvida, seria bom para o respectivo indivíduo. Mas, conceitualmente falando, continuam sendo duas coisas bem diferentes: uma é um fato empírico, a outra, um ideal pretendido, ou, em outras palavras, uma "norma", a partir da qual serão medidos os fatos através de uma "avaliação". A "regra ideal", por sua vez, pode desempenhar a sua função de duas maneiras diferentes. Por um lado (1) podemos perguntar qual seja a realidade fáctica que lhe poderia corresponder, e, por outro lado, (2) e em seguida, que medida de regularidade fáctica, através de uma pretensão causal, levou a que resultado. Pois o fato, por exemplo, de que alguém faça aquela "medição" de acordo com normas higiênicas, e se oriente por elas, é, obviamente, um dos componentes causais da regularidade empírica que deveria ser observada na sua constituição física. Esta última, no caso hipoteticamente colocado, foi influenciada causalmente por uma imensa multiplicidade de condições, entre as quais se encontra também o remédio que lhe tomou para atingir a "norma" higiênica. A "máxima" empírica da ideia da "norma", como se vê, atua como *agens* real da ação. A situação não é nem um pouco diferente quando se trata da "regularidade" do comportamento dos homens em face dos bens materiais e de outros seres humanos, especialmente, no que diz respeito ao comportamento "econômico". Que Robinson e o capitalista, dos quais falamos, apresentem um certo comportamento concernente aos bens materiais e às reservas em dinheiro, da maneira que este comportamento se nos apresenta, aparentemente, como um comportamento "que se baseia em regras", pode ser para alguém o motivo para formular teoricamente aquela "regra" que, na nossa opinião, pelo menos parcialmente, possui influência determinante sobre aquele comportamento: como o "princípio do uso máximo possível de racionalidade", por exemplo. Esta regra ideal, neste caso, contém uma afirmação doutrinal teórica sobre aquilo que é o conteúdo da "norma", conforme a qual Robinson "deveria" proceder se ele pretende, como tal, observar o ideal de um "agir racionalmente orientado pelo fim". Ao lado disso, podemos tratá-la como um "padrão de avaliação". Obviamente não se trata de uma avaliação no sentido "ético", mas "teleológico" que pressupõe como um "ideal" a ação "racionalmente orientada por um fim". Mas, por outro lado, e de maneira destacada, ela funciona também como um princípio heurístico, para que se consiga perceber na ação empírica de Robinson o efetivo condicionamento causal — se pressupomos *ad hoc* a existência real de semelhante indivíduo. Neste último caso, ela serve como construção "ideal-típica", e nós a usamos como hipótese cuja comprovação deveria ser "verificada" nos "fatos". Desse modo, ajudar-nos-ia apreender a causalidade efetiva do seu agir e o grau de aproximação ao "tipo ideal".[11]

---

11. Sobre o sentido lógico do "tipo ideal", veja-se página 190 e páginas seguintes deste volume.

Para o conhecimento empírico do comportamento de Robinson deveria ser levada em consideração aquela regra da "ação racionalmente orientada por um fim" em dois sentidos bem diferentes. Por um lado, ou, em primeiro lugar, como possibilidade, como partes das "máximas" de Robinson que se constituem em objeto da investigação, portanto, como *agens* real da sua ação empírica. Por outro lado, e, em segundo lugar, como "repertório real conceitual e de conhecimentos", a partir do qual o pesquisador enfrenta a sua tarefa: o saber de um "sentido" idealmente possível da sua ação lhe possibilita o conhecimento empírico deste. As duas coisas devem ser distinguidas logicamente com muito rigor. No fundamento empírico, "a norma", indubitavelmente, é fator determinante do devir, mas é exatamente apenas *uma*, logicamente falando, no mesmo sentido como no "restabelecimento do normal" na digestão, o consumo indicado "normativamente" do remédio e, portanto, a "norma" que o médico indicou, é apenas *uma*, e exatamente uma entre muitas outras, das determinantes do resultado efetivo. E esta determinante pode determinar a ação em graus diversos da certeza de sucesso. Quando uma criança "aprende" a andar, a higiene, evitar comer coisas prejudiciais à saúde, ela "assimila" simplesmente "regras" de acordo com as quais ela vê que se processa a vida de outras pessoas; "aprende" expressar-se corretamente na sua língua, "aprende" lidar com a "vida dos negócios", e "apreende" tudo isso, parcialmente (1) sem formulação subjetiva ou explícita da "regra", de acordo com a qual ela age realmente — é natural que com certas variações —, e parcialmente (2) com o fundamento em certo uso de "afirmações de experiência" do seguinte tipo: sob determinadas condições, o Y é o resultado de X, e, parcialmente (3) porque há uma interiorização da opinião de que a "regra" é uma "norma" de validade absoluta, fato que foi o resultado da "educação" ou o de uma simples imitação que, em seguida, foi elaborada de maneira mais "consciente" pela reflexão pessoal e/ou pela "experiência de vida". Se se afirma, pensando nos últimos casos (2 e 3), que a respectiva regra ética, convencional ou teleológica, seria a "causa" de uma determinada ação, encontramo-nos diante de uma expressão relativamente imprecisa: a razão não se baseia na "vigência ideal" de uma determinada norma, mas na imaginação empírica, na ideia empírica daquele que age e acredita que a norma "deveria ser válida" para o seu comportamento. Esta colocação tem a sua validade referente às "normas éticas" como também para as normas cujo "deveria ser válido" nada mais é do que "algo convencional" ou algo como uma "sabedoria geral". A regra convencional da saudação, por exemplo, por si só faz com que a minha mão desnude a minha careca, se eu me encontro com um dos conhecidos — mas, esta, por sua vez, está acostumada a fazer isso, seja por costume apenas, ou seja por um conhecimento de experiência do fato de que, se não se faz isto, se é classificado como "deseducado", fato que tem como consequência certa falta de gentileza. Portanto, estamos diante de um cálculo sobre vantagens e desvantagens, ou, finalmente, também por minha opinião de que não seria "decente" não se observar uma "regra convencional" amplamente aceita e "inofensiva" sem a existência de uma razão forçosa: portanto por causa de uma "ideia normativa".[12]

Com este último exemplo, chegamos já ao conceito de "regulamentação social", isto é, uma "regra" que possui "validade" para o inter-relacionamento dos homens entre si, portanto, refere-se a um conceito no qual está sendo lidado por Stammler o objeto de "vida social". Neste momento, não pretendemos discutir a validade e a justificação desta definição conceitual de Stammler, mas, em vez disso, levamos adiante, num primeiro momento, a nossa exposição sobre o conceito de "regra", independentemente da opinião de Stammler.

Começamos com um exemplo que, ocasionalmente, também é mencionado por Stammler para a exemplificação do significado de "regra" para o conceito de "vida social". Imaginemos dois homens que se encontram fora de qualquer "relação social" — portanto, dois selvagens de tribos diversas, ou um europeu que se encontra na África negra com um selvagem — e imaginemos que estes dois fazem uma troca de quaisquer objetos. Neste caso, insiste-se — e com direito — que se trata apenas de uma exposição de um processo externo que pode ser observado empiricamente: os movimentos musculares, portanto, e, eventualmente, se os dois, neste momento, pronunciam determinados sons, os quais, por assim dizer, constituem-se na *physis* do processo, mas cuja "essência" de maneira nenhuma poderia ser apreendida. Pois esta "essência" consistiria, exatamente, no "sentido" que será dado por eles

12. O leitor deve desculpar estas observações relativamente triviais e, às vezes, fortes, *ad hominem*, que fazemos em relação às argumentações de Stammler.

mesmos ao seu procedimento exterior, e, mais ainda, este sentido do seu comportamento no "presente" seria, novamente, algo como uma "regulamentação" do seu comportamento futuro. Sem este "sentido" — diz-se, pelo menos — uma "troca" como tal nem seria realmente possível nem conceitualmente pensável. Com absoluta certeza. A circunstância de que sinais "externos" servem como símbolos é um pressuposto constitutivo de toda e qualquer relação "social". Mas, logo temos de perguntar somente "esta circunstância"? Obviamente não é assim. Se eu coloco um marcador de livro num livro, trata-se referente àquilo que é "perceptível" como resultado desta ação "externamente", claramente apenas um "símbolo": a circunstância de se colocar um pedaço de papel ou um outro objeto entre duas páginas tem um "significado", sem o conhecimento do qual o marcador de livro, para mim, seria inútil e sem sentido, e também a ação como tal não poderia ser "explicada" causalmente. Mas, mesmo assim, é óbvio que, neste caso, não se trata de uma relação "social". Ou, para voltar ao nosso exemplo de Robinson: o procedimento "externamente" perceptível de Robinson não é sempre o "procedimento todo" como, por exemplo, quando Robinson "marcou" determinadas árvores com o machadinho, querendo indicar que estas árvores deveriam ser abatidas apenas no inverno que vem, já que o todo da floresta de sua ilha deveria ser poupado por motivos "econômicos", ou, quando ele divide os grãos de trigo em partes, ou seja, uma parte para a alimentação, e outra destinada a ser guardada para a sementeira, pois ele tinha de calcular racionalmente a sua colheita de trigo. Em todos estes casos, e em numerosos outros casos que o próprio leitor pode construir, percebe-se aquela diferença entre o procedimento "externamente perceptível" e o "procedimento todo": O "sentido" destas medidas que, sem dúvida, não podem ser classificados como sendo "vida social", dá-se de modo a fazer com que aquelas medidas sejam caracterizadas ou que recebam um "significado". E, em princípio, acontece a mesma coisa com a parte externamente perceptível que, em seguida, deve ser entendida no seu "sentido", dos sinais pretos "existentes" em folhas de papel (sinal externamente perceptível) e o seu respectivo significado fonético (sentido) ou o significado semântico (sentido) dos sons que alguém emite (sinal externamente perceptível), ou, finalmente, o "sentido" dos gestos de duas pessoas que fazem uma "troca". Se mentalmente fazemos uma separação entre o "sentido" que encontramos como sendo expresso "num objeto ou num processo" e as partes constitutivas dele, que ficam sobrando, se nós fazemos uma abstração daquele sentido, e se denominamos aquilo que apenas se dirige e se interessa por estas últimas partes mencionadas como "reflexão naturalística", então conseguimos elaborar um outro sentido do conceito "natureza", que deve ser distinguido dos sentidos anteriomente mencionados. Neste caso, natureza significa aquilo que não tem "sentido", ou, numa expressão melhor: um processo qualquer é "natureza" ou "natural" se não nos perguntamos por seu "sentido". Neste caso, a oposição à "natureza", como aquilo que não tem "sentido", não é "a vida social", mas, naturalmente, aquilo que tem "sentido". Obviamente isto é o "sentido" que é atribuído ou imputado a um processo ou a um objeto, ou que, nesses, "*pode* ser encontrado", sendo possível que se enquadre nisto o "sentido" metafísico do universo, dentro de uma dogmática religiosa, como também o "sentido" do latir do cachorro de Robinson, quando ele percebe a aproximação de um lobo. Depois de termos percebido com clareza que a característica de algo ter um "sentido", ou poder "significar" alguma coisa, não é única e exclusivamente particular à vida "social", voltamos ao processo daquela "troca". O "sentido" do comportamento "exterior" das duas pessoas que fazem uma troca, por sua vez, pode ser considerado de maneiras logicamente bem distintas. Por um lado, pode ser entendido como "ideia": podemos perguntar pelas consequências mentais que podem ser encontradas no "sentido" que "nós" — os que fazem a observação — atribuímos a um processo concreto deste tipo, ou, se este "sentido" pode ser encaixado num sistema mais abrangente de pensamento que, também, por sua vez, tem "sentido". Depois de ter definido este "ponto de vista" podemos, em seguida, começar o processo de "avaliação" do decurso empírico do processo. Poderíamos perguntar, por exemplo: Qual "deveria" ser o comportamento "econômico" de Robinson, se se levasse às últimas consequências este mesmo comportamento? É exatamente isso que está sendo feito pela teoria do uso máximo possível da racionalidade, e, em seguida, poderíamos "medir" o seu comportamento empírico naquele padrão de comportamento que foi elaborado mentalmente. E da mesma maneira podemos perguntar: Como deveriam comportar-se as "duas pessoas que fizeram a troca", depois da efetivação externa da entrega dos dois objetos dos dois lados, para que este comportamento esteja correspondente à "ideia" da troca, isto é, que estejam de acordo com as consequências mentais "do sentido" que conseguimos descobrir nesta troca? Num primeiro momento, portanto, começamos com o fato empírico de que processos de determinada espécie acontecem efetivamente em ligação "imaginada" com um certo "sentido" que em todas as suas minúcias não é totalmente transparente, ou seja, é, até certo grau, pouco evidente, mas que, logo em seguida, deixamos de lado o nível puramente empírico e fazemos a pergunta: como é possível que possa ser construído o "sentido" da ação dos que participam dela de uma maneira que possa surgir uma representação mental "não contraditória"?[13] Procedendo desta maneira, sem dúvida, estamos fazendo uma "dogmática" do "sentido". E, por outro lado, podemos perguntar: o "sentido" que "nós" podemos "imputar" dogmaticamente a um determinado processo é realmente também aquele que estava na mente de cada um dos que participaram empiricamente nesta "troca"? Ou, qual foi o sentido que cada um teve na sua mente? Ou finalmente: os participantes puseram, conscientemente, um determinado "sentido" na sua ação? E em seguida temos que distinguir dois "sentidos" do conceito "sentido" nesta altura da argumentação: trata-se sempre do significado empírico do "sentido". No nosso exemplo, o conceito "sentido" pode significar, por um lado, que os que participaram da ação queriam, de maneira consciente, comprometer-se com uma "norma" que os obriga, ou seja, que eles tiveram a opinião (subjetiva) que a sua ação como tal teria um caráter de obrigatoriedade: foi fundada neles uma "máxima normativa".[14]

---

13. Por enquanto temos que deixar de lado toda e qualquer ideia sobre uma "ordem" jurídica, e, em seguida, poderiam ser construídos, obvia e eventualmente, vários "sentidos", diferentes entre si, sobre um ato de "troca".

14. Se nós entendemos por "sentido" da troca conforme as primeiras, aqui, mencionadas significações, entre outras possíveis, ou seja, no sentido de uma "máxima normativa", o que significa uma "regulamentação das relações" dos que fazem trocas, e se designamos como sendo "regulamentada" a relação mútua no seu comportamento futuro como "norma" ideal, temos de ver logo que os termos "regrado", "regulamentado" e "regulamentação" não necessariamente compreendem uma subsunção de uma "regra" geral abrangente, deixando de lado afirmações como por exemplo: "contratos devem ser cumpridos legalmente", mas isto não significa outra coisa além do fato de que a regulamentação deve ser tratada como regulamentação. Os dois envolvidos na troca não precisam saber nada sobre a "essência" geral e ideal da

Ou, por outro lado, apenas se pretende afirmar com isso que cada um dos participantes pretendia alcançar pela troca determinados "sucessos", em relação dos quais a sua ação, de acordo com a sua "experiência", nada mais era do que um "meio", no qual a "troca" teve um determinado "fim" (subjetivo). Obviamente, é bastante duvidoso, se e em que grau, cada uma dessas duas espécies de máximas estavam presentes, ou, se no que se refere à "máxima normativa", podemos perguntar se ela esteve presente como tal. As dúvidas são as seguintes: 1. Em que medida as duas pessoas que fizeram a troca — pensando no nosso exemplo — tiveram realmente "consciência" da "conveniência" da sua ação? 2. Em que medida havia uma consciência da "máxima normativa" de que a sua relação "deveria" ser "regulada" de modo que *um* objeto pudesse ser "equivalente" ao *outro*, e de que maneira cada um que, pela troca, conseguisse a posse de um determinado objeto, deveria respeitar esta situação de posse com referência ao objeto que anteriomente era o seu. Em que medida, portanto, pensando neste "sentido", era a ideia do "sentido" da troca (1) causalmente determinante para a ratificação da decisão deste "ato de troca", e (2) até que grau esta mesma decisão era o grau decisivo para a ratificação deste ato de "troca"? Indiscutivelmente trata-se de perguntas para as quais a nossa "imagem mental" dogmática, com referência ao "sentido" da "troca", nos pode ajudar muito para a formulação de hipóteses e também como "princípio heurístico", mas que, por outro lado, não podem ser resolvidas, de uma vez por todas, naturalmente, com o simples comentário de que, "objetivamente falando", o "sentido" daquilo que fizeram, uma vez por todas, apenas seria um "sentido" que unicamente poderia ser apreendido de maneira dogmática, por determinados "princípios lógicos". Pois seria, realmente, pura ficção e tal corresponderia à hipostasiação da "ideia regulativa" de um "contrato entre Estados", se se decretasse simplesmente o seguinte: os dois queriam regulamentar as suas mútuas relações sociais de maneira

---

norma de troca, até podemos supor, eventualmente, que dois indivíduos façam um contrato cujo sentido seja absolutamente individual e não de caráter geral como é o caso da "troca". Em outras palavras: o conceito de "regulamentado" de maneira alguma pressupõe, logicamente falando, a ideia de regras gerais de um determinado conteúdo. Nós apenas constatamos este fato, nesta altura das nossas reflexões, e daqui em diante, continuamos a tratar, por motivos de simplicidade, a regulamentação normativa como um caso de subsunção de regras gerais.

que correspondesse a uma "ideia" ideal de "troca", já que nós, os que participam da observação, estamos "imputando" este "sentido" a partir de um ponto de vista dogmático de classificação. Poderíamos dizer da mesma maneira — levando em consideração o ponto de vista "lógico": o cachorro que latia queria, por causa do "sentido" que o latir tem para o seu proprietário, realizar a "ideia" da proteção da propriedade. O "sentido" dogmático da "troca" é, para a reflexão empírica, um "tipo ideal" que nós estamos usando, por um lado, de "maneira heurística", e, por outro, de "maneira classificatória", já que na realidade empírica se encontram em grande quantidade processos que lhe correspondem numa menor ou maior "pureza". "Máximas-normativas" que tratam este "sentido ideal" da troca como sendo "obrigatório" são, indubitavelmente, uma das mais diversas determinantes possíveis da ação efetiva das pessoas "que fazem uma troca", mas, bem entendido, apenas uma, cuja presença empírica no ato concreto apenas é uma hipótese, tanto para o observador como também, para não esquecer isso, para cada uma das duas pessoas que estão envolvidas na troca. É bastante natural que muitas vezes aconteça o seguinte: que uma das duas pessoas ou mesmo as duas pessoas envolvidas na "troca" costumem tratar o "sentido" normativo da troca, o qual sabem que ele é válido "idealmente" falando, isto é, que deveria ser tratado como se tivesse validade, sem considerá-lo como sendo "máxima normativa", mas, diferentemente, uma das pessoas ou as duas, ao mesmo tempo, fazem especulações sobre a probabilidade de validade das "máximas": a sua "máxima", neste caso, é nada mais do que uma "máxima racionalmente orientada num fim". Que o processo, neste caso, seria de acordo com "regras" no sentido de uma norma ideal no sentido "empírico", e que os agentes sociais tivessem seguido no seu comportamento determinadas relações, é uma afirmação que, empiricamente falando, obviamente não tem sentido empírico nenhum. Se usamos, mesmo assim, de vez em quando, esta expressão, defrontamo-nos com a mesma ambiguidade do termo "de acordo com regras", ambiguidade aliás, já encontrada no exemplo daquele homem, anteriormente citado, cuja digestão foi artificialmente normalizada, obedecendo a certas regras naturais. E encontraremos a mesma ambiguidade ainda muitas vezes. Esta ambiguidade não é prejudicial se se tem sempre claramente em mente o que, no caso concreto, entendemos por isso. Mas, obviamente, não teria sentido nenhum se denominássemos a "regra" à qual as duas "pessoas" que fizeram uma troca se submeteram (no sentido "dogmático" do seu comportamento) como "forma" da sua "relação social", e, portanto, como "forma" do devir. Pois aquela regra que foi apreendida de maneira dogmática, ela mesma "é", em todo o caso, uma "norma" que pretende vigorar idealmente para a "ação humana", mas, de maneira nenhuma, pretende ser uma "forma" de algo que empiricamente "existe".

Quem quer discutir a "vida social" como sendo empiricamente existente, não deve, obviamente, introduzir uma "meta-base" no setor do "dever-ser dogmático". No setor do "realmente existente", aquela "regra" do nosso exemplo somente existe no sentido de uma "máxima" entre as duas pessoas que fizeram a troca, fato este que pode ser explicado causalmente e no qual pode haver eficácia causal. No sentido como foi apresentado na última colocação nossa (p. 322) o conceito de "natureza", poderíamos dizer isso com outras palavras, da seguinte maneira: também o "sentido" de um processo externo transforma-se, entendido no sentido lógico, em "natureza", todas as vezes que se faz uma reflexão sobre a sua existência empírica. Pois, neste caso precisamente, não se pergunta pelo "sentido" que *in concreto* os "agentes sociais" efetivamente lhe atribuíram, ou, talvez também pelas características que estes mesmos "agentes sociais" queriam lhe atribuir. A mesmíssima coisa, obviamente, acontece também com as "regras jurídicas".

Mas antes que entremos no terreno do "direito", no sentido tradicional da palavra, pretendemos, através de exemplificações, aprofundar algumas dimensões do nosso problema geral, dimensões que ainda não foram devidamente tratadas. O próprio Stammler, às vezes, menciona em suas colocações uma certa analogia com "regras de jogo" — e nós temos que explorar e aprofundar esta analogia, e, para isso, escolhemos o *Skat* (jogo de cartas entre três pessoas, jogo típico da Alemanha), sendo que, neste caso, trata-se de componentes fundamentais da cultura alemã, componentes que são tratados pela História e com os quais também se ocupam as ciências sociais.

Os três jogadores de *Skat* "submetem-se", como se diz, às regras do *Skat*, e isso significa que eles aceitam "a máxima normativa" conforme a qual se constata (1) ter alguém feito ou não uma jogada correta — no sentido de "conforme as normas" — e (2) quem deveria ser considerado como "vencedor". A partir desta simples afirmação, podemos tecer uma série de reflexões. Em primeiro lugar, a própria "norma" — as regras do jogo, portanto — pode ser convertida em objeto de considerações mentais e teóricas. Isso pode acontecer numa dimensão puramente prática, quando, por exemplo, num "Congresso de *Skat*" — como aliás já aconteceu — se preocupa com a questão de se não seria apropriado, a partir dos valores eudemonísticos aos quais o *Skat* serve, estabelecer, por exemplo, a seguinte "regra": cada *Grand* vale mais do que *zero Ouvert* — sem dúvida, é uma questão da política de *Skat*. Ou para formular a questão "dogmaticamente": se, por exemplo, uma determinada maneira de "desafiar" (*raizen* significa no jogo de *Skat* o "provocar" ou "desafiar" inicial de um dos jogadores que começa a partida), consequentemente, deverá produzir uma certa sequência no desenvolvimento do jogo — é uma questão da "teoria geral do *Skat* sob uma problemática ao modo do direito natural". Ao setor próprio da jurisprudência do *Skat* pertence, indiscutivelmente, a pergunta de se uma partida poderia ser considerada como sendo "perdida", quando o jogador faz uma "jogada falsa, mas involuntária" — por engano —, como também, em seguida a todas as questões e perguntas se, *in concreto*, um jogador jogou de "maneira certa" — de acordo com as normas — ou se ele "cometeu erros", jogou "de maneira errada", portanto. Caráter apenas empírico ou "histórico" revela a pergunta: por que, num caso concreto, um jogador fez uma jogada errada (conscientemente, por acaso etc.)? Como uma questão de "avaliação", apresenta-se a pergunta de se, concretamente, um determinado jogador sabe jogar "bem", isto é, de maneira "racionalmente ordenada, conforme as regras para se obter um determinado fim". Esta questão deve ser decidida conforme "regras de experiências", as quais, por exemplo, indicam se se aumenta a "possibilidade" de conseguir "dez", por um determinado comportamento geral no jogo, ou se não. Estas regras gerais da sabedoria prática de *Skat* contêm, portanto, "afirmações de experiência" que, levando em consideração as constelações "possíveis" e, eventualmente, também uma certa experiência de vida do jogador de *Skat*, com referência à provável reação do outro jogador, faz um cálculo lógico de um elevado grau de probabilidade: são "regras de procedimento" através das quais se avalia "o comportamento racional" do jogador de *Skat*. Também poderíamos enquadrar o comportamento do jogador de *Skat* em "normas éticas" do *Skat*: falta de atenção no jogo, por exemplo, que faz com que o jogo seja ganho pelo adversário comum, fato este que geralmente é repreendido pelos "cojogadores". Uma outra prática muito comum entre os jogadores de *Skat* parece não merecer tanta censura: o de escolher como terceiro jogador alguém que prima por sua falta de atenção e, por causa disso, facilmente pode ser explorado pelos dois restantes jogadores. Conforme essas diversas maneiras possíveis de "avaliação", em um jogo de *Skat*, podemos, no setor empírico do *Skat* distinguir entre "éticas" de "responsabilidade" e de "racionalidade", que se baseiam no nível mental em princípios diferentes de avaliação e cuja "dignidade" normativa, por causa disso, se apresenta em graus diferentes, tendo em seu ápice "normatividade absoluta" e atingindo o nível de simples "facticidade". Mas o mesmo era também o caso no nosso exemplo de "troca", e, num e noutro caso, no momento em que fazemos apenas uma simples reflexão empírico-causal, dissolvem-se os diversos pontos de orientação das máximas que tratam a observação normativa (de caráter político ou jurídico) como tendo "validade ideal", em complexos fatuais de pensamento, que determinam o comportamento efetivo dos que jogam *Skat*, seja em um procedimento conflitual (o seu interesse, por exemplo, pode ser contrário à manutenção da "máxima de jogar corretamente"), seja numa combinação mútua de acordo com as regras. O jogador coloca o seu *Ás* na mesa porque ele acha que este é o meio mais apropriado, sendo que ele chegou a esta conclusão seja em consequência de uma "interpretação" das regras do jogo, seja por causa da "experiência geral" de jogador de *Skat*, ou seja por causa da sua avaliação "ontológica" da constelação. Com isso ele pretende unicamente: chegar a uma situação ou circunstância da qual ele saia "vitorioso" ou "ganhe o jogo" em consequência das "regras de jogo", idealmente assimiladas por ele. Ele calcula, por exemplo, como resultado de sua ação, que o outro colocará o *Dez* na mesa e este fato, em conexão com uma série de outros resultados que foram calculados e são esperados por ele, fazem com que no fim saia vitorioso. Procedendo desta maneira, ele supõe que, por um lado, os que participam no jogo possam ser influenciados pelo seu procedimento, já que também ele tem em mente as mesmas "regras de jogo" e, já que também eles, levando em consideração uma certa "constância" na observação subjetiva das "regras do jogo", pois ele conhece como seres humanos que habitualmente agem de acordo com certas "máximas éticas". Por outro lado, ele também leva em consideração a probabilidade que há, em função da qualificação como jogadores de *Skat*, que os seus cojogadores procuram realizar mais ou menos racionalmente os seus interesses finais (teleológicos) e que, portanto, eles são aptos e capacitados de realizar *in concreto* as suas "máximas orientadas no sentido de alcançar certo fim racionalmente". As suas considerações, que são decisivas para o seu comportamento, poderiam ser formuladas da seguinte maneira: se eu faço X, surge Y como consequência provável, pois os outros não querem violar conscientemente as "regras de jogo" e eles agem racionalmente para alcançar um certo fim.

Podemos dizer que, indubitavelmente, as "regras de jogo" são o pressuposto de um "jogo concreto". Mas, fazendo isso, temos de ter claro o que significa esta concepção para a consideração empírica. A "regra de jogo", em primeiro lugar, se apresenta como um "momento causal". Obviamente, não pensamos agora na "regra de jogo" como norma "ideal" do "direito do *Skat*", mas, sim, a ideia de que os respectivos jogadores têm do seu conteúdo e do seu compromisso para com ela. Tudo isto, sem dúvida, pertence aos fatores que codeterminam o seu agir efetivo. Os "jogadores" normalmente pressupõem que cada um dos participantes observará a regra de jogo como "máxima" do seu procedimento: este pressuposto efetivo que normalmente existe — que em seguida, em nível empírico, será realizado apenas em diferentes graus — é normalmente um "pressuposto" objetivo para o fato de que cada um se decide, cada um por sua vez, deixar determina-se pelas respectivas "máximas" — realmente, ou se ele é um "esperto", apenas aparentemente. Quem pretendesse estabelecer as conexões causais de um jogo concreto de *Skat* deveria conceber a regra como um fator determinante que atua constantemente de modo causal, como também todos os outros fatores do comportamento concreto de um jogador, ou seja, estar ciente de que todos seguem as "regras" constumeiras como também o seu conhecimento referente a estas mesmas regras. Neste sentido não há diferença nenhuma entre este procedimento e a relação geral que o homem tem frente aos "condicionamentos" sob os quais ele decide a sua ação de maneira consciente.

Obviamente não há um sentido lógico essencialmente diferente, quando dizemos que a "regra do jogo de *Skat*" seria o "pressuposto" do "conhecimento empírico de *Skat*". Isto significa dizer que esta regra é para nós — em oposição a todos aqueles outros "pressupostos" gerais e os objetivos do devir — uma marca "característica" do *Skat*. Ou numa formulação mais complexa: os processos que, a partir do ponto de vista de uma "maneira de jogar cartas", costumeiramente chamada "regra do jogo de *Skat*", são tidos por relevantes, caracterizam todo um complexo de procedimentos que se chama "jogo de *Skat*". O conteúdo mental, portanto, da "norma" é decisivo para a seleção da "essência do conceito", constituída pelas variantes de fumaça de cigarros, consumo de cerveja, bater-na-mesa e raciocínios de todos os tipos, circunstâncias sob as quais se nos apresenta um *Skat* tipicamente alemão, e, obviamente, juntando-se ainda o ambiente ocasional e concreto de cada jogo de *Skat*. Nós classificamos um complexo de procedimentos como *Skat* se são encontrados estes procedimentos tidos por relevantes para a justificação desta mesma classificação. Estes procedimentos podem ser classificados como sendo *Skat*, também se se apresenta uma análise "histórica" de um *Skat* concreto no seu decurso empírico — ou seja, estes elementos são os componentes do coletivo empírico de um "jogo de *Skat*" e abrangem o conceito empírico genérico *Skat*. Em suma: a relevância vista a partir do ponto de vista da "norma" delimita o objeto de investigação. É claro, pelo menos num primeiro momento, que temos de fazer uma distinção entre o sentido em que a regra de *Skat* é "pressuposto" do nosso conhecimento empírico sobre *Skat*, isto é, trata-se, neste caso, de uma característica específica do conceito, e o sentido em que a regra, ou melhor, o conhecimento dela e os cálculos feitos a partir dela por parte dos jogadores são o "pressuposto" do desenvolvimento empírico do jogo concreto de *Skat*. Temos que lembrar, entrentanto, que este serviço prestado pelo conceito de norma na classificação e delimitação do objeto nada muda o caráter lógico da investigação empírico-causal do objeto que foi delimitado com a sua ajuda.

A partir do conteúdo normativo percebemos — e nisso consiste o seu serviço prestado — aqueles fatos e processos em cuja explicação causal, eventualmente, um "interesse histórico" poderia se concentrar: isto significa que eles selecionam e delimitam os pontos iniciais do regresso causal e do progresso causal da variedade dos fenômenos dados. A partir deste ponto de partida, entretanto, um regresso causal ultrapassaria muito o círculo dos fenômenos que foram classificados como sendo "relevantes" em consequência do ponto de vista da norma — se alguém, por exemplo, quisesse elaborar o regresso causal num outro jogo empírico-concreto de *Skat*, ele deveria ver e levar em consideração para poder explicar devidamente o decurso concreto do jogo, por exemplo, fatores como: a disposição dos jogadores, a medida da atenção prestada em cada momento que depende da "vivacidade" e da esperteza e, finalmente, a quantidade de cerveja consumida por cada um dos jogadores, ou seja, em que medida esta quantidade influencia o seu raciocínio lógico entre "meios e fins". Portanto, é apenas o ponto de partida do regresso que foi determinado pela "relevância" a partir do ponto de vista da "norma". Trata-se, aqui, de um caso de formação "teleológica" de conceitos, de como pode ser encontrado não apenas fora da reflexão sobre a vida "social", mas também fora da reflexão sobre a vida "humana". A biologia, por exemplo, seleciona, a partir da variedade dos processos, apenas aqueles que têm importância num determinado sentido, ou seja, aqueles que são "essenciais" para a "conservação da vida". Da variedade dos fenômenos, "escolhemos", na discussão sobre uma obra de arte, apenas aqueles que nos parecem ser "essenciais" a partir do ponto de vista da "estética" — isto não quer dizer fenômenos "esteticamente" preciosos, "relevantes para poder emitir um juízo estético. E isto fazemos também no caso em que não pretendemos fazer uma apreciação estética da obra de arte, mas elaborar a "explicação" histórico-causal de suas características individuais, ou se exemplificamos com a sua ajuda a discussão de sentenças causais gerais sobre as condições da evolução da arte — em ambos os casos, portanto, trata-se de afirmações empíricas. A nossa seleção do objeto que deve ser explicado empiricamente recebe determinadas "perspectivas" por sua relação com "valores" estéticos, biológicos e, no nosso caso, de regras de jogo do *Skat*, respectivamente. O objeto em si, em todos estes casos, não são normas artísticas, "fins" vitalistas de um Deus ou de um espírito do mundo, ou regras de *Skat*, mas, se pensamos numa obra de arte, os traços de pincel desta obra de arte que foram determinados pelas disposições da alma do artista que, por sua vez, deviam ser explicadas causalmente (por exemplo, pelo "meio ambiente", pelo "talento", pelos "destinos da vida" e motivações concretas etc.). No "organismo" devem ser explicados determinados processos que podem ser percebidos fisicamente, no jogo de *Skat* os pensamentos dos jogadores e os seus movimentos externos que foram condicionados pelas "máximas" efetivas.

Um sentido novamente diferente, de acordo com o qual a "regra de *Skat*" é "pressuposto" do conhecimento empírico do *Skat*, conforme o qual se pode dizer que a "regra de *Skat*" seria o "pressuposto" do conhecimento empírico do *Skat*, está ligado ao fato empírico de que o conhecimento e a observação da "regra do *Skat*" pertence às "máximas" empíricas (normais) dos jogadores de *Skat* e, portanto, influi causalmente nos seus "movimentos". O nosso conhecimento do "direito do *Skat*", naturalmente, nos ajuda na tentativa de querer conhecer a maneira desta influência e, portanto, a causalidade empírica dos movimentos dos jogadores. Nós usamos aqui este nosso conhecimento sobre a "norma ideal" como "meio heurístico", da mesma forma que, por exemplo, um historiador da arte se utiliza da sua capacidade de "emitir juízos de valor" no setor da estética (de caráter normativo) como de fato sendo um meio heurístico indispensável para discernir as "intenções" efetivas do artista no interesse de uma explicação causal da particularidade da respectiva obra de arte. E o mesmo, obviamente, também é válido se pretendemos estabelecer afirmações gerais sobre as "possibilidades" de um determinado decurso do jogo dentro de uma determinada e empiricamente dada distribuição das cartas. Partindo, neste caso, do "pressuposto" de que (1) seja observada efetivamente a regra de jogo ideal (o "direito do *Skat*") e de que (2) se faça as jogadas de modo estritamente racional, escolhendo os meios mais adequados para obter "racionalmente o fim" — como, por exemplo, está acontecendo nos assim chamados "problemas do *Skat*" (ou para o jogo de xadrez, os chamados "problemas de xadrez") que são publicados em folhetins[15] — percebemos que estes pressupostos são usados para conseguir uma menor ou maior "probabilidade" para poder afirmar que jogos com esta distribuição de cartas levam, de maneira típica, "para aquele bem determinado desenvolvimento de jogo", já que, de acordo com a experiência, geralmente pretende-se chegar — e chega-se realmente — a uma certa "aproximação" deste "tipo ideal" de jogo.

Percebemos, portanto, que a "regra do *Skat*", entendida como "pressuposto", pode desempenhar um papel determinado na discussão em-

15. Regras não correspondem, na sua dimensão lógica, às "leis" da economia política teórica.

pírica, em três funções logicamente bem diferentes: — um papel classificatório e constitutivo na formação de conceitos na delimitação do objeto; — um papel heurístico no seu conhecimento causal; — e, finalmente, o papel de ser uma determinante causal do objeto a ser conhecido. E já anteriormente chegamos à convicção de que, em sentidos fundamentalmente diferentes, a própria regra de *Skat* pode ser objeto do conhecimento: no sentido político, no sentido jurídico — em ambos os casos trata-se da "regra" como "norma ideal" — e, finalmente, no sentido empírico; neste caso, a regra de *Skat* funciona como sendo condicionante e condicionada. Provisoriamente podemos tirar a conclusão de ser necessário, de maneira incondicional, que se constate da maneira mais precisa possível, em que sentido se afirma ou se fala da "significação" da "regra" como "pressuposto" de qualquer tipo de conhecimento, e como, sobretudo, sempre há o perigo de haver uma confusão desesperada, se não se procura evitar de maneira precisa a ambiguidade do conceito. A confusão, obviamente, se situa entre o sentido normativo e o sentido empírico da afirmação feita sobre a "significação" da "regra" como "pressuposto".

Em seguida, deixemos de lado o setor das normas "convencionais" do *Skat* e o da "quase-jurisprudência" do "direito de *Skat*", para o direito "legítimo" e "autêntico" sem, entretanto, nesta altura das nossas reflexões, fazer uma consideração acerca da diferença decisiva que há entre regra de direito e regra convencional — e, supondo que o nosso exemplo supracitado com referência à "troca" fique dentro do âmbito de validade do direito positivo que, portanto, também regulamenta a própria troca, acrescenta-se, indiscutivelmente, uma complicação a mais. Para a formação do conceito empírico de *Skat* funcionava a norma do *Skat* como um "pressuposto" que delimitava o conceito no sentido da determinação do âmbito do objeto: são exatamente os movimentos relevantes dentro dos parâmetros do direito de *Skat* que fornecem os pontos de partida para uma análise histórico-empírica do mesmo — se alguém pretende fazer este tipo de análise. Esta situação é bem diferente se pensarmos na relação entre a norma jurídica e o decurso empírico da "vida cultural" humana.[16] No momento em que um "constructo" regulamentado juridi-

16. O conceito de "cultura" que usamos aqui é a de Rickert — *Grenzen der naturwissenschaftlichen Begriffsbildung* (Os limites da formação dos conceitos nas ciências naturais). Capítulo

camente se converte em objeto, não de uma reflexão de caráter dogmático-jurídico, tampouco de caráter histórico-jurídico, mas, sim — como, provisoriamente, poderíamos expressar — de caráter "histórico-cultural" ou de caráter "teórico-cultural", isto é, no momento em que — como igualmente pode-se afirmar de maneira meio indeterminada — deveriam ser explicadas determinadas partes (de consideração "histórica") significativas em relação a "valores culturais" de uma realidade ideal caracterizada por normas jurídicas, na sua gênese causal, ou (numa reflexão teórico-cultural) no momento que deveriam ser elaboradas afirmações genéricas sobre as condições causais do surgimento de tais partes ou concernentemente aos seus efeitos causais. Enquanto na intenção suposta nas discussões anteriores a investigação empírico-histórica do decurso de um jogo concreto de *Skat* fez com que a formação do objeto (do "indivíduo histórico") dependesse, de maneira absoluta, da relevância das situações reais do ponto de vista da "norma do *Skat*", o mesmo não se dá quando se trata de uma abordagem de caráter puramente "histórico-jurídico", mas, diferentemente, do caráter "histórico-cultural" à norma jurídica. Nós classificamos fatos econômicos, políticos etc. também sob características jurídicas, e também fatos que são, juridicamente falando, muito irrelevantes da vida cultural nos interessam "historicamente", e, consequentemente, é uma questão aberta se, e em que medida, as características relevantes a partir do ponto de vista de um direito ideal em vigor, e a partir dos conceitos jurídicos que deveriam ser formados em consequência disso, seriam, também, relevantes para a formação dos conceitos históricos e para a dos conceitos "teórico-culturais".[17] Na sua condição de "pressuposto" da formação de conceitos coletivos, esta relevância, consequentemente, não existe, a princípio. Mas, mesmo assim, o caso não pode ser simplesmente resolvido no sentido de afirmar que os dois tipos de formação de conceitos não teriam nada que ver um com o outro, pois, como veremos, determinados termos jurídicos muito usa-

---

quarto, parágrafo II e VIII. Intencionalmente, evitamos aqui o conceito de "vida social", mesmo antes da discussão a respeito com Stammler. Quero lembrar, nesta ocasião, que eu abordei o assunto em várias ocasiões e publicações (veja-se: p. 146 e ss. e 215 e ss.).

17. O mesmo, obviamente, acontece com a "norma" do *Skat*, se, por exemplo, fizermos a suposição de que um fato regulamentado por uma legislação de *Skat* faria parte de um "projeto de pesquisa" que tivesse interesse para pontos de vista da História Universal.

dos podem ser utilizados para a formação de conceitos, por exemplo, de conceitos econômicos, que — e não podemos esquecer isso — podem ser relevantes de pontos de vista que, na sua essência, são diversos. E este procedimento não podemos simplesmente rejeitar como sendo um mal uso terminológico, pois o respectivo conceito jurídico, no seu uso empírico, serviu ou poderia servir, frequentemente, como "arquétipo" do respectivo conceito econômico, e, mais ainda, porque, o que é óbvio, a ordem jurídica, empiricamente existente — um conceito do qual temos logo que falar mais —, costuma ter uma importância muito elevada (como afirmamos de passagem e de maneira vaga), por exemplo, para os fatos relevantes sob o ponto de vista econômico. Mas — como veremos mais tarde, de maneira mais detalhada — os dois conceitos, de maneira alguma, são idênticos. O conceito de "troca", por exemplo, é estendido de reflexões econômicas a fatos de caráter o mais heterogêneo possível, pois as respectivas características relevantes encontram-se em todos estes fatos. E, vice-versa, a reflexão econômica aborda, como veremos, muitas vezes, traços característicos irrelevantes para a jurisprudência, começando, a partir deste fato, a elaborar determinadas distinções. Mais tarde trataremos dos problemas específicos que tal procedimento acarreta. Aqui, por enquanto, lembramo-nos apenas e provisoriamente que, por um lado, os tipos de possíveis considerações lógicas, demonstradas através do nosso exemplo do jogo de *Skat*, encontramos também ou, pelo menos, podemos encontrar no âmbito da "regra jurídica", e, por outro lado, indicamos, também provisoriamente, os limites da validade desta analogia, sem, neste momento de nossa exposição, já querer tentar elaborar uma formulação definitiva e correta desta situação lógica no sentido objetivo.[18] Mas voltaremos a esse assunto somente mais tarde, ou

18. Queríamos lembrar os comentários que foram feitos por Jellinek na segunda edição de *System der subjektiven öffentlichen Rechte* (O sistema dos direitos públicos subjetivos), Capítulo III, p. 12 e ss. Veja-se também a sua *Allgemeine Staatslehre* (Teoria Geral do Estado), segunda edição, capítulo VI. Ele se interessa pelo mesmo assunto sob um ponto de vista oposto ao nosso. Enquanto ele refuta intromissões naturalistas no pensamento jurídico-dogmático, procuramos criticar, aqui, falsificações de caráter dogmático-jurídico no pensamento empírico. Gottl talvez é o único que tratou objetivamente o problema das relações entre o raciocínio empírico e o raciocínio dogmático a partir do ponto de vista do primeiro. A este respeito, encontramos referência de melhor qualidade em sua obra *Die Herrschaft des Wortes* (O domínio da palavra). No livro de von Böhm-Bawerk, intitulado *Rechte un Verhältnisse vom Standpunkt der volkswirtschaftlichen Guterlehre* (1881) (Direitos e relações do ponto de vista da teoria sobre bens econô-

seja, só depois de termos apreendido, por meio de retomada das argumentações de Stammler, a maneira como não devem ser tratados tais problemas.

Um determinado "parágrafo" do Código Civil pode, da maneira a mais diversa, ser objeto de uma reflexão. Em primeiro lugar, numa maneira jurídico-política: podemos discutir a sua "justificação" normativa a partir de princípios éticos, ou, o seu valor ou o seu "não-valor" para a realização daquelas ideias a partir de determinados "ideais culturais" ou "ideais políticos" — ou a partir de postulados de "política de poder" ou de postulados de caráter "social-político" —, ou podemos fazer esta discussão, pensando no "prejuízo" ou nas "vantagens" para os interessados a partir dos interesses de "classes" ou interesses pessoais. Provisoriamente, deixemos totalmente de lado este tipo de discussão da "regra" que se refere diretamente a valores, os quais, aliás, também já foram encontrados no nosso exemplo no jogo de *Skat*, *mutatis mutandis*, obviamente. Faremos isto, pois não há, em princípio, problemas novos. Com isto, restam duas possibilidades. No que diz respeito ao parágrafo referido podemos perguntar: o que ele "significa", pensando conceitualmente? — Ou podemos perguntar, qual "é o seu efeito" empírico? É questão importante e geralmente aceita sem muita discussão que a resposta a essas duas perguntas é pressuposto de uma discussão frutífera sobre a questão do valor ético, político etc., do respectivo parágrafo: a pergunta pelo "valor", portanto, é uma pergunta natural e óbvia, que deve ser nitidamente separada das duas acima mencionadas. Mas analisemos, em primeiro lugar, essas duas perguntas, da perspectiva de sua logicidade. Em ambos os casos, o sujeito gramatical da pergunta é o "ele" ou seja, "o parágrafo", mas, mesmo assim, trata-se, nos dois casos, de oposições totalmente diferentes que se escondem por trás deste "ele" ou deste "parágrafo". No primeiro caso este "ele", ou seja, "o parágrafo", nada mais é do que uma combinação de pensamentos expressa em palavras, que será tratada, sempre e continuadamente, como um objeto a ser analisado pelo pesquisador jurídico como sendo idealmente existente. No segundo caso este "ele", "o parágrafo", é, num primeiro momento, o fato

micos) foram desenvolvidas, com bastante clareza, referente ao tratamento dos interesses subjetivamente protegidos (direitos subjetivos), obviamente do ponto de vista do pensamento econômico.

empírico da pessoa que pega e consulta este "conjunto de folhas" que se chama "Código Civil", e o consulta em determinadas páginas e o consulta com certa constância, e encontrará, em determinado lugar, normalmente, uma "afirmação impressa" que evoca determinadas ideias sobre consequências efetivas, através de "princípios" interpretativos existentes na sua consciência em consequência de sua educação com menor ou maior clareza — que possam resultar de um determinado conceito tem por consequência empírica — mesmo que não seja o caso absolutamente válido em todos os casos empíricos — que há determinados "instrumentos de força" de caráter psíquico ou físico para aquelas pessoas que tradicionalmente e costumeiramente se chamam "juízes" impor a opinião, de uma determinada maneira, que teria tido ou haja, num caso concreto, aquele "comportamento". Ademais, há a consequência, independentemente dos esforços daquelas pessoas que costumeiramente se chama de "juízes", ele pode calcular "com um elevado grau de probabilidade", que haja um comportamento das outras pessoas referente a ele mesmo — ou para expressar a mesma coisa em outras palavras, que há uma certa possibilidade, por exemplo, de que ele espere a disposição sobre um determinado objeto sem que haja contestação, e que ele, em consequência desta possibilidade, possa organizar a sua vida e, obviamente, organize-a realmente. A "vigência empírica" daquele "parágrafo" significa, portanto, em última instância, que há uma série de complicadas conexões causais nesta realidade efetiva da conexão empírico-histórica, fato esse que foi descoberto devido ao fato de que um determinado papel foi preenchido por determinados sinais escritos.[19] E este papel faz com que haja um determinado comportamento entre os homens e dos homens com a "natureza". A "vigência" de uma sentença jurídica no sentido "ideal" supracitado, diferentemente, significa uma relação mental válida entre conceitos para a consciência científica daquela pessoa que se interessa pela "verdade jurídica": trata-se de "dever-ser válido" de um determinado processo para um determinado "sujeito jurídico". Por outro lado, a circunstância de este "dever-ser válido" ideal de uma determinada "sentença jurídica" se compõe de determinadas conexões verbais de pessoas empiricamente existentes que se preocupam e procuram a "verdade jurídica", efetivamente ou realmente, costuma

19. A nossa colocação, obviamente, é uma simplificação artificial.

ser "descoberta", por sua vez, tem determinadas consequências empíricas que, talvez, sejam da mais elevada importância empírico-histórica. Pois também é de alcance e significado prático-empírico para o comportamento humano já o simples fato de haver uma "jurisprudência" e determinados "modos costumeiros de pensar" que se desenvolveram historicamente. E isto se dá pelo fato de que na realidade empírica o "juiz" e outros "funcionários", que influenciam este comportamento através de determinadas medidas punitivas, físicas e psíquicas, se encontram em condições, e até foram educados para isso, de querer "realizar" a "verdade jurídica" e de viver "esta máxima" — obviamente de caso para caso, ou pessoa para pessoa, de maneira diferente. A nossa "vida social" se desenvolve sob determinadas "regras" empíricas, isto é, neste caso, de acordo com certas "regularidades", no sentido, por exemplo, de que todos os dias está presente o jornaleiro, o padeiro etc. Esta "regularidade empírica", obviamente, é determinada, o mais profundamente possível, pela circunstância de que haja, empiricamente e realmente, uma determinada "ordem jurídica", isto é, uma "ordem jurídica" que juntante cocondiciona, na forma de um conjunto de determinadas ideias de maneira causal, o comportamento dos homens. Este conjunto de ideias se refere a algo que na imaginação das pessoas "devia ser" uma "norma", ou uma "máxima", portanto. Mas, não apenas aquelas regularidades empíricas, como também a "existência" empírica do "direito" são naturalmente algo que é de modo absoluto totalmente diferente da "ideia jurídica" do "dever-ser", do "dever-vigorar". Há uma relação análoga entre o "vigor" empírico do eventual "erro jurídico", e a "verdade jurídica", e, portanto, há uma diferença lógica profunda entre a pergunta pela "verdade jurídica" *in concreto* — isto é, o que deve ou deveria "ser válido", mentalmente falando, de acordo com os princípios "científicos" — e a pergunta que procura saber o que, de fato, aconteceu, empiricamente, num caso concreto ou numa multiplicidade de casos concretos, como "consequência" causal da "vigência" de um determinado "parágrafo". Num caso, a "regra do direito" é uma norma ideal que pode ser apreendida pelo raciocínio, e, no outro caso, esta mesma regra é apenas uma máxima de comportamento de homens concretos que pode ser detectada como regra que, empiricamente falando, muitas vezes, em menor ou em maior grau, é observada. Neste caso, "uma ordem jurídica" se organiza num sistema de pensamento e de conceitos do qual se utiliza o dogmático jurídico científico como média de avaliação para o comportamento efetivo de determinadas pessoas humanas como, por exemplo, do "juiz", do "advogado", do "delinquente", do "cidadão de um determinado Estado" etc., para rejeitar ou aceitar, de acordo com estas normas, o respectivo comportamento. No segundo caso, esta mesma "ordem jurídica" se dissolve, na cabeça de determinadas pessoas empíricas e concretas, num complexo de máximas que influenciam efetivamente o seu agir e o agir das outras pessoas humanas. Até agora, parece-nos que tudo ainda é relativamente simples. A situação fica bem mais complexa quando se pensa na relação entre o conceito jurídico de "Estados Unidos da América do Norte" e a "forma geográfica correspondente de caráter empírico-histórico dos Estados Unidos da América do Norte". Os dois conceitos são, logicamente pensando, coisas diferentes, devido ao fato de surgir em ambos os casos a pergunta pela relevância no fenômeno empírico a partir do ponto de vista da norma jurídica, ou seja, pela pergunta se esta mesma relevância jurídica também vem a ser importante numa reflexão empírico-histórica, numa consideração política ou numa abordagem dentro dos parâmetros das "ciências sociais". Seria muito enganoso afirmar que as duas maneiras de abordagem tenham o "mesmo nome". Os Estados Unidos — como união — têm, em comparação aos estados dos "Estados Unidos", o direito de fechar "tratados comerciais". Neste sentido, por exemplo, os "Estados Unidos" fizeram um determinado "tratado comercial" de conteúdo "A" com o México. Mas o "interesse de comércio político dos Estados Unidos", na realidade, teria exigido um "tratado de comércio" do tipo "B", pois os "Estados Unidos" exportaram para o México, do produto "C" a quantidade "D". Por causa disso, a "balança de pagamento" dos Estados Unidos encontra-se numa situação X. Este fato deve ter uma influência Y na "volta" dos "Estados Unidos". Nas seis afirmações feitas, o termo "Estados Unidos" é usado de maneira diferente.[20] Aí nós nos defrontamos com um ponto que não há analogia com os conceitos usados no exemplo do jogo de *Skat*. O conceito empírico de um jogo concreto de *Skat* é idêntico com o que está em questão nos processos relevantes do direito de *Skat*. Não temos motivo nenhum de usar o conceito de jogo de Skat de

20. Veja-se também Gottl, op. cit., p. 192, nota 1 e as páginas que seguem.

maneira diferente.[21] A situação é bem diferente no caso do conceito "Estados Unidos". Este fato, indiscutivelmente, está relacionado com o costume que já comentamos anteriomente de transpor "termos de natureza jurídica" a outros setores (como, por exemplo, o conceito de "troca"). Procuraremos, em seguida, esclarecer, de maneira a mais precisa, mesmo que fique dentro dos parâmetros de uma abordagem genérica, de que maneira esta "transposição de conceitos" tem influência sobre o conteúdo lógico da respectiva questão. Em primeiro lugar, apresentaremos algumas recapitulações sintéticas de acordo com tudo aquilo que até agora foi exposto por nós. Podemos afirmar que não tem sentido conceber a relação entre a norma jurídica e a "vida social" da maneira que o Direito poderia ser concebido como "a" — ou "uma" — "forma" da "vida social" à qual poderia se opor uma outra forma de "matéria", e, a partir daí, tirar "determinadas conclusões lógicas". A regra jurídica, concebida como "ideia", não é, obviamente, uma regularidade empírica" ou uma "regulamentação", mas, diferentemente, nada do que uma norma que pode ser pensada e imaginada como "norma que deveria vigorar", e, portanto, não se trata de uma "forma empírica" daquilo que realmente existe e acontece, mas como sendo um "padrão de normas "no qual se mede, pela emissão de juízos de valor, aquilo que acontece efetivamente, os fatos que são considerados da perspectiva de querer estabelecer uma "verdade jurídica". A "regra jurídica", considerada empiricamente, de nenhuma maneira é uma "forma" do ser social, seja como for que se defina esta expressão. Ao contrário, é um componente objetivo da realidade empírica, uma máxima, que determina causalmente, numa maior ou menor "pureza", o comportamento empiricamente observado de uma parte dos homens, sendo que esta parte dificilmente pode ser determinada quantitativamente. E, ao mesmo tempo, esta máxima é realmente observada por esta parte dos homens, obviamente de modo mais ou menos consequente e, às vezes, consciente, às vezes, inconscientemente. A circunstância em que os juízes normalmente observam a "máxima", e, de acordo com uma determinada regra jurídica "decidem" "conflitos de interesse", fazendo com que outras pessoas, oficiais de justiça, policiais etc. tenham, em seguida, a "máxima" de executar esta decisão, e o fato

21. Por causa do motivo empírico e efetivo do alcance insignificante que o jogo de *Skat* tem para a vida cultural.

de que, como tal, a grande maioria dos homens pensa de acordo "com as regras jurídicas", isto significa que aceitam a observação da regra jurídica como uma máxima de sua vida — todos esses fatos são elementos componentes e, elementos componentes da maior importância, da realidade empírica da vida, ou, mais especificamente, da "vida social". Nós denominamos de "ordem jurídica" empírica, ou seja, o ser empírico "do direito como elemento formador de um "conhecimento" de máxima que existe na mente de homens concretos. Este conhecimento, ou seja, a "ordem jurídica empírica" é, para a ação do homem, um dos elementos que determinam a sua ação na medida em que ele procede de maneira racional. Esta ordem jurídica pode funcionar como "obstáculo" o qual ele procura superar seja sem grande prejuízo, seja adaptando-se até certo grau à norma. Mas esta ordem jurídica também pode desempenhar o papel de um "meio" de que se usa para alcançar determinados fins pessoais, exatamente no mesmo sentido como também é o caso de qualquer outro saber de experiência. Talvez ele procura modificar esta ordem jurídica pela influência sobre outras pessoas, por exemplo, por causa de determinados "interesses" seus — considerado apenas logicamente no mesmíssimo sentido como se faz referente a uma determinada constelação natural pelo uso técnico das forças da natureza. Se ele, por exemplo — para usar um exemplo de Stammler —, não quer mais aguentar a fumaça das chaminés vizinhas, então consulta o seu próprio saber de experiência ou o de outras pessoas (por exemplo o de um advogado) sobre a questão se se apresenta determinados escritos, num determinado lugar ("forum"), onde poderia ser esperado que certas pessoas que se chamam "juízes", depois de uma série de procedimentos, pudessem assinar uma folha ("sentença") que traz como consequência adequada que se exerce sobre determinadas pessoas uma coação física ou até psíquica, para que cessem a acender o respectivo forno que é a causa da fumaça. Para o cálculo sobre o fato de que isto poderia ser esperado com grande probabilidade, ele, ou o seu "advogado", faz consultas, sobretudo, sobre a pergunta pelo sentido "conceitual" da regra jurídica conforme o qual os juízes "deveriam" formular a sentença. Mas com esta consulta apenas "dogmática" ainda não se resolveu tudo. Pois para os seus fins empíricos, o resultado desta consulta, mesmo que fosse "indiscutível", é apenas um dos elementos no cálculo de probabilidade sobre o decurso empírico concreto: pode acontecer, por exemplo, que ele perca o jogo "no fórum" — como o povo caracteriza muito bem estes fatos — apesar de, depois de estudos minuciosos do advogado, a "norma", interpretada conforme o seu sentido ideal, claramente ser a seu favor.

E realmente: um processo judicial apresenta-se numa analogia perfeita com o "jogo de *Skat*" que, parece-me, nem precisa ser explicada mais atentamente. Neste caso, não apenas é a ordem jurídica empírica o "pressuposto" do processo empírico concreto, isto significa a "máxima" para os juízes que decidem, e "meio" para os grupos que nele participam e não apenas desempenha o conhecimento do seu "sentido" uma função importante para a "explicação" empírico-causal do decurso efetivo do processo concreto, portanto, a sua significação dogmático-jurídica, como meio heurístico indispensável desempenha, realmente, um papel tão importante como numa análise "histórica" de um jogo concreto de *Skat* a "regra de *Skat*", mas também, e mais ainda, ela é um fator constitutivo para a delimitação do indivíduo histórico: são as partes juridicamente relevantes do processo às quais se dirige o interesse da "explicação", se nós queremos explicar causalmente um processo concreto como sendo "um processo". Aqui, portanto, a analogia com a "regra de *Skat*" é completa. O conceito empírico do "caso jurídico" concreto esgota-se — da mesma maneira como o caso concreto num jogo de *Skat* — nas partes relevantes do setor da realidade a partir do ponto de vista da "regra jurídica" — como a "regra de *Skat*". Mas se não fosse a nossa tarefa explicar o sentido de um resultado jurídico a partir da "história" de um "caso jurídico" concreto, mas, por exemplo, a "história" de um objeto que é profundamente influenciado pela ordem jurídica como, por exemplo, as "relações trabalhistas" numa determinada indústria, por exemplo, na indústria têxtil da Saxônia, então a situação seria outra. Aquilo que nos "interessa" neste caso de maneira alguma é, necessariamente, incluído naquelas partes da realidade que são "relevantes" para uma "regra jurídica". É indiscutível e óbvio que a regra jurídica tem uma imensa importância causal para a "relação trabalhista", seja qual for o "ponto de vista" sob o qual consideramos o caso. Ela é uma das "condições" gerais objetivas que em qualquer investigação deve ser levada em consideração. Mas, visto deste ângulo, os fatos "relevantes" não são mais necessariamente as partes do "indivíduo histórico" — a relação entre a "regra de *Skat*" e o jogo concreto de *Skat*, e entre a regra jurídica e o processo concreto —, sendo que entendemos por "indivíduo histórico" aqueles "fatos" para cuja particularidade e para cuja explicação causal se dirige o nosso "interesse", mesmo que seja talvez para todos estes fatos a particularidade da "ordem jurídica" concreta (situada num determinado momento temporal e num determinado lugar), seja uma das mais decisivas "condições" causais e mesmo que seja a existência como tal de uma "ordem jurídica" um "pressuposto" objetivo geral como, por exemplo, é a existência de lã ou algodão ou linha e a sua possível utilização para a satisfação de determinadas necessidades humanas.

Poderíamos tentar construir uma série de espécies de objetos possíveis de investigação — o que aqui não é o nosso intuito. Seria uma série na qual, em cada exemplo sucessivamente apresentado, sempre diminuiria a importância geral causal da particularidade concreta da "ordem jurídica empírica", e, consequentemente, outros elementos ganhariam sempre mais, na sua particularidade, importância causal, fazendo talvez possível elaborar, destarte, afirmações gerais sobre a medida da importância causal de ordens jurídicas empíricas para determinados fenômenos culturais. Aqui, para nós é suficiente ter mostrado de maneira geral que, por princípio, há uma alteração desta importância causal em dependência do objeto em questão. Também a particularidade artística da Madonna da Capela Sistina, por exemplo, tem por "pressuposto" uma bem específica "ordem jurídica", e o regresso causal deveria encontrá-la como um dos elementos, imaginando, obviamente, que este regresso causal seria feito de maneira exaustiva. E sem "ordem jurídica nenhuma" — que apenas é uma das condições gerais — o seu surgimento histórico-concreto seria improvável ou até impossível. Mas os fatos que são os elementos constitutivos do "indivíduo histórico" que é "a madona da capela sistina" são juridicamente bastante irrelevantes.

O jurista profissional, entretanto — o que é facilmente compreensível — tem a tendência de entender o homem civilizado como um potencial líder do processo, da mesma maneira como, por exemplo, o entende como um potencial comprador de sapatos e o jogador de *Skat* o vê como eventual "terceiro parceiro". Mas um e outro da mesma maneira não teriam direito, se quisessem afirmar que o homem civilizado somente deveria ser objeto de uma investigação de caráter sociocultural na medida em que ele é uma ou outra coisa, se por exemplo o jurista considera o homem apenas como um potencial "jogador de *Skat* jurídico", tendo a convicção de que, de maneira exclusiva, apenas seriam possíveis partes de um "indivíduo histórico" aquelas partes das relações entre os homens que possuem uma relevância sob o ponto de vista de um eventual processo. A necessidade empírica de explicações causais pode estar ligada a determinadas partes da realidade e sobretudo também a determinados comportamentos dos homens entre si e dos homens com a natureza que, sob o ponto de vista da "regra jurídica", são totalmente irrelevantes, e este é exatamente o caso que continuadamente acontece na prática concreta das ciências culturais. Contra isso há o fato que como devemos acrescentar aos comentários feitos anteriormente a este resto — ramos importantes das disciplinas empíricas sobre a vida cultural — sobretudo a investigação econômica e a política — se servem de conceitos jurídicos, não apenas, como já acentuamos terminologicamente, mas também, por assim dizer, como uma pré-moldação de seu próprio material. Isto se explica, em primeiro lugar, pelo desenvolvimento bastante elevado do pensamento jurídico, que faz com que se empreste estes conceitos com a finalidade de pôr uma ordem provisória na multiplicidade de relações sociais que nos circundam. Mas, exatamente por causa disso, se faz necessário ter sempre bastante clareza que esta "pré-moldação" jurídica será deixada de lado, em seguida, e na medida em que a reflexão política ou econômica começa a trabalhar com o material a partir dos seus "pontos de vista", e, com isto, efetivamente e necessariamente, modifica o significado dos termos jurídicos. Nada mais impede esta percepção do que a intenção de querer elevar a regulamentação jurídica a um "princípio formal" da convivência humana por causa dos serviços relevantes que foram prestados pela conceituação jurídica. O fato de se cometer facilmente este erro explica-se exatamente pela circunstância de que a importância efetiva da "ordem jurídica" empírica é de grande significado. Pois, de acordo com aquilo que foi explicado, se foi deixando de lado a esfera da observação de fenômenos que são tidos como "interessantes" apenas por causa de sua relevância jurídica. Também desaparece, ao mesmo tempo, o significado da "regra jurídica" como "pressuposto" no sentido de ser o princípio que dirige ou orienta a delimitação do objeto, temos que ver, por outro lado, que a universalidade do significado causal da "regra jurídica" é muito grande para cada tipo de observação referente ao comportamento dos homens — novamente vamos exemplificar com o *Skat* — porque ela sendo regra do direito empírico, normalmente, reveste-se de força de coação e, mais ainda, tem validade universal.

Num jogo de *Skat*, de maneira geral, ninguém precisa expor-se aos efeitos da "validade" empírica da "regra do *Skat*". Diferentemente, de maneira nenhuma, de fato pode evitar de pisar constantemente o terreno dos fatos que são "relevantes" em dependência da ordem jurídica empiricamente existente — já antes do seu nascimento — e, portanto, não ser exposto — empiricamente entendido — de precisar transformar-se em "potencial jogador de *Skat* conforme a regra de *Skat*". E, por causa disso, deve adaptar o seu comportamento a esta situação, seja por puras "máximas" de utilidade apenas ou seja por "máximas" de justiça mesmo. Neste sentido, certamente, pensando apenas empiricamente, a existência de uma "ordem jurídica" pertence aos "pressupostos" empíricos universais de um tal comportamento efetivo dos homens entre si e seu relacionamento com os objetos externos, que, como tais, fazem possíveis o surgimento de "fenômenos culturais". Mas ela é, neste sentido, um fato empírico, como por exemplo também o é um certo grau mínimo de calor do sol, e, portanto, pertence como este fato às "condições" causais que ajudam a determinar aquele comportamento. E semelhantemente à "ordem jurídica objetiva", no sentido empírico, acontece também com a circunstância de, numa determinada situação concreta, situada e determinada no espaço e no tempo, um determinado "fato" concreto pertence aos fatos que são regulamentados "juridicamente", como por exemplo — para com isso voltar ao nosso exemplo da chaminé que polui o ar pela fumaça — a quantidade de influências de fumaça que aborrece, e cuja modificação o vizinho pode esperar com a ajuda da "ordem jurídica", pois ele tem respectivo "direito subjetivo" referente a esta circunstância. Este último, numa abordagem econômica, apenas se apresenta como uma possibilidade fáctica. Mas, esta possibilidade é susceptível a um "cálculo", ou seja, que os "juízes" (1) executem rigorosamente a decisão de acordo com a norma, como "máxima" — uma vez que sejam conscienciosos e não corruptos —, (2) que eles "interpretem" o sentido da norma da mesma maneira como o fizeram o advogado e o vizinho que se sentiu aborrecido pela fumaça, (3) que seja possível convencê-los das opiniões fácticas que condicionam as aplicações daquela "norma", que (4) deve ser executada. Portanto, a partir daí, esta possibilidade é susceptível a um "cálculo" da mesma maneira, no sentido lógico, como o é qualquer processo técnico ou um bom resultado no jogo de *Skat*. Alcança-se realmente o sucesso desejado, a "regra jurídica" teve sem dúvida uma influência causal referente ao término desta fumaça apesar do protesto de Stammler sobre essa possibilidade — obviamente não no sentido de um "dever-ser" objetivo ("norma"), mas no sentido de um determinado comportamento dos homens que participaram nesta ação, por exemplo, os juízes, nas cabeças das quais a "norma" esteve presente como "máxima" de sua "decisão" ou dos vizinhos ou dos oficiais de justiça.

E da mesma maneira atua o caráter de "regra" da "ordem jurídica empírica", isto significa a circunstância que pode ser constatada como fato. É do conhecimento de uma multidão de pessoas que a "máxima" dos "juízes" vai no sentido de emitir sentenças genericamente iguais referentes a determinados fatos que também se apresentam como sendo genericamente iguais. A circunstância, portanto, de que as "normas jurídicas" possuem o caráter de afirmações generalizantes: "regras jurídicas", portanto, e, sob esta forma vivem como "máximas" nas cabeças dos juízes — esta circunstância, portanto, tem o efeito, em parte, diretamente, e, em parte, indiretamente, que surjam regularidades empíricas no comportamento dos homens entre si e com os bens materiais. De maneira nenhuma, naturalmente, as regularidades empíricas da "vida cultural" seriam, de maneira geral, "projeções" de "regras jurídicas". Mas o caráter de "regra" do direito pode ter, como consequência "adequada", o surgimento de regularidades empíricas. Neste caso, ele se apresenta como um elemento causal para essas regularidades empíricas, entre outros elementos causais, obviamente. Que ele seja um fator determinante de grande peso, baseia-se no fato de que as pessoas empíricas normalmente são "seres racionais", isto é (empiricamente entendido), que elas estão aptas para a percepção e observação de "máximas orientadas por fins" e que também são capazes de adquirir "ideias normativas". Talvez seja este o fundamento para o fato de que a "regulamentação" jurídica do seu comportamento, sob determinadas circunstâncias, consegue efetivamente mais "regularidade" empírica do que a "regulamentação" feita pelo médico da digestão de um determinado homem referente à sua "regularidade" fisiológica. Mas é diferente de caso para caso — e por isso não é determinável genericamente — qual seja a maneira e o grau com os quais a "regra jurídica" empiricamente existente (como máxima para determinadas pessoas) realmente deve ser concebida como fator determinante causal para as regularidades empíricas. Ela é, de maneira diferente, a causa decisiva para o comparecimento "normal" do capitalista no seu escritório, como, por exemplo, para o comparecimento empírico regular do açougueiro ou para as regularidades empíricas de determinada maneira de dispor de dinheiro e bens característicos de um determinado ser humano, ou para a periodização com a qual surgem fenômenos como "crises"[22] e "desemprego" ou oscilações de "preços" depois das colheitas ou para o número de nascimentos em famílias com "crescente" poder aquisitivo ou para a "crescente cultura" intelectual de determinados grupos sociais. E o "efeito" do fato de que um determinado "parágrafo jurídico", empiricamente falando, está sendo "criado", e, portanto, é novo, isto significa que, num quadro bem específico no qual uma multiplicidade de seres humanos se acostumaram em ver regras jurídicas normais e tradicionais e já "fixadas", se processa algo "simbólico" referente a este comportamento costumeiro — já que o "efeito" deste fato sobre o comportamento efetivo destes e de outros seres humanos que foram influenciados, em princípio, é, por "cálculos", acessível da mesma maneira como o "efeito" de quaisquer fenômenos naturais, é possível formular afirmações gerais de experiência sobre estes "efeitos" no mesmo sentido lógico conforme o seguinte esquema: Y é a sequência de X — e tudo isso é muito claro e comum para todos se se pensa, por exemplo, na vida cotidiana, na política. Estas "regras" empíricas, que afirmam o "efeito" adequado da validade empírica de uma sentença jurídica, são, logicamente considerado, naturalmente, a oposição extrema daquelas "regras" dogmáticas que podem ser desenvolvidas como "consequência" de pensamento daquela mesma sentença jurídica, se ela é tratada como objeto da "jurisprudência". E isso é correto, mesmo que ambas as regras, da mesma maneira, partam do fato "empírico", que uma norma jurídica de um determinado conteúdo é considerado como sendo "válido", porque as duas operações mentais de caráter heterogêneo começam o seu raciocínio com este "fato". Podemos denominar de "dogmática" uma reflexão "formal", porque ela fica no mundo dos "conceitos" — se fosse assim, o seu contrário deveria significar "empírico" no sentido da reflexão causal como tal. Mas não há nenhum impedimento de denominar de "naturalista" a "concepção" empírico-causal das "regras

22. Nós não levamos em consideração, nestas colocações, a análise do conteúdo empírico dos fatos que correspondem a estes conceitos.

jurídicas" em oposição ao seu tratamento na dogmática jurídica. Somente temos que ter clareza sobre o fato de que, neste caso, deve ser denominado de "natureza" a totalidade do ser empírico como tal, e que, portanto, por exemplo, também a "história do direito", sob o ponto de vista lógico, seria uma "disciplina naturalista", pois também ela tem por objeto a facticidade das normas jurídicas, e não o seu sentido ideal.[23]

---

23. As operações mentais da "História do Direito", às vezes, não podem ser facilmente classificadas na sua logicidade, como pode parecer num primeiro momento. O que significa, por exemplo, numa abordagem empírica, que um determinado Instituto de Direito, num determinado tempo do passado, "teve validade", já que o fato é, por um lado, sumamente importante, que o princípio se encontra impresso num conjunto de fascículos denominado "Código de Direito", que contém símbolos impressos. Mas este fato, por outro lado, não é o único sintoma decisivo para isso, e, mais ainda, em muitos casos não há um código que funciona como fonte do conhecimento que, por sua vez, sempre precisa de uma "interpretação" e uma "aplicação" em cada caso concreto, procedimento este que, por sua vez, também pode se apresentar como sendo problemático. Poderíamos expressar o sentido "lógico" daquela afirmação que "teve validade" no passado, no sentido da História do Direito, numa formulação hipotética: se naquele tempo um "jurista" tivesse que decidir num conflito de interesses de acordo com regras jurídicas de uma determinada maneira, poderíamos ter esperado com grande probabilidade uma determinada decisão que estaria de acordo com o pensamento jurídico que efetivamente esteve predominante naquele tempo. Mas, muito facilmente temos a tendência de levantar a seguinte pergunta: Não: Qual "seria" com grande probabilidade a decisão efetiva do juiz? Mas: Qual "deveria ser" a decisão do juiz neste caso? Trata-se aqui, claramente, de uma construção dogmática dentro de uma consideração empírica. Isso mais ainda pelo fato (1) de que nós não podemos, realmente, dispensar uma tal construção como "meio heurístico": muitas vezes e com grande regularidade procedemos do modo que, num primeiro momento, nós interpretamos as "fontes jurídicas" históricas de maneira dogmática, e, em seguida, "verificamos", na medida do possível e do conveniente, nos "fatos" (sentenças judiciais que nos foram transmitidas), a validade histórico-empírica desta nossa interpretação. E, (2) para chegar a uma constatação deste "ter tido validade", temos que usar, pelo menos muitas vezes, a nossa interpretação como um meio de representação, sem o qual nem seria possível de apresentar, de maneira compreensível, uma síntese coerente do direito do passado, pois um conceito jurídico, bem definido, unívoco e não-contraditório, muitas vezes nem foi elaborado empiricamente e às vezes não foi amplamente aceito (podemos por exemplo pensar nos *Gewere* nas fontes medievais). Neste último caso, temos que procurar constatar com muita cautela, em que medida uma "teoria" ou várias "teorias" por nós elaboradas teriam correspondido à "consciência jurídica" dos homens daquele tempo remoto. A nossa própria "teoria" nos serve apenas como um esquema provisório para estabelecer uma ordem. Mas esta "consciência jurídica" dos homens de então também não é, necessariamente, unívoca, muito menos ainda algo que é dado e que não tem contradições. Em todo caso, usamos a nossa construção dogmática como "tipo ideal" naquele sentido que eu procurei mostrar numa outra passagem desta obra. Um tal constructo mental nunca é o resultado final do conhecimento empírico, mas sempre apenas um meio heurístico ou um meio de representação (ou ambas as coisas). De maneira semelhante funciona uma "regra jurídica" de caráter jurídico-histórico que teve validade para uma determinada

Nós deixamos de analisar também a "regra convencional", cuja definição conceitual por Stammler será logo em seguida assunto de nossa reflexão. Também deixamos de relacioná-la às "regularidades fácticas" de maneira análoga. Coisas totalmente diferentes no sentido lógico são "regras" no sentido de um imperativo e "regras" no sentido de "regularidades" empíricas. E, numa reflexão que tem por objeto regularidades empíricas, também a "regra convencional" é, no mesmo sentido, um fator determinante causal, que é encontrado no seu objeto como "a regra jurídica" e que de maneira nenhuma é "forma" do ser ou "princípio formal" do conhecimento.

Podemos imaginar que o leitor não tem mais paciência com as nossas exposições complicadas sobre coisas que em última análise são óbvias — sobretudo se pensarmos que a nossa formulação ainda é provisória e imprecisa. Mas o leitor deve ficar convencido de que os sofismas do livro de Stammler exigem exatamente este nosso procedimento, e exigem que façamos todas essas distinções, já que os "efeitos" paradoxais por ele pretendidos e conseguidos se baseiam numa contínua confusão e mistura de conceitos como, entre outros: "regulamentado", "regulamentado juridicamente", "regra", "máxima", "norma", "regra jurídica" — "regra jurídica" como objeto de uma análise jurídico-conceitual e "regra jurídica" como fenômeno empírico, isto é, como componente causal da ação humana. Também há uma confusão entre "ser" e "dever-ser", "conceito" e "concebido" — como já é de nosso conhecimento como sendo típico de Stammler — sem falar da confusão contínua e sempre repetida dos diferentes significados dos termos de "regra" e de "pressuposto". Se Stammler fizesse uma leitura atenta destas linhas, provavelmente faria com grande ênfase o aviso que a maioria de tudo aquilo que, neste ensaio, de maneira complicada foi discutido, realmente consta nas mais diversas passagens do seu livro e até foi colocado com ênfase. Repetidamente,

---

época, espacial e temporalmente delimitada, por sua vez, como "tipo ideal" para o comportamento efetivo dos homens, para os quais ela teria tido validade: nos predispomos a "ver a probabilidade" que o comportamento efetivo dos homens de então teria sido influenciado realmente, pelo menos em parte, por aquela regra e, portanto, se adaptaram a ela, e, em seguida testamos em "fatos", na medida do necessário e do possível, a hipótese da validade das respectivas "máximas jurídicas". É exatamente por causa disso que se usa muitas vezes termos jurídicos para fenômenos econômicos e o fato de, às vezes, se identificar "regra jurídica" com "regularidade" empírica.

afirmou Stammler, de maneira explícita, que, obviamente, a "ordem jurídica" pode ser convertida em objeto de abordagem "causal" como também de uma abordagem "teológica". Certamente. Nós mesmos temos que constatar ou admitir isso. Mas, deixando de lado as meias-verdades que há nestas colocações, novamente chegamos ao seguinte resultado: que ele simplesmente, por completo, esqueceu estas verdades simples, como as suas também simples consequências em outras passagens, mesmo em passagens decisivas do seu livro. Esta falta de memória, por outro lado, ajudou muito o "efeito provocado" por seu livro. Se ele tivesse, por exemplo, dito desde o início do seu livro, com nítida clareza, que apenas estava interessado por aquilo que "deveria ser", ou que ele pretenderia demonstrar um princípio "formal" que deveria desempenhar o papel de guia para o legislador, quando se trata de questões *de lege ferenda*, ou, para o juiz, nos casos em que se apela ao seu "bom senso" — em todos os casos, sem dúvida, esta sua tentativa teria provocado um certo interesse, seja como for que se pense o valor das soluções indicadas. Mas, neste caso, o seu livro seria totalmente irrelevante para as "ciências sociais" empíricas, e Stammler não teria tido motivo qualquer para escrever aquelas colocações imprecisas sobre a "essência da vida social". A crítica destas posturas de Stammler será o nosso próximo assunto, ou seja, em oposição às colocações de Stammler procuramos precisar a oposição entre uma reflexão dogmática e uma reflexão empírica, assunto que, por ora, apenas foi abordado de maneira provisória e imprecisa.[24]

---

24. Deveria seguir um outro ensaio. — A continuação incompleta (de Marianne Weber) que foi encontrada no espólio do autor, foi impresso, em seguida, como suplemento.

# V

# Suplemento ao artigo: Rudolf Stammler e a "superação" da concepção materialista da história[1]

— Stammler e os conceitos de "causalidade e telos"; Stammler e o conceito de "vida social."

(escrito póstumo)

Na página 372 lemos: "Logo que se faz reflexões sobre a causação das ações humanas, entramos no terreno das considerações quanto ao tipo das ciência naturais"; e, logo em seguida (grifo de Stammler): "*somente há causas de uma ação em reflexões de tipo fisiológico*". E, mais tarde, encontramos uma precisão desta colocação no sentido da afirmação de que "as razões causalmente determinadas de uma ação... localizam-se no sistema nervoso". Dificilmente, qualquer uma das diversas teorias hoje existentes sobre as relações entre fenômenos físicos e somáticos aceitaria tal opinião. Ou ela é totalmente idêntica à postura do "materialismo", entendido no sentido restrito do termo — isto é, o caso em que

1. Veja-se o comentário que consta na página 359 deste livro.

ela afirma que a "ação" deveria ser dedutível a partir de processos físicos se ela, em si, pudesse ser explicada causalmente e que uma tal dedução também, realmente e por princípio, deveria ser suposta como uma possibilidade — ou, por outro lado, pode ser interpretado como esta opinião pretende manter aberta uma porta para o indeterminismo, na medida em que ela afirma que aquilo que não pode ser "deduzido" "materialmente", isto é, que não pode ser deduzido de processos fisiológicos, de maneira alguma pode ser submetido a uma explicação causal. Uma ambiguidade semelhante e que tem as mesmas consequências encontra-se na página 339 (final da página), 340 (início da página). Nestas passagens, Stammler afirma que algumas ações poderiam ser imaginadas de duas maneiras possíveis: "ou como acontecimento efetuado na natureza externa (NB) ou como um acontecimento que deve ser efetuado por mim". "No primeiro caso, temos (deveria ser 'pretendo ter') um conhecimento seguro à maneira das ciências naturais sobre determinadas ações futuras como processos exteriores (NB)... na segunda alternativa está ausente a ciência (qual?) da necessidade causal desta ação bem determinada: esta ação é possível (NB) na experiência, mas como tal e em si (?) não é necessária...". Percebe-se logo a obscuridade provocada pela limitação totalmente imotivada do conceito de "ações" nos "puros" processos exteriores, como consta na primeira metade da alternativa. Uma consideração causal também se refere ao lado "interno" do processo respectivo. Inclui portanto a imaginação da ação como sendo uma que eu pretendo realizar, a "ponderação" sobre os meios e, finalmente, a "ponderação" sobre o seu fim: todos estes fenômenos são incluídos e estritamente determinados, não apenas os processos "externos". Parece que o próprio Stammler começou a perceber isto no parágrafo seguinte, ou seja, na página 340, logo no início, na passagem em que ele reflete sobre "a ação humana como sendo um acontecimento natural", e, logo em seguida, que "aquele que tem fome e aquele que tem sede... quer alimentação e toma a comida impulsionado causalmente". Pois o "desejar" é algo "psíquico", e, portanto, não é algo "exterior" ou algo que pode ser "percebido" diretamente, mas, diferentemente, algo que pode ser induzido a partir de "sinais exteriores". E o arranjo e o alimentar-se é — de acordo com a terminologia do próprio Stammler — uma "ação" que, por sua vez, pode basear-se em graus diversos de ponderações entre "meios" e "fins". Do pegar irrefletidamente um menu até a sua combinação e composição das mais refinadas possíveis que consta numa carta no Vefor, há uma passagem e um limite que não é possível indicar com precisão, e é óbvio que todas as nuances possíveis e pensáveis que vão de uma ação totalmente "instintual" até uma que é totalmente "calculada" são objetos no mesmo sentido de uma reflexão causal que, naturalmente, pressupõe a sua determinação total. O próprio Stammler refuta, nas páginas 342 e 343, a distinção feita por Ihering entre causalidade "mecânica" e causalidade "psicológica", isto é, causalidade que se baseia em ideias de finalidade, argumentando que não é possível estabelecer limites claros e precisos entre as duas. Mas por que, então, ele mesmo fez, nas suas exemplificações duas páginas antes, uma distinção entre uma ação "instintual" e uma ação "racional"?[2] Sem dúvida, não se trata de um lapso; muito pelo contrário, ele mesmo recai, fazendo isto, inteiramente, naquela distinção feita por Ihering. Na página 340 lemos (parágrafo 3) que (1) a "ideia" (NB) de uma fome humana que deve ser saciada se movimenta "na direção do conhecimento causal da natureza", se o processo de "alimentar-se pode ser colocado como causalmente necessário a partir das necessidades instintuais" (NB) — por exemplo "o bebê no seio da mãe", e que, diferentemente "a preparação e o oferecer (!) de uma ceia fina é apresentado como um acontecimento (NB) que não pode ser reconhecido como sendo inevitavelmente necessário" (NB), mas "deveria ser realizado pelo próprio agente". Mais uma vez, deparamo-nos com diplomacia da ambiguidade: a afirmação número (1) suscita a ideia de que apenas os fenômenos da vida "instintual" seriam passíveis de uma análise causal, mas esta afirmação nunca é feita de maneira explícita. E, da mesma maneira, no exemplo (2), a "ceia" é uma parte do "reino da liberdade", sem evitar cuidadosamente a questão da "ideia" de quem está em jogo, ou do "conhecimento" de quem está sendo tratado: é o próprio agente que, num caso, a tem, e outro, não, ou somos nós, os "sujeitos de conhecimento", que se aproximam a partir de problemáticas diferentes do objeto, ou seja, do comportamento do agente? Parece que, no primeiro caso, trata-se da nossa ideia do sujeito de conhecimento (é o caso da fome a ser saciada) e

2. E tudo isso, mesmo que Vorländer nos seus *Kant-Studien* (Estudos sobre Kant), volume I, tenha chamado a atenção sobre os possíveis "mal-entendidos" que estes exemplos podem provocar. Mas temos que ver, quando Vorländer fala de mal-entendidos, em realidade, trata-se de uma postura tímida de Stammler, no sentido de evitar "ambiguidades".

no caso da "refeição fina", diferentemente, da ideia daquele que "tem uma vontade" de "resolver a questão" — não fosse assim, a conclusão não teria sentido: novamente, encontramo-nos com um exemplo da confusão, tão cara a Stammler, entre o objeto de conhecimento e o sujeito de conhecimento, por falta de uma formulação mais precisa.

Encontramos esse tipo de confusão do começo ao fim no capítulo intitulado "Causalidade e telos". O que foi dito neste capítulo de correto restringe-se apenas às exposições da página 374, último parágrafo, até a página 375. Tem de ser rigorosamente separada da questão se e por que "razões" um conhecimento referente ao seu conteúdo deve ser aprovado, seja este de caráter empírico-científico, seja de natureza ética ou estética, da questão ou da pergunta pela maneira do seu surgimento em termos de causalidade, ou seja, a pergunta pelas "causas" do seu surgimento. Mas tratando-se de duas problemáticas distintas, como o próprio Stammler corretamente admite, o que significa, então, quando como, por exemplo, na página 375 (meio da página) se afirma: "A última questão levantada (a questão, portanto, do 'significado sistemático', isto é, da validade do conhecimento) seria a questão objetivamente preferida e decisiva"? Para quem? E mais: parece que ele admite o direito de fazer uma investigação empírica rigorosa da gênese de todos os conteúdos "ideais" de vida, se ele afirma (p. 374, § 1) que seria "possível", havendo um conhecimento "completo" dos condicionamentos empíricos para a existência de uma "ideia", que o "efeito empírico" grifado por Stammler — que isto acontece e aquilo não acontece — pode ser calculado com tanta segurança, a partir das condições dadas, como qualquer outro fenômeno da natureza. Mas, já a maneira de expressar-se parece meio artificial: apesar de um conhecimento "completo", parece ser apenas "possível" este cálculo e, em seguida, emprega-se o conceito de "efeito empírico" em vez de fazer a simples constatação de que a existência empírica da "ideia" seria determinada absolutamente. O próprio conceito de "efeito empírico" fica com certa ambiguidade no que diz respeito ao seu sentido. Ambíguo pelo fato de que a expressão lembra a já anteriormente citada limitação a processos (fisiológicos) "externos" e pelo fato de que, por causa de toda uma série de afirmações semelhantes no mesmo capítulo e também nos capítulos seguintes que dão a entender a problemática estritamente empírica, teria a sua validade também e da mesma maneira para a esfera das "ideias" como para qualquer outro setor da realidade. Mas todas estas colocações são feitas daquele modo meio confuso, afirmando-se algo e retirando algo desta mesma afirmação, se a ocasião o exige. As afirmações sobre o sentido e os limites do conhecimento empírico-causal das ações humanas, podemos concluir, padecem de ambiguidade, de obscuridade e de contraditoriedade.

Com referência ao "conhecimento da natureza", afirma-se na página 355 (último parágrafo) que ele sempre passa de uma causa a uma causa mais elevada, da qual a primeira seria o efeito — ou, em outras palavras, as leis naturais são hipostasiadas como sendo algo como forças "atuantes". Mas, em sentido bem oposto, discutiu-se cinco páginas antes, de maneira exaustiva, que a causalidade não seria uma conexão "inerente às próprias coisas", mas apenas um elemento do pensamento, um conceito fundamental unitário do nosso conhecimento. E enquanto lemos na página 351 (final da página) que a "experiência" seria apenas a essência das "experiências" que tendem a uma ordenação unitária, conforme princípios fundamentais, por exemplo, (NB) a "lei da causalidade", da mesma maneira, na página 371, afirma-se que a causalidade seria um "exemplo" dos seguros conceitos gerais que orientam o conhecimento e lemos na página 368 que "não há outro tipo de conhecimento científico de fenômenos empíricos do que o conhecimento causal";[3] afirmação essa que, em seguida, por sua vez, não combina com aquilo que lemos na página 378, na qual se fala de uma "ciência teleológica" e "fins dos homens que devem ser cientificamente guiados" (p. 379). Em seguida, opõe-se a "ciência teleológica" à "ciência natural" (p. 378) que, portanto, ao nosso ver, nesta passagem, está sendo identificada com o conhecimento "causal". E na página 350 afirma-se que a causalidade seria uma categoria fundamental de todas as "ciências da experiência". Onde fica, finalmente, o limite entre a "ciência teleológica" e a "ciência empírica"? Novamente, em vez de receber uma resposta simples e precisa, lemos que se trata de uma problemática totalmente diferente, e, em vez de uma explicação desta problemática e de sua análise lógica, encontramos uma confusão de colocações que realmente não levam à clareza nenhuma.

---

3. A formulação que foi feita de maneira totalmente errada sugere, aparentemente, que a função mais apropriada de uma abordagem causal não seria a generalização, e que "juízos de valor" não poderiam referir-se a coisas individuais.

Na página 352 lemos, por exemplo: "no conteúdo das nossas ideias há o pensamento de eleições que deveriam ser feitas, ou ações que deveriam provocar um determinado efeito...". Muito bem. A existência de tais ideias é um fato de experiência cotidiana interna da qual dificilmente alguém duvida. Qual é a consequência disso? Por que este conteúdo de "ideias" deve ser uma "imaginação" vã? Do ponto de vista do determinismo, este "conteúdo" de maneira alguma é uma "imaginação errada". Empiricamente está constatado, de maneira absoluta, que a capacidade do homem de poder refletir sobre o seu próprio comportamento tem um alcance muito importante para o próprio comportamento do homem. Que, por exemplo, aquele que age, para poder agir, precisa da ideia de que o seu comportamento não seja determinado — assunto do qual no momento não estamos fazendo afirmação nenhuma. Tampouco tratamos aqui o assunto, de que o tratamento do seu comportamento como sendo um processo claramente determinado transforme a "ideia" de uma "escolha" ou a do "livre-arbítrio" numa "ilusão". Entre as ideias teleológicas interpretadas conscientemente como "possibilidade" havia, sob a consideração "psicológica", algo como uma "competição". Tampouco, finalmente, que convicções determinadas referentes a uma "eleição" feita ou "escolha feita" ou referentes a uma que deveria ser feita futuramente, tira a conotação de que se trata de uma "ação" (escolha) "própria" do eleito, ou seja, de uma ação que seria a "sua", isto significa, — no sentido empírico — de um processo que pode ser imputado racionalmente a partir de sua particularidade pessoal e por causa dos seus "motivos constantes" (empiricamente falando). O terreno da "ilusão" seria "pisado" apenas no momento em que o sujeito da ação começasse a ser partidário de uma metafísica "indeterminista", isto é, no momento em que ele pretensamente requer para o seu agir a "liberdade" no sentido de uma total ou parcial "ausência de causalidade". Uma tal metafísica é exatamente a de R. Stammler. Pois seria uma "ideia vã" aquela imaginação de "escolha" se levarmos em consideração as suas exposições anteriores (p. 351 e 352), e, em seguida, considerando também que as "ações" a serem provocadas, apesar da presença daquela ideia de escolha, são pensadas como se fossem determinadas. Isto, como já lemos na página 344, iria contradizer o conceito de "escolha" que exclui a existência de uma "causalidade concludente" — uma afirmação cuja não ambiguidade novamente, logo em seguida, seria limitada com a seguinte colocação: "não há dúvida" que "na grande maioria dos casos" o futuro êxito da ação humana poderia ser visto "como sendo possível, mas também seria possível que ele não ocorresse".

Esta concepção de Stammler, na sua opinião, não contradiz (p. 352) a validade incondicional da sentença da razão suficiente pelos seguintes motivos: 1. pois aquelas ações, enquanto ainda não se fez uma "escolha" definitiva, não seriam fatos da experiência, mas apenas possibilidades (o que, obviamente, seria válido para qualquer "fenômeno" ou "processo natural" como, por exemplo, a luta entre dois animais enquanto ainda não consta qual dos dois é o vencedor), 2. porque o problema da escolha "certa", isto é, aquilo que deveria ser escolhido, não seria um problema da "investigação da natureza". Esta última tese está, sem dúvida, correta — mas a sua condição iria piorar se o seu "estar correto" dependesse do fato de que fosse correta a outra argumentação de Stammler, referente ao processo da "escolha" de alguém que age sobre os limites da reflexão causal, o que, aliás, não tem nada a ver com esta "questão de valor". Obviamente que esse não é o caso. Eu posso achar que um pôr do sol seja "bonito" e um dia chuvoso, "feio", ou julgar que uma determinada afirmação é um "sofisma", mesmo que se referente aos três casos esteja convicto da determinação causal do respectivo processo. Eu posso analisar do ponto de vista da "finalidade" higiênica, da mesma maneira, uma alimentação "instintiva" como também um jantar muito fino e, como no caso de qualquer ação humana, posso também, referente a qualquer processo natural, fazer a seguinte pergunta: como deveria ter sido o seu decurso (no passado) e como deveria dar-se o seu decurso (no futuro) com "a finalidade" de mostrar que o êxito foi ou deveria ser o seu resultado? Cada médico, por exemplo, (implicite) deve fazer em cada hora esta pergunta. Para uma reflexão empírica é, indubitavelmente, uma modalidade decisiva e fundamental dos "fenômenos psíquicos" e aquele que age "racionalmente" tem em mente vários resultados diversos como "possíveis", de acordo com o seu próprio comportamento e, talvez mais ainda, também várias "máximas" diferentes, como "motivos básicos" de sua escolha. Neste último caso, então, o seu agir é "tolhido" durante todo o tempo até chegar ao fim desta "luta interior". Mas, naturalmente, não podemos admitir que, destarte, se abandonasse o terreno de uma reflexão causal, fazendo uma análise de tais processos nos quais se encontra entre os determinantes causais do comportamento de um homem a imaginação de um ou vários possíveis "resultados" — note-se bem, sempre apenas um dos elementos determinantes. O decurso de uma "escolha" entre diversos "fins" pensados como "possíveis", logo que ele seja convertido em objeto de uma observação empírica, deve ser pensando como rigorosamente determinado, da mesma maneira como um "processo natural", e isso do seu início até o seu fim, incluindo também todas as ponderações racionais e ideias éticas que surgem no sujeito que deve fazer uma determinada escolha. Stammler, que nunca negou isso, fala a respeito de maneira vaga durante páginas e páginas. Às vezes, ele diz que não há liberdade no "realizar-se" (p. 368), mas então há (empiricamente falando) liberdade no "querer"? Às vezes identifica o processo da "experiência" com o "observado", já que processos psíquicos não podem ser "observados", e o leitor não recebe a devida informação sobre a questão de eles serem ou não "determinados", sobretudo pelo fato de que na página 341 (início) se denomina, de maneira explícita, "a ideia sobre algo que deveria ser feito pelo ser humano" que não seria idêntico à natureza (p. 378), classificada como sendo o reino das "observações".[4] Ou — veja-se por exemplo a passagem já comentada na página 352 — argumenta-se que "resultados" "futuros" pensados como "possíveis" ainda não seriam "fatos de observação". Como se o *progressus* causal, em sentido lógico, não tivesse o mesmo âmbito e o mesmo alcance que o *regressus*; dúvidas que surgem quando se afirma diretamente que uma experiência somente seria possível referente a fatos do passado (p. 346), pois ela seria, por princípio, "inacabada" e "incompleta". Numa confusão com tais colocações, afirma-se, em seguida, que a experiência não seria "onisciente" e que ela, mais ainda, não abrangeria "o todo do entendimento humano" (*ibidem*) — uma metabase do objeto para o sujeito —, e

---

4. Também aqui, naturalmente, percebemos a já mais que conhecida ambiguidade de Stammler, ou seja, fica bastante obscuro se aquela "ideia" deve ser entendida como sendo a nossa ideia ou como sendo um objeto empírico. Mais ainda, de maneira alguma dá para entender por que um "impulso" ou um "instinto" deve ser enquadrado naquele reino, mas uma "ideia" não. Pois nem o "impulso" ou "instinto" é sensivelmente "perceptível", tampouco a "ideia" ou o "pensamento". E o "transpor-se" pode ser feito não apenas no "impulso" de um outro, mas também no "pensamento" de um outro (veja p. 340). Aquela ideia da possibilidade de transpor-se nos "impulsos" ou "instintos", aliás, não impede que Stammler — já no final da mesma página — comece a falar novamente do condicionamento causal de acontecimentos "externos".

que ela (p. 347) teria apenas validade dentro do âmbito de suas "leis formais" (?), e, portanto, não nos daria "verdades eternas" de "validade imutável". Mas na página 345 (início) acabamos de ler, diferentemente, que ações futuras na maior parte das vezes têm uma validade não necessária. E assim continuam estas colocações vagas e imprecisas que abordam quase todos os problemas possíveis, mas apenas para misturá-los e criar mais confusão. A possibilidade de "pensar" uma ação como "uma que deve ser feita" (NB) — novamente não sabemos se para aquele que age ou para "nós", aos quais a sua ação é objeto de conhecimento — é colocada, por um lado (veja-se p. 357, final, e início da 358), ao lado da possibilidade de concebê-la como "condicionada causalmente", mas, por outro lado, chama-se a atenção, ao mesmo tempo, para o fato de que esta última possibilidade seria limitada e que ainda não foi descoberta "uma única lei da natureza absolutamente válida" conforme a qual "a necessidade causal de futuras ações humanas poderiam ser entendidas da maneira como, por exemplo, a lei da gravidade". E se esta lei seria um pouco "melhorada" (!), mesmo assim "ainda não abrangeria toda a ação futura das pessoas". Como se fosse possível "calcular" a "totalidade" dos fenômenos naturais (excluindo os fenômenos humanos) mesmo com a absoluta totalidade do conhecimento "nomológico" a partir destas leis. A situação referente à conceituação melhora um pouco quando Stammler aborda a relação entre "lei" e "devir" e, de maneira geral, quando trata do significado epistemológico da irracionalidade da realidade. Mesmo que Stammler, às vezes, afirme que grandes eventuais efetivamente existentes lacunas da "experiência" não significaram nada sobre situação lógica, sempre se continua a não considerar isso devidamente e, desta maneira, o "reino dos fins" fica degradado a ser "tapa-lacuna", enquanto, por outro lado, se reivindica para ele um caráter epistemológico heterogêneo. Mas vamos parar com este jogo cruel e constatemos, sinteticamente, qual poderia ter sido a opinião de Stammler.

Nós deveríamos elaborar um outro conceito de "natureza" para apreender a oposição feita, no sentido de Stammler, entre o conhecimento das "ciências naturais" e o das "ciências sociais". Mas antes de acompanhar os próprios esforços de Stammler, poderíamos perguntar, nós mesmos, tendo em mente as exposições feitas no parágrafo anterior, quais poderiam ser as possibilidades neste sentido.

Como já vimos, para Stammler as normas "externas" são vistas como a "forma", "o pressuposto", a "condição epistemológica" etc. da "vida social" e do seu conhecimento. Já anteriormente, através do exemplo da regra de jogo,[5] discutimos as diversas possibilidades de encontrar um sentido racional nestas colocações que sempre se repetem, e agora tiramos algumas consequências. Por enquanto, deixamos de lado a possibilidade de que o "conhecimento" da "vida social" e uma ponderação "político-social" dos fatos empíricos poderia ser pensado a partir de padrão estabelecido. Suponhamos diferentemente que o objetivo de uma ciência empírica deveria ser delimitado para aquele que as normas "externas" (normas jurídicas e normas "convencionais") desempenham o papel de uma "pressuposição".

O segundo livro da obra de Stammler, intitulado *O objeto da Ciência Social*, como já vimos anteriormente, pretende fazer uma conexão entre o conceito de "regra" e o de "vida social", ao qual seriam subordinados o conceito de "sociedade" (conforme Rümelin) e o de "Estado". Mas já na primeira vez em que ele efetivamente surge (p. 83, linha 15) começam as ambiguidades que são típicas de Stammler: lemos que o momento que faz constituir "a vida social" como "objeto próprio do nosso conhecimento" seria a "regulamentação criada pelo homem" (p. 85, mais claramente ainda: "uma norma que no homem tem a sua origem") referente "à sua convivência e ao seu intercâmbio, às suas relações sociais". Isto pode ter vários significados: que aquela "regra" na qual se origina o conceito de "vida social" deve ser entendida como sendo criada pelo homem (a) como uma norma "que deveria ter validade", ou (b) que deveria ser obedecida como uma "máxima", ou (c) ambas as coisas? Ela deveria ser, como tal, uma "máxima" para os homens empíricos? Ou seria suficiente (II) um inter-relacionamento de homens que vivem juntos num determinado lugar e num determinado tempo que "nós" — os sujeitos da observação — interpretamos "conceitualmente" como sendo uma "regra", isto é, no sentido de que seja possível para nós daí podermos "abstrair" ainda uma "regra", ou em outras palavras, que esta convivência se dá de acordo com regras? Ou, (2) num sentido totalmente diferente do primeiro — como discutimos amplamente — que "nós"

5. Veja-se página 337 e seguintes deste livro.

"sujeitos da observação" temos a impressão de poder ou dever aplicar a esta convivência uma "norma", bem entendido, uma norma "ideal".

O caso II, 1 (regulamentação empírica) seria rejeitado por Stammler no sentido de que, obviamente, não é isso que ele queria dizer: "regra" deve ser entendida como um "imperativo" e não como "regras empíricas". Referente a comentários de Kistiakowski, Stammler afirma, falando com bastante convicção, que nunca imaginou que alguém que tivesse lido o seu livro pudesse fazer tais perguntas.[6] Realmente? Mas, então, o que poderia significar que ele, logo em seguida, repetidamente, afirma que a convivência dos homens e o seu mútuo interagir, numa observação puramente de caráter "empírico-causal", se dissolvesse num mesmo "tumulto", num "caos", numa "confusão"... para usar apenas algumas das suas expressões?[7] E mais ainda — levando em consideração a resposta dada a Kistiakowski, conforme a qual (p. 641), de maneira explícita, a reflexão que não aceita o conceito de "regra" como "norma", como "um imperativo" de relações entre os homens, não seria uma discussão sobre "a vida social", conforme Stammler entende este termo — como é possível que Stammler tenha coragem de afirmar (p. 84) que a oposição "objetiva" da vida "em sociedade" seria a existência isolada do "indivíduo" e, explicitamente, se referindo à vida totalmente isolada do hipoteticamente existente homem primitivo? — Enquanto, naturalmente, a oposição (por enquanto formulada de maneira indeterminada) poderia ser expressa apenas da seguinte maneira: "as relações entre os homens (e dos homens para com a natureza) que não se enquadram em "regras elaboradas pelos homens" (no sentido de um "imperativo"). Também chamo a atenção — mas, pensando bem, é típico do procedimento de Stammler — para o fato de que, na passagem citada, de repente o nosso autor fala de oposições "objetivas", e não mais de oposições "conceituais" ou "lógicas", diferentemente daquilo que consta na página 77 e em outras páginas. Mas, logo em seguida, na página 87 (início), os dois conceitos são usados novamente, de maneira idêntica, tratando como sendo a mesma coisa a diversidade da finalidade da reflexão e a diversidade dos fatos empiricamente dados. Na verdade, trata-se: 1. Se da delimitação

6. Cf.: Stammler, Rudolf. *Wirtschaft und Rechte* (Economia e Direito). Nota 51 da página 88 (confira também p. 641).

7. Veja-se página 91 do livro de Stammler.

lógica de um "objeto do nosso conhecimento", pela demonstração do seu sentido específico na reflexão, deveriam ser excluídas da "vida social" — da maneira como Stammler entende este termo — "todas as reflexões para com os outros seres humanos" (e para com a "natureza"), e se estas apenas deveriam ser tratadas na sua facticidade, e não como "parcialmente" possíveis nos casos de aplicação de "regras" (no sentido "imperativo"). Isto significaria que não haveria "vida social" para uma ciência "empírico-causal", mas apenas para uma ciência "dogmática". 2. Se diferentemente significaria que a seleção "objetiva" de partes da realidade empírica — portanto iria-se referir a "objetos realmente no mundo" com diferenças qualitativas que foram a base da seleção — se for assim, a "oposição" objetiva do conceito de Stammler de "vida social" deveria ser formulada da seguinte maneira: todos os relacionamentos humanos para com os outros seres humanos (e para com a "natureza"), para cuja forma efetivamente os homens ou não "elaboraram" uma "norma" que deveria ser obedecida (Nº I, 1, início da página) ou à qual os homens efetivamente não obedecem (Nº I, 2 e 3). Em outras palavras: se algo pode ser classificado como sendo um "processo natural" ou um fenômeno da "vida social", depende do fato, se e em que medida, *in concreto*, a seu respeito foi elaborado I, 1 um "Estatuto".[8] Ou, se e em que medida, além do mais, (Nº I, 3) por parte dos homens envolvidos, *in concreto*, agiu-se de acordo com aqueles "estatutos", seja conscientemente, seja numa tomada de posição negativa ou positiva, ou, "finalmente, se e em que medida, (Nº I, 2) mesmo na ausência de um "estatuto" explícito, pelo menos subjetivamente, a ideia de normas que deveriam vigorar teve influência sobre o comportamento humano exterior nos casos concretos das ações humanas.

Seria inútil e em vão querer explicações mais precisas sobre estas questões. Stammler não assume a obrigação de dar uma explicação clara referente a tais questões com um procedimento, como já sabemos, que

---

8. Temos que chamar a atenção para o fato de que na página 92, parágrafos 3 e 4, substitui o termo por "combinação", em oposição (num sentido meio impreciso) à "pura vida instintual", como sendo a sua característica. Na página 94 fala de regulamento humano e na mesma página de um "ser social" dos animais que realmente existe nos casos em que nas uniões animais (pensemos, por exemplo, na organização das abelhas) tais regras externas têm sido estabelecidas pelos respectivos animais, que no momento também são pontos de referência.

é bem típico dele, ou seja, uma mistura entre "diplomacia e obscuridade", ou, neste caso concreto, através de um procedimento muito simples, o de falar "metaforicamente", ou o de "personificar" a "regra". Nas páginas 98 e 99, por exemplo, lemos que a "regra externa" seria de tal maneira — neste caso em oposição à norma ética que se "interessa" pela "mentalidade" — "que seria totalmente independente no seu sentido (NB) da força impulsora de cada indivíduo".[9] Lendo isto, cada um vai interpretar a metáfora da seguinte maneira: trata-se de sua "validade" ideal que pode ser encontrada dogmaticamente, e esta interpretação possui maior grau de validade, levando em consideração que no parágrafo seguinte se afirma de maneira explícita que não "interessa" à "regra" se o súdito reflete sobre ela como tal — mas então, parece que sim, se ele a conhece, ou não? — ou se ele se comporta conforme ela apenas por "mero e estúpido costume" — que obviamente poderia ser igualado ao "instinto animal" a partir do ponto de vista de uma separação empírica e precisa entre comportamentos pragmáticos e orientados por normas de outros tipos de comportamento. Sobre a possibilidade da "não-observação" efetiva da "regra", encontramos nos escritos de Stammler um "silêncio" absoluto, mesmo que se saiba que somente levando isso em consideração haveria, efetivamente, clareza no significado desta afirmação, se também neste caso, sem ambiguidade, ficasse estabelecida a sua irrelevância em comparação à "validade" ideal (dogmática) da "regra". Esta "não-ambiguidade" indiscutivelmente teria impossibilitado a seguinte manipulação escolástica: (p. 100) "pelo fato de que há uma diferença entre a regra (personificada) e as "forças impulsoras (NB) que são próprias do homem isolado (!)" (anteriormente foi feita a colocação "que seria independente" — desempenha ela um novo papel de fundamentação autônoma") (NB). Nas páginas 98 e 99 lemos que o fundamento (empírico) ("força impulsora" é ele denominado) seria irrelevante para o comportamento exterior, ou seja, para a "regra" — de

9. Costumeiramente, faz-se uma distinção entre "moralidade", por um lado, e "direito" e "convenção", por outro. O fato de não ser irrelevante para a jurisprudência determinadas questões, temos que sempre ter em mente, para não superestimar a precisão principal desta distinção. Referimo-nos a questões com a pergunta por que, ou por quais motivos não corresponde um comportamento exterior a uma determinada norma jurídica? Ou qual foi a mentalidade na qual se originou uma ação que violou interesses alheios que eram juridicamente protegidos (*dolus, culpa, bona fides, error* etc.).

acordo com o linguajar de Stammler — "seria independente disso", isso, ao nosso ver, quer dizer, deixando de lado o metafórico, nós faríamos numa avaliação normativa, uma abstração[10] da motivação empírica daquele que age e somente iríamos perguntar pela legalidade do comportamento externo. Nesta colocação, não apenas se introduz, meio clandestinamente, o homem "isolado" como oposição conceitual, mas também, e ao mesmo tempo, introduz-se (meio clandestinamente) a "validade" ideal de uma norma como medida da avaliação, que é usada por nós, ou seja, pelos sujeitos da observação, que novamente foi modificado no seu significado empírico humano e este fato empírico é apresentado como sendo característica específica de um "comportamento organizado externamente por regras" — ou, em expressão mais clara, a possibilidade que foi declarada como sendo irrelevante na página 99, a de que aquele que é submetido àquela norma (ideal) lhe obedece conscientemente por mentalidade ética e formal-jurídica. Este procedimento[11] obviamente é possível pelo fato de que o leitor inatencioso, quando se afirma que a "regra" independentemente, não fica esclarecido que somos nós, os sujeitos fazemos uma abstração no caso em que fazemos "dogmática" e, portanto, tratamos a "regra", como se fosse um "vigorar ideal", enquanto que, no segundo caso, em que se trata de um conhecimento empírico, que faz parte do nosso objeto de conhecimento e visa "garantir" aos homens empíricos um "sucesso" mediante o estabelecimento de uma regra — e com graus diferentes de garantia — também costumamos o conseguir. E, para cortar esta leve introdução de clareza na penumbra escolástica, Stammler, no parágrafo seguinte (p. 100, linha 23), personifica, em paralelo ao "estatuto", também a "lei de natureza", e opõe à primeira, que pretende "realizar" determinada convivência, a última, ou seja, a regularidade empírica como sendo a "unidade cognoscitiva" (sic!) dos fenômenos "naturais". Uma "regra que tem vontade", pelo menos

---

10. Stammler evita cuidadosamente esta expressão.

11. Eu apenas quero lembrar as minhas colocações anteriomente feitas e repito que de maneira nenhuma estou imputando a Stammler qualquer tipo de *dolus*. Mas a nossa língua não dispõe de outras palavras para a *culpa lata* que (numa eventual segunda edição) não mais tolera tais sofismas, e, ao contrário, apoia-se neles, e sobretudo neles. Se estou usando tais expressões fortes e expressões semelhantes, apenas queria dizer uma única coisa: que, se o cumprimento de deveres científicos estivesse submetido a regras externas, neste caso, realmente, o procedimento de Stammler seria um "caso de polícia".

é uma metáfora possível, porém mesmo pensando neste caso, bem inoportuna, ou, talvez até absolutamente não permitida — mas uma "regra cognoscitiva", simplesmente, é um absurdo. Acho que não são necessárias mais críticas, levando em consideração as nossas colocações nos parágrafos anteriores, pois também não pretendemos fazer comentários mais específicos sobre o assunto como, por exemplo, de que maneira seria possível transformar o "fundamento autônomo" (empírico) — uma regra, portanto — em elemento "formalmente determinante" de um conceito (pp. 100, 101 e 102), e, em seguida, fazer a recomendação e admoestação de que não deveria ser feita da "condição epistemológica" — crítica por motivos da função lógica (!) da regulamentação exterior de um "efeito causal" — exatamente o que o próprio Stammler fez numas páginas anteriores, como já mencionamos claramente. Mas a própria recomendação não leva a consequências nenhumas na continuação de sua exposição — trata-se da recomendação de não misturar relações lógico-conceituais com relações empírico-fatuais. Pois, já no parágrafo seguinte (p. 105), chega-se à conclusão de que não poderia haver, nem na realidade empírica, fatos que não possam ser enquadrados numa subsunção limpa e clara dentro destes dois conceitos, já que os dois conceitos "vida social" e (conforme a expressão de Stammler) "vida isolada". Num primeiro momento aceitamos a opinião de Stammler que diz que também na realidade empírica não há fatos que não possam ser enquadrados numa subsunção clara e indiscutível a partir de um desses dois conceitos e que sempre apenas pode haver uma subsunção a partir de um destes dois conceitos (NB), ou seja, uma terceira possibilidade não é possível. Mas quais são, ao final das contas, estas duas "circunstâncias" que são as únicas a serem pensadas? Por um lado "um ser humano que mora totalmente isolado" (NB), e por outro, um ser humano cuja vida está, por regras externas, em interdependência com a vida de outros. Stammler acha que esta alternativa é tão completa que apenas poderia ser possível uma "evolução" dentro dos limites "destas duas circunstâncias", mas não seria possível uma evolução a partir da "vida isolada" para a "vida social" o que, em seguida, se procura demonstrar com a história de Robinson[12] — num procedimento dentro daquela postura

12. Também referente a isso queremos tecer algumas reflexões sobre as páginas 105 e seguintes. Lemos que "num primeiro estágio" apenas havia "técnica de uma economia isolada"

diplomática da qual já falamos. O procedimento errado, neste caso, consiste em que, também nesta passagem decisiva, o leitor tenha a impressão de que o único par de oposição possível seria — para ficar dentro da ambiguidade da expressão usada por Stammler — entre uma multidão de homens unidos por "estatutos" e um indivíduo totalmente isolado, enquanto que o próprio Stammler, em diversas outras passagens, fala de vários indivíduos que vivem juntos, cuja convivência não apenas não é regrada por "estatutos", mas também estes estatutos não desempenham o papel de "fundamento" de sua convivência.

Uma tal situação, conforme Stammler, deveria ser a mesma coisa como "morar sozinho". Neste tipo de argumentação encontramos logo mais algo incorreto no momento em que tal coexistência — comparada por Stammler à convivência dos animais, que não é regulamentada por "estatutos" — é designada como sendo um conviver "puramente físico" e com isso sugere junto ao leitor a ideia de que se trate de um conviver sem nenhuma interdependência, sendo apenas um estar juntos no tempo e num determinado lugar. Este tipo de convivência, portanto, seria a única oposição possível à "vida social" — enquanto que o próprio Stammler fala em outras passagens do predomínio dos "instintos" apenas

(NB). A partir do momento em que ele aceitou como companheiro o *Freitag* (Sexta-Feira), quando (NB) o jovem índio colocou na sua nuca o pé do jovem branco com a indicação simbólica que "ele deveria ser o seu dono", começou a existir uma "convivência regrada", porque juntou-se à questão "técnica" uma outra questão (NB) para ambos (NB): a "questão social". Portanto, não haveria "vida social" sem aquele ato simbólico (ou qualquer outro ato que teria o mesmo sentido simbólico). Por exemplo, no caso em que Robinson trancou o índio e o alimentou e o treinou semelhantemente a um dono de cachorros que tem muito sentimento humano. Pois — de modo semelhante ao treinamento de cachorros — Robinson precisava fazer sinais para comunicar-se com ele (veja-se, a respeito disso, os comentários de Stammler no início da página 86). Seria, sem dúvida, de grande utilidade ensinar-lhe a "falar" — o que, no caso do cachorro, já não é possível. De acordo com as afirmações de Stammler, feitas na página 96 (final) e na página 97 (início), teria tido "vida social", se tivesse acontecido isso. Desta maneira, tudo ficou como antes: "ordens", "meios de comunicação", "símbolos"... há, obviamente, entre o homem e o cachorro, e se Bräsig disse que "para um homem e para um cachorro o cacete é a melhor confraternização", podemos apenas dizer que os donos de escravos, como é bem conhecido, estenderam este princípio para os negros. Espero que o leitor desculpe esta casuística se ele lê (na página 106) como Stammler, de qye maneira triunfante, exclama: "Não pode haver nenhum estágio intermediário entre a condição isolada do nosso Robinson e a convivência regrada (NB) com o seu *Freitag* (Sexta-Feira)". Realmente, a economia política teórica, ridicularizada por Robinson, não poderia ter feito uso melhor da figura imortal de Defoes do que o nosso escolástico.

e de "forças instintivas" etc., tratando-se, portanto, de uma convivência que contém elementos "psíquicos". E nesta colocação ocasional referente ao "instintual", que evoca no leitor a ideia de forças profundas e inconscientes, há nas respectivas passagens um erro lógico: a "economia" de Robinson, que é mencionada de maneira explícita (p. 5, final), mesmo que ela, de acordo com Defoe, de maneira nenhuma é regulamentada "instintualmente", mas "racionalmente", no sentido teleogógico, pertence, nas colocações de Stammler, não ao setor "do comportamento regulamentado externamente", mas, ao contrário, à "mera técnica". E, se Stammler pretende ser consequente, também a sua "ação que visa certos fins" em relação a "outros", isto é, com a intenção consciente de influenciá-los na sua ação, neste caso, não pertenceria ao setor da "vida social", se ela não é regulamentada por "estatutos". Nós já explicitamos anteriormente as consequências lógicas de tudo isso. Aqui, apenas queremos constatar que também Stammler as reconhece numa determinada passagem (p. 101, final e p. 102, início). Sem dúvida, numa outra passagem (p. 96, final e p. 97, início) faz-se a restrição que apenas o uso da língua já seria uma "regulamentação convencional" da relação entre os homens, portanto seria fato constitutivo de uma vida social. Embora o uso de "meios linguísticos" seja uma "comunicação" — ela não é uma comunicação estatutária, nem uma que se baseia em "estatutos". Esta última colocação é uma afirmação de Stammler pois as regras da gramática seriam prescrições cuja "assimilação" visa um determinado comportamento. Isso, sem dúvida, é correto se pensamos na relação entre o aluno da primeira série do ginásio e o seu professor, e, para possibilitar uma tal maneira de "aprendizagem" de uma língua, realmente os autores das "gramáticas" enquadraram as regularidades empíricas da fala num sistema de normas cuja observação é forçada pela palmatória. Mas o próprio Stammler diz na página 97 (final) que "um conviver totalmente isolado" somente seria imaginável se se abstraísse também de um consenso referente à língua e aos gestos" (NB).

Aqui vinga-se o erro que há na antítese: "convivência estatutariamente regulamentada" *versus* "isolamento total". Pois a última colocação feita por Stammler é correta. Dela podemos concluir, por um lado, o fato de que um "consenso" deveria ser suficiente para a constituição da "vida social" — não nos interessa no momento de que maneira se chegou a este consenso, se ele, por exemplo, surgiu "causalmente", ou por "estatutos", ou por reações físicas involuntárias, ou por "reflexo", "instintos", "gestos" etc. Por outro lado, temos que ver que também, com referência aos animais, somente não há vida social — apesar das difusas colocações de Stammler nas páginas 87 a 95 — quando não há de maneira nenhuma "gestos" que são entendidos, ou numa formulação mais geral, quando lhes faltam totalmente "meios de comunicação", sendo que neste conceito cabe tudo aquilo do qual falamos até agora. E, com referência aos homens, Stammler deveria admitir que há vida social em todos os casos em que efetivamente existem "meios de comunicação" — não interessa o seu tipo, e tanto faz se eles são criados ou não por "estatutos" humanos. Mas, ao mesmo tempo, ao que parece, esta não pode ser a opinião de Stammler. Pois, na página 106 (parágrafo do meio), defende-se, numa formulação ingênua, o ponto de vista contrário, ou seja, que somente há "vida social" quando se elaborou um "estatuto", escrevendo: "Se alguém... iria transpor a sua fantasia num período da existência humana, e em que, de maneira geral (NB), se desenvolveu nos sentimentos... um impulso para se unirem sob regras externas... tudo dependeria (NB) no momento do novo surgimento (NB) de tais estatutos (NB). A partir deste momento haveria vida social, antes não. E não há sentido (!) de imaginar um estágio 'intermediário'."[13] Parece não ser novidade nenhuma que, para o escolástico jurídico, a formação da "vida social" só poderia ser possível na forma de um contrato. Mas percebe-se o caráter "verdadeiro" deste escolástico na página 107 (início), onde são identificados os conceitos de "evolução" e "transição conceitual" e, portanto, se acredita ter demonstrado através da impossibilidade lógica do último conceito — a ligação de palavras na forma de "transição conceitual" é um absurdo em si — como também a impossibilidade empírica do primeiro conceito.

Mas, exatamente quando uma tal "transição" deveria ser "indispensável", surge com maior peso a pergunta pela característica decisiva deste surgimento novo, ou, de maneira mais geral, para a existência ou formação de um "estatuto"? Poderíamos dar a resposta: que os selvagens costumeiramente não possuem códigos jurídicos. Aquela característica é um comportamento dos homens, o qual (pensando juridicamente) é

13. O "não tem sentido" de Stammler significa nada mais do que "não cabe bem no meu esquema conceitual".

"concludente" para a existência da norma. Mas quando é que isso acontece? Apenas em casos nos quais ela vive nas ideias dos homens, quando estes, portanto, de maneira subjetivamente consciente, vivem essas "máximas" como "norma" — ou até lhes desobedecem, mas tendo consciência que se trata da "violação" de uma norma? Mas, por outro lado, como vimos, o comportamento subjetivo interior referente à norma jurídica e o conhecimento dela como tal, conforme Stammler, seria irrelevante para a existência da norma — ou seja, "costumes idiotas" (veja-se acima) teriam o mesmo efeito que a "máxima normativa". Neste caso seria o essencial que a existência de um "estatuto" pudesse ser conhecida pelo fato de que os homens se comportam exteriormente como se existisse um estatuto? Mas quando é que isso acontece? O "Código Geral da Prússia", por exemplo, recomenda às mães da Prússia a prática de amamentar e, portanto, o "amamentar" seria um elemento constitutivo da "vida social" de acordo com a opinião de Stammler. A mãe prussiana que amamenta o seu filho sabia tão pouco desta norma como uma mulher negra da Austrália que faz a mesma coisa com o mesmo efeito, numa maior ou menor regularidade, sabe algo a respeito de que o amamentar não lhe foi imposto por "regras externas" e que, portanto, de acordo com Stammler, o amamentar naquele país não faria parte da "vida social", nem mesmo no sentido da existência de uma respectiva norma "convencional" — só se entende que haja uma tal norma convencional todas as vezes em que há uma "regularidade" de comportamento a este respeito que pode ser constatada empiricamente. Levando em consideração o lado subjetivo da questão, desenvolvem-se, certamente, ideias normativas convencionais a partir de regularidades reais e empíricas. Isto acontece talvez por causa de um certo receio de menosprezar e violar comportamentos costumeiros e tradicionais, ou, talvez, por causa de certa aversão frente a desvios de comportamento. Também pode resultar da preocupação de que possa haver uma vingança por parte dos deuses ou dos homens cujos interesses (muito egoístas) possam, talvez, ser contrariados por comportamentos de desvio. E o medo de comportamentos de "desvio social" pode transformar-se na ideia da "obrigação" da observação dos costumes tradicionais ou na aversão instintual e individualista a quaisquer "inovações" e a "inovadores" de qualquer tipo que seja.

Mas em quais casos este comportamento subjetivo, concretamente, inclui a ideia de um "estatuto" ficaria, provavelmente, muito vago. Mas se, de maneira nenhuma — de acordo com Stammler — importa a situação "subjetiva", a "mentalidade", falta indiscutivelmente qualquer característica empírica: o comportamento "externo" (o amamentar) não mudou em nada. E se este comportamento, sob a influência da formação de ideias "normativas", lentamente se transforma, é somente uma questão de opinião, quando podemos concluir a existência de uma norma externa ("convencional" ou "jurídica").

Já que é um absurdo afirmar a existência, nos "sentimentos" dos homens primários que vivem em total (NB) isolamento, de um "impulso" consciente do seu sentido e de sua finalidade para "estatutos", ficaria apenas, seguindo o tipo de raciocínio de Stammler, a pergunta — que foi cortada pelo próprio Stammler de maneira explícita — de como poderíamos imaginar o surgimento empírico de "vida social" em um conjunto de animais. E, ao final de tudo isso, a resposta poderia ser apenas a seguinte: ele não é pensável como um processo empírico que se deu no tempo. A "vida social", por assim dizer, é "transtemporal",[14] dado que coexiste com o conceito "ser humano". Obviamente, trata-se aqui de uma informação que não é uma resposta a uma pergunta empírica, mas é uma mistificação. Mas mesmo assim é ela a única saída inevitável, se se conclui a partir da possibilidade de pensamento, de se estabelecer um determinado "conceito" da "vida social", para a efetiva impossibilidade que a este conceito possa corresponder na realidade uma respectiva realidade empírica, ou seja, no sentido de que os homens empíricos tivessem exatamente a tarefa de "realização" daquele conceito e de que esta tarefa deveria ser a finalidade de sua ação. Se nós nos afastamos desta pragmática ingênua, naturalmente, a ideia hipotética de um surgimento "lento" de "ideias normativas" não encontra grandes dificuldades. Em outras palavras, tratar-se-ia da convicção de que (para usar as palavras de Stammler) certas ações executadas "por costume idiota", por infinitos espaços temporais, sem qualquer ideia de um "dever-ser" ou de um "estatuto", ações executadas "instintualmente" se transformariam em "deveres" cuja violação acarretaria certas desvantagens das quais se tem medo. Neste sentido, até um cachorro tem um sentimento de dever.

---

14. Não tenho muitas dúvidas de que a respectiva afirmação de Gottl — *Grenzen der Geschichte* (Os limites da História) — com referência à vida histórica, de alguma maneira, teria sido influenciada pelas colocações de Stammler. Stammler nem usa este termo.

De certo, falta qualquer notícia "histórica" sobre a ideia de que tais "deveres", como Stammler pretende, se baseiam em "estatutos humanos" e de que estas ideias apenas requerem "legalidade exterior" (p. 98) em oposição à "ética". Toda esta confusão conceitual de Stammler, portanto, não tem fundamento histórico-empírico. Se insistimos na necessidade da existência (empírica) de um "estatuto" para um processo que faz parte do mundo das ações humanas, o âmbito da "vida social", descrito desta maneira, transladou-se, constante e lentamente, de puras facticidades para processos "externamente regulamentados", e nós podemos observar continuadamente este processo, sobretudo se incluímos (como Stammler o faz) a "convenção". A saída cuidadosamente deixada aberta por Stammler (p. 106, final e p. 107, início) de que se trata, neste processo, de uma evolução do "conteúdo" da "vida social", naturalmente não diz nada a respeito da demonstração da impensabilidade de uma transição, pois não pode ser excluído um desenvolvimento semelhante para nenhuma parte daquilo que de acordo com Stammler faria, hoje em dia, parte da "vida social". Além disso, nos parece que o conceito de "normas externas", como características da vida "social" em oposição à vida "ética", não tem utilidade nenhuma, pelo menos no que se refere a uma observação puramente empírica. Por um lado, toda ética "primitiva" exige exatamente legalidade "externa" e dificilmente pode ser distinguida com bastante clareza do "direito" e da "convenção"; por outro, temos que ver que as ideias normativas "primitivas", ou seja, "as normas", exatamente não são "mandamentos humanos" mas "mandamentos divinos", se fizermos a pergunta pela origem dela. Certamente haveria muitas dificuldades para o etnógrafo se ele quisesse responder a pergunta pelo surgimento dos diversos componentes do nosso conceito atual, por exemplo, de "direito" ou "normas jurídicas" e talvez, efetivamente, nunca será possível esta questão com base em sólidos conhecimentos históricos. Mas, sem dúvida, ele não ia desempenhar o papel ridículo do nosso escolástico que, frente aos fenômenos da vida dos povos primitivos, sempre de novo deveria fazer a pergunta infantil: por favor, este processo faz parte da categoria "externa", isto é, de um comportamento regulamentado por estatuto humano (no sentido como consta na obra de Stammler, intitulada: *Wirtschaft und Recht* — "Economia e Direito", p. 77 e ss.), ou pertence à categoria "convivência humana puramente instintual" (no sentido contido na página 87 e ss.)? A um destes dois sentidos deveria pertencer, senão não poderia ser classificado conceitualmente dentro do meu esquema e, consequentemente, seria — que horror — impensável para mim.

Mas, por hora, chega de discussões sobre uma doutrina, que, por desconhecer o "sentido" da formação de conceitos, mistura eternamente o conhecido e o sujeito do conhecimento como mostra, servindo muito bem de fim para estas observações, a bela afirmação seguinte (p. 91) sobre o conceito (NB) com o qual nós nos defrontamos (!) na experiência relativa à "vida social": "... esta vida social que nos é dada empiricamente (NB) baseia-se" (somente pode significar "empiricamente" na "regulamentação externa" — termo ambíguo, como já sabemos) "é que faz com que seja compreensível" (parece, aquele fato) "como conceito peculiar (!) e o seu próprio objeto" (então um "conceito", *Begriff*, que se torna "compreensível", *begreiflich*), "porque nós percebemos nela" (na "regulamentação", pois, termo ambíguo) "a possibilidade... de compreender (NB) uma conexão entre os homens que, como tal, independente da mera constatação (!) da vida instintual natural do indivíduo" (portanto), "um fato 'empírico': uma 'conexão de homens' que, certamente, independe do nosso conhecimento de outros fatos empíricos". Mais uma vez, a confusão, realmente, é excessiva. Se quiséssemos desembaraçar todos os fios desta rede de sofismas que Stammler apresentou aos seus leitores — e sobretudo também para si — deveríamos pegar cada afirmação do livro no sentido literal das palavras e analisá-las sob o ponto de vista de suas contradições com os seus próprios conceitos, comparando-as com as outras afirmações do livro.

Apenas queremos ainda constatar, aqui, o erro em que se baseia a afirmação total sobre a "impensabilidade" daquela "transição". Uma tal oposição que exclui aquela "transição" existe realmente se opomos o vigorar ideal de uma norma a uma circunstância real, por exemplo, a ações reais de homens empíricos. Esta oposição é realmente inconciliável, e uma "transição" em dimensão conceitual é impensável, mas por uma razão muito simples, ou seja, por causa do fato de que se trata aqui de questões totalmente diferentes do nosso conhecimento, pois, num caso, trata-se de uma reflexão dogmática sobre um regulamento referente ao seu sentido "ideal" e a "avaliação" de ações empíricas com base naquele regulamento, e, no outro caso, trata-se da constatação da "ação empírica" como um "fato" e da sua "explicação" causal. Este fato lógico foi projetado por Stammler na realidade empírica. Por causa disso, ao lado desta última afirmação encontramos aquela afirmação absurda sobre a impossibilidade "conceitual" de uma "transição". E no que se refere à lógica, a confusão criada não é menor: inversamente se mistura, neste nível, as duas questões lógicas que são totalmente heterogêneas. Exatamente por causa desta mistura foi que Stammler criou enormes obstáculos para a tarefa que ele mesmo indicou para si, ou seja: delimitação da área dos problemas da "ciência social". Isto logo se percebe se prestamos atenção às considerações finais do final do primeiro capítulo do segundo livro (p. 107 e ss.). Aqui, Stammler começa a falar sobre o princípio de sua problemática. A "ciência social" deveria ser caracterizada na "sua peculiaridade própria, ao lado da (!) ciência da natureza. Isto, obviamente, significa: deveria ser delimitada em comparação a ela. A "condição" (que significa "objeto" no sentido de "essência") da "ciência natural", na opinião de Stammler, seria "filosoficamente assegurada". Realmente? Todo mundo sabe que nos últimos dez anos, nas discussões lógicas, nada foi mais questionado do que este ponto. Nas explicações anteriores apresentamos nada mais do que quatro modalidades possíveis do conceito de "natureza".[15] Mas nenhum conceito pode ser utilizado como sendo uma oposição ao conceito de Stammler, que é o de "convivência regular e externa". Aqueles conceitos de natureza que opõem uma parte da realidade empiricamente dada em oposição a uma outra parte, ou seja, em última instância, às funções "superiores", já não dão conta da questão, porque, por exemplo, todo o setor das normas apenas "éticas" que se referem ao comportamento "interior" deve ser excluído por se situar fora do conceito. Pela mesma razão também não pode ser utilizada a oposição de "natureza" como sendo o "absurdo" em oposição a um objeto que teria "sentido", pois não é que tudo que "tem sentido", e nem toda a ação humana que tem "sentido" pode ser enquadrada no conceito stammleriano de "regulamentado externamente". A oposição lógica entre conhecimento das "ciências naturais", como sendo o conhecimento geral ou nomotético, e o conhecimento individualizante, ou histórico, também fica totalmente fora da abordagem de Stammler. Levando em

15. Veja-se: páginas 321 e 332.

consideração tudo isso, podemos dizer que apenas ficaria a oposição entre uma abordagem "naturalista", no sentido "empírico", e, portanto, não de uma abordagem dogmática e de um respectivo conceito de natureza que deveria ser mais bem definido. Mas, para Stammler, também esta oposição não é de tanta importância, já que a "ciência social" de Stammler não pretende ser uma "jurisprudência" e, tampouco, uma ciência que, diferentemente da jurisprudência, discutisse também regras "convencionais" à maneira da jurisprudência dogmática. Problemas "sociopolíticos" (no sentido mais amplo do termo) seriam todos aqueles problemas práticos aos quais se pergunta: de que maneira deveríamos enquadrar o comportamento humano exterior a normas "jurídicas" e "convencionais"? Se delimitarmos uma ciência empírica em função de sua dependência de problemas práticos, e se — por consideração a Stammler — ao objeto da "ciência social" deveríamos denominar "vida social", poderíamos afirmar o seguinte: pertencem à "vida social" todos aqueles processos empíricos cuja regulamentação externa através de estatutos elaborados por homens, em princípio, pelo menos pode ser pensada. Não nos interessa neste momento se uma tal delimitação do conceito de "vida social" teria um valor "científico". É suficiente saber se isso pode ser feito sem haver uma *contradictio in se*. Pelo menos dever-se-ia possibilitar a delimitação do objeto do ponto de vista da "regra externa" e não da regra que empiricamente é real na vida concreta, ou, em outras palavras, delimitar a ideia lógica e objetiva pela eliminação da eterna mescla entre o "ser empírico", "o ideal" e "a norma".

# VI

# A teoria sobre o limite do aproveitamento e "a lei fundamental psicofísica" — 1908

Lujo Brentano, *Die Entwicklung der Wertlehre* (A Evolução da teoria de valor) *Atas da Academia Real Bávara de Ciência*. Setor: Filosofia, Filologia e História. Ano 1908, número 15/2, 1908, Munique, Editora da Academia. In: Arquivo para a Ciência Social e Política Social, tomo 27, 1908.

O tratado é uma exposição parcialmente resumida, parcialmente crítica, dos resultados das investigações sobre a evolução da teoria de valor desde Aristóteles. Foi uma sugestão de Brentano, de início feita pelo infelizmente já falecido Ludwig Fick, e em seguida continuada por um dos seus discípulos, Dr. R. Kaulla, que a terminou, àquela altura, já sem a orientação de Brentano.[1] Entre as muitas sugestões que encontramos nesta pesquisa, como também na de Brentano, queremos apenas

1. R. Kaulla, *Die geschichtlichen Entwicklungen der modernen Werttheorien* (O desenvolvimento histórico das modernas teorias de valor), Tübingen, 1906. Veja-se também: O. Krause, *Die aristotelische Werttheorie in ihrer Beziehung zu den Lehren der modernen Psychologenschule* (A teoria aristotélica de valor em sua relação às teorias da moderna escola de psicologia) — In: *Zeitschrift für Staatswissenschaft* (Revista para a Ciência Política), volume 61, 1905, p. 573 e ss.

acompanhar as discussões sobre a relação dos conceitos de "utilidade" e "valor de uso" (p. 42 e ss.) que, a nosso ver, apresentam da maneira a mais clara possível tudo aquilo que em poucas linhas pode ser escrito sobre este assunto.

Ocupamo-nos aqui de um único ponto das explicações de Brentano que provoca o nosso protesto. Este se refere às pretensas relações de qualquer teoria "subjetiva" de valor com certas afirmações gerais de psicologia experimental, sobretudo com a assim chamada Lei de Weber--Fechner. Como o próprio Brentano afirma, não é a primeira vez que se tenta compreender as teorias de valor da economia como caso particular desta lei. Nós a encontramos, com absoluta certeza, já na segunda edição do livro de F. A. Lange sobre a questão operária e as primeiras tentativas já se encontram na primeira edição da psicofísica de Fechner (1860), e, a partir daí, encontramo-la inúmeras vezes. Também Lange interpretou aquela conhecida "lei" como uma confirmação e generalização daquelas afirmações, as quais, no momento, foram elaboradas por Bernoulli, com referência à relação entre a avaliação relativa (pessoal) de uma quantia de dinheiro e a totalidade absoluta dos bens do seu possuidor ou receptor. Ele procura ainda dar exemplos tirados da vida política (percepção da pressão política e sensibilidade frente a ela etc.) para mostrar que sua validade seria ainda mais universal. Repetidas vezes, encontra-se a afirmação que a teoria do valor da chamada "escola austríaca" teria fundamentos "psicológicos", ao passo que, do outro lado, a "escola histórica", nos seus mais eminentes representantes, requer para si a pretensão de ter dado uma grande contribuição para que se firmasse a "psicologia", em vez das abstrações "jusnaturalistas". Levando em conta a ambiguidade da palavra "psicológico", não há razão para se entrar em discussão com estes dois partidos, dos quais cada um requer para si este fato — depende, talvez até os dois ou nenhum dos dois. Trata-se, neste momento, diferentemente, da afirmação muito precisa de Brentano de que a "lei fundamental psicofísica" seria o fundamento da *Grenznutzlehre* teoria do limite do uso, ou seja, esta última seria uma aplicação concreta daquela lei. Procuramos mostrar que esta afirmação não está correta.

A chamada lei fundamental psicofísica, como, aliás, o próprio Brentano também menciona, passou por modificações, seja no que se refere à sua formulação, ao âmbito de sua validade ou à sua interpretação. Brentano (p. 66) faz o seguinte resumo do seu conteúdo: Fechner teria mostrado "que se percebe em todos os setores da sensação que há a mesma lei com referência à dependência da sensação ao estímulo, a qual Bernoulli teria estabelecido para a dependência do sentimento de felicidade resultante do aumento da quantidade de dinheiro a relação com o tamanho dos bens daquele que tem este sentimento". Esta formulação pode ser mal entendida, mesmo que se encontre a referência a Bernoulli, da mesma maneira, na obra de Fechner. Sem dúvida, Fechner recebeu, entre outras, a influência do método de Bernoulli. Mas é mais uma questão da história da literatura saber como e em que medida duas ciências heterogêneas aproveitaram mutuamente, no caminho de sua gênese, conceitos semelhantes dentro dos seus fins metodológicos. Esta questão não tem nada que ver com a nossa problemática, qual seja, a de se a lei de Weber-Fechner é realmente o fundamento teórico da *Grenznutzlehre*. Darwin, por exemplo, recebeu a influência de Malthus, mas as teorias de Malthus não são as mesmas que as de Darwin, tampouco as teorias de um caso particular são as de outro. No nosso caso, a situação é bem semelhante. "Felicidade" não é um conceito qualitativamente uniforme que pode ser apreendido psicofisicamente, como talvez se acreditasse no período da ética utilitária. Sem dúvida, os psicólogos fariam muitas restrições se fosse identificado o conceito de "felicidade" com o de "prazer" — obviamente, também opiniões divergentes sobre o alcance desta identificação ou não-identificação. Mas sem levar em consideração este problema, este paralelismo permaneça sendo apenas uma analogia vaga, ou seja, pensado apenas como uma analogia vaga, ou como uma comparação, ou mera imagem. Pois admitindo supostamente este caso, ela apenas seria correta externamente e para apenas uma parte da problemática. Ao conceito de "estímulo" de Fechner poderia corresponder, e corresponde realmente, aquilo que está sendo afirmado por Bernoulli no que refere ao "aumento da quantidade de dinheiro", pois o "estímulo" de Fechner sempre é um estímulo externo, ou seja, mediado pelo "corpo"[2] e, portanto, um processo que poderia ser medido, talvez não realmente, mas pelo menos "potencialmente" — pelo

---

2. Naturalmente como sendo também um processo que se origina no "interior" do próprio corpo.

menos em princípio — já que, neste processo, podem ser observados certos "sentimentos" conscientes como "efeitos" ou como "processos paralelos", e já que também, na afirmação de Bernoulli, trata-se de um "processo externo". Mas o que corresponde, agora, na lei psicofísica fundamental, aos "bens" que aquele que percebe um aumento de dinheiro (Bernoulli) já possui? Parece que também esta pergunta, pelo menos aparentemente, pode ser respondida com facilidade. Poderíamos, por exemplo, pensar em algo como uma correspondência que poderia haver, de acordo com as experiências bastante conhecidas de Weber, entre uma diferença de sensibilidade individual para um aumento de peso referente ao peso já existente, portanto, aumento de bens em relação a bens já existentes. Podemos, por enquanto, até aceitar esta colocação. Neste caso, de acordo com a lei fundamental psicofísica, na qual se baseiam as observações de Weber, deveria ter plena validade a seguinte afirmação: quem, na colocação de um peso de 6 Lot (um Lot corresponde a meia onça, portanto, seriam seis "meias onças"?) (por exemplo, pensando na sua mão) ainda sente o acréscimo de 1/3 Lot, portanto, 1/5 Lot, esta mesma pessoa sente, em 12 Lot, igualmente, 1/3, ou seja, 2/5 Lot como diferença. E a mesma situação, como no nosso exemplo referente ao tato (um dos cinco sentidos), há também, nos estímulos, dois dos outros sentidos. A diferença de dois estímulos seria sentida, em nível de consciência, da mesma maneira, no caso em que a relação entre o "aumento de estímulo" referente ao "estímulo básico" fosse a mesma. Ou em outras palavras: o vigor do estímulo deve aumentar na relação geométrica, enquanto o vigor ou a medida da percepção da sensação deve crescer em relação aritmética. Não abordamos, neste ensaio, a questão de se a "lei" formulada desta maneira pode ser confirmada empiricamente. Se se acrescentasse os conceitos de início de estímulo e grau do estímulo "subpercebido" e "superpercebido", estaríamos no meio de uma confusão de leis sem solução (como, por exemplo, a lei de "Merkel"). Se a gente transpusesse a velha e simples fórmula de Weber a processos econômicos e acrescentássemos com Brentano — sem dúvida, isto é algo arriscado — aumento de bens ao aumento do "estímulo", teríamos como resultado (como, por exemplo, no caso de Bernoulli) —, se um indivíduo que possui 1.000 marcos, com um aumento dos seus bens em 100 marcos, estaria tendo também um "sentimento" de aumento de sua "felicidade", neste caso, note-se bem, este mesmo indivíduo, se tivesse um milhão de marcos e se houvesse um aumento dos seus bens correspondente a 100.000 marcos, teria também e paralelamente um aumento da mesma intensidade do seu "sentimento de felicidade". Considerando-se que fosse esse realmente o caso, e supondo que fosse possível transpor para a aquisição de capital os conceitos de "limite de estímulo" e "grau de estímulo" e, como tal, a curva de lei de Weber referente aos "sentimentos de felicidade" na aquisição de dinheiro, tudo isso, por acaso tem algo a ver com questões e perguntas às quais a teoria econômica pretende dar uma resposta? E podemos dizer que, para a teoria econômica, a validade da linha logarítmica dos psicofísicos seria o fundamento sem o qual a teoria econômica não poderia ser compreendida? Sem dúvida, vale a pena investigar os grandes setores de "necessidades", que são relevantes para a economia na dimensão de que maneira são apropriados para a "sua satisfação" — para o qual, muito provavelmente, a lei fundamental da psicofísica não nos fornece resultados satisfatórios. Pertenceriam também muitas discussões, por exemplo, sobre o significado da economia monetária para a expansão quantitativa das necessidades, como também as investigações sobre as mudanças no setor da alimentação, que se processaram por causa da pressão das modificações econômicas etc. Mas todas essas reflexões realmente não se orientam, de maneira nenhuma, na chamada teoria de Weber-Fechner. E se nós fizéssemos uma análise dos diferentes grupos de necessidades, como, por exemplo: necessidade de alimentação, necessidade de habitação, necessidades sexuais, necessidade de álcool, necessidades espirituais e estéticas no seu surgimento e na sua diminuição na medida da oferta dos "meios para satisfazê-las", numa curva logarítmica de Weber e Fechner encontraríamos, de vez enquando, vagas analogias, às vezes até analogias insignificantes ou até nenhuma analogia (veja-se mais abaixo), sendo que esta curva até poderia ser colocada de cabeça para baixo. Às vezes, as curvas seriam interrompidas, ou ficariam no negativo, talvez logo em seguida novamente no positivo, às vezes estariam de acordo com a "satisfação", ou até de modo não sintomático a aproximar-se do ponto zero — seria diferente, muito provavelmente, para cada tipo de necessidade. Mas, mesmo assim, encontraríamos, pelo menos às vezes, analogias. Suponhamos ainda, sem investigá-las sistematicamente, que tais analogias — sempre vagas e imprecisas — ainda também pudessem ser encontradas na tão importante possibilidade de modificar a maneira, ou seja, os meios, para a satisfação das necessidades. Mas continuemos no nosso raciocínio: na *Grenznutzlehre* que pertence, cientificamente falando, à disciplina "economia política", como em qualquer teoria "subjetiva" do valor, no início de todo o processo não há um "estímulo" externo, mas uma "necessidade", diferentemente, portanto, da lei fundamental psicofísica — se nós nos perguntamos pelas situações e condições da alma (a nossa maneira de expressar-se, sem dúvida é "psicológica"). Em outras palavras, essas necessidades seriam, por exemplo, um complexo de "sentimentos" e "sensações", situações de "tensão", de "desgosto" e de "expectativa" etc. de uma qualidade e composição muito complexa, e, combinado ainda com "imagens referentes ao passado, que se fixaram na memória", "ideias que se referem ao problema meios-fins, e, eventualmente, até motivações das mais diversas características que estão numa situação de conflito entre umas e outras. E, enquanto a lei fundamental psicofísica nos quer ensinar algo como um "estímulo externo" e provoca certos estados psíquicos que nós chamamos de "sensações", a economia política, diferentemente, se ocupa com a circunstância ou com o fato de que um determinado comportamento exterior (ação) seria provocado por tais "estados" psíquicos. Este comportamento exterior, por sua vez, tem determinados efeitos sobre a "necessidade" que estava na origem do seu surgimento, na medida em que esse (o comportamento exterior) elimina-a (a necessidade) pela sua "satisfação" — pelo menos, pretende eliminá-la. Novamente nos defrontamos, do ponto de vista psicológico, com um processo muito complexo e, de maneira nenhuma, com um processo único. Talvez em alguns casos — que são exceções — estes podem ser identificados como uma simples "sensação" no sentido psicológico do termo. Portanto, o problema não seria o modo de "sentir", mas — psicologicamente falando — o modo de "reagir". Portanto, nestes processos elementares (intencionalmente esboçados de maneira sintética) da "ação", percebemos um decurso de acontecimentos que talvez pode corresponder a uma analogia em algumas partes, mas na sua totalidade e na sua estrutura é bem diferente daquelas experiências de peso de Weber. Acrescenta-se ainda o fato de que este processo fundamental, da maneira como o descrevemos aqui, nunca, obviamente, poderá ser a condição ou possibilidade do surgimento da economia política como ciência. É apenas um dos componentes daqueles acontecimentos que são o objetivo de nossa disciplina. Como Brentano em algumas das suas abreviações pressupõe, é tarefa da economia política investigar de que maneira se organiza a vida dos homens, levando em consideração: 1. a concorrência das diferentes "necessidades" que pretendem ser "satisfeitas" — 2. a limitação não apenas da "capacidade de necessidades", mas também a limitação dos "bens disponíveis" e da "mão de obra" dos quais se necessita para a "satisfação" daquelas necessidades, e finalmente — 3. uma maneira bem específica de coexistência de homens que têm necessidades iguais ou semelhantes, mas que dispõem de bens em quantidades diferentes para a sua satisfação, surgindo, portanto, uma concorrência referente aos meios capazes de satisfazer as necessidades. Os problemas que surgem a partir desta situação não podem ser vistos apenas como casos especiais ou complicações daquela "lei fundamental psicofísica", e os métodos para solucioná-los não são apenas métodos da psicofísica aplicada ou da psicologia, mas, ao contrário, ambas essas ciências não têm nada a ver com estes problemas. As afirmações da *Grenznutzlehre*, como a mais simples reflexão claramente mostrada, é totalmente independente de que alcance tem a lei de Weber, e de se ela, como tal, tem ou não um alcance — e também de se ela, como tal, tem possibilidade de estabelecer uma afirmação universalmente válida sobre a relação entre "estímulo" e "sensação". Para as possibilidades da *Grenznutzlehre* é totalmente suficiente, se: — 1. a experiência cotidiana está certa de que os homens nos seus procedimentos, entre outros fatores, também são impulsionados por tais "necessidades", que podem ser satisfeitas apenas pelo consumo de uma quantidade limitada de bens, por resultados do seu trabalho ou pelos produtos por este produzidos; e, mais ainda, 2. se está correta a experiência cotidiana, que, para a maioria das pessoas com um aumento do consumo daqueles bens, há também um aumento da "satisfação", sendo que esta afirmação vale sobretudo para aquelas necessidades que, do ponto de vista subjetivo, são tidas como as mais prementes; — e se, finalmente, 3. os homens possuem a capacidade — mesmo em graus diferentes — de agir "metodicamente", ou seja, utilizando-se sistematicamente da "experiência" e do "cálculo". Fazendo isso, significa que os homens agem de maneira a serem distribuídos os "bens" e a "mão de obra" disponíveis e existentes em quantidade limitada, para as diversas "necessidades" do presente e futuro próximo, de acordo com o significado e a importância que estas necessidades, subjetivamente, possuem. Este "significado", obviamente, não é idêntico à "sensação" resultante de um "estímulo" físico. Não nos preocupa no momento se a "satisfação" das "necessidades" se dá numa certa proporcionalidade análoga ao seu aumento que é uma afirmação da lei de Weber-Fechner referente à intensidade das "sensações" provocadas por "estímulos". Mas, a curva logarítmica da "lei fundamental psicofísica", na sua analogia, fica muito problemática se pensamos acerca do conceito "progressão da satisfação em Tiffany-vasos, papel higiênico, salsichão, edições dos clássicos, meretrizes e orientação médico e sacerdotal". E também nenhuma analogia psicofísica faz com que fique mais compreensível do que já é, se, por exemplo, alguém para satisfazer as suas necessidades espirituais, à custa de sua alimentação, adquire livros e, à custa da satisfação de sua fome, gasta dinheiro com o colégio. É mais que suficiente para a teoria econômica que podemos imaginar, baseando-nos naqueles fatos mencionados como simples, muito triviais, mas incontestáveis da experiência de uma maioria, que se dispõe sobre os "bens" e "forças de trabalho" disponíveis de modo "racional" ou sob a proteção de uma "ordem jurídica", tendo como fim exclusivo o de obter um *optimum* de satisfação das diversas "necessidades" que estão entre si numa situação de concorrência. É bem provável que cada psicólogo "desconfiaria" quanto a esse procedimento, ou seja, o de tomar como fundamento de uma teoria científica as "experiências cotidianas": "necessidade" — que categoria banal e "psicologicamente vulgar". Esta nossa afirmação pode, sem dúvida, movimentar muitas cadeias causais: "a necessidade" de comer pode 1. ter o seu fundamento numa situação psicofísica determinada que é muito complexa (a fome) que, por sua vez, pode se basear essencialmente em circunstâncias diversas que, por sua vez, funcionam como "estímulos" como, por exemplo, o estômago vazio ou, simplesmente, o costume de ingerir alimentos em determinadas horas do dia; 2. porém, também é possível que aquele hábito subjetivo esteja ausente e a "necessidade" de comer pode ser condicionada de "maneira ideogênea", ou seja, por uma obediência em relação a uma ordem do médico. A "necessidade de tomar álcool" pode basear-se num "estar acostumado" aos "estímulos" externos, que, por sua vez, criam uma "situação de estímulo interior", e este estímulo pode ser aumentado pelo consumo de álcool, apesar da curva logarítmica de Weber. "A necessidade de leitura" de determinado tipo pode ser determinada por processos que seria possível que o psicofísico, para os seus fins, os pudesse, talvez, "interpretar" como modificações funcionais de determinados processos cerebrais que, dificilmente, podem ser esclarecidos por uma referência simples à lei de Weber e Fechner. O "psicólogo" vê nestas coisas uma série de problemas dos mais difíceis para as suas problemáticas. E a "teoria" da economia política não levanta estas questões? Continua com a consciência tranquila? E mais ainda: "agir de acordo com um fim", "fazer experiências", "previsão calculada" são coisas de caráter o mais complicado possível para a psicologia, talvez sejam até nesses termos incompreensíveis, mas, pelo menos, pertencem aos termos mais difíceis de ser analisados: podem ser tais conceitos e termos semelhantes os "fundamentos" de uma disciplina científica? — sem que sejam subsunções a partir de experiências em um laboratório qualquer. E, apesar de tudo isso, esta disciplina reivindica, reclama e tem a pretensão de, apesar de tudo, poder encontrar fórmulas matemáticas para o decurso teoricamente apreendido referente às ações economicamente relevantes — sem se preocupar nem um pouco se poderiam ser fundamentos úteis para as disciplinas psicológicas como do tipo do materialismo, do vitalismo, do paralelismo psicofísico, teorias de ação recíproca, teorias referente ao "inconsciente", seja ela a de Freud ou de Lipp, até com a explícita garantia DE que todas essas teorias seriam sem importância. Mas o que ainda é mais importante é o fato de que a economia política consegue provar isso. E mesmo que os seus resultados, que pelas mais diversas razões se baseiem em seus próprios métodos, podem ser discutidos referenteS em seu real alcance e na sua exatidão. Em todos os casos, eles têm uma absoluta independência, ou seja, são tão independentes que não seriam atingidos por nenhuma, nem pelas maiores modificações nas hipóteses básicas na área da biologia ou da psicologia, como também é para ela sem interesse se, eventualmente, a teoria de Copérnico ou a de Ptolomeu está certa, como por exemplo acontece com teses teológicas, ou eventualmente com as perspectivas "problemáticas" do segundo teorema da termodinâmica. Todas essas modificações em teorias básicas das ciências naturais não conseguem transformar em sendo discutível nem uma única afirmação da teoria sobre juros e preços da economia política, se ela for construída de maneira "correta".

Com isso, naturalmente, não se afirmou, de maneira alguma 1. que, no setor da análise empírica da vida econômica não haja um ponto em que os fatos que foram estabelecidos pelas respectivas ciências naturais (ou por outras ciências) não teriam uma importância significativa, e tampouco 2. que a maneira da formação dos conceitos que se mostraram de grande utilidade naquelas disciplinas não poderiam ser modelos, pelo menos ocasionalmente, para a solução de certos problemas da reflexão da economia política. No que se refere ao primeiro, posso dizer que tenho a esperança de ter em futuro próximo oportunidade de fazer uma investigação que julgo poderia ser feita, por exemplo, no setor da pesquisa de determinadas condições do trabalho nas fábricas, levando em consideração pesquisas da psicologia experimental. No que concerne ao segundo, posso afirmar que há tempo, não apenas categorias matemáticas, por exemplo, mas também categorias típicas da biologia são familiares no procedimento da economia política. Qualquer especialista na economia política vai admitir, e deve admitir, que os economistas devem estar em contínuo contato e em intercâmbio frutífero com os resultados científicos das outras disciplinas científicas. Mas depende inteiramente das nossas problemáticas, se, e em que medida, este contato e intercâmbio concretamente se dá no nosso setor, e cada tentativa de querer decidir *a priori* sobre a questão de quais das teorias das outras disciplinas deveriam ser as "fundamentais" para a economia política é inútil, como também qualquer "hierarquização" das ciências como, por exemplo, no modelo de A. Comte. Pelo menos, de uma maneira geral, podemos dizer que exatamente as hipóteses e pressupostos mais gerais das "ciências naturais" (no sentido usual deste termo) são, para a economia política, os mais irrelevantes. Diferentemente, podemos afirmar: nós somos autônomos no que diz respeito ao ponto decisivo da particularidade das nossas problemáticas, ou seja, na teoria econômica (na "teoria do valor"). A "experiência cotidiana" é, para a nossa disciplina, o ponto de partida, e, naturalmente, também o ponto de partida de todas as disciplinas empíricas. Mas cada uma quer superar esta experiência e deve querer superá-la — pois exatamente nisto consiste o direito de sua existência como "disciplina científica". Mas, cada uma delas "supera" e "sublima", fazendo isso a experiência cotidiana numa maneira diferente e numa direção diferente. A *Grenznutzlehre* e, em si, cada "teoria" econômica, não faz isso, por exemplo, da maneira da psicologia, mas num sentido exatamente oposto. Ela não disseca vivências interiores da experiência cotidiana em "elementos" físicos e psicofísicos ("estímulos", "sensações", "reações", "automatismos", "sentimentos" etc.), mas ela faz a tentativa de "compreender" as "adaptações" do comportamento externo do homem a partir de uma determinada maneira das suas condições existenciais externamente situadas. Seja este mundo externo, que é relevante para a teoria da economia política, num caso concreto, a "natureza" (no sentido usual do termo), seja o "ambiente social", sempre se procura tornar compreensível a "adaptação" a ela a partir da suposição feita *ad hoc* como um pressuposto heurístico, ou seja, se procura mostrar que aquela ação da qual a teoria esta tratando se deu de modo estritamente "racional" no sentido discutido anteriormente. A *Grenznutzlehre* aborda as ações humanas, em função de determinados fins cognoscitivos, como se tivesse dado o percurso de A a Z como por um controle comercial: conforme um cálculo que teria conhecimento de todas as condições realmente existentes. Portanto, ela trata as "necessidades" individuais e os bens que estão disponíveis ou que devem ser produzidos para a "satisfação" como "números" numa contabilidade contínua, e o homem é tratado como um "empresário" e a sua vida como sendo o objeto desta sua "empresa" administrada nas regras da contabilidade. O ponto de partida das construções desta teoria, portanto, é a mentalidade da contabilidade comercial. É esta postura o fundamento da lei de Weber? Ou é uma aplicação de algumas afirmações referentes à relação entre "estímulo" e "sensação"? A *Grenznutzlehre* se ocupa, para os seus fins, da "psiquê" de todos, tanto do homem que vive isolado do processo de compra e venda, como da alma ou da mentalidade de um comerciante que faz um cálculo numérico referente à "intensidade" das suas necessidades, e, através deste procedimento, chega às suas construções teóricas. Tudo isso nos parece ser o contrário de uma "psicologia". A teoria que surgiu no contexto desta situação social não chegou aos seus resultados sem estar em contato com este meio ambiente. O "valor" dos bens na "economia isolada", apresentada e construída por esta teoria, seria igual ao valor "contabilizado", como deveria constar numa economia doméstica se se fizesse uma contabilidade dela.[3] Ele possui o mesmo número de coisas reais e de coisas irreais como qualquer contabilidade comercial. Se, na balança, o capital de ações é do montante de um milhão e foi anotada no "Passiva", ou se um prédio consta na contabilidade com o valor de

3. Com isso, obviamente, não queremos dizer que a "técnica" da contabilidade poderia ser pensada como idêntica às técnicas de uma das nossas modernas disciplinas científicas.

100 mil marcos — aquele milhão ou aqueles 100 mil encontram-se numa gaveta? Mas mesmo assim tem sentido a introdução destes valores. *Mutatis mutandis*, o mesmo sentido como o "valor" na economia isolada da *Grenznutzlehre*. Este valor apenas não pode ser explicado baseando-se na "psicologia". Os "valores" teóricos que estão presos na *Grenznutzlehre* nos tornam compreensíveis os processos da vida econômica, pelo menos a princípio, como a contabilidade comercial fornece ao comerciante informações sobre a situação de sua empresa e sobre as condições de uma futura possível maior rentabilidade. E as teorias gerais que são estabelecidas pela teoria econômica são apenas construções, que dizem algo sobre as consequências das ações de uma pessoa interligadas a ações de outras pessoas, quando cada uma destas pessoas se comporta de acordo com as leis fundamentais da contabilidade comercial, e, portanto, neste sentido, se comporta de maneira "racional". Todo mundo sabe que isso, realmente, não é o caso. E o decurso empírico daqueles processos, para cuja compreensão a teoria foi criada, apenas mostra uma "aproximação", diferente de caso concreto para caso concreto do decurso teoricamente construído dos comportamentos estritamente racionais. Mas a particularidade histórica da época capitalista e, com isso, também o significado da *Grenznutzlehre* (como de qualquer teoria econômica sobre o valor) se baseiam no fato de que — enquanto, indiscutivelmente, seria possível classificar, não sem cometer uma injustiça, o tempo passado como sendo uma "história não-econômica" — nas condições de vida da atualidade, aquela aproximação da realidade às afirmações teóricas está sempre crescendo e faz com que sempre uma maior parte da humanidade seja atingida por ela — e ainda não dá para ver se esta evolução vai continuar ou não. O fundamento do significado heurístico da *Grenznutzlehre* situa-se nesta evolução histórico-cultural, e não, como poderia-se acreditar, na lei de Weber Fechner. Não é, por exemplo, um acaso que uma aproximação impressionante das afirmações teóricas sobre a formação dos preços foi representada pela constatação da bolsa de valores de Berlim no chamado sistema de câmbio uniforme, como foi feito por Menger e von Böhn-Bawerk. Poderia até servir de paradigma.[4] Mas, obviamente, não

4. Não compreendemos bem por que os "austríacos" não são muito considerados por Brentano. Karl Menger apresentou ideias da melhor qualidade, mesmo que não tenham sido, metodologicamente falando, levadas às suas últimas consequências, e, no que tange ao "estilo",

porque os donos das bolsas de valor de maneira específica se interessam pela relação entre o "estímulo" e a "sensação" contidos na lei fundamental da psicologia, mas porque na bolsa encontramos um cálculo economicamente "racional" num grau muito elevado. A teoria racional dos preços não só não tem nada a ver com os conceitos da psicologia experimental, como também não tem nada a ver com qualquer tipo de psicologia que pretenda ser uma "ciência" que supere a experiência cotidiana. Quem, por exemplo, acentua a necessidade da consideração da "psicologia específica das bolsas de valores" ao lado da doutrina teórica sobre preços, se imagina como sendo objeto de influências irracionais, portanto, de "perturbações" na formação teórica dos preços, como foi formulada. A *Grenznutzlehre*, como também qualquer teoria subjetiva dos valores, não tem fundamentos psicológicos, mas, diferentemente — se quisermos para isso usar um termo metodológico — fundamentos "pragmáticos", isto é, usa-se as categorias de "meios e fins". Voltaremos mais tarde a este assunto.

As afirmações teóricas que são os elementos básicos da teoria econômica não representam, como todo mundo sabe, o "todo" de nossa ciência, mas, ao contrário, são apenas um meio — às vezes um meio subestimado — da análise das conexões causais da realidade empírica. No momento em que queremos apreender essa própria realidade nas partes que têm significado histórico-cultural, e ainda pretendemos explicá-la causalmente, percebemos que estas teorias econômicas nada são senão uma soma de "tipos ideais". Isto é, as suas afirmações teóricas nada mais são do que uma série de processos mentalmente construídos, que não encontramos nesta "pureza ideal" na respectiva realidade histórica, mas que, por outro lado, têm um grande valor, seja como meio heurístico para a análise, seja como meio construtivo na representação da variedade empírica, já que os seus elementos foram tirados da experiência e apenas foram racionalmente exagerados.

Voltemos, no final desta exposição, a Brentano. Depois de ter (p. 67) formulado a lei de Weber-Fechner mais na forma, em que também seria o fundamento da economia política, tira ele uma determinada conclusão. A formulação é a seguinte: para provocar uma sensação, como tal, de-

---

a nosso ver, hoje em dia uma questão supervalorizada, à custa do conteúdo, mas, no que se refere ao estilo, um mestre é von Böhm-Bawerk e não Menger.

ver-se-ia ultrapassar o "início do estímulo" (veja-se acima) e depois deste ultrapassar cada aumento de estímulo, na mesma proporção, também deveria aumentar a sensação. Este processo dar-se-ia até alcançar um *optimum* (que, de pessoa para pessoa, é diferente), e a partir daí ainda seria possível um aumento da intensidade da sensação, em termos absolutos, que, entretanto, não seria mais equivalente ao aumento proporcional, até finalmente chegar a um ponto de estímulo a partir do qual a sensação diminuiria. A continuação e a conclusão, portanto, é a seguinte: "esta lei conseguiu reconhecimento na economia política... como lei da diminuição da fertilidade da terra, pois é a lei que rege o crescimento das plantas". Num primeiro, pergunta-se, com estranheza: a terra destinada à agricultura e as plantas reagem conforme leis psicológicas? Mas na página 67 (início) Brentano formulou a questão de uma maneira mais geral, ou seja, que, conforme uma lei geral de natureza psicofísica, cada "processo vital" ou "processo de vida" diminui em intensidade com o aumento até um *optimum* conforme as condições típicas e, parece, que o exemplo da fertilidade da terra se refere a esta afirmação e não à anterior. Em todo o caso, a nosso ver, podemos dizer que Brentano interpreta a lei de Weber-Fechner como sendo um caso especial de princípio sobre um *optimum* e, neste caso, a *Grenznutzlehre* seria novamente um caso específico de uma lei mais geral. Com isso, ela é apresentada como algo que está intimamente ligado a uma lei fundamental de todo e qualquer tipo de "vida". Decerto, o conceito de *Optimum* é um conceito que encontramos na teoria econômica e nas teorias fisiológicas e psicológicas. E talvez possa haver valor pedagógico de chamar a atenção para esta analogia. Mas, estas *optima* não são restritas a "processos de vida". Cada máquina, por exemplo, tem um *optimum* de capacidade para determinados fins: dar mais combustíveis ou matérias-primas, iria diminuir relativamente, e em seguida absolutamente, o resultado de seu vencimento. E aí temos uma correspondência entre início do estímulo psicofísico e o início efetivo de aquecimento. O conceito de *optimum*, portanto, como também outros conceitos, utilizados por Brentano, têm uma área de aplicação muito ampla e não são restritos aos "processos de vida". Por outro lado, esconde-se naquele conceito, como já se percebe numa primeira olhadela, no seu sentido etimológico, um "valor funcional", de conotação teleológica: *optimum* — para quê? Percebemos isso sobretudo — não interessa, no momento, se sempre ou se só nestes casos — nos casos em que nós operamos intencionalmente, explicíta ou tacitamente com a categoria de "fim". E isto acontece quando pensamos como sendo uma unidade, um dado complexo de variedades. E, em seguida, relacionamos esta unidade com um determinado resultado e em seguida a um resultado concreto — na medida em que este resultado é realmente atingido, não atingido ou parcialmente atingido. Qualificamo-los como "meio" para alcançar aquele fim: por exemplo, nos casos em que uma variedade dada de diversos pedaços de ferro e metal, que, relacionados ao fim da fabricação de tecidos e de fios, se apresentam como sendo uma determinada máquina, nós a qualificamos pensando ou perguntando que quantidade de tecidos de um determinado tipo, num determinado tempo, ela é capaz de fabricar, levando em consideração ainda as quantidades de carvão e o conjunto das forças de trabalho. Ou nos casos em que nós experimentamos determinadas formações de "células nervosas" para saber qual seria a sua "função", isto é, sua contribuição para o "fim" de transmitir determinadas sensações para o organismo vivo. Ou nos casos em que nós fazemos a pergunta às constelações cósmicas e meteorológicas: quando, e em que momento, por exemplo, uma suposta observação astronômica teria um *optimum* de sucesso? Ou nos casos em que nós observamos o homem econômico e o seu mundo do ponto de vista da "satisfação" de suas necessidades. Não pretendemos aqui continuar com este tipo de considerações, já que voltaremos, numa outra ocasião, a estes problemas de formação de conceitos, enquanto estes problemas se localizam no nosso setor científico — pois as questões biológicas são melhores, a nosso ver, para os biólogos. Sobre algumas destas questões, foram feitas, ultimamente, algumas observações importantes por parte de von Gottl e Otto Spann — especialmente por Gottl — mesmo que não possamos concordar com todas as suas afirmações. Para acalmar os ânimos, quero apenas, por fim, acrescentar ainda o seguinte: temos de ver claramente que questões como valores "absolutos" ou "valores culturais universais" — assunto muito discutido, ultimamente — ou também a oposição entre "causa" e "telos" apresentada por Stammler de uma maneira totalmente deformada, não têm nada a ver com estas questões meramente técnicas da formação dos conceitos, dos quais estamos tratando aqui. Acredito que a situação como também a contabilidade comercial — indiscutivelmente um processo de natureza "teleológico-racional" que pode ser muito bem interpretado — tem algo a ver com a teleologia de um governo divino do mundo.

O que queríamos mostrar aqui era exclusivamente que também aquele conceito de *Optimum*, que para Brentano tem tanto peso, não é, tipicamente, de natureza psicológica, nem psicofísica, nem fisiológica ou biológica; pelo contrário, que ele é comum a um grande número de problemas heterogêneos entre si, e que, finalmente, este conceito nada diz sobre a questão que seriam os fundamentos da teoria econômica, mas, certamente, não qualifica a *Grenznutzlehre* como sendo um caso particular da lei de Weber-Fechner ou de qualquer outra lei fundamental fisiológica.

# VII

## Teorias culturais "energéticas"[1] — 1909

In: *Arquivo para Ciência Social e Política Social* — tomo 29, 1909.

O professor W. Ostwald de Leipzig, deixando de lado a importância objetiva dos seus trabalhos científicos, prima, em grau muito elevado pela sua particular maneira de representação e redação dos seus textos. Porém, ele não se enquadra naquilo que, hoje em dia, se chama "estilo estético". Na medida em que levamos em consideração questões de estilo, o seu procedimento é bem diferente daquilo que hoje é bastante comum, ou seja, ele consegue, com uma capacidade muito rara hoje em dia, com um mínimo emprego de recursos estéticos, com uma simplicidade e clareza *sui generis*, permitir que a "essência" da palavra se manifeste, e ele, o autor, desapareça por trás desta palavra. Por arte da representação, entende-se aqui, sobretudo, a qualidade dos instrumentos mentais que ele sabia usar para conseguir uma simplificação dos objetos do pensamento. Também o leigo deve se alegrar com a elegância do estilo de Ostwald se conhece através de leituras as explicações das partes gerais de velhos

1. Wilhelm Ostwald, *Energetische Grundlagen der Kulturwissenschaft* (Fundamentos energéticos da ciência cultural) — *Philosophisch — soziologische Bücherei* (Livraria filosófica e sociológica) — redação de von Rud. Eisler, Wien (Viena), Band XVI (tomo XVI, O. W. Klinkhardt, Leipzig, 1909, 184 páginas).

compêndios referentes ao peso dos átomos, o peso das composições e assuntos afins, ou no que diz respeito às soluções em oposições às composições, ou sobre problemas eletroquímicos, sobre isonomia etc., e se ele agora compara a significativa economia de força, o que se encontra na exposição de Ostwald relativa à tendência da liberdade ou abstenção de hipóteses e à limitação àquilo nos processos químicos que realmente pode ser classificado de "geral". E ele ainda vai acreditar que seja totalmente compreensível que Ostwald, da mesma maneira como Mach, que pensa da mesma maneira, tenha tendência para o erro: 1. por um lado — na dimensão lógica — por absolutizar determinadas formas abstratas das ciências naturais como sendo o padrão do pensamento científico; e que 2. ele, por causa disso, acha que formas heterogêneas de pensamento, as quais (para fazer uso da linguagem de Mach) são exigidas pela "economia do pensar" nas problemáticas de outras ciências, não seriam mais do que imperfeições e atrasos, porque não chegam a resultados o que elas dentro dos seus fins nem sequer deveriam conseguir — (não apenas a "economia do pensar" da história — no sentido mais amplo — mas já, na "economia do pensar" da biologia, e, como se ressalta explicitamente, seja ela entendida na linha "vitalista" ou na "mecanista") — e que, em conexão com isso, 3. por outro lado — na dimensão objetiva —, ele tende a enquadrar o máximo possível de todo o devir como casos especiais de relações "energéticas" — e que, finalmente, 4. a sua tendência apaixonada de dominar os objetos intelectualmente por meio de seus conceitos também desliza para o mundo do dever-ser, tendência essa que o seduz a deduzir, dos fatos do seu setor científico, padrões éticos de conotação "patriótica". Esta transformação da "imagem do mundo" de uma disciplina numa "visão de mundo" é hoje um costume muito divulgado: sabe-se muito bem em que direção costumeiramente se vai na biologia que se baseia nos fundamentos de Darwin entre os antidarwinistas científicos — hoje em dia um conceito muito relativo — costuma-se transformar-se num pacifismo extremo. Mach deduz do feito de não haver solução para o indivíduo, imperativos éticos de caráter altruísta (esta dedução não se dá apenas "efetivamente", mas também no sentido lógico). O historiador L. M. Hartmann que, nas suas opiniões metafísicas, se aproxima muito de Mach e de Exner, deduz a partir de determinadas opiniões sobre a prognose dos processos históricos o seguinte imperativo categórico: "Age da maneira que o seu agir possa servir a socialização" (social) — o que teria como consequência que Jay Gould, Rockefeller, Morgan, cujas atividades devem ser classificadas num sentido eminente como "precursores" do socialismo, de acordo com aquela teoria consequente do desenvolvimento socialista, devam ser qualificados como personalidades geniais na sua ética etc. Nos escritos de Ostwald, de acordo com o imenso significado da química para o complexo técnico-econômico, naturalmente, ideais técnicos que, soberanamente, indicam as linhas de procedimento.

Sabemos que Ostwald, em grande medida, recebeu influências do método sociológico "exato", orientado (pretensamente) no comtismo e no quetelismo, para cujo cultivo Ernest Solvay fundou, em Bruxelas, um *Institut de Sociologie* (Institut Solvay) que possui uma biblioteca com todo o material sociológico necessário para as pesquisas e também com um "fundo" importante para pesquisas empíricas e publicações: uma criação exemplar feita por mecenas tão magnífica e exemplar como é lamentável o método "científico" que foi usado por Solvay nos seus trabalhos e que foi aceito por seus colaboradores. Uma olhada em qualquer um destes trabalhos, sobretudo nos trabalhos do próprio Solvay,[2] mostra

---

2. Tomamos como exemplo uma análise sintética da obra: E. Solvay, *Formules d'introduction à L'Énergétique physio — et psycho-sociologique* (Institut Solvay, *Notes et Mémoires*, Fasc. 1, 1906: O respectivo rendimento energético (rendement = R) de um organismo vivo é o resultado da seguinte fórmula:

$$R = \frac{E_l}{E_C} = \frac{E_c - (E_f + E_r)}{E_c},$$

sendo:

$E_c$ = (E. *consommées*) energias consumidas ou assimiladas via respiração ou alimentação ou luz etc.

$E_f$ = (E. *fixées*) energias morfologicamente fixadas, foram aproveitados.

$E_l$ = (E. *liberées*) energias liberadas pelo processo de oxigenação. A fração decisiva $\frac{E_l}{E_C}$ para o rendimento (*rendement*) está no processo $E_c$ de melhoramento a partir da infância (onde o valor de $E_f$ é muito grande) até o crescimento do povo até um *optimum* e entra num processo de diminuição na velhice por causa do crescimento do $E_r$ (pela crescente incapacidade de aproveitamento das energias consumidas). Mas, a partir do ponto de vista da sociologia, só pode ser levada em consideração para o cálculo apenas uma parte de todas as energias que foram liberadas (energias orgânicas) = E (*energies utilizables*): é o quota que pode ser aproveitada para o trabalho, ao contrário do $E_t$, parte da energia transformada em calor que não é aproveitada como também no caso das máquinas. Mas a "energia utilizável" do indivíduo não é em sua total "energia utilizável social" (E. *socio-énergétique*), dado que os indivíduos perseguem, em primeiro lugar, os seus próprios interesses "fisioenergéticos" e, por causa disso, apenas uma parte desta energia pode ser aproveitada socialmente. É possível constatar a *socio-utilisabilite* que fatos podem ser produzidos quando tecnólogos formados nos procedimentos das ciências naturais aplicam uma camisa de força nos

---

do indivíduo para cada "duração de tempo" t pela multiplicação da energia individual utilizável com o coeficiente que tem graus ou valores diferentes em função da "energia socialmente utilizável". Para o tempo T = duração total da vida do indivíduo = chega-se ao valor: Sigma u E u t. E podemos elaborar a fórmula Rs (*rendement social* = capacidade de aproveitamento social de todos os indivíduos num determinado momento): — pela adição do *rendement* simples energético de todos os indivíduos de uma sociedade de uma determinada unidade temporal; — pela elaboração do valor médio da fração U que indica a sua utilizabilidade social; e — pela divisão do produto U soma de *rendement* individual pela soma das energias consumidas pela sociedade nesta unidade temporal. É esta a fórmula:

$$= \frac{U\ (E - [E + E_R + E_T])}{E_C}$$

Podem ser incluídos nesta fórmula objetos que não têm característica fisioenergética, isto é, cujo consumo não consiste na destruição da energia em função do interesse do indivíduo, mas que, mesmo assim, tem uma influência sobre a relação de *rendement*. Estes podem ser considerados como diminuição ou aumento de $E_c$, ou seja, podem ser igualados à energia que foi gasta pela alimentação (o tipo de consumo energético). Solvay acredita poder afirmar isso também para necessidades que são puramente *d'ordre imaginatif* ou moral (p. 12). Também pode ser incluído na fórmula consumo que não está de acordo com o consumo normal dos *hommes normal*. Isto acontece quando se leva em consideração que um tal *energétisme excessif* de alguns, em certas circunstâncias, pode desempenhar o papel *energétisme privatif* favorecendo a totalidade da sociedade, mas que ele, em outras circunstâncias, quando se trata de *hommes capables* que, como recompensa deste maior-consumo fornecem rendimentos maiores, e, portanto, de maneira nenhuma seria este consumo antissocial, mas, ao contrário, em última instância, melhoraria o rendimento energético total da sociedade. Portanto, as fórmulas energéticas e as unidades tradicionais de medida são universalmente aplicáveis (quilogramas, calorias...).

Para que, por meio das palavras, tomemos uma posição em face destas exposições, podemos dizer que deveria haver receio em se acreditar que absoluta inutilidade de toda essa construção de Salvoy talvez exista devido ao fato de as suas fórmulas não têm considerado, devidamente, a complexidade dos fenômenos. A uma objeção tal, Salvoy certamente responderia que com uma contínua introdução de mais variáveis, seria possível elaborar, em princípio, uma integração desta complexidade. Talvez tampouco seja um erro fundamental o muito dos seus coeficientes nunca poderem ser medidos de maneira exata, ou de maneira quantitativa. Pois a teoria sobre o limite do aproveitamento usa, com razão, o procedimento fictício da mensurabilidade de necessidades. Não queremos, neste momento, explicar por que "com toda razão"? Mas a total inutilidade de toda essa construção se baseia na inclusão de juízos de valor de caráter puramente subjetivo, nesta fórmula matemática aparentemente tão exata. O *point de vue* social, a *socio-utilisabilite* de um homem (esta qualidade e, mais ainda, o grau desta qualidade) e tudo que isso depende, apenas podem ser determinados a partir de ideais totalmente subjetivos, a partir dos quais o indivíduo mede o "dever-ser" das condições sociais de uma determinada sociedade. Devem ser levados em consideração inúmeras nuanças de numerosos e possíveis critérios, e um número imenso de compromissos entre os inúmeros ideais possíveis que concorrem entre si, ou os meios não desejados para o fim desejado, ou os efeitos colaterais que existem

"procedimentos sociológicos". E o tragicômico do desperdício de muito dinheiro para fins diletantistas em nada aparece com mais clareza do

---

ao lado do resultado desejado. E tudo isso existe por direito e plena razão, na medida em que não são introduzidos fatores de fé pela porta traseira, seja ela de natureza "teológica" ou "metafisica", que o positivismo pretensamente já teria superado.

Se isto não acontece, se um indivíduo determinado que desenvolveu um *énergétisme excessif* teria sido "rentável" (*rentave*), pensando no ponto de vista "socioenergético" como, por exemplo, os seguintes indivíduos: Gregório VII, Robespierre, Napoleão, Augusto, o Forte, Rockefeller, Goethe, Oscar Wilde, Ivan o Terrível etc. Surge até uma pergunta ainda mais importante: somente um juízo de valor de caráter objetivo poderia decidir sobre a "rentabilidade" ou "não rentabilidade" de tais personalidades. É uma brincadeira de mau gosto usar, para tais juízos de valor, fórmulas matemáticas que deveriam ter coeficientes diferentes para cada um dos indivíduos, seja para o próprio Solvay, ou seja, por exemplo, para nós próprios, supondo que tudo isso, como tal, tivesse um sentido. E uma loucura total, enquanto se acreditar que, com tudo isso, ter-se-ia feito uma contribuição para a ciência. Que todo este resultado de Solvay não vale um tiro de pólvora queremos já demonstrar claramente a esta altura em nossas observações, apesar de que só agora começam (p. 15) aquelas em que o próprio Solvay reconhece a existência de dificuldades para a aceitação de suas fórmulas. Trata-se, exatamente, dos *phénomenes d'ordre intellectuel*. Eles não correspondem, diz Solvay — *considérésen eux mêmes* — a um desenvolvimento energético que pode ser medido quantitativamente, mas representam, na realidade *essentiellement* uma sucessão de situações de distribuição de energias neuromusculares. (Esta maneira de ver representa um paralelismo "psico + físico"). A mesma quantidade de energia consumida pode representar *rendements* de valor (*valeur*) diferentes. Mas nem por isso deveria ser possível (*par ordre de qui*?) enquadrá-los na fómula e de medi-los quantitativamente, já que ela desempenha um papel importante na sociologia (*sic*) (e, para continuar este silogismo, *a priori* a sociologia deve ser enquadrada nas fórmulas energéticas.) E, realmente, a coisa é relativamente simples: não podemos medir diretamente o desenvolvimento energético nem sequer no sentido do paralelismo fisiopsíquico medir os desenvolvimentos concomitantes (*concomitante*), mas podemos medir os seus efeitos (*effets*). E agora, segue-se uma série das mais engraçadas brincadeiras. Como se mede, por exemplo, o *effet* da Madona Sixtina ou o *effet* de uma produção artística de uma era glacial? Já que Solvay tem medo de reconhecer abertamente que o termo *effet* está sendo usado no lugar do termo equívoco de *valeur*, se faz a seguinte argumentação: o fim *normale* dos *effort cerebral* consiste, pensando no indivíduo normal (NB) e, por causa disso, também pensando no indivíduo coletivo — a sociedade —, na autoconservação, isto é, a proteção contra danos físicos e "morais" (*sic*). Por isso (!), significa o esforço normal cerebral sempre (!) um melhoramento no rendimento energético. Isto não vale apenas pensando nas invenções técnicas, no trabalhador intelectual em oposição ao trabalhador não intelectual, mas também fora da esfera intelectual. A música, por exemplo, provoca situações cerebrais que resultam em modificações dos processos de oxigenação que, por sua vez, servem para um melhor aproveitamento da energia orgânica liberada (presumivelmente de melhor digestão ou algo semelhante, apesar de que, anteriormente, Solvay tinha explicado que o efeito da Ideoenergia em relação a $E_r$ não seria significativo). Portanto, foi demonstrada a sua significação energética e esta, por sua vez, é subordinada ao "princípio" da mensurabilidade e com isso, felizmente, chegamos novamente ao reino das fórmulas E e Eu etc. Decerto, há muitos coeficientes de cuja medida ainda não temos padrões estabelecidos: por exemplo, o número possível de ideias que podem surgir numa determinada unidade de tempo. Também há criações do intelecto ou da arte nas quais

que no fato de que o Instituto, por exemplo, publica um trabalho totalmente sem valor de Ch. Henry[3] que se esforça em elaborar, através de

o ganho continua apenas em nível potencial, e há outras que apresentam um déficit, e que portanto, seriam prejudiciais socialmente. (Solvay pensa, nesta ocasião, no suicídio de Werther, que prejudicou o valor energético da obra *Werther*.) Mas, em princípio, diz ele, pode ser calculado (*sic*: *calquer*) qualquer homem de acordo com a medida (que muda obviamente no decorrer de sua vida) o seu valor social psicoenergético — negativo ou positivo — com base na norma da avaliação (melhoramento direto ou indireto do seu rendimento socioenergético). Este cálculo é da mesma natureza de um cálculo referente a um valor fisioenergético (veja-se anteriormente). Esta possibilidade básica é de enorme importância, pois, em princípios, naturalmente, também só se pode fazer o cálculo "de tais" "ideoenergias" que tiveram o seu efeito real depois de séculos — direito à falta de maturidade dos seus contemporâneos. Felizmente — para o autor — "não pertence ao seu trabalho" analisar o método através do qual pode ser feita a medição dos *valeurs physio et psycho-energétiques*, pois, em linhas gerais, isto deveria ser feito, a seu ver e com um belo engano de (*sic*) naturalista a um *tout l'ensemble des recherches sociologiques proprement dites*.

Em seguida, vem o comentário que, hoje em dia, por trás dos preços da economia de troca se escondem como padrões de medida definitivos das colônias e dos processos de oxigenação as calorias que, diretamente ou indiretamente, são conduzidas na forma de bens para o organismo. O nosso autor não se preocupa com tudo aquilo que um estudante de economia escuta em sala de aula sobre "teoria econômica", ou seja, que não é possível dizer que nós compramos o oxigênio do ar, enquanto a Terra dispõe em excesso e que o "processo de oxigenação" não influi profundamente no valor de um tapete da Pérsia (conforme Solvay esse seria o caso), mas é um símbolo da avaliação subjetiva dos bens à qual não corresponde nenhuma quota energética — o que também é valido para todos os outros valores "sociais". Dado que já no início passamos do *valeur* — isto é, acreditamos "valor estético" — ao *effet* — as consequências da oxigenação da obra de arte, em nossa reflexão chegamos ao resultado de que a melhoria do rendimento físico-psicoenergético do *homme moyen* seria o meio decisivo para a melhoria do rendimento da sociedade como tal. Portanto, os cálculos deste "produtivismo" devem indicar ao legislador para atingir o *rendement normal*, que por sua vez depende da existência da *humanité normal*, isto é, da complementação de *hommes idéalment sains et sages* que não fazem mais do que é necessário para a conservação e a manutenção do seu próprio *rendement* normal e, por causa disso, colocam-se à disposição de fins sociais somente o mínimo "socialmente necessário" de suas energias.

Já que cada grupo social representa também uma unidade de reação química, e já que não está longe o tempo em que cada processo no universo receberá a sua avaliação energética, *evaluation énergétique*, na opinião de Solvay, também não está muito longe o dia em que será possível uma tal sociologia positiva e "normativa" — temos de acrescentar, talvez, "em princípio". Não comentaremos aqui as propostas práticas de Solvay. O seu "produtivismo" e o seu "contabilismo" comparam-se no que diz respeito ao seu conteúdo mental às concepções do utopismo clássico francês — às ideias de Proudhon por exemplo — e são muito modistas. E a mesma relação pode ser estabelecida no que se refere aos "redimentos" com as ideias de Quelet e de Comte.

Mas Ostwald, por sua vez, nesta publicação aqui comentada, fica muito por trás daqueles escritos mencionados, apesar ou talvez, exatamente pelo fato de os superar em *bon sens*. Por exemplo neste livro, que foi aqui comentado por nós, nunca encontramos comentários de Solvay sobre a impossibilidade de estabelecer uma correlação clara entre conteúdo "mental" e relações quantitativas de energia.

3. Ch. Henry, *Mésure des Capacités intelectuelle et énergétique*, caderno das *Notes et Memoires*.

cálculos complicados, o valor de uso social (NB) do trabalho (como conhecemos em todos os representantes do "positivismo, e também já nos escritos de A. Comte) e também procura elaborar a quantia do salário através de "fórmulas energéticas" — pois a não publicação contraria a tradição criada por Solvay. Mas o diretor atual do Instituto, o professor Maxweiler, num apêndice, muito bem chama a atenção para o fato de que esta tentativa não teria sentido — naturalmente com palavras bastante polidas, opinião que qualquer um que possui uma formação específica em sociologia perfeitamente sabe — já que foi feita tentativa semelhante por von Thünen; cujo trabalho, pelo menos, era mais inteligente e teve uma orientação econômica. Já que o Instituto, sob a direção de Marxweiler, publicou também realmente trabalhos valiosos, seja em nível mais popular ou seja em nível científico, podemos esperar que estas reminiscências "energéticas" logo sejam totalmente postas de lado onde, realmente, é o seu lugar.

As preleções populares, que são dedicadas a Ernest Solvay, mostram bem as vantagens da maneira de pensar e da maneira de representar de Ostwald em conexão às consequências das supramencionadas tendências gerais de pensadores "naturalistas" e merecem destaque apesar dos seus pontos fracos, como sendo um "tipo" especial de pensar e escrever. Na medida em que se toca nos problemas econômicos e sociopolíticos, aborda-se a partir de uma dimensão sociopolítica. Por isso, deixo de lado as exposições sobre este assunto — as quais não podemos deixar de mencionar, pertencem às piores coisas escritas por Ostwald — e limitamo-nos em apresentar um resumo sintético daqueles capítulos que apresentam, consequentemente, e em parte num estilo formal muito bonito, a concepção "energética" dos processos culturais, incluindo ainda alguns comentários, em parte, de caráter geral, e, em parte, de natureza específica, que não se situam diretamente no núcleo da problemática (núcleo socioeconômico).

Capítulo I (O trabalho). Tudo o que nós sabemos do mundo exterior, podemos expressá-lo em relações de energia: mudanças temporais e espaciais das condições das energéticas existentes (Energia = trabalho e todos os produtos modificados pelo trabalho). Cada mudança cultural é condicionada por novas relações energéticas (sobretudo a descoberta de novas fontes energéticas ou de novas utilizações das fontes energéticas já existentes). — Segue a discussão da particularidade dos cinco tipos de energia, dando-se ênfase especial ao significado da energia química que destacar-se-ia por poder ser facilmente conservada e transportada. Capítulo II (*Das Güteverhältnis*). *Güteverhältnis* (é um conceito fundamental de toda discussão) = relação da quantidade da energia útil B que foi produzida por nós numa mudança de energia pretendida para fins práticos a partir da energia básica A e, em função do surgimento inevitável de outras energias ao lado da energia útil sempre é menor do que 1. Todo o trabalho cultural tem por finalidade: 1. o aumento das energias básicas, 2. o melhoramento dos *Güteverhältnis*: este é sobretudo o sentido da ordem jurídica (a eliminação do desperdício das energias em oposição é análoga à substituição da lâmpada de petróleo com 2% de *Güteverhältnis* pela lâmpada de gás com 10% de *Güteverhältnis*). Posto que seja apenas utilizável a energia "livre", isto é, energia que pode ser movimentada pelas diferenças de intensidade dentro das qualidades de energia existentes, e esta energia livre, conforme a seguinte lei fundamental da energética, sempre está dentro de cada sistema corporal fechado por uma dispersão irreversível, o trabalho cultural consciente pode ser designado como sendo a tendência "para a conservação da energia livre". Afastar-se sempre deste ideal nos obriga sobretudo a fatos determinantes de valores que é o "tempo": a aceleração das lentas mudanças energéticas (no caso "ideal", infinitamente lento) faz com que nós utilizemos esta energia, mas ao mesmo tempo leva, inevitavelmente, a uma destruição acelerada da energia livre. E de maneira que na intencionada relação entre ambos os lados haja um *Optimum*, em cuja transgressão, uma maior aceleração torna-se antieconômica. A segunda lei fundamental da energética, portanto, é a linha mestra da evolução cultural. Capítulo III (As energias básicas). "Praticamente tudo que acontece sobre a terra" acontece à custa da "energia livre", que o sol fornece à terra pela radiação (a única exceção conforme Ostwald são a maré vazia e a maré cheia e todos os fenômenos que surgem por causa destas). A afirmação parece ser incorreta, já que Ostwald nega a própria energia térmica do núcleo da terra, que, talvez apenas de maneira muito insignificante, tem influência sobre as condições da temperatura na superfície da terra, mas, talvez — já que há, num sentido absoluto, camadas de pedras impenetráveis pela água — condiciona o respectivo limite definido da observação e, portanto, teria uma influência sobre a efetiva quantidade de água na superfície e sobre todos os fenômenos que dependem desta situação. Uma economia estável, portanto, deve se basear exclusivamente no aproveitamento regular das quantidades da radiação anual, cujo aproveitamento referente ao seu *Güteverhältnis* ainda pode ser aumentado tão imensamente que — poderíamos fazer uma comparação talvez não muito feliz com o "esbanjamento de uma herança" — parece quase impossível que haja um consumo rápido (desperdício) desta energia solar que está acumulada nas reservas de carvão e que pode ser transformada em energia química. O autor nem menciona o gasto um pouco mais lento — na medida das reservas existentes — das energias químicas, das energias formais contidas no ferro e das reservas de cobre e zinco que são tão importantes para a produção da energia elétrica. Também teria sido apropriado fazer uma reflexão sobre a eventual substituição da energia química e da energia formal pelo alumínio, que é produzido com poucos custos, existe em grande quantidade e desempenha muitas funções, já que as considerações feitas incluíram até a possibilidade do aproveitamento direto da energia solar para produzir energia química e elétrica. E muito mais que isso, já que Ostwald não acredita numa diminuição do fornecimento de energia por meio de radiação solar dentro de épocas geológicas, no que se refere ao passado, nem no que se refere ao futuro. Levando isso em consideração, não parece ser tão urgente, a partir do ponto de vista energético, uma discussão sobre uma economia desta fonte de energia, enquanto na produção, no fornecimento e no aproveitamento das mais importantes energias utilizáveis provindas daquelas matérias-primas nota-se um processo de dispersão, como é o caso referente a todas as energias livres de acordo com a lei da entropia. Esta dispersão se dá com o aumento contínuo da exploração em tempo e espaço, num prazo de um milênio, em relação a outras fontes de energia para as quais o seu esgotamento pode ser previsto de maneira mais exata. Concentrando toda a discussão nas relações energéticas, não são levantadas outras questões como: 1. a obtenção de novas fontes de energia *Rohenergien*, 2. o melhoramento dos *Güteveerhaltnisses* na produção de energias úteis que é sem dúvida um papel importante para os condutores de energia.

Mas, se os aspectos da criação direta de novas energias, principalmente o aproveitamento dos raios solares, utilizados até agora quase exclusivamente no setor das plantas vivas ou mortas, são tão favoráveis no futuro, como é a opinião de Ostwald, surge para a análise energética da cultura a pergunta: como se explica o atribuirmos importância ao

*Güteverhältnis*, se levamos em consideração estas circunstâncias e a contínua redução do número da natalidade? Por que estas questões sempre se tornam mais irrelevantes do que importantes? Uma resposta a estas perguntas apenas dificilmente pode ser encontrada a partir das explicações dos capítulos seguintes, ou seja, no Capítulo IV (Os seres vivos), Capítulo V (O homem) e Capítulo VI (A dominação de energias alheias). Se Ostwald tivesse feito estas perguntas e sobre elas tivesse refletido, como, por exemplo, o fez B. Sombart nas suas discussões sobre o conceito de Reuleaux sobre máquina, sem dúvida teria sido conduzido de maneira útil à reflexão mais profunda sobre tais questões. Estes problemas são mencionados na página 82 apenas superficialmente, e de maneira errada: de maneira alguma é correto que o progresso da cultura (seja qual for a ideia que se tem sobre o conceito "progresso") seria idêntico a uma diminuição absoluta da utilização da energia humana. Pode ser esse o caso quando comparamos a cultura atual com a cultura antiga, mas nem por isso se pode afirmar que esta afirmação seja correta para todo e qualquer "progresso cultural" — somente se por "progresso cultural" entendemos "progresso" energético, o que seria, neste caso, uma tautologia. Aquelas reflexões omitidas teriam sido bem aproveitadas por Ostwald, sobretudo no seu *salto mortale* para a área da disciplina específica da economia, ou seja, no Capítulo XI. Ele teria se prevenido com a ideia que pode ser percebida claramente nas suas colocações, mas que são totalmente errôneas, que aquilo que nós chamamos de progresso técnico sempre e necessariamente se baseie num melhoramento da "proporção de qualidade". Como se, por exemplo, pensando na transição do tear manual para o mecânico, a proporção de qualidade puramente energética seria sempre mais favorável ou melhor na organização mecânica do que no artesanato, se atribuímos as energias de raios solares acumuladas no carvão às energias mais diversas como às energias cinéticas, químicas (humanas e extra-humanas) que *pro rata* recaem em um produto têxtil mecânico (naturalmente incluindo também as partes inutilmente dispersas) e, em seguida, faria o mesmo cálculo referente ao artesanato. Não se justifica fazer um paralelismo entre "custos" econômicos e despesas energéticas no sentido fisicálico da palavra, e, além disso, não podemos fazer uma comparação com referência aos preços entre uma economia de troca e uma economia de mercado, no que diz respeito à "capacidade de concorrência", como também com referência às qualidades de energia consumidas, mesmo que estas tenham uma influência "energética". O próprio Ostwald menciona, às vezes, momentos econômicos vitais, de modo fundamental, que possam ter influência na maioria dos "progressos técnicos" e diretamente levam a um agravamento da *Güteverhältnis* energética: a tendência inevitável para uma mudança energética. Esta circunstância não é algo isolado. Se fosse possível, como, por exemplo, Ostwald espera, descobrir um mecanismo que permita a transformação da energia solar, por exemplo, em energia elétrica, a chamada *Güteverhältnis* poderia ficar muito atrás do aproveitamento da energia do carvão numa máquina a vapor e, mesmo assim, poderia haver uma capacidade de concorrência elevada por meio deste novo caminho de produzir energia. Podemos, por exemplo, perguntar se os músculos do ser humano, ou seja, se o instrumento "primitivo" que a natureza deu a cada homem teria uma melhor *Güteverhältnis* no aproveitamento da energia liberada pelos processos bioquímicos da oxigenação do que a melhor máquina de dínamo — mas, mesmo assim, esta última é superior na concorrência. Muito provavelmente, Ostwald sabe muito bem quais são as razões para isso. Mas, na ocasião dada, sempre acontece que Ostwald pretende sempre e novamente basear "todo o desenvolvimento cultural" apenas numa das condições energéticas, ou seja, na *Güteverhältnis*, apesar de que ele mesmo mencionou a possibilidade da descoberta de novas energias. Mesmo o problema puramente tecnológico não foi promovido por Ostwald sob o ponto de vista energético. Pois o interesse mais importante diz respeito à relação mútua entre o aproveitamento de energias novas e as exigências da *Güteverhältnis*. Mas, referente a isso, não recebemos informações interessantes, ou mesmo nenhuma. Também não foi devidamente considerada uma particularidade de tudo isso, tão perto das questões tecnológicas, como é o caso da abordagem "econômica".

Na introdução, o próprio Ostwald fez a restrição, de ter consciência de que se ocupava apenas de um lado dos "fenômenos culturais", afirmação que temos de reconhecer, lembrando a desejo de muitos outros pensamentos naturalistas de encontrar uma "fórmula do mundo". Mas a sua má estrela quer que ele ainda acredite na velha e superada "hierarquia das ciências" de Comte e a interpreta no sentido (p. 113, final) de que os conceitos que se encontram nos degraus inferiores da pirâmide pertenceriam às disciplinas "mais gerais" e teriam validade para os que se encontram em degraus mais elevados, isto é, para as disciplinas "menos gerais" e, portanto, deveriam ser "fundamentais" para estas últimas. Sem dúvida, Ostwald, incrédulo, moveria a cabeça negativamente, se alguém lhe dissesse que, para a teoria econômica (a parte específica das disciplinas econômicas que a separa das outras disciplinas), aqueles conceitos não apenas não desempenham função nenhuma, mas também que, para a economia política, são totalmente insignificantes exatamente os teoremas abstratos das disciplinas "mais gerais" que, por causa do seu caráter abstrato, se afastam muito da experiência cotidiana. Para a economia política é totalmente insignificante se, por exemplo, a astronomia aceitou o sistema copernicano ou o de Ptolomeus. Da mesma maneira, seria também totalmente insignificante para a teoria econômica algo como teorias hipotéticas "ideal típicas" — se, por exemplo, a teoria energética da física passa por mudanças até mesmo profundas, se a teoria da conservação da energia afirmaria o seu alcance de validade de hoje (como seria de esperar) para todos os outros tipos de conhecimento como a física, a química e bioquímica, ou se talvez, um dia, um "anti--Rubner" refutar as experiências de Rubner sobre a economia de valor dos organismos (o que, obviamente, é muito improvável). Ou, para exemplificar logo a questão daquele problema que durante muito tempo ligou a investigação física aos interesses econômicos: mesmo a existência de um *perpetuum mobile*, isto é, a existência de uma fonte de energia que fornecesse, sem que nada custasse, energia livre para um determinado sistema energético, 1. não significaria que aquelas afirmações hipotéticas da teoria abstrata da economia "não seriam corretas", e — mais ainda — mesmo que se imaginasse sendo imenso o alcance técnico de uma tal fonte energética utópica (e teríamos toda razão para isso), 2. mesmo assim, o alcance da validade prática daquelas teorias abstratas e hipotéticas seria reduzido a zero apenas no caso de aquela fonte energética estar à disposição: a) qualquer energia, b) em todos os lugares, c) em todo o tempo, d) em cada diferença de tempo em quantidade ilimitada e e) de qualquer direção referente ao seu efeito. Qualquer limitação, por pequena que seja, de só uma dessas condições faria com que tivesse validade os princípios do limite do aproveitamento de uma respectiva partícula. — Nós nos atemos nestas utopias um momento apenas, para deixar bem claro o que sempre se esquece, apesar de toda moderna teoria sobre metodologia: a hierarquia das ciências de Comte nada mais é do que o esquema de um caturra ou escrupuloso, que não entendeu que há disciplinas que têm fins cognoscitivos totalmente diversos, a partir dos quais cada ciência, partindo de determinadas experiências cotidianas imediatas, deve sublimar e elaborar o conteúdo deste conhecimento "não científico" de pontos de vista que são diferentes e que possuem total autonomia. É evidente por si próprio que, em seguida — e, por exemplo, na economia política já no primeiro passo para fora da teoria "pura" — as diversas disciplinas se cruzam e se encontram nos seus objetos do modo mais diverso. Mas quem, como Ostwald, não percebe esta situação fundamental, ou pretende fazer justiça apenas pela reserva de um lugarzinho de eficácia da "energia psíquica" (p. 70), de acordo com o esquema de Comte, pelo menos, de maneira nenhuma, faz justiça à particularidade das "ciências da cultura" (cuja fundamentação é o objeto de Ostwald).[4] Pois cada teórico, especializado em metodologia moderna,

4. Acredito que é uma questão discutível a de se um químico moderno deve ou não falar de "energia psíquica", como Ostwald o faz. Em todo o caso, também para aquele que aceita o ponto de vista da causalidade psicofísica, e, portanto, rejeita o "paralelismo", será difícil entender o que Ostwald entende por processos "psicológicos", ou seja, "pensamentos" que são aproveitáveis energeticamente, como encontramos nos escritos de Ostwald, seja *implicite*, seja *explicite*. Determinadas afirmações nem queremos comentar, tais como (p. 97, nota): "os pensamentos podem (*sic*) ser entendidos sem a dimensão do espaço (sic) mas, nem por isso eles existem fora do tempo e sem energia, e são 'subjetivos'" (sic). Podemos pensar qualquer coisa sobre a psicologia de Münsterberg como um todo — mas a leitura de alguns dos seus capítulos seria muito recomendável para Ostwald. O "energético", de acordo com a sua metodologia não se interessa por "subjetividades", mas apenas por "coisas objetivas", ou seja, rendimentos dos nervos e rendimentos cerebrais que representam quantidades de energias químicas. Pois entre estas e as relações quantitativas "energéticas", por causa da particularidade qualitativa das primeiras, não há uma medida que permita uma transposição — como seria de acordo com a essência conceptual de cada "energia". Dado que fosse possível, por exemplo, encontrar uma medida no balanço energético para processos condicionados "espiritualmente" e dado que se entendesse o conhecimento "introspectivo" como sendo órgão sensorial específico "para a energia psíquica" e os "conteúdos" (que sempre se alteram) das suas transformações — conforme Ostwald (p. 98) isto seria necessário pois, no outro caso, processos psíquicos não poderiam ser incluídos no tempo do "devir" — mesmo assim, a falácia absurda e idiota de um paranoico referente à proporção de qualidade ou relação de qualidade "energético dentro da epiderme" não poderia ser distinguido de uma produção científica altamente qualificada, e muito menos poderia ser indicado como critério qualquer *Güteverhältnis* energético para distinguir um "juízo certo" de um "juízo errado". Ambos exigem energia, e não há critério para distinguir o *Güteverhältnis* no caso em que se trata de um "juízo correto", ou no caso em que se trata de um "juízo errado". O *Güteverhältnis* também não pode ser entendido como a identificação entre o "verdadeiro" e o "útil", o que exigiria uma confirmação pelos fatos empíricos externos, o que

sabe (ou melhor: deveria saber) que a "teoria" pura da nossa disciplina não tem nada (nem o mínimo) a ver com "psicologia".

---

também é a opinião de Solvay (veja-se nota, na p. 402). Pois indubitavelmente há muitas verdades cujo balanço utilitário energético é enormemente prejudicado por desperdícios energéticos (energia química, por exemplo, pensando-se numa fogueira) ou energia cinética, por exemplo, pensando em guerras e em organizações de partidos. E este déficit dificilmente pode ser compensado por um melhoramento de qualquer *Güteverhältnis* energético, já que estas verdades não têm influência nenhuma sobre tal *Güteverhältni*.

Ostwald, naturalmente, não é partidário das teorias epistemológicas utilitárias, porém, acha ele que todas as verdades históricas, isto é, que as "verdades não-paradigmáticas" (p. 170) seriam apenas de caráter técnico, e, por isso, cientificamente sem valor. No seu livro sobre grandes homens, muito recomendável, são apresentadas pessoas que 1. melhoraram muito o *Güteverhältnis* energético, e 2. fala destes homens como sendo paradigmas para perguntas práticas como: que curso é melhor para capacitar os homens para contribuir para o melhoramento do *Güteverhältni*? Portanto, trata-se mais de uma obra científica do que de uma obra pedagógico-histórica (a sua observação, no sentido de que os "grandes heróis" seriam as forças propulsoras do desenvolvimento científico, não faz jus à verdadeira contribuição e influência desta: é bastante conhecido que muitas descobertas científicas não são o resultado de determinadas prioridades conscientemente colocadas, porém são mais que fatores ocasionais. Os historiadores, por exemplo, nem poderiam ter esperado o surgimento de um melhor paradigma que fosse específico para as "ciências naturais" (até no sentido lógico) como esta ingenuidade das colocações de Ostwald (leia-se, por exemplo, a obra de Rickert).

Basta: temos, indiscutivelmente, uma contribuição de valor mínimo para a "fudamentação das ciências da cultura" se incluímos, no sentido de Ostwald, o psíquico na teoria energética — cuja possibilidade Ostwald apenas menciona na página 70 (nesse livro), enquanto, por outro lado, e repetitivamente acentua que também os "limites" de sua reflexão localizar-se-iam exatamente lá onde começassem a ter influência "fatores psicológicos". E como pode ser imaginada esta inclusão? Na medida em que é possível para um leigo, procurei mostrar isto, para mim mesmo e para os leitores do *Arquivo para a ciência social*, num artigo que se refere a Kraepelin — trata-se da influência do "psíquico" no "psicofísico". Mas, parece que Ostwald, nem de longe, se refere a problemas tratados naquele trabalho. Tem ele, eventualmente, em mente que a teoria de Wundt, há tempos já superada, sobre a "lei do aumento da energia psíquica", que mistura o aumento daquilo que nós denominamos "conteúdo espiritual" de um processo culturalmente relevante com as categorias psíquicas do ser (portanto, uma avaliação), neste, a confusão provocada por Lamprecht deveria ser, para nós, um exemplo. As teorias de Sigmund Freud, finalmente, as quais nas suas primeiras formulações pareciam estabelecer algo como uma lei "lei da conservação da energia psíquica (afetiva)" — seja qual for o seu valor psicopatológico — foram no ínterim modificadas por seus próprios autores, de modo que perderam toda a precisão no sentido "energético", ou, pelo menos, em todo o caso, ainda não podem ser devidamente utilizadas pelo energético *stricto sensu*. Mesmo que seja esse o caso, de acordo com a sua particularidade, de maneira alguma, poderiam servir de denominador comum para a "legitimação" dos pontos de vista das "ciências culturais" sobre teorias energéticas e sobre qualquer "teoria psicológia". Mas é o bastante. Seria interessante indicar clara e nitidamente, de maneira geral, em que momento do seu procedimento metodológico o autor ultrapassa, teoricamente falando (já falamos da prática), o âmbito da validade dos seus pontos de vista.

Nos três capítulos sobre os seres vivos (IV, V, VI) encontramos, em primeiro lugar (p. 53), a divisão dos "anabionta" (*Anabiontes* = plantas), como catalisadores de energia, dos "catabionta" (*Katabionten* = animais), como, considerado energeticamente, consumidores parasitários dos raios solares que foram recolhidos pelos primeiros, sendo que o homem, por enquanto, ainda pertence aos últimos (provisoriamente). Energeticamente considerado, o homem se distingue do animal apenas pela quantia enorme e sempre em maior grau de energias "externas" (existentes fora da sua epiderme) que ele conseguiu dominar em forma de instrumentos e máquinas: a história da evolução da cultura é idêntica à história da medição da energia alheia na esfera do domínio humano (aqui, portanto, também sem melhoramento de "proporções de qualidade"), referente ao que fica a restrição (foi sinteticamente comentado por nós) que deveria ser "permitido", para a viabilidade desta opinião, falar de "energia psíquica". Em meio a tais reflexões, encontramos considerações sobre a evolução energética das armas bélicas (p. 73 e ss.), sobre o valor energético da paz em oposição a qualquer tipo de luta, pois ela sempre diminui o *Güteverhältnis* (energéticos, sobre a doma dos animais) (p. 85 e ss.). Aqui, como também nas explicações sobre a escravidão, faltam-lhe os conhecimentos dos resultados importantes da pesquisa específica, e também encontramos uma análise energética, bem elaborada, do significado do fogo (p. 92), sobre transporte e conservação de energias e o "comportamento mútuo" sobre os diversos tipos de energias (Capítulo VII). O modo de distinção entre "instrumentos e máquinas" é muito superficial e, sociologicamente, sem significado (se e em que medida se transforma energia humana ou extra-humana ou a de animais — p. 69). Em seguida (Capítulo VIII) o autor fala de "processo da formação de uma sociedade". Haveria hoje um exagero no que concerne a seu significado para a cultura, posto que "a gente" (quem?) identifique toda a ciência cultural com a sociologia, já que a invenção dos instrumentos mais simples pode ser feita por indivíduos e devido ao fato de também a sua utilização poder ser feita por indivíduos. Cientificamente, a sociedade somente deveria ser levada em consideração nos casos em que ela se apresenta como um "fator cultural", isto significa, na medida em que ela melhore as *Güteverhältnis* que novamente funciona como único critério. Energicamente considerada, ela faz isso quando influencia a "relação de aproveitamento" pelo estabelecimento de uma ordem e pela distribuição das funções. A medida decisiva para a "perfeição" dos seres vivos, de acordo com Ostwald, é a balança energética, não a diversidade uma abordagem que, numa outra versão, já foi — e com justeza — ridicularizada por K. E. von Baer. Aliás, se incluímos as outras energias dominadas do homem que, na maioria das vezes, são aproveitadas apenas parcialmente — o músculo é, como já foi dito, o dínamo mais conhecido, neste caso, e levando em consideração a atual situação da tecnologia, não podemos, de maneira nenhuma, falar de um balanço de energia relativamente favorável (*Güteverhältnis*). E de que modo a situação no que se refere ao "balanço de energia" da cultura?

Ostwald, por exemplo, não inclui nos "fatores culturais" a arte (no sentido amplo do termo), se levarmos a sério as explicações da página 112 (início) — só se ela evita, finalmente (como se lê na página 88), tais "erros", como ainda são encontrados na obra de Schiller sobre *Os Deuses da Grécia*, como um paradigma da "limitação" do principiante, e toma como assunto as transformações da energia em matéria e a "ida" da energia à matéria, fazendo com que, neste caso, as artes sejam postas a serviço da conscientização das massas, opondo-se ao desperdício da energia. Percebe-se que, nestas observações, por causa do princípio do naturalismo, foi de longe superado o anátema de Du Bois Reymond contra a formação das figuras de "asas" (pois estas seriam constituições "atípicas" e "paratípicas" e seriam incorretas, já que os mamíferos não têm seis extremidades). Perguntamos apenas como poderia corresponder a arte a estas exigências? O máximo de transformação energética se dá, por metro quadrado de tela, quando se pinta explosões ou batalhas navais. Muito provavelmente se aproximou deste ideal uma pintura da autoria do próprio imperador Guilherme II: dois couraçados, com uma enorme massa de pólvora, pintura que nós mesmos vimos na sua residência particular. Mas isto compensa o desperdício de energia dos civis? A conhecida fábrica de lâmpadas A. von Menzel se sai talvez ainda melhor no que diz respeito ao "energético" (*Güteverhältnis*), mas dificilmente produz um efeito didático maior, especialmente pensando nas donas de casa que teriam ou que deveriam ter interesse. Parece que facilmente poder-se-ia aceitar receitas que são ilustradas artística e poeticamente. Porém, que mais? E sobretudo: como? A lei da conservação da energia e a teoria da entropia poderiam ser representadas pela arte apenas "simbolicamente" e, com isso, novamente surgiriam todas aquelas fatais "irrealidades". Os antecessores de Ostwald na defesa de uma definição "racional" dos fins da arte — por exemplo, Comte, Proudhon e Tolstoi — procederam *banausis* como ele, mas esses não procederam com tanta cegueira como ele. Parece que em Leipzig há esta desproporção que, por exemplo, Lamprecht, pensando em finalidades científicas, tem demais sensibilidade para a arte, enquanto Ostwald, indiscutivelmente, tem pouquíssima sensibilidade para a arte — sem o prejuízo dos seus méritos, no que toca à análise das matérias-primas para a pintura. E há, outrossim, uma desproporção entre a particularidade fatal da "energia psíquica" e a "compensação" das diferenças de intensidade, apesar de frequentes "contatos". Neste sentido, Ostwald nem elaborou, a bem dizer, teoria "energética" da arte. Pois, como poderia pensar-se uma tal teoria? De acordo com o *Güteverhältnis* "energético", a coroa deveria ser entregue ao *Luca fa presto*, bem ao contrário da opinião "normal" de hoje; pois não seria decisivo um pretenso valor do resultado da atividade artística como tal, mas, diferentemente, deveria ser decisivo o resultado em comparação com o "consumo energético", ou seja, o *Güteverhältnis*. E o verdadeiro "progresso" artístico consistiria na "economia de energia" que, hoje em dia, resultam das "conquistas" técnicas para a fabricação de tintas para a pintura, para o levantamento de pedras nas grandes construções e para a fabricação dos móveis; portanto, não seria decisivo para a obra do arquiteto, do pintor e do marceneiro, pois ele, como tal, não melhora o *Güteverhältnis*. Para o assim chamado "artista", parece, de modo maravilhoso, que poderia ser fundamentada a pregação da "simplicidade" nos meios artísticos, e, de maneira energética (a partir do *Güteverhältnis*). Nós não entendemos muito bem o porquê de não ter tirado radicalmente tais conclusões, depois de ter assumido claramente os postulados anteriormente mencionados. Ele deveria fazê-lo com urgência. Pois, "energeticamente pensando", é realmente uma coisa intolerável, imaginando que na fabricação, por exemplo, de uma mesa, que é uma perfeita obra de arte, se gastou uma grande quantidade de energia de todos — energia cinética, energia química e energia bioquímica, por exemplo — que nunca mais pode ser recuperada (retirada da mesa), já que esta mesa, avaliada energicamente, não representa mais calorias do que um pedaço de madeira do mesmo peso, e a sua forma "específica", que lhe transforma numa obra de arte, não interessa para o ganho de energias. É óbvio que a "arte" começa exatamente aí onde terminam os "pontos de vista" do técnico. Mas talvez aconteça isso também da mesma maneira com aquilo que nós denominamos de "cultura"? Neste caso, Ostwald deveria ter reconhecido este fato e deveria ter exposto claramente esta opinião. Mas, da maneira como ele procedeu, a relação entre os seus pensamentos e as "ciências" fica obscura.

Mas retomemos o raciocínio de Ostwald. Parece que a forma mais elevada do melhoramento da *Güteverhältnis*, que a "sociedade" possibilita, é manifestamente (p. 122) a formação da tradição empírica pela formação de conceitos gerais, os quais, como, em última instância, toda e qualquer ciência (p. 169 e ss.), estão a serviço da profecia do futuro e da sua dominação pelas invenções (p. 121-122). Aliás — numa ampliação discutível do termo "teleológico" (p. 152) — já as plantas teriam feito "invenções". O instrumento da socialização neste sentido, sem dúvida, seria a língua.

Porém que se atente para isso: como é lamentável a situação dela, e também é a situação da ciência que dela trata (Capítulo IX). Depois do fracasso de estabelecer "leis fonéticas" (p. 127-128 — parece que Ostwald não está muito bem informado a respeito deste problema), os especialistas em filologia não fizeram esforços sérios para atingir o ponto mais alto — o cúmulo — daquela ciência, ou seja, a síntese artificial de línguas que satisfazem as exigências energéticas (veja-se, sobre isso, p. 126, final). Parece que nestas observações tem-se em mente a analogia do significado da síntese do Harnsalz para a química orgânica. Perdem-se enormes quantidades de energias em discussões diretas verbais e sobretudo nas dificuldades linguísticas internacionais, já que as línguas naturais não são perfeitas o bastante para desempenhar esta função. Esta última colocação nossa não pode, obviamente, ser demonstrada. Parece que Ostwald não sabe, ao certo, em que sentido realmente tem "razão" no que se refere aos "filólogos": a conservação do latim como língua universal erudita — como ela realmente foi — ficou impossível a partir do renascimento, com a eliminação puritana das tentativas de manter o latim escolástico, que pelos renascentistas foi ridicularizado como sendo "bárbaro". A ausência de uma tal língua erudita universal é, de fato, a falha mais essencial e induvidosa, já que troca dos bens em inglês possui um instrumento suficiente. A eliminação das línguas naturais e as consequências disso são coisas mais complicadas do que se pode ver nas observações de Ostwald. É sem dúvida difícil, ou até impossível, compreender uma pessoa como Ostwald, que possui uma formação científica típica das ciências naturais (no sentido lógico e não na dimensão objetiva) pelo fato de que há um significado positivo e criativo no que tange à multiplicidade de significados das formações linguísticas naturais que apenas, em parte, se apresentam mais pobremente e, em parte, até possuem maior riqueza de conteúdo potencial do que os conceitos teóricos e abstratos o exigem. Em seguida, seguem os capítulos sobre "Direito e punição" (Capítulo X)", "Valor e Troca" (Capítulo XI), "O Estado e o seu poder" (Capítulo XIII), nos quais encontramos observações às vezes absurdas mas, de acordo com o postulado básico, explicações pouco "energéticas", que nem comentaremos, exceto algumas poucas passagens. Ostwald ignora a particularidade dos conceitos jurídicos quase sempre e, para mostrá-lo, exemplificamos com o "furto" de eletricidade (p. 12): estes não se interessam, de maneira alguma (veja-se as explicações de Jellinek a respeito), pelas características "energéticas", mas pelas características no Código Penal (por exemplo, uma "coisa" alheia que é móvel) e tem um sentido muito prático, não tendo nada que ver com ignorância química, se a jurisprudência tem uma tendência (talvez até demasiada) de proceder formalmente e deixa, normalmente, ao critério do legislador, e não do juiz, de poder estender ou não a norma jurídica a fatos "novos": "a forma é a arbitrariedade, irmã da liberdade". Se um determinado fato é "novo" no sentido jurídico, nunca depende unicamente das observações das ciências naturais, mas, em primeiro lugar, da conexão global das respectivas normas jurídicas em vigor que, naquele momento, não são questionadas, e cuja elaboração para um sistema mental sem contradição é, fundamentalmente, uma tarefa da jurisprudência e que fornece o padrão e o critério para o julgamento que, *prima facie* (e, às vezes, de maneira definitiva), são casos duvidosos no sentido da validade de suas normas, fato que também os partidários dos pensamentos "não jusnaturalistas" não contestam. Depende totalmente, de caso para caso e em certas situações dadas, em que medida também poderia ser útil a abordagem à maneira das ciências naturais. Mas, em última análise, exatamente nos casos imprevistos, em decisivas "reflexões axiológicas" que pouco têm em comum com as ciências naturais, independentemente de o químico ver nisto um retrato ou não. No que diz respeito às observações sobre o sentido da "igualdade jurídica" (p. 142) e sobre a "proporcionalidade da pena" (p. 143), a exigência de penas suaves para os que socialmente pertencem às camadas mais elevadas dificilmente pode ser classificada como sendo de caráter "energético". Ao contrário, estes últimos deveriam pertencer à represália que, entretanto, nos meios dos partidários do naturalismo, é tida como superada. Sem dúvida, é possível, a partir de uma reflexão "energética" chegar, certamente, a resultados semelhantes que, entretanto, em última análise, significam outra coisa. Mas, neste caso, deveria ser estabelecido o *Güteverhältnis* energético entre a norma penal e o resultado da pena. Considerando o ponto de vista de Ostwald, parece que deveríamos, referente à "proporção de qualidade", analisar criticamente o gasto energético para a fabricação das paredes da cidade, e também a energia química que foi despendida por ocasião da prisão e as energias bioquímicas que foram gastas na administração das cadeias, e depois de tudo isso, dever-se-ia fazer a seguinte pergunta: com que quantidade mínima de energia foi atingida a finalidade "energética" da punição, ou seja, a manutenção da ordem existente pela eliminação dos elementos perturbadores. Do ponto de vista energético, o *Güteverhältnis* seria mais favorável do que no procedimento recomendado por Ostwald para os portadores do instituto de matar (por que somente para estes?), ou seja, a castração, pensando no gasto insignificante de energia cinética e de energia formal, caso se adotasse uma outra alternativa, ou seja, a "surra" ou o "enforcamento". Já que, para Ostwald, também é importante a necessidade da conservação da energia de trabalho do criminoso com referência à sociedade, não haveria impedimento nenhum para fazer uma distinção "energética" concernente às respectivas profissões: deveriam ser enforcados os apontados, mas também os filólogos, os historiadores e outros inúteis, já que, de maneira nenhuma, contribuem para o melhoramento do *Güteverhältnis* energético (e, se pensarmos na sua total inutilidade, não seria melhor eliminá-los de uma vez, antes de eles incomodarem a sociedade com um crime qualquer?). Em seguida, logicamente, deveria ser aplicada a punição corporal para os operários, os técnicos, os empresários, pois estes são pessoas que sobremaneira melhoram o *Güteverhältnis*. Se Ostwald não rejeita tais considerações, ele deveria ter claro que reflexões de outra natureza eram mais decisivas, do que as suas considerações energéticas. Mas os seus escritos queriam apenas abordar questões energéticas. Percebe-se também que nas suas observações sobre a "igualdade jurídica" não se encontram ideais "energéticos", mas ideais do "direito natural", enquanto também os comentários sobre o "sentido" da ordem jurídica (p. 26) ganham maior força de convencer por causa de sua fundamentação energética aquele que não os já aceitou por outros motivos. Estes comentários estão bem de acordo com o "velho direito natural" dos fisiocratas. Infelizmente, só pode provocar um abano da cabeça do historiador social, quando Ostwald afirma alegremente que seria a sua convicção (p. 38) que somente a burrice dos homens impediria a afirmação da tendência do *optimum* do *Güteverhältnis*.

Esta confusão contínua entre juízos de valor e ciência empírica se encontra fatalmente em todos os lugares. Até um diletante como Ostwald poderia perceber que a relação entre a necessidade e o custo não pode ser definida "energeticamente", sem se considerar as explicações — quase idênticas às da escolástica — sobre o conceito de valor e do *justum pretium* (p. 152), pois no que se refere a isto até *intra muros* se cometem muitos erros. E, finalmente, ele mesmo, muito provavelmente, sabe que a afirmação (p. 55) de que "o problema mais geral dos seres vivos" consiste no fato de que "estes deveriam assegurar para si o máximo possível de vida" e que deveriam entender a "espécie" como "ser global", não é de proveniência energética. Mas, neste caso, ele deveria ter feito a pergunta: De onde, então, vem a legitimação daquele "imperativo categórico"? O que tem isso a ver com o "gênero"? Uma ciência natural nem deveria ter a ousadia de querer dar uma resposta decisiva a questões práticas. Muito menos ainda é possível perceber como qualquer dever ético poderia estabelecer como deveria ser o comportamento referente à espécie em função de um determinado *Güteverhältnis* energético.

Nas explicações do último capítulo (A Ciência) que são dedicadas à pedagogia, percebe-se, num primeiro momento, nas afirmações da página 182, uma certa desorientação de Ostwald sobre o estado atual da pedagogia científica. Quem quer que esteja ligado a interesses religiosos ou a outros interesses autoritários concordará, naturalmente, com os seus comentários sobre o ensino religioso (na nota). Mas, a questão das linhas antigas clássicas não é tão simples como Ostwald supõe, e afirmamos isso tendo em mente o seu próprio ponto de vista. Ficamos bastante impressionados quando — temos, porém, de dizer que esta opinião é oposta à postura oficial institucional da Igreja Católica — um pedagogo muito esforçado e de nítida tendência clerical manifestou a sua preferência para uma formação da juventude, na medida do possível, nos moldes das ciências naturais (ao lado da formação religiosa, obviamente), pois, através desta formação, a juventude não seria prejudicada nos seus interesses confessionais (e isto é bem provável se levarmos em consideração o espírito do catolicismo moderno e a sua capacidade de adaptação). Ao mesmo tempo, este pedagogo espera, procedendo desta maneira, que sejam eliminados os ideais libertários e "subjetivistas", e que estes últimos sejam substituídos por ideais "orgânicos", no sentido do tomismo. E outros conhecimentos eruditos de primeira grandeza — cuja paixão pelo progresso técnico satisfaria até Ostwald — acentuaram e argumentaram que, considerando a sua experiência em "ginásios" e "escolas técnicas" (*Realschulen*), há uma menor capacidade para um raciocínio lógico nas últimas — talvez também seja aqui o momento "energético" decisivo. As coisas, entretanto, não são tão simples. Caso se identifique (p. 180) a "formação do caráter" com "desenvolvimento das características sociais", e, em seguida, se identifica este conceito equívoco — o que, indiscutivelmente, Ostwald fez — com "características energicamente (isto é, tecnicamente) úteis", chegamos com este procedimento a consequências que são muito mais distantes do que Ostwald acha, para garantir a "liberdade do pensamento" e de "mentalidade" que Ostwald, na frase do seu livro (nota 84) espera da divulgação dos conhecimentos das ciências naturais. Pois um apóstolo da "ordem" que pretende evitar que se desperdice "energia" por *Echauffements* para outras finalidades que não os ideais tecnológicos — que deve ser o caso de Ostwald — divulga (o apóstolo), queira ou não (e muito provavelmente aconteceria contra a vontade de Ostwald), inevitavelmente uma mentalidade de docilidade e de fácil adaptação às situações sociais e políticas existentes, como é típico para os *matter-of-factmen* de todas as épocas. A liberdade de mentalidade não é, de maneira nenhuma, um ideal tecnológico e utilitariamente importante e tampouco pode ser fundamentada "energeticamente". E tampouco, é claro, se servisse realmente e continuadamente aos interesses da ciência, supondo que todo o progresso do pensamento científico deve ser avaliado com o valor da "dominação" efetiva do mundo externo. Pois não é totalmente por acaso que não foi o pai-fundador deste ponto de vista teórico-científico — Bacon — que criou os fundamentos das modernas ciências naturais exatas, mas que tal foi feito por pensadores de tendências bem diferentes. O que hoje em dia se chama "a busca da verdade científica por ela mesma", denominava, por exemplo, Swammerdam, na linguagem do seu tempo, como "demonstrar a sabedoria divina na anatomia de um piolho". E o bom Deus, naquele tempo, não funcionava muito mal como princípio heurístico. Por outra parte temos de ver claramente que foram e ainda são sobretudo interesses econômicos que contribuíram de maneira eficaz para o desenvolvimento das ciências como também da química (e também de algumas outras ciências naturais). Porém deveríamos transformar este agente efetivamente mais importante do desenvolvimento da química no "sentido" do trabalho científico como foi antigamente o "sentido" da ciência mostrar "Deus" e a "glória divina"? Se esse for o caso, daria preferência ao "último sentido".

Se alguém, devido a essas minhas observações, tivesse a impressão de que minha opinião é a de que não teriam as considerações energéticas interesse algum para a nossa disciplina, isso não corresponderia bem à minha opinião. Indiscutivelmente, é correto que se procure obter clareza sobre o fato de que modo se formam as balanças energéticas químicas e físicas dos processos evolutivos técnicos e econômicos. Ostwald certamente tem plenamente razão ao mencionar que Ratzel se aproveitou muito de tais considerações. Também todos nós podemos aproveitar delas e também é correto o seu comentário geral (p. 3) que seria necessário se constatar as afirmações específicas que resultam da aplicação da lei energética aos fenômenos sociais. Mas, se ele, logo em seguida, acrescenta (página 3) que se trata na verdade de uma "fundamentação" da sociologia a partir do ponto de vista da teoria energética, nesta observação, percebe-se claramente uma consequência do errado esquema científico de Comte. São exatamente os resultados particulares e específicos da investigação química e física que suscitam o nosso interesse, na medida em que se referem à nossa ciência, mas de maneira nenhuma nos interessam — como deve ter ficado bem claro — os teoremas fundamentais — talvez apenas excepcionalmente, e nunca o "fundamento" essencial. É exatamente isso que parece ser de difícil compreensão para os representantes das ciências naturais — mas não deveria ser surpresa para um pensador que defende o ponto de vista da "economia" também no que toca o "pensamento". Também não para negar que a terminologia de algumas disciplinas como, por exemplo, a nossa, na sua teoria da produção econômica, ganharia grau de clareza se levasse em consideração a formação de conceitos de disciplinas das ciências naturais como, por exemplo, da química e da física. Mas Ostwald supervaloriza essas possíveis vantagens de uma maneira realmente ridícula, fazendo com que pessoas verdadeiramente entendidas nos problemas das "ciências culturais" o ironizassem. Exatamente por causa disso, ninguém deve se ofender se também as nossas observações, aqui e acolá — devido ao tipo de tratamento que é dado aos nossos problemas nos escritos de Ostwald —, assumirem uma conotação de certa "ironia". Temos boas razões para não atirar pedras em pessoas que, no que respeita a assuntos que estão fora de sua especialidade, cometem alguns *faux pas*, pois tal fato é inevitável em todos os casos em que se experimenta transportar conceitos de uma determinada especialidade a ciências que se localizam no limite ou nas fronteiras da própria. Mas é absolutamente necessário constatar, em consideração ao orgulho desmedido com que representantes das ciências naturais julgam o trabalho de outras disciplinas (especialmente os da História), que, por causa dos seus fins metodológicos diferentes, tomam rumos de procedimentos, que também para um pensador tão extraordinário como Ostwald têm plena validade, e, com razão, o "décimo segundo mandamento" de Chwolson. Ostwald foi muito mal aconselhado, no que diz respeito às suas fontes de informações e, além disso, prejudicou profundamente a sua própria causa pela infiltração dos seus postulados prediletos práticos em todos os possíveis setores políticos (política econômica, política criminalística, política educacional etc.), sendo que uma investigação sobre os conceitos energéticos deveria se limitar a problemáticas puramente científicas, relações causais e problemas de procedimento metodológico. Pois aqueles postulados aceitos a partir de fatos "puramente energéticos" revelam a existência de proposições de outra natureza.

Isto é lamentável em todos os casos em que há opiniões diferentes. Apesar da crítica grosseira daqueles numerosos e grotescos deslizes que constam em 2/3 deste livro, lamentavelmente mal redigido (nós apenas levamos em consideração 10%), Ostwald é, e continua a ser, "uma mente" cuja colaboração seria uma satisfação para cada qual que quisesse trabalhar no setor abrangente de "Técnica e Cultura", por causa do seu entusiasmo renovador e da ausência total de qualquer dogmatismo. Se nós comentamos aqui, de maneira tão abrangente, o seu livro, podemos indicar como razão deste procedimento não apenas a importância do autor, mas também no fato de que o seu livro, com todas as suas vantagens e desvantagens, se apresenta como um "tipo" para a maneira do procedimento do "naturalismo" como tal, isto é, fica a tentativa de deduzir juízos de valor de fatos provocados pelas ciências naturais. Muitas vezes tiramos mais proveito dos erros dos eruditos importantes e significativos do que das opiniões corretas de cientistas sem valor. Exatamente por causa dos seus erros típicos e característicos, abordamos tão profundamente "esta criatura deformada" que é este livro pequeno. Acreditamos que, hoje em dia, não existe nenhum historiador economista ou qualquer outro representante das disciplinas "histórico-culturais" que tenha a ousadia de prescrever aos químicos e físicos qual deveria ser o método por eles usado. É um pressuposto de qualquer colaboração frutífera que os representantes destas disciplinas aprendam a ser modestos. Uma colocação frutífera não é possível enquanto não chegarem os representantes destas disciplinas ao entendimento fundamental de que são, e sempre foram, determinadas condições sociais, historicamente dadas e historicamente mutáveis, o que possibilitou o aproveitamento de "invenções" técnicas e o que possibilita e possibilitará (ou impossibilitarão, eventualmente) o aproveitamento de "invenções" técnicas, e de que depende unicamente do desenvolvimento destas constelações de interesses, e de maneira nenhuma "das possibilidades" técnicas, o futuro do desenvolvimento técnico.

# VIII

# Sobre algumas categorias da sociologia compreensiva[1] — 1913

1. O sentido de uma "sociologia compreensiva", 2. A sua relação com a "psicologia", 3. A sua relação com a "dogmática", 4. O "agir comunitário", 5. "Socialização" e "agir em sociedade", 6. O "consenso", 7. "Instituto" e "Associação".

## 1. O sentido de uma "sociologia compreensiva"

Bem semelhante a todos os fenômenos, o comportamento humano ("exterior" ou "interior") revela, no seu decurso, conexões e regularidades. Entretanto, algo há que é próprio somente do comportamento humano, pelo menos no seu sentido pleno: o decurso das conexões e das regula-

1. Ao lado das exposições de G. Simmel (In: *Die Probleme der Geschichtsphilosophie* [Problemas da filosofia da História], Leipzig, 1892) e outros trabalhos anteriores (reunidos neste mesmo

ridades pode ser interpretado pela compreensão. Uma compreensão do comportamento humano que tenha sido obtida pela interpretação acarreta uma "evidência" qualitativamente específica que é, em grau e dimensão, *sui generis*. O fato de possuir uma compreensão esta evidência em grau elevado ainda não prova nada no que se refere à sua validade empírica. Realmente, um comportamento igual no seu decurso e nos seus resultados externos pode se basear em constelações de motivos de natureza muito diversa, dentro dos quais os compreensíveis de maneira mais evidente, nem sempre e necessariamente foram os mais decisivos. Antes de tudo isso, o "entender" de determinadas conexões deve ser controlado, na medida do possível, com os métodos usuais da imputação causal, antes que uma interpretação, mesmo que muito evidente, se transforme numa "explicação compreensiva" válida. O grau máximo de evidência, indubitavelmente, encontramos na "interpretação racional com relação a fins" (*zwechrationale Deutung*). Por "comportamento racional com rela-

volume), devem ser mencionadas as observações de H. Rickert (veja-se a segunda edição da obra *Die Grenzen der naturwissenschaftlichen Begriffsbildung* [Os limites da formação de conceitos nas ciências naturais] Tübingen, 1913), como também os diversos trabalhos de Karl Jaspers, especialmente: *Die Allgemeine Psychologie* (Psicologia Geral), Berlim, 1913. Diferenças de conceituação como podem ser encontradas entre estes autores e também no que diz respeito à obra, de extrema importância, de F. Tönnies, intitulada *Gemeinschaft und Gesellschaft* (Comunidade e Sociedade), Berlim, 1887, e aos trabalhos de A. Vierkandt e outros, não devem ser entendidas como diferenças de opinião. No que diz respeito ao aspecto metodológico, é possível acrescentar, aos trabalhos já mencionados, a obra de Gottl *Die Herrschaft des Wortes* (O domínio da palavra) Berlim, 1913 e a de Radbruch (referente à categoria da "possibilidade objetiva"), e, mesmo que de uma maneira indireta, as obras de Husserl e Lask. Facilmente se perceberá que a elaboração conceitual mostra relações de uma extrema semelhança, mesmo havendo uma aguda contradição interna, com as formulações de Rudolf Stammler em *Wirtschaft und Rechte nach der materialistischen Geschichtsauffassung* (Economia e Direito conforme a concepção materialista da História), Leipzig, 1896, sendo que Stammler é tão destacado enquanto jurista como é confuso enquanto teórico da sociedade. Isto é, parece-me, um caso deliberado. A maneira da formação de conceitos sociológicos, a nosso ver, é, em grande parte, uma questão de oportunidades. De maneira alguma estávamos obrigados a formar todos os conceitos que constam nos capítulos V a VII. Nós os colocamos, em parte, para mostrar o que Stammler "teria pretendido dizer". A segunda parte do ensaio é um fragmento de uma exposição escrita que foi redigido já há muito tempo, e que deveria servir para a fundamentação metodológica das investigações positivas, com o intuito de elaborar futuramente uma obra abrangente para mais tarde ser publicada, *Wirtschaft und Gesellschaft* (Economia e Sociedade). O caráter pedantesco de formulação corresponde ao desejo de distinguir com nitidez o sentido subjetivamente imaginado ou pensado referente ao objetivamente válido (neste procedimento, sem dúvida, afastamo-nos do procedimento metodológico de Simmel).

ção a fins", temos de entender aquele comportamento que se orienta, exclusivamente, por meios tidos por adequados (subjetivamente) para obter fins determinados, tidos por indiscutíveis (subjetivamente). De maneira alguma é compreensível para nós apenas a ação racional com relação a fins: entendemos também o decurso típico dos afetos e as suas consequências típicas. Para as disciplinas empíricas, os limites do "compreensível" são flutuantes. O êxtase, a experiência mística e também certos tipos de conexões psicopatas, ou o comportamento de crianças pequenas (ou também o dos animais, que não interessam aqui) não são acessíveis, do mesmo modo como outros processos, à nossa compreensão e à nossa explicação compreensiva. Decerto, não se trata de não ser o "anormal", como tal, acessível à explicação compreensiva. Pelo contrário: apreender o absolutamente "compreensível" e, ao mesmo tempo, "mais simples", na medida em que corresponde a um "tipo regular" (o sentido deste termo explicaremos daqui a pouco), pode ser, precisamente, a obra daquele que se sobressai da média. Como já foi dito muitas vezes, "não é preciso ser César para compreender César". Se fosse diferente, toda a historiografia não teria sentido. Por outro lado, há casos em que consideramos serem atividades cotidianas de um homem, "próprias" dele e, certamente, "psíquicas", mas que, em sua conexão, não possuem aquela evidência qualitativa típica que caracteriza o compreensível. Da mesma forma, por exemplo, muitos processos psicopatas, os processos da memória e o intelecto humano somente em parte são compreensíveis. Por isso, as ciências compreensíveis tratam as regularidades comprovadas de tais processos psíquicos da mesma maneira como as regularidades da natureza física.

A evidência específica do comportamento racional com relação a fins não tem, naturalmente, como consequência, que a interpretação racional deva ser considerada, de modo especial, como meta da explicação sociológica. Com igual direito poderíamos afirmar precisamente o contrário, pensando no papel que, na ação do homem, desempenham os "estados emocionais" e os afetos "irracionais com relação a fins", e posto que toda a consideração compreensiva racional com relação a fins encontre continuadamente fins que, por sua parte, já não podem ser interpretados como "meios" racionais para outros fins, mas precisam ser aceitos como orientações teleológicas não suscetíveis a uma posterior interpretação racional — por mais que sua origem, por sua vez, possa ser objeto de uma explicação compreensiva de natureza "psicológica". Mas é evidente, certamente, que o comportamento que é interpretável racionalmente, se apresenta no que diz respeito à análise sociológica das conexões compreensíveis, como o "tipo ideal" mais apropriado: tanto a sociologia como a História fazem interpretações sobretudo de caráter pragmático a partir das conexões racionalmente compreensíveis de uma ação. Assim, por exemplo, procede a economia social com a sua construção racional do "homem econômico". E, por certo, também a sociologia compreensiva. Pois o seu objeto específico não é para nós qualquer tipo de "estado interno" ou de comportamento externo, senão a ação. Por "ação" (incluindo a omissão e a tolerância) entendemos sempre um comportamento compreensível em relação a "objetos", isto é, um comportamento especificado ou caracterizado por um sentido (subjetivo) "real" ou "mental", mesmo que ele quase não seja percebido. A meditação budista e a ascese cristã da consciência íntima têm sentido subjetivo como objetos "interiores", enquanto a disposição econômica racional de um homem que se preocupa com os bens materiais são objetos "exteriores". A ação que especificamente tem importância para a sociologia compreensiva é, em particular, um comportamento que: 1) está relacionado ao sentido subjetivo pensado daquele que age com referência ao comportamento de outros; 2) está codeterminado no seu decurso por esta referência significativa e, portanto, 3) pode ser explicado pela compreensão a partir deste sentido mental (subjetivamente). Com o mundo exterior e, especialmente, com a ação dos outros, relacionam-se, de maneira subjetivamente provida de sentido, as ações afetivas e os "estados emocionais" que têm importância sobre o decurso da ação — portanto, apenas indiretamente — como, por exemplo, "o sentido de dignidade", o "orgulho", a "inveja" e o "ciúme". A sociologia compreensiva, entretanto, não se interessa pelos fenômenos fisiológicos e pelos anteriormente chamados fenômenos "psicofísicos", como, por exemplo, curvas de pulsação ou modificações no tempo de reação ou processos semelhantes; tampouco se interessa pelos dados físicos brutos, como, por exemplo, a combinação de sentimentos de tensão, de prazer e desprazer ou desgosto pelos quais estes processos poderiam ser caracterizados. Pelo contrário, estabelece diferenças da ação conforme referências típicas, providas de sentido (sobretudo referências ao exterior), pelo qual, como veremos, o racional, com relação a fins, lhe serve como tipo ideal, precisamente para poder avaliar o alcance do irracional com relação a fins. Só se se quisesse denominar o sentido (subjetivamente imaginado) de sua maneira racional como "aspecto interior" do comportamento humano — sem dúvida, uma expressão problemática — poderíamos afirmar que a sociologia compreensiva considera aqueles fenômenos, exclusivamente, "a partir do interior", ou seja, sem enumerar então os fenômenos físicos e psíquicos. Portanto, as diferenças das qualidades psicológicas não são por si sós importantes para nós. A igualdade ou identidade da relação prevista de sentido não está ligada à igualdade ou identidade das constelações "psíquicas" que eventualmente estão presentes. Certamente, diferenças em um lado podem ser condicionadas por diferenças do outro lado. Mas, por exemplo, uma categoria como "afã de lucro" de modo algum pertence à "psicologia". Com efeito, uma "idêntica" procura de "rentabilidade" por parte da "mesma" empresa comercial, em mãos de dois proprietários sucessivos, com "qualidade de caráter" absolutamente diferentes, pode não só ser a mesma, como também estar condicionada, diretamente, no que diz respeito ao seu decurso e aos seus resultados idênticos, exatamente pelas constelações "psíquicas" opostas, e também as "orientações direcionais" últimas e, portanto, decisivas (para a psicologia) não precisam necessariamente serem semelhantes. Processos que não têm sentido subjetivo referentes ao comportamento de outros, nem por isso são indiferentes para o ponto de vista da sociologia. Pelo contrário, eles podem conter em si as condições decisivas e, por isso, os fundamentos determinados da ação. A ação, decerto, está relacionada de maneira provida de sentido numa parte essencial para as ciências compreensivas, ao "mundo exterior" que não possui sentido, às coisas e aos processos da natureza: de modo exclusivo, por exemplo, no caso da ação, teoricamente construída, do isolado homem de negócios. Mas a relevância para a sociologia compreensiva de processos que não possuem uma "relação subjetiva ao sentido", como, por exemplo, séries estatísticas de nascimentos e mortes e processos de seleção dos tipos antropológicos, como também fatos meramente psíquicos, consiste, exclusivamente, no seu papel de "condicionamentos" e "consequências" nas quais se orienta a ação provida de sentido, como é o caso, referente à economia política, os estados e as situações climáticas e fisiológico-vegetativas.

Os processos da hereditariedade, por exemplo, não são compreensíveis a partir de um sentido subjetivamente imaginado e, como é óbvio, eles o são sempre menos na medida em que as comprovações científico-naturais das suas condições se tornam mais exatas. Suponhamos que alguma vez seria possível ou conseguir-se-ia — sabemos que não nos expressamos aqui "profissionalmente" — colocar em conexão, de maneira aproximadamente unívoca, o grau de existência de qualidades e de determinados impulsos que são relevantes do ponto de vista sociológico, de modo que, por exemplo, favorecessem o surgimento da aspiração a certas formas de poder social, ou a possibilidade de os alcançar — eventualmente, a capacidade de orientar racionalmente a ação de maneira geral, ou, de maneira específica, outras qualidades intelectuais particulares —, a partir de um índice craniano ou da origem de determinados grupos humanos que podem ser caracterizados através de certos traços típicos de qualquer natureza. Em tal caso, obviamente, a sociologia compreensiva deveria, no seu trabalho, levar em consideração estes fatos específicos da mesma maneira como o faria, por exemplo, com a sucessão das idades típicas do homem ou, de maneira geral, com o fato da mortalidade dos homens. Mas, a sua tarefa específica teria início precisamente no momento em que procurasse explicar, de modo interpretativo: 1) mediante que ação, provida de sentido, com referência a objetos, quer pertençam ao mundo exterior, quer ao interior, procuraram os homens dotados com aquelas qualidades herdadas e específicas realizar o conteúdo de sua aspiração, de tal modo codeterminada e favorecida, e por que e em que medida conseguiu-se aquilo (ou por que se conseguiu); 2) que consequências compreensíveis teve esta aspiração (condicionada hereditariamente) no seu comportamento, com referência ao comportamento de outros homens, o qual também era provido de sentido.

## 2. A sua relação com a "psicologia"

De acordo com tudo o que foi dito, a sociologia compreensiva não é parte de uma "psicologia". A "maneira mais imediatamente compreensível" da estrutura provida de sentido de uma ação é, por certo, a ação orientada subjetivamente de maneira estritamente racional, conforme meios que são considerados (subjetivamente) como univocamente adequados para alcançar os fins propostos, os quais também, por sua vez, são (subjetivamente) claros e unívocos. E isto melhor ainda quando, inclusive para o pesquisador, aqueles meios parecem ser adequados para esses fins. Quando se "explica" uma tal ação, isto certamente não significa que não se pretende deduzi-la a partir de situações "psíquicas": pelo contrário, se pretende deduzi-la unicamente a partir das expectativas que haviam, de maneira subjetiva, referentes ao comportamento dos objetos (racionalidade com relação a fins subjetivos) e às expectativas que, de direito, poderiam ser alimentadas conforme as regras válidas da experiência — racionalidade em relação ao que regularmente e objetivamente acontece. O seu decurso, indiscutivelmente, não ganha clareza maior por qualquer reflexão psicológica. Pelo contrário, toda explicação de processos irracionais — isto significa processos nos quais não foram devidamente considerados e observados as condições "objetivamente" regulares da ação racional com relação a fins ou (o que é outra coisa) os que eliminaram em parte relativamente grande as considerações "subjetivamente" racionais com relação a fins do autor, por exemplo um pânico na bolsa de valores — necessita, antes de tudo, a constatação: como teria se comportado no caso limite ideal típico racional com relação a fins e racionalidade regular. Pois somente quando for estabelecido isto pode ser estabelecida a imputação causal — parece-me que a esta conclusão se chega através do mais simples raciocínio — referente aos componentes "irracionais", sejam eles "subjetivos" ou "objetivos" do decurso, pois somente a partir deste procedimento sabe-se o que, na ação — para usar uma expressão que é muito característica — "de maneira exclusivamente psicológica", pode ser imputado a conexões que dependem de uma orientação objetivamente errônea, ou, o que também é possível, de uma irracionalidade subjetiva com relação a fins, ou, por último, de motivos que podem ser interpretados e apreendidos unicamente segundo regras de experiência que são totalmente incompreensíveis até certo grau, mas que não são racionais com relação a fins. Não há outro meio para estabelecer o que, na "situação psíquica", seja relevante para o decurso da ação — supondo-se que esta situação psíquica seja totalmente conhecida. Tal colocação nossa vale, sem exceção nenhuma, para qualquer imputação causal histórica ou sociológica. Sem dúvida, entretanto, as "orientações teleológicas" últimas que são apreensíveis, e, por causa disto, "compreensíveis" neste sentido (ou seja, suscetíveis de uma revivência empática), com as quais tropeça sempre uma psicologia compreensiva (por exemplo, "o impulso sexual"), são apenas dados que, em princípio, devem ser aceitos da mesma maneira como quaisquer outros dados, como, por exemplo, uma constelação de fatos que, como tais, não têm sentido nenhum. Entre a ação que está orientada (subjetivamente) de modo absolutamente racional com relação a fins e os dados psíquicos absolutamente incompreensíveis encontram-se, mediante múltiplas transações, as conexões compreensíveis (irracionais com relação a fins) que se chamam, comumente, de "psicológicas", e cuja altamente difícil casuística não pode ser abordada aqui, nem mesmo de maneira superficial. A ação orientada subjetivamente de maneira racional com relação a fins e a ação ("racional de acordo com o regular") orientada de modo "correto", conforme o "objetivamente válido", são coisas diferentes. Ao investigador, uma ação a ser explicada pode parecer racional com relação a fins, num grau elevado, mas pode apresentar-se em base de suposições do agente, que para ele não teriam validade nenhuma. Por exemplo, uma ação orientada conforme representações mágicas está muito mais distante, subjetivamente falando, de um caráter mais racional com relação a fins de que comportamentos religiosos "não-mágicos", dado que a "religiosidade", na medida em que avança o desencantamento do mundo, se vê forçada a aceitar cada vez mais (subjetivamente) referências de sentido irracionais com relação a fins (por exemplo, "referências" ou "relações" de "consciência" ou "místicas"). Mas, prescindindo da imputação causal, a historiografia e a sociologia têm que ver, continuamente, também com as relações que um decurso de fato de uma ação compreensível, provida de sentido, mantém com aquele tipo que a ação devia "aceitar" no caso em que corresponda ao "válido" (para o próprio investigador), ou seja — e é isso que queremos dizer —, ao "tipo regular". Com efeito, o fato de que um comportamento orientado, subjetivamente provido de sentido, corresponda a um tipo regular, se contraponha a ele ou dele se aproxime em maior ou menor grau, pode constituir, para determinados fins (não para todos) da historiografia e da sociologia, um sentido, um estado de coisas de extrema importância — para o bem de si mesmo —, em consequência das relações de valores diretrizes. E mais ainda, isto será, sobretudo referente ao término externo da ação — ou seja, do "resultado" — um momento causal decisivo. Trata-se, portanto, de um estado de coisas referente ao qual, em cada caso, devem ser descobertas as pré-condições históricas concretas, ou pré-condições sociológicas típicas, de tal maneira que se torne compreensível; também por essa via pode ser explicada, através da categoria de "causação adequada provida de sentido", a proporção de identidade, o afastamento ou contradição de decurso empírico referente ao tipo regular. A coincidência com o "tipo regular" é a conexão causal "mais compreensível" porque é a "mais adequada provida de sentido". "Causado adequadamente de uma maneira provida de sentido", a partir da história da lógica, é o fato de que dentro de um contexto de argumentos sobre questões lógicas, que são bem determinadas e subjetivamente providas de sentido (isto é, dentro de uma problemática), ocorre a um pensador uma ideia que se aproxima do tipo regular (correto) da "solução". E isto em princípio, como também a orientação de uma ação conforme a realidade "da própria experiência", nos parece "causada de maneira adequada provida de sentido". Entretanto, o fato de um certo decurso da ação real se aproximar em grande parte e fortemente do "tipo regular", isto quer dizer, da racionalidade com relação ao regular fáctico e objetivo, está muito longe de coincidir necessariamente com uma ação orientada subjetivamente em relação a fins, isto é, orientada segundo fins claros e unívocos, com plena consciência, e adotados "meios" dos mais racionais possíveis que são considerados como os "mais adequados". Uma parte muito especial e essencial da pesquisa compreensiva consiste precisamente, hoje em dia, em revelar conexões observadas de modo insuficiente ou nem percebidas, que portanto, no nosso sentido, não são conexões orientadas subjetivamente e racionais, mas que, mesmo assim, de fato, se processam de acordo com uma conexão que é compreensível objetivamente de uma maneira "racional". Prescindimos aqui, por completo, de certas partes da pesquisa da chamada psicoanálise que, sem dúvida, apresentam estas características. Também a construção da teoria do ressentimento de Nietzsche implica uma interpretação, na medida em que deduz, a partir de uma situação de interesses pragmáticos, uma racionalidade objetiva do comportamento exterior e interior — observada de uma maneira deficiente, ou nem devidamente observada, devido ao fato de não terem sido declarados os seus respectivos fundamentos. E ele, aliás, faz isso da mesma maneira como o fez, algumas décadas antes, o materialismo econômico. Em tais casos, o racional com relação a fins, subjetivamente falando, mesmo que não seja sempre percebido, e o objetivamente racional, com relação ao regular, entram facilmente numa relação que necessariamente não é bem esclarecida, mas da qual, no momento, não queremos nos ocupar mais detalhadamente. Só nos interessava aqui delinear em traços gerais (e de maneira inevitavelmente imprecisa) aquilo que no "meramente psicológico" do "compreensível" se apresenta sempre como problemático e limitado. Por um lado, tem-se uma racionalidade "não-percebida" (e "não-declarada") e relativamente abrangente do comportamento que se apresenta como totalmente irracional com relação a fins: ela se torna "compreensível" por causa daquela racionalidade. Por outro lado, temos o fato, já mais de cem vezes documentado (na história da cultura), de que fenômenos que aparentemente estão condicionados de maneira racional com relação a fins surgiram historicamente, na verdade, por motivos inteiramente irracionais e, em seguida, sobreviveram "adaptando-se" e difundiram-se universalmente porque as condições modificadas de vida lhes atribuiu um alto grau de "racionalidade com relação ao regular".

A sociologia, naturalmente, não apenas se ocupa da existência de "motivos pressupostos" da ação, de "satisfações substituídas", de orientações impulsivas e coisas similares, mas também, em maior grau, considera que elementos qualitativos, totalmente "incompreensíveis", de um processo de motivações o codeterminam de modo mais estrito, também no que diz respeito à sua relação provida de sentido, em se tratando das consequências. Uma ação "igual" com referência à sua relação provida de sentido considera vez por outra, unicamente, a causa dos diferentes "tempos de reação" quantitativos dos participantes, um curso radicalmente diferente no que se refere ao seu efeito final. Precisamente tais diferenças e disposições, e muito mais as qualitativas conduzem, conforme cadeias de motivação originalmente "idênticas" referente à "relação provida de sentido" dos participantes, a caminhos heterogêneos quanto ao seu sentido.

Para a sociologia existem os seguintes tipos de ação, ligados "em" e "a respeito de" um homem mediante contínuas transições: 1) o tipo regular que é alcançado de maneira mais ou menos aproximada; 2) o tipo orientado de maneira (subjetivamente) racional com relação a fins; 3) o tipo mais ou menos consciente e, percebido e orientado de maneira racional com relação a fins, de modo mais ou menos unívoco; 4) o tipo não-racional com relação a fins, que mostra porém conexão compreensível, provida de sentido; 5) o comportamento motivado mediante conexão mais ou menos compreensível provida de sentido, mas codeterminado e interrompido com maior ou menor intensidade por elementos incompreensíveis; e, finalmente, 6) os fatos psíquicos ou físicos que são totalmente incompreensíveis. No que diz respeito a tais tipos de ação, a sociologia sabe que nem toda ação que transcorre de maneira "racional com relação ao regular" esteve condicionada subjetivamente como sendo racional com relação a fins. E sobretudo é óbvio para ela que não são conexões discerníveis de maneira lógica racional as que determinam a ação real, como se costuma dizer, as "psicológicas". Logicamente, é possível, por exemplo, deduzir como "consequência" a partir de uma religiosidade místico-contemplativa a indiferença para com a salvação dos outros, e, a partir da crença na predestinação, o fatalismo ou o anomismo ético. Entretanto, a primeira pode levar, de fato, em determinados casos típicos, a uma espécie de euforia, "possuída" subjetivamente como um sentimento de amor, que, na verdade, não tem objeto — e, na medida em que isso ocorre, deparamo-nos com uma conexão "incompreensível", pelo menos, parcialmente — e, na ação social, às vezes aparece como "acosmismo de amor" — conexão "compreensível", naturalmente, não como "racional com relação a fins", mas como psicológica. Por sua parte, a crença na predestinação pode, em casos nos quais se apresentam certas condições (inteiramente compreensíveis), contribuir, inclusive como compreensível de maneira especificamente racional, para que uma ação ativamente ética se transforme para o crente em fundamento cognoscitivo de sua salvação pessoal, e, com isto, desenvolver sistematicamente esta qualidade, parcialmente de maneira racional com relação a fins, e, parcialmente, inteiramente compreensível e provida de sentido. Por outra parte, o ponto de vista da crença na predestinação pode ser, entretanto, "psicologicamente" compreensível, produto de destinos e situações de vida e da qualidade do "caráter" (que devem ser aceitos como fatos) muito determinadas e também compreensíveis e com sentido referente às suas conexões. Sem dúvida, já é suficiente. Para a sociologia compreensiva, as relações com a psicologia diferem de caso a caso. A racionalidade regular serve à sociologia como tipo ideal no que diz respeito à ação empírica; *a racionalidade, com relação a fins, referente ao compreensível psicologicamente com sentido, e o compreensível com sentido referente à ação motivada de maneira incompreensível*. Através da comparação com o tipo ideal se estabelecem, pensando na imputação causal, os elementos irracionais causalmente relevantes (em cada caso num sentido diferente deste termo).

Mas a sociologia não aceitaria nem rejeitaria a suposição de que "compreensão" e "explicação causal" não apresentam nenhuma relação recíproca, mesmo que fosse verdadeiro o fato de começar seu trabalho nos pontos totalmente opostos do devir e, em particular, porque a frequência estatística de um comportamento de modo algum o torne mais "compreensível", nem provido de sentido, como também a compreensibilidade "ótima" nada diz, como tal, em se tratando da frequência, muito pelo contrário, na maioria das vezes uma racionalidade subjetiva com relação a fins sempre dificulta a compreensão. Com efeito, apesar desta argumentação, as conexões anímicas compreendidas com sentido, e, em especial, os processos de motivação orientados de maneira racional com relação a fins, valem, para a sociologia, como elementos de uma cadeia causal, a qual, por exemplo, parte de circunstâncias "externas", e, no seu fim, novamente leva a um comportamento "exterior". As interpretações "providas de sentido" de um comportamento concreto para a sociologia não são, naturalmente, mesmo quando apresentam uma "evidência" muito grande, mais do que meras hipóteses para uma imputação causal. Faz-se necessário, portanto, uma verificação na qual se emprega os mesmos meios como em qualquer outra hipótese. Elas valem para nós como hipóteses utilizáveis enquanto vemos uma "possibilidade", que é muito diferente de caso para caso, de poder supor que exista cadeias de motivações "providas de sentido" (subjetivamente). Cadeias causais nas quais, mediante hipóteses interpretativas, são introduzidas motivações orientadas de maneira racional com relação a fins que são diretamente acessíveis como "explicações"; obviamente, em determinadas circunstâncias favoráveis e em relação — também — com a mesma racionalidade, a comprovação estatística, e, nesses casos, portanto, são provas ótimas (relativamente) da sua validade. E, no sentido inverso (e entre estes encontramos também dados da "psicologia experimental"), todas as vezes que influem no decurso ou nas consequências de um comportamento que como tal é pela compreensão interpretável, somente são para nós "explicados" quando são interpretados realmente no caso concreto como "providos de sentido".

O grau de racionalidade com relação ao regular de uma ação é, para uma disciplina empírica, também e definitivamente uma questão empírica. Realmente, as disciplinas empíricas trabalham, todas as vezes em que se trata das relações reais entre os seus objetos (e não quando se trata dos seus próprios pressupostos lógicos), inevitavelmente na base de um "realismo ingênuo" que só aparece sob diversas formas de acordo com a particularidade qualitativa do objeto. Por isso também proposições e normas lógicas e matemáticas, no caso em que são objeto de uma investigação sociológica — por exemplo, quando o grau do seu emprego racional com relação ao regular se converte em tema de uma investigação estatística —, não são para nós outra coisa, do ponto de vista "lógico", do que hábitos convencionais de um comportamento prático — se em que, por outro lado, a sua validade é um "pressuposto" do trabalho do investigador —. O nosso trabalho também inclui, decerto, também aquela importante problemática que se refere ao grau da relação do comportamento empírico com o tipo regular que passa a ser, na verdade, um momento de desenvolvimento causal real dos processos empíricos. Mas indicar a situação objetiva como tal de maneira alguma é próprio de uma investigação que tira do objeto o seu caráter empírico, mas de um procedimento que é determinado por relações de valor que condiciona a característica e a função dos tipos ideais usados. Não é preciso considerar aqui como sendo resolvida a importante problemática universal e tão difícil no seu próprio sentido, do "racional" na História.[2] Do ponto de vista dos conceitos gerais da sociologia, com

2. Pretendo explicar eventualmente com um exemplo (a história da música) a maneira como "atual" é a relação entre o tipo regular de um comportamento e o comportamento empírico e de que maneira este momento do desenvolvimento se relaciona com as influências sociológicas. Não apenas para a história da lógica ou de outras ciências, mas também em todos os setores isto assume a maior importância do ponto de vista da dinâmica do desenvolvimento destas relações, isto é, do ponto de vista dos "nós" nos quais podem irromper tensões entre o empírico e o tipo regular. E tudo isso vale para a situação que se apresenta em cada setor particular da cultura de maneira individual e fundamentalmente diferente, ou seja: em que sentido não é possível aplicar de maneira totalmente racional um tipo regular de modo único,

efeito, o uso do "tipo regular", logicamente considerado, não é, em princípio, outra coisa do que um caso de formação de tipos ideais, mesmo que tenhamos que admitir que se trata de um caso da maior importância. De acordo com o seu princípio lógico, precisamente, ele não desempenha este papel de maneira diferente como, sob certas circunstâncias, o faria um "tipo irregular" convenientemente pensado conforme a respectiva finalidade da investigação. Referente a tal tipo, entretanto, ainda é decisiva a sua distância com referência ao válido. Mas do ponto de vista lógico não há diferença se um tipo ideal é construído a partir de conexões compreensíveis providas de sentido ou a partir de conexões especificamente carentes de sentido. Assim como no primeiro caso a "norma" válida é um tipo ideal, no segundo caso, o tipo está formado por uma facticidade sublimada a partir do empírico como tipo "puro". Mas também no primeiro caso o material empírico não é formado através de categorias da "esfera da validade". Da realidade empírica é apenas extraído o tipo ideal construído. E, mais ainda, em que medida um tipo regular torna-se adequado como tipo ideal é algo que depende, inteiramente, da relação de valores.

## 3. A sua relação com a dogmática

A finalidade da reflexão "compreender", finalmente também a razão por que a sociologia compreensiva (no nosso sentido) trata o indivíduo isolado e a sua ação como unidade última, como seu "átomo", se nos é permitido de fazer esta perigosa comparação. Outras abordagens podem trazer no seu bojo a tarefa de considerar o indivíduo talvez como um complexo de processos "psíquicos", químicos ou de qualquer outro tipo. Mas para a sociologia, tudo o que ultrapassa o limiar de um comportamento que é suscetível de interpretação com sentido relacionado com

mas, diferentemente, apenas é possível ou inevitável fazer um compromisso ou uma seleção entre os diversos fundamentos da racionalização. Tais problemas, porém, no nosso caso, não são pertinentes ao conteúdo.

objetos (interiores ou exteriores) não são considerados de outro modo como os processos da natureza que "não tem sentido", ou seja, como condição ou como objeto de referência subjetivo para o primeiro. Exatamente por esta razão, nesta maneira de ver, o indivíduo constitui o limite e o único portador de um comportamento provido de sentido. Nenhuma maneira de expressão divergente — aparentemente — pode esconder este fato. Pertence à particularidade, não só da linguagem, mas também do nosso pensamento, que os conceitos com os quais apreendemos o agir fazem aparecê-lo de uma maneira fixa, como um construto que se assemelha a uma coisa ou a uma "pessoa" e que leva a sua vida própria. O mesmo sucede, e de maneira bem particular, com a sociologia. Conceitos como "Estado", "feudalismo", "corporação" e outros semelhantes designam para a sociologia, de maneira geral, categorias que se referem a determinados modos de "o homem agir" em sociedade; portanto, e a sua tarefa consiste em reduzi-lo a um "agir" que é "compreensível" e isto significa, sem exceção, um agir de homens que se relacionam entre si. Este não é necessariamente o caso quando se trata de outras abordagens. Sobretudo nisto distingue-se o procedimento sociológico do jurídico. A jurisprudência, por exemplo, em certas circunstâncias, trata o "Estado" como se fosse uma "personalidade de direito" igual a um indivíduo, porque o seu trabalho, orientado na interpretação do sentido objetivo, isto é, no conteúdo normativo dos preceitos jurídicos, faz com que tal instrumental conceitual se apresente como útil, e talvez até, imprescindível. Desta maneira, um preceito jurídico considera os embriões como "personalidades de direito", enquanto que para as disciplinas compreensivas empíricas é sempre impreciso e flutuante, também na criança a transição de puras facticidades do comportamento prático relevante para um "agir" compreensível e com sentido. A sociologia, pelo contrário, na medida em que o "direito" é considerado como seu objeto, não se preocupa com a elaboração do conteúdo do sentido "objetivo" e "logicamente correto" dos "preceitos jurídicos", mas com um agir, para cujos determinantes e resultantes, naturalmente, entre outros fatores, desempenham um papel importante, assim como as representações dos homens sobre o "sentido" e o "valor" de determinados preceitos jurídicos. Ela vai além da constatação da existência efetiva desta representação da validade, na medida em que 1) leva em consideração também a probabilidade da divulgação de tais ideias, e 2) faz uma reflexão no sentido de que, em determinadas circunstâncias bem precisas, o fato de predominar na cabeça de determinados homens certas ideias, fato que pode ser constatado empiricamente, certas ideias que dizem respeito ao "sentido" de um "preceito jurídico", considerado como sendo válido, tem, por consequência, que o agir pode ser orientado racionalmente em certas "expectativas" e, portanto, proporciona a indivíduos concretos determinadas "possibilidades". Este fato pode ter grande influência sobre o seu comportamento. Nisto consiste o significado sociológico conceitual da "validade" empírica de um "preceito jurídico". Consequentemente, para uma reflexão sociológica, o termo "Estado" — caso a sociologia empregue esta palavra — significa apenas o processo de ações humanas bem particulares. E portanto — neste caso como em muitos outros — quando ela se vê na obrigação de usar os mesmos termos que a jurisprudência, ela não se preocupa com o sentido juridicamente "correto" destes termos. E, indubitalvelmente, é o destino inevitável de toda e qualquer sociologia o fato de, referindo-se a transições contínuas e sempre existentes entre os casos "típicos" que estão presentes no agir real, deve usar as exatas expressões jurídicas — exatas por se basearem na interpretação silogística das normas — para, logo em seguida, atribuir-lhes o seu próprio sentido (sociológico) que é radicalmente diferente do sentido jurídico. Acrescenta-se ainda que, conforme com a natureza do objeto, a sociologia deve proceder continuamente da maneira seguinte: usar conexões "usuais" da vida cotidiana, cujo sentido é bem conhecido, tendo em mente a definição de outras conexões que, em seguida, serão usadas para definir as primeiras. Examinemos agora algumas definições deste tipo.

## 4. O "agir comunitário"

Falamos de "agir em comunidade" todas as vezes que a ação humana se refere de maneira subjetivamente provida de sentido ao comportamento de outros homens. Uma colisão involuntária de dois ciclistas, por exemplo, não pode ser considerada como um "agir em comunidade". Mas seria o caso se os dois tivessem tentado evitar a colisão, ou se surgisse entre os dois, depois do choque, uma "discussão", uma "briga" ou um "entendimento amigável". Mas a imputação causal sociológica não é o elemento mais importante para o agir em comunidade, embora seja, sem dúvida, o objeto primordial de uma sociologia "compreensiva". Um elemento importante e normal — mesmo que não seja indispensável — do "agir em comunidade" é, particularmente, a sua orientação provida de sentido em expectativas de um determinado comportamento por parte dos outros e nas possibilidades calculadas (subjetivamente) para o êxito da própria ação. Um princípio explicativo extremamente importante do agir em comunidade é, obviamente, a existência objetiva destas possibilidades, isto é, a probabilidade maior ou menor — e que pode ser expressa num "juízo de possibilidade objetiva" — de que estas expectativas sejam fundamentadas. Voltaremos logo em seguida a este assunto. Por ora, consideremos o fato de uma expectativa subjetivamente existente. De maneira específica, qualquer agir "racional com relação a fins" se orienta em expectativas. À primeira vista, parece indiferente o fato de as expectativas que indicam o caminho ao agir serem expectativas referentes a processos naturais que aconteceriam sem que houvesse a intervenção de um agente humano, ou referentes a um determinado comportamento de outras pessoas em função do próprio agir. Porém, as expectativas de um determinado comportamento por parte de outras pessoas, tratando-se de um agir subjetivamente racional, podem também se basear no fato de alguém esperar um agir subjetivamente racional destas pessoas, e, portanto, poder calcular, de antemão, com diversos graus de probabilidade, as suas possibilidades reais. Em particular, esta expectativa pode se basear subjetivamente no fato de que o agente "se entende" com o outro, ou com outros, ou fez "acordos" com eles, cuja "observação" é altamente provável a partir da existência de motivações para isso. Este fato proporciona ao agir em comunidade uma particularidade qualitativa específica, pois podemos acreditar que há uma possível ampliação essencial daquele âmbito de expectativas dentro do qual o agente pode orientar o seu próprio agir de maneira racional com relação a fins. O sentido possível (subjetivamente imaginado), entretanto, do agir em comunidade, de modo algum se esgota na orientação específica das "expectativas" do "agir" de terceiros. Em caso limite podemos totalmente prescindir disso e o agir orientado em terceiros também poderia ser orientado exclusivamente no "valor", subjetivamente imaginado, do seu conteúdo de sentido como tal ("o dever" ou qualquer coisa semelhante). Neste caso, o agir não se orienta pelas expectativas, mas por valores. Da mesma maneira, no caso das expectativas, o conteúdo pode não ser necessariamente um agir, mas pode ser apenas o comportamento íntimo de um terceiro (uma "alegria", por exemplo). Em todo caso, é muito imprecisa a transição do tipo ideal do relacionamento provido de sentido do comportamento próprio ao de um terceiro, incluindo o caso em que este terceiro seja quase nada mais do que um objeto — como, por exemplo, uma criança pequena. O agir que se orienta por expectativas no agir provido de sentido é para nós apenas o caso racional limite.

Em todo caso, "agir em comunidade" para nós significa: 1) um comportamento historicamente observado, ou 2) um comportamento teoricamente construído como sendo objetivamente "possível" ou "provável" e que é praticado por indivíduos com relação a comportamentos de outros indivíduos, podendo ser comportamentos reais ou pensados como potencialmente possíveis. É preciso que sempre tenhamos em mente esta afirmação, principalmente nos casos e nas categorias que serão tratados daqui para frente.

## 5. "Socialização" e "ação societária"

Denominamos "agir em sociedade" um agir em comunidade na medida em que 1) se orienta, de maneira significativa, por expectativas que são alimentadas com base em regulamentações, 2) na medida em que tal "regulamentação" foi feita de modo puramente racional com relação a fins, tendo em mente o agir esperado dos associados como consequência, e quando 3) a orientação provida de sentido se faz, subjetivamente, de maneira racional com relação a fins. Uma organização com "regulamentos" num sentido puramente empírico — como foi definido aqui provisoriamente — é, ou 1) um convite de uns homens a outros, expresso unilateralmente e, no caso limite, racional explicitamente, ou 2) uma explicação recíproca bilateral, feita de maneira explícita no caso limite, com o conteúdo subjetivamente declarado de que seja previsto e se espere um determinado modo de agir. No momento, deixamos de lado uma melhor e mais precisa observação a respeito disso.

Que um agir esteja subjetivamente provido de sentido, que esteja "orientado" num regulamento, pode significar, em primeiro lugar, que o agir subjetivamente provido de sentido dos indivíduos associados corresponde também objetivamente ao agir efetivo. O sentido de um regulamento existente, e, portanto, a própria ação — prevista — ou a ação dos outros — esperada — pode ser entendida de várias maneiras por parte dos indivíduos associados, ou pode ser interpretada por eles, posteriormente, de modo diferente, fazendo com que um agir que está orientado subjetivamente conforme um regulamento considerado idêntico, subjetivamente, pelos associados, não necessariamente leve a um agir idêntico em casos objetivamente idênticos. E mais ainda, uma "orientação" do agir num regulamento estatuído pode também fazer com que o sentido subjetivamente apreendido seja conscientemente infringido por um membro associado. Alguém que conscientemente e deliberadamente infringe, por exemplo, o sentido subjetivamente apreendido da regra de um jogo de cartas e, portanto, joga de maneira errada, continua participando no jogo de cartas (cojogador), diferentemente de alguém que se recusa a jogar. O mesmo acontece com um "ladrão" ou com um "assassino" que escondem a si e a sua ação, ou seja, que continuam a se orientar por aquelas normas e regulamentos, os quais eles mesmos consciente e subjetivamente infringiram. Portanto, para a "validade" empírica de uma ordem existente que é racional com relação a fins, não é "decisivo" que os agentes individuais orientem continuamente o seu próprio agir conforme o conteúdo do sentido interpretado subjetivamente pelos mesmos. Isto pode significar duas coisas: 1) que realmente (subjetivamente) indivíduos como o batoteiro e o ladrão alimentem a expectativa — pelo menos normalmente — de que os outros indivíduos "associados" se comportem da maneira "como se" a observação das regras estatuídas fosse a norma do seu procedimento, e 2) que eles, de acordo com a avaliação referente às possibilidades do comportamento humano que deveria ser levado em consideração, podem objetivamente alimentar tais expectativas (isto é, uma formação particular da categoria de "causalidade adequada"). Do ponto de vista da lógica temos de fazer uma clara distinção entre as hipóteses

1) e 2). A primeira é um fato subjetivamente existente entre os agentes que formam o objeto da observação, isto é, um fato suposto como "normalmente" existente na opinião do pesquisador. A segunda é nada mais do que uma "possibilidade" que o sujeito cognoscitivo (o investigador ou pesquisador) deve calcular objetivamente, levando em consideração os conhecimentos e os prováveis hábitos de pensamento do agente. Na formação dos conceitos gerais, entretanto, a sociologia atribui aos que participam da ação, como subjetivamente existente, uma certa "capacidade" média de compreensão que é exigida para o agir. Por causa disso, também para nós, a "qualidade" empírica de uma ordem estabelecida consiste em nada mais do que a fundamentação objetiva daquela média de expectativas de comportamento (categoria da "possibilidade objetiva"). Neste caso, por um agir "adequadamente causado" entendemos, num sentido especial, um agir orientado — normalmente — subjetivamente referente ao seu conteúdo de sentido conforme um cálculo probabilístico que leva em consideração as respectivas circunstâncias e fatos. Nisto, portanto, as possibilidades objetivamente calculadas das possíveis expectativas, vez por outra, funcionam também como fundamento cognoscitivo suficientemente compreensível da existência provável daquelas expectativas entre os agentes. Ambas as coisas coincidem aqui de fato, quase inevitavelmente enquanto expressão, sem que, óbvia e naturalmente, desapareça com isso o grande abismo lógico. É óbvio que apenas no primeiro dos sentidos considerados — como juízo de possibilidade objetiva — aquelas possibilidades são — normalmente — entendidas como apropriadas para servir de fundamento para as expectativas dos agentes de maneira provida de sentido e que, "por causa disso", servem também efetivamente (em grau considerável). Acreditamos que através de nossa exposição tenha ficado claro que em vez da aparentemente — no sentido lógico — exclusiva alternativa entre persistência ou término, existe, na realidade, uma contínua escala de transições. Mas, na medida em que todos os participantes de um jogo de cartas sabem que as "regras combinadas" do jogo de cartas não serão observadas, ou, na medida em que não há nenhuma possibilidade objetivamente calculável, e, portanto não pode ser calculada de maneira "subjetiva" — por exemplo, aquele que destrói a vida dos outros normalmente ainda se preocupa com a ordem e as normas que ele conscientemente e subjetivamente violou, exceto se esta violação para ele não tiver consequência nenhuma —, nestes casos,

poderíamos dizer, desaparece a existência empírica desta ordem e destas normas e também o respectivo "agir em sociedade" também não existe mais. Ele existe apenas e na medida em que perdura, no âmbito significativo a partir do ponto de vista prático, um agir que se orienta segundo as suas normas e regulamentos, quaisquer que eles sejam. Mas, os limites de uma tal existência são, indiscutivelmente, muito imprecisos.

Daquilo que até agora foi exposto, podemos inferir que o agir real dos indivíduos pode ser orientado, de maneira subjetivamente provida de sentido, segundo diversos regulamentos que, de acordo com os hábitos de pensamentos predominantes em cada caso, se "contradizem" de maneira provida de sentido, mesmo que sejam "válidos" "paralelamente" e "empiricamente". As concepções dominantes referentes ao "sentido" de nossa legislação, por exemplo, proíbem absolutamente o duelo. Enquanto certas ideias muito difundidas com referência ao "sentido" de convenções sociais aceitas como válidas o impõem. Quando um indivíduo se bate em duelo, ele orienta o seu procedimento segundo estes procedimentos convencionais.[3] E na medida em que oculta o seu procedimento, ele se orienta nas leis em vigor. O efeito prático da "validade" empírica — isto é, "aqui e para sempre", a "validade" que é tida como sendo uma média esperada com relação à orientação subjetiva e provida de sentido do agir — é, neste caso, diferente. Mesmo assim, atribuímos a ambos uma "validade empírica", isto é, o fato de que o agir se orienta com referência ao sentido que é apreendido subjetivamente através de uma orientação provida de sentido e que por ela é influenciado. Decerto, a expressão normal da "validade" empírica de um regulamento ou de uma ordem deveria ser considerada a possibilidade de esta ordem ser respeitada. Isto significa que os "associados" contam com o fato de que, muito provavelmente, o comportamento dos outros, de acordo com a concepção média vigente, adaptar-se-á ao regulamento ao passo que eles mesmos orientam o seu próprio agir conforme expectativas semelhantes alimentadas pelos outros ("agir em sociedade" confor-

3. Não discutiremos aqui de maneira especial este conceito. Observamos apenas que por "direito" em sentido sociológico entendemos um regulamento garantido na sua validade empírica por um "aparato coercitivo" (no sentido que será exposto mais adiante); e por "convenção" um regulamento garantido apenas pela "desaprovação social" do grupo associado numa comunidade "jurídica" ou "convencional". Naturalmente, os limites são e podem ser muito imprecisos.

me ordens estabelecidas). Temos de chamar a atenção, para o fato de que a "validade" empírica de um regulamento não se esgota no fato de que sejam fundamentadas numa média de expectativas dos "associados" referente ao seu comportamento efetivo. Esta é apenas a significação mais racional e a maneira por que sociologicamente é apreensível de forma imediata. Mas um comportamento que, da parte de todos e de cada um dos participantes, se orientasse exclusivamente conforme as "expectativas" do comportamento dos outros seria apenas o caso-limite absoluto no que se refere ao "agir em comunidade", e significaria, também, a absoluta fragilidade destas mesmas expectativas. Estas últimas, pelo contrário, são tanto mais fundamentadas com maior probabilidade média quanto mais podemos contar que — na média — os participantes não orientam o seu próprio agir unicamente nas expectativas do agir dos outros e, na medida em que, diferentemente, está difundida entre eles, em grau importante, a convicção subjetiva de que a "legalidade" (apreendida subjetivamente de maneira provida de sentido) referente à ordem é "obrigatória" para eles.

O comportamento do "ladrão" e do "batoteiro" será considerado por nós como um agir em sociedade (subjetivo) "contrário à ordem estabelecida" que é, no que diz respeito à sua intenção, um agir orientado subjetivamente de acordo com uma ordem, mas que se afasta da média da interpretação da ordem e como tal será visto como um agir em sociedade objetivamente "anormal". Mas para lá destas categorias temos casos de um agir que é exclusivamente "condicionado pela sociedade". Por exemplo, quando alguém se sente obrigado a levar em consideração, de maneira racional com relação a fins, nas suas ações, as necessidades que lhe são impostas pela socialização (por exemplo, deixando de lado determinadas despesas por causa de outras despesas). Ou quando é influenciado no seu agir cotidiano (por exemplo, na escolha e no desenvolvimento de suas "amizades" ou do seu "estilo de vida"), sem perceber de maneira racional com relação a fins, pelo fato de que partes ou setores do seu agir são orientados conforme certos estatutos combinados (por exemplo, os de uma seita religiosa). Na realidade, todas essas distinções são imprecisas. Não há, por exemplo, em princípio, uma diferença se o agir em sociedade se desenvolve segundo relações providas de sentido entre os próprios indivíduos associados, ou com relação a terceiros, pois exatamente esta segunda alternativa pode ser o sentido predominantemente atribuído do acordo. Diferentemente, o agir orientado em regulamentos de associação pode ser dividido em dois tipos: pode ser um agir "relacionado com a associação", que assume de maneira direta os regulamentos da associação (interpretados, como sempre, de maneira subjetiva, provida de sentido) e que, portanto, de acordo com o sentido em mente, dirige-se à realização universal e sistemática de sua validade empírica, ou inversamente, à sua mudança e ao seu aperfeiçoamento, e, (segundo tipo) um agir que é apenas "regulamento pela associação", isto é, se orienta nos regulamentos, mas naquele sentido de ser "diretamente relacionado à associação". Mas também esta diferença é imprecisa.

Um tipo racional de associação é para nós, provisoriamente, uma "associação com fins": um agir em sociedade conforme o estabelecimento do conteúdo e dos meios da ação social que resultou de um entendimento e de um acordo entre todos os integrantes. Quando estabeleceram o regulamento (ou o "estatuto") os agentes associados, tratando-se de um caso típico-ideal de racionalidade, estipularam também a ação de que pessoas deve ser desenvolvida e de que modo (modo e pessoas podem ser indicados, sendo que as pessoas podem ser entendidas como meros "órgãos da associação"); o que deve ser atribuído à "associação" e que "sentido", isto é, quais consequências isto deve acarretar para os associados. Estipularam também se e que bens materiais e ganhos devem estar disponíveis para os fins combinados do agir em sociedade ("fins da associação"). Da mesma maneira, também estipularam que órgãos da associação devem dispor destes e de que modo devem fazê-lo, e que contribuições os sócios devem oferecer tendo em vista os fins da associação, e, finalmente, que ações são "obrigatórias", quais são "proibidas" e quais são "permitidas", além dos benefícios que os próprios sócios podem esperar. Por último, estipulou-se que órgãos da associação devem existir e sob que condições e através de que meios deve ser garantida a efetiva observação do regulamento e dos estatutos ("aparato de coação"). Neste "agir em sociedade", cada sócio confia, dentro de um certo âmbito, que os outros sócios se comportarão conforme os estatutos (pelo menos de maneira aproximada) e esta expectativa é levada em consideração na orientação racional do seu próprio procedimento. Para a existência empírica da associação são indiferentes os fundamentos que o indivíduo possa ter para esta confiança, se ele pode supor objetivamente que, no que diz respeito ao resultado, interesses quaisquer, numa configuração qualquer, recomendarão aos outros sócios, com eficácia suficiente e numa média, a observação dos referidos estatutos. Como é natural, a possibilidade pressuposta pelo indivíduo, a saber, que no caso da não-observação se imponham "coações físicas ou psíquicas" (mesmo que sejam muito suaves como, por exemplo, a "admoestação fraternal" no cristianismo), reforça fortemente a certeza subjetiva no sentido de que aquela confiança não será decepcionada (como média) e que haja uma probabilidade objetiva de que aquelas expectativas sejam fundadas. O agir que, de acordo com seu conteúdo de sentido subjetivamente pressuposto e imaginado como "média", implica um acordo é, para nós, um "agir associativo" (*Vergesellschaftungshandeln*), em oposição ao "agir em sociedade" (*Gesellschaftshandeln*), que é orientado segundo este acordo. Dentro do agir orientado segundo acordo se encontra o tipo mais importante de agir em sociedade "relacionado socialmente"; por um lado, o agir em sociedade específico dos "órgãos", e, por outro, o agir em sociedade dos associados que se refere de maneira provida de sentido ao agir dos órgãos. De maneira específica, dentro das "categorias associativas" das "instituições" (em particular o "Estado") — que serão discutidas mais adiante — faz-se costumeiramente uma distinção entre os regulamentos que foram criados para a orientação deste agir como direito institucional (o "direito público", no caso do Estado) e dos que regem as outras ações dos indivíduos associados. Mas também, dentro da associação de fins, é válida a mesma distinção ("direito da associação" em oposição aos regulamentos criados pela associação). No momento, porém, não nos preocupemos com estas diferenças sutis.

Plenamente desenvolvida, a associação de fins não é uma "formação social" efêmera, mas duradoura. Isto significa que, a despeito da renovação dos sócios da associação, ou apesar de certas pessoas deixarem de ser sócios, ou o fato de o lugar ser ocupado por novos sócios faz com que não se considere que se trata de uma nova associação, mas da mesma. Isto é válido por tanto tempo quanto, apesar da inovação das pessoas, pode-se esperar que de fato haja, sociologicamente falando, de maneira pertinente, um agir do "grupo" que é orientado naqueles regulamentos "idênticos". Em sentido sociológico, entretanto, o idêntico da orientação nos regulamentos (apreendidos subjetivamente) significa que os hábitos médios de pensamento dos indivíduos associados suponham esta identidade em relação aos pontos deste regulamento que são tidos como importantes. Podem ser aceitos unívocos ou aproximados porque, sociologicamente, tal "identidade" é um estado de coisas inteiramente relativo e fluido. Os membros da associação podem transformar de maneira consciente os regulamentos através de um novo agir associativo, ou podem alterá-lo pela transformação do "sentido" predominante do agir em sociedade, ou, mais ainda e especialmente, pela transformação das circunstâncias, modificando ou eliminando por completo — sem que haja um novo agir associativo — as características do significado prático do agir (também se chama isto "mudança de significado" ou, de um modo mais impreciso, "mudança dos fins"). Se, nestes casos, o sociólogo considera o agir modificado em sociedade como uma "continuação da antiga formação social", ou como uma "nova formação social", isso depende dos seguintes elementos: 1) da continuidade das transformações, 2) do alcance relativo dos regulamentos antigos que continuam válidos empiricamente sob a forma de um agir que se orienta neles, e 3) da continuação dos órgãos do grupo e do aparato de coação que subsistem com as mesmas pessoas ou com pessoas escolhidas da mesma maneira ou que continuam a agir do mesmo modo. Também aqui trata-se de situações que apresentam transições contínuas. Igualmente depende de cada caso individual (e portanto não está determinado pelos fins concretos da investigação) em que casos uma associação deve ser considerada uma formação "independente", e em que casos apenas "parte" de uma associação mais ampla. Este último caso pode ser encontrado, entretanto, de duas maneiras diferentes. Em primeiro lugar, porque os regulamentos "válidos" empiricamente de um agir em sociedade não derivam exclusivamente do estatuto a ser observado pelos sócios (regulamentos autônomos), mas o agir em sociedade é codeterminado pelo fato de que os seus participantes orientam a sua ação (sempre normalmente) nos regulamentos de uma outra associação da qual também participam (regulamentos heterônomos) como, por exemplo, o "agir em sociedade" da Igreja e nos regulamentos políticos ou vice-versa. Em segundo lugar, porque os órgãos de uma associação estão, muitas vezes, entrelaçados de algum modo numa formação mais ampla de órgãos de outra associação, como, por exemplo, os órgãos de um "regimento" dentro da organização global da "administração militar" (associação "heterocéfala" de fins em oposição à "associação autocéfala" de fins), como, por exemplo, pode ser encontrada numa associação ou num "Estado autônomo" e independente. Muitas vezes, mas não necessariamente, há uma coincidência entre a heteronomia dos regulamentos e a heteronomia dos órgãos. O agir em sociedade numa associação autocéfala está hoje em dia por regra geral codeterminado por uma orientação do agir dos seus membros segundo os estatutos da associação política à qual pertencem e é, portanto, em grande parte, heterocéfala; isto significa que está orientado conforme os regulamentos de outras associações, sobretudo de outras associações políticas que, em princípio, agem de maneira autocéfala, mas que se transformam em ação "heterocéfala" em oposição aos órgãos de qualquer tipo de "totalidade".

Mas não é toda associação fundada que leva ao surgimento de uma associação de fins, para cuja definição podem ser considerados os seguintes elementos constitutivos: 1) uma combinação de regras gerais e 2) a existência de órgãos próprios da associação. Uma associação ocasional (*Gelegenheitsvergesellchaftung*) pode ter um sentido muito efêmero, como, por exemplo, um assassinato por vinganças que deve ser executado em comum, e, portanto, estarão ausentes todos os elementos que foram mencionados como sendo características de uma associação com fins, inclusive o "regulamento" racional elaborado do agir em sociedade que, de acordo com a nossa definição, deveria ser um dos seus elementos constitutivos. Um exemplo fácil da transição desde a associação até a associação ocasional até a associação com fins é o da "cartelização" (*Kartellierungen*) industrial, que começa com um simples acordo transitório entre os concorrentes individuais para fixar preços mínimos, até chegar ao "sindicato", provido de poderes próprios, de grandes bens, de centros de venda e de um amplo aparelho organizacional. O único ponto comum a todos eles é o regulamento combinado cujo conteúdo, de acordo com o que estabelecemos aqui expressamente de maneira ideal-típica, contém pelo menos um acordo sobre aquilo que são as imposições para os sócios, ou, dito de outra maneira, um acordo sobre aquilo que lhes é permitido e proibido. Num ato de troca isolado (abstraindo da existência de "regras jurídicas", por exemplo, e pensando no caso típico-ideal de explicitação plena) há pelo menos uma combinação referente aos seguintes pontos: 1) é exigida a entrega e eventualmente, também a obrigação da garantia do possuidor dos bens de troca contra terceiros, 2) é proibida a reapropriação, 3) é permitida a disposição à vontade sobre cada parte do bem trocado. Uma troca racional isolada deste tipo é um dos casos-limite da associação "que não tem órgãos". Faltam-lhe todas aquelas características que são próprias de uma associação com fins, exceto as do regulamento combinado. Ela pode ser uma organização heterônoma (por regulamento jurídico ou por convenção) ou existir de maneira autônoma, condicionada pela confiança mútua em suas expectativas, pela confiança mútua que a outra parte se comportará de acordo com a combinação, sem a questão de saber quais seriam as bases deste interesse. Mas neste caso nem se trata de um agir em sociedade autocéfalo nem heterocéfalo, dado que não há uma "formação" duradoura. É natural que tampouco a presença de atos de troca como fenômenos de massa, mesmo quando se trata de fenômenos de massa causalmente inter-relacionados entre si (o "mercado"), representa uma formação de associação com fins, antes pelo contrário, tem diferenças fundamentais. O caso de troca também é apropriado para ilustrar o fato de que o agir que leva à formação da associação (agir associativo) não necessariamente deve estar orientado unicamente nas expectativas do agir dos indivíduos associados. No nosso exemplo, além disso, deve estar orientado de modo que os terceiros — que não são associados — respeitem o resultado da "troca", ou seja, "a mudança de propriedade". Neste caso, trata-se apenas de um "agir em comunidade" do tipo que mais adiante denominaremos "atuar por consenso" (*Einverstündnishandeln*).

Historicamente encontramos com muita frequência os graus de desenvolvimento que começam com a associação ocasional para chegar no fim e de maneira progressiva a uma "formação" duradoura. O gérmen típico da associação que hoje denominamos "Estado" se encontra em associações ocasionais livres formadas por indivíduos que, por um lado, procuram um botim, numa expedição guerreira sob o comando de um chefe escolhido por eles mesmos, e, por outro lado, na associação ocasional de indivíduos ameaçados com a finalidade de se defender. Tendo tido êxito (ou não) o botim (ou a defesa), depois de sua distribuição a associação desaparece. Há um longo caminho de transições contínuas destes inícios até a associação permanente de um exército com a imposição sistemática de tributos a mulheres, homens desarmados ou submetidos, sobretudo, até a consolidação do agir em sociedade sob normas jurídicas e administrativas. Inversamente também pode acontecer — e este é um dos mais diversos modos e processos que confluem para o surgimento e a formação da "economia política" — que, a partir da dissolução de associações duradouras que subsistiram com a finalidade de satisfazer as necessidades, surge a formação amorfa do "mercado", que representa um "agir em comunidade".

O comportamento "psíquico" dos integrantes, isto significa a pergunta: quais "estados internos" últimos levaram-nos a associar-se e a orientar-se, em seguida, na sua ação conforme os regulamentos combinados — isto é, se eles se adaptam a tais regulamentos por frio cálculo de oportunismo, por apego apaixonado aos fins combinados ou pressuposto da associação, ou se a causa da aceitação nada mais é do que a aceitação destes como um mal inevitável, ou porque correspondem àquilo que é habitual ou por qualquer motivo que for, tudo isto é indiferente para a existência da associação tanto tempo quanto há, de fato, a possibilidade de que, dentro dos limites sociologicamente pertinentes, efetivamente, a orientação contida no acordo persiste. Os membros que participam do agir em sociedade podem, sem dúvida, perseguir fins inteiramente distintos, opostos e dirigidos em sentido diferente, o que, aliás, ocorre muitas vezes. A associação jurídica dos povos guerreiros, a associação jurídica para o agir em comunidade no mercado, com a sua luta em torno da troca e dos preços, são apenas exemplos particularmente nítidos deste estado de coisas que em todas as partes se repete. Todo agir em sociedade é, naturalmente, a expressão de uma constelação de interesses dos participantes que se dirige à orientação do agir, quer se trate do agir alheio ou do agir próprio, de acordo com os seus próprios regulamentos e de acordo com nenhum outro regulamento e, por causa disso, percebe-se sempre a presença das mais diversas constelações de interesses dos participantes. Este seu conteúdo pode ser caracterizado e definido, de maneira inteiramente geral e formal, da seguinte maneira, como aliás já foi feito muitíssimas vezes: os indivíduos acreditam poder contar com um agir combinado através da associação referente ao agir do outro e dos outros, e que ele mesmo, exatamente por causa disso, também pode orientar o seu próprio agir conforme os mesmos regulamentos.

# 6. O "consenso"

Há complexos de agir em comunidade que mesmo sem um regulamento combinado de maneira racional com relação a fins 1) decorrem efetivamente como se tivessem um tal regulamento e 2) nos quais este efeito específico é codeterminado pelo tipo de relacionamento de sentido do agir dos indivíduos. Por exemplo, toda troca de "dinheiro" que é racional com relação a fins contém, ao lado do ato individual de associação com a outra parte, a relação provida de sentido a uma eventual ação futura de um círculo, representado e representável apenas de maneira indeterminada, de possuidores, atravessadores e outros interessados em dinheiro que podem ser reais ou potenciais. Pois, realmente, o agir próprio é orientado segundo a expectativa de que também outros "aceitaram" dinheiro, o que é o pressuposto de toda e qualquer troca de dinheiro. Por isso, a orientação provida de sentido é certamente, de maneira geral, uma orientação de acordo com os interesses individuais próprios, e, indiretamente também de acordo com interesses alheios que são representados pela satisfação das necessidades próprias ou alheias. Mas ela não é, de maneira nenhuma, uma orientação num regulamento estatuído e oficial referente ao modo de satisfazer as necessidades da parte dos que participam. Muito pelo contrário, o pressuposto do emprego do dinheiro é, exatamente — pelo menos relativamente —, a falta de um tal regulamento ("econômico-comunitário") para a satisfação das necessidades dos que participam disto. Mas mesmo assim, o seu resultado global, normalmente, sob muitos aspectos, está sendo apresentado da maneira "como se tivesse que ser" alcançado através de uma orientação segundo um regulamento da satisfação das necessidades para todos os participantes. E, decerto, isto é o caso em consequência da relação provida de sentido da ação daquele que emprega o dinheiro, cuja situação, como aliás de todo que participa de uma troca, é, dentro de certos limites da maneira que seu interesse lhe impõe certo grau de consideração para os interesses dos outros, dado que estes são os fundamentos normais daquela "expectativa" que ele, por sua vez, pode e deve alimentar da sua ação. O "mercado", como complexo típico-ideal de um agir de tal tipo, mostra, portanto, a característica que introduzimos com a expressão "como se".

Uma comunidade linguística, no caso limite típico-ideal que é racional com relação a fins, é representada por inúmeros atos individuais de agir em comunidade, os quais se orientam conforme a expectativa de encontrar nos outros uma "compreensão" do sentido. Que isto acontece em massa entre uma multidão de homens mediante um emprego semelhante provido de sentido de símbolos externamente semelhantes, "como se" os que falam orientassem o seu comportamento obedecendo a regras gramaticais combinadas tendo em mente um fim, representa por certo também um caso, dado que está determinado por aquela relação ao sentido dos atos dos falantes individuais que correspondem à característica já mencionada.

Entretanto, esta característica é quase a única em comum entre os dois. Pois a maneira como surge aquele efeito global pode ser ilustrado em ambos os casos através de alguns paralelismos os quais, entretanto, não têm muito valor cognoscitivo. Para esse "como se", portanto, apenas é possível em ambos os casos elaborar para a sociologia uma problemática que, entretanto, imediatamente leva a séries conceituais totalmente diferentes no que diz respeito ao seu conteúdo. Todas as analogias com o "organismo" e conceitos semelhantes transpostos da biologia estão condenados a serem infrutíferos. Acrescenta-se ainda que um efeito global que se apresenta "como se" o agir estivesse determinado por um regulamento determinado não somente pode ser elaborado por agir em comunidade, mas também, e isso de maneira muito drástica, pelas diversas formas do agir "uniforme" e do agir "de massas" que não pertencem ao agir em comunidade.

Pois de acordo com a definição, o "agir em comunidade" deve ser um relacionamento provido de sentido do agir de uma pessoa "com o" agir de outra pessoa. Não é suficiente, pois, a mera "uniformidade" do comportamento. Tampouco pode ser um tipo qualquer de "ação recíproca" ou de "imitação". Uma "raça", mesmo que o comportamento dos que a ela pertencem seja uniforme em alguns pontos, somente passará a ser para nós uma "comunidade de raça" quando surge entre o seus membros um agir que inclui uma relação recíproca provida de sentido. Por exemplo, para apresentar um caso mínimo, quando certos membros da raça "se isolam" do mundo circundante — *Umweltt* — "que não pertence à sua raça" visam a meta de que "os membros da outra raça" façam a mesma coisa (não interessa no momento se eles fazem isso da mesma maneira ou com o mesmo alcance). Quando numa rua uma massa de pedestres reage por ocasião de uma chuva forte no sentido de abrir os seus guarda-chuvas, não se trata neste procedimento de maneira nenhuma de um "agir em comunidade" (mas é um "agir uniforme de massas"). O mesmo vale para o caso em que o agir foi provocado pela mera influência do comportamento dos outros e não relacionada a uma interação provida de sentido. Um pânico, por exemplo, ou quando uma massa de pedestres submete-se a uma "sugestão de massa". Nestes casos falaremos de um "comportamento determinado pela massa", ou seja, casos nos quais o comportamento dos indivíduos foi influenciado pelo mero fato de que também outros indivíduos que se encontravam na mesma situação se comportaram de uma determinada maneira. Pois não há dúvida de que o mero fato de uma "massa" agir simultaneamente (e mesmo que ela esteja separada espacialmente — pode entrar numa relação recíproca, por exemplo, através da imprensa) pode ter influência sobre o comportamento dos indivíduos de uma maneira que não pretendemos analisar aqui, pois esta análise seria objeto da "psicologia das massas". Naturalmente a passagem de um "agir determinado pela massa" para um agir em comunidade é na realidade muito imprecisa. Já o pânico, por exemplo, contém junto aos elementos de um "agir determinado pela massa" outros elementos que são próprios do agir em comunidade. O comportamento daqueles pedestres passa a ser um agir em comunidade quando, por exemplo, frente à ameaça de um bêbado armado, alguns se jogam sobre ele e o agarram numa ação comum que possa até ter, eventualmente, elementos da "divisão de trabalho". Acontece algo semelhante quando se presta ajuda comum a alguém que ficou gravemente ferido. O fato de que nestes casos se procede mediante "divisão de trabalho" mostra bem claramente que o agir em comunidade nada tem a ver com um "agir uniforme" como tal, mas que muitas vezes pode significar o contrário. O mesmo ocorre com o agir "imitativo". A "imitação" pode ser um mero comportamento "determinado pela massa" ou pode ser um agir orientado no comportamento da pessoa a qual se imita no sentido de "reproduzir o seu comportamento". E isto, por sua vez, pode acontecer por causa de uma apreciação do valor do agir imitado como tal — a apreciação será racional com relação a fins — ou pode ser um agir que se refere de uma maneira provida de sentido a certas expectativas — por exemplo, por causa de necessidades de concorrência. Há uma ampla escala de transições até chegar ao caso específico do agir em comunidade: aquele no qual um comportamento é imitado ou reproduzido pelo fato de ser característica da pertença a um determinado círculo de homens — não importa a razão para isso — que requer uma "honra social" específica e, dentro de certos limites, a usufruem. Obviamente, este último caso já ultrapassa o âmbito do agir meramente "imitativo" e não é exaustivamente caracterizado mediante esta categoria.

A existência de uma "comunidade linguística" não significa para nós que haja uma uniformidade determinada pela massa em proferir determinados complexos fonéticos (isto nem é necessário) e tampouco que um indivíduo "imita" o que os outros fazem, mas sim um comportamento que nas "exteriorizações" se orienta conforme determinadas possibilidades, que existem como "média" num determinado círculo de homens, de fazer-se "compreender" e que, por causa disso, "pode" esperar normalmente este mesmo efeito provido de sentido. Da mesma maneira como "dominação" não significa que uma força natural poderosa abre o caminho de qualquer maneira, mas, pelo contrário, que a ação de uma ordem está relacionada de maneira provida de sentido à ação de um outro ("obediência") e inversamente, de maneira tal que, normalmente, se pode esperar que as expectativas sejam realizadas, expectativas nas quais está orientado o agir por ambas as partes.

Portanto, aquele fenômeno que caracterizamos com a expressão "como se" não nos proporciona uma categoria de fenômenos importantes por causa das suas características utilizáveis. No lugar dela, pretendemos introduzir em ligação com aquilo que foi dito sobre "imitação" e "dominação" um tipo de diferenciação nesta multiplicidade de estados de coisas. Por "consenso" entendemos o fato de que um agir orientado em expectativas de comportamento de outras pessoas tenha, exatamente por causa disso, uma possibilidade empiricamente "válida" de ver cumpridas essas expectativas, exatamente porque existe objetivamente a possibilidade de que estas outras pessoas entendam essas expectativas, apesar da inexistência de um "contrato", como sendo, para o seu comportamento, "válidas" e providas de sentido. O conjunto das ações em comunidade que acontecem por serem determinadas pela orientação em tais "possibilidades" de consenso denominaremos de "agir por consenso" (*Einverständnishandeln*).

O consenso objetivamente "válido" — no sentido das possibilidades calculáveis — não deve ser confundido, naturalmente, com o fato de que os agentes individuais contam, subjetivamente, com o fato de que outras pessoas tratam como válidas e providas de sentido as expectativas por eles alimentadas. Tampouco deve ser confundida a validade empírica de uma ordem combinada com expectativa subjetiva da observação do seu sentido subjetivo. Mas em ambos os casos, entre a "média" das possibilidades da validade objetiva (possibilidades apreendidas através da categoria da "possibilidade objetiva") e a "média" das expectativas subjetivas surge a categoria da relação da causação adequada via compreensão.

A orientação subjetiva da ação conforme o consenso pode, da mesma maneira como no acordo, apresentar-se em casos particulares como sendo apenas aparente ou aproximativa, e este fato não deixará de ter consequências sobre o grau e a univocidade das possibilidades da validade empírica. Os indivíduos que entram numa comunidade mediante consenso podem infringi-lo deliberadamente da mesma maneira como os indivíduos associados podem infringir os estatutos. Da mesma maneira que o "ladrão" do nosso exemplo da associação, no caso de um consenso de dominação o "desobediente" pode orientar a sua ação segundo o conteúdo de sentido daquela dissimulação. Por isso, o conceito de "consenso" não pode ser confundido, nem sequer na sua dimensão subjetiva, com o "contentamento" dos participantes referente a sua validade empírica. O temor de consequências nocivas pode determinar o "enquadramento" dos indivíduos no conteúdo do sentido médio de uma relação da mesma maneira que a "entrada" numa associação "livre" mas não desejada por eles. Uma insatisfação permanente ameaça certamente as possibilidades da existência empírica do consenso, mas não elimina este consenso na medida em que o dominador ou dominante tenha uma possibilidade considerável de poder contar objetivamente com o cumprimento de suas ordens (referente à "média" do sentido). Isto é importante, pois — bem como o nosso caso da associação — a mera orientação segundo as "expectativas" do comportamento do outro ou dos outros (por exemplo o mero "temor" do "súdito" em relação ao seu "senhor") significa um caso limite e implica um alto grau de labilidade; pois também nestes casos as expectativas são tanto mais "fundadas" objetivamente quanto mais se pode contar com a probabilidade de que os indivíduos que entram no "consenso" consideram, normalmente, como "obrigatório" para eles (subjetivamente) este agir (não importa quais sejam os motivos para isso). Também são "válidos" em última análise por causa deste consenso (referente à legalidade). Por isso, o consenso válido não pode ser identificado com o "acordo tácito". Naturalmente desde um acordo que recebe a sua forma explícita num regulamento, até um consenso, há muitas formas intermediárias, entre as quais também se encontra um comportamento tal que os associados, normalmente e na prática, acreditam que seja um acordo tácito referente a um determinado ordenamento. Mas este, em princípio, não apresenta particularidade nenhuma em comparação com um acordo explícito. E, sobretudo, um acordo "impreciso" é um regulamento empírico muito exposto à possibilidade de provocar consequências práticas diversas de acordo com os hábitos de interpretação em vigor de caso para caso. Um consenso "em vigor", diferentemente, em seu tipo puro, já não contém nem estatuto e, especialmente, acordo nenhum. Os indivíduos que entram em comunidade mediante um consenso podem até nem ter-se conhecido, e, mesmo assim, o consenso pode representar uma "norma" válida e quase inviolável empiricamente: este é o caso, por exemplo, do comportamento sexual entre os membros de um grupo exógamo quando eles se encontram pela primeira vez, um grupo que se estende muitas vezes a comunidades políticas e linguísticas. O mesmo acontece no caso do emprego de dinheiro, de acordo com o sentido do ato de troca correspondente, que é tratado por uma multidão de indivíduos que não se conhecem mutuamente como "meio válido para pagar dívidas", isto significa, algo que é "válido" e "obrigatório" para o cumprimento de uma ação em comunidade.

Nem todo agir em comunidade pertence à categoria do agir por consenso, apenas aquele agir que, normalmente, se fundamenta em sua orientação na possibilidade do consenso. A segregação social dos membros de uma raça pertence a esta categoria, por exemplo, quando, numa medida muito importante (média) se pode esperar que os membros a considerem praticamente como um comportamento obrigatório. Nos casos contrários, de acordo com as circunstâncias, trata-se de um agir dos indivíduos condicionado pela massa, ou de um simples agir em comunidade sem consenso. É bastante manifesto o caráter impreciso das transições, sobretudo quando se trata da manutenção do alcoólatra e da ajuda em emergência. Nestes casos, referentes aos indivíduos que agem juntos, só há mais do que mera cooperação fáctica através de um simples agir em comunidade no caso em que a ação está orientada segundo um consenso que é tido como empiricamente "válido" de tal maneira que cada indivíduo se vê obrigado a seguir como participante daquele agir efetivo em conjunto por tanto tempo quando este corresponde ao "sentido" compreendido pela média dos sócios. Aqueles dois exemplos mencionados cabem dentro de uma linha de transição gradual: a ação de assistência implica mais a existência de uma possibilidade de consenso, enquanto que a outra implica apenas um mero agir em comunidade como uma cooperação de fato. Ademais, é natural que nem todo o comportamento que se apresenta exteriormente como uma "cooperação" de várias pessoas já seja um agir em comunidade ou um agir por consenso. Por outra parte, tampouco um agir em conjunto pertence à categoria de agir por consenso. Este falta, por exemplo, em todos os casos da relação provida do sentido à ação de terceiros desconhecidos. De maneira semelhante como nos exemplos antes mencionados, também o agir por consenso dos membros da tribo exógamos se distingue por uma série de transições graduais do agir em comunidade em relação à ação potencial de outros interessados na troca. Neste último caso, somente quando as expectativas se baseiam nas possibilidades de que a ação dos estranhos se oriente "na média" em comportamentos supostamente tidos como válidos, isto é, na medida em que são normalmente "expectativas de legalidade", haverá aqui um consenso. E somente nesta medida, portanto, o agir será um agir por consenso. Aliás, é apenas um agir em comunidade condicionado por um consenso. Por outro lado, o exemplo do socorro já mostra que o "consenso" pode ter por conteúdo uma relação a fins bem concretos, sendo ausente um caráter abstrato de "regras". Mas também em casos em que supomos a "continuidade" de uma e da mesma comunidade por consenso — numa amizade, por exemplo — pode tratar-se de um conteúdo que é sujeito a contínuas modificações, determinadas somente em relação a um sentido contínuo ou persistente que foi construído de maneira ideal-típica e que é considerado como válido de alguma maneira por parte dos respectivos participantes da ação. Mas também este pode modificar de conteúdo mesmo se permanecem idênticas as pessoas: e também neste caso é apenas uma mera questão de oportunismo denominar esta relação como sendo uma "nova" ou apenas como sendo uma "continuação" modificada. Este exemplo, e muito mais o de uma relação erótica, demonstra que, obviamente, a relação de sentido e expectativas que constituem o consenso, de maneira alguma, precisam ter o caráter de um cálculo racional com relação a fins de uma orientação em vista de "regulamentos" racionalmente construídos. A orientação "válida" em vista a "expectativas" significa no caso do consenso apenas que o indivíduo tem a chance de poder ajustar "pela média" o seu próprio comportamento a um conteúdo de sentido determinado supostamente como "válido" em maior ou menor grau de frequência — mas mesmo assim talvez de caráter altamente irracional —, pelo comportamento dos outros. Portanto, semelhantemente ao caso da associação, na medida em que a partir do conteúdo do sentido do consenso é susceptível a ser expresso em "regras", é algo que depende em cada caso individual, e segue a existência de regularidades gerais do comportamento prático. Também aqui, o agir determinado por consenso não é idêntico ao agir com consenso. Uma "convenção estamental-profissional" por exemplo é um agir por consenso constituído por aquele comportamento que, em cada caso e como média, vale empiricamente como obrigatório: a "convenção" se distingue do consenso de "validade" do mero "costume" baseado em algum tipo de "repetição" ou de "hábito", da mesma maneira como se distingue o "direito" da mera ausência de um aparato de coação. As transições, não obstante, são obviamente imprecisas e flutuantes. Mesmo uma "convenção estamental-profissional" pode ser apropriada para produzir, no que diz respeito ao comportamento dos seus membros, consequências que de fato não valem obrigatoriamente conforme as regras do consenso. As convenções feudais, por exemplo, podem determinar que se conceba a atividade comercial como uma atividade vil (*widersittlich*) e que, em consequência disso, haja um rebaixamento do grau da própria legalidade no intercâmbio e nos negócios com os comerciantes.

Motivos, fins e "estados interiores" subjetivos totalmente diferentes que são compreensíveis de maneira racional com relação a fins ou "somente psicologicamente" podem provocar como resultantes um agir em comunidade idêntico de acordo com sua relação subjetiva de sentido e, ao mesmo tempo e da mesma maneira, um "consenso" idêntico de acordo com a sua validade empírica. O fundamento real do agir por consenso é a validade única em cada caso distinto do "consenso", e não uma constelação de interesses "exteriores" ou "interiores" que provoque algo diferente e cuja existência pode ser condicionada por estados interiores dos indivíduos e por fins diversos dos indivíduos que, além do mais, são muito heterogêneos. Com isso não se nega, naturalmente, que no que diz respeito aos tipos singulares de agir em comunidade e, especialmente, de agir por consenso, que podem ser distinguidos conforme a "orientação de sentido" subjetivamente prevalecente e predominante, não podem indicar referente ao conteúdo, ao motivos, aos interesses e aos "estados interiores" que, na maioria das vezes, são os fundamentos de sua origem e de sua frequência. Esta comprovação é, sem dúvida, uma das tarefas de uma sociologia de conteúdo (*inhaltliche Soziologie*). Mas estes conceitos totalmente universais da maneira como nós os definimos aqui são, necessariamente, pobres de conteúdo. Obviamente é imprecisa a transição entre o agir por consenso e o agir em sociedade — que nada mais é do que um caso específico do agir que é regulamentado por estatutos. Assim, o agir por consenso dos passageiros de um bonde que num conflito com um outro passageiro com o cobrador "tomam partido" por aquele, se tratará de um agir em sociedade no caso em que, posteriormente, se unam para fazer uma queixa em comum. E, por outra parte, haverá sempre uma "associação", mesmo em grau e alcance diferentes, quando se cria um regulamento racional com relação a fins. Destarte, já nasce uma associação, por exemplo, quando se funda uma "revista" com "editor", "diretor", "colaboradores" e "suscritores" próprios, dirigida aos membros de uma raça que se "segrega" por um consenso mas sem um acordo explícito. Esta revista dará diretrizes com graus diversos de possibilidades reais para o agir por consenso até então existente de maneira amorfa. Ou quando, no que diz respeito à comunidade linguística, surge uma "Academia" na maneira da "Crusca" e "escolas" nas quais são ensinadas as regras da gramática. Ou, no que se refere às relações de "dominação", é criado um aparato de regulamentos racionais e uma organização racional de funcionários. E, no sentido inverso, quase toda associação costuma fazer nascer um agir por consenso entre os associados (condicionado pela associação) que ultrapassa o âmbito dos seus fins racionais. Todo clube de jogadores de boliche (*Kegelklub*) tem, no que diz respeito ao comportamento dos seus membros, consequências "convencionais" recíprocas. Isto significa que ele cria um agir em comunidade com vista a uma "consenso" que está situado fora da própria associação.

Individualmente o homem participa continuamente, no seu agir, de múltiplas e diversas ações em comunidade, ações por consenso e ações em sociedade. O seu agir em comunidade pode referir-se, com sentido, em cada ato individual a um círculo diverso de ações alheias ou a outros consensos ou associações. Quanto mais numerosos e diversos, de acordo com as possibilidades constitutivas sejam estes círculos em relação aos quais o indivíduo orienta racionalmente a ação, tanto mais avançada será a "diferenciação social racional", e quanto mais assume o caráter de uma associação, tanto maior será a "organização social racional". Desta maneira, como é óbvio, o indivíduo pode participar num e no mesmo ato de procedimento numa multiplicidade de tipos de agir em comunidade. Um ato de troca que alguém faz com X que é o plenipotenciário de Y, que, por sua vez, é "órgão" de uma associação com fins, por exemplo contém: 1) uma associação linguística, 2) uma associação escrita, 3) uma associação de troca com X de caráter pessoal, 4) uma associação de intercâmbio com Y pessoalmente, 5) este mesmo tipo de associação com o agir em comunidade com os membros daquela associação com fins, e, finalmente, 6) uma co-orientação do ato de troca, em suas condições, com vista às expectativas da ação potencial dos outros participantes do intercâmbio (concorrentes de ambos os lados) e dos consensos de legalidade correspondentes etc. Para ser um agir por consenso, um agir deve ser, decerto, um agir em comunidade, mas para ser um agir orientado por um consenso. Toda a disposição sobre as reservas e sobre os bens, tomada por um homem — prescindindo inteiramente de que ela normalmente somente é possível mediante a possibilidade de proteção que oferece o aparato da comunidade política — é orientada por um consenso na medida em que tem consequências exteriores no que diz respeito à possibilidade da alteração das próprias reservas pela troca. Uma economia "privada" fundada na moeda abrange e inclui um agir em sociedade, um agir por consenso e um agir em comunidade. Somente o caso limite da economia de um Robinson Crusoé está completamente livre de todo e qualquer agir em comunidade, e, portanto, também de todo e qualquer agir orientado por um consenso. Realmente, esta economia seria provida de sentido apenas no que diz respeito às expectativas do comportamento dos objetos naturais. Destarte, a sua pensabilidade é suficiente para ilustrar com clareza o fato de que não toda ação "econômica" inclui já conceitualmente um agir em comunidade. Em linhas gerais, a situação real é a seguinte: que os tipos conceituais mais puros de cada uma das esferas da ação se encontram além do agir em comunidade e do agir consensualmente. Isto se dá quer seja no setor religioso, quer no econômico, ou no que diz respeito às concepções científicas e artísticas. O caminho da "objetivação" não leva necessariamente, via de regra, ao agir em comunidade e, em especial, ao agir por consenso — mesmo que também neste caso nem sempre se dê necessariamente dessa forma.

De acordo com tudo aquilo que expusemos até agora, está bastante claro que, de maneira nenhuma, podemos identificar o "agir em comunidade", o "agir por consenso" e "o agir em sociedade" com a ideia de um agir de "uns com os outros e para os outros" em oposição a um "agir de uns contra os outros". Como é óbvio, não somente a comunidade totalmente amorfa, como também o "consenso" é, para nós, algo inteiramente distinto da "exclusividade" contra os outros. É uma questão de cada caso concreto saber se um agir por consenso é "aberto", isto é, que em todo momento a participação nele seja possível para qualquer um que o deseje, ou se é "fechado" — e em que medida — isto é, se a participação é impossível — no sentido da admissão de terceiros — por determinação e consenso da própria associação. Uma comunidade linguística concreta ou uma comunidade de mercado sempre tem, em todos os lugares, certos limites (na maioria das vezes, estes limites são imprecisos). Isto significa que nas "expectativas" não é possível levar em consideração a participação do consenso atual potencial a qualquer homem, mas a um certo número de pessoas, números delimitados de maneira bastante imprecisa. Mas os membros de uma comunidade linguística, por exemplo, normalmente não têm de consenso o interesse de excluir terceiros (exceto o caso de, naturalmente, uma conversação concreta, da mesma maneira como os membros de um mercado têm muitas vezes o interesse de ampliar este mercado). Mesmo assim, tanto uma língua (sagrada, profissional ou secreta) como um mercado podem ser "fechados", à maneira de um monopólio, por via de um consenso ou associação. E, por outro lado, inclusive a participação normalmente fechada por via de associação, num agir em comunidade específico de concretas formações de poder político, é mantida em boa parte aberta no interesse do próprio poder (para "imigrantes", por exemplo).

Os membros de um agir consensual com isso podem perseguir um interesse orientado contra os que estão do lado de fora. Mas isto não é necessário. O agir por consenso não equivale à "solidariedade", e tampouco o agir em sociedade implica uma oposição exclusiva daquele tipo de agir em comunidade dos homens que chamamos de "luta", isto é — em linhas muito gerais — a aspiração de impor a própria vontade contrariamente à vontade dos outros, sob a orientação nas expectativas do comportamento alheio. Muito pelo contrário, a luta abrange potencialmente todos os tipos de agir em comunidade. Depende de cada caso concreto, por exemplo, em que medida um ato de associação implica praticamente, de acordo com o fim subjetivamente imaginado como "médio" (mesmo que isso varie de indivíduo para indivíduo), a expressão da solidariedade contra terceiros ou um compromisso de interesses contra os interesses de terceiros ou até um simples deslocamento ou modificação de formas e de objetos de luta significa realmente para os outros. Não existe nenhuma comunidade de consenso (nem a que é acompanhada de um extremo sentimento de entrega a ela, por exemplo, como as relações eróticas e caritativas) que, apesar de tal sentimento, não pode conter em si, apesar de tudo isso, a mais atroz opressão sobre os outros. E a maioria de todas as lutas, por outro lado, inclui necessariamente algum grau de associação ou de consenso. Estamos aqui em face do caso, muito comum no que se refere aos conceitos sociológicos, de que se recobrem parcialmente os fatos, decerto por serem considerados a partir de pontos de vista diferentes. A luta na qual não há, de maneira nenhuma, qualquer tipo de associação com o inimigo é, realmente, um caso-limite. Desde um ataque dos mongóis, passando pelo modo atual de condução de guerra, que está condicionado, mesmo que em grau talvez insignificante, pelos "direitos dos povos", incluindo a contenda dos cavalheiros, na qual as armas e os meios de lutar estavam rigorosamente "regrados" (*Messieurs les Anglais, tirez les premiers*), até chegar ao duelo judicialmente codificado dos dias de hoje (entre estudantes) que já pertence ao gênero da disputa esportiva, encontramos em grau crescente fragmentos de uma comunidade por consenso dos lutadores; e ali, onde a luta se dá em concorrência, seja por uma coroa olímpica, por um voto eleitoral ou por qualquer outro modo de poder, por honra social ou por Gewinn, ele se desenvolve inteiramente no terreno de uma associação racional, cujos regulamentos servem como "regras de jogo" que determinam as formas da luta, mas ao mesmo tempo, alteram as possibilidades. A gradual "pacificação", no sentido da rejeição da violência física, somente a empurra para trás, sem entretanto eliminá-la por completo. Ocorre que no decurso do desenvolvimento histórico a sua aplicação tem sido monopolizada de maneira crescente pelo aparato coercitivo de um determinado tipo de associação ou de comunidade por consenso, ou seja, o poder político, e transformado numa forma amenizada e regrada por parte dos poderosos e, em definitivo, de um poder que formalmente se comporta como se fosse um poder "neutro". A circunstância de que a "coação", de tipo físico ou psíquico, esteja de alguma maneira na base de todas as comunidades, ocupar-nos-á, em seguida, mesmo que brevemente, mas apenas na medida em que é exigida para complementar a conceituação ideal-típica.

## 7. "Instituto" e "Associação"

Nos exemplos que temos empregado ocasionalmente, muitas vezes nos chamou a atenção e agora se apresenta de maneira mais específica uma situação a que, no momento, queremos dar destaque especial: o fato de que alguém "sem querer" passe a participar de uma comunidade consensual e nela permanecer. No caso de um agir por consenso amorfo — como, por exemplo, no "falar" — não é necessário comentário algum. Pois nele "participam" todas as pessoas cujo agir respectivo corresponde ao que temos suposto como característico (consenso). Mas a situação não é sempre tão simples. Já assinalamos como tipo ideal de "associação" a "associação de fins racional" que se baseia num acordo explícito no que se refere aos meios, aos fins e aos regulamentos. Com isso também já estabelecemos que, e em que medida, uma formação desta pode ser caracterizada como durável, apesar das alterações no que diz respeito aos seus integrantes. Seja como for, fez-se o pressuposto de que a participação dos indivíduos, isto é, a expectativa justificada "pela média" orienta o agir de todos tendo em mente o regulamento e é, portanto, baseada num acordo racional particular entre todos os indivíduos. Mas existem formas muito importantes de associação nas quais o agir em sociedade está, em grau considerável, organizado racionalmente, como no caso da associação de fins através de estatutos que dizem respeito a fins e meios elaborados pelos homens e que, portanto, são referentes à sua organização de "sociedade" dentro da qual, exatamente, vale como suposto básico de sua existência que os indivíduos nela entrem sem querer (involuntariamente) e comecem a fazer parte do agir em sociedade, envolvidos por aquelas expectativas no seu próprio agir, tendo em vista aqueles regulamentos que foram feitos pelos homens. O agir em comunidade, constitutivo destas formas, se caracteriza precisamente pelo fato de que a partir da existência de certas circunstâncias objetivas se espera de uma pessoa— e, por certo, espera-se até certo grau — e com justiça, que participe do agir em comunidade e, em particular, que aja de acordo com os regulamentos. E isto devido ao fato de os indivíduos em questão se encontrarem empiricamente "obrigados" a participar neste agir em comunidade que é constitutivo da própria comunidade e porque existe a possibilidade de que, eventualmente, sejam forçados a isto mediante um "aparato coercitivo" apesar de sua resistência (mesmo que seja ela muito frágil). Na comunidade política, as circunstâncias às quais se liga aquela expectativa num caso particularmente importante são, sobretudo, a descendência de certas pessoas, o nascimento delas, ou, às vezes, a mera permanência num país, ou certas ações que foram empreendidas dentro de um determinado território. A maneira normal de o indivíduo ingressar na comunidade, então, é o ter ele "nascido" numa determinada comunidade e ter se educado nela. Denominamos "instituições" aquelas comunidades nas quais se apresenta o seguinte estado de coisas: 1) em oposição à "associação voluntária com fins", a imputação, com base em circunstâncias realmente objetivas, independentemente das declarações dos imputados, e 2) em oposição às comunidades consensuais que não possuem um regulamento racional deliberado (e, neste sentido, amorfas), a existência de tais regulamentos racionais, criados pelos homens e a existência de um aparato coercitivo como uma circunstância que codetermina o agir. Portanto, nem toda comunidade, no seio da qual alguém tenha nascido e crescido é, normalmente, uma "instituição". Não é uma instituição, por exemplo, a comunidade linguística, nem a comunidade doméstica. Pois ambas, realmente, não possuem aqueles estatutos racionais. Mas, diferentemente, são instituições aquelas formas estruturais da comunidade política à qual costumeiramente chamamos de "Estado" e aquelas formas da comunidade religiosa às quais se dá o nome de "Igreja", num sentido puramente técnico.

Assim como o agir em sociedade orientado em vista de um acordo racional está em relação com um agir consensual, a instituição com os seus estatutos racionais o é em relação à associação. Um agir em associação significa um agir orientado não conformemente um estatuto, mas segundo um consenso, isto é, um agir consensual em que: 1) a imputação do indivíduo no seu caráter de membro se dá de acordo com o consenso, sem que este o queira de maneira racional com relação a fins; 2) apesar da ausência de um regulamento estatuído com fins, determinadas pessoas (os senhores do poder) promulgam regulamentos eficazes para a ação dos indivíduos que pertencem à associação de acordo com o consenso; e 3) estas mesmas pessoas ou outras estão dispostas a exercer eventualmente coação psíquica ou física — de qualquer tipo — referente aos membros que se comportam de maneira contrária ao consenso. Trata-se sempre, naturalmente, como aliás em todo "consenso", de um conteúdo de sentido compreendido de maneira precisa "por média" e de possibilidades médias de validade empírica. A "comunidade doméstica" primitiva na qual o "chefe da família" é o dono do poder, a formação política "patrimonial" que não possui um estatuto racional, no qual o "príncipe" desempenha esta função, a comunidade de um "profeta" com os seus "discípulos", em que o dono do poder é o primeiro, ou uma "comunidade" religiosa que existe apenas por consenso e na qual o dono do poder é um hierarca hereditário, todas estas são "associações" de tipo bastante puro. Por princípio, elas não apresentam particularidades, comparando-as com outras "ações por consenso", e podemos nestas aplicar toda a casuística. Na civilização moderna, quase todo agir em associação é regulamentado, pelo menos parcialmente, por regulamentos racionais

— a comunidade doméstica, por exemplo, o é de maneira heterônoma mediante o "direito familiar" estatuído pelo Estado. A transição para a instituição, portanto, é fluida. Tanto mais quando existem muito poucos tipos "puros" de instituições. Pois quanto mais multifacetada é a ação institucional que as constitui, tanto menos regularmente a totalidade desta é regulamentada de maneira racional com relação a fins, através de estatutos. Por exemplo que foram criados para o agir em sociedade de instituições políticas — supomos *ad hoc* que sejam inteiramente racionais com relação a fins — e tem o nome de "leis" referem-se, pelo menos via de regra geral, somente a fatos fragmentários cuja regulamentação racional é válida por quaisquer interesses. O agir por consenso, que de fato é o elemento constitutivo da existência da formação, não somente abrange normalmente o agir em sociedade que pode orientar-se em vista de estatutos racionais com relação a fins, como também a maioria das associações com fins de fim, mas que também normalmente é mais antiga do que este. A "ação institucional" é a parte racionalmente organizada da "ação associacionista", e a instituição é uma associação organizada parcialmente de maneira racional. Ou — a transição é sociologicamente imprecisa — a instituição é por um lado uma "criação nova" inteiramente racional, mas nem por isso age num âmbito de validade no qual seria totalmente ausente a "ação da associação". Pelo contrário, este último é subordinado de antemão a uma ação da associação existente ou a um agir regulamentado pela associação, por exemplo, mediante "anexação" ou unificação das associações anteriores para formar uma instituição global nova, através de uma série de estatutos orientados neste sentido e de regulamentação inteiramente nova para o respectivo agir em associação ou para o agir regulamentado conforme associação ou para ambas as coisas. Ou se empreende apenas uma mudança do grupo social ao qual a ação agora deve referir-se ou que se consideram afetados por estas regulamentações, ou se modifica apenas o pessoal dos órgãos institucionais e, de maneira especial, do aparato coercitivo.

O surgimento de novos estatutos de instituições de todo o tipo se faz normalmente, quer isto se ligue a um processo que deve ser considerado como sendo uma "nova criação" de uma instituição, quer aconteça no decorrer normal da ação institucional; somente em casos excepcionais se faz mediante um "acordo" autônomo entre todos os interessados num agir futuro, referente ao qual se espera, de acordo com o sentido médio pensado, a lealdade no que se refere aos estatutos. Faz-se, sobretudo, quase que exclusivamente por "imposição". Isto significa que determinados homens proclamam um estatuto como válido para a ação da respectiva associação ou para a ação regulamentada pela respectiva associação e os membros da instituição (ou os súditos desta instituição), pelo menos de forma aproximativa, se adéquam a este estatuto no seu agir de maneira leal e provida de sentido. Isto quer dizer que o regulamento estatuído adquire, no que se refere às instituições, uma validade empírica na forma do "consenso". Mas temos que fazer, claramente, uma distinção entre este procedimento e o "estar de acordo com o consenso", ou algo semelhante a um "acordo implícito". Também aqui temos que entendê-lo como uma média de possibilidade de que os indivíduos "visados", na medida em que estão de acordo com a compreensão do sentido, e os que são atingidos por um estatuto imposto também o respeitam e observam realmente — conceitualmente não importa se isso acontece por temor, por fé religiosa, respeito frente ao dono do poder, por uma consideração puramente racional com relação a fins ou por qualquer outro motivo possível. O que importa é que o estatuto seja praticamente "válido" para o comportamento dos seus sócios e estes, consequentemente, orientem o seu comportamento nestes mesmos estatutos. A imposição pode ser feita por "órgãos institucionais" através de sua ação institucional específica, que de acordo com o estatuto é válida empiricamente em virtude do consenso (imposição autônoma), como no caso das leis de uma instituição autônoma referente àquilo que é o externo a ela (por exemplo, o "Estado"). Ou pode ter origem de maneira "heterônoma", estabelecida a partir de fora, como é o caso do agir em comunidade, dos membros de uma Igreja ou de uma comunidade, ou de qualquer outro tipo de associação, como uma associação política, por exemplo, sendo assim uma imposição à qual os membros se adaptam no seu agir em comunidade.

A imensa maioria de todos os estatutos, tanto das instituições como das associações, não tem como origem um "acordo" mas uma "imposição". Isto significa que estes estatutos foram estabelecidos por homens ou por grupos de homens que, de fato, por qualquer razão, tiveram influência sobre o agir em comunidade, e em base neste fato impuseram uma "expectativa de consenso". Este poder efetivo de imposição pode "ter validade" empírica de acordo com o consenso e recai em certos homens, seja pessoalmente, seja em homens que possuem certas características ou foram escolhidos de acordo com certas regras (por exemplo, através do voto). Estas pretensões e representações de uma imposição "válida", que valem de fato empiricamente, porque em média determinam de maneira suficiente a ação dos membros, podemos denominá-las de "constituição" da respectiva instituição. Ela consta em estatutos escritos racionais que se apresentam das mais variadas formas possíveis. Muitas vezes as questões mais importantes do ponto de vista prático não constam nela, embora às vezes constem, mas às vezes não constam intencionalmente — questões estas que não pretendemos discutir aqui de maneira mais detalhada. Interessa que os estatutos proporcionam apenas um saber inseguro sobre o poder de imposição, que vale empiricamente, e se baseia em última instância num "consenso" da respectiva associação. Em verdade, pois, o conteúdo decisivo daquele "consenso", que representa a "constituição" realmente válida no empírico, está constituído, em cada caso, pela possibilidade de ser um objeto de cálculo: a que homens, em que medida, e com respeito a que, se submeteriam praticamente por média, em definitivo, os indivíduos que participam na coação pensada, conforme com a interpretação habitual. Os fundadores de constituições que são racionais em relação ao fim podem, através destas, ligar a imposição de estatutos obrigatórios também, por exemplo, à aceitação da maioria dos membros, ou da maioria das pessoas que apresentam certas características ou sejam eleitos conforme determinadas regras. Mas no que se refere à maioria, naturalmente, continua sendo uma "imposição" como por exemplo a concepção, muito difundida entre nós na Idade Média e também no Mir russo predominando até os dias de hoje que um estatuto verdadeiramente "válido" exigiria (apesar de que já existia, por princípio, o princípio da maioria) a aceitação pessoal de todos aqueles que são por ele atingidos.

Na realidade, todo poder de imposição se baseia numa influência específica que em cada caso é mutável com referência ao seu alcance e à sua índole — ou seja da "dominação" — de homens concretos (profetas, reis, senhores patrimoniais, pais de família, anciãos, funcionários, chefes de partido e outras qualificações honoríficas, cujo caráter sociológico apresenta uma diversidade muito grande) sobre a ação em associação de outros. Esta influência baseia-se em motivos muito diversos nas suas características, entre os quais se encontra a possibilidade de que se aplique uma coação física ou psíquica de qualquer tipo que seja. Mas também aqui a ação por consenso orientada em vista de meras expectativas (em particular, o "temor" dos que devem obedecer) é apenas um caso e relativamente lábil. As possibilidades da validade empírica do consenso ficam também aqui iguais às demais circunstâncias, mas são tanto maiores quanto mais pode-se esperar que os indivíduos que obedecem o fazem, em média, porque consideram "obrigatória", também subjetivamente, a relação de dominação. Enquanto isto acontece em média ou aproximadamente, a "dominação" baseia-se no consenso da "legitimidade". A dominação como fundamento mais importante do agir em associação, cuja problemática começa exatamente agora, necessariamente é um objeto especial que, neste momento, não pretendemos examinar detalhadamente. Para a análise sociológica, realmente, interessam os diversos fundamentos possíveis daquele consenso de "legitimidade" que são subjetivamente providos de sentido, os quais determinam, de maneira fundamental, o seu caráter específico, exatamente na situação em que o mero temor de uma violência diretamente existente como ameaça condiciona a conformidade dos indivíduos. Porém não o podemos examinar de passagem, e por isso temos que desistir neste momento da tentativa de considerar mais profundamente as questões "autênticas" da teoria sociológica das associações e das instituições.

O caminho do desenvolvimento dos casos particulares — como já vimos anteriormente — leva continuamente de regulamentos racionais concretos conforme uma associação com certo fim à fundação de um agir por consenso mais "abrangente". Mas no todo, no decurso do desenvolvimento histórico que podemos abordar panoramicamente, temos que comprovar, não por certo a existência de uma "substituição" do agir por consenso pela associação, mas o estabelecimento de uma ordem racional em relação a fins cada vez mais ampla do agir por consenso, que é obtida mediante estatutos, e, em particular, uma crescente transformação das associações em instituições organizadas de maneira racional em relação a fins.

Mas na prática o que significa esta racionalização das ordens de uma comunidade? Para que um empregado de escritório ou mesmo o chefe de um escritório "conheça" as regras da contabilidade e oriente a sua ação através de uma aplicação correta delas — ou, em casos particulares, falsa em função de um erro ou de um engano — não é preciso, como é óbvio, que tenha presentes os princípios racionais por meios dos quais aquelas regras foram pensadas. Para que apliquemos corretamente a tabuada de Pitágoras não é necessário que tenhamos a intelecção racional das proposições de álgebra que, por exemplo, são o fundamento da máxima da subtração. Não é possível tirar 9 de 2 e vai um. "A validade" empírica da tabuada é um caso de "validade por consenso". Mas "consenso" (*Einverständnis*) e "compreensão" (*Verständnis*) não são idênticos. A tabuada nos foi imposta quando crianças da mesma maneira como é imposto um decreto racional a um súdito. E isso num sentido muito mais profundo, como algo totalmente incompreensível por nós em seus fundamentos e fins próprios, mas que, apesar disso, é obrigatoriamente "válido" o "consenso", portanto, é sobretudo a simples "conformidade" com o habitual porque é habitual. Mais ou menos sempre fica assim. Não por via de exames, mas através de contraprovas empíricas ensaiadas (impostas) verifica-se se alguém fez um cálculo "corretamente" conforme o consenso. Esta situação apresenta-se em todos os campos: assim quando nos servimos adequadamente de um bonde elétrico, de um elevador hidráulico ou de um fuzil sem conhecer alguma coisa sobre as regras da ciência natural em que se baseia a sua construção, com referência à qual inclusive o motorista de bonde e outro profissional qualquer não são devidamente familiarizados. Nenhum consumidor normal sabe hoje, nem sequer de modo aproximado, qual a técnica de produção dos bens do uso cotidiano, e a maioria desconhece também os materiais de que são feitos e as indústrias que os produzem. Somente lhes interessa as expectativas, que para eles têm grande importância prática, referente ao seu comportamento. Não é outra a situação no caso das instituições sociais, como, por exemplo, o dinheiro. Quem usa o dinheiro normalmente não sabe nada sobre as suas extraordinárias qualidades e mesmo os especialistas levantam grandes discussões a respeito. E algo semelhante ocorre com os regulamentos criados de maneira racional com relação a fins. Enquanto se discute a criação de uma nova "lei" ou de novo parágrafo dos "estatutos da associação", pelo menos as pessoas praticamente afetadas por eles costumam compreender de maneira global o "sentido" real do novo regulamento. Mas quando o sentido pensado ou imaginado originalmente pelos que os elaboraram já está "estabelecido", com maior ou menor uniformidade, pode ser esquecido e obscurecido tão completamente, através de mudanças de significado, que é mínima a fração dos juízes e advogados que compreendem de maneira global o "fim" para o qual aquelas normas jurídicas foram criadas, modificadas e são no momento impostas. Mas o público conhece o fato de "ela ser criada" e da sua "validade" empírica das normas jurídicas e, portanto, das "possibilidades" que são consequências delas somente numa medida absolutamente indispensável para evitar as contrariedades mais desagradáveis que possam resultar delas. Com a crescente complexidade dos regulamentos e a progressiva diferenciação da vida social, este fato se torna sempre mais universal. No melhor dos casos, quem conhece de maneira indubitável o sentido empírico válido daqueles regulamentos — isto é, as "expectativas" que provavelmente resultam deles "pela média" uma vez que foram criados e que agora são interpretados de maneira igual até certo grau e que são garantidos pelo aparato de coação — são precisamente aqueles que agem de maneira planejada contra o consenso, ou seja, os que propositadamente pretendem "infrigi-los" ou "evitá-los". Os regulamentos racionais de uma associação, tanto faz se se trata de uma instituição ou de uma associação propriamente dita, são, portanto, impostos ou "sugeridos" por parte de um primeiro grupo de pessoas, tendo em mente determinados fins que são, por sua vez, conhecidos de diversas maneiras. Por parte de um segundo grupo, ou seja, da parte dos "órgãos" da associação, eles são interpretados subjetivamente de maneira mais ou menos homogênea e executados efetivamente — mesmo que não haja necessariamente um conhecimento dos fins da sua criação. Um terceiro grupo os conhece subjetivamente com uma aproximação do tipo da execução corrente, na medida em que são absolutamente necessários para os seus fins particulares, e na medida em que os elegem em meio de orientação do seu agir (legal e ilegal) porque suscitam determinadas expectativas referentes ao comportamento de outros (tanto dos órgãos como também dos membros da respectiva "associação" ou "instituição"). Da parte de um quarto grupo, entretanto, e este grupo nada mais é do que a "massa", é ensinado "tradicionalmente" — no nosso modo de entender — um agir que corresponde, dentro de certas aproximações, ao sentido compreendido pela "média" das pessoas, e, na maioria das vezes, esse agir é mantido com total desconhecimento do fim, do sentido e até da existência daqueles regulamentos. A "validade" empírica de um regulamento "racional", precisamente, baseia-se, de acordo com o seu centro de gravidade, consequentemente de novo, no consenso na conformidade referente ao habitual, ao adquirido e ao que sempre se repete. Considerado na sua estrutura subjetiva, o comportamento apresenta, pelo menos, de maneira predominante, o tipo de um agir em massa que é mais ou menos uniforme, mas no qual está totalmente ausente toda e qualquer referência a um sentido. O progresso da diferenciação social e da racionalização, portanto, mas no que se refere ao resultado, significa, não sempre, pelo menos normalmente, um distanciar-se sempre maior, no conjunto, das pessoas que estão na prática envolvidas nas técnicas e nos regulamentos racionais da sua base, os quais, para eles, costumam permanecer tão ocultos como para os "selvagens" os procedimentos mágicos dos seus feiticeiros. Consequentemente, de maneira alguma esta racionalização leva a uma universalização do conhecimento sobre os condicionamentos e as conexões do agir em comunidade, mas, na maioria das vezes, ao contrário. O "selvagem" conhece infinitamente melhor as condições econômicas e sociais da sua própria existência do que o assim chamado "civilizado". E tampouco é certo que a ação dos "civilizados" procede, de maneira subjetiva, de modo inteiramente "racional com relação a fins". Mas, diferentemente, a situação é distinta de acordo com os setores da ação e como tal constitui um problema em si. No que diz respeito à situação do "civilizado", neste sentido, sua nota especificamente "racional" em oposição ao "selvagem" consiste, mais ou menos, no seguinte: 1) a fé geralmente admitida no fato de que as condições de sua vida cotidiana — bonde, elevador, dinheiro, tribunais, exercícios da medicina — são, por princípio, de natureza racional, isto é, artefatos humanos suscetíveis de conhecimento, criação e controle racionais, fato que tem algumas consequências importantes referentes ao caráter do "consenso", e 2) a confiança no fato de que elas funcionam racionalmente, isto quer dizer, de acordo com regras conhecidas e não irracionalmente, como é o caso das forças sobre as quais quer ter influência o selvagem através do seu feiticeiro, e no fato de que, pelo menos em princípio, é possível "contar" com estas regras, calcular o próprio comportamento e orientar a sua própria ação conforme certas expectativas que estão de acordo com elas. E aqui, exatamente, reside o interesse específico da "empresa" capitalista racional em possuir regulamentos "racionais", cujo funcionamento prático possa ser calculado no que diz respeito às suas possibilidades da mesma maneira como uma máquina. Mas este assunto será abordado em outra ocasião.

# IX

# Os três tipos puros de dominação legítima[1]

Legitimação da dominação; fundamentação da legitimidade, I. Dominação legal, II. Dominação tradicional, III. Dominação carismática.

A dominação, isto é, a probabilidade de encontrar obediência a uma determinada ordem, pode ter o seu fundamento em diversos motivos de submissão: pode ser determinada diretamente de uma constelação de interesses, ou seja, de considerações racionais de vantagens e desvantagens (referente a meios e fins) por parte daquele que obedece; mas também pode depender de um mero "costume", ou seja, do hábito cego de um comportamento inveterado; ou pode, finalmente, ter o seu fundamento no puro afeto, ou seja, na mera inclinação pessoal do dominado. Não obstante, podemos afirmar que uma dominação que repousasse apenas nesses fundamentos seria relativamente instável. Temos que ver que nas relações entre dominantes e dominados existe, costumeiramente, um apoio em bases jurídicas nas quais se fundamenta a sua "legitimidade", e o abalo na crença nesta legitimidade normalmente acarreta consequências de grande importância.

1. Trata-se de uma obra póstuma de Max Weber que foi publicada pela primeira vez por Marianne Weber nos *Preussischen Jahrbüchen*, tomo CLXXXVII, 1922, p. 1-12 com o subtítulo "Um estudo sociológico" (Anais da Prússia).

Em forma totalmente pura, as "bases de legitimidade" da dominação são apenas três, cada uma das quais se encontra entrelaçada — no tipo puro — com uma estrutura sociológica profundamente diversa dos quadros e dos meios da administração.

## I. Dominação legal

A dominação "legal" em virtude de ser "estatuto". O seu tipo mais puro é indiscutivelmente a dominação burocrática. A sua ideia básica é a seguinte: qualquer direito pode ser criado e modificado mediante um estatuto sancionado corretamente no que diz respeito à sua forma. A associação que domina é eleita ou nomeada, sendo ela própria e todas as suas partes algo como "empresas". Denomina-se "pessoal de serviço" uma empresa ou parte dela, heterônoma e heterocéfala (isto é, cujos regulamentos e órgãos executivos não são definidos apenas internamente, mas pela sua participação em uma associação mais ampla, portanto, não-autônoma e nem autocéfala). O quadro administrativo consiste em funcionários nomeados pelo dono, e os subordinados são membros da associação ("cidadãos", "camaradas").

Obedece-se à pessoa não em virtude do seu direito próprio, mas à regra estatuída, que estabelece ao mesmo tempo quem e em que medida se deve obedecer. Aquele que manda também obedece a uma regra no momento em que emite uma ordem: obedece à "lei" ou a um "regulamento" de uma norma formalmente abstrata. O tipo daquele que manda é o "superior", cujo direito de mando está legitimado pelas regras estatuídas no âmbito de uma competência concreta cuja legitimação e especialização se baseiam na utilidade objetiva e nas exigências profissionais estipuladas para a atividade do funcionário. O tipo do funcionário é aquele de formação profissional específica, cujas condições de serviço se baseiam num contrato, com um pagamento fixo, graduado conforme a hierarquia do cargo e não conforme o volume de trabalho e direito de ascensão profissional de acordo com regras fixas. Sua administração é trabalho profissional em virtude do dever objetivo do cargo. O seu ideal é o seguinte: proceder *sine ira et studio*, ou seja, sem a menor influência possível de motivos pessoais e sem a influência de sentimentos de qualquer espécie que sejam, portanto, livre de arbítrio e capricho, e, particularmente, "sem consideração à pessoa"; portanto, de maneira estritamente formal segundo regras racionais ou, no caso em que elas falham, segundo pontos de vista de conveniência "objetiva". O dever de obediência está graduado numa hierarquia de cargos, com subordinação dos inferiores aos superiores, e prevê um direito de queixa que é regulamentado. A base do funcionamento técnico é a disciplina.

1. Correspondem naturalmente ao tipo da dominação legal não apenas a estrutura moderna do Estado e do Município, mas também a relação de domínio numa empresa capitalista privada, numa associação com fins utilitários, ou numa união de qualquer outra natureza que disponha de um quadro administrativo numeroso e hierarquicamente articulado. As associações políticas modernas constituem os representantes mais conspícuos do tipo. Sem dúvida, a dominação da empresa capitalista moderna é em parte heterônoma: o seu funcionamento se acha parcialmente prescrito pelo Estado. E, no que diz respeito ao quadro coercitivo, é totalmente heterocéfala: são os quadros judicial e policial estatais que (normalmente) executam estas funções. Mas é autocéfala no que diz respeito à organização administrativa, cada vez mais burocrática, que lhe é própria. O fato de o ingresso na associação de domínio ter-se dado de modo formalmente voluntário nada muda no caráter do domínio, posto que a exoneração e a renúncia são igualmente "livres", fato que, normalmente, submete os dominados às normas da empresa, devido às condições do mercado de trabalho. O parentesco sociológico da dominação legal com o moderno domínio estatal manifestar-se-á ainda mais claramente ao se examinarem os seus fundamentos econômicos. A "vigência" do contrato como base da empresa capitalista impõe-lhe o timbre de um tipo eminente da relação de dominação legal.

2. A burocracia constitui o tipo tecnicamente mais puro da dominação legal. Nenhuma dominação, todavia, é exclusivamente burocrática, já que nenhuma é exercida unicamente por funcionários contratados. Isso é totalmente impossível. Com efeito, os cargos mais altos das associações políticas ou são "monarcas" (soberanos hereditariamente soberanos carismáticos hereditários) ou "presidentes" eleitos pelo povo (ou

seja, senhores carismático-plebiscitários) ou eleitos por um colegiado parlamentar cujos senhores de fato não são propriamente os seus membros, mas os chefes, sejam carismáticos, sejam dignitários (*honorationes*) dos partidos majoritários. Tampouco é possível encontrar um quadro administrativo que seja de fato puramente burocrático. Costumam participar na administração, sob as formas mais diversas, dignitários (*honorationes*) de um lado e representantes de interesses por outro (sobretudo na chamada administração autônoma). É decisivo todavia que o trabalho rotineiro esteja entregue, de maneira predominante e progressiva, ao elemento burocrático. Toda a história do desenvolvimento do Estado moderno, particularmente, identifica-se com a da moderna burocracia e da empresa burocrática, da mesma forma que toda a evolução do grande capitalismo moderno se identifica com a burocratização crescente das empresas econômicas. As formas de dominação burocrática estão em ascensão em todas as partes.

3. A burocracia não é o único tipo de dominação legal. Os funcionários designados por turno, por sorte ou por eleição, a administração pelos parlamentos e pelos comitês, assim como todas as modalidades de corpos colegiados de governo e administração correspondem a esse conceito, sempre que sua competência esteja fundada sobre regras estatuídas e que o exercício do direito de domínio seja congruente com o tipo de administração legal. Na época da fundação do Estado moderno, as corporações colegiadas contribuíram de maneira decisiva para o desenvolvimento da forma de dominação legal, e o conceito de "serviços", em particular, deve-lhes a sua existência. Por outro lado, a burocracia eletiva desempenha papel importante na história anterior à da administração burocrática moderna (e também hoje nas democracias).

## II. Dominação tradicional

A dominação "tradicional" é a que existe em virtude de crença na santidade das ordenações e dos poderes senhoriais de há muito tempo existentes. O seu tipo mais puro é o da dominação patriarcal. A associação de domínio é de caráter comunitário. O tipo daquele que manda é o "senhor", e os que obedecem são os "súditos". Obedece-se à pessoa em virtude de sua dignidade própria, santificada pela tradição: por fidelidade. O conteúdo das ordens está fixado pela tradição, cuja violação por parte do senhor poria em perigo a legitimidade do seu próprio domínio, que repousa exclusivamente na santidade delas. Em princípio, considera-se impossível criar novo direito diante das normas e da tradição. Consequentemente, isso se dá, de fato, através do "reconhecimento" de um estatuto "válido desde sempre" (por "sabedoria"). Por outro lado, fora das normas tradicionais, a vontade de senhor somente se acha fixada pelos limites que em cada caso lhe põe o sentimento de equidade, ou seja, de forma sumamente elástica. Daí a divisão do seu domínio em uma área estritamente firmada pela tradição e em outra, da graça e do arbítrio livres, onde age conforme seu prazer, sua simpatia ou sua antipatia, e de acordo com pontos de vista puramente pessoais, sobretudo suscetível de se deixarem influenciar por preferências também pessoais. Não obstante, na medida em que na base da administração e da composição dos litígios existem princípios, estes são os da equidade ética material, da justiça ou da utilidade prática, mas não os de caráter formal, como, por exemplo, na dominação legal. No quadro administrativo, as coisas ocorrem exatamente da mesma forma. Ela consta de dependentes pessoais do "senhor" (familiares ou funcionários domésticos), de parentes, de amigos pessoais (favoritos), ou de pessoas que lhe estejam ligadas por um vínculo de fidelidade (vassalos, príncipes tributários). Falta aqui o conceito burocrático de "competência" como esfera de jurisdição objetivamente delimitada. A extensão do poder "legítimo" de mando do servidor particular é em cada caso regulada pela discrição do senhor, da qual ele também é completamente dependente no exercício deste poder nos cargos mais importantes ou mais altos. De fato, rege-se em grande parte pelo que os servidores podem se permitir perante a docilidade dos súditos. O que domina as relações do quadro administrativo não é o dever ou a disciplina objetivamente ligados ao cargo, mas a fidelidade pessoal do servidor.

Conforme a modalidade de posição desse quadro administrativo é possível observar, contudo, duas formas distintas em suas características:

1. A estrutura totalmente patriarcal de administração: os servidores são recrutados em completa dependência pessoal do senhor, seja sob a forma puramente patrimonial (escravos, servos, eunucos etc.), ou extra-

patrimonial, de camadas não totalmente desprovidas de direitos (favoritos, plebeus). A sua administração é totalmente heterônoma e heterocéfala: não existe direito próprio algum do administrador sobre o cargo, mas tampouco existe seleção profissional nem honra estamental para o funcionário; os meios materiais da administração são aplicados em nome do senhor e por sua conta. Sendo o quadro administrativo inteiramente dependente dele, não há nenhuma garantia contra o seu arbítrio, cuja extensão possível é, em consequência disso, maior aqui do que em qualquer outra parte. O tipo mais puro dessa dominação é o sultanato. Todos os verdadeiros "despotismos" tiveram esse caráter, segundo o qual o domínio é tratado como um direito corrente do exercício do senhor.

2. A estrutura estamental: os servidores não são pessoalmente do senhor, e sim pessoas independentes, de posição própria, que angariam proeminência social. Eles estão investidos em seu cargos (de modo efetivo ou conforme a ficção de legitimidade) por privilégio ou concessão do senhor, ou possuem, em virtude de um negócio jurídico (compra, penhora ou arrendamento) um direito próprio ao cargo, do qual não se pode despojá-los arbitrariamente. Assim, a sua administração, ainda que limitada, é autocéfala e autônoma, exercendo-se por conta própria e não por causa do senhor. É a dominação estamental. A competição dos titulares dos cargos em relação ao âmbito dos mesmos (e de suas rendas) determina a delimitação recíproca dos seus conteúdos administrativos e figura no lugar da "competência". A articulação hierárquica é frequentemente ferida pelo privilégio, falta à disciplina o conceito de disciplina. As relações sociais e gerais são reguladas pela tradição, pelo privilégio, pelas relações de fidelidade feudais ou "patrimoniais", pela honra estamental e pela "boa vontade". O poder senhorial acha-se, pois, repartido entre o senhor e o quadro administrativo com título de propriedade e de privilégio, e esta divisão de poderes estamental imprime um caráter altamente estereotipado ao tipo de administração.

A dominação patriarcal (do pai de família, do chefe da parentela ou do "soberano") não é senão o tipo mais puro da dominação tradicional. Toda sorte de chefe que assume a autoridade legítima com um êxito que deriva simplesmente do hábito inveterado pertence à mesma categoria, ainda que não apresente uma caracterização tão clara. A fidelidade inculcada pela educação e pelo hábito nas relações da criança com o chefe da família constitui o contraste mais típico com a posição do trabalhador ligado por contrato a uma empresa, de um lado, e com a relação religiosa emocional do membro de um comunidade com relação a um profeta, de outro. E, efetivamente, a associação doméstica constitui uma célula reprodutora das relações tradicionais de domínio. Os "funcionários" típicos do Estado patrimonial e feudal são empregados domésticos inicialmente encarregados de tarefas afetas puramente à administração doméstica (senescal, camareiro, escanção, mordomo).

A coexistência da esfera de atividade ligada estritamente à tradição com a da atividade livre é comum a todas as formas de dominação tradicional. No âmbito desta esfera livre a ação do senhor ou do seu quadro administrativo tem que ser comprada ou conquistada por meio de relações pessoais. O sistema de taxas tem aí uma das suas origens. A falta de direito formal, que é de importância decisiva, e sua substituição pelo predomínio de princípios materiais (em contraste com os princípios formais) na administração e na conciliação de litígios, é também comum a todas as formas de dominação tradicional e tem consequências de amplo alcance, em particular no que diz respeito à relação com a economia. O patriarca, assim como o senhor patrimonial, rege e decide segundo princípios da "justiça de Cadi" (islâmico), ou seja, por um lado, preso estritamente à tradição, mas por outro, e na medida em que esse vínculo deixa alguma liberdade, segundo pontos de vista juridicamente informais e irracionais de equidade e justiça em cada caso particular, e "com consideração da pessoa". Todas as codificações e leis da dominação patrimonial respiram o espírito do chamado "Estado-Providência": predomina uma combinação de princípios ético-sociais e utilitário-sociais que rompe toda rigidez jurídica formal.

A separação entre as estruturas patriarcal e estamental da dominação tradicional é básica para toda sociologia do Estado da época pré-burocrática. Sem dúvida, o contraste somente se torna totalmente compreensível quando associado ao seu aspecto econômico, de que se falará mais adiante: separação do quadro administrativo com relação aos meios materiais de administração, ou apropriação desses meios por aqueles quadros. Toda a questão sobre a existência de "estamentos" que tenham sido portadores de bens culturais ideais e sobre quais tenha sido depende historicamente, em primeiro lugar, dessa separação. A administração por meio de elementos patrimoniais dependentes (escravos, servos) tal como é encontrada no Oriente Médio e no Egito, até à época dos mamelucos, constitui o tipo mais extremo e aparentemente (nem sempre na realidade) mais consequente do domínio puramente patriarcal, absolutamente desprovido de estamentos. A administração por meio de plebeus livres situa-se próximo do sistema burocrático racional. A administração por meio de letrados pode se revestir, segundo o caráter deles (contraste típico: brâmanes hindus de um lado e mandarins chineses de outro, e, em confronto com ambos, clérigos budistas e cristãos), de formas muito diferentes, aproximando-se sempre, porém, do tipo estamental. Este é representado na sua forma mais nítida na administração pela nobreza e, na sua modalidade mais pura, pelo feudalismo, que coloca a relação de lealdade totalmente pessoal e o apelo à honra estamental do cavaleiro investido no cargo no lugar da obrigação objetiva racional devida ao próprio cargo.

Toda forma de dominação estamental baseada numa apropriação mais ou menos fixa do poder de administração encontra-se, relativamente ao patriarcalismo, mais próxima da dominação legal, pois se reveste, em virtude das garantias que cercam as competências dos privilegiados, de um "fundamento jurídico" de tipo especial (consequência da "divisão de poderes" estamental), que falta às configurações de caráter patriarcal, com suas administrações totalmente dependentes do arbítrio do senhor. Por outro lado, porém, a disciplina rígida e a falta de direito próprio do quadro administrativo do patriarcalismo situam-se tecnicamente mais próximas da disciplina do cargo da dominação legal do que a administração fragmentada pela apropriação e, por conseguinte, estereotipada das configurações estamentais. O emprego de plebeus (juristas) a serviço do senhor, na Europa, praticamente constituiu o elemento precursor do Estado moderno.

## III. Dominação carismática

Dominação "carismática" em virtude de devoção afetiva à pessoa do senhor e a seus dotes sobrenaturais (carisma) e, particularmente, a faculdades mágicas, revelações ou heroísmo, poder intelectual ou de oratória; o sempre novo, o extracotidiano, o inaudito e o arrebatamento emotivo que provocam constituem aqui a fonte da devoção pessoal. Seus tipos mais puros são a dominação do profeta, do herói guerreiro e do grande demagogo. A associação dominante é de caráter comunitário, na comunidade e no obséquio — "séquito". O tipo que manda é o líder. O tipo que obedece é o "apóstolo". Obedece-se exclusivamente à pessoa do líder devido às suas qualidades excepcionais e não em virtude de uma posição estatuída ou de uma dignidade tradicional; portanto, também somente enquanto essas qualidades lhe são atribuídas, ou seja, enquanto seu carisma subsiste. Por outro lado, quando é "abandonado" pelo seu deus ou quando decai a sua força heroica ou a fé dos que creem em suas qualidades de líder, então seu domínio também se torna caduco. O quadro administrativo é escolhido segundo carisma e vocação pessoais, não devido à qualificação profissional (como o funcionário), à posição (como no quadro administrativo estamental) ou à dependência pessoal, de caráter doméstico ou outro (como é o caso do quadro administrativo patriarcal). Falta aqui o conceito racional de "competência", assim como o estamental de "privilégio". A missão do senhor e sua qualificação carismática pessoal são exclusivamente determinantes da extensão da legitimidade do sequaz designado ou do apóstolo. A administração — na medida em que assim se possa dizer — carece de qualquer orientação dada por regras, sejam elas estatuídas ou tradicionais. São características dela, sobretudo, a revelação ou a criação momentânea, a ação e o exemplo, as decisões particulares, ou seja, em qualquer caso — medido com a escala das ordenações estatuídas — o irracional. Não está presa à tradição: "está escrito, porém, eu lhes digo..." vale para o profeta, enquanto para o herói guerreiro da espada, e para o demagogo, em virtude do "direito natural" revolucionário que ele proclama e sugere. A forma genuína da jurisdição e a conciliação de litígios carismáticos é a proclamação da sentença pelo senhor ou pelo "sábio" e sua aceitação pela comunidade (de defesa ou de crença); esta sentença é obrigatória sempre que não se lhe oponha outra corrente, de caráter também carismático. Neste caso, encontramo-nos diante de uma luta de líderes, que, em última instância, só pode ser resolvida pela confiança da comunidade e na qual o direito somente pode estar de um dos lados, ao passo que para o outro somente pode existir injustiça merecedora de castigo.

1) O tipo de dominação carismática foi brilhantemente descrito pela primeira vez, ainda que sem apreciá-la como tipo, por R. Sohm em sua obra sobre *O direito eclesiástico para a antiga comunidade cristã*. A partir de então, a expressão foi sendo reiteradamente utilizada, sem que sua extensão, porém, fosse apreciada por completo. O passado remoto somente conhece, ao lado de tentativas insignificantes de domínio "estatuído", que sem dúvida não estão totalmente ausentes, a divisão do conjunto de todas as relações de dominação em tradição e carisma. Ao lado do "chefe econômico" (*sachem*) dos índios (norte-americanos), tipo essencialmente tradicional, figura o príncipe guerreiro carismático (que corresponde ao "duque" alemão) com seu séquito. As caças e as campanhas bélicas, que requerem ambas um líder pessoal dotado de qualidades excepcionais, constituem a área mundana da liderança carismática, enquanto que a magia constitui o seu âmbito "espiritual". A partir de então, a dominação carismática dos profetas e dos príncipes guerreiros estende-se sobre os homens, em todas as épocas, através dos séculos. O político carismático — o "demagogo" — é um produto da cidade-estado ocidental; na cidade-estado de Jerusalém somente aparecia com vestimenta religiosa, como profeta. Já em Atenas, a partir das inovações de Péricles e Efialtes (na reforma constitucional democrática de 462 antes de Cristo), a Constituição ajustava-se exatamente à sua medida e máquina estatal não teria podido funcionar sem ele.

2) A autoridade carismática baseia-se na "crença" no profeta ou no "reconhecimento" que pessoalmente o herói guerreiro, o herói da rua e o demagogo encontram, e com eles cai. E, todavia, sua autoridade não deriva de forma alguma desse reconhecimento por parte dos submetidos mas, ao contrário, a fé e o reconhecimento são considerados um dever cujo cumprimento aquele que se apoia na legitimidade carismática exige para si, e cuja negligência é passível de castigo. Sem dúvida, a autoridade carismática é uma das grandes forças revolucionárias da História, porém em sua forma totalmente pura tem caráter eminentemente autoritário e dominador.

3) É evidente que a expressão "carismática" é empregada aqui num sentido plenamente livre de "juízos de valor". Para o sociólogo, a cólera maníaca do "homem-fera" (*berserker*) nórdico, os milagres e as revelações de qualquer profeta de esquina, ou os dotes demagógicos de Cleonte

(líder da facção oposicionista do partido democrático contra Péricles em Atenas, de 431 a 422 antes de Cristo) são "carisma" com o mesmo título que as qualidades de um Napoleão, de um Jesus ou de um Péricles. Porque para nós o decisivo é se foram considerados ou se atuaram como tal, vale dizer, se encontraram ou não reconhecimento. O pressuposto indispensável para isso é "fazer-se acreditar": o senhor carismático tem de se fazer acreditar como senhor "pela graça de Deus", por meio de milagres, êxitos e prosperidade do séquito e dos súditos. Se lhe falha o êxito, seu domínio oscila. Esse conceito carismático da graça divina teve consequências decisivas onde vigorou. O monarca chinês via-se ameaçado em sua posição tão logo a seca, inundações, perda de colheitas ou outras calamidades punham em tela de juízo se estava ou não sob a proteção do céu. Tinha de proceder à autoacusação pública e de praticar penitência e, se a calamidade persistia, ameaçavam-no de queda do trono e ainda eventualmente de sacrifício. O fazer-se acreditar por meio de milagres era exigido de todo profeta (como ainda fizeram com Lutero os fanáticos de Zwickau).

A subsistência da grande maioria das relações de domínio de caráter fundamental legal repousa, na medida em que contribui para sua estabilidade, na crença na legitimidade sobre bases mistas: o hábito tradicional e o "prestígio" (carisma) figuram ao lado da crença — igualmente inveterada, no final das contas — na importância da legitimidade formal. A comoção de uma dessas bases por exigências postas aos súditos de forma contrária à ditada pela tradição, por uma adversidade aniquiladora do prestígio ou por violação da correta forma legal usual, abala igualmente a crença na legitimidade. Contudo, para a subsistência continuada da submissão efetiva dos dominados, em todas as relações de domínio é de suma importância o fato primordial da existência do quadro administrativo e de sua atuação ininterrupta no sentido de executar as ordenações e de assegurar (direta ou indiretamente) a submissão a elas. A segurança dessa ação realizadora do domínio é o que se designa "organização". E para a lealdade do quadro administrativo perante o senhor, tão importante segundo o que se acaba de ver, é por sua vez decisiva a solidariedade — tanto ideal quanto material — de interesses com relação a ele. No que diz respeito às relações do senhor com o quadro administrativo, normalmente o senhor, em virtude do isolamento dos membros desse quadro e da solidariedade de cada um deles para com ele mesmo, é o mais forte diante de cada indivíduo renitente, porém é em todo caso o mais fraco, se estes — como tem ocorrido ocasionalmente, tanto no passado quanto no presente — se associam entre si. Requer-se, todavia, um acordo cuidadosamente planejado entre os membros do quadro administrativo para bloquear, por meio da obstrução ou da reação deliberada, a influência do senhor sobre a sua associação e, por essas vias, paralisar o seu domínio. E isso requer, da mesma forma, a criação de um quadro administrativo próprio.

4) A dominação carismática é uma relação social especificamente extracotidiana e puramente pessoal. E, no caso de subsistência continuada, o mais tardar com o desaparecimento do portador do carisma, a relação do domínio — quando não se extingue de imediato mas subsiste de alguma forma, passando a autoridade do senhor a seus sucessores — tende a se tornar rotineira, cotidiana. Isso pode ocorrer: 1. Por conversão das ordenações carismáticas para o tipo tradicional. No lugar da reiterada recriação carismática na jurisprudência e na ordem administrativa pelo portador do carisma, ou pelo quadro administrativo carismaticamente qualificado, introduz-se a autoridade dos prejuízos e dos procedentes, que os protegem ou lhes são atribuídos. 2. Pela passagem do quadro administrativo carismático, isto é, do apostolado ou do séquito, a um quadro legal ou estamental mediante assunção de direitos de dominação interna ou apropriados por privilégio (feudos, prebendas). 3. Por transformação do sentido do próprio carisma. É determinante para isso o tipo de solução da palpitante questão, tanto por motivos ideais como materiais (sobremaneira frequentes), do problema da sucessão.

A sucessão pode processar-se de diversas maneiras. A mera espera passiva do aparecimento de um novo senhor carismaticamente creditado ou qualificado costuma ser substituída — sobretudo quando se prolonga e interesses poderosos de qualquer natureza se acham ligados à subsistência da associação dominante — pela atuação direta, tendo em vista a sua obtenção:

a. pela busca de indícios da qualificação carismática. Um tipo bastante puro é o da busca de um novo Dalai Lama (no Tibete). O caráter estritamente pessoal e extraordinário do carisma converte-se assim num atributo suscetível de verificação conforme regras;

b. por meio do oráculo, da sorte ou de outras técnicas de designação. A crença na pessoa do qualificado converte-se assim em crença na técnica correspondente;

c. por designação do qualificado carismaticamente, que por sua vez pode ocorrer de vários modos:

1) Pelo próprio portador do carisma. É a designação do sucessor, forma muito frequente, tanto entre os profetas como entre os príncipes guerreiros. A crença na legitimidade própria do carisma converte-se assim na crença na aquisição legítima do domínio em virtude de designação jurídica ou divina.

2) Por um apostolado ou um séquito carismaticamente qualificados, ao qual se soma o reconhecimento pela comunidade religiosa ou militar, conforme o caso. A concepção deste procedimento como direito de "eleição" ou de "pré-eleição" é secundária. Este conceito moderno deve ser inteiramente descartado. Com efeito, de acordo com a ideia originária, não se trata de uma "votação" referente a candidatos elegíveis entre os quais se dê uma eleição livre, mas da comprovação e do reconhecimento certo daquele qualificado carismaticamente e chamado a assumir a sucessão. Uma "eleição" errônea constituiria, por conseguinte, uma injustiça a ser expiada. O postulado propriamente dito comportava erro de debilidade. Em todo o caso, a crença já não era diretamente na pessoa como tal, mas no "senhor" correta e validamente "designado" (e eventualmente entronizado) ou instaurado de alguma outra forma de poder, como um objeto de posse.

3) Por "carisma hereditário", na ideia de que a qualificação carismática está no sangue. O pensamento em si, obviamente, é primeiro o de um direito "de sucessão" no domínio. Este pensamento somente se impôs no Ocidente na Idade Média. Frequentemente o carisma está ligado à família e o novo portador efetivo tem, primeiro, de ser determinado especialmente, segundo uma das regras e dos métodos mencionados nos números 1 a 3. Onde quer que existam regras fixas com relação à pessoa, estas não são uniformes. Somente no Ocidente Medieval e no Japão foi imposto sem exceção e de modo unívoco o "direito hereditário da primogenitura", com considerável esforço da dominação correspondente, já que todas as outras formas ou as demais formas à pretensão do domínio é neste caso inteiramente independente das qualidades pessoais.

4) Por objetivação ritual do carisma, ou seja, na crença de que se trata de uma qualidade mágica transferível ou susceptível de ser produzida mediante uma determinada espécie de hierurgia (ação sacerdotal: unção, imposição de mãos ou outras ações sacramentais). Então, a crença já não está ligada à pessoa do portador do carisma — de cujas qualidades a pretensão de domínio é antes absolutamente independente, como aparece de forma especialmente clara no princípio católico do "caráter indelével" do sacerdote — mas à eficácia do ato sacramental em questão.

5) O princípio carismático de legitimidade, interpretado conforme seu significado primário em sentido autoritário, pode ser reinterpretado de forma antiautoritária. A validade efetiva da dominação carismática baseia-se no reconhecimento da pessoa concreta como carismaticamente qualificada e acreditada por parte dos súditos. Conforme a concepção genuína do carisma, este reconhecimento é devido ao pretendente legítimo, enquanto qualificado. Esta relação, todavia, pode facilmente ser interpretada, por desvio, no sentido de um reconhecimento livre por fundamento (legitimidade democrática). Nestas condições, o reconhecimento converte-se em "eleição", e o senhor, legitimado em virtude do seu próprio carisma, converte-se em detentor de poder por graça dos súditos e em virtude de mandato. Tanto a designação pelo séquito, como a aclamação pela comunidade (militar ou religiosa), ou o plebiscito adotaram frequentemente na História o caráter de uma eleição efetuada por votação, convertendo deste modo o senhor, escolhido em virtude de suas pretensões carismáticas, num funcionário eleito pelos súditos conforme sua vontade livre.

E de forma análoga converte-se facilmente o princípio carismático, segundo o qual uma ordem jurídica carismática deve ser anunciada à comunidade (de defesa ou religiosa) e ser reconhecida por esta, de modo que a possibilidade de que concorram ordens diversas e opostas possa ser decidida por meios carismáticos e, em última instância, pela adesão da comunidade à ordenação correta, na representação — legal — segundo a qual os súditos decidem livremente mediante manifestação da sua vontade sobre o direito que prevalecerá, sendo o cômputo das vozes o meio legítimo para isso (princípio majoritário).

A diferença entre um líder eleito e um funcionário eleito já não passa, nessas condições, do sentido que o próprio eleito dê a sua atitude e — conforme com as suas qualidades pessoais — tenha condições para imprimir ao quadro administrativo e aos súditos. O funcionário comportar-se-á em tudo como mandatário do seu senhor — aqui, pois, dos eleitores — e o líder, diversamente, agirá como responsável exclusivamente perante si próprio. Ou seja, enquanto aspire com êxito à confiança daqueles, agirá estritamente segundo seu próprio arbítrio (democracia de caudilho) e não como funcionário, consoante a vontade, expressa ou suposta (num "mandato imperativo") dos eleitores.

# X

# O sentido da "neutralidade axiológica" nas ciências sociais e econômicas[1] — 1917

I. Avaliações práticas no ensino acadêmico. Formação profissional e avaliação feita pela cátedra; II. Separação fundamental entre o conhecimento de natureza puramente lógica e empírica e a avaliação valorativa: problemáticas heterogêneas. O conceito de "juízo de valor"; A crítica referente à separação entre "meios" e "fins". Esferas heteronômicas de validade dos imperativos práticos e de constatações factuais de caráter empírico. Normas éticas e ideais culturais: "limites da ética". Tensões entre a ética e outras maneiras "valorativas". A luta entre "éticas", a verdade da experiência, teoria de valor e de visão pessoal. Discussão de valores e interpretações de valores. "Tendência de evolução" e "adaptação". O conceito de "progresso". Progresso racional. O lugar do "normativo" nas disciplinas empíricas.

1. Devo lembrar o que foi dito em ensaios anteriores (os defeitos de certas formulações não afetam os pontos essenciais) e, no que diz respeito ao "caráter inconciliável" de certas posturas axiológicas últimas, quero mencionar o livro de G. Radbruch, *Einführung in die Rechtswissenschaft*. 2. ed., 1913 (Introdução à jurisprudência). Discordo com ele em alguns pontos, o que, entretanto, não tem importância para o problema aqui discutido.

# I. Avaliações práticas no ensino acadêmico

Neste texto, quando utilizarmos o termo "avaliação", seu sentido será, sempre que nada mais esteja implícito ou expressamente afirmado, o de juízos de valor práticos quanto ao caráter insatisfatório ou satisfatório de fenômenos sujeitos a nossa influência. O problema envolvido em estar determinada disciplina "livre" de avaliações dessa espécie, isto é, a validade e o significado desse princípio lógico, de modo algum é idêntico à questão que será em breve discutida, ou seja, se, na atividade docente, deve-se ou não declarar sua aceitação de avaliações práticas, independente de se fundamentarem elas em princípios éticos, ideais culturais ou pontos de vista filosóficos. Esta questão não pode ser proposta cientificamente. Ela é em si, inteiramente, uma questão de avaliação prática e, por isso, não pode ser definitivamente resolvida. Com referência a esse tema, defendem-se opiniões extremamente diversas, das quais mencionaremos apenas os dois extremos. Em um dos polos encontra-se (a) o ponto de vista de que é válido distinguir entre, por um lado, afirmações dedutíveis de maneira puramente lógica e afirmações puramente empíricas e, por outro, avaliações práticas, éticas ou filosóficas, mas que, não obstante — ou talvez por isso mesmo —, essas duas classes de problemas são, adequadamente, de competência da universidade. No outro polo, encontra-se (b) a proposição de que, mesmo quando a distinção não pode ser feita de maneira logicamente completa, é não obstante desejável que a declaração de avaliações práticas deveria ser evitada o quanto possível na atividade docente.

Este segundo ponto de vista parece-me ser insustentável. Especialmente insustentável é a distinção, muito frequentemente feita em nossa área, entre avaliações vinculadas a posições de "partidos políticos" e outros tipos de avaliação. Não se pode fazer essa distinção de maneira sensata: ela encobre as implicações práticas das avaliações que são expostas ao público. Uma vez que se admita a declaração de avaliações em preleções na universidade, a alegação de que o professor universitário deveria ser totalmente destituído de "paixão" e de que deveria evitar todos os assuntos que ameaçassem introduzir emoção nas controvérsias é uma opinião estreita e burocrática que todo professor de espírito independente deve repudiar.

Dos acadêmicos que julgavam não dever renunciar à declaração de avaliações práticas em discussões empíricas, os mais apaixonados — como Treitschke e, a seu modo, Mommsen — eram os mais satisfatórios. Em consequência de seu tom intensamente emocional, os que os ouviam tinham condições de não levar em conta a influência de suas avaliações em qualquer distorção dos fatos que ocorresse. Assim, o público fazia por si próprio o que os expositores não podiam fazer devido a seu temperamento. O efeito sobre a mente dos estudantes devia produzir a mesma profundidade de sentimento moral que, em minha opinião, querem assegurar os que propõem a declaração de avaliações práticas no ensino — porém, sem que o público fique confuso quanto à distinção lógica entre os diversos tipos de proposição. Esta confusão ocorrerá, necessariamente, sempre que a exposição dos fatos empíricos e a exortação a que se adote determinado ponto de vista avaliativo sobre temas importantes se façam com o mesmo tom de fria imparcialidade.

O primeiro ponto de vista (a) é aceitável, e pode ser de fato aceitável da perspectiva dos que o propõem, apenas quando o professor veja como dever incondicional seu — em cada caso individual, até mesmo ao ponto de implicar o perigo de tornar sua preleção menos estimulante — tornar absolutamente claro para seu público, e especialmente para si próprio, quais de suas afirmações são fatos logicamente dedutíveis ou empiricamente observados, e quais são afirmações de avaliação prática. Quando se tenha admitido a disjunção entre essas duas esferas, parece-me que fazê-lo é uma exigência imperativa de honestidade intelectual. É, neste caso, o requisito absolutamente mínimo.

Por outro lado, a questão de se dever, em geral, declarar avaliações práticas na atividade docente, ainda que com essa reserva, é uma questão de política universitária prática. Por causa disso, em última análise, deve-se decidir com referência apenas àquelas tarefas que o indivíduo, segundo seu próprio quadro de valores, atribui às universidades. Aqueles que, com base em suas qualificações como professores universitários, atribuem às universidades, e desse modo a si mesmos, o papel universal de formação do caráter, de inculcação de crenças políticas, éticas, estéticas, culturais ou de outras crenças, assumirão posição diversa das dos que julgam necessário afirmar a proposição, e suas implicações, de que o ensino universitário somente alcança resultados realmente valiosos mediante formação especializada dada por pessoas especialmente qualificadas. Daí ser a "integridade intelectual" a única virtude específica que as universidades deveriam procurar inculcar. O primeiro ponto de vista pode ser defendido a partir de tantas diversas posições avaliativas finais quanto o segundo. O segundo — de que sou pessoalmente adepto — pode provir de uma apreciação a mais entusiástica, bem como de uma apreciação inteiramente moderada, do significado de "formação especializada". Para defender essa posição, não é preciso ter a opinião de que todos deveriam tornar-se, o quanto possível, um "especialista" puro. Ao contrário, pode-se adotá-la por não se desejar ver as decisões pessoais mais profundas e essenciais que alguém deva tomar, relativamente à própria vida, serem tratadas exatamente como se fossem a mesma coisa que uma formação especializada. Pode-se assumir essa posição, por mais elevado que seja o julgamento que se faça do significado da formação especializada, não só em prol da formação intelectual geral mas, indiretamente, também em prol da autodisciplina e da atitude ética do jovem. Outra razão para assumir essa posição é não se desejar ver o estudante tão influenciado pelas sugestões do professor, a ponto de ser impedido de resolver os próprios problemas de conformidade com os ditames de sua consciência.

A tendência favorável do professor von Schmoller a que o professor declare as próprias avaliações na sala de aula é, para mim, perfeitamente compreensível como repercussão de uma época grandiosa que ele e seus amigos contribuíram para criar. Nem mesmo ele, porém, pode negar o fato de que, para a geração mais jovem, a situação objetiva modificou-se consideravelmente sob um aspecto importante. Há quarenta anos atrás, havia, entre os especialistas atuantes em nossa disciplina, a crença muito difundida de que, dos diversos pontos de vista possíveis no domínio das avaliações prático-políticas, apenas um era, essencialmente, o único eticamente correto. (O próprio Schmoller só assumiu essa posição até certo ponto.) Hoje em dia, já não é isso que sucede entre os que propõem a declaração das avaliações dos professores — como se pode observar imediatamente. Já não se defende mais a legitimidade da declaração de avaliação do professor em nome de um imperativo ético alicerçado num postulado de justiça, relativamente simples, que, não apenas em suas bases últimas, como também em suas consequências, em parte era e em parte parecia ser relativamente inequívoco e, sobretudo, relativamente impessoal, em consequência de seu caráter especificamente transpessoal. Além disso, como resultado de um desenvolvimento inevitável, isso se faz agora em nome de uma colcha de retalhos de "avaliações culturais", isto é, reivindicações culturais realmente subjetivas, ou, de maneira bastante franca, em nome dos alegados "direitos de personalidade" do professor. Pode-se ficar indignado quanto a esse ponto de vista, mas — por ser ele uma "avaliação prática" — não se pode refutá-lo. De todos os tipos de profecia, esse tipo de profecia professoral de coloração "pessoal" é o mais repugnante. Não há precedentes de uma situação como essa, em que grande número de profetas oficialmente nomeados fazem sua pregação, ou fazem suas profissões de fé, não como outros profetas fazem, nas ruas, nas igrejas ou em outros lugares públicos — ou, quando de modo privado, em reuniões fechadas de adeptos pessoalmente escolhidos — antes, porém, considerando-se os mais qualificados para enunciar suas avaliações sobre questões essenciais "em nome da ciência" e na tranquilidade cuidadosamente protegida de salas de aula privilegiadas pelo governo, dentro das quais não podem ser controlados, ou confrontados pela discussão, ou submetidos à contestação.

É um velho axioma, vividamente adotado por Schmoller em certa ocasião, que o que ocorre em sala de aula deveria ser inteiramente confidencial e não estar sujeito à discussão pública. Embora se possa sustentar que, mesmo para fins puramente acadêmicos, isso tenha vez por outra determinadas desvantagens, é minha opinião que uma "preleção" deveria ser diferente de um "discurso". O rigor ilimitado, a fatualidade e a sobriedade da preleção se deterioram, com claras perdas pedagógicas, desde que se torne objeto de publicidade, por exemplo, através da imprensa. Apenas na esfera de suas qualificações especializadas é que o professor universitário tem direito a esse privilégio de liberdade de fiscalização ou publicidade externa. Não há, contudo, qualificação especializada para a profecia pessoal e, por essa razão, não se lhe devia atribuir o privilégio da liberdade diante da contestação e do escrutínio público. Além disso, não se deveria tirar partido do fato de que o estudante, a fim de tomar seu rumo na vida, deva frequentar determinadas instituições educacionais e assistir a cursos de determinados professores, disso resultando que, acrescido ao que ele necessita — isto é, o estímulo e o cultivo de sua capacidade de compreensão e raciocínio e um determinado conjunto de informação fatual —, receba também, furtivamente embutido no meio daquilo, a própria atitude do professor perante o mundo, a qual, muito embora às vezes interessante, frequentemente é sem importância e, em todo caso, não é submetida à oposição e à contestação.

Como qualquer outra pessoa, o professor tem outras oportunidades para a propagação de seus ideais. Quando faltam tais oportunidades, ele pode facilmente criá-las de maneira apropriada, como tem demonstrado a experiência no caso de cada ilustre tentativa. Mas o professor não deveria reivindicar o direito de, como professor, trazer em sua mochila o bastão da autoridade do homem de Estado ou do reformador cultural. Contudo, é exatamente isso que faz ao se utilizar da inatingibilidade da tribuna da preleção acadêmica para a expressão de sentimentos políticos — ou cultural-políticos. Na imprensa, em reuniões públicas, em associações, em ensaios, em todo caminho aberto a qualquer outro cidadão, ele pode e deveria fazer aquilo que seu Deus, ou seu demônio, lhe exige. De seu professor na sala de aula, o estudante deveria receber a faculdade de contentar-se com a execução ponderada de uma dada tarefa; de reconhecer os fatos, mesmo os que possam ser pessoalmente desagradáveis, e de distingui-los de suas próprias avaliações. Deveria aprender, também, a sujeitar-se a sua tarefa e a reprimir o impulso de exibir desnecessariamente suas sensações pessoais ou outros estados emocionais. Isto é muitíssimo mais importante hoje em dia do que há quarenta anos, quando o problema sequer existia em sua forma atual. Não é verdade — como muitos têm insistido — que a "personalidade" é e deveria ser um "todo", no sentido de que ela se deforma quando não se manifesta em todas as ocasiões possíveis.

Toda tarefa profissional tem suas "responsabilidades" próprias e deve ser cumprida de acordo com isso. Na execução de sua responsabilidade profissional, uma pessoa deve restringir-se apenas a ela e afastar o que quer que não pertença estritamente a ela — de modo especial seus amores e seus ódios. A personalidade vigorosa não se manifesta procurando dar um "toque pessoal" a todas as coisas, em todas as ocasiões possíveis. A geração que agora se torna adulta deveria, acima de tudo, habituar-se à ideia de que "ser uma personalidade" é condição que não se pode levar a efeito intencionalmente apenas porque se quer, e de que só há um meio pelo qual ela pode — talvez — ser conseguida: ou seja, a dedicação incondicional a uma "tarefa", qualquer que seja ela — e as decorrentes "exigências do momento" —, em cada caso individual. É de mau gosto misturar assuntos pessoais à análise especializada dos fatos. Estaremos destituindo a palavra "profissão" da única acepção significativa que ainda possui, se não nos conservarmos fiéis àquele gênero específico de autorrestrição que ela exige. Mas se o "culto da personalidade" em voga procura dominar o trono, o serviço público ou o magistério — sua eficácia impressiona apenas superficialmente. Intrinsecamente, ela é muito insignificante e tem sempre consequências danosas. Não seria necessário que eu enfatizasse que os que defendem as opiniões contra as quais se dirige este ensaio muito pouco podem realizar com essa espécie de culto da "personalidade", exatamente por ser ele "pessoal". Em parte, veem as responsabilidades do professor universitário sob um ângulo diferente, em parte têm outros ideais educacionais, que respeito, mas de que não partilho. Por essa razão, devemos considerar seriamente não apenas o que eles estão lutando por alcançar, mas também de que modo as opiniões, que legitimam por sua autoridade, influenciam uma geração que já possui uma predisposição extremamente pronunciada a superestimar a própria importância.

Finalmente, quase não é preciso assinalar que muito dos que se opõem ostensivamente à declaração acadêmica de avaliações políticas não se justificam de modo algum quando invocam o postulado da "neutralidade ética", que frequentemente interpretam muito mal, para desacreditar as discussões culturais e sociopolíticas que têm lugar em público, afastadas na sala de aula da universidade. A indubitável existência dessa tendenciosidade falsamente "neutra eticamente" que, em nossa disciplina, manifesta-se no sectarismo obstinado e deliberado de poderosos grupos de interesse, explica por que um número significativo de eruditos intelectualmente honestos ainda persistem em declarar preferências pessoais em sua atividade docente. São orgulhosos demais para se identificarem com essa falsa abstenção da avaliação. A despeito disso, creio que o que em minha opinião é certo deveria ser feito, e que a influência das avaliações práticas de um erudito, que se limita a lutar por elas em ocasiões oportunas fora da sala de aula, tornar-se-á maior quando se souber que, dentro da sala de aula, ele tem a força de caráter para fazer exatamente aquilo para que foi nomeado. Essas afirmações, porém, são, por sua vez, todas elas, matéria de avaliação e, portanto, cientificamente indemonstráveis.

Em todo caso, o princípio fundamental que justifica o costume de declarar avaliações práticas na atividade docente só se pode sustentar coerentemente quando seus proponentes reivindiquem que se conceda, aos proponentes das avaliações de todas as outras facções, a oportunidade de demonstrar, do alto da tribuna acadêmica, a validade de *suas* avaliações.[2] Na Alemanha, porém, a insistência sobre o direito de professores declararem suas preferências tem estado associada exatamente ao oposto da exigência de representação igual de todas as tendências — inclusive das mais "extremadas". Schmoller julgava estar sendo perfeitamente coerente ao declarar que "os marxistas e a escola de Manchester" não eram qualificados para ocupar posições acadêmicas, embora não fosse tão injusto a ponto de ignorar suas realizações intelectuais. Exatamente quanto a esses pontos é que nunca pude concordar com nosso reverenciado mestre. Evidentemente, não se pode, num fôlego só, justificar a expressão das avaliações na atividade docente e — quando daí se tirarem as conclusões — acentuar que a universidade é uma instituição do Estado destinada à formação de servidores públicos "fiéis". Tal procedimento faz da universidade não uma escola técnica especializada — que a muitos professores parece tão degradante —, antes porém um seminário teológico, embora sem possuir a dignidade religiosa deste último.

Tem-se procurado colocar determinados limites puramente "lógicos" à gama de avaliações que seriam permitidas na docência universitária. Um de nossos mais avançados professores de direito explicou certa vez, expondo por que se opunha à exclusão dos socialistas de cargos universitários, que também não estaria disposto a admitir um "anarquista" como professor de direito, uma vez que os anarquistas, em princípio,

2. Daí não podermos estar satisfeitos com o princípio holandês de liberação, até mesmo das faculdades de teologia, das exigências confessionais, juntamente com a liberdade de se fundarem universidades observadas as seguintes condições: garantia financeira, manutenção de certos padrões quanto à qualificação de professores e o direito de dotação particular de cátedras associado ao direito do fundador de apresentar um ocupante para ela. Isso proporciona vantagens aos que dispõem de grandes somas de dinheiro e aos grupos que já estão no poder. Apenas círculos do clero, ao que saibamos, fizeram uso desse privilégio.

negam a validade da lei — argumento que considerava definitivo. Minha opinião é exatamente contrária. Por certo um anarquista pode ser um bom estudioso das leis. E se ele o é, então de fato o ponto central de suas convicções, que se encontra fora das convenções e pressupostos que se mostram tão evidentes para nós, poderia capacitá-lo a perceber problemas nos postulados fundamentais da teoria jurídica que escapam a quem os têm como dados. A dúvida mais fundamental é fonte de conhecimento. O jurista é tão responsável por "provar" o valor desses objetos culturais que são congregados como "a lei", quanto o médico, por demonstrar que se deve lutar pelo prolongamento da vida sob quaisquer condições. Nenhum deles pode fazê-lo com os meios de que dispõe. Se, contudo, se quiser fazer da universidade um fórum para a discussão de avaliações práticas, então é obviamente imperativo que se permita a mais irrestrita liberdade de discussão de questões fundamentais sob todos os ângulos.

Será factível isso? Hoje em dia, as avaliações políticas mais conclusivas e importantes não podem ser manifestadas nas universidades alemãs, pela própria natureza da atual situação política. Para todos aqueles para quem os interesses da sociedade nacional transcendem a cada uma de suas instituições concretas, constitui questão de importância essencial se a concepção hoje predominante relativa à posição do monarca na Alemanha pode conciliar-se com os interesses mundiais do país e com os meios — guerra e diplomacia — mediante os quais são perseguidos. Nem sempre são os piores patriotas, nem mesmo os antimonarquistas, que oferecem uma resposta negativa a essa questão e que duvidam da possibilidade de um êxito duradouro nessas duas esferas, a não ser realizando profundas mudanças. Sabemos todos, porém, que essas questões vitais de nossa vida nacional não podem ser discutidas com plena liberdade nas universidades alemãs.[3] Diante do fato de que determinadas avaliações, de decisivo significado político, são permanentemente proibidas em debates na universidade, parece-me estar simplesmente de acordo com a dignidade de um representante da ciência e da erudição silenciar a respeito de tais avaliações quando lhe for permitido fazer comentários.

---

3. Isto de modo algum é peculiar à Alemanha. Em todos os países existem, às claras ou dissimuladamente, restrições reais. As únicas diferenças se encontram em quais são as posições avaliativas particulares assim excluídas.

Em caso algum, porém, deverá a insolúvel questão — insolúvel por ser em última análise uma questão de avaliações —, de se alguém pode, deve, ou deveria advogar determinadas avaliações práticas na atividade docente, ser confundida com a discussão meramente *lógica* da relação entre as avaliações e disciplinas empíricas tais como a sociologia e a economia. Qualquer confusão a esse respeito apenas irá tolher a profundidade da discussão do problema lógico. Contudo, nem mesmo a solução do problema lógico será de ajuda para buscar-se resposta para a outra questão, além das duas condições de clareza apenas logicamente exigidas e de uma distinção explícita feita pelo professor entre as diferentes classes de problemas.

E não é preciso discutir mais extensamente se é "difícil" fazer a distinção entre proposições empíricas, ou constatações de fato e avaliações práticas. É difícil. Todos nós, aqueles que assumimos essa posição, bem como outros, vemo-nos repetidamente diante dessa dificuldade. Mas como devem estar cientes particularmente os representantes da assim chamada "economia ética", mesmo quando a lei moral não é cumprida, ainda assim ela "se impõe" como um dever. O autoexame talvez mostrasse que o cumprimento desse postulado é especialmente difícil, exatamente porque nos recusamos renitentemente a abordar o atraente assunto da avaliação com um excitante "toque pessoal". Todo professor terá observado que os rostos de seus alunos se iluminam e que eles se tornam mais interessados quando ele começa a fazer uma profissão de fé, e que o comparecimento a suas preleções aumenta enormemente pela expectativa de que irá agir desse modo. Além disso, todo mundo sabe que, em sua competição pelos estudantes, quando as universidades tomam decisões relativas à promoção de docentes, frequentemente darão primazia a um profeta, ainda que de menor importância, que possa lotar as salas de aula, sobre um estudioso muito mais ponderado e mais equilibrado que não apresente as próprias avaliações. Naturalmente, é sabido que o profeta deixará intactas as avaliações convencionais ou politicamente dominantes generalizadamente aceitas na época. Apenas o profeta falsamente, "eticamente neutro", que fala em nome de grupo poderosos, tem, naturalmente, melhores oportunidades de promoção em consequência da influência de tais grupos sobre os poderes políticos predominantes.

Encaro tudo isso como muito inadequado e, assim sendo, não vou discutir a proposição de que a exigência de abster-se de avaliação é "fútil" e que torna as preleções "aborrecidas". Não tratarei da questão de se os que fazem preleções sobre problemas empíricos especializados devem procurar, antes de mais nada, ser "interessantes". De qualquer forma, de minha parte temo que os que tornam suas preleções estimulantes mediante a intromissão de avaliações pessoais irão, a longo prazo, enfraquecer o gosto do estudante por análises empíricas ponderadas.

Reconheço, sem mais discussão, que é possível, sob o pretexto de eliminar todas as avaliações práticas, instilar tais avaliações de modo excepcionalmente forte, meramente "deixando os fatos falarem por si mesmos". A melhor espécie de discursos parlamentares e eleitorais na Alemanha funcionam dessa maneira — e muito legitimamente, dados os objetivos a que visam. Não se deveria desperdiçar palavra alguma para proclamar que todos esses procedimentos em preleções na universidade, particularmente se se está preocupado com a observância dessa distinção, constituem, de todos os abusos, os mais abomináveis. O fato, porém, de que uma ilusão desonestamente criada, do cumprimento de um imperativo ético possa ser impingida como se fosse a realidade, não constitui crítica do imperativo em si mesmo. De qualquer maneira, mesmo que o professor não creia que deveria recusar a si mesmo o direito de oferecer avaliações, deveria tornar perfeitamente *explícito* para os estudantes e para si mesmo que o está fazendo.

Finalmente, devemos combater ao máximo a opinião amplamente disseminada de que se atinge a "objetividade" científica pelo confronto entre as diversas avaliações e por um compromisso "diplomático" entre elas. O "meio-termo" não só é tão indemonstrável cientificamente — com os recursos das ciências empíricas — quanto as avaliações "mais extremadas": na esfera das avaliações, ele é o menos inequívoco. Não se coaduna com a universidade — mas antes com os programas políticos, os órgãos do governo e o parlamento. As ciências, tanto normativas quanto empíricas, têm condições de prestar inestimável serviço às pessoas engajadas em atividade política, dizendo-lhes que: 1) tais ou quais posições avaliativas "essenciais" são concebíveis com referência a tal problema prático; 2) que são estes ou aqueles os fatos que se devem levar em conta ao fazer sua escolha entre tais posições avaliativas. E com isto chegamos ao verdadeiro problema.

## II. Separação fundamental entre o conhecimento de natureza puramente lógica ou empírica e a avaliação valorativa: problemáticas heterogêneas: o conceito de "juízo de valor"

O termo "juízo de valor" provocou permanentemente um mal-entendido e, sobretudo, uma discussão terminológica totalmente estéril. Evidentemente isto não contribui em nada para a solução do problema. Como já mencionamos, é indubitável que estas discussões se referem, no que diz respeito às nossas disciplinas, a avaliações práticas sobre a desejabilidade ou indesejabilidade tendo em vista determinados pontos de vista éticos, culturais ou de qualquer outro tipo. Apesar de tudo aquilo que foi explicado até agora, foram apresentadas com toda a seriedade objeções às nossas observações, objeções quanto ao fato de que 1) a ciência se esforça em alcançar resultados "providos de valor" (*wertvolle*), isto é, resultados que são corretos a partir do ponto de vista da lógica e com relação aos fatos, e 2) resultados que são importantes no sentido do interesse científico, e, mais ainda, que a própria seleção do objeto implica uma "avaliação".[4] Outras incompreensões quase inconcebíveis que se repetem continuadamente consistem no fato de que as ciências empíricas não podem abordar as "avaliações" subjetivas dos homens como sendo o seu objeto (enquanto a sociologia e, no campo da economia política, toda a teoria da utilidade marginal se baseia na premissa oposta). Mas trata-se, na realidade, da mais trivial exigência de que o pesquisador e

4. Veja-se o seu artigo *Die Volkswirtschaftslehre* — teoria da economia política — no *Handwörterbuch der Staatswissenschaten*. 3. ed. Berlin, 1911, v. VIII, p. 426-501 — Dicionário das Ciências do Estado.

o expositor do resultado da investigação devem de maneira absoluta separar a comprovação dos fatos empíricos das suas próprias avaliações práticas, pelas quais ele julga estes fatos como sendo satisfatórios ou insatisfatórios (incluídas as "avaliações" dos homens empíricos que são objeto de sua investigação). Decerto, como se argumenta, ambos os problemas são de natureza diversa. Num certo tratado, que de resto tem bastante valor, o autor afirma o seguinte: um pesquisador poderia tomar a sua própria avaliação como um fato e desse fato extrair, em seguida, as suas conclusões. O que se pretende dizer nesta observação é tão inquestionavelmente correto quanto inequívoca a sua forma de expressão. É natural que se possa fazer um acordo, antes de começar a discussão, que certa medida prática — por exemplo, financiar uma expansão do exército à custa da contribuição dos possuidores de bens — seja a premissa desta discussão e apenas serão discutidos os meios de como levar isto para frente. Frequentemente, este procedimento é muito conveniente. Mas um tal propósito prático, supondo-se que seja de comum acordo, não deve ser denominado de "fato" mas de "fim estabelecido *a priori*". Que ambas as coisas são diferentes, seria logo revelado na própria discussão dos "meios", exceto a questão de que o "fim suposto" seria tão concreto e indiscutível como "acender um cigarro". Em tais casos, naturalmente, a discussão dos meios raras vezes se faz necessária. No que diz respeito a quase todos os propósitos formulados de maneira geral, como no exemplo escolhido antes, se fará, pelo contrário, a experiência: na discussão dos meios não apenas se mostra que os indivíduos entenderam algo completamente diferente daquilo que supostamente se acreditava fosse "unívoco", mas que, em particular, o mesmo fim é pretendido com fundamentos últimos muito diversos, fato que, obviamente, vai exercer certa influência na discussão dos meios. Mas deixemos, por enquanto, isto de lado. Pois, com efeito, não é possível negar — pensando em tudo o que já ocorreu — que se pode partir de um fim determinado de comum acordo e apenas discutir os meios através dos quais este mesmo fim pode ser alcançado e que, a partir deste procedimento, pode haver uma discussão no nível estritamente empírico. Mas, na realidade, toda discussão gira em torno da escolha dos fins (e não dos meios para se alcançar os fins). Em outras palavras: a discussão gira em torno do sentido em que a avaliação suposta por um indivíduo pode ou não ser assumido como um "fato", mas, pelo contrário, deve ser transformado em objeto de crítica científica. Se nós não levamos em conta este fato, toda a nossa reflexão posterior será em vão.

De maneira nenhuma vamos discutir a questão de em que medida as avaliações práticas, particularmente as avaliações éticas, podem pretender o estatuto de uma dignidade normativa, isto é, terem um caráter diverso, por exemplo, da questão de se devem ser preferidas as mulheres loiras às morenas, e outros juízos subjetivos de gosto. Estes problemas pertencem à filosofia dos valores e de maneira nenhuma à metodologia das ciências empíricas. A esta interessa unicamente que a validade de um imperativo prático enquanto norma, por um lado, e o valor da verdade de uma comprovação empírica dos fatos, por outro, se encontrem em planos totalmente heterogêneos da problemática e que, com referência a ambas, se lhes tire a dignidade específica quando tal não se vê claramente, e quando se pretende juntar as duas esferas. Este erro foi cometido em muitas ocasiões, em especial pelo Professor von Schmoller. É exatamente o respeito que devotamos a nosso mestre o que nos impede de passar por cima de pontos com referência aos quais não estamos de acordo com ele.

Primeiro, gostaríamos de questionar a opinião dos partidários da "neutralidade axiológica", para os quais a mera instabilidade histórica e individual das tomadas de posição valorativas prevalecentes tem apenas o caráter necessariamente "subjetivo" da ética, por exemplo. Também comprovações empíricas de fatos são muitas vezes discutíveis, e talvez haja mais acordo sobre a questão de se deve uma pessoa ser considerada como canalha do que, por exemplo (precisamente entre os especialistas), sobre a interpretação do fragmento de um documento. A conjetura de von Schmoller, a saber, que existe uma crescente unanimidade de todas as confissões e de todos os homens sobre os pontos principais das avaliações práticas, está em franca oposição com o meu ponto de vista. Mas isto não tem importância no problema em questão. O que realmente é discutível é o seguinte: que na ciência seja possível se contentar com qualquer uma de tais evidências fatuais, que foram estabelecidas convencionalmente, no que se refere a certas tomadas de posição, por mais difundidas que sejam. A função da ciência é, a nosso ver, exatamente a contrária: transformar em problema o que é evidente por convenção. Foi exatamente isso que von Schmoller e os seus companheiros fizeram na época. O fato de que se investigue e, em certas circunstâncias, se valorize muito a eficácia causal da existência efetiva de certas convicções sobre a vida econômica, não implica o fato de que, por causa disso, se deva considerar como "providas de valor" tais convicções, que talvez realmente tenham sido de grande eficácia causal; também na situação inversa, a afirmação de elevado valor do fenômeno ético ou religioso em si mesma nada diz sobre a questão de se as imensas consequências que este fenômeno teve ou poderia ter devem receber o mesmo predicado positivo no que concerne ao seu valor. As comprovações empíricas em nada esclarecem estas questões e o indivíduo deve julgá-las de maneira muito diferente, conforme as suas próprias avaliações religiosas e outras avaliações práticas. Todas estas questões no momento não estão em discussão. Pelo contrário, nos opomos totalmente à opinião de que uma ciência "realista" do ético, isto é, a demonstração das influências que as convicções éticas predominantes em certo grupo humano têm sofrido por parte das demais condições de vida e, inversamente, exerceram, por sua vez, estas influências; destarte, poderia resultar numa "ética" que seria capaz de dizer algo sobre o que deveria valer. Tampouco uma exposição "realista" sobre as concepções astronômicas dos chineses — demonstrando portanto os motivos práticos que os levaram a cultivar a astronomia, a maneira como a exerceram, os resultados a que chegaram e o porquê de terem chegado a tais resultados — poderia ter como meta a demonstração do caráter correto da astronomia chinesa. E, da mesma forma, tampouco a comprovação de que os agrimensores romanos e os banqueiros florentinos (estes, quando se tratava da repartição dos grandes patrimônios) chegaram frequentemente com os seus métodos a resultados que são inconciliáveis com a trigonometria ou a tabuada, fazem com que se possa questionar a validade desta última. Com a investigação empírico-psicológica e com a história de um determinado ponto de vista axiológico referente ao seu condicionamento individual, social e histórico, nunca se chega a outra coisa a não ser a sua explicação compreensiva. E isto não é pouco. Não somente uma tal explicação é desejável por causa do seu efeito acessório e de caráter pessoal (e não científico), como permite "fazer justiça" mais facilmente àquele que, real ou aparentemente, pensa diferente (de mim). Mas reveste-se de suma importância científica 1) para a finalidade de uma consideração causal empírica da ação humana, a fim de aprender a discernir os seus motivos últimos e reais, e 2) para a determinação dos pontos de vista axiológicos opostos, quando se discute com alguém que, real ou aparentemente, sustenta pontos de vistas éticos diferentes. Pois realmente é este o verdadeiro sentido da discussão sobre valores: apreender o que o oponente (ou até e também eu mesmo) realmente entende, isto é, o valor ao qual cada uma de ambas as partes se refere — realmente e não apenas aparentemente — e a partir disso se poder posicionar no que diz respeito a este valor. Muito longe, portanto, da exigência da "neutralidade axiológica" das explanações empíricas implicariam que as discussões ao redor das avaliações valorativas estejam estéreis ou seriam sem sentido, dado que o reconhecimento deste seu sentido é a premissa de toda e qualquer consideração útil. Elas apenas pressupõem a compreensão da possibilidade de haver posturas axiológicas e avaliações últimas, divergentes e, em princípio, inconciliáveis. Pois não é verdade que "compreender tudo" significa "perdoar tudo", nem a mera compreensão do ponto de vista do outro, em princípio, leva a sua aprovação. Pelo contrário, leva, pelo menos, com a mesma facilidade e com uma maior probabilidade, ao reconhecimento do que concerne a "o que", "por que" e "em que" não se pode chegar a um acordo. Exatamente este conhecimento é um saber sobre a verdade e precisamente para este (saber sobre a verdade) contribuem as "discussões axiológicas". Pelo contrário, o que com esta via não se pode chegar — de maneira nenhuma, pois está situada exatamente em direção oposta — é a uma ética normativa ou à obrigatoriedade de um "imperativo". Muito pelo contrário, todo mundo sabe que o efeito "relativizador" de tais discussões dificulta, pelo menos aparentemente, chegar a esta meta. Isto obviamente não significa que tais discussões devessem ser evitadas, pelo contrário. Uma convicção "ética" que pode ser facilmente destruída pela "compreensão" psicológica de posturas axiológicas divergentes não tem maior valor do que uma convicção religiosa que pode ser destruída pelo conhecimento científico, o que, decerto, ocorre frequentemente. Por último, quando von Schmoller afirma que os partidários da "neutralidade axiológica" nas disciplinas empíricas não podem reconhecer mais que verdades éticas e "formais" (no sentido da *Crítica da Razão Pura*), temos que fazer alguns comentários — mesmo que o problema não pertença inteiramente ao tema com o qual nos ocupamos aqui.

Em primeiro lugar, temos de rejeitar a identificação implícita na concepção de von Schmoller entre imperativos éticos e "valores culturais", mesmo considerando estes mais elevados. Pois pode haver um ponto de vista para o qual os "valores culturais" sejam "obrigatórios", mesmo quando se encontram numa luta inevitável e irreconciliável com qualquer ética. E, inversamente, é possível uma ética que rejeite todos os valores culturais, sem que haja nisto uma contradição interna. De qualquer maneira, as duas esferas de valores não são idênticas. Considerar que as proposições "formais", por exemplo, as da ética kantiana, não incluem indicações de conteúdo, representa igualmente um grave erro (mesmo que seja muito difundido). A possibilidade de uma ética normativa não é questionada, decerto, porque há problemas de caráter prático com referência aos quais ela não pode dar, por si mesma, indicações unívocas (entre estes se encontram, pelo menos na minha opinião, de maneira bem particular, certos problemas institucionais, isto é, precisamente, os "político-sociais"). Tampouco é questionado o fato de não ser a ética o único que é "válido" no mundo, mas que juntamente e ao lado dela existem outras esferas de valor que, em certas condições, somente podem ser realizadas por aquele que "assume" uma "culpa" moral. Isto se aplica, em especial, à ação política. Seria uma debilidade, na minha opinião, querer negar as tensões contra a ética que exatamente ela contém. Porém de maneira nenhuma é exclusivo, como faz crer a oposição habitual entre moral "privada" e "política". Investiguemos alguns desses limites da ética a que nos referimos.

As consequências do postulado da "justiça" não são questões que podem ser univocamente decididas por uma ética. Se, por exemplo — como estaria mais de acordo com as opiniões expressas em seu tempo por Schmoller — deve-se muito ao que muito faz, ou, inversamente, se exige muito de quem consegue fazer muito, ou se, portanto, se deve em nome da justiça (pois é preciso por ora deixar de lado outras considerações, como, por exemplo, os "incentivos" necessários) dar também grandes possibilidades ao grande talento, ou se, pelo contrário (como opinava Babeuf), se deve compensar a injustiça da desigual distribuição dos bens espirituais cuidando com todo rigor que o talento, cuja posse já proporciona um sentimento de prestígio gratificante para o indivíduo, não poderia aproveitar para si as melhores oportunidades que tem no mundo — trata-se aqui de questões insolúveis que se baseiam em premissas "éticas". A este tipo, entretanto, pertence a problemática ética da maioria das questões da política social.

Mas também no setor da ação pessoal há problemas fundamentais, de caráter especificamente ético, que a ética não pode resolver com as suas próprias premissas. A estes pertence, sobretudo, a pergunta fundamental: se o valor próprio da ação ética — a vontade "pura" ou a "mentalidade", como é habitual denominá-la — deve ser unicamente suficiente para a sua justificação, seguindo a máxima "o cristão age justamente e remete a Deus os efeitos do seu agir", como foi formulada por certos éticos cristãos. Ou se, diferentemente, é preciso levar em consideração a responsabilidade referente às consequências da ação que podem ser previstas como possíveis e prováveis, determinadas pela inserção desta num mundo eticamente irracional. Do primeiro postulado parte toda posição política revolucionária, em especial o chamado "sindicalismo"; do segundo, toda a política realista. Ambas as posturas se baseiam em máximas éticas. Mas estas máximas se encontram num eterno conflito, insolúvel com os recursos de uma ética que se baseie em si mesma.

Ambas as máximas éticas assumem um caráter estritamente "formal", tendo nisto uma semelhança com os conhecidos axiomas da *Crítica da Razão Prática.* No que diz respeito a estes últimos, foi comum acreditar que, por causa deste formalismo, não incluir-se-iam indicações de conteúdo para a avaliação do comportamento. Como já explicamos, isto não é correto. Tomemos deliberadamente um exemplo, o mais estranho possível à política, que talvez possa esclarecer o verdadeiro sentido do caráter "meramente formal" de que tanto se falou com referência a esta ética. Se um homem afirma sobre as suas relações eróticas com uma mulher: "inicialmente a nossa relação era unicamente uma paixão, mas agora ela é um valor", a fria objetividade kantiana expressaria a primeira metade desta proposição da seguinte forma: primeiro "éramos apenas meios um para com o outro", com o que se toma toda a proposição como um caso particular deste conhecido princípio que curiosamente se apresentou como sendo uma expressão de um "individualismo" condicionado somente pela história, apesar de, na verdade, representar uma formulação genial de uma infinidade de situações éticas que apenas precisam ser compreendidas corretamente. A sua formulação negativa e deixando de lado qualquer afirmação sobre a questão do que seria oposto a tratar uma outra pessoa "como meio", o que deveríamos rejeitar por razões éticas, evidentemente implica: 1) o reconhecimento de esferas autônomas de valores que não são valores éticos; 2) a delimitação da esfera ética dessas outras esferas; e, por último, 3) a comprovação de que e em que medida é possível atribuir à ação posta a serviço de valores extraéticos diferenças no que diz respeito à dignidade ética. Realmente, aquelas esferas de valores que permitem ou prescrevem o tratamento do outro "somente como meio" são muito heterogêneas com referência à ética. Não podemos examiná-las aqui com maiores detalhes. Em todos os casos percebe-se que o caráter "formal", mesmo de uma proposição ética tão abstrata como aquela, não é indiferente para o conteúdo da ação. Porém agora o problema fica ainda mais complicado. Aquele predicado negativo, expresso pelas palavras "somente uma paixão", pode ser considerado um ultraje (ofensa grave) no que concerne ao que há de mais genuíno e de mais puro na vida; o único, ou, pelo menos, o principal caminho que permite ultrapassar e desfazer os mecanismos "de valor" impessoais ou suprapessoais e, portanto, hostis à vida, do ser preso à pedra inerte da existência cotidiana e das pretensões de uma "irrealidade imposta". É possível, pelo menos, imaginar uma concepção deste ponto de vista que — mesmo que subestime o termo "valor" para o concreto da vivência à qual se refere — constitua uma esfera tal que, rejeitando como coisa estranha e hostil toda santidade e toda bondade, toda legalidade ética ou estética, todo significado cultural ou valorização pessoal, reclama para si, apesar disso e talvez exatamente por causa disso, uma dignidade "imanente" no sentido mais abrangente possível. Qualquer que seja a nossa posição em face desta pretensão de maneira nenhuma é comprovável ou "refutável" com os meios da "ciência".

Toda consideração empírica desta situação conduziria, como já observou Stuart Mill, ao reconhecimento do politeísmo absoluto como a única metafísica apropriada a ela. Uma consideração não empírica mas interpretativa, e, portanto, uma verdadeira filosofia dos valores, não poderia, se avançasse mais além, ignorar que um esquema conceitual de valores, por mais organizado que seja, seria incapaz de prestar contas da questão no seu ponto crucial. No que diz respeito aos valores, na realidade, sempre e em toda parte, definitivamente, não se trata de alternativas, mas de uma luta de vida e morte irreconciliável entre "Deus" e o "Demônio". Entre estes não é possível uma relativização e transições nenhumas. Bem entendido, não é possível segundo o seu próprio sentido. Naturalmente que tais existem, como qualquer um já experimentou no decurso de sua vida, verdadeira ou aparentemente e, por certo, as podemos encontrar a cada passo. Em quase qualquer tomada de posição importante os homens concretos, as esferas dos valores se entrecruzam e se entrelaçam. A superficialidade da "vida cotidiana", no sentido mais próprio da palavra, consiste precisamente no fato de que o homem que nela vive imerso não toma consciência — nem quer fazê-lo — desta mescla, condicionada, em parte, psicologicamente, e, em parte, pragmaticamente, por valores irreconciliáveis, nem tampouco toma consciência — nem quer tomar — do fato de que ele evita a opção entre "Deus" e "Demônio" e sua própria decisão última com referência a qual dos valores em conflito ele mesmo está sendo regido e em que medida. O fruto da árvore do conhecimento, inevitável, mesmo que seja incômodo para a comodidade humana, não consiste em outra coisa que não o fato de ter que saber da existência daquelas oposições, e, portanto, de ter que ver que toda ação singular importante e, muito mais que isso, que a vida como um todo, se não quer transcorrer como um fenômeno puramente natural, mas pretende ser conduzido conscientemente, significa uma cadeia de decisões últimas em virtude das quais a alma, assim como em Platão, escolhe o seu próprio destino — isto é, o sentido do seu fazer e do seu ser. O mais grosseiro mal-entendido em que sempre tropeçam os partidários da colisão de valores encontramo-lo na interpretação deste ponto de vista como sendo um "relativismo", isto quer dizer, como uma concepção de vida que se baseia na opinião, radicalmente oposta, da relação recíproca das esferas dos valores e que somente é realizável (numa forma consequente) com sentido no terreno de uma metafísica muito particular (metafísica "orgânica").

Mas, voltando agora ao nosso caso específico, parece-me, sem possibilidade de dúvidas, que no âmbito das avaliações prático-políticas (especialmente nas da política econômica e social), na medida em que devem ser extraídas diretrizes para uma ação que tem sentido, uma disciplina empírica com os seus recursos somente pode mostrar: 1) os meios indispensáveis, 2) as repercussões inevitáveis, e 3) a concorrência recíproca, deste modo condicionada, de muitas avaliações possíveis no que tange às suas consequências práticas. As disciplinas filosóficas podem, com os seus recursos conceituais próprios, ir mais além e determinar o "sentido" das avaliações, isto é, determinar e indicar a sua estrutura última assim como as suas consequências providas de sentido, ou seja, que podem indicar o seu "lugar" dentro da totalidade dos valores "últimos" possíveis de maneira geral e delimitar as esferas de sua validade significativa. Mas já questões tão simples como em que medida um fim justifica os meios indispensáveis para o seu êxito, ou, da mesma maneira, de que maneira devem ser levados em consideração os efeitos colaterais, como também a terceira, ou seja, de que maneira podem ser apaziguados concretamente conflitos entre vários fins opostos que são resultantes do querer ou do dever, tudo isso depende totalmente da escolha ou do compromisso. Não há procedimento científico (racional ou empírico) de qualquer tipo que nos possa dar uma solução nestas questões. Mas, muito menos ainda, pode a nossa ciência, que é estritamente empírica, pretender poupar o indivíduo de semelhante escolha, e, por isso, ela também não deve suscitar a impressão de que seria capaz para tanto.

Por fim, cabe ressaltar de maneira patente que o reconhecimento da existência desta situação, no que diz respeito à nossa disciplina, é inteiramente independente da posição que se adote nas considerações sintéticas da teoria de valor que se seguem. Não existe, com efeito, um ponto de vista logicamente sustentável, a partir do qual se poderia negar esta situação exceto se pensando numa hierarquia de valores que fosse inequivocamente prescrita por dogmas eclesiásticos. Mas quero crer e constatar se realmente há pessoas que afirmam que perguntas alusivas a problemáticas como "se ocorre um fato concreto deste ou daquele modo?" ou "por que o estado das coisas concretamente se desenvolveu desta e não de outra maneira?" ou "se um determinado estado de coisas costuma suceder, de acordo com certa regra do acontecer, e em que grau de probabilidade efetiva?", no que diz respeito ao seu sentido, não são fundamentalmente diferentes de perguntas como: "o que é que se deve fazer praticamente numa situação concreta?" ou "a partir de que ponto de vista esta situação pode aparecer como sendo satisfatória ou insatisfatória?", ou, por último, "existem proposições (axiomas), não importam quais, suscetíveis de uma formulação geral e universal às quais possam ser reduzidos estes pontos de vista?" Também gostaria de esperar e saber se, para alguém, não há uma diferença lógica entre estas perguntas: por um lado, em que direção provavelmente se desenvolverá uma situação concretamente dada (ou, de maneira geral, uma situação de um certo tipo e determinada de alguma maneira) e com que grau de probabilidade ela se desenvolverá naquela direção (quer dizer, costuma desenvolver-se tipicamente)? E, por outro lado, uma outra pergunta, ou seja, "deve-se contribuir para que determinada situação se desenvolva numa certa direção dada, seja isto um desenvolvimento provável oposto ou de qualquer tipo imaginável? E, finalmente, a pergunta: que opinião formaram com probabilidadade (ou mesmo com absoluta certeza), referente a certa questão, determinadas pessoas em determinadas circunstâncias concretas ou uma multidão não especificada de pessoas em circunstâncias similares?, e a pergunta "tal opinião é correta?" ou "as perguntas de cada uma destas afirmações opostas, referentes ao seu sentido, têm algo em comum?" e "elas, como muitas vezes se afirma, não podem ser separadas umas das outras?", e por fim, "esta última afirmação não infringe as exigências do pensamento científico?" Se alguém que, pelo contrário, admite a heterogeneidade absoluta de ambos os tipos de questões, mesmo assim reivindica para si: no mesmo livro e na mesma página deste livro, e mesmo numa proposição principal e proposição subordinada da mesma unidade sintática — isto é realmente uma COISA DELE. Tudo o que se pode exigir é apenas que ele não confunda os seus leitores com a absoluta heterogeneidade destes problemas — não sem intenção ou com deliberada ironia. Pessoalmente, creio que nenhuma medida, ou nenhum meio, ou nada é demasiado "pedante", se serve para evitar as confusões.

Portanto, o sentido das discussões sobre as avaliações axiológicas práticas (inclusive das que nelas participam) somente pode consistir no seguinte:

a) A elaboração dos axiomas de valor últimos, internamente coerentes, dos que partem posturas reciprocamente opostas. Com bastante frequência nós nos enganamos não apenas quanto às posturas e opiniões dos nossos oponentes, mas também quanto às nossas próprias opiniões. Este procedimento constitui, por essência, uma operação que parte das avaliações particulares e da sua análise provida de sentido e que, em seguida, se refere a avaliações fundamentais de caráter mais elevado. Ela não utiliza os meios de uma disciplina empírica, nem proporciona um conhecimento sobre os fatos. Sua "validade" é semelhante à da lógica.

b) A dedução das "consequências" para a tomada de posição valorativa, consequências que iam se originar em determinados axiomas de valor últimos, se estes e apenas estes estivessem na base das avaliações práticas de situações de fato. Esta dedução está ligada, de maneira provida de sentido, por um lado, à argumentação lógica, e, por outro, a comprovações empíricas, tendo em vista a casuística mais exaustiva possível das situações empíricas que podem ser consideradas para uma avaliação prática em geral.

c) A determinação das consequências efetivas que deveria ter o cumprimento de uma certa tomada de posição valorativa na prática: 1) como resultado de sua ligação a certos meios indispensáveis, e 2) da inevitabilidade de certas repercussões que não são desejadas diretamente.

Estas comprovações puramente empíricas podem ter como consequência ou como resultados, entre outros:

1) a completa impossibilidade de realizar o respectivo postulado de valor, mesmo que de uma maneira muito remota e aproximativa, pois não é possível descobrir um caminho que permita a sua realização;

2) a maior ou menor improbabilidade de sua realização plena ou, inclusive, aproximada, seja pelos mesmos motivos ou por causa da provável intervenção de repercussões e efeitos colaterais não desejados que fariam a sua execução praticamente impossível, seja de maneira direta ou indireta; e

3) a necessidade de tomar em consideração meios ou repercussões que não foram considerados pelo respectivo defensor deste postulado prático, de modo que a sua decisão valorativa que inclui fins, meios e repercussões ou efeitos colaterais converta-se em um novo problema para ele e se imponha aos demais com bastante força.

d) Por último, podem se apresentar novos axiomas de valor e postulados que os postulantes de um postulado prático não perceberam ou não levaram devidamente em consideração, apesar de a execução do seu próprio postulado entrar em conflito com aqueles, seja 1) por princípio, ou 2) pelas consequências, isto é, de acordo com as suas consequências práticas. No primeiro caso trata-se de uma ampliação da discussão de problemas do tipo a), e, no segundo caso, de problemas do tipo c).

Consequentemente, muito longe de não terem sentido, as discussões deste tipo em torno de questões axiológicas podem ser muito importantes, se — e na minha opinião apenas se — elas são entendidas e interpretadas corretamente com relação às suas finalidades.

Mas a utilidade de uma discussão de avaliações práticas, feitas no lugar apropriado e no sentido apropriado, não se esgotam com os "resultados" diretos que se possam obter. Se são feitas corretamente, resultarão em benefícios para a investigação empírica, num sentido permanente, na medida em que lhes proporciona as problemáticas que estão envolvidas nas suas pesquisas.

Os problemas das disciplinas empíricas, certamente, devem ser resolvidos dentro de uma postura de "neutralidade axiológica". Eles não são problemas de valor ou "problemas axiológicos". Mas, mesmo assim, no âmbito de nossas disciplinas, sofrem a influência do relacionamento das realidades "com" os valores. No tocante à expressão "relacionamento com valores" (*Wertbeziehung*) devo remeter a formulações anteriores minhas e sobretudo às conhecidas obras de H. Rickert. Seria impossível apresentar o conjunto destas ideias aqui. Basta lembrar que a expressão "relação com valores" refere-se unicamente à interpretação filosófica que precede à seleção e à constituição empírica.

Dentro de uma investigação empírica, neste estado de coisas puramente lógico, são legitimadas "avaliações práticas". Mas, em consonância com a experiência histórica, percebe-se que são os interesses culturais e, portanto, os interesses de valor que indicam a direção para o trabalho das ciências puramente empíricas. Fica claro agora que estes interesses de valor podem se desenvolver na sua casuística mediante discussões referentes a valores. Este fato pode reduzir consideravelmente, ou, pelo menos, aliviar a tarefa da "interpretração do valor" própria do científico e, em especial, do historiador, que é para eles sem dúvida uma atividade prévia, mas sumamente importante para a sua investigação empírica. Já que a distinção entre "avaliação" e "interpretação" do valor (isto é, o desenvolvimento das tomadas de posição possíveis providas de sentido frente a um fenômeno) com bastante frequência não se apresenta com toda clareza à natureza lógica da história — surgem necessariamente ambiguidades que impedem esta mesma clareza — tenho que remeter o leitor às observações formuladas nos *Estudos Críticos sobre a Lógica das Ciências da Cultura*,[5] sem que minha opinião seja de que as colocações feitas nestes estudos sejam definitivas.

---

5. Veja-se o ensaio *Estudos Críticos sobre a Lógica das Ciências da Cultura*.

Em vez de discutir mais uma vez estes problemas metodológicos fundamentais, queria examinar com maiores detalhes alguns pontos que são de importância prática para a nossa disciplina.

Ainda é difundida a crença de que se "deve" ou "precisava" ou se "deveria" deduzir orientações referentes a avaliações práticas a partir de "tendências de desenvolvimento". Mas a partir de "tendências", por unívocas que sejam, se obtêm imperativos unívocos de ação somente referentes aos meios previsivelmente mais apropriados para tomadas de posição dadas, e não no que diz respeito a estas mesmas tomadas de posição consideradas como tais. As próprias "avaliações" não podem ser deduzidas destas "tendências". Aqui, naturalmente, devemos conceber o termo "meios" da maneira mais abrangente possível. Quem considerasse por exemplo os interesses do poder do Estado como um fim último, em determinada situação, tenderia a ver numa constituição absolutista, ou numa constituição democrático-radical, o meio (relativamente) mais apropriado, e seria ridículo, de uma maneira extrema, modificar a avaliação deste aparato estatal como meio para uma mudança da tomada de posição última. É evidente, entretanto, que o indivíduo se defronta continuadamente com o problema de se ele deve renunciar às suas esperanças na possibilidade de realização das suas avaliações práticas, tendo em vista que ele conhece uma certa tendência quase que unívoca do desenvolvimento que condiciona a afirmação e a vitória daquilo que é a sua aspiração. Tal realização esta ligada à aplicação de novos meios que lhe parecem duvidosos do ponto de vista ético ou outro, ou que requeiram que sejam considerados efeitos colaterais repugnantes, ou que, finalmente, tornem tão improvável aquela esperança que os seus esforços, medidos pela probabilidade do êxito, se apresentem como uma estéril "quixotada". Mas o conhecimento de tais "tendências de desenvolvimento", que podem ser modificadas em maior ou menor grau, de maneira nenhuma representa um caso particular. Cada novo fato singular pode ter por consequência um reajuste entre fim e meios indispensáveis, entre objetivos desejados e efeitos subsidiários inevitáveis. Mas a questão, se e com quais conclusões práticas deve acontecer isso, não é uma pergunta somente para uma ciência empírica, mas, sobretudo, para qualquer ciência. Podemos, por exemplo, demonstrar ao convicto sindicalista que o seu agir não somente é inútil, do ponto de vista social, isto é, não promete nenhum resultado para a modificação da situação de classes do proletariado, mas que a piora continuadamente pela "criação" de atitudes "reacionárias"; com isso, entretanto, não se provou nada para ele, se é mesmo fiel às suas convicções. E isto não aconteceu porque ele seja um insensato, mas porque, a partir do seu ponto de vista, ele pode ter "razão", colocação que analisaremos logo em seguida. De uma maneira geral, os homens têm uma forte tendência a se adaptar interiormente ao êxito, ou a quem quer que o prometa, não somente — o que seria óbvio — no que diz respeito aos meios ou à medida que procuram realizar esses mesmos ideais. Na Alemanha, acredita-se poder "glorificar" este procedimento com o nome de "realismo político" (*Realpolitik*). De qualquer maneira, não se compreende por que os representantes de uma ciência empírica deveriam experimentar a necessidade de apoiar este tipo de comportamento, funcionando como plateia de aplausos à "tendência do desenvolvimento" respectiva, e convertendo a "adequação" a esta num princípio supostamente "coberto" pela autoridade de uma ciência, enquanto que, na realidade, é um problema de "postura axiológica última" que deve ser resolvido de caso para caso no foro íntimo dos indivíduos.

É exato — se se entende de maneira correta — que a política que tem êxito é sempre a "arte do possível". Mas também não é menos certo que o "possível" somente pode ser obtido porque se procurou o impossível que está para além dele. Não foi, decerto, a única ética realmente consequente da "adaptação" ao possível — a moral burocrática do confucionismo — a que produziu aquelas qualidades de nossa cultura que, apesar de todas as diferenças, subjetivamente são apreciadas por nós como positivas de uma ou outra maneira e com menor e maior grau. No que se refere a mim, por nada no mundo queria que a Nação se afastasse sistematicamente — ou em nome da ciência — da ideia (que foi exposta anteriormente) de que junto ao valor do "êxito" de uma ação está o seu valor de "intenção". Em todos os casos, o desconhecimento do estado de coisas desta situação impede a compreensão da realidade. Em efeito, para ficar no caso do sindicalista anteriormente mencionado: também no plano lógico não tem sentido confrontar pelos fins de uma crítica um comportamento que deve tomar por princípio o valor de "intenção" de maneira exclusiva como sendo o seu valor de "êxito". O sindicalista consequente somente quer sustentar uma determinada intenção, que lhe parece, obviamente, absolutamente valiosa e sagrada, como também pretende induzir esta opinião a outras pessoas, na medida do possível. O fim último de suas ações externas, e em particular daquelas ações que estão desde o começo condenadas ao fracasso absoluto, consiste em obter, no seu foro íntimo, a certeza de que a sua intenção é genuína; isto significa que ela tenha a força de "provar" a sua verdade na prática. Mas para isso, tais ações somente são meios. De resto — supondo que ele seja consequente — o seu reino, como o reino de qualquer ética de mentalidade ou de intenção, não é deste mundo. O único que é "cientificamente" demonstrável é que esta concepção referente aos seus próprios ideais é a única que possui coerência interna e que pode ser refutada por "fatos externos". E gostaria de acreditar que com isso se presta um serviço e tanto para os defensores como para os opositores do sindicalismo, serviço que, para dizer a verdade, pode ser esperado da ciência. Ninguém deve se enganar com as colocações da ciência no sentido de argumentar "por um lado" de sete razões a favor e "seis razões" contra de um certo fenômeno (por exemplo, a proclamação de uma greve geral) e a sua ulterior ponderação referente a vantagens e desvantagens de acordo com os antigos procedimentos "cameralistas" e dos modernos "memorandos chineses". Com essa redução do ponto de vista sindicalista na sua forma mais racional e consequente possível, e com a comprovação das condições empíricas do seu surgimento, das suas chances e das suas consequências práticas, demonstradas pela experiência esgotam-se praticamente, decerto, as tarefas de uma ciência classificada por nós de partidária da "neutralidade axiológica". Que se deva ser ou não ser sindicalista, é algo impossível de se provar cientificamente, se não se recorre a premissas metafísicas muito definidas que, por sua vez, nunca foram comprovadas e nunca poderão ser provadas por qualquer ciência que seja. Se um oficial prefere saltar pelo ar seu baluarte antes de render-se, seu ato pode ser totalmente inútil, mesmo que se meça pela probabilidade de êxito tal procedimento. Mas não deveria ser totalmente indiferente a existência ou não da intenção que fez com que ele tomasse tal atitude sem se preocupar com a sua utilidade. Esta intenção é tão pouco "sem sentido" como a do sindicalista consequente. Não é muito apropriado para um professor recomendar tal catonismo a partir da sua cômoda postura de cátedra. Mas tampouco se recomenda que haja a apologia do contrário ou se considere um dever a adaptação dos ideais às chances que são oferecidas pelas "tendências de desenvolvimento" e situações atualmente existentes.

Nós empregamos repetidamente o termo "adaptação" num sentido que não é totalmente claro em cada colocação e em cada contexto. Na realidade, o seu significado pode existir de duas maneiras: 1) a adaptação dos meios de uma tomada de posição última a situações dadas (*Realpolitik*, no sentido estrito do termo), e 2) adaptação das próprias tomadas de posição últimas, que são geralmente possíveis, enquanto se seleciona aquela que oferece chances imediatas, reais ou aparentes (este é o tipo de *Realpolitik* com que o nosso país conseguiu significativos êxitos há 27 anos — 1890). Mas, com isso, não são esgotadas as possíveis significações. Por esta razão, acredito eu, seria aconselhável, na abordagem dos nossos problemas de "avaliação" e de outros problemas, excluir por completo este conceito que provoca tantos mal-entendidos. Pois não passa de um mal-entendido o seu emprego como expressão de um argumento científico que se apresenta sempre como sendo renovado, tendo em vista a "explicação" (por exemplo, da existência empírica de certas concepções éticas em determinados grupos humanos durante algumas épocas) ou a avaliação (por exemplo, destas concepções éticas enquanto são subjetivamente "adaptadas", e portanto "corretas" e "valiosas"). Em nenhum destes sentidos há um serviço real, pois sempre necessitam de uma interpretação prévia. Este procedimento tem a sua pátria na biologia. Mas, se se entendesse, realmente, no sentido biológico, como, por exemplo, a chance dada pelas circunstâncias, que é relativamente determinável, de que um grupo social conserve a sua própria hereditariedade psicofísica mediante a reprodução, as camadas sociais economicamente mais fortes e os que regulamenta, a sua vida de maneira mais racional seriam, de acordo com as estatísticas de nascimento, os não adaptados. Os poucos índios que moravam na zona de Salt Lake antes da migração dos mórmons estavam, no sentido biológico — mas também em qualquer uma das outras significações puramente empíricas imagináveis —, adaptados ao ambiente tão bem tal mal, como também as posteriores numerosas colônias dos mórmons. Esta maneira de ver em nada contribui para a nossa compreensão empírica, mas facilmente imaginamos que tal coisa fosse real. E apenas no caso de duas organizações absolutamente idênticas em todas as suas características pode se asseverar — queremos deixar bem claro esta nossa colocação — se uma diferença concreta particular é mais "adaptada" para a existência da organização que tem essa característica, sendo portanto "melhor adaptada" às condições dadas. Mas no que se refere à avaliação, é possível que alguém defenda o ponto de vista de que o maior número de prestações e de resultados materiais, e de outros resultados de qualquer espécie que os mórmons levaram a este lugar e que eles ali desenvolveram, constituem uma prova da sua superioridade sobre os índios, como também um outro que abomina os meios e os efeitos colaterais da ética dos mórmons, que pelo menos parcialmente é responsável por aqueles resultados, pode preferir a estepe e a existência romântica dos índios sem que ciência alguma, qualquer que seja, possa pretender convencê-lo do contrário. Neste caso, trata-se do problema, impossível de ser resolvido cientificamente, de um equilíbrio razoável entre fins, meios e consequências.

Quando, para um fim dado de maneira absolutamente unívoca, se busca o meio mais apropriado, somente aí trata-se de uma questão que pode ser decidida empiricamente. A proposição "X é o único meio para Y" não é, na realidade, outra coisa do que o inverso da proposição "de X se segue Y". O conceito de "adaptação" (e todos os conceitos que se assemelham a ele) não fornece, entretanto — e isto é o principal — a menor informação sobre as avaliações fundamentais últimas que ele, pelo contrário, apenas oculta, da mesma maneira como faz, por exemplo, o conceito que ultimamente está tão em moda de "economia humana", conceito que, a meu ver, é totalmente confuso. De acordo com o sentido que se atribui ao conceito "adaptado", podemos dizer que no setor da "cultura" tudo e nada está adaptado. Pois não é possível excluir da vida cultural o conflito ou a luta. É possível alterar seus meios, seu objeto e até a orientação fundamental e seus protagonistas, mas não podemos eliminá-los. Pode tratar-se de uma luta externa de antagonistas em torno de coisas externas, de uma luta interna de pessoas que se amam, mas lutam por bens interiores, e, consequentemente, no lugar da coação externa pode haver um controle interno (em forma de uma dedicação erótica ou até caritativa) ou, finalmente, pode tratar-se de um conflito interno e íntimo que se desenvolve na alma do indivíduo — o conflito está sempre presente, e as suas consequências são pelo menos tanto mais importantes quanto menos são percebidas, quanto mais assumem a forma de uma passividade indiferente ou cômoda, de um quimérico autoengano, ou, inclusive a forma de uma "seleção". A "paz" não significa outra coisa do que um deslocamento das formas, dos protagonistas ou dos objetos de luta, ou, finalmente das chances de seleção. Se e quando tais deslocamentos resistem à prova de um juízo ético ou valorativo de qualquer outra natureza, é algo que não é susceptível a formulações gerais. Somente uma coisa é indubitável: sem exceção alguma, qualquer ordenamento das relações sociais, quando se pretende avaliá-las, em última análise, também deve ser analisado no que diz respeito ao tipo humano ao qual, através de uma seleção interna ou externa (de motivos), se proporciona as chances ótimas para tornar-se predominantes. Em caso contrário, realmente, nem existe a base real necessária para uma avaliação, tanto faz se esta pretende ser conscientemente subjetiva referente à sua validade. Temos que lembrar este fato àqueles numerosos colegas que acreditam que seja possível "operar" para a determinação do desenvolvimento social com conceitos unívocos de "progresso". Isto nos leva a uma consideração mais detalhada deste tão importante conceito.

Naturalmente podemos usar o conceito de "progresso" de uma maneira totalmente neutra referente a valores quando o identificamos com o "progredir" de um processo concreto de desenvolvimento, considerado isoladamente. Mas na maioria das vezes a situação é mais complicada. Examinaremos aqui uns poucos exemplos que tiramos dos mais diversos setores nos quais o entrelaçamento com questões de valor é muito estreito.

No âmbito dos conteúdos irracionais e sentimentais do nosso comportamento psíquico pode ser caracterizado, de maneira neutra referente a valores, o aumento quantitativo e — ligado a este na maioria dos casos — a diversificação qualitativa dos modos de comportamento possíveis como um progresso da "diferenciação" psíquica. E imediatamente estamos envolvidos com um conceito valorativo: aumento da "envergadura", da "capacidade" de um "espírito" concreto, ou — o que já é uma construção não unívoca — de uma "época" (como no caso da obra de Simmel, intitulada *Schopenhauer e Nietzsche*).

Não há dúvida de que existe de fato aquele "progredir da diferenciação", mas com a reserva de que nem sempre existe este "progredir" ali onde se crê que ele existe. A atenção crescente que se nota nos nossos dias para os matizes do sentimento provém da racionalização e intelectualização cada vez maiores em todos os setores da vida, como também da maior importância subjetiva que os indivíduos atribuem às suas próprias manifestações de vida (para outros totalmente indiferentes), que facilmente suscita a ilusão de uma diferenciação crescente. Pode até realmente haver ou promovê-la. Mas, nem por isso, facilmente nos enganamos e tenho que dizer, da minha parte, atribuo um alcance significativo a este tipo de engano. Seja como for, o fato realmente existe. Que esta diferenciação cada vez maior deva ser caracterizada como "progresso" é uma questão de conveniência terminológica. Mas se ela devia ser classificada ou avaliada como um "progresso" no sentido de uma crescente "riqueza interior" é algo que nenhuma ciência empírica pode decidir. Pois não compete à ciência, realmente, a questão de decidir se as possibilidades novas de sentimento que se desenvolveram e que provocaram também novas "tensões" e novos "problemas" devem ser reconhecidas como "valores". Mas quem quer assumir uma posição de avaliação referente a este fato da diferenciação como tal — e, certamente, nenhuma ciência empírica pode proibir isso — e quem para fazer tal avaliação procura um ponto de vista adequado, a este, certamente, muitos fenômenos do presente lhe sugeririam a pergunta pelo "preço" deste processo na medida em que constitui algo mais do que uma mera ilusão intelectualista. Ele dificilmente poderá passar por cima do fato, por exemplo, de que esta "caça" da "vivência" — uma verdadeira moda na Alemanha de hoje — pode ser, num grau muito elevado, o produto de uma diminuição das forças para aguentar interiormente a "vida cotidiana"; e que aquela publicidade que o indivíduo atribui a sua "vivência" e que experimenta uma necessidade cada vez maior a respeito disso por causa de uma perda do sentimento de distanciamento, e portanto, também de dignidade e de estilo. Em todos os casos, no âmbito das avaliações das vivências subjetivas, o "progresso da diferenciação" se identifica com o aumento do "valor", em primeiro lugar apenas num sentido intelectualista de um aumento de experimentar vivências de maneira cada vez mais consciente ou de uma capacidade de expressão e de comunicação cada vez maiores.

As coisas são um pouco mais complicadas no que diz respeito à possibilidade de aplicar o conceito de "progresso" (no sentido de avaliação) no âmbito da arte. Frequentemente se discute com paixão esta questão no sentido de que não é possível usar a neutralidade axiológica neste setor. E dependendo do caso, com ou até sem o devido fundamento. Nenhuma reflexão valorativa sobre a arte admitiu que seja suficiente fazer uma diferença apenas entre "arte" e "não arte" e que não deveriam ser levadas em consideração ainda outras diferenças como as de tentativas ou intenção e o resultado, entre o valores dos diferentes resultados, entre realizações totais e parciais, parciais em muitos pontos ou apenas em alguns pontos essenciais, mas mesmo assim não sendo realizações sem valor nenhum, e tudo isso não apenas no que diz respeito a uma concreta vontade de criação artística mas também referentes a toda uma época. O conceito de "progresso" quando aplicado a tais fatos apresenta-se como sendo muito trivial, dado que é aplicado apenas em referência a problemas puramente técnicos. Mas como tal, nem por isso ele é sem sentido. Num sentido diferente apresenta-se o problema para a história da arte e a sociologia da arte entendidas como meras disciplinas empíricas. Para a primeira, como é natural, não há um "progresso" no sentido da avaliação estética das obras de arte como realizações providas de sentido: tais avaliações, obviamente, não podem ser feitas com os meios e os procedimentos técnicos de uma consideração empírica e, consequentemente, está totalmente fora do seu alcance. Mas, no seu lugar, pode ser usado um conceito de "progresso" que é exclusivamente técnico, racional e portanto, unívoco, do qual temos que falar logo em seguida, e cuja utilidade para a história empírica da arte resulta no fato de que se limita à comprovação dos meios técnicos que uma determinada vontade artística usou para conseguir um determinado propósito. Com facilidade se menospreza o alcance que para a história da arte reveste-se este tipo de considerações que fixa os seus próprios limites, ou até os desvirtua no sentido de confundi-los com uma pressuposta "sabedoria", inteiramente subalterna e inautêntica que diz que teria "compreendido" um artista por ter abrido a cortina do seu estúdio e quando tem revistado os seus meios de expressão e a sua "maneira" de ser. Mas o progresso "técnico", corretamente entendido, é um campo próprio da própria história da arte, porque ele e a sua influência sobre a vontade artística representam, no decurso do desenvolvimento artístico, o constatável e comprovável por via puramente empírica, isto quer dizer, sem avaliação estética. Tomemos alguns exemplos que ilustrem o verdadeiro significado que o "técnico", no sentido próprio deste termo, tem para a história da arte.

O surgimento do gótico, por exemplo, deu-se principalmente como resultado da solução técnica de um problema relativo à construção das abóbadas: alcançar o ótimo para a criação dos pontos de apoio, junto com alguns outros detalhes que não examinaremos aqui. Resolveram, portanto, problemas de construção bem concretos. O conhecimento de que com isto se tornou possível um determinado tipo de construção de abóbadas não-quadráticas suscitou um apaixonado entusiasmo daqueles primeiros arquitetos, aos quais devemos o desenvolvimento deste novo estilo arquitetônico — que talvez seriam esquecidos para sempre. O seu racionalismo técnico executou de maneira consequente todos os novos princípios. A sua vontade artística utilizou este conhecimento para resolver tarefas cuja solução até então era quase impensável e, ao mesmo tempo, empurrou a plástica para um novo caminho "sentimento do corpo" que fora provocado sobretudo pelas novas formulações arquitetônicas do espaço e das superfícies. O fato de que esta transformação, principalmente técnica, juntou-se com determinados conteúdos de sentimento, que foram condicionados em grande parte sociologicamente e na história das religiões, proporcionou, em grande parte, os componentes essenciais daquele material de problemas com os quais trabalhou basicamente a criação artística na época gótica. Na medida em que a história e a sociologia da arte mostram as condições psicológicas, sociais, técnicas e objetivas de novo estilo, a sua tarefa empírica será esgotada. Mas com isto não se "valoriza" o estilo gótico em relação ao romântico ou ao renascentista, também muito ligado ao problema técnico da cúpula e também orientado, sociologicamente, segundo as transformações do âmbito da arquitetura. Tampouco "valoriza-se" esteticamente a obra arquitetônica individual, na medida em que se permanece dentro do âmbito da história empírica da arte. Concluindo: a importância estética que as obras de arte apresentam, e, consequentemente, o seu objeto, são heterônomas a ela, isto é, são dadas *a priori* através do valor estético que, dentro dos parâmetros dos seus próprios meios, de modo algum pode ser estabelecido.

Algo semelhante ocorre no âmbito da história da música. Do ponto de vista do interesse do homem europeu moderno ("referência a valores") o problema central é o seguinte: por que a música harmônica, a partir dos elementos da polifonia conhecida por quase todos os povos da Europa, apenas se desenvolveu na Europa e num determinado período, enquanto que em todos os outros lugares a racionalização da música seguiu outros caminhos e até um caminho oposto, ou seja, o desenvolvimento pela divisão dos intervalos (na maioria das vezes em "quartos") e não a divisão harmônica em quintos? No centro do problema, pois, é o surgimento da terceira no seu significado harmônico como elemento integrante de trítono e, além disso, o problema da moderna rítmica musical (as partes bem-sucedidas e malsucedidas das partes do compasso), que — substituindo um compasso meramente metronômico — de uma rítmica sem a qual seria impensável a moderna música instrumental. Novamente trata-se, em primeiro lugar, de questões técnicas no que se refere a um "progresso" racional e também puramente técnico. Que por exemplo a cromática era conhecida muito antes da música harmônica como um meio de expressar a "paixão" mostra muito bem a música cromática antiga (presumivelmente até uma música mono-harmônica) referente aos recentemente descobertos fragmentos de Eurípedes. Portanto, não na vontade de expressão artística, mas nos meios técnicos de expressão consiste a diferença desta música antiga referente à música cromática, criada pelos grandes inovadores musicais do Renascimento, no meio de uma busca quase que febril de descobertas racionais que, decerto, tiveram a finalidade de poder dar uma forma racional musical à "paixão". A novidade técnica consistiu, indiscutivelmente, no fato de que tal cromática se transformou na nossa cromática, caracterizada pelos intervalos harmônicos e não como no caso da dos gregos, que era caracterizada pelas distâncias melódicas de semitons e de quartos de tons. E o fato de que esta mudança pudesse acontecer teve novamente o seu fundamento em soluções anteriores de problemas técnicos-racionais. Contribuiu para isso, de modo particular, a criação da representação racional das notas (sem a qual seria impensável a composição moderna) e já mais anteriormente ainda, a criação de determinados instrumentos que impuseram uma interpretação harmoniosa dos intervalos musicais, e sobretudo o canto polifônico racional. A contribuição principal, entretanto, para estas mudanças, cabe, nos tempos iniciais da Idade Média, às ordens monásticas nas regiões missionárias do centro e do norte da Europa Ocidental, as quais, sem perceber o alcance posterior daquilo que fizeram, racionalizaram para seus fins as polifonias populares em vez de adaptar a sua música, como fizeram os bizantinos aos *melopoios* [compositor, poeta lírico] da tradição helênica. Características concretas, condicionadas sociologicamente pela situação interna e externa da Igreja Cristã, permitiram que ali, a partir de um racionalismo exclusivo das ordens monásticas ocidentais, surgisse esta problemática musical a qual, na sua essência, é de natureza "técnica". Por outro lado, a adoção e a racionalização do ritmo da dança, fonte das formas musicais que levaram ao surgimento da sonata, foram determinadas por certas formas da vida social da sociedade renascentista. E, finalmente, o desenvolvimento do piano, um dos mais importantes apoios técnicos da moderna evolução musical e da sua difusão na burguesia, teve a sua origem no específico caráter interdoméstico da cultura do norte da Europa. Tudo isso são "progressos" dos meios técnicos da música que influenciaram fortemente a sua história. A história empírica da música poderá e deverá acompanhar e descobrir estes componentes do desenvolvimento histórico, sem, por sua parte, emitir um juízo de valor sobre o valor estético das obras de arte musicais. O "progresso" técnico deu-se muitas vezes em realizações que na sua dimensão estética eram insignificantes. A direção de interesse, isto é, o objeto a ser explicado historicamente, é dado à história da música de maneira heterônoma através de sua significação estética.

No que se refere ao setor do desenvolvimento da pintura, a elegante discrição com que Wöfflin apresenta os problemas na sua obra Arte Clássica (*Klassische Kunst*) é um exemplo excelente da capacidade de fornecer resultados para a pesquisa empírica.

A separação total entre a esfera dos valores e da empiria surge de maneira característica pelo fato de que o emprego de uma determinada técnica, por mais "progressiva" que ela seja, não diz ainda nada no que diz respeito ao valor estético da obra de arte. Obras de arte que usam uma técnica que é a mais "primitiva" possível (por exemplo, um quadro sem a noção de perspectiva) podem ser esteticamente falando equivalentes a obras que foram criadas com o uso da mais perfeita técnica racional possível, em todos os casos em que a vontade artística se limitou nas formas adequadas para esta técnica "primitiva". A criação de novos meios técnicos significa num primeiro momento sobretudo uma diferenciação crescente e apenas proporciona a possibilidade de uma "riqueza" cada vez maior da arte no sentido de um aumento de valor. De fato, não poucas vezes esta diferenciação teve um efeito inverso, ou seja, levou a um "empobrecimento" das formas. Mas para a consideração ou investigação empírica cocausal, apresenta-se a transformação da técnica (no sentido mais elevado do termo) como o mais importante momento de desenvolvimento da arte que pode ser comprovado empiricamente.

Não somente os historiadores da arte, mas também os historiadores em geral, costumam fazer a seguinte objeção: que não querem abster-se do direito de emitir juízos de valor sobre questões políticas, culturais, éticas e estéticas, e que nem teriam condições de desenvolver o seu trabalho sem estes juízos de valor. A metodologia não tem a força nem o propósito de prescrever a ninguém o que uma obra literária lhe pretende oferecer. Ela apenas reclama para si o direito de estabelecer e mostrar que certos problemas são heterogêneos no que diz respeito ao sentido e que sua confusão somente traz como consequência um debate ocioso como entre surdos e que tem sentido uma discussão sobre uns problemas recorrendo aos meios e recursos da lógica e da ciência empírica, o que é impossível para outros problemas. Talvez possamos aqui acrescentar ainda uma observação geral sem, entretanto, prová-la agora: um exame atento dos trabalhos históricos mostra com facilidade que o estabelecimento consequente da cadeia causal empírico-histórica costuma quebrar-se quase que sem exceção, com prejuízo para os resultados científicos, quando o historiador começa a "emitir juízos de valor". Ele corre então o risco, por exemplo, de explicar como consequência de uma "falha" ou de uma "decadência" aquilo que talvez foi um efeito de ideais dos agentes que lhe são estranhos e, neste caso, ele falha na sua verdadeira tarefa, ou seja, de "compreender". Tal mal-entendido se explica por duas razões. Em primeiro lugar — para ficar na exemplificação da esfera da arte — pelo fato de que a realidade artística é acessível, não apenas via consideração valorativa puramente estética, por um lado, ou via imputação causal e puramente de maneira empírica, por outro lado, mas também por um terceiro caminho, ou seja, via interpretação valorativa. Mas não pretendemos repetir aqui tudo aquilo que foi dito sobre este assunto em outro lugar. Não há a menor dúvida sobre o seu valor próprio e sobre a sua imprescindibilidade para o historiador. O mesmo vale — o que aliás é natural — para o leitor comum de obras da história da arte que exatamente espera este tipo de exposição que emite juízos de valor. Mas somente no que se refere à sua estrutura lógica uma tal exposição não é idêntica à consideração empírica.

Tem de se admitir, entretanto, que quem quer obter em matéria de história de arte bons resultados, por mais empírico que seja o seu procedimento, precisa "compreender" na produção artística o que realmente é impensável sem uma certa capacidade de julgamento e, portanto, capacidade de avaliação. O mesmo vale também, como é natural, para o historiador da política, da literatura, da religião e da filosofia. Mas isto, obviamente, não diz nada sobre a essência lógica da investigação histórica.

Mais tarde voltaremos a este assunto. Aqui queríamos apenas e exclusivamente discutir a questão seguinte: em que sentido poderíamos falar de "progresso" na história da arte fora da avaliação estética. Chegamos à conclusão de que este conceito ganha um sentido técnico e racional referente aos meios para a realização de um propósito artístico e que como tal pode ser importante para uma história da arte de caráter empírico. Devemos agora investigar este conceito de progresso "racional" no seu setor mais próprio e investigá-lo no seu caráter empírico ou não empírico. O que até agora disse é, na realidade, apenas um caso particular de uma situação bastante universal.

Da maneira como Windelband na sua História da Filosofia (*Geschichte der Philosophie*, 4. ed. § 2, p. 8) — História da Filosofia —, parágrafo 2, página 8 da quarta edição) delimita o tema de sua "história da filosofia" ("o processo através do qual a humanidade europeia [...] formulou a sua concepção do mundo mediante conceitos científicos") fundamental referente a sua pragmática — brilhantíssima ao meu ver — o emprego de um conceito específico de "progresso" que se deriva desta referência ao valor da cultura (cujas consequências já se encontram nas páginas 15 e 16) e que, por um lado, de maneira nenhuma é óbvio para cada "história" da filosofia, mas que, por outro lado, no que diz respeito à sua fundamentação numa referência semelhante ao valor da respectiva cultura é adequado, não somente para uma história da filosofia ou não somente para uma história de qualquer outra ciência, mas também — diferentemente daquilo que Windelband sustenta (página 7, número 1, parágrafo 2) — para qualquer história em geral. Nas páginas seguintes nós nos referiremos apenas àqueles conceitos "racionais" que desempenham um papel nas nossas disciplinas sociológicas e econômicas. A nossa vida econômica e social da Europa e da América do Norte é "racionalizada" num modo e num sentido bem específico. Explicar esta racionalização e formar os conceitos correspondentes é, portanto, uma das principais tarefas das nossas disciplinas. Fazendo isto, surge novamente o problema que já abordamos por ocasião do exemplo da história da arte, mas que deixamos em aberto, ou seja, a pergunta sobre o que se quer dizer propriamente quando se caracteriza um processo como sendo um "progresso racional".

Também aqui se repete o entrelaçamento dos três sentidos de "progresso": 1. o mero "progredir" da diferenciação; 2. a progressiva racionalidade técnica dos meios; e, por último, 3. o aumento do valor. Em primeiro lugar, um comportamento subjetivamente "racional" não é idêntico a uma ação racionalmente "correta", isto é, uma ação que emprega os meios corretos objetivamente, de acordo com o conhecimento científico. Mas significa apenas que a intenção subjetiva segue uma orientação planejada referente aos meios considerados corretos para atingir uma determinada meta. Um progresso na racionalização subjetiva da ação não implica, portanto, necessariamente, também objetivamente, um "progresso" em direção a uma ação racionalmente "correta". A magia por exemplo sofreu uma "racionalização" tão sistemática como a Física. A primeira terapia "racional" de acordo com a sua própria intenção significa quase sempre um desprezo pela cura de sintomas empíricos mediante ervas, ou de eficácia empiricamente comprovada em favor da eliminação das (supostas) "causas verdadeiras" (mágicas, demoníacas) da enfermidade. Percebe-se que formalmente ela teve a mesma estrutura racional que encontramos também em muitos dos mais importantes progressos da terapia moderna. Mas não podemos atribuir a estas terapias mágicas dos sacerdotes o valor de um "progresso" em direção a uma ação "correta" com relação àquelas práticas empíricas. E, por outro lado, nem todo "progresso" em direção ao emprego dos meios "corretos" que se obteve mediante um "progredir" no primeiro sentido, ou seja, no sentido subjetivamente racional. Que uma ação racional subjetivamente progressiva conduz a uma ação objetivamente "adequada ao fim" é apenas uma entre muitas possibilidades e um processo cuja efetivação pode ser esperada apenas em graus diversos de probabilidade. Mas no caso particular é correta a proposição: a medida X é o meio (suponhamos que seja o único) para obter o resultado Y — o que é uma questão empírica e, decerto, nada mais do que a inversão da proposição causal "de X segue-se Y". E se esta proposição — que também por sua vez apenas pode ser constatada empiricamente — é empregada de maneira consciente por homens para a orientação de sua ação dirigida para uma determinada meta, então podemos dizer que tal ação está orientada de maneira "tecnicamente correta". E no caso em que o comportamento humano (de que tipo for) se orienta com referência a qualquer ponto específico neste sentido tecnicamente mais "correto" até então, podemos dizer que nos encontramos frente a um "progresso técnico". Se isto é o caso, é — supondo naturalmente a absoluta univocidade do fim pretendido de fato, para uma disciplina empírica — uma constatação empírica, ou seja, deve ser estabelecido com os meios da experiência científica.

Existem, portanto, neste sentido — note-se bem: no caso de fins univocamente dados — conceitos univocamente comprováveis de caráter "tecnicamente" correto e de progresso "técnico" referentes aos meios (entendemos aqui "técnica" no sentido mais amplo como comportamento racional em geral e em todos os setores, incluindo o manejo e a dominação políticos, sociais, educacionais e propagandísticos dos homens). É possível, em particular (para mencionar apenas aspectos que são importantes para nós), falar de maneira aproximadamente precisa de "progresso" num setor específico que é habitualmente denominado "técnica", sendo que são incluídas as técnicas do comércio e da jurisprudência, se o ponto de partida é uma situação univocamente determinada de uma formação social concreta. E dissemos "aproximadamente" porque os princípios particulares, tecnicamente racionais, entram em conflito mútuo, como sabe qualquer especialista, e é possível conseguir um equilíbrio a partir do ponto de vista de cada uma das pessoas interessadas, mas nunca de maneira objetiva. E por outra parte, supondo a existência de necessidades dadas, e, além disso, supondo que todas estas, assim como também a sua apreciação, não devem ser submetidas à crítica, e supondo, por último, a existência de uma determinada ordem econômica e social — de novo sob a restrição de que, por exemplo, os interesses relativos à permanência, à segurança e ao tamanho da satisfação destas necessidades podem entrar e entram realmente em conflito — pode haver também um progresso "econômico" em direção a um *optimum* relativo de satisfação das necessidades sob um determinado dado conjunto de possibilidades e de disposição de meios. Mas isso somente é possível sob estes pressupostos e restrições.

Assim, foram feitas tentativas de derivar daí a possibilidade de avaliações unívocas e, consequentemente, puramente econômicas. Um exemplo característico é o caso apresentado pelo professor Liefmann: a destruição deliberada de bens de consumo cujo preço desceu abaixo do seu preço de custo de produção, tendo em vista os interesses de rentabilidade dos produtores. Esta destruição deveria ser avaliada como objetivamente "correta" a partir do ponto de vista econômico. Mas esta explanação e — o que nos interessa aqui — qualquer explanação semelhante, aceita como óbvia uma série de pressupostos que, na realidade, não o são: em primeiro lugar, que o interesse do indivíduo não apenas sobrevive muitas vezes de fato à sua morte, mas também que deve valer como tal, de uma vez por todas. Sem esta transposição do "ser" para o "dever ser", a respectiva avaliação correspondente, pretensamente de pura natureza econômica, seria irrealizável de maneira unívoca. Pois sem ela, por exemplo, é possível referir-se aos interesses dos produtores e dos consumidores como se fossem interesses de pessoas imortais. O fato de que o indivíduo leva em consideração os interesses dos seus herdeiros não é apenas e puramente uma circunstância econômica. Pois, neste caso, homens vivos e reais são substituídos por seres interessados que usam e empregam "capital" e "empresas" e existem em função disso. Trata-se de uma ficção útil com fins de caráter teórico. Mas inclusive como ficção isto não combina com a situação dos operários, especialmente daqueles operários que não têm filhos. Em segundo lugar, este tipo de raciocínio ignora o fato da "condição de classe", a qual, sob o ponto de vista do domínio do princípio do mercado, pode (não: deve) reduzir em termos absolutos (e portanto piorar) a provisão e distribuição de bens para certos estratos sociais, considerando-as a partir do ponto de vista da sua possibilidade. Pois uma distribuição, a mais "ótima possível" da rentabilidade que condiciona a constância do investimento de capital, depende, por sua parte, das constelações de poder entre as classes cujas consequências podem (não: devem) debilitar, em casos concretos, a posição daqueles estratos que estão numa luta e numa discussão ao redor dos preços. Em terceiro lugar, esta postura ignora a possibilidade das insolúveis, continuadas e persistentes oposições de interesses entre os diversos membros das distintas unidades políticas e posiciona-se *a priori* a favor do "argumento da liberdade de comércio", o qual, sendo apenas um meio heurístico sumamente útil, se transforma logo num postulado de um "dever ser" em função de uma avaliação que de maneira nenhuma é óbvia. Mas se ela supõe, a fim de evitar este conflito, a unidade política da economia mundial — o que pode ser feito indiscutivelmente num nível apenas teórico — então se desloca o âmbito sobre o qual poderia recair a crítica da destruição daqueles bens que poderiam ser consumidos a favor do interesse em obter o *optimum* de rentabilidade (de consumidores e produtores) permanente para as relações dadas, apenas no seu alcance da maneira como aqui se supõe. Neste caso, a crítica se dirige ao princípio como tal do abastecimento do mercado mediante tais diretrizes, tais como resultam do *optimum* de rentabilidade que pode ser expresso em dinheiro como meio de unidades econômicas intercambiáveis entre si. Uma organização de abastecimento de bens que não é regida pelo mercado não teria motivo nenhum para levar em consideração a constelação de interesses das unidades econômicas particulares regidas pelo princípio do mercado, e, consequentemente, tampouco se veria na obrigação de tirar do consumo possível aqueles bens já existentes e suscetíveis ao consumo.

A opinião do professor Liefmann não é apenas teoricamente correta, mas também autoevidente se pressupomos as seguintes condições: 1. interesses de rentabilidade constantes de pessoas consideradas também constantes que têm como meta condutora também necessidades constantes e permanentes; 2. o total e exclusivo predomínio da satisfação dessas necessidades mediante um capitalismo privado através de uma troca inteiramente livre no mercado; 3. um poder de Estado desinteressado como mera instância que garante o direito. Neste caso, realmente, a avaliação se refere ao meio racional para uma solução a mais ótima possível de um problema técnico particular de distribuição de bens. Mas é preciso ver que as ficções de uma economia pura que são úteis para fins teóricos não podem ser convertidas em base de avaliações práticas de fatos reais. Com isto fica estabelecido que a teoria econômica não pode dizer algo além do seguinte: para o fim técnico dado X, a medida Y é o único meio apropriado, ou o é juntamente com Y1 e Y2. Neste último caso, existem tais e quais diferenças no que diz respeito aos efeitos de sua aplicação entre Y, Y1 e Y2, e, eventualmente, até terá efeitos colaterais do tipo Z, Z1 e Z2. Todas essas são inversões de proposições causais, e na medida em que é possível colocá-las dentro de avaliações, estas apenas se referem ao grau de racionalidade de uma projetada ação. Nestes casos, consequentemente, as avaliações são unívocas apenas se o fim econômico e as estruturas sociais são claramente dadas e unicamente há a necessidade de escolher entre diferentes meios econômicos, e além disso, quando estes se diferenciam exclusivamente com relação à segurança, certeza, rapidez e produtividade quantitativa do resultado, mas funcionam de maneira totalmente idêntica com relação a qualquer outro aspecto que pode ter importância para os interesses humanos. Só nestes casos é possível fazer uma avaliação no sentido de dizer que um determinado meio e, de modo unívoco, o "meio mais correto do ponto de vista puramente técnico", e unicamente neste caso é unívoca uma avaliação. Em qualquer outro caso, isto significa, caso que não se refere ao aspecto puramente técnico, a avaliação deixa de ser unívoca e inclui avaliações e valores que não podem ser definidos e decididos unicamente com meios econômicos.

Mas com o estabelecimento da univocidade de uma avaliação técnica dentro da esfera puramente econômica não se obtém ainda, como é natural, uma univocidade da "avaliação" definitiva. Muito pelo contrário, começaria agora, para lá destas exposições, aquela confusão referente à infinita multiplicidade possível de avaliações que somente poderia ser superada mediante o recurso a axiomas últimos. Realmente, para mencionar um único ponto — atrás de qualquer "ação" está o "homem". Para ele, o aumento da racionalidade subjetiva e do "caráter correto" ténico-objetivo da ação pode significar — quando ela ultrapassa certos limites, sobretudo a partir do ponto de vista de certas concepções gerais — uma certa ameaça a bens e valores importantes (por exemplo, valores e bens éticos ou religiosos). A ética (máxima) budista, que rejeita como tal qualquer ação conduzida em direção a um determinado fim como sendo algo que desvia o homem da salvação, dificilmente pode ser compartilhada com a nossa ética. Mas é difícil de refutá-la no sentido como se faz com um cálculo matemático ou um diagnóstico médico. Mas sem recorrer a exemplos tais extremos, entretanto, será fácil perceber que as racionalizações econômicas, por mais indubitável que seja o seu "caráter correto" no sentido técnico, de maneira alguma podem ser legitimadas diante do fórum da avaliação unicamente em função desta sua qualidade, ou característica. Isto é válido, sem exceção, para qualquer racionalização, inclusive as racionalizações que estão presentes numa área apropriada para tais procedimentos como na área bancária. As pessoas que se opõem a tais racionalizações não são necessariamente idiotas. Mas seja como for, sempre quando se quer avaliar, é necessário levar em consideração a influência das racionalizações técnicas sobre os deslocamentos em todo o conjunto das condições de vida, sejam elas internas ou externas. Sem exceção, o conceito de progresso legítimo em nossa disciplina deve referir-se ao "técnico", isto é, como já expomos, ao "meio" para um fim univocamente estabelecido. Jamais se refere à esfera dos valores "últimos". De acordo com tudo o que foi explicado aqui considero muito inoportuno o emprego do termo "progresso" mesmo dentro do limite bem delimitado do seu uso empírico. É impossível impedir o uso de certas expressões, mas, certamente, é possível evitar os seus possíveis mal-entendidos.

Antes de passar para um outro tema ou assunto, ainda temos que discutir um grupo de problemas referente à posição do racional dentro das disciplinas empíricas.

Quando o normativamente válido se torna objeto de uma investigação empírica, este "válido" enquanto objeto perde o seu caráter de norma: apenas deve ser tratado como "algo que é" e não como "algo que deve ser". Por exemplo, se mediante uma estatística se quisesse estabelecer o número dos "erros aritméticos" dentro de uma determinada esfera de cálculo profissional — o que poderia ter muito sentido para a ciência — as proposições básicas da tabuada poderiam ser válidas em dois sentidos completamente distintos. Por um lado, a sua validade normativa constituiria, naturalmente, um pressuposto absoluto de seu próprio trabalho de cálculo. Mas, por outro lado, na medida em que o grau da aplicação "correta" da tabuada é colocado como sendo objeto da investigação, a situação modifica-se por completo, do ponto de vista puramente lógico. Neste caso, a aplicação da tabuada, por parte de pessoas cujos cálculos são a matéria da investigação estatística, é tratada como uma máxima de comportamento fáctico que se tornou habitual através da educação e o seu emprego deve ser comprovado referente à sua frequência, da mesma maneira como determinados fenômenos de erro podem ser convertidos em objeto de comprovação estatística. Que a tabuada "valha" normativamente, quer dizer, que ela seja "correta" é, por exemplo, indiferente no caso em que ela mesma é o tema da discussão e é logicamente indiferente. O estatístico, naturalmente, deve na sua investigação estatística dos cálculos das pessoas que são objetos da pesquisa adequar-se a esta convenção, ou seja, ao cálculo de acordo "com a tabuada". Mas, da mesma maneira, deveria usar um procedimento de cálculo que, normativamente considerado, é "falso", se, por exemplo, este fosse tido por "correto" no meio de um certo grupo humano, e se ele investigasse estatisticamente a frequência do seu emprego de fato "correto" a partir do ponto de vista do respectivo grupo considerado. Referente a qualquer consideração empírica, sociológica ou histórica, a nossa tabuada quando é objeto de investigação não é senão uma máxima de comportamento prático válido convencionalmente dentro de um certo círculo de pessoas e que é respeitado em maior ou menor grau de aproximação. Qualquer exposição da teoria musical de Pitágoras deve, antes de tudo, admitir o cálculo "falso" — segundo os nossos conhecimentos de que 12 quintos seriam iguais a 7 oitavas. O mesmo vale para qualquer história da Lógica referente à existência histórica de formulações contraditórias que para nós é humanamente compreensível, mas não pertence mais aos resultados científicos e à atividade científica, quando alguém acompanha tais "absurdos" com explosões ou ataques de raiva como de fato aconteceu com um professor de grande mérito na Lógica Medieval.

Esta metamorfose de verdades normativamente válidas em opiniões que valem convencionalmente, metamorfose a que podem ser submetidos conjuntos filosóficos inteiros, ideias lógicas e matemáticas, na medida em que passam a ser objeto de uma consideração que faz reflexões sobre o seu ser empírico e não sobre o seu caráter ou o seu sentido (normativamente) correto, existe com total independência do fato de que a validade normativa das verdades lógicas e matemáticas são, por outro lado, o *a priori* de todas e de cada uma das ciências empíricas. Menos simples é a sua estrutura lógica no caso de uma função já indicada anteriormente que lhes convém numa investigação empírica sobre conexões espirituais e que temos que distinguir claramente das duas seguintes: o lugar como objeto de investigação e o lugar como o seu *a priori*. Toda ciência de conexões espirituais e sociais é uma ciência de comportamentos humanos (em cujo conceito se inclui, neste caso, qualquer ato de pensamento e qualquer ato psíquico). Tal ciência quer "compreender" este comportamento e, em função disso, "interpretar pela explicação" o seu decurso. Não podemos aqui abordar este conceito difícil de "compreensão". Neste contexto nos interessa apenas um tipo particular dela: a interpretação "racional". É evidente que "compreendemos" sem mais nem menos que um pensador "resolva" um determinado "problema" de maneira que nós mesmos o consideramos normativamente "correto", ou que um homem calcule, por exemplo, da maneira "correta", ou que ele empregue, para certo fim a que se propõe, o meio "correto" (na nossa opinião). E a nossa compreensão destes processos é sobremaneira evidente, porque se trata precisamente da realização de algo que é objetivamente "válido". Mesmo assim, não se deve acreditar que, considerado sob este ponto de vista lógico, o normativamente correto apareça neste caso com a mesma estrutura como na sua situação ou posição geral como sendo o *a priori* de toda investigação científica. Pelo contrário, a sua função como meio de "compreender" é a mesma que a captação "empática" puramente psicológica desempenha referente às conexões de afetos e sentimentos irracionais do ponto de vista lógico, enquanto se trata do seu conhecimento compreensivo. Neste caso, o meio da explicação compreensiva não é o caráter de correto no sentido normativo, mas, por um lado, o hábito convencional do pesquisador e do professor de pensar assim e não de outro modo, e, por outro lado, a capacidade — nos casos em que é necessária — de conseguir "transpor-se empaticamente" de maneira compreensiva num pensamento que difere daquele hábito e que, portanto, lhe parece ser, normativamente falando, "falso". O fato de que o pensamento "falso", o "erro", seja em princípio acessível para a compreensão da mesma maneira como o pensamento "certo", demonstra que aquele que é tido como sendo normativamente "certo" ou "correto" como tal, aqui não se leva em consideração, mas somente como um tipo convencional cuja compreensão é particularmente fácil. E isto nos leva a uma última colocação sobre o papel do normativamente correto dentro do conhecimento sociológico.

Para "compreender" um cálculo matemático errado ou uma formulação lógica "falsa" e para poder estabelecer e explicar sua influência sobre as consequências fácticas, evidentemente será necessário não somente comprovar aquilo através de um cálculo "correto" ou repensar aquilo logicamente, mas sobretudo indicar expressamente por meio da lógica e do cálculo "correto" aquele ponto em que o cálculo ou a formulação lógica investigados se afastam daquilo que o pesquisador considera como normativamente "correto". E isto não apenas ou necessariamente com a finalidade prático-pedagógica como Windelband, por exemplo, na sua *História da Filosofia* o destacou (estabelecer "placas de advertência" contra possíveis "caminhos errados"), o que apenas significa um não desejado resultado lateral do trabalho histórico. E tampouco porque a qualquer problemática histórica, a cujo objeto pertencem conhecimentos lógicos, matemáticos ou científicos de outra disciplina, somente e inevitavelmente pode basear-se no "valor de verdade" que é reconhecido por nós como sendo válido, a partir do qual se estabelece a única relação de valor possível que é decisiva para a seleção do objeto e que indica a direção do "progresso". Mas mesmo assim, e se isto realmente fosse o caso, ainda deveria ser levada em consideração a observação que exatamente foi feita inúmeras vezes por Windelband, ou seja, que o "progresso" neste sentido muitas vezes não tomou o caminho direto mas, usando termos econômicos — um caminho mais comprido — para a produção mais rendosa via "erros" e "confusões de problema". Mas será necessário fazê-lo (e também unicamente e na medida em que) aqueles pontos nos quais a formação espiritual investigada como objeto se afasta daquilo que o próprio pesquisador deve considerar como sendo "correto", se tornam (os pontos) importantes para ele — pelo menos normalmente — referente a suas específicas características e na opinião se referem diretamente a valores ou estão em relação causal sob o ponto de vista de outras situações que se referem a certos valores. E isto será o caso em mais elevado grau quando o valor de verdade de certas ideias é o valor condutor de uma exposição histórica, da maneira como é o caso, por exemplo, na história de uma determinada "ciência" (a filosofia ou a economia política). Mas não apenas necessariamente nestes casos. Uma situação pelo menos semelhante encontramos todas as vezes que uma ação subjetivamente racional passa a ser o objeto de uma exposição e quando, portanto, certos "erros" do raciocínio lógico ou do "cálculo matemático" podem ser componentes causais do decurso dos acontecimentos. Para compreender, por exemplo, a maneira como uma guerra é conduzida, é imprescindível imaginar — mesmo que seja necessário expressamente ou em forma acabada — que em ambos os lados esteja no comando um comandante ideal, que conheça a situação total e global e o deslocamento das forças militares dos dois lados e também a totalidade das possibilidades daí resultantes e a meta concreta a ser alcançada, que nada mais é do que a destruição das forças militares do inimigo; e também temos que imaginar que esse comandante, com base neste conhecimento, tivesse procedido sem cometer erros e sem incorrer em falhas lógicas. Somente neste caso seria realmente possível estabelecer de maneira unívoca a influência causal que teve sobre o desenvolvimento das coisas o fato de os comandantes reais não possuírem tal conhecimento nem tal imunidade total frente a erros, e, de maneira geral, tampouco serem meras máquinas racionais de pensar. A construção racional, portanto, tem aqui o valor de desempenhar o papel de meios para uma "imputação" causal correta. Exatamente o mesmo sentido possuem aquelas construções utópicas de um agir racional *stricto sensu* e livre de qualquer erro que foram criadas pela teoria econômica "pura".

Para o fim da imputação causal de processos empíricos necessitamos, exatamente, de construções racionais, técnico-empíricas ou lógicas, que dão uma resposta à pergunta: como se desenvolveria (ou teria se desenvolvido) certo estado de coisas, consistindo este numa conexão externa da ação ou numa formação de pensamentos (por exemplo, um sistema filosófico), no caso de uma absoluta logicidade e de uma total "ausência de contradições", no que diz respeito à dimensão lógica ou à empírica. Sob o ponto de vista lógico, a construção de uma tal utopia ou utopia semelhante que é racionalmente correta é apenas uma das mais diversas formações possíveis de um "tipo ideal" — termo que eu dei a tais formações conceituais (terminologia que me parece mais apropriada do que qualquer outra). Pois, na verdade, não somente são concebíveis, como já explicamos, casos em que um raciocínio falso de maneira típica ou um comportamento determinado que é tipicamente contrário ao fim pretendido podem prestar o melhor serviço como tipo ideal, mas, sobretudo, existem esferas de comportamento (a esfera do "irracional") em que tal serviço é prestado da melhor maneira possível, não pelo máximo de racionalidade lógica, mas, sinceramente, pela univocidade alcançada mediante a abstração isolante. De fato, o pesquisador emprega com muita frequência "tipos ideais" que foram construídos normativamente de maneira "correta". Mas, considerado a partir do ponto de vista lógico, o "caráter correto" normativamente falando não é o essencial. Um investigador, por exemplo, pode, a fim de caracterizar um tipo específico de consciência típica dos homens de uma certa época, construir um tipo de consciência ao seu juízo eticamente normal, considerando-o, neste sentido, objetivamente "correto", ou construir um tipo que lhe parece inteiramente oposto ao eticamente normal, com o propósito de comparar com ele o comportamento dos homens que é objeto da investigação, ou por último, construir um tipo de consciência ao qual ele pessoalmente não atribui predicado algum, nem negativo nem positivo. Portanto, o normativamente "correto" não goza de nenhum monopólio para este fim. Com efeito, qualquer que seja o conteúdo do tipo ideal racional — seja que ele represente uma norma de fé ética, jurídico-dogmática, estética ou religiosa, ou uma máxima técnica, econômica, de política jurídica, social ou cultural ou uma "avaliação" de qualquer tipo, expressa numa forma a mais racional possível — a sua construção tem sempre, dentro das investigações empíricas, o único fim de "comparar" a realidade empírica, estabelecer o contraste ou a divergência com ela, ou a sua aproximação relativa, a fim de poder, deste modo, descrevê-la, compreendê-la e explicá-la por via da imputação causal com os conceitos compreensíveis os mais unívocos possíveis. Estas funções são as que desempenham, por exemplo, a formação de conceitos da dogmática jurídica racional referente à disciplina empírica da história do direito e a teoria racional dos cálculos referente à análise do comportamento real das unidades econômicas na economia do mercado. As duas disciplinas dogmáticas mencionadas têm, naturalmente além disto, como coisas artísticas, fins normativo-práticos eminentes. E ambas as disciplinas, no que se refere a este seu caráter como ciências dogmáticas, de maneira alguma são disciplinas empíricas no sentido aqui explicado, mas disciplinas que se assemelham à matemática, à lógica, à ética normativa e à estética.

A teoria econômica, finalmente, é obviamente uma dogmática num sentido lógico muito diferente do que, por exemplo, a dogmática jurídica. Os seus conceitos se relacionam com a realidade econômica de maneira especificamente diferente do modo que os conceitos da dogmática jurídica se relacionam com a respectiva realidade e com a história e a sociologia do direito. Mas, assim como, no que diz respeito a estas últimas, os conceitos da dogmática jurídica podem e devem ser empregados como "tipos ideais", este modo de emprego é o único sentido que a teoria econômica pode ter referente ao conhecimento da realidade social presente e passada. Uma teoria deste tipo estabelece determinados pressupostos que na realidade nunca se verificam em sua totalidade, mas os quais se verificam em menor ou maior grau de aproximação e exigem a pergunta: como se teria configurado sob estes pressupostos a ação social dos homens no caso em que se tivesse desenvolvido esta ação de maneira estritamente racional? Em particular, ela pressupõe o predomínio de interesses puramente econômicos, excluindo, portanto, a influência de uma orientação do agir segundo diretrizes políticas ou extraeconômicas de qualquer tipo possível.

Mas, referente a essa teoria, deu-se de maneira típica a "confusão de problemas". Pois, realmente, essa teoria pura, "individualista" neste sentido, "neutra frente à moral e frente ao Estado" que foi e será sempre indispensável como instrumento metodológico, foi concebida pela escola radical que é partidária do livre comércio como uma cópia exaustiva da realidade "natural", quer dizer, não falsificada pela estupidez dos homens, portanto; levando em consideração isso, foi concebida como um "dever ser", ou seja, como um ideal válido na esfera do valor e não como um tipo ideal que é utilizável para a investigação empírica daquilo que é. Como consequência das modificações e alterações na apreciação do Estado referente à política econômica e social se produziu uma repercussão na esfera dos valores e das avaliações a qual se propagou em seguida para a esfera do ser e refutou a teoria econômica pura, não somente como expressão de um ideal — dignidade à qual não poderia ter aspirado —, mas também como procedimento para a investigação dos fatos. Explicações "filosóficas" das mais diversas naturezas deveriam substituir a pragmática racional, e na identificação do que é "psicologicamente real" com o que é eticamente válido tornou irrealizável uma separação nítida entre a esfera das avaliações e do trabalho puramente empírico. Os extraordinários resultados dos responsáveis do desenvolvimento científico nos setores da história, da sociologia e da política social são tão amplamente reconhecidos, que um julgamento imparcial também não pode ignorar a completa confusão que persiste há dezenas de anos, de trabalho teórico e de ciência econômica *stricto sensu*. Uma das duas teses principais com que argumentaram os oponentes da teoria pura foi a de que as construções racionais seriam "meras ficções" que nada diriam sobre a realidade empírica. Corretamente entendida, esta afirmação é certa. Pois, realmente, as construções teóricas estão exclusivamente ao serviço do conhecimento das realidades que elas mesmas não podem proporcionar. E as realidades, as consequências de sua ação recíproca com outras circunstâncias e séries de motivações, não estão contidas naquelas construções teóricas e mesmo no caso extremo apresentam apenas aproximações do processo construído. Mas tudo isso nada prova, de acordo com tudo que foi explicado, contra a utilidade e necessidade da teoria pura. A segunda tese principal era a seguinte: que em nenhum caso poderia haver uma teoria da política econômica como ciência axiologicamente neutra. Esta, decerto, é totalmente errada, tão errada que precisamente a "neutralidade axiológica" — no sentido que explicamos no decorrer destes ensaios — é o pressuposto de qualquer abordagem puramente científica da política, e, em particular, da política social e econômica. Com efeito, como é óbvio, é possível assim como útil e necessário para a ciência desenvolver proposições do tipo: para obter o resultado X (de política econômica), Y é o único e mais eficiente meio, ou o são Y1, Y2, Y3 — sob as condições B1, B2, B3. Acredito que seja desnecessário repetir isso. Somente queremos lembrar pela insistência o fato de que o problema consiste na possibilidade de uma univocidade absoluta da caracterização da aspiração. Se esta condição é dada, trata-se de uma simples inversão de proposições causais Y, portanto, de um problema puramente "técnico". Precisamente por causa disso, a ciência, em todos os casos, não é obrigada a conceber estas proposições técnicas teleológicas de outro modo do que como simples proposições causais, e, portanto, da seguinte forma: de Y segue sempre o resultado X, ou, sob as condições B1, B2, B3, X é sequência de Y1, Y2, Y3. Pois isso significa, na realidade, a mesma coisa, e o "prático" pode daí extrair as suas "receitas". Mas a teoria científica da economia tem outras tarefas ao lado da de proporcionar fórmulas puramente típico-ideais, por um lado, e, por outro, de comprovar tais conexões particulares econômico-causais — pois destas se trata, sem exceção, quando X é suficientemente unívoco, e, portanto, a imputação causal do efeito à causa (ou do meio ao fim) deve ser suficientemente estrita. Além disso, ela tem que investigar a totalidade dos fenômenos sociais referente ao modo como esta é co-condicionada por causas econômicas. Ela deve fazer isso pela interpretação econômica da história e da sociedade. E, por outro lado, também tem que proporcionar ou mostrar o condicionamento dos processos econômicos e das formas da economia pelos fenômenos sociais conforme os seus diferentes tipos e estágios de desenvolvimento: esta é a tarefa da história e da sociologia da economia. A estes fenômenos sociais pertencem, naturalmente, decerto e em primeiríssima linha, as ações e formações políticas e, sobretudo, o Estado e o Direito que é garantido pelo Estado. Mas, obviamente os fatos políticos não são os únicos. Também a totalidade das formações que — num grau suficientemente significativo para o interesse científico — têm influências sobre a economia. A expressão "teoria da política econômica" seria, naturalmente, muito pouco apropriada para a totalidade destes problemas. Mas a difusão do seu uso se explica pelas características das Universidades, enquanto institutos educativos para os funcionários do Estado, e também, interiomente, pelos recursos que o Estado possui para influir na economia, em virtude da qual sua consideração alcança importância prática. Que apenas é necessário comprovar de novo que, em todas as investigações, é sempre possível inverter as proposições sobre "causas e efeitos". Transformá-las em proposições sobre "meios e fim", obviamente, sempre que o resultado em questão pode ser dado de maneira suficientemente unívoca. Com isto, naturalmente, nada se modifica aqui acerca da relação lógica entre a esfera da avaliação e a esfera do conhecimento empírico. Neste contexto e como conclusão, queremos apenas assinalar ainda uma única coisa.

O desenvolvimento dos últimos decênios e, em particular, os acontecimentos sem precedentes de que hoje somos testemunhas elevaram fortemente o prestígio do Estado. Somente a ele, entre todas as comunidades sociais, se atribui hoje o poder "legítimo" sobre a vida, a morte e a liberdade, e os órgãos utilizam-se de tal poder contra os inimigos externos na guerra e, na guerra e na paz, contra os opositores internos. Na paz, o Estado é o maior empresário e o mais poderoso tributário dos cidadãos, e na guerra ele dispõe de maneira ilimitada de todos os bens econômicos ao seu alcance. A sua forma moderna, racionalizada, lhe permitiu resultados em muitos setores que, sem dúvida, não poderiam ser alcançados por uma outra forma de ação associada. Não podia deixar de acontecer que de tudo isto se tirou a conclusão de que o Estado deveria também — sobretudo quando as avaliações se movem no setor político — constituir o "valor" último em cujos interesses existenciais deveria ser medida, em última instância, toda ação social. Mas isto significa uma interpretação indevida de fatos que pertencem à esfera do ser em normas da esfera das avaliações, razão pela qual devemos prescindir aqui por causa da falta de univocidade das consequências extraídas, de toda avaliação, que se mostra de imediato em qualquer discussão dos "meios" (para a "conservação" ou o "fomento" do Estado). Dentro da esfera dos puros fatos cabe comprovar, sobretudo, em oposição a tal prestígio, que o Estado não tem poder sobre determinadas coisas. E, inclusive, no âmbito que se apresenta como sendo o seu domínio mais próprio: o militar. A observação de muitos fenômenos que a atual guerra pôs em evidência referentes aos exércitos de Estados compostos por diversas nacionalidades ensina que a consagração dos indivíduos à causa que o seu Estado defende, de modo algum, é indiferente para com o resultado ou êxito militar. E, no que diz respeito ao setor econômico, afirmamos só que a transposição de formas e de princípios da economia de guerra para a economia de paz como fenômeno permanente, muito rapidamente, poderia trazer consequências que estragariam os planos dos próprios partidários do ideal de um Estado expansivo. Por ora não falaremos disto. Na esfera das avaliações, entretanto, há um ponto de vista que poderia muito bem ser sustentado: que o poder do Estado se incremente até o máximo concebível no interesse do seu uso como meio coercitivo contra os opositores, mas que, por outro lado, se lhe negue todo o valor próprio e que se o caracterize como mero instrumento técnico para a realização de valores inteiramente distintos, dos quais ele unicamente poderia obter a sua dignidade e mantê-la enquanto não procurasse fugir deste seu papel de auxiliar de construção.

Não pretendemos aqui nem desenvolver, nem defender, naturalmente, este ou qualquer outro ponto de vista axiológico possível. Somente queríamos lembrar que, se há um tal ponto de vista, a obrigação mais recomendável para um "pensador" de profissão é a de manter a cabeça fria frente aos ideais dominantes, mesmo frente aos ideais mais majestosos, no sentido de conservar a capacidade pessoal de "nadar contra a correnteza" caso seja necessário. As "ideias alemãs de 1914" eram um produto da literatura. O "socialismo do futuro" é uma frase referente à racionalização da economia através de uma combinação de maior burocracia e administração, ajustada a fins por parte dos interessados. Quando o fanatismo dos patriotas de ofício em matéria de política econômica defende hoje medidas puramente técnicas em vez da discussão objetiva de sua conveniência, que em boa parte é condicionada pela política financeira, e evoca a consagração não somente da filosofia alemã, mas também da religião — como acontece hoje em larga escala — tudo isto não significa senão uma repugnante degradação do gosto de literatos que se acham importantes. Nada podemos dizer hoje antecipadamente sobre o "como deveriam ou poderiam" ser as "ideias alemãs de 1918" reais, em cuja formação participarão também os soldados que voltam para casa. Isto compete ao futuro.

# XI

# Conceitos sociológicos fundamentais[1] — 1921

Nota Introdutória: § 1. O conceito de Sociologia e o "sentido" da ação social. I. Fundamentos metodológicos. II. O conceito de ação social. § 2. Razões que definem a ação social. § 3. A relação social. § 4. Tipos da ação social: costume e hábito. § 5. O conceito da ordem legítima. § 6. Tipos da ordem legítima: convenção e Direito. § 7. Justificação da ordem legítima: tradição, crença, estatuto.

O método desta definição introdutória de conceitos, da qual não podemos prescindir facilmente, não obstante ser ela inevitavelmente abstrata e alheia à realidade, não pretende de modo nenhum ser uma novidade. Pelo contrário, ela deseja apenas formular — tendo a esperança de o conseguir — numa forma mais conveniente e correta (talvez, por causa disso, assuma um tom pedante) o que toda a sociologia empírica de fato entende quando fala das mesmas coisas. E isso também nos casos em que ela utiliza expressões não muito habituais ou até novas. Em comparação com o ensaio nas páginas 427 ss deste livro, a terminologia

1. Fonte: *Grundriss der Sozialökonimie* (Fundamentos da Economia Social), Parte III: *Wirtschaft und Gesellschft* (Economia e Sociedade), Parte I, capítulo I, §§ 1-7, 1921.

foi muito simplificada e, em função disso, também foi modificada com o propósito de ser de mais fácil compreensão. Mas a exigência de uma vulgarização absoluta não é sempre conciliável com a de uma máxima precisão conceitual, e esta última deve prevalecer, em comparação com a primeira.

Sobre o conceito "compreender" (*Verstehem*) veja-se a obra de Karl Jaspers, *Allgemeine Psychopathologie* (Psicopatologia Geral) (também algumas observações de Rickert na segunda edição da obra *Grenzen der naturwissenschaftlichen Begriffsbildung* (Limites da formação conceitual das ciências naturais) e, particularmente o trabalho de Simmel no livro *Probleme der Geschichtsphilosophie* (Problemas da filosofia da história). Metodologicamente remeto aqui novamente — como várias vezes já o fiz — à obra anterior de F. Gottl, *Die Herrschaft des Wortes* (O domínio da palavra), que certamente é escrita num estilo difícil, no sentido de não levar o seu raciocínio sempre plenamente a uma conclusão. No que se refere ao conteúdo menciono o belo livro de F. Tönnies, *Gemeinschaft und Gesellschaft* (Comunidade e Sociedade). E, por último, a equivocada obra de Stammler, *Wirtschaft und Recht nach der materialistischen Geschichtsauffassung* (Economia e Direito conforme a concepção materialista da história), e a minha crítica a este livro que consta nestes ensaios nas páginas 291 ss e 360 ss que em grande parte já contém o que será exposto neste artigo. Distancio-me da metodologia de Simmel (na *Sociologia* e na *Filosofia do dinheiro*) pelo fato de separar nitidamente aquilo que é o "imaginado" e aquilo que é objetivamente válido, que portanto, tem um "sentido", conceitos que Simmel nem sempre distingue, mas até com frequência propositadamente permite que se confundam.

## § 1. O CONCEITO DE SOCIOLOGIA E O "SENTIDO" DA AÇÃO SOCIAL

Deve entender-se por sociologia (no sentido aceito desta palavra que é aqui empregado das mais diversas maneiras possíveis) uma ciência que pretende entender pela interpretação a ação social para, desta maneira, explicá-la causalmente no seu desenvolvimento e nos seus efeitos. Por "ação" deve entender-se um comportamento humano, tanto faz que se trate de um comportar-se externo ou interno ou de um permitir ou omitir, sempre quando o sujeito ou os sujeitos da ação ligam a ela um sentido subjetivo. A "ação social", portanto, é uma ação na qual o sentido sugerido pelo sujeito ou sujeitos refere-se ao comportamento de outros e se orienta nela no que diz respeito ao seu desenvolvimento.

## I. Fundamentos metodológicos

1. Por "sentido" entendemos aqui o sentido imaginado e subjetivo dos sujeitos da ação, ou que a' existe de fato, seja a' num caso historicamente dado, ou b' como média e de um modo aproximado referente a uma determinada quantidade de casos, ou b' numa construção ideal-típica relativamente puro ou construído de maneira típico-ideal.[2]

2. Os limites entre uma ação com sentido e um modo de comportamento simplesmente reativo (como pretendemos denominá-lo aqui) são inteiramente imprecisos. Uma parte muito importante dos modos de comportamento que interessam à sociologia, especialmente o comportamento puramente tradicional, localiza-se nos limites entre ambos. Uma ação com sentido, quer dizer, uma ação "compreensível", não se faz presente em muitos casos de processos psicofísicos, e em muitos outros somente existe para os especialistas. Processos místicos e, portanto, não comunicáveis por meio de palavras, não podem ser compreendidos na sua plenitude por pessoas que não têm acesso a este tipo de experiências. Mas, inversamente, não é necessário ser um César "para compreender César". O poder de "reviver plenamente" algo que é alheio é importante para a evidência da compreensão, mas não é uma condição absoluta para a interpretação do sentido. Pois elementos compreensíveis e elementos não compreensíveis de um processo estão muitas vezes unidos e misturados entre si.

---

2. Cf. original p. 542.

3. Toda interpretação, como toda ciência em geral, tendendo à evidência da compreensão, pode ser de caráter racional (e, portanto, de natureza lógica ou matemática), ou de caráter empático (ou seja, de caráter afetivo ou receptivo-artístico). No domínio da ação é racionalmente evidente, sobretudo, o que, referente à "conexão de sentido", se compreende intelectualmente de uma maneira exaustiva e transparente. Racionalmente compreensível — isto é, neste caso, captável intelectualmente no seu sentido de um modo imediato e unívoco — são sobretudo, em grau muito elevado, as conexões significativas em relação recíproca que são encontradas nas proposições lógicas e matemáticas. Destarte, compreendemos de um modo unívoco o que se dá a entender quando alguém, pensando na proposição 2 x 2 igual a 4, ou pensando nos teoremas de Pitágoras, extrai uma conclusão lógica — de acordo com os nossos hábitos mentais — de uma moda correta. Da mesma maneira quando alguém, baseando-se nos dados oferecidos por fatos da experiência que nos são "conhecidos" e a partir de certos fins dados, deduz para a sua ação consequências claramente inferíveis (segundo a nossa experiência) sobre o "tipo" dos "meios" a serem empregados. Toda a interpretação de uma ação orientada a fins de maneira racional deste tipo — para a compreensão dos meios usados — é de grau máximo de evidência. Por uma evidência não idêntica, mas que seja suficiente para as nossas exigências de explicação, entendemos também aqueles erros (inclusive as confusões de problemas) nos quais facilmente somos capazes de incorrer ou de cujo conhecimento podemos ter uma experiência própria. Pelo contrário, muitos dos "valores" dos "fins" últimos que parecem orientar a ação de um homem não podemos compreender, pelo menos com plena evidência, mas tão somente e sob certas circunstâncias, entendê-los intelectualmente, tendo continuamente dificuldades crescentes para poder "revivê-los" por meio de uma transposição empática, na medida em que se afastam mais radicalmente das nossas próprias avaliações últimas. Temos de nos contentar com a sua interpretação exclusivamente intelectual, ou, em determinadas circunstâncias, aceitar aqueles valores ou aqueles fins sinceramente como dados para tratar de fazer compreensíveis o desenvolvimento de uma ação que foi motivada por eles para a melhor interpretação intelectual possível ou para um reviver os pontos de orientação o mais fielmente possível. A isso pertencem, por exemplo, muitas ações virtuosas, religiosas e caritativas para aquele que

é insensível a tais procedimentos. Mas também, e da mesma maneira, muitos fanatismos de racionalismos extremos ("direitos do homem") para quem se aborrece com isso. Muitos afetos reais (medo, raiva, ambição, inveja, amor, entusiasmo, orgulho, vingança, piedade, devoção e desejos de toda espécie) e reações irracionais (do ponto de vista da ação racional considerando-se os meios para obter um determinado fim) que são derivados deles, podemos "reviver" afetivamente de modo tanto mais evidente quanto mais suscetíveis somos a estes mesmos sentimentos. E, em todo caso, mesmo que excedam em absoluto por sua intensidade as nossas possibilidades, podemos compreendê-los empaticamente no seu sentido e calcular intelectualmente os seus efeitos tendo em vista a direção e os meios da ação.

O método científico que consiste na construção de tipos investiga e expõe todas as conexões de sentido irracionais e afetivas sentimentalmente condicionadas do comportamento que tem influência sobre a ação como "desvios" de um desenvolvimento desta mesma ação que foi construído como sendo puramente racional em relação aos fins. Por exemplo, para a explicação de um "pânico na bolsa de valores" seria conveniente fixar, em primeiro lugar, a descrição que se refere ao desenvolvimento da ação, se ela foi oriunda de reações puramente irracionais, para "introduzir" depois, como "perturbações", aqueles mesmos componentes irracionais. Da mesma maneira poderíamos proceder na explicação de uma ação política ou militar: teríamos de fixar, em primeiro lugar, como teria se desenvolvido essa mesma ação no caso em que conhecidas todas as circunstâncias e todas as intenções dos protagonistas se tiver se orientado a seleção dos meios — a partir dos dados da experiência tidos como realmente existentes — de um modo rigorosamente racional em relação aos fins. Somente desta maneira seria possível a imputação dos desvios às irracionalidades que os causaram. A construção de uma ação rigorosamente racional com relação a fins serve nestes casos para a sociologia — por causa de sua evidente inteligibilidade e do seu caráter de racionalidade e de univocidade — como tipo ("tipo ideal") mediante o qual é possível compreender a ação real que é influenciada por irracionalidades de todo tipo e de toda espécie (afetos, sentimentos) como um desvio do desenvolvimento esperado de uma ação racional.

Somente desta maneira e por causa destes fundamentos de conveniência metodológica podemos dizer que o método da sociologia "compreensiva" é "racionalista". Este procedimento, portanto, não deve ser interpretado como um preconceito racionalista da sociologia, mas somente como um recurso metodológico, e de modo algum, portanto, deveria ser entendido como se implicasse a crença de um predomínio do irracional na vida. Pois nada nos diz acerca da questão se as ações reais estão ou não determinadas por considerações racionais no que diz respeito a fins (não podemos negar a existência do perigo de interpretações racionalistas em lugares e ocasiões inadequadas. Mas toda a experiência, por desgraça, confirma essa sua existência).

4. Os processos e os objetos alheios ao sentido ou que não têm sentido entram no âmbito das ciências da ação como sendo ocasião, resultado, estímulo ou obstáculo da ação humana. "Não relacionar ao sentido" não significa "inanimado" ou "não humano". Todo artefato, como uma máquina, por exemplo, se compreende e se interpreta, no final das contas, a partir do sentido que a ação humana atribui a sua produção e ao seu uso (ou queira atribuir, com as mais diversas finalidades). Sem recorrer a este sentido, esta máquina ou artefato fica totalmente incompreensível. O compreensível é, pois, a sua referência à ação humana, seja como "meio", seja como "fim" imaginado pelo agente ou pelos agentes que orientaram a sua ação. Somente mediante estas categorias pode haver uma compreensão destes objetos. Pelo contrário, ficam sem sentido todos os processos ou estados humanos — animados, inanimados, humanos e extra-humanos — nos quais não se sugere um sentido, e, portanto, não se enquadram numa relação entre "meio" e "fim", apresentando-se somente como fenômenos que são um estímulo ou um obstáculo. A inundação e a irrupção do Dollart no ano de 1277 (talvez) teria um significado "histórico" por ter provocado certos processos de deslocamento populacional de alcance histórico. O ritmo da morte e o ciclo orgânico da vida desde o desamparo da criança até o do ancião têm, obviamente, alcance sociológico de primeira importância pelas diversas maneiras como a ação humana se orienta e se orientou a este respeito. Uma outra classe de categorias está formada por conhecimentos referentes a certos fenômenos físicos e psicofísicos (cansaço, hábito, memória etc.), e referentes, por exemplo, a certas euforias típicas em determinadas formas de mortificação (e diferenças típicas nos modos de reação conforme ritmo, modo e univocidade etc.) que se apoiam em experiências que não são objetos da compreensão. Em última análise, a

situação, entretanto, é a mesma que existe em outras circunstâncias que não são acessíveis à compreensão: aquele que age na prática cotidiana, como também a consideração compreensiva, aceita estes fenômenos como "fatos" que devem ser levados em consideração.

Existe, sem dúvida, a possibilidade de que a investigação futura talvez encontre regularidades não sujeitas à compreensão de determinados comportamentos com sentido, por mais rara que tenha sido até agora tal coisa. Diferenças na herança biológica (das "raças"), por exemplo — se, e em que medida seja comprovada com concludente material estatístico a influência sobre os modos de comportamento sociologicamente relevantes, especialmente sobre a ação social, no que diz respeito à sua referência ao sentido — deveriam ser aceitas pela sociologia como dados da mesma forma como os fatos fisiológicos do tipo da necessidade de alimentação ou os efeitos da senilidade sobre a ação humana. E o reconhecimento da sua significação causal em nada alteraria a tarefa da sociologia (e das ciências da ação de maneira geral), ou seja, compreender pela interpretação as ações orientadas num sentido. Não faria nada mais do que enxertar em determinados pontos das suas conexões de motivos compreensíveis e interpretáveis fatos não compreensíveis (assim, por exemplo, conexões típicas da frequência de determinadas finalidades de ação ou do grau de sua racionalidade típica como índice craniano ou a cor da pele ou quaisquer outras características hereditárias), o que hoje já está sendo feito.

5. Podemos entender por compreensão: 1. a compreensão atual do sentido pensando numa ação (inclusive: de uma manifestação). Compreendemos, por exemplo, de maneira atual, o sentido da proposição $2 \times 2 = 4$, pois ouvimos e lemos (compreensão racional atual de pensamentos); ou um ataque de raiva que se manifesta em mudanças na face, interjeições e movimentos irracionais (compreensão atual racional de afetos); ou o comportamento de um lenhador ou de alguém que coloca a mão na maçaneta para fechar a porta, ou o comportamento daquele que com a espingarda atira num animal (compreensão racional atual de ações). Mas compreender também pode significar: 2. Compreensão explicativa. Compreendemos por seus motivos que sentido teve em mente aquele que formulou ou escreveu a proposição 2 x 2 = 4, que ele fez isso exatamente agora e neste contexto, se vemos que ele está ocupado com um cálculo comercial, uma demonstração científica, um cálculo técnico ou outra

ação a cujo contexto pertence aquela proposição pelo sentido "compreensível" que pertence a esta proposição. Em outras palavras: esta proposição ganha (*gewinnt*) uma "conexão de sentido" compreensível para nós (compreensão de motivos racionais). Compreendemos o lenhador ou aquele que aponta uma arma, não somente de uma maneira atual, mas também a partir dos seus motivos, quando sabemos que o primeiro (o lenhador) executa aquela ação para ganhar um salário, ou para cobrir as suas necessidades, ou por divertimento (racional), ou porque reagiu "de tal maneira em função de uma excitação" (irracional), ou quando aquele que dispara a arma o faz por obedecer ordem de executar alguém, ou de defender-se contra um inimigo (racional), ou por vingança (afetivo e, neste sentido, irracional). Finalmente, compreendemos um ato de raiva por seus motivos quando sabemos que por trás deste ato há ciúme ou inveja, vaidade ou honra ferida (afetivamente condicionado, isto é, compreensão de motivos irracionais). Todas estas compreensões representam conexões de sentido compreensíveis, cuja compreensão entendemos como sendo uma explicação do desenvolvimento real da ação. "Explicar", portanto, significa, desta maneira, para a ciência que se ocupa com o sentido da ação, algo que pode ser formulado do seguinte modo: apreensão da conexão de sentido em que está incluída uma ação que já é compreendida de maneira atual, no que se refere ao seu sentido "subjetivamente imaginado" (sobre a significação causal deste sentido do termo "explicar", veja-se abaixo o ponto 6). Em todos estes casos, também nos processos afetivos, entendemos por sentido subjetivo dos fatos, inclusive da conexão de sentido, o sentido imaginado (afastamo-nos, portanto, do uso habitual do termo "achar", ou seja, *Meinen*), superando-o, nesta significação aludida, pensando apenas nas ações racionais e intencionais que se referem a um fim.

6. Em todos esses casos, compreensão significa: apreensão interpretativa do sentido ou conexão de sentido:

a) pensada realmente na ação particular (na consideração histórica); b) pensada como sendo uma média e de modo aproximativo (na consideração sociológica de massa); c) construída cientificamente (pelo procedimento "típico-ideal") para a elaboração do tipo ideal de um fenômeno frequente. Tais construções típico-ideais são, por exemplo, os conceitos e as leis da teoria econômica pura. Elas explicam como se desenvolveria uma forma especial do comportamento humano se fosse orientado com todo o rigor tendo em mente o fim, sem a presença de perturbações por parte de erros e afetos, e se fosse unicamente orientado e de modo unívoco num único fim (o econômico). Mas a ação real somente em casos raros e de maneira aproximada ocorre segundo o tipo ideal.[3]

Toda interpretação pretende demonstrar uma evidência (ponto 3). Mas nenhuma interpretação de sentido, por mais evidente que seja, pode pretender, por causa deste seu mérito, ser também a interpretação causal válida. Em si, ela nada mais é do que uma hipótese causal particularmente evidente. 1) Com frequência, "motivos" transferidos, pressupostos e "repressões" (quer dizer, motivos não admitidos) encobrem, mesmo para o próprio autor, a conexão real da trama de sua ação, de modo que o próprio testemunho subjetivo, mesmo sincero, possui apenas um valor relativo. Neste caso, a tarefa que cabe à sociologia é averiguar e interpretar essa conexão, mesmo que não esteja ela ao nível da consciência, ou, em outras palavras, o que ocorre na maioria das vezes é apenas o limite da interpretação de sentido. 2) Manifestações externas da ação, tidas por nós como sendo "iguais" ou "semelhantes", podem apoiar-se em conexões de sentido muito diversas, pensando no agente e nos agentes, e nós "compreendemos", também, um agir fortemente diverso, ou pelo menos num sentido frontalmente oposto, em face de situações que julgamos "semelhantes" entre si (veja-se os exemplos citados por Simmel, em *Problemes der Geschichtsphilosophie* (Problemas da filosofia da história). 3) Em situações dadas, os homens são submetidos em sua ação a uma situação de oposição a partir de impulsos contrários que são todos "compreensíveis". Seja qual for a intensidade relativa com que se manifestam na ação as diferentes referências significativas subjacentes nesta "luta de motivos", que são para nós também compreensíveis, mas tudo isso, conforme a experiência, é coisa que não se pode apreciar nunca com toda a segurança, e, na maior parte, nem sequer de maneira aproximativa. De resto, só há a possibilidade da comparação do máximo possível de casos da vida cotidiana ou da vida histórica, que são, de maneira geral, de natureza idêntica, mas que se diferenciam num ponto decisivo: no que se refere ao "motivo" da sua importância prática. Isto é realmente uma das tarefas importantes da sociologia compreensiva. Muitas vezes, obvia-

3. Sobre o sentido de tais construções veja-se p. 190 deste livro e nota nº 11 na p. 428.

mente, tem-se apenas o inseguro meio do "experimento ideal", isto é, o pensar como sendo não presentes certos elementos constitutivos da cadeia causal e "construir" a partir daí o decurso provável para obter uma imputação causal.

A chamada "lei de Gresham", por exemplo, é uma interpretação racional evidente da ação humana em determinadas condições, tendo como seu pressuposto ideal-típico uma ação estritamente racional com relação aos fins. Em que medida o comportamento real está realmente de acordo com esta construção ideal somente pode ser mostrado por uma experiência (que pode ser expressa, pelo menos em princípio, de maneira estatística) que comprova, por exemplo, com referência às relações econômicas, o desaparecimento efetivo das moedas avaliadas com baixo valor (desaparecimento da circulação). Este fato nos ensina uma validade ampla da lei de Gresham. Na realidade, a evolução do conhecimento foi essa: em primeiro lugar existiram as observações empíricas, e, em seguida, formulou-se a interpretação. Sem esta interpretação bem-sucedida, a nossa necessidade de uma explicação causal não seria satisfeita. Neste exemplo, a concordância da adequação do sentido com a comprovação empírica é evidente e há casos em número suficiente para considerar a comprovação como sendo segura. A hipótese de Eduard Meyer sobre a significação causal das batalhas de Maratonas, Salamina e Plateia, com referência à particularidade do desenvolvimento da cultura helênica (e, com isto, da cultura ocidental) não ganha em evidência apenas devido àquelas comprovações e sugestões que foram feitas com referência ao comportamento dos persas em caso de vitória (exemplos de Jerusalém, Egito e Ásia Menor) e que, obviamente, sempre ficarão incompletas em muitos aspectos. A evidência racional interpretativa da hipótese funciona neste caso, indiscutivelmente, como sendo um apoio logístico. Em muitos outros casos de imputação causal histórica, entretanto, não há possibilidade de uma tal comprovação, que, sem dúvida, é possível neste caso.

7. Chamamos de "motivo" a conexão de sentido que, para o agente e para o observador, se apresenta como o "fundamento" com sentido do seu comportamento. Dissemos que um comportamento que se desenvolve como um todo coerente é "adequado com referência ao seu sentido" na medida em que podemos afirmar que a relação entre os seus elementos é uma "conexão de sentido" típica (ou, como costumamos dizer, "mais

correta") no que diz respeito aos hábitos mentais e afetivos médios. Falamos, pelo contrário, que uma sucessão de fatos é "causalmente adequada" na medida em que, segundo regras da experiência, existe a seguinte possibilidade e probabilidade: que ela sempre se dê efetivamente de maneira idêntica. Adequada conforme o seu sentido é, por exemplo, a solução correta de um problema aritmético conforme as normas habituais do pensamento e do cálculo matemático. Causalmente adequada — no âmbito do procedimento estatístico — é a probabilidade real e realmente existente de acordo com as regras comprovadas da experiência de uma solução "correta" ou "falsa" — a partir do ponto de vista das nossas normas habituais — e portanto, também de um "erro de cálculo" típico (ou de uma confusão de problemas também típica). A explicação causal, portanto, significa a seguinte afirmação: que, de acordo com uma determinada regra de probabilidade — qualquer que seja o modo de calcular, que somente em casos raros e ideais pode ser demonstrado como sendo correto conforme os dados empíricos —, a um determinado processo (interno ou externo) efetivamente observado, segue-se um outro processo determinado (ou surge juntamente com ele).

Uma interpretação causal correta de uma ação concreta significa que o desenvolvimento externo e o respectivo motivo foram conhecidos na sua conexão significativa. Uma interpretação causal correta de uma ação típica (tipo de ação compreensível) significa que o suceder considerado típico se apresenta como adequado no que se refere ao sentido (num determinado grau) e também pode ser comprovado empiricamente como causalmente adequado (num determinado grau). Se falta a adequação de sentido, nós simplesmente nos encontramos em face de uma probabilidade estatística que não é suscetível de compreensão (ou, apenas compreensível de maneira incompleta). Por outro lado, a mais evidente adequação de sentido só pode ser considerada como sendo uma proposição causal correta para o conhecimento sociológico, na medida em que se prova a existência de uma probabilidade (determinável de uma certa maneira) de que a ação concreta tomará de fato, com determinada frequência ou determinada aproximação (numa "média" concernente ao caso puro), a forma que foi considerada adequada com relação ao sentido. Somente aquelas regularidades estatísticas de um sentido pensado "compreensível" de uma ação são tipos de ação suscetíveis à compreensão (no sentido do termo que nós usamos aqui) que podem ser observadas na realidade pelo menos de maneira aproximativa. Estamos longe de afirmar que, paralelamente ao grau comprovável de adequação de sentido, aumenta a probabilidade efetiva da frequência de desenvolvimento que lhe corresponde. Se isso realmente acontece ele pode ser demonstrado efetivamente apenas pelas estatísticas (pela estatística referente à mortalidade, à fadiga, aos rendimentos das máquinas, à quantidade de chuvas etc.). A estatística sociológica somente se refere aos últimos casos (estatística criminalística, estatística profissional, estatística de preços, estatística de cultivo — estes casos são frequentes, ou seja, as estatísticas que incluem ambas as coisas).

8. Processos e regularidades que, por incompreensíveis no sentido aqui entendido, não podem ser qualificados de fatos ou de leis sociológicas, nem por isso são menos importantes. Tampouco para a sociologia, de acordo com a definição dada aqui (que implica uma certa limitação da sociologia para ser apenas "sociologia compreensiva", sentido que, entretanto, não se impõe forçosamente a ninguém). Eles somente pertencem a um lugar diferente, o que, metodologicamente falando, é inevitável na ação compreensível, ou seja, a ação condicionada por "condições" ou situações, "ocasiões", "estímulos" e "obstáculos" da mesma.

9. "Ação" como orientação significativamente compreensível do próprio comportamento só existe para nós enquanto comportamento de uma ou várias pessoas individuais.

Para outros fins do conhecimento, pode ser útil ou necessário conceber o indivíduo, por exemplo, como uma "associação" de células, ou como um complexo de reações bioquímicas, ou a sua vida "psíquica" pode ser considerada como sendo constituída por vários elementos (seja qual for o modo com que sejam qualificados). Sem dúvida nenhuma, obtêm-se, procedendo desta maneira, conhecimentos valiosos (leis causais). Mas não podemos "compreender" o comportamento destes elementos que se expressam em leis. E isto até sucede com relação aos elementos psíquicos, e tanto menos quanto mais forem concebidos de acordo com a exatidão do procedimento das ciências naturais: este nunca é o caminho para uma interpretação a partir do sentido imaginado. Mas a captação do sentido da conexão do sentido é exatamente o sentido e a tarefa da sociologia (da maneira como nós a entendemos aqui, e também da história). Podemos observar ou pretender captar (em princípio, pelo menos) o comportamento das unidades fisiológicas, das células, por exemplo, ou de quaisquer outros elementos psíquicos a partir das observações empíricas e, a partir daí, formular "regras" ou elaborar "regularidades" (leis) com referência a estes comportamentos e "explicá-los" causalmente ou explicar causalmente processos individuais com a sua ajuda. A interpretação da ação, entretanto, somente leva em consideração tais fatos e tais leis na mesma maneira como o faz referente a outros fatos e regularidades (como por exemplo: fatos físicos, astronômicos, geológicos, meteorológicos, geográficos, botânicos, zoológicos, anatômicos, psicopatológicos sem significado ou condições científico-naturais dos fatos técnicos).

Novamente, para outros fins cognoscitivos (por exemplo, jurídicos), ou por fins práticos pode ser conveniente ou até inevitável tratar e abordar com bastante precisão determinadas formações sociais ("Estado", "cooperativas", "sociedades de ações", "fundações") como se fossem indivíduos (por exemplo, como sujeitos de direitos e de deveres ou de determinadas ações de alcance jurídico). Para a interpretação compreensiva da sociologia, pelo contrário, estas formações não são outras coisas que desenvolvimentos e entrelaçamentos de ações específicas de pessoas individuais, já que somente estas podem ser sujeitos de uma ação que se orienta num sentido. Mas, apesar disso, a sociologia não pode ignorar, mesmo em função dos seus próprios fins, aquelas ideias coletivas que não são instrumentos para outras maneiras de observar a realidade. Pois a interpretação da ação tem, no que diz respeito àqueles conceitos coletivos, três relações: 1) Frequentemente se vê obrigada a trabalhar e a usar tais conceitos (que pelo menos têm este nome) para conseguir estabelecer uma terminologia inteligível. A linguagem do jurista, bem como a linguagem cotidiana em comum, designa com o termo "Estado" tanto o conceito jurídico como aquela situação real e efetiva da ação social para a qual as regras jurídicas ou a norma jurídica deve ter validade. Para a sociologia, a realidade "Estado" não consiste apenas nem necessariamente nos seus elementos jurídicos relevantes. Para a sociologia não existe uma personalidade coletiva em ação. Quando usa os termos "Estado", "Nação", "Sociedade anônima", "Família", "Corpo Militar" ou de quaisquer formações sociais semelhantes, ela se refere unicamente ao desenvolvimento, numa determinada forma, da ação social, ou de uma forma da ação social construída como sendo "possível" de indivíduos singulares, introduzindo, portanto, no conceito jurídico que ela usa por causa dos seus méritos de precisão, um sentido totalmente diferente. 2) A interpretação da ação deve levar em consideração o importante e fundamental fato de que aqueles conceitos usados tanto pela linguagem comum e cotidiana como pelo linguajar dos juristas (e também de outros profissionais) são representações de algo que, em parte, existe e, em parte, se apresenta como um "dever ser" na mente dos homens concretos (não somente na dos juízes, dos burocratas, mas também do público em geral), nas quais a ação concreta se orienta realmente; e, também, deve levar em consideração que essas representações, em si, possuem uma significação causal poderosa e importante no desenvolvimento do comportamento concreto humano (sobretudo no que tange a algo que "deveria ser" ou a algo que "não deveria ser"). Um Estado moderno, entendido como um complexo de uma específica ação e atuação humanas em conjunto, funciona em maneira bastante considerável do seguinte modo: é um conjunto complexo de interação humana, porque na representação daquilo que o Estado deveria ser, isto é, que as ordens possuem validade pelo fato de ser orientadas juridicamente. (Mais tarde voltaremos a este assunto.) E mesmo que fosse possível, não sem certo pedantismo e prolixidade, que a terminologia da sociologia eliminasse tais conceitos da linguagem usual (o que sempre procurou evitar), substituindo-os por termos novos de sua criação, essa possibilidade ficaria pelo menos excluída, pelo fato tão importante como o fato de que tratamos. 3) O método da assim chamada sociologia "orgânica" (tipo clássico: o livro brilhante de Schaffle, *Bau und Leben dos sozialen Körpers* [Estrutura e vida do corpo social]) pretende explicar o agir social a partir de um "todo" (por exemplo, a partir da "economia nacional") dentro do qual, em seguida, o indivíduo e o seu agir são interpretados de maneira semelhante ou analogamente à maneira como a fisiologia trata da função de um "órgão" na economia de organismo (isto é, a partir do ponto de vista de sua conservação). (Veja-se a famosa frase de um fisiólogo: — "Do baço, Senhores, não sabemos nada". Na realidade, a pessoa em questão sabia sobre o baço muitas coisas: localização, tamanho, forma etc. Ele apenas não podia indicar a função do baço, e, a esta falta de conhecimento, ele chamara "não saber nada".) Não se pode discutir aqui até que ponto em outras disciplinas deve ser definitiva ou não (necessariamente) esta abordagem funcional das partes de um "todo". Em todos os casos sabe-se muito bem que a ciência bioquímica e biomecânica não está satisfeita com este procedimento. Para uma sociologia compreensiva, uma tal abordagem: 1) pode servir para fins provisórios e como ilustração prática (nesta função, ela é muito útil e necessária, mas também pode ser prejudicial no caso em que há um exagero referente ao seu valor cognoscitivo e no caso em que há um falso realismo). 2) Em determinadas circunstâncias somente ela pode ajudar-nos a descobrir aquela ação social cuja compreensão interpretativa é importante para a explicação de uma conexão social. Mas, precisamente neste ponto, tem início a tarefa da sociologia propriamente dita, da maneira como nós a entendemos aqui. Com referência a "formas sociais" (em oposição a "organismos"), nós nos encontramos na situação, para lá da simples determinação das suas conexões e regras ("leis"), de chegar a um resultado que é negado às ciências naturais (no sentido do estabelecimento e da formulação de leis causais referentes aos fenômenos e às formas, e da explicação destes através das mesmas leis): a sociologia pode "compreender" o comportamento dos indivíduos que participam neste todo, ao passo que, contrariamente, não podemos "compreender" o comportamento, por exemplo, das células, mas apenas apreendê-lo funcionalmente e, em seguida, determiná-lo com a ajuda de leis às quais estão submetidos. Este maior resultado da explicação interpretativa em comparação com a explicação observadora tem certamente como preço o caráter essencialmente mais hipotético e fragmentário dos resultados obtidos pela interpretação. Mas ela é exatamente o específico do conhecimento sociológico.

Em que medida também o comportamento de animais nos é compreensível por seu sentido — ambas as coisas, indubitavelmente, num sentido altamente impreciso e problemático — e em que medida, portanto, também poderia haver uma sociologia sobre as relações dos homens para com os animais (animais domésticos, animais de caça) é um problema que não se pode discutir aqui (muitos animais "compreendem" ordens, raiva, amor e intenções agressivas ou de agressividade, e reagem em face destas atitudes não somente e exclusivamente — pelo menos, isso parece ser óbvio de uma maneira mecânica-instintiva, mas de um modo que parece incluir consciência, um certo sentido e uma orientação adquirida pela experiência). Como tal, a medida da nossa capacidade de apreender empaticamente o comportamento dos "homens primitivos" não é, na sua essência, de grau mais elevado. Mas nós não temos seguros de verificar a situação subjetiva no que diz respeito ao animal, e, se há tais meios, estes são indubitavelmente imprecisos. Todos sabem que os problemas da psicologia animal são reconhecidamente tão interessantes como espinhosos. Há, sobretudo — e que é do conhecimento geral — relações e vida social de animais dos mais diferentes tipos: "famílias" monógamas e polígamas, rebanhos, tropéis, bandos de animais como "matilha", "manada" etc., e, finalmente, "Estados" com divisão de funções. O grau de diferenciação funcional destas sociedades animais de maneira alguma se desenvolve paralelamente em grau igual da diferenciação evolutiva organológica e morfológica alcançado pela respectiva espécie animal em questão. Assim, por exemplo, a diferenciação funcional existente entre os térmitas ou formigas e, em consequência disso, a diferenciação dos seus artefatos é maior do que a existente entre as formigas e as abelhas. É evidente que aqui a investigação se deve contentar em aceitar pelo menos provisoriamente como definitiva a consideração ou a abordagem puramente funcional, isto é, deve se contentar com o descobrimento das funções decisivas para a conservação da sociedade animal, ou seja, a alimentação, a defesa, a reprodução e a renovação destas sociedades para as quais surgem determinados tipos de indivíduos ("rei", "rainha", "operários", "soldados", "zangões", "reprodutores", "rainhas substitutas" etc.). Tudo além destas constatações e considerações foram, durante muito tempo, puras especulações ou investigações sobre a respectiva medida em que hereditariedade e meio ambiente poderiam participar na formação destas disposições "sociais". (Assim, sobretudo as controvérsias entre Weismann e Götte, nas quais o primeiro procurou fundamentar a "onipotência da força de meio ambiente" em muitas deduções não empíricas.) Mas hoje em dia há, sem dúvida, consenso entre os investigadores sérios e rigorosos no que se refere ao fato de que a limitação à abordagem funcional neste caso é de caráter forçoso, esperando-se, obviamente, que ela não seja definitiva. (Veja-se, por exemplo, a situação atual sobre as investigações dos térmitas na publicação de von Eschesson.) Mas, não é que se pretendia apenas apreender as funções que — o que é de fácil compreensão — são "importantes" para a conservação da espécie (no que diz respeito aos mais diversos tipos funcionais), e tampouco apenas explicar aquela diferenciação sem o pressuposto da hereditariedade das capacidades adquiridas ou inversamente na admissão desta hereditariedade (e, neste caso, qualquer que seja a maneira de interpretar este pressuposto), mas também pretendia-se saber: 1) o que é aquilo que decide ou que é decisivo para o início da diferenciação de indivíduos que originalmente são neutros e indiferenciados, e 2) qual o motivo para o indivíduo diferenciado comportar-se (pelo menos em média) da maneira que é de fato útil para o interesse da conservação deste grupo animal diferenciado. Sempre que se notou um progresso de investigação nesta direção, este se deu pela demonstração experimental (ou suposição) da existência de estímulos químicos ou de circunstâncias fisiológicas (processos de alimentação ou processos digestivos, castração parasitária etc.) dos indivíduos em questão. Em que medida há a esperança de mostrar, como sendo verossímil, por meios experimentais, a existência de uma orientação "psicológica" e de uma orientação "com sentido", é algo que, hoje em dia, até mesmo o especialista dificilmente poderia afirmar. Uma descrição controlável da psique destes animais sociais com base numa "compreensão" a partir de um sentido parece ser uma meta que não pode ser atingida, ou o pode apenas dentro de limites muito estreitos. Em todo caso, não podemos esperar a partir destas investigações a "compreensão" da ação social humana, mas a situação é exatamente inversa: naquelas investigações usa-se e deve usar-se a analogia humana. Talvez possamos esperar que essas analogias sejam um dia úteis para a solução do seguinte problema: o de como deve ser apreciado, num estado primitivo de diferenciação social humana, a relação entre o setor da diferenciação puramente mecânico-instintiva e o que é o produto de uma ação individual com sentido e o que posteriormente foi criado de modo consciente e racional. A sociologia compreensiva deve levar em consideração, com toda a clareza, que, também para os homens, nos estágios primitivos predominam os primeiros componentes e, nos estágios posteriores da sua evolução, continuam estes existindo como fatores que cooperam sempre (e, às vezes, até de modo decisivo). Toda a ação tradicional (§ 2) e amplas camadas do "carisma"[4] na sua qualidade de núcleos de "contágio" psíquico e, portanto, portadores de "estímulos de desenvolvimento" sociológicos, estão muito próximas, e em graus insensíveis, daqueles processos que só podem ser apreendidos biologicamente, e que não são explicáveis por seus motivos, nem são compreensíveis, ou apenas compreensíveis de maneira fragmentária. Mas tudo isso não libera a sociologia com-

4. Veja-se: *Wirtschaft und Gesellschaft* (Economia e Sociedade), Parte I, capítulo III.

preensiva da tarefa que lhe é própria e que ela pode cumprir, mesmo tendo consciência dos limites estreitos dentre os quais pode atuar.

Os diversos trabalhos de Othmar Spann — com frequência repletos de muitas ideias boas ao lado, obviamente, de alguns equívocos, sem dúvida ocasionais, e sobretudo repletos de argumentações que se apoiam em juízos de valor e que não pertencem à investigação empírica — têm, indubitavelmente, razão em insistir na significação — que ninguém jamais negou — do caráter de pressuposto prévio da problemática funcional para a sociologia (ele chama isso de "método universalista"). Certamente temos de saber, em primeiro lugar, qual é a importância de uma ação social do ponto de vista funcional para a "conservação" (porém mais, e sobretudo também para a peculariedade cultural) e para o desenvolvimento em um determinado sentido de um tipo de ação social, antes de poder perguntar pela origem daquela ação e pelos motivos. Temos de saber primeiro quais são os serviços que são prestados por um "rei", um "funcionário", um "empresário", um "rufião" e um "mágico", ou seja, temos que saber que ação típica (aquilo por causa do que está incluído nesta categoria) é importante para a análise e que ação merece ser considerada antes de podermos iniciar a análise propriamente dita ("referência a valores" no sentido de Rickert). Mas somente esta análise nos proporciona aquilo que a compreensão sociológica da ação dos indivíduos tipicamente diferenciados pode e deve oferecer (unicamente no que diz respeito à ação "humana"). Em todo caso deve eliminar-se seja o enorme equívoco que está presente na ideia de um método individualista (em qualquer sentido possível), que significa também uma avaliação individualista, como a opinião de que uma construção conceitual de caráter inevitavelmente racionalista (em termos relativos) significa uma crença no predomínio dos motivos racionais ou simplesmente uma avaliação positiva do "racionalismo". Também uma economia socialista deveria ser compreendida pela interpretação, sociologicamente falando, "de maneira individualista", isto é, a partir da ação dos indivíduos — ou seja, dos tipos de "funcionários" que nela existem — com a mesma maneira "individualista" que caracteriza a compreensão dos fenômenos como troca ou limite da utilidade (ou qualquer outro análogo neste sentido que talvez seja melhor). Pois também naquele caso, a investigação empírico-sociológica começa com esta pergunta: quais são os motivos que determinaram ou determinam os funcionários e membros desta "comunidade" a comportar-se da maneira que esta comunidade poderia surgir e pode continuar a existir? Toda a construção conceitual funcional (que parte de um "todo") somente cumpre uma tarefa prévia para a verdadeira pesquisa sociológica, o que, obviamente, não significa que ela não teria a sua utilidade e que não seria indispensável quando ela está sendo feita de maneira adequada.

10. As "leis", como se costuma chamar muitas proposições da sociologia compreensiva — como, por exemplo, a "lei" de Gresham —, nada mais são do que determinadas probabilidades típicas e confirmadas pela observação, de que determinadas situações efetivamente dadas se dão numa maneira esperada de certas ações sociais que são compreensíveis por seus motivos típicos e pelo sentido típico pensado e imaginado pelos sujeitos da ação. Estes motivos são unívocos e compreensíveis num grau muito elevado quando o motivo subjacente no desenvolvimento típico da ação (o que foi colocado como sendo o fundamento do tipo ideal construído metodologicamente) é puramente racional em relação aos fins e, portanto, a relação entre meio e fim, de acordo com a experiência, é unívoca (isto significa: os meios são "inevitáveis"). Neste caso é admissível a afirmação de que quando se age de uma maneira rigorosamente racional, deveria ter agido desta maneira e não de outra maneira (porque, por razões técnicas, os participantes em função dos fins — que são claramente definidos — que somente poderiam estes meios e não outros meios). Exatamente este caso mostra claramente como é "equivocado" supor que seja o último "fundamento" da sociologia compreensiva, uma psicologia de qualquer natureza que seja. Hoje em dia, cada um entende por psicologia coisa diferente. Razões metodológicas justificam inteiramente com referência a uma direção científico-naturalista a separação entre o "psíquico" e o "físico", coisa que é totalmente estranha neste sentido às disciplinas que se ocupam com a ação humana. Os resultados de uma ciência psicológica que unicamente investiga o psíquico de acordo com os métodos das ciências naturais e com os meios próprios destas ciências, e não se ocupa com a interpretação do comportamento humano a partir do seu sentido — o que é realmente algo totalmente diferente — interessam à sociologia, qualquer que seja a metodologia particular desta psicologia, como podem, obviamente, ser interessantes para qualquer outra ciência, e, em casos concretos, podem até alcançar uma significação eminente. Mas não existe, neste caso, uma

relação mais estreita referente à sociologia do que em relação a qualquer outra ciência. O erro consiste no conceito do "psíquico", ou seja, aquilo que não é "físico" seria "psíquico". Sem dúvida, o sentido de um cálculo aritmético, pensado por alguém, não é, decerto, coisa "psíquica". A reflexão racional de um homem sobre si mesmo e sobre o fato se em função de determinados interesses exige-se ou não uma certa ação por causa das consequências que se espera dela, e a decisão que se toma em função destes raciocínios são coisas cuja compreensão da maneira alguma nos facilitam as considerações "psicológicas". Mas exatamente sobre tais pressupostos tradicionais são construídas pela sociologia, na maioria das vezes, as "leis" (com relação à economia vale a mesma coisa). Pelo contrário, a psicologia compreensiva pode prestar indubitavelmente serviços decisivos para a explicação sociológica no que se refere aos aspectos irracionais. Mas isto não altera em nada a situação básica metodológica fundamental.

11. A sociologia constrói — como já supomos evidente — tipos ideais e procura descobrir regras gerais do acontecer. Em oposição à história, que se esforça em conseguir a análise e a imputação causal das personalidades, das estruturas e das ações individuais consideradas culturalmente importantes. A construção conceitual da sociologia encontra o seu material paradigmático, de maneira essencial, mas não de maneira exclusiva, nas realidades da ação consideradas também importantes a partir do ponto de vista da história. Ela constrói também os seus conceitos e busca as suas leis com o propósito, sobretudo, de poder prestar um serviço para a imputação causal histórica dos fenômenos culturalmente importantes. Como acontece com toda ciência generalizadora, uma condição da peculiaridade das suas abstrações, no que se refere aos conceitos, tende a dar-se de maneira que estes mesmos conceitos tendem a ser vazios em relação ao seu conteúdo. O que ela pode oferecer em contrapartida é a univocidade elevada dos seus conceitos. Esta elevada univocidade se alcança em virtude da possibilidade de um *optimum* da adequação de sentido tal como acontece na conceituação sociológica. Por sua vez, esta adequação pode ser alcançada na sua forma mais plena — e isto, sem dúvida, foi considerado até agora — através de regras e conceitos racionais (racionais com relação a valores ou racionais com relação afins). Mas a sociologia procura também apreender, mediante conceitos teóricos e adequados por seu sentido, fenômenos

irracionais (místicos, proféticos, pneumáticos e afetivos). Em todos os casos, seja nos racionais ou nos irracionais, a sociologia se afasta da realidade e contribui para o conhecimento desta mesma realidade na medida em que pode colocá-la dentro de uma teoria mediante a indicação do grau de aproximação de um fenômeno histórico a um ou vários destes conceitos. O mesmo fenômeno histórico, por causa de uma parte dos seus elementos, pode ser classificado como "feudal", "patrimonial", "burocrático" ou "carismático". Para que com estas palavras se afirme algo unívoco, a sociologia deve formar, por sua parte, tipos (ideais) destas estruturas que mostrem em si a unidade mais consequente de uma adequação de sentido a mais plena possível, sendo, por isso mesmo, pouco frequente na própria realidade, da mesma maneira como uma reação física que pressupõe um espaço absolutamente vazio. Mas a casuística sociológica apenas é possível a partir destes tipos ideais (puros). Que, além disso, emprega também tipos e conceitos "médios" da natureza dos conceitos empírico-estatísticos, é autoevidente: é um procedimento que aqui não requer maiores e mais detalhadas explicações. Mas quando a sociologia fala de casos "típicos", ela, em caso de dúvida, sempre pensa no tipo ideal, o qual pode ser, por sua vez, racional ou irracional, mesmo que na maioria das vezes seja racional (na teoria econômica sempre) e em todos os casos são construídos com adequação referente ao sentido.

Deve ficar perfeitamente claro que no domínio da sociologia somente podem ser construídos conceitos "médios" e "tipos-médios" com uma certa univocidade quando se trata de diferenças de grau entre ações qualitativamente semelhantes referentes ao seu sentido. Isto é indubitável. Na maior parte dos casos, entretanto, a ação de importância histórica ou sociológica sofre a influência de motivos qualitativamente diferentes ou heterogêneos, entre os quais não é possível obter-se uma "média" no sentido próprio deste termo. Aquelas construções típico-ideais da ação social como as que são preferidas pela teoria econômica são "estranhas à realidade" no sentido em que — como no caso mencionado — elas, sem exceção, levam a perguntar: 1) como seria o procedimento no caso ideal de uma pura racionalidade econômica com relação a fins, com o propósito de compreender a ação codeterminada por obstáculos tradicionais, erros, afetos, propósitos e considerações de caráter não econômico, na medida em que também esteve determinado por uma consideração racional em relação a fins ou por estar condicionado por médio; 2) com o propósito de facilitar o conhecimento dos seus motivos reais por meio da distância existente entre a construção ideal e o desenvolvimento real. De maneira inteiramente análoga deveria proceder-se na construção típico-ideal de uma consequente atitude acósmica frente à vida que é misticamente condicionada (por exemplo, frente à política e frente à economia). Quando estes tipos ideais são construídos com mais precisão e mais univocidade e quando são, neste sentido, mais estranhos ou alheios à realidade, a sua utilidade será quanto maior seja no sentido terminológico ou no classificatório ambos heuristicamente falando. A imputação causal que a história faz em determinados acontecimentos e casos, na realidade, não procede de outra maneira. Por exemplo, quem quer explicar o desenvolvimento da batalha de 1866, tem que imaginar idealmente — o mesmo vale para Moltke e também para Benedek — como teria procedido cada um, com absoluta racionalidade, no caso de um conhecimento total tanto no que diz respeito à sua própria situação quanto à situação do seu inimigo, para comparar com aquilo que foi a ação real e explicar, logo em seguida, causalmente, a distância entre ambos os comportamentos (seja por causa de uma informação errada, erros de fato, erros de cálculo, temperamento pessoal ou considerações não estratégicas). Também aqui se aplicou uma (latente) construção racional típico-ideal.

Os conceitos construtivos da sociologia são típico-ideais não somente na sua dimensão externa, mas também internamente. A ação real se dá na maioria dos casos com uma obscura semiconsciência ou com plena inconsciência do sentido pensado. O agente talvez o "sente" ou "tem um sentimento" de uma maneira indeterminada, que ele o "sabe" ou tem dele uma clara ideia, mas na maioria dos casos age por instinto ou por costume. Apenas ocasionalmente — e quando se trata de ações de massas, apenas no que tange a alguns indivíduos — percebe conscientemente o sentido da ação (seja ele racional ou irracional). Realmente, uma ação com sentido conscientemente percebido é, na realidade, um caso limite. Toda consideração ou reflexão histórica ou sociológica deve ter plena consciência deste fato nas suas análises da realidade. Mas isto não deve impedir que a sociologia construa os seus conceitos através de uma classificação dos "possíveis sentidos imaginados" e como se a ação real se desse sob a orientação consciente neste sentido. Sempre deve ser levada em consideração a distância que há em relação à realidade quando se trata do conhecimento desta mesma realidade.

Em termos de metodologia, temos que fazer muitas vezes uma escolha entre termos obscuros ou termos claros, sendo que estes últimos são termos irreais e "ideal-típicos". Nesta situação, temos que dar a preferência aos últimos em nome do procedimento científico.[5]

## II. O conceito de ação social

1. A ação social (incluindo tolerância ou omissão) orienta-se pelas ações dos outros, as quais podem ser ações passadas, presentes ou esperadas como sendo futuras (por exemplo: vingança por ataques anteriores, réplica a ataques presentes, medidas de defesa diante de ataques futuros). Os "outros" podem ser indivíduos e conhecidos ou até uma pluralidade de indivíduos indeterminados e inteiramente desconhecidos (o dinheiro, por exemplo, significa um bem de troca que o agente admite no comércio porque a sua ação está orientada pela expectativa de que muitos outros, embora indeterminados e desconhecidos, estejam dispostos também a aceitá-lo, por sua vez, numa troca futura).

2. Nem todo tipo de ação — incluindo a ação externa — é "social", no sentido aqui explicado. Não é uma ação social a ação exterior quando esta se orienta pela expectativa de determinadas reações de objetos materiais. O comportamento íntimo é ação social somente quando está orientado pelas ações de outras pessoas. Não o é, por exemplo, o comportamento religioso, quando este não passa de contemplação, oração solitária etc. A atividade econômica (de um indivíduo) somente é ação social na medida em que leva em consideração a atividade de terceiros. De um ponto de vista formal e muito geral: quando reflete respeito por

---

5. Sobre isso: veja-se p. 137 ss deste volume.

terceiros de seu próprio poder efetivo de disposição sobre bens econômicos. De uma perspectiva material: quando no "consumo", por exemplo, entra a consideração das futuras necessidades de terceiros, orientando por elas, destarte, a sua própria poupança. Ou quando na "produção" se coloca como fundamento de sua orientação as necessidades futuras de terceiros etc.

3. Nem toda espécie de contato entre os homens é de caráter social, mas somente uma ação com sentido dirigida para a ação dos outros. O choque de dois ciclistas, por exemplo, é um simples acontecimento como um fenômeno natural. Mas poderia ser classificado como ação social se tivesse havido por parte dos dois ciclistas a tentativa de se desviarem, ou uma briga, ou discussões subsequentes de caráter amistoso depois do choque.

4. A ação social não é idêntica a) nem a uma ação homogênea de muitos, b) nem a toda ação de alguém influenciada pelo comportamento dos outros. a) Quando na rua, no início de uma chuva, numerosos indivíduos abrem ao mesmo tempo seus guarda-chuvas, então (normalmente) a ação de cada um não está orientada pela ação dos demais, mas a ação de todos, de um modo homogêneo, está impelida pela necessidade de se proteger da chuva. b) É sabido que a ação do indivíduo é fortemente influenciada pela simples circunstância de estar no meio de uma "massa" especialmente concentrada (objeto das pesquisas da "psicologia das massas", veja-se, por exemplo, as investigações de Le Bon). Neste caso, portanto, trata-se de uma ação condicionada pela massa. Esse mesmo tipo de ação pode se dar também num determinado indivíduo por influência de uma massa dispersa (por intermédio da imprensa, por exemplo), a qual foi percebida por esse indivíduo como sendo proveniente da ação de muitos. Algumas formas de reação são facilitadas, enquanto que outras são dificultadas, pelo simples fato de um indivíduo se "sentir" fazendo parte de uma massa. Isso acontece de tal maneira que um determinado acontecimento ou um determinado comportamento humano pode provocar determinados estados de espírito ou de ânimo — alegria, raiva, entusiasmo, desespero e paixões de toda e qualquer natureza — que não se dariam no indivíduo isolado (ou não se dariam tão facilmente), sem que exista, todavia, (em muitos casos, pelo menos) uma relação significativa entre o comportamento do indivíduo e o fato de sua participação numa situação de massa. O desenvolvimento de uma

ação semelhante, determinada ou codeterminada pelo simples fato de ser uma situação de massa, mas sem que exista para com ela uma relação significativa, não se pode considerar como ação social na acepção do termo aqui explicado. A distinção, sem dúvida, é imprecisa ao extremo. Pois, não somente no caso dos demagogos, por exemplo, mas também, frequentemente, no público de massa, pode existir, em diferentes graus, uma relação de sentido no que diz respeito à situação de "massa". Tampouco se pode considerar como sendo uma "ação social específica" a imitação de um comportamento alheio (cuja importância G. Tarde com justeza salientou) quando ela é puramente de natureza reativa e não está presente uma orientação com sentido da própria ação pela ação alheia. O limite é tão impreciso e fluido que dificilmente é possível fazer uma distinção a respeito. O simples fato, porém, de que alguém aceite para si uma determinada atividade, apreendida em outros e que parece conveniente para seus fins, não é uma ação social na nossa acepção. Pois neste caso, a ação não se orientou pela ação dos outros, mas, pela observação, alguém se deu conta de certas probabilidades objetivas que, em seguida, orientaram o seu comportamento. A sua ação, portanto, foi determinada causalmente pela ação alheia, mas pelo sentido desta ação alheia. Quando, ao contrário, se imita um comportamento alheio porque está em "moda" ou porque é tido como "distinto" enquanto estamental, tradicional, exemplar ou por quaisquer outros motivos semelhantes, então sim, temos uma relação de sentido no que se refere à pessoa imitada, a terceiras pessoas ou a ambas as pessoas. Natualmente entre os dois tipos há transições. Ambos os condicionamentos pela massa ou pela imitação são fluidos, representando casos limites da ação social, como os que encontraremos frequentemente, por exemplo, na ação tradicional (2). O fundamento da fluideza destes casos, como o de vários outros, consiste na orientação pelo comportamento alheio, e o sentido da própria ação de nenhuma maneira pode ser sempre especificado com absoluta clareza, e nem sempre é consciente. Por essa razão nem sempre se pode separar com toda segurança ou certeza a mera "influência" da "orientação com sentido". Mas, por outro lado, podem ser separadas conceitualmente, mesmo que, naturalmente, a imitação puramente reativa tenha sociologicamente pelo menos o mesmo alcance que a "ação social" propriamente dita. A sociologia de modo algum apenas se refere à ação social, mas, esta (a ação social) é (para o tipo de sociologia aqui desenvolvido) o dado central, ou seja, aquele dado que para ela (a sociologia), por assim dizer, é constitutivo. Mas, com isso, nada se afirma a respeito da importância desses dados em comparação a outros dados.

## § 2. RAZÕES QUE DEFINEM A AÇÃO SOCIAL

A ação social, como toda ação, pode ser: 1) racional com relação a fins: determinada por expectativas no comportamento tanto de objetos do mundo exterior como de outros homens, e, utilizando essas expectativas, como "condições" ou "meios" para o alcance de fins próprios racionalmente avaliados e perseguidos; 2) racional com relação a valores: determinada pela crença consciente no valor — interpretável como ético, estético, religioso ou de qualquer outra forma — próprio e absoluto de um determinado comportamento, considerado como tal, sem levar em consideração as possibilidades de êxito; 3) afetiva, especialmente emotiva, determinada por afetos e estados sentimentais atuais; e 4) tradicional: determinada por costumes arraigados.

1. A ação estritamente tradicional — da mesma forma que a imitação puramente reativa (veja-se acima) — está inteiramente na fronteira, e frequentemente mais além do que se pode propriamente chamar de uma ação "com sentido". Isso acontece porque frequentemente não passa de uma reação opaca a estímulos habituais, dirigida conforme uma atitude já arraigada. A massa de todas as ações cotidianas e habituais se aproxima deste tipo, que por sua vez se inclui na sistemática não somente enquanto caso-limite, mas também porque a vinculação ao hábito pode se manter consciente em diferentes graus e diferentes sentidos. Neste caso, esse tipo se aproxima do tipo 2 que será tratado logo em seguida.

2. O comportamento estritamente afetivo está igualmente não apenas na fronteira, como, muitas vezes, mais além daquilo que é conscientemente orientado "com sentido". Pode ser uma reação sem limites a um estímulo extraordinário, fora do cotidiano. É sublimação quando a ação emocionalmente condicionada aparece como descarga consciente de um estado sentimental. Neste caso se encontra a maior parte das vezes (mas, nem sempre) no caminho para a "racionalização axiológica" ou para a ação com relação a fins, ou para ambas as coisas.

3. A ação orientada racionalmente com relação a valores distingue-se da ação afetiva pela elaboração consciente dos princípios últimos da ação e por orientar-se por eles de maneira consequentemente planejada. Por outro lado, ambas têm em comum o fato de que o sentido da ação não reside no resultado, que já se encontra fora dela, mas na própria ação em sua peculiaridade. Age afetivamente quem satisfaz a sua necessidade atual de vingança, gozo ou entrega, beatitude contemplativa ou vazão a suas paixões do momento (sejam elas tolas ou sublimes).

Age de modo estritamente racional com relação a valores quem, sem considerar as consequências previsíveis, se comporta segundo as suas convicções sobre ou referente ao que é o dever, a dignidade, a beleza, a sabedoria religiosa, a piedade ou a importância de uma "causa", qualquer que seja o seu gênero. Uma ação racional com relação a valores é sempre (no sentido de nossa terminologia) uma ação segundo "mandatos", isto é, de acordo com "exigências" que o agente acredita serem dirigidas para si (e diante das quais ele se acredita obrigado). Falaremos de uma racionalidade com relação a valores somente na medida em que a ação humana se oriente por essas exigências — o que apenas ocorre numa fração, o mais das vezes, modesta, dos casos. Como se mostrará posteriormente, atinge significação suficiente para destacá-la como um tipo particular, ainda que não se pretenda aqui apresentar uma classificação que esgote os tipos de ação.

4. Age racionalmente com relação a fins aquele que orienta a sua ação conforme o fim, meios e consequências implicadas nela e nisso avalia racionalmente os meios relativamente aos fins, os fins com relação às consequências implicadas e os diferentes fins possíveis entre si. Em qualquer caso, pois, é aquele que não age nem afetivamente (sobretudo emotivamente) nem com relação à tradição. Por outro lado, a decisão entre os diferentes fins e consequências concorrentes e conflitantes pode ser racional com relação a valores. Neste caso, a ação é racional com relação a fins somente nos seus meios. Ou ainda o agente, sem nenhuma orientação racional com relação a valores sob a forma de "mandatos" ou "exigências", pode aceitar esses fins concorrentes e em conflito na sua simples qualidade de desejos subjetivos numa escala de urgências estabelecida de forma consequente, orientando por ela a ação de tal maneira que, na medida do possível, fiquem satisfeitas na ordem desta escala

(princípio da utilidade marginal). A orientação racional com relação a valores pode, pois, estar em relação muito diversa no que diz respeito à ação racional com relação a fins. Da perspectiva desta última, a primeira é sempre irracional, acentuando-se esse caráter à medida que o valor que a move se eleva à significação do absoluto, porque quanto mais confere caráter absoluto ao valor próprio da ação, tanto menos reflete sobre as suas consequências. A absoluta racionalidade da ação com relação a fins, todavia, tem essencialmente o caráter de construção de um caso-limite.

5. Raras vezes a ação, especialmente a ação social, está exclusivamente orientada por uma ou por outra destas modalidades. Tampouco essas formas de orientação podem ser consideradas como uma classificação exaustiva, mas sim como tipos conceituais puros, construídos para os fins da pesquisa sociológica, com relação aos quais a ação real se aproxima mais ou menos, ou, o que é mais frequente, composta de uma mescla. Só os resultados que com estes procedimentos se obtêm é que podem nos proporcionar a medida de sua conveniência.

## § 3. A RELAÇÃO SOCIAL

Por "relação social" deve-se entender um comportamento de vários — referido reciprocamente conforme o seu conteúdo significativo e orientando-se por essa reciprocidade. A relação social consiste, pois, plena e exclusivamente, na probabilidade de que se agirá socialmente numa forma indicável (com sentido), sendo indiferente, por ora, aquilo em que a probabilidade repousa.

1. Um mínimo de reciprocidade nas ações é, portanto, uma característica conceitual. O conteúdo pode ser o mais diverso: conflito, inimizade, amor sexual, amizade, piedade, troca no mercado, "cumprimento", "não cumprimento", "ruptura" de um pacto, "concorrência" econômica, erótica ou de outro tipo, "comunidade" nacional, estamental ou de classe (nestes últimos casos, sim, se produzem "ações sociais", para além da mera situação comum do que se falará mais tarde). O conceito, pois, nada diz sobre se entre os agentes existe "solidariedade" ou exatamente o contrário.

2. Trata-se sempre de um conteúdo significativo empírico visado pelos participantes — seja numa ação concreta, ou numa média, ou num tipo "puro" construído — e nunca um sentido normativamente "justo" ou metafisicamente "verdadeiro". A relação social consiste só e exclusivamente — ainda que se trate de "formações sociais" como "Estado", "Igreja", "corporação", "matrimônio" etc. — na probabilidade de que uma determinada forma de comportamento social, de caráter recíproco pelo seu sentido, tenha existido, exista ou venha a existir. Isso deve ser sempre considerado para evitar a substancialização desses conceitos. Um "Estado" deixa, pois, de "existir" sociologicamente quando desaparece a probabilidade de que ocorram determinadas ações sociais com sentido. Esta probabilidade pode ser muito grande ou reduzida até o limite. Na mesma medida em que subsistiu ou subsiste de fato esta probabilidade (segundo a estimativa) subsistiu ou subsiste a relação social em questão. Não cabe unir um sentido mais claro à afirmação de que um determinado "Estado" ainda existe ou deixou de existir.

3. Não afirmamos de modo algum que num caso concreto os participantes da ação mutuamente referida ponham o mesmo sentido nessa ação, ou que adotam em sua intimidade a atitude da outra parte, vale dizer, que exista "reciprocidade" nessa acepção do termo. O que num é "amizade", "amor", "piedade", "fidelidade contratutal", "sentimento da comunidade nacional", pode encontrar-se noutro com atitudes completamente diferentes. Os participantes associam então à sua conduta um sentido diferente: a relação social é assim, para ambos os lados, objetivamente "unilateral". Não deixa, todavia, de estar referida na medida em que o agente pressupõe uma determinada atitude de seu parceiro diante dele (talvez de modo parcial ou totalmente errônea), e nesta expectativa orienta a sua conduta, o que poderá ter, e na maioria das vezes tem, consequências para o desenrolar da ação e para a configuração da relação. Naturalmente, ela só é objetivamente bilateral na medida em que haja "correspondência" no conteúdo significativo da ação de cada qual, segundo as expectativas médias de cada um dos participantes. Por exemplo, a atitude do filho com relação à atitude do pai se dá aproximadamente como o pai (no caso concreto, em média ou tipicamente) espera. Uma ação apoiada em atitudes que signifiquem uma correspondência de sentido plena e sem resíduos é na realidade um caso-limite. A ausência da reciprocidade, todavia, só exclui, em nossa terminologia, a exis-

tência de uma relação "social", quando tem por consequência a falta efetiva de referência mútua das duas ações. Aqui também a regra é a presença de transições de toda espécie.

4. Uma relação social pode ter um caráter inteiramente transitório ou implicar permanência, vale dizer, pode existir neste caso a probabilidade da recorrência contínua de um comportamento com o sentido correspondente (isto é, o tido como tal e, consequentemente, esperado). A existência de relações sociais consiste tão somente na presença desta possibilidade — a maior ou menor probabilidade de que ocorra uma ação de um sentido determinado e nada mais —, o que se deve sempre levar em consideração para evitar pensamentos falsos. Que uma "amizade" ou um "Estado" existiu ou exista, significa pura e exclusivamente: nós (os observadores) julgamos que existiu ou existe uma probabilidade de que, com base numa certa atitude de homens determinados, se aja de uma certa maneira com relação a um sentido visado determinável em média, e nada mais do que isto cabe dizer (conforme Nº 2 final). A alternativa inevitável na consideração jurídica de que um determinado preceito jurídico tenha ou não validade (no sentido jurídico), de que se dê ou não uma determinada relação jurídica, não pesa, portanto, na consideração sociológica.

5. O "conteúdo significativo" de uma relação social pode variar: por exemplo, uma relação política de solidariedade pode se transformar numa colisão de interesses. Neste caso, dizer que se criou uma "nova" relação ou que a anterior continua com um "novo conteúdo significativo" é um simples problema de conveniência terminológica ou de grau de continuidade na transformação. Também esse conteúdo pode ser em parte permanente e, em parte, variável.

6. O conteúdo significativo que constitui de modo permanente uma relação pode ser formulado como "máximas", cuja incorporação aproximada ou em média podem os participantes esperar da outra ou das outras partes e, por sua vez, orientar-se por elas na sua própria ação (aproximadamente ou em média). O que ocorre quanto maior for o caráter racional — com relação a valores ou afins — da ação. Nas relações eróticas ou afetivas em geral (de piedade, por exemplo), a possibilidade de uma formulação racional de seu conteúdo significativo é muito menor, por exemplo, do que numa arte relação contratual de negócios.

7. O conteúdo significativo de uma relação social pode ser pactuado por declaração recíproca. Isto significa que os que nela participam fazem uma promessa quanto à sua conduta futura (seja de um a outro ou de outra forma). Cada um dos participantes — na medida em que procedem racionalmente — conta normalmente (com diferente grau de segurança) com que o outro oriente a sua ação pelo sentido da promessa tal como ele entende. Orientará sua ação em parte — de modo racional com relação a fins (com maior ou menor lealdade ao sentido da promessa) — nessa expectativa, e, em parte — de modo racional com relação a valores — no dever de se ater, por seu lado, à promessa segundo o sentido que nela pôs. As nossas explicações, por ora, são suficientes.[6]

## § 4. TIPOS DA AÇÃO SOCIAL: COSTUME E HÁBITO

Na esfera da ação social podem ser observadas regularidades, de fato, isto é, a presença de uma ação social repetida pelos mesmos agentes sociais ou por muitos agentes (em muitos casos constata-se as duas coisas ao mesmo tempo), cujo sentido imaginado é tipicamente idêntico. A sociologia se ocupa com estes tipos do desenvolvimento, em oposição à história, que está interessada nas conexões singulares mais importantes para a imputação causal, isto é, mais carregadas com o peso do destino.

Pelo termo "costume" deve entender-se a probabilidade de uma regularidade do comportamento, de um grupo de homens, quando e em que medida esta probabilidade é dada unicamente por seu exercício de fato. O costume deve chamar-se hábito quando o exercício de fato se baseia num enraizamento duradouro. Diferentemente, deve ser denominado como "condicionado" por "situações de interesses" ("condicionado por interesses") quando e em que medida a possibilidade de sua real existência empírica se baseie unicamente no fato de que os indivíduos

6. Veja-se também: *Wirtschaft und Gesellschaft* (Economia e Sociedade), Parte I. Capítulo I. § 9 e § 13.

orientam racionalmente a sua ação em relação a fins por expectativas similares.

1. No costume se inclui, também, a "moda". "Moda" em oposição a "hábito", denominamos o costume nos casos em que (diretamente de maneira inversa, como no caso do "hábito") o fato da novidade do respectivo comportamento se transforma em elemento orientador da ação. O seu lugar é próximo ao da convenção, dado que, como esta (na maioria das vezes), surge a partir de interesses estamentais de prestígio. No momento nada mais será dito sobre a mesma.

2. Em oposição à "convenção" e ao "direito", por hábito entendemos uma norma não garantida exteriormente e a qual é observada pelas pessoas "voluntariamente", ou simplesmente "sem reflexão alguma", por "comodidade" ou por outros motivos quaisquer, e cujo provável cumprimento por causa de tais motivos pode ser esperado por parte dos outros homens que pertencem ao mesmo círculo ou grupo. O hábito, neste sentido, não seria algo que tem "validade": não se exige de ninguém que ele seja realmente observado. Naturalmente, a transição do hábito para a convenção ou para o direito é fluida e imprecisa. Em todos os lugares, tradicionalmente, o efetivamente existente foi sempre o pai daquilo que é válido. Hoje é hábito que de manhã tomemos um desjejum ou o café de manhã de um certo tipo, mas não há com referência a isso uma obrigatoriedade (exceto para os hóspedes de hotel), e também isso não foi sempre hábito. Diferentemente, a maneira de se vestir, mesmo que tenha surgido de um hábito, hoje nada mais é do que uma convenção.[7]

3. Numerosas regularidades muito visíveis no desenvolvimento de uma ação social, particularmente (mas não exclusivamente) da ação econômica, de maneira alguma baseiam-se numa orientação, numa norma considerada como válida ou num hábito, mas unicamente no seguinte: que o modo da ação social dos que nela participam corresponde por natureza, num grau médio e da maior maneira possível, aos seus interesses normais subjetivamente apreciados, orientando a sua ação preci-

---

7. Sobre costume e hábito ainda são recomendáveis as respectivas passagens do livro de Jhering, *Zweck im Recht* (Finalidade no Direito). Veja-se também: P. Oertmann, *Rechtsordnung und Verkehrssitte*, 1914 (Ordem Jurídica e Costume no Trânsito) e recentemente: E. Weigelin, *Sitte, Recht und Moral*, 1919 (Costume, Direito e moral), o qual concorda comigo e discorda de Stammler.

samente por esta opinião ou por este conhecimento subjetivos. Um exemplo disso é o caso das regularidades dos preços no mercado. Os interesses do mercado orientam a sua ação, que é um "meio" — por determinados interesses econômicos próprios, típicos e subjetivos, que representam o "fim" — incluindo por determinadas expectativas típicas sobre o previsível comportamento dos outros, as quais desempenham o papel de "condições" de realização do "fim" almejado. Na medida em que procedem com maior rigor na ação racional com relação a fins, e na medida em que são mais análogas as suas reações na situação dada, e destarte, surgem homogeneidades, regularidades e continuidades na atitude e na ação, muitas vezes muito mais estáveis do que as que se dão quando o comportamento é orientado por determinados deveres e normas que, dentro de um certo círculo de pessoas são tidas como "obrigatórios". Este fenômeno, ou seja, o fato de que uma orientação que se dá nos interesses nus e crus, sejam eles os nossos ou os de pessoas alheias, produz efeitos análogos aos que se pensa obter pela coação — muitas vezes sem resultado — por uma regulamentação normativa, chamou muito a atenção especialmente nos setores da economia. Podemos até afirmar que este fato foi precisamente uma das fontes do nascimento da ciência econômica. Mas isto vale para todos os domínios ou setores da ação humana de maneira análoga. Este fato constitui no seu caráter consciente e inteiramente livre a antítese de todo tipo de vinculação interior, pela submissão a um mero hábito arraigado, como também, pela entrega a determinadas normas de caráter racional referente a valores. Um elemento essencial da racionalização do comportamento é a substituição da submissão íntima por hábito arraigado por uma adaptação planejada a uma situação objetiva de interesses. Este processo, obviamente, não esgota o conceito de racionalização da ação. Pois pode acontecer que ocorra, de maneira positiva, na direção da consciente racionalização dos valores, mas, de maneira negativa, à custa não somente do hábito, mas também, e mais além, da ação afetiva, e finalmente também, a favor de uma ação puramente racional com relação a fins, que se daria à custa de um procedimento racional com relação a valores. Desta equivocidade do conceito de racionalização da ação ocupar-nos-emos com bastante frequência.

4. A estabilidade do mero hábito se apoia essencialmente no fato de que aquele que não orienta a sua ação nela procede ou age de "modo

impróprio", isto quer dizer, aceita de antemão incomodidades e inconveniências, maiores ou menores, durante todo o tempo em que a maioria dos que formam o seu meio ambiente acreditam na existência do hábito e dirigem o seu comportamento por ele.

A estabilidade de uma situação de interesses baseia-se analogamente no fato de que alguém que não orienta o seu comportamento nos interesses dos outros — não os inclui no seu "cálculo" — provoca a sua resistência ou acarreta consequências não desejadas nem previstas por ele, e, consequentemente, corre o perigo de prejudicar os seus próprios interesses.

## § 5. O CONCEITO DA ORDEM LEGÍTIMA

A ação, especialmente a ação social e, singularmente, a relação social, podem orientar-se, por lado dos que participam dela, na representação da existência de uma ordem legítima. A probabilidade do que isto realmente ocorra chama-se "validade" da respectiva ordem.

1. A "validade" de uma ordem significa para nós algo mais do que a mera regularidade do desenvolvimento da ação social, que é simplesmente determinado pelo hábito ou por uma situação de interesses. Quando as sociedades ou as firmas encarregadas com o transporte de móveis fazem regularmente publicidade nos jornais referente ao tempo e condições do transporte, estas regularidades são determinadas pela situação de interesses. Quando um comerciante-viajante visita os seus clientes de maneira regular em determinados dias do mês ou da semana, isto se deve a um hábito arraigado, ou a uma situação de interesses (rotação de sua zona comercial). Mas quando um funcionário chega diariamente ao seu escritório na mesma hora, isto não ocorre apenas por causa de um costume (ou por causa de um hábito) arraigado, nem tampouco por causa de uma situação de interesse — que seria possível entender — mas também (pelo menos via de regra) por causa da "validade" de uma ordem (regulamento do serviço), que é considerada como um mandamento cuja transgressão não somente traz prejuízos, mas que (normalmente) é rejeitada devido ao "sentimento do dever" pelo próprio funcionário (dos mais diversos graus possíveis e imagináveis, obviamente).

2. Chamamos "conteúdo de sentido" de uma relação social: a) uma "ordem" apenas no caso em que a ação se orienta (de maneira média ou aproximativamente) em máximas que podem ser claramente dadas; b) "validade" desta ordem quando a orientação de fato por aquelas máximas se dá pelo menos num grau significativo (isto quer dizer, num grau que realmente tem um certo efeito pensando na prática) de maneira que elas sejam válidas para a ação, ou seja, sejam vistas como obrigatórias, ou como modelos do comportamento. De fato, a orientação da ação por uma ordem se dá entre os que participam desta ação por muitos motivos diferentes. Mas a circunstância de que, ao lado de outros motivos, pelo menos para uma parte dos que participam da ação, esta ordem é tida como obrigatória ou como um modelo, ou seja, algo que deve ser, aumenta a possibilidade de que a ação se oriente por ela e isso, obviamente, num grau considerável. Uma ordem que é mantida apenas por motivos racionais em relação a fins, é, de maneira geral, muito mais frágil do que uma ordem que baseia a sua orientação unicamente na força do hábito. Mas, mesmo assim, ela é muito mais frágil comparada com a ordem que surge como sendo "de prestígio" e modelar, quer dizer, com o prestígio da legitimidade. As transições da orientação de uma ordem inspirada em motivos racionais em relação a fins para aquelas simplesmente tradicionais na crença na sua legitimidade, na realidade, são muito fluidas e imprecisas.

3. Não somente pode ser orientada a ação na validade de uma ordem por "cumprimento" do seu sentido (num sentido "médio" do entendimento deste termo). Também no caso em que este sentido é "desvirtuado" ou "alterado", a possibilidade de sua validade dentro de certos limites pode ter efeitos reais. O ladrão orienta a sua ação na validade da lei penal: ocultando-a. Que a ordem tem validade dentro de um certo círculo de homens percebe-se no fato de que ele tem que esconder ou ocultar a sua transgressão. Mas prescindindo deste caso-limite, a transgressão muitas vezes se limita a transgressões parciais em maior ou menor grau, ou procura apresentar-se, com boa-fé, como sendo legítima. Ou até existem de fato concepções diferentes relativas ao sentido da ordem, sendo que, neste caso — para a sociologia — cada uma tem a sua validade na medida em que determinam efetivamente o comportamento. Para a sociologia não há nenhuma dificuldade em reconhecer que há realmente diferentes ordens opostas entre si que podem ter a sua validade dentro de um mesmo círculo de homens. É até possível que o mesmo indivíduo

oriente o seu comportamento por diferentes ordens que enquanto tais são contraditórias. Isto pode não apenas acontecer — como realmente acontece — pensando nas suas ações sucessivas — mas também tratando-se da mesma ação. Quem se submete ou se bate em duelo, orienta a sua ação no código da honra, mas na medida em que oculta esta sua ação, ou — inversamente — se apresenta ao tribunal, orienta essa mesma ao Código Penal. Quando "evitar" "transgredir" uma ordem se transforma em regra, neste caso, realmente, a validade da mesma ordem é muito limitada e até deixa de existir de fato. Entre a validade e a não validade de uma ordem não há uma alternativa para a sociologia, como é o caso, por exemplo para a jurisprudência em razão dos seus fins. Sem dúvida, existem transições fluidas e imprecisas entre ambos os casos e pode acontecer — como já mencionamos — haver a validade paralela de uma e de outra ordem em si contraditórias, na medida em que haja a possibilidade de que a ação efetiva se oriente realmente nelas.

Os especialistas em literatura se lembram certamente do papel importante que o conceito de ordem desempenha no prólogo do já citado livro de R. Stammler, escrito — como todos os seus livros — num estilo brilhante, mas profundamente equivocado, em que há uma grande confusão de todos os problemas levantados.[8] Stammler não somente não faz uma diferença entre a validade normativa e a validade empírica, mas desconhece ainda o fato de que a ação social se orienta unicamente em "ordens". E sobretudo ele transforma a "ordem", de uma maneira logicamente errônea, numa "forma" de ação social e lhe atribui um papel referente ao conteúdo de maneira semelhante como desempenha uma "teoria"[9] do conhecimento (deixando de lado por enquanto outros erros). Realmente podemos afirmar que a ação econômica, por exemplo, se orienta (primariamente) pela ideia da escassez de determinados meios disponíveis para a satisfação das necessidades, em relação à "suposta" necessidade e ao comportamento presente e futuro de terceiros que levam em consideração os mesmos argumentos e reflexões. Mas, além disso, como referência à escolha de suas medidas "econômicas", ela se orienta

---

8. Veja-se a minha crítica que foi citada naquele livro; ela foi dura demais por causa do meu aborrecimento acerca destas confusões.

9. Veja-se: *Wirtschaft und Gesellschaft* (Economia e Sociedade), Parte I, Capítulo II, página 31 e ss.

naquelas "ordens" que ele — o agente — sabe que são leis e convenções em vigor e que, em caso de transgressão, provocaria a reação de terceiros. Esta simples situação empírica foi confundida por Stammler da maneira mais simplista, afirmando, particularmente, que seria conceitualmente impossível estabelecer uma relação causal entre a ordem e a ação concreta. De fato, não há uma relação causal entre a validade normativa, dogmático-jurídica de uma ordem, e a ação concreta. Mas surgem perguntas: é atingido pela ordem, jurídica (interpretada de maneira correta) o desenvolvimento empírico efetivo? A ordem jurídica deve ter caráter normativo para ele? Em caso afirmativo, o que ela afirma como sendo normativo com relação a ele? Mas, entre a possibilidade de que um comportamento se oriente pela ideia de sua validade, entendida, de certa maneira, como sendo uma validade média, e a ação econômica, existe evidentemente (neste caso dado) uma relação causal no sentido totalmente normal deste termo. Para a sociologia, a validade de uma ordem consiste unicamente naquela possibilidade e probabilidade de poder orientar-se por esta ideia.

## § 6. TIPOS DA ORDEM LEGÍTIMA: CONVENÇÃO E DIREITO

A legitimidade de uma ordem pode ser garantida:

I. De maneira puramente interior — e, neste caso: 1. puramente afetiva, pela entrega sentimental; 2. racional em relação a valores: pela crença na sua validade absoluta como expressão de valores últimos gerais e obrigatórios que, por sua vez, geram deveres (morais, estéticos, ou de qualquer outro tipo); 3. religiosa: pela crença ou convicção de que da sua observação depende a obtenção de bens de salvação.

II. Também (e unicamente) pela expectativa de determinadas consequências externas, ou seja, por uma situação de interesses, mas por expectativas de um determinado tipo.

Uma ordem deve chamar-se:

a) Convenção: quando a sua validade é garantida externamente pela possibilidade de que, dentro de um determinado círculo de homens, um comportamento discordante deverá encontrar uma (relativa) reprovação geral e praticamente sensível.

b) Direito: quando a validade é garantida externamente pela possibilidade da coação (física ou psíquica) que é exercida por um conjunto de indivíduos instituídos com a missão de obrigar a observância desta ordem ou de castigar e punir a sua transgressão.

1. "Convenção"[10] deve chamar-se ao "hábito" que, dentro de um círculo de homens, se considera como válido e que está garantido pela reprovação do comportamento discordante. Em oposição ao Direito (no sentido em que usamos esse termo) falta o quadro de pessoas que está especialmente dedicado a impor este cumprimento. Quando Stammler pretende fazer uma diferença entre o direito da convenção pelo caráter inteiramente livre da submissão nesta última, ele deixa de estar de acordo com o uso corrente do linguajar e nem sequer é exato no caso dos seus próprios exemplos. A observância da "convenção" (no sentido normal do termo) — da saudação costumeira, do vestido conveniente, dos limites do trânsito conforme forma e conteúdo, ou do trato humano — é exigida muito seriamente para o indivíduo como obrigação ou modelo e de maneira alguma como no simples "hábito", por exemplo, de preparar de certa maneira um prato culinário. Uma falta contra a convenção (costume estamental) se sanciona com frequência com muito mais força do que poderia alcançar qualquer forma de coação jurídica, por meio das consequências eficazes e sensíveis e o boicote declarado pelos demais membros do próprio estamento. O que falta unicamente é o corpo de pessoas especialmente destinado a manter o seu cumprimento (juiz, fiscais, funcionários administrativos etc.). Mas a transição é fluida.

O caso-limite da garantia convencional de uma ordem em fase de transição para a garantia jurídica se encontra na aplicação do boicote formalmente organizado e ameaçado. Conforme a nossa terminologia isso seria já um meio de coação jurídica. Não interessa aqui o fato de que a convenção pode estar protegida também por outros meios e não só por meio de uma simples reprovação (por exemplo, o uso do direito doméstico [*Hausrecht*] no caso de um comportamento prejudicial à convenção).

---

10. Sobre "convenção": veja-se Jhering, op. cit., Weigelin, op. cit., e F. Tönnies, *Die Sitte*, 1909 (o hábito).

Pois o decisivo é que, nestes casos, o indivíduo, precisamente por causa da desaprovação convencional, usa meios repressivos (às vezes, até drásticos), mas não dispõe de um corpo de pessoas encarregadas desta função.

2. Para nós, o decisivo no conceito de "direito" (que para outros fins pode ser delimitado de maneira bem diferente) é a existência de um quadro coercitivo. Este, naturalmente, de modo algum precisa assemelhar-se ao que nós hoje conhecemos. Sobretudo, não é necessário que haja uma instância "judicial". Também o clã, por exemplo, é um quadro coercitivo (pensando nos casos de vingança de sangue [*Blutrache*] e lutas internas), quando há para o modo do seu funcionamento realmente uma ordem. Mas, indiscutivelmente, este caso está no limite extremo daquilo que pode ser qualificado como sendo "coação jurídica". Como se sabe, foi repetidamente rejeitada e discutida a qualidade de "direito" ao "direito internacional", pois não haveria um poder coercitivo superestatal. Desde já queremos deixar claro que, segundo a terminologia aqui adotada (como conveniente), não poderia ser realmente designada pelo termo "direito" uma ordem que somente é garantida pela expectativa da reprovação e das represálias dos lesados — em ausência de um quadro de pessoas que são especialmente destinadas a impor o cumprimento desta ordem. Para a terminologia jurídica pode acontecer o contrário. Os meios de coação são irrelevantes. Também a admoestação fraternal — uma prática comum em muitas seitas como meio suave de coação frente ao comportamento dos pecadores — pertence a estes meios sempre que se orienta numa norma e quando é executada por um quadro de pessoas que existe exatamente para isso. O mesmo vale, por exemplo, na repreensão do censor como um meio para o cumprimento das "normas morais" do comportamento. Muito mais, naturalmente, a coação psíquica como autêntico meio disciplinário da Igreja. Trata-se, portanto, de um "direito", não interessa se este é garantido politicamente, ou por uma forma hierocrática, ou por estatutos de uma associação, ou pela autoridade de um patriarca, ou por cooperativas ou qualquer outro tipo de associação. Da mesma maneira cabe dentro do termo "direito" aqui adotado as regras de um benefício. No caso do § 888, parte 2 do RZPO ("Lei de procedimentos civis referente a direitos inexecutáveis"), podemos dizer que também ele está incluído em nossa conceituação. As *leges imperfectae* e as "obrigações naturais" são formas do linguajar jurídico que

mostram de modo indireto limites e condições da aplicação da coação jurídica. Um "costume de comportamento" imposto por força e obrigatório é, por isso também, "direito" (§ 157, 242 DBGB).[11]

3. Nem toda ordem válida tem necessariamente um caráter abstrato e geral. A "norma jurídica" válida e a "decisão jurídica" de um caso concreto não foram, de modo algum, sempre tão separadas como hoje em dia. Uma ordem, portanto, pode também unicamente ser algo como uma situação concreta. Os detalhes a respeito fazem parte da sociologia do direito. Sempre que não dissermos outra coisa, usaremos, por razões de conveniência, os conceitos modernos referentes às relações entre norma jurídica e decisão jurídica.

4. Ordens que são garantidas "externamente" também podem ser garantidas "internamente". A relação entre direito, convenção e "ética" não é um problema para a sociologia. A norma moral se impõe ao comportamento humano por causa de uma determinada crença em valores, pretendendo aquele comportamento o predicado de "moralmente bom", da mesma maneira como se dá o predicado de "belo" àquilo que se mede em padrões estéticos. Neste sentido, representações normativas de caráter ético podem influir muito profundamente no comportamento e, mesmo assim, não ter nenhuma garantia externa. Este último caso ocorre frequentemente quando a sua transgressão pouco atinge os interesses alheios. Mas, muitas vezes, estes são garantidos religiosamente. Aquelas também podem ser garantidas de maneira convencional (no sentido da terminologia aqui adotada) mediante reprovação de sua transgressão ou boicote, ou, ao mesmo tempo, também juridicamente, mediante determinadas reações de natureza penal ou policial ou por certas consequências civis. Cada ética que efetivamente "vale" — no sentido da sociologia — normalmente é garantida de maneira convencional, ou seja, pela possibilidade de uma reprovação da transgressão. Por outro lado, nem todas as ordens garantidas convencional ou judicialmente pretendem ser (ou pelo menos não necessariamente) normas

---

11. Sobre o conceito de "bom costume" (costume que deve ser aprovado e juridicamente sancionado), veja-se: Mac Rümelin, "Die Verweisungen des bürgerlichen Rechts auf das Sittengesetz" (As referências do direito burguês às leis costumeiras). In: *Schwäbische Heimatgabe für Theodor Härin-g* 1918 (Presente da pátria Suábia para Theodor Häring).

morais, muito menos as normas jurídicas — pelo menos as puramente racionais com relação a fins — e as convencionais. Se uma determinada representação normativa, dentro de um determinado círculo de pessoas, pertence ou não ao domínio da "ética" (neste caso, não apenas uma "simples" convenção ou um "puro" direito), é algo que a sociologia somente pode decidir com relação àquele conceito de "moral" que seja válida e que valha realmente. Por isso não podemos fazer afirmações gerais sobre isso.

## § 7. JUSTIFICAÇÃO DA ORDEM LEGÍTIMA: TRADIÇÃO, CRENÇA, ESTATUTO

Os que agem socialmente podem atribuir uma validade legítima a uma determinada ordem:

a) Por causa da tradição: validade daquilo que sempre existiu.

b) Por causa de uma crença afetiva (emotiva especialmente): validade do recente revelado ou do exemplar.

c) Por causa de uma fé racionalizada com relação afins: validade do revelado em forma absoluta e definitiva.

d) Por causa de um estatuto positivo, em cuja legalidade se crê.

Esta legalidade pode ter validade legítima:

a) Por causa de um entendimento entre os interessados.

b) Por causa do outorgamento por parte de uma autoridade que é considerada legítima e da respectiva submissão e obediência a ela.

Os detalhes a respeito (sobretudo no que diz respeito a alguns conceitos que ainda deveriam ser mais bem definidos) pertencem à sociologia da dominação e à sociologia do direito. Aqui apenas efetuamos algumas poucas considerações:

1. A validade de uma ordem por causa do caráter sagrado da tradição é a forma mais universal e mais primitiva. O medo de determinados prejuízos mágicos fortalece a resistência psíquica em relação a qualquer tipo de mudança de formas habituais e inveteradas de com-

portamento, e os vários interesses que costumam ser vinculados à manutenção da submissão à ordem existente cooperam no sentido de sua conservação.[12]

2. Criações novas e conscientes de novas ordens eram originalmente quase sempre oráculos proféticos ou, pelo menos, se apresentavam como revelações consagradas profeticamente e tidas, portanto, por sagradas. Isto vale até para os *aisymnetas* helênicos. A submissão dependia, então, da crença na legitimidade dos profetas. Nas épocas dominadas por um rigoroso tradicionalismo, a formação de "novas" ordens, quer dizer, de ordens que eram consideradas como tais, somente era possível mediante uma reflexão no sentido de que, na realidade, estas ordens sempre tinham sido válidas, mas, embora fossem muito bem conhecidas, ficaram por um tempo obscurecidas e só então foram redes-cobertas.

3. O tipo mais puro de uma validade racional com relação a fins é o "direito natural". Qualquer que tenha sido a sua limitação frente a suas pretensões ideais, não pode negar-se, entretanto, a influência efetiva e não insignificante dos seus preceitos logicamente deduzidos sobre o comportamento, os quais temos que separar dos preceitos revelados, dos estatuídos e dos direitos tradicionais.

4. A forma de legitimidade mais corrente é a crença na legalidade: a obediência a preceitos jurídicos positivos estatuídos segundo o procedimento usual e formalmente corretos. A oposição entre ordens combinadas e outorgadas é apenas relativa. Pois no caso em que a validade de uma ordem que se originou num pacto não se baseie num acordo unânime — o qual com frequência foi exigido na Antiguidade para haver legitimidade autêntica — mas apenas na submissão de fato, dentro de um círculo de homens que tiveram certa discordância referente à maioria — caso muito frequente — temos na realidade uma ordem outorgada — ou imposta — a essa minoria ou a essas minorias. Por outro lado, também é muito frequente o caso de minorias poderosas e sem escrúpulos imporem uma ordem que logo vale como legítima para os que no início se lhes opuseram. Quando as votações são legalmente reconhecidas como meio para a criação de uma ordem, é muito frequente que a

---

12. Sobre isso veja-se: *Wirtschaft und Gesellschaft* (Economia e Sociedade), Parte I, Capítulo III.

vontade minoritária alcance a maioria formal e que, portanto, a maioria a aceite: o caráter majoritário existe apenas aparentemente. A crença na legalidade de ordens que se originaram num pacto já se encontra em tempos bastante remotos e se encontra com frequência entre os povos primitivos. Mas na maioria das vezes esta legalidade é completada pela autoridade de oráculos.

5. A obediência ao outorgamento de ordens por uma ou muitas pessoas, na medida em que não são decisivos para isso apenas o medo ou motivos racionais com relação a fins, mas se existe realmente a ideia da legalidade, pressupõe a crença num determinado sentido referente à autoridade legítima daquele ou daqueles que são responsáveis pelo outorgamento. Mas este assunto temos que abordar separadamente.[13]

6. Em todo o caso, a obediência a ordens é condicionada a situações de interesses da mais diversa natureza, por uma mistura de adesão a uma ordem tradicional e ideias de legalidade. Isto apenas não acontece quando se trata de estatutos totalmente novos. Em muitos casos, o sujeito cujo comportamento mostra a adesão não é, naturalmente, consciente de que, no respectivo caso, se trata de um costume, de uma convenção ou de um direito. Cabe à sociologia, então, descobrir a que tipo de legalidade o caso concreto pertence.

---

13. Veja-se: *Wirtschaft und Gesellschaft* (Economia e Sociedade), Parte I, Capítulo I, §§ 13 e 16 e Capítulo III.

# XII

## A Ciência como vocação[1] (Partes II e III) — 1919

De acordo com o desejo de vocês, devo falar sobre a "ciência como vocação". Ora, nós, os economistas, temos determinado costume pedante, a que me manterei fiel, de começar sempre com a situação objetiva. Assim, neste caso, começarei com a pergunta: quais são os aspectos materiais do cultivo da ciência e da erudição como vocação? Isto equivale, hoje em dia, a indagar: qual a situação de um graduado que está decidido a ingressar numa carreira científica ou erudita no mundo acadêmico? A fim de compreender o que há de peculiar na situação alemã, será conveniente proceder por comparação e traçar para nós mesmos como se propõe a questão nos Estados Unidos, onde a divergência com a Alemanha a esse respeito é maior.

Na Alemanha, a carreira de um jovem que se decide pela profissão em ciência começa normalmente como *Privatdozent*. "Habilita-se" a uma universidade, após consulta aos representantes de sua disciplina e aprovação por eles, tendo antes submetido à apreciação um texto escrito, e passado por um exame bastante formal na presença da congregação. Não recebendo um salário regular, mas apenas as taxas *per capita* dos

---

1. *Wissenschaft als Beruf*. Munique e Leipzig, Duncker und Humblot, 1919, p. 3-15.

estudantes que frequentam seus cursos, dá aulas sobre assuntos que ele próprio escolhe dentro dos termos de sua *venia legenda*.

Nos Estados Unidos, uma carreira acadêmica se inicia habitualmente de modo bem diverso, ou seja, por nomeação como "assistente". Isso se assemelha, de certo modo, ao que se faz na Alemanha, nos grandes institutos de ciências naturais e nas faculdades de medicina, onde a "habilitação" formal a *Privatdozent* só é alcançada por uma fração dos assistentes e, mesmo nesses casos, apenas após certo lapso de tempo. Na prática, isto significa que, na Alemanha, a carreira de um cientista ou erudito depende de dispor ele de recursos próprios, pois é extremamente arriscado para um estudioso jovem, que não tenha recursos financeiros próprios, expor-se às condições de uma carreira acadêmica. Ele deve ser capaz de levar as coisas desse modo pelo menos por alguns anos, sem saber se, ao fim desse período indeterminado, terá a oportunidade de conseguir uma nomeação que o torne capaz de sustentar-se. Nos Estados Unidos, ao contrário, existe um sistema burocrático, dentro do qual o jovem é remunerado logo desde o início — ainda que, por certo, modestamente. Comumente, seu salário mal corresponde ao ganho de um operário semiqualificado. Não obstante, começa numa posição aparentemente segura, pois recebe um salário definido. O comum é que, do mesmo modo que o assistente alemão, ele pode ser despedido, e deve estar preparado para isso, caso não corresponda às expectativas. Contudo, essa ameaça desaparece se ele "lotar a casa". Essa ameaça de demissão não existe para o *Privatdozent* alemão. Uma vez nomeado, permanece para sempre. Certamente é verdade que não tem "direitos" a promoção. É compreensível, porém, que tenha em mente que se for *Privatdozent* por alguns anos, terá uma espécie de direito moral a ser considerado; pode pensar assim até mesmo quando está em foco a habilitação de outros *Privatdozenten*.

Se se deveria habilitar sistematicamente todo especialista que tenha dado provas de competência, ou se deveria levar em conta "as necessidades do ensino", isto é, se deveria conceder um monopólio aos *Privatdozenten* já habilitados, constitui difícil dilema que está ligado ao caráter duplo da profissão acadêmica, de que trataremos logo mais. Na maioria dos casos, a decisão tem sido tomada em favor da segunda alternativa. Isso aumenta o risco de o catedrático em determinado campo, mesmo sendo muito escrupuloso, vir a favorecer seus estudantes. Pessoalmente, tenho seguido o princípio de que um estudioso que tenha obtido seu título comigo deve demonstrar seu valor alhures, e habilitar-se em outra universidade, com algum outro professor. Resultado disso, porém, foi que um de meus melhores estudantes foi rejeitado em outro lugar, pois ninguém acreditou fosse essa a verdadeira razão de estar tentando habilitar-se lá.

Uma diferença a mais entre a Alemanha e os Estados Unidos é que, na Alemanha, o *Privatdozent* tem menos a ver com o ensino do que gostaria. É bem verdade que tem o direito formal de lecionar qualquer assunto dentro de sua área. Contudo, exercer concretamente esse direito é considerado uma desleal falta de consideração para com os *Privatdozenten* mais antigos e, como regra, os cursos "principais" são dados pelos catedráticos, ocupando-se o *Privatdozent* com os cursos suplementares. A vantagem é que, mesmo que ele não pretenda que seja assim, seus primeiros anos estão disponíveis para o trabalho científico.

Nos Estados Unidos, as coisas estão organizadas segundo um princípio diferente. De fato, em seus primeiros anos é que o assistente está pesadamente sobrecarregado, exatamente porque é *remunerado*. Num departamento de alemão, por exemplo, um catedrático dará um curso de três horas sobre Goethe, e nada mais — enquanto o assistente mais jovem terá sorte se entre suas obrigações de doze horas semanais houver, junto com o trabalho corriqueiro de ensinar gramática alemã, uma oportunidade de dar uma aula sobre poetas mais ou menos da categoria de Uhland. O currículo é estabelecido pela autoridade do departamento; quanto a isso, o assistente é tão dependente quanto o assistente de instituto na Alemanha.

É bastante claro, agora, que, na Alemanha, os últimos acontecimentos em nossas universidades, nas diversas áreas da ciência e da erudição, caminham na mesma direção que nos Estados Unidos. Os grandes institutos de pesquisa em medicina ou em ciências naturais são empresas "capitalistas estatais". Não podem ser administradas sem instalações, equipamentos e outros recursos em larga escala, e os resultados ali são os mesmos que se veem onde quer que se estabeleça o tipo capitalista de organização — isto e, a "alienação entre o trabalhador e os meios de produção". O trabalhador — neste caso, o assistente — deve utilizar os meios de produção postos à disposição pelo Estado. Em virtude disso, depende do diretor do instituto tanto quanto, numa fábrica, um empregado depende do gerente, uma vez que o diretor do instituto acredita, com toda a sinceridade, que o instituto é "seu", ali, ele é o padrão. Consequentemente, o assistente cientista alemão leva o mais das vezes o mesmo tipo de vida precária de qualquer pessoa em posição de tipo proletário, e como o assistente na universidade norte-americana.

Do mesmo modo que a vida alemã de modo geral, a vida acadêmica alemã está se americanizando sob muitos aspectos importantes. Estou convencido de que essa tendência prosseguirá naquelas áreas em que, como se dá hoje amplamente em minha área, o próprio erudito é dono dos meios de produção — basicamente sua biblioteca —, tal como os artesãos de antigamente. Esse desenvolvimento está agora a toda a força.

São certamente indiscutíveis as vantagens técnicas, semelhantes às todas as organizações capitalistas, burocratizadas. Mas o "espírito" que nelas predomina é diferente da atmosfera tradicional que outrora caracterizava as universidades alemãs. Há um abismo extraordinariamente grande, no comportamento manifesto e na atitude, entre o diretor de uma grande empresa acadêmica capitalista desse tipo e o catedrático do estilo antigo. Mas não quero estender-me aqui sobre isso. Internamente, tanto quanto externamente, a estrutura da universidade tradicional tornou-se uma ficção. Um traço essencial da carreira acadêmica, porém, se manteve e até mesmo se tornou mais acentuado: é simplesmente obra do acaso que um *Privatdozent* ou um assistente alguma vez seja bem-sucedido em se tornar professor ou diretor de instituto. O caso não é apenas comum — é extraordinariamente frequente. Não sei de quase carreira alguma no mundo em que ele desempenhe papel como esse. Talvez eu seja o mais habilitado a dizê-lo, uma vez que sou pessoalmente grato a vários fatores absolutamente acidentais para que, ainda muito jovem, me tornasse catedrático numa área em que, naquela época, meus contemporâneos sem dúvida haviam realizado muito mais do que eu. Gabo-me de crer que, com base nessa experiência, tenho um olhar um tanto aguçado para o destino injusto de muitos com quem o acaso desempenhou o papel exatamente oposto e que, apesar de toda sua excelência, não atingiram a posição para a qual estavam habilitados.

Agora, o fato de que o acaso, e não a capacidade como tal, desempenha tão grande papel, não depende apenas, nem mesmo primordialmente, daquelas falhas que, naturalmente, são tão atuantes neste, como em qualquer outro tipo de seleção. Não seria justo culpar as inadequações pessoais das congregações ou dos funcionários dos ministérios de educação pelo fato de que tantas mediocridades desempenhem papel tão destacado nas universidades. Antes, isso é consequência inevitável da interação humana, especialmente da interação entre organizações e, neste caso, interação entre a congregação que recomenda uma nomeação e o Ministério da Educação. Algo correspondente a isso pode-se encontrar através dos séculos nas eleições papais, que representam o exemplo mais importante de um tipo semelhante de seleção. Apenas raramente o cardeal considerado "favorito" será bem-sucedido. Regra geral, ocupa o segundo ou o terceiro lugar. O mesmo se dá nas indicações para presidente, nas convenções partidárias dos Estados Unidos. Apenas excepcionalmente o favorito conquista a "indicação" na convenção partidária e concorre às eleições. Ao invés disso, este é em geral o segundo, e muitas vezes o terceiro colocado entre os candidatos.

Os sociólogos norte-americanos já possuem uma terminologia técnica para referir-se a essa espécie de evento, e seria bastante interessante investigar o processo de seleção em situações que exigem o consenso. Não faremos isso agora. Essas leis de seleção também se aplicam às comunidades acadêmicas, e não nos deve admirar que muito frequentemente ocorram enganos. Realmente notável é que, apesar de tudo, seja relativamente tão considerável o número de nomeações acertadas. Medíocres submissos ou oportunistas conseguem vantagem quanto à nomeação ou promoção acadêmica apenas quando, como em certos Estados, o parlamento ou, como até agora na Alemanha, o monarca funcionam ambos da mesma maneira e, como atualmente os ditadores revolucionários, intervêm por razões *políticas*.

Não há professor universitário que goste de pensar em discussões a respeito de nomeações, porque raramente são agradáveis. Não obstante, devo dizer que a boa vontade e o desejo de decidir exclusivamente com base em fundamentos relevantes para o assunto, sempre, sem exceção, estiveram presentes nos muitos casos de que tive conhecimento.

Pois deve-se afirmar enfaticamente que não é por imperfeição de decisões que exigem consenso que a determinação de destinos acadêmicos é em grande medida uma questão de acaso. Todo jovem que se sente atraído para uma carreira acadêmica deve ter muito claro para si mesmo que a tarefa que o aguarda tem duas faces. Ele deve ter qualificações não só como pesquisador, mas também como professor. Essas duas coisas não são nem idênticas nem inseparáveis. Alguém pode ser muito destacado em pesquisa e lamentável como professor; para ilustrar essa afirmação, citarei apenas a atividade docente de homens tais como Helmholtz ou Ranke. E eles não constituem exceções pouco frequentes.

A situação é de tal ordem, que nossas universidades — especialmente as pequenas — estão empenhadas na mais ridícula espécie de competição por estudantes. Os proprietários da hospedaria das cidades universitárias comemoram o milésimo estudante com uma festa, o de número dois mil de preferência com um desfile à luz de tochas. As taxas por preleção em um departamento — deve-se admiti-lo francamente — são afetadas por uma nomeação com "poder de atração" no departamento vizinho; mesmo sem considerar isso, a frequência às preleções é uma evidência quantitativamente palpável, enquanto que a alta qualidade em pesquisa é imponderável e frequentemente, e com toda a certeza no caso de inovadores ousados, objeto de controvérsia. Pensa-se em quase tudo em termos de perspectiva dos benefícios e do valor incomensuráveis de um grande público. Se se diz que um *Privatdozent* é um professor medíocre, isso representa quase que uma sentença de morte acadêmica, ainda que ele seja um dos melhores eruditos em sua área. Contudo, a questão de se ele é um bom ou mau professor tem sua resposta na presença com que os estudantes o distinguem.

Porém, o fato de que os estudantes acorram em massa para um professor é determinado em medida incrivelmente grande por fatores meramente superficiais, tais como o temperamento ou mesmo o tom de voz. Depois de uma experiência bastante longa e de ponderada reflexão, desconfio muito das grandes audiências, por mais que elas sejam inevitáveis. A democracia deveria ser praticada onde é pertinente. A formação científica, porém, se devemos levá-la avante segundo as tradições das universidades alemãs, implica a existência de determinado tipo de aristocracia intelectual. Não devemos ocultar tal fato de nós mesmos. Talvez a mais difícil de todas as tarefas pedagógicas seja a exposição de problemas de ciência ou de erudição de maneira tal que uma mente inexperiente, porém receptiva, possa entendê-los e pensar autonomamente sobre eles. Este último ponto é decisivo para nós. Mas se isso é bem-feito ou não é coisa que não se pode decidir pelas dimensões do público em uma preleção. E — para voltarmos novamente a nosso tema — até mesmo essa habilidade é um dom extremamente pessoal e de modo algum se associa necessariamente às qualidades de um investigador científico ou erudito. Diferentemente da França, a Alemanha não possui uma sociedade dos "imortais" da ciência e da erudição. Ao contrário, as tradições da universidade alemã exigem que se faça justiça tanto à pesquisa como ao ensino. A coexistência desses dois talentos em uma mesma pessoa é, porém, inteiramente uma questão de acaso.

Assim sendo, as carreiras acadêmicas são intensamente assediadas pelo acaso. Quando um jovem cientista ou erudito vem em busca de conselho a respeito de habilitação, a responsabilidade que se assume em aconselhá-lo é de fato muito grande. Se for um judeu, naturalmente se diz a ele: *lasciate ogni speranza*. Porém, também aos demais deverá indagar-se com a maior seriedade: "Você crê que será capaz de, ano após ano, continuar vendo um medíocre após outro ser promovido passando por cima de você, e ainda assim não se deixar exasperar ou abater?" Claro que a resposta sempre é: "Naturalmente que sim, vivo apenas para minha 'vocação'." Apenas em muito poucos casos, porém, eu os vi serem capazes de suportar isso sem sofrer sérios danos espirituais.

Essas coisas todas precisavam ser ditas a respeito das condições externas da carreira acadêmica.

Creio, porém, que vocês realmente desejam ouvir sobre alguma coisa mais, a respeito da mais íntima e profunda vocação da ciência. Nos dias que correm, o cerne mais profundo, diante da organização objetiva da ciência como vocação, está afetado pelo fato de que a ciência entrou num estágio de especialização como nunca se conheceu antes, e do qual jamais voltará a sair. Cada um esteja certo de que a realização de algo realmente definitivo e completo no campo da ciência só será possível se seguir o curso exigido pela especialização mais rigorosa. Todo investigador que invade as áreas vizinhas, como vez por outra nós fazemos, e como de fato o sociólogo, por exemplo, deve fazer repetidas vezes, sente-se oprimido pelo sentimento resignado de que simplesmente está provendo o especialista de hipóteses úteis às quais, de seu ponto de vista especializado, este não chegaria facilmente; o invasor fica com a sensação de que seu próprio trabalho permanecerá inevitavelmente incompleto e imperfeito. Somente mediante rigorosa especialização pode o cientista ter a possibilidade, por uma vez e talvez nunca mais, de ter um sentimento de realização definitiva — a sensação de que realizou algo que realmente perdurará. Uma realização realmente definitiva é sempre uma realização especializada. Aquele a quem falta a capacidade de, por assim dizer, pôr antolhos em si mesmo, e de convencer-se de que o destino de sua alma depende de ser correta sua interpretação particular de determinada passagem de um manuscrito, estará sempre alheio à ciência e à erudição. Jamais será capaz de "experimentar" o sentimento daquilo que o trabalho científico implica. Sem essa preciosa intoxicação, ridicularizada pelos que estão do lado de fora, sem essa paixão, essa sensação de que "milhares de anos passarão antes que você ingresse na vida de outros milhares esperarão em silêncio" — dependendo de sua interpretação ser correta, a ciência não é sua vocação, e você deve fazer alguma outra coisa. Porque nada tem valor para um ser humano como ser humano se não puder fazê-lo com dedicação apaixonada.

Contudo, resta o fato de que a dedicação apaixonada, sozinha, por mais intensa que seja, e por mais incondicional que seja a outros respeitos, não produz resultados científicos da mais alta qualidade. Seguramente, é um pré-requisito da "inspiração", que é decisiva. Hoje em dia, existe em determinados círculos da geração mais jovem uma ideia muito difundida de que a ciência se tornou um problema de aritmética que se realiza em laboratórios ou em gabinetes de estatística, não pela "pessoa total", mas por uma razão fria e calculista, "como algo produzido numa fábrica". Ideias como essas revelam não existir a mais leve compreensão nem do que ocorre numa fábrica, nem do que ocorre num laboratório. Neste, como naquela, a pessoa deve ter uma "ideia", para que possa realizar algo de valor. Essa "inspiração" não pode ser forçada. Nada tem a ver com o cálculo desapaixonado. É certamente verdade que este é também um pré-requisito indispensável para a realização intelectual. Nenhum sociólogo, por exemplo, se veria, nem mesmo na velhice, consumindo muitos meses a fazer dezenas de milhares de cálculos sem qualquer importância. Não se pode, impunemente, deixar tudo para equipamentos mecânicos se deseja produzir algo de significativo — e o que finalmente se produz é muitas vezes desgraçadamente pouco. Mas se ele não tem alguma "ideia" para orientar seus cálculos ou, no decorrer dos cálculos, a respeito do alcance dos resultados que surgem, neste caso sequer aquela ninharia será produzida. Essa "ideia" comumente aparece apenas no correr de trabalho muito duro. Na verdade, porém, nem sempre.

O palpite de um diletante sobre determinado fenômeno pode ter igual ou maior importância que o de um especialista. Devemos muitas de nossas melhores hipóteses e intuições a diletantes. O diletante diferencia-se do especialista — como disse Helmholtz sobre Robert Mayer — apenas por carecer de um procedimento claro, e, consequentemente, por sua incapacidade de controlar e avaliar, ou de concretizar e utilizar as potencialidades de seu palpite. Uma ideia imaginosa não substitui o trabalho. Por outro lado, o trabalho não substitui uma intuição imaginosa; o trabalho perseverante, tanto quanto a dedicação apaixonada, é capaz de estimular a intuição. Tanto esta quanto aquele — e especialmente ambos juntos — faz com que ela surja. Mas isso só se dá quando lhe apraz e não de acordo com o que desejamos. É certo, na verdade, que as melhores ideias ocorrem, como disse certa vez Ihering, quando se está tranquilamente fumando um charuto, ou como Helmholtz conta de si próprio, com precisão científica, durante uma caminhada em uma rua ligeiramente inclinada, ou de algum modo semelhante; em todo caso, elas chegam quando não são esperadas — e não quando se está quebrando a cabeça na mesa de trabalho. Contudo, tais ideias não teriam chegado à imaginação se não tivessem sido precedidas pela reflexão na mesa de trabalho e pelo incessante questionamento. De todo modo, o cientista e o erudito devem contar com a chance que é inseparável de todo trabalho de pesquisa — a chance de que a inspiração pode vir, ou não. Pode-se ser um pesquisador muito bom e jamais se ter tido uma única ideia própria de valor.

Constitui sério engano, porém, julgar que isso só acontece em ciência e que, por exemplo, a situação num escritório comercial seja diferente da de um laboratório. Um negociante ou um grande industrial sem "imaginação comercial", isto é, sem ideias, ideias originais brilhantes, continua a ser, quando muito, um funcionário ou um técnico; jamais será capaz de criar uma nova organização. O papel desempenhado pela inspiração não é maior na área da ciência — como poderia fazer-nos crer a presunção acadêmica — do que é no perfeito domínio dos problemas práticos por um empreendedor moderno. Por outro lado, seu papel não é menor na ciência do que no campo da arte; é frequente não se atentar para isso. É tolice pensar que um matemático em sua mesa de trabalho possa chegar a algum resultado cientificamente importante apenas com uma régua de cálculo ou qualquer outro instrumento mecânico ou máquina de calcular; a imaginação matemática de um Weierstrass naturalmente se orienta de maneira diferente, em sua intenção e resultados, da imaginação de um artista e, do ponto de vista qualitativo, é fundamentalmente diferente. Psicologicamente, porém, elas são a mesma coisa — caracterizam-se ambas por uma espécie de intoxicação (no sentido da "mania" de Platão) e de "inspiração".

Se alguém cientificamente inspirado depende de fatores que conhecemos pouco a não ser pelo fato de que implicam "talento". Porém, não é uma aceitação dessa verdade indubitável que se deve o fato de que intenso entusiasmo por determinados novos ídolos se tenha tornado tão predominante no seio da geração mais jovem — embora seja perfeitamente compreensível essa predominância. Os ídolos da "personalidade" e da "experiência" — compreendidas como um estado de espírito — são agora reverenciados em cada esquina e em cada jornal. Eles se relacionam intimamente: é opinião amplamente disseminada que a "experiência" alimenta a "personalidade" e pertence a ela. Existe uma ansiedade muito grande a respeito de "viver a experiência" — já que isso é necessário ao modo de vida adequado a uma pessoa que reivindica a "personalidade". Quem não se tenha submetido à "experiência", segundo essa doutrina, deve então pelo menos agir como se realmente possuísse esse dom de graça. Antigamente, costumava-se chamar essa "experiência" de "sensibilidade", e costumava haver, creio eu, uma concepção mais apropriada sobre o que constituía a "personalidade".

Em ciência, apenas aquele que cumpre sua tarefa tem "personalidade". E isso é verdade não só para a ciência. Não conhecemos grande artista algum que tenha feito outra coisa senão cumprir sua tarefa, e nada mais do que isso. Mesmo com uma personalidade da ordem da de Goethe, o fato de ter ele tomado a liberdade de fazer da própria vida uma obra de arte voltou-se contra sua realização artística. Pode-se duvidar disso, mas é preciso ser Goethe até mesmo para ousar permitir-se tal privilégio. Deve-se, pelo menos, admitir que, mesmo com uma pessoa da ordem de Goethe, que aparece uma vez a cada mil anos, tal privilégio não passa sem ser pago. Em política, a situação É exatamente a mesma, mas não falaremos hoje isso. Na ciência, contudo, certamente não será uma "personalidade" aquele que, como empresário do assunto a que deveria dedicar-se, sobe ao palco procurando legitimar-se através da "experiência" e pergunta: "Como posso demonstrar que sou algo mais que um 'especialista'? Como posso conseguir dizer algo — quer na forma quer na substância de meu trabalho — de um modo que ninguém mais tenha dito antes?" Esse é um fenômeno muito disseminado hoje em dia e que possui um efeito degradante. Ao invés de, pela dedicação a suas tarefas, elevar-se à dignidade do assunto a que simula servir, os que assumem tal posição degradam-se. Não é diversa a situação entre os artistas.

Ao contrário dessas condições necessárias que são comuns à ciência e à arte, há um aspecto fundamental que as distingue nitidamente uma da outra. O trabalho postula o progresso do conhecimento. Na arte, não existe progresso — nesse sentido. Uma obra de arte de um período que elaborou novos recursos técnicos como, por exemplo, os princípios da perspectiva, não é, devido a isso, necessariamente superior, esteticamente, a uma obra de arte produzida sem qualquer conhecimento de tais recursos e princípios — na medida em que seja adequada a seu conteúdo e a sua forma, isto é, na medida em que tenha escolhido e dado forma a seu objeto de maneira artisticamente adequada à ausência daquelas condições e procedimentos. Uma obra de arte é realmente uma "realização" em sentido artístico e jamais uma obra de arte subsequente a torna absoluta. Cada qual pode apreciar de maneira diversa o significado que ela tem para si próprio, mas ninguém poderá jamais dizer, de uma dada obra que seja uma "realização" no sentido artístico, que tenha sido "ultrapassada" por outra que seja do mesmo modo uma "realização". Em contraposição a isso, todo cientista sabe que o que ele realiza estará desatualizado dentro de dez, vinte ou cinquenta anos. Cada "realização" científica levanta novos "problemas" e terá de ser "ultrapassada" e de se tornar obsoleta. Este é o destino — e, de fato, o significado da obra científica, a isso ela se submete e se dedica. Isto a distingue de todas as demais esferas da cultura que também exigem submissão e dedicação.

Todo aquele que deseja servir à ciência deve adaptar-se a isso. Os empreendimentos científicos, é bem verdade, podem perdurar como "satisfações" devido a sua qualidade artística; podem também continuar sendo importantes como recurso de treinamento para o trabalho científico atual. Porém — deve ser repetido —, não só é nosso destino, como também nosso objetivo, que sejamos cientificamente superados. Em princípio, esse progresso vai *ad infinitum*.

E, com isso, chegamos ao problema do significado da ciência. Pois não é evidente por si mesmo que uma atividade, regulada por uma lei desse tipo, deva ser intrinsecamente significativa e razoável. Por que levarmos avante uma atividade que jamais se completará? Podemos responder que o fazemos, antes de mais nada, por motivos meramente práticos, tecnológicos, no mais amplo sentido, isto é, para sermos capazes de orientar nossa conduta prática segundo as expectativas que a análise científica coloca a nosso dispor. Ótimo! Mas isso só tem algum sentido para o homem de ação. Qual é, porém, a atitude do próprio cientista e erudito para com sua profissão — quando busca descobrir seu sentido mais profundo? Ele sustenta que continua na ciência "por ele mesma", e não apenas para que outros possam conseguir êxito comercial ou técnico, estar mais bem nutrido, vestir-se melhor, ter luz de melhor qualidade, ou governar melhor. Mas o que julga ele estar realizando de significativo com essas criações sempre fadadas a se tornar obsoletas — qual seu objetivo em permitir-se ficar preso dentro desse empreendimento especializado que segue sem deter-se para a infinidade? Isto exige algumas observações gerais.

O progresso científico é um fragmento, o mais importante indubitavelmente, do processo de intelectualização a que estamos submetidos desde milênios e relativamente ao qual algumas pessoas adotam, em nossos dias, posição estranhamente negativa.

Vamos esclarecer, primeiro, o que significa praticamente essa racionalização intelectualista, criada pela ciência e orientada cientificamente pela tecnologia. Significará, por acaso, que todos os que estão reunidos neste auditório possuem maior conhecimento sobre as condições de vida em que existimos do que um índio americano ou um hotentote? É pouco provável. Aquele entre nós que entra num bonde não tem noção alguma do mecanismo que permite ao bonde pôr-se em marcha — exceto que seja físico de profissão. Aliás, ele nem precisa saber esse mecanismo. Basta-lhe "contar" com o comportamento do bonde e orientar a sua conduta de acordo com essa expectativa. Mas ele não precisa saber nada sobre o que é necessário para produzir o bonde ou sobre como movimentá-lo. O selvagem, ao contrário, conhece, de maneira incomparavelmente melhor, os instrumentos de que se utiliza. Eu acredito que todos os meus colegas economistas, por acaso presentes nesta sala, dariam respostas diferentes à pergunta: como explicar que, utilizando a mesma soma de dinheiro, ora se possa adquirir grande quantidade de coisas, e ora uma quantidade mínima? O selvagem, diferentemente, sabe perfeitamente como proceder para obter o alimento cotidiano e conhece bem os meios capazes de favorecê-lo em seus propósitos. A crescente intelectualização e a racionalização não indicam, portanto, um conhecimento maior e mais geral das condições sob as quais vivemos. Significa antes, que sabemos ou acreditamos que, a qualquer instante, poderíamos, bastando que o quiséssemos, provar que não existe, em princípio, nenhum poder misterioso e imprevisível no decurso de nossa vida, ou, em outras palavras, que podemos dominar tudo por meio de cálculo. Isto significa que o mundo foi desencantado. Já não precisamos recorrer aos meios mágicos para dominar os espíritos ou exorcizá-los, como fazia o selvagem que acreditava na existência de poderes misteriosos. Podemos recorrer à técnica e ao cálculo. Isto, acima de tudo, é o que significa a intelectualização.

Surge aí nova pergunta: este processo de desencantamento, realizado ao longo dos milênios da civilização ocidental e, em termos gerais, esse "progresso" do qual participa a ciência como elemento e força propulsora, tem significado que ultrapasse essa pura prática e essa pura técnica? Este problema mereceu atenção vigorosa na obra de León Tolstói, o qual chegou a essa problemática da maneira própria e particular dele. O conjunto de suas meditações cristalizou-se crescentemente ao redor do seguinte tema: a morte é ou não é um acontecimento que tem sentido? Sua resposta é a de que, para um homem civilizado, aquele sentido não existe. E não pode existir porque a vida individual do civilizado está "imersa" no "progresso" e no infinito e, segundo seu sentido imanente, esta vida não deveria ter fim. Com efeito, há sempre uma possibilidade de um novo progresso para aquele que vive no progresso. Nenhum dos que morrem chega jamais a atingir o pico, pois que o pico se põe no infinito. Abraão e os camponeses de outrora morreram "velhos e plenos de vida", pois que estavam colocados num ciclo orgânico da vida, que lhes havia oferecido, ao fim dos seus dias, todo o sentido que poderia proporcionar-lhes e porque não subsistia enigma que eles ainda teriam desejado resolver. Poderiam, portanto, considerar-se satisfeitos com a vida. O homem civilizado, ao contrário, colocado em meio ao caminhar de uma civilização que se enriquece continuamente de pensamentos, de experiências e de problemas, pode sentir-se "cansado" da vida, mais não "pleno" dela. Com efeito, ele não pode jamais se apossar senão de uma parte ínfima do que a vida do espírito incessantemente produz; ele não pode captar senão o provisório e nunca o definitivo. Por esse motivo, a morte é, a seus olhos, um acontecimento que não tem sentido. E porque a morte não tem sentido, a vida do civilizado também não o tem, pois a "progressividade" despojada de significado faz da vida um acontecimento igualmente sem significação. Nas últimas obras de Tolstói, encontra-se, por toda a parte, esse pensamento, que dá tom à sua arte.

Que posição devemos assumir frente a isso? Tem o "progresso", como tal, um sentido discernível, que se entende para além da técnica, de maneira tal que pôr-se a seu serviço equivaleria a uma vocação dotada de sentido? É indispensável levantar este problema. A questão que se coloca não é mais a que se refere tão somente à vocação científica, ou seja, a de saber o que significa a ciência, enquanto vocação, para aquele que a ela se consagra. A pergunta é inteiramente diversa: qual é o significado da ciência no contexto da vida humana e qual é o seu valor?

A este respeito é enorme o contraste entre o passado e o presente. Lembremos a maravilhosa alegoria que há no começo do livro sétimo da *República* de Platão: a dos prisioneiros confinados à caverna. Os rostos desses prisioneiros estão voltados para a parede rochosa que se levanta diante deles. Atrás deles se encontra uma fonte de luz que não podem ver, condenados que estão a só se ocuparem das sombras que se projetam sobre a parede, sem outra possibilidade além da de examinar as relações que se estabelecem entre tais sombras. Ocorre, porém, que um dos prisioneiros consegue romper suas cadeias, volta-se e encara o sol. Deslumbrado, ele hesita, caminha em sentidos diferentes e diante do que vê só sabe balbuciar. Os seus companheiros o tomam por louco. Aos poucos, ele se habitua a encarar a luz. Feita essa experiência, o dever de que se incumbe é o de tornar a ver os prisioneiros da caverna, a fim de conduzi-los para a luz. Ele é o filósofo e o sol representa a verdade da ciência, cujo objetivo é o de conhecer não apenas as aparências e as sombras, mas também o verdadeiro.

Quem continua, entretanto, adotando em nossos dias essa mesma atitude diante da ciência? A juventude, em particular, está possuída de sentimento inverso: a seus olhos, as construções intelectuais da ciência constituem um reino irreal de abstrações artificiais e ela se esforça, sem êxito, por colher, em suas mãos insensíveis, o sangue e a seiva da vida real. Acredita-se, atualmente, que a realidade verdadeira palpita justamente nessa vida que, aos olhos de Platão, não passava de um jogo de sombras projetadas contra a parede da caverna. Entende-se que o resto são fantasmas inanimados, afastados da realidade, e nada mais. Como ocorreu esta transformação? O apaixonado entusiasmo de Platão, em sua *República*, explica-se, em última análise, pelo fato de, naquela época, haver sido descoberto o sentido de um dos maiores instrumentos do conhecimento científico: o conceito. O mérito cabe a Socrátes que compreende, de imediato, a importância do conceito. Mas não foi o único a percebê-la. Nos ritos hindus, é possível encontrar os elementos de uma lógica análoga à de Aristóteles. Contudo, em nenhum outro lugar senão na Grécia tem-se a consciência da importância do conceito. Foram os gregos os primeiros a saber utilizar esse instrumento que permitia prender qualquer pessoa aos grilhões da lógica, de maneira tal que ela não se podia libertar senão reconhecendo ou que nada sabia, ou que esta, e não aquela afirmação correspondia à verdade: uma verdade eterna que nunca se desvaneceria como se desvanecem a ação e a agitação cegas dos homens. Foi uma experiência extraordinária, que se difundiu entre os discípulos de Sócrates. Acreditou-se que fosse possível concluir que bastava descobrir o verdadeiro conceito do Belo, do Bem ou, por exemplo, da Coragem ou da Alma — ou de qualquer outro objeto — para que se tivesse condições de compreender-lhe o verdadeiro ser. O conhecimento, por sua vez, permitiria saber e ensinar a forma de agir corretamente nessa vida e, antes de tudo, como cidadão. Com efeito, entre os gregos, que só pensavam com referência à categoria da política, tudo conduzia a essa questão. Tais as razões que os levaram a se ocupar da ciência.

A essa descoberta do espírito helênico associou-se, em seguida, o segundo grande instrumento do trabalho científico, engendrado pelo Renascimento: a experiência racional. Tornou-se ela um meio seguro de controlar a experiência, sem o qual a ciência empírica moderna não teria sido possível. Por certo que não se haviam feito muitos experimentos antes dessa época. Haviam tido lugar, por exemplo, experiências fisiológicas, realizadas na Índia, no interesse da técnica ascética da Ioga, assim como experiências matemáticas na antiguidade helênica, visando fins militares, e ainda esperiências na Idade Média, com vistas à exploração das minas. Foi, porém, o Renascimento que elevou a experimentação ao nível de um princípio da pesquisa como tal. Os precursores foram, incontestavelmente, os grandes inovadores no domínio da arte: Leonardo da Vinci e seus companheiros e, particularmente, e de maneira característica no domínio da música, os que se dedicaram à experimentação com o cravo, no século XVI. Daí, a experimentação passou para o campo das ciências, devido, sobretudo, a Galileu e alcançou o domínio da teoria, graças a Bacon. Foi, a seguir, perfilhada pelas diversas universidades do continente europeu, de início e principalmente pelas da Itália e da Holanda, estendendo-se à esfera das ciências exatas.

Qual foi para esses homens, no início dos tempos modernos, o significado da ciência moderna? Aos olhos dos experimentadores do tipo de Leonardo da Vinci e dos inovadores no campo da música, a experimentação era o caminho capaz de conduzir à verdadeira natureza. A arte deveria ser elevada ao nível de uma ciência, o que significava, ao mesmo tempo e antes de tudo, que o artista deveria ser elevado, socialmente e por seus próprios méritos, ao nível de um doutor. Essa ambição serve de fundamentação ao *Tratado de Pintura* de Leonardo da Vinci. E o que se diz hoje em dia? "A ciência vista como caminho capaz de conduzir à natureza" — seria frase que haveria de soar aos ouvidos da juventude como uma blasfêmia. Não, é exatamente o oposto que aparece hoje como verdadeiro. Libertando-nos do intelectualismo da ciência é que podemos apreender nossa própria natureza em geral. Quanto a dizer que a ciência é também caminho que conduz à arte — eis opinião que não merece que nos detenhamos nela. Todavia à época da formação das ciências exatas, esperava-se ainda mais da ciência. Lembremos o aforismo de Swammerdam: "Apresento-lhes, aqui, na anatomia de um piolho, a prova de providência divina" e compreendemos qual foi, naquela época, a tarefa própria do trabalho científico, sob influência (indireta) do protestantismo e do puritanismo: encontrar o caminho que conduz a Deus. Toda a ecologia pietista daquele tempo, sobretudo a de Spener, estava ciente de que jamais se chegaria a Deus pela via que tinha sido tomada por todos os pensadores da Idade Média — e abandonou seus métodos filosóficos, suas concepções e deduções. Deus está oculto, seus caminhos não são os nossos, nem seus pensamentos os nossos pensamentos. Esperava-se contudo descobrir traços de suas intenções através do exame da natureza, mediante as ciências exatas, que permitiriam apreender fisicamente as suas obras. E em nossos dias? Quem ainda acredita — salvo algumas crianças grandes que encontramos justamente entre os especialistas — que os conhecimentos astronômicos, biológicos, físicos ou químicos podem ensinar-nos algo sobre o sentido do mundo ou podem ajudar-nos a encontrar sinais de tal sentido, se é que ele existe? Se as ciências naturais levam a qualquer coisa neste sentido, levarão ao desaparecimento da crença de que existe algo como o "sentido" do universo. E, finalmente, como poderia a ciência nos conduzir a Deus? Não é ela, especificamente, uma potência arreligiosa? Atualmente, homem algum, no seu íntimo — independentemente de admiti-lo explicitamente — coloca em dúvida esse caráter da ciência. O pressuposto fundamental de qualquer vida em comunhão com o divino impele o homem a se emancipar do racionalismo e do intelectualismo da ciência: essa afirmação, ou outra de sentido semelhante, é uma das palavras de ordem fundamentais entre a juventude alemã, cujos sentimentos estão voltados para a religião ou que anseiam pelas experiências religiosas. Aliás, a juventude alemã não corre atrás da experiência religiosa, mas da experiência da vida, como tal. Só parece desconcertamente, dentro destas aspirações, o método escolhido, no sentido de que o domínio do irracional, único domínio em que o intelectualismo ainda não havia tocado, tornou-se objeto de uma tomada de consciência e é minuciosamente examinado. A isso conduz, na prática, o moderno romantismo intelectualista do irracional. Contudo, esse método, que se propõe livrar-se do intelectualismo, se traduzirá, indubitavelmente, num resultado exatamente oposto ao que esperam atingir os que se empenham em seguir essa via. Depois da devastadora crítica feita por Nietzsche aos últimos homens "que" inventaram a felicidade, posso deixar totalmente de lado o otimismo ingênuo no qual a ciência — isto é, a técnica de dominar a vida que depende da ciência — foi celebrada como o caminho para a felicidade. Quem acredita nisso — à parte algumas poucas crianças grandes, que ocupam cátedras universitárias ou escrevem editoriais?

Retomemos a nossa argumentação. Qual é, afinal, nestes termos, o sentido da ciência como vocação, se estão destruídas todas as ilusões que nela viam o caminho que conduz ao "ser verdadeiro", à "verdadeira arte", à "verdadeira natureza", ao "verdadeiro Deus", à "verdadeira felicidade"? Tolstói deu a esta pergunta a mais simples das respostas, dizendo: "A ciência não tem sentido porque não responde à nossa pergunta, a única pergunta importante para nós: o que devemos fazer e como devemos viver?" De fato, é incontestável que a ciência não nos fornece uma resposta a estas perguntas. Fica, apenas, o problema de saber em que sentido não dá esta resposta e se a ciência, mesmo assim, para aquele que formule bem esta pergunta, pode ter alguma utilidade. Hoje em dia, falamos costumeiramente de uma "ciência sem pressupostos". Há uma tal ciência? Tudo depende do que se entende por isso. Todo trabalho científico pressupõe sempre a validade das regras da lógica e da metodologia, que constituem os fundamentos gerais de nossa orientação no mundo. Quanto à questão que nos preocupa, estes pressupostos são o que há de menos problemático. A ciência pressupõe ainda que o resultado a que o trabalho científico leva seja importante em si, isto é, mereça ser conhecido. Ora, é nesse ponto, obviamente, que se concentram todos os nossos problemas: esse pressuposto escapa a qualquer demonstração por meios científicos — ou seja, a ciência só pode ser interpretada com referência ao significado último, o qual podemos rejeitar ou aceitar, dependendo da nossa posição com relação ao sentido da vida.

A natureza da relação entre o trabalho científico e os pressupostos que o condicionam varia muito conforme a estrutura das diversas ciências. As ciências da natureza, como a Física, a Química ou a Astronomia, pressupõem, naturalmente, que valha a pena conhecer as últimas leis do devir cósmico, na medida em que a ciência esteja em condições de formulá-las. E isso não apenas porque esses conhecimentos nos permitem atingir certos resultados técnicos, mas, sobretudo, porque tais conhecimentos têm um valor "em si", na medida, precisamente, em que traduzem uma "vocação". Pessoa alguma poderá, entretanto, demonstrar esse pressuposto. E menos ainda se poderá provar que o mundo descrito por esse conhecimento merece existir, que ele encerra sentido ou que não é algo absurdo habitá-lo. A ciência não fornece respostas para tais questões. Vejamos, por exemplo, a medicina moderna, que é uma tecnologia altamente desenvolvida do ponto de vista científico. Expresso de maneira trivial, o "pressuposto" geral da medicina assim pode ser apresentado: a medicina tem a tarefa de conservar a vida e a de diminuir a dor e o sofrimento ao máximo possível. Tudo isso é, porém, problemático. Graças aos meios de que dispõe, o médico mantém vivo o moribundo, mesmo que este lhe implore que ponha fim a seus dias e ainda que os parentes desejem e devam desejar sua morte, conscientemente ou não, porque aquela vida já não tem mais valor, porque os sofrimentos cessariam ou porque os gastos para conservar aquela vida inútil — trata-se, talvez, de um pobre demente — se fazem pesadíssimos. Só os pressupostos da medicina e do código penal impedem o médico de se apartar da linha que foi traçada. A medicina, contudo, não tem condições de responder à questão de se merece aquela vida ser vivida ou em que condições merece ser vivida. Todas as ciências da natureza nos dão uma resposta à pergunta que devemos fazer, se quisermos tecnicamente dominar a natureza. Mas elas deixam totalmente de lado, ou fazem apenas suposições que se enquadram nas suas finalidades, se, afinal, devemos e queremos realmente "tecnicamente" dominar a vida, e se, em última análise, há um sentido em tudo isso.

Vejamos uma disciplina como a estética. A estética pressupõe a existência de obras de arte. E, em consequência disso, apenas se propõe pesquisar as condições que condicionam a gênese da obra de arte. Mas não se pergunta, absolutamente, se o reino da arte não seria um reino de esplendor diabólico, reino que é deste mundo e que se levanta contra Deus, e se levanta, igualmente, contra a fraternidade humana, em razão de seu espírito fundamentalmente aristocrático. Consequentemente, a estética não se pergunta se deveria ou não haver obras de arte. Vejamos a jurisprudência. Esta disciplina estabelece o que é válido segundo as regras da teoria jurídica, organizada em parte logicamente, e em parte convencionalmente. O pensamento jurídico é válido quando certas regras jurídicas e certos métodos de interpretação são reconhecidos como obrigatórios. Se deve haver lei e se devemos estabelecer essas regras — tais questões não são respondidas pela jurisprudência. Ela só pode afirmar: para quem quiser este resultado, segundo as normas de nosso pensamento jurídico, esta norma jurídica é o meio adequado de alcançá-lo.

Vejamos as ciências históricas e culturais. Elas nos ensinam como compreender e interpretar os fenômenos políticos, artísticos, literários e sociais em termos de suas origens. Mas não nos dão resposta à questão de se a existência desses fenômenos foi, ou é compensadora. E não respondem à questão de se vale ou não a pena fazer um esforço necessário para conhecê-las. Elas pressupõem, simplesmente, que haja interesse em tomar parte, pela prática desses conhecimentos, na comunidade dos "homens civilizados". Não podem, entretanto, provar cientificamente que há vantagem nessa participação. E o fato de pressupor esta vantagem não prova, de forma nenhuma, que ela exista. Em verdade, nada do que foi mencionado é, por si próprio, evidente. Vejamos, finalmente, as disciplinas que nos são próximas, ou seja: a sociologia, história, economia, ciência política e aqueles tipos de filosofia cultural que têm por objeto a interpretação dos diversos tipos de conhecimentos procedentes. Afirma-se, e eu concordo, que a política não tem o seu lugar em sala de aula das universidades. Não é o lugar adequado, no que diz respeito aos alunos. Se, por exemplo, na sala de aula do meu ex-colega Dietrich Schäfer, de Berlim, os alunos pacifistas lhe cercaram a mesa e provocaram um tumulto, eu deploro este fato da mesma maneira como deploraria uma agitação provocada pelos estudantes antipacifistas contra o professor Förster, do qual, em razão de minhas convicções, me sinto entretanto muito afastado e por muitos motivos. Mas a política também não deve entrar em sala de aula pelo docente e, muito menos ainda, quando este se interessa cientificamente pela política. Tomar uma posição política prática é uma coisa e analisar as estruturas políticas e as posições partidárias é outra. Ao falar num comício político sobre a democracia, não escondemos o nosso ponto de vista pessoal. Na verdade, expressá-lo claramente e tomar uma posição é o nosso dever. As palavras que usamos neste comício não são meios de análise científica, mas meios de conseguir votos e vencer os adversários. Não são arados para revolver o solo do pensamento contemplativo, são espadas contra os inimigos: tais palavras são armas. Seria um ultraje, porém, usá-las do mesmo modo na sala de aula ou na sala de conferências. Se, por exemplo, estivermos discutindo "democracia", examinaremos as suas várias formas, analisaremos os modos pelos quais funcionam, determinaremos que resultados uma forma tem para as condições de vida em comparação com a outra. Então, confrontamos as formas da democracia com formas não democráticas de ordem política e procuramos chegar à posição em que o estudante possa encontrar o ponto do qual, em termos de seus ideais últimos, venha a tomar uma posição. Mas o verdadeiro professor evitará impor, da sua cátedra, qualquer posição política ao aluno, seja ela expressa ou sugerida. "Deixar que os fatos falem por si" é a forma mais parcial de apresentar uma posição política ao aluno.

Por que razões devemos fazer isso? Acredito, antecipadamente, que alguns colegas muito estimados são de opinião de que não é possível praticar esta "autocontenção" e de que, mesmo se o fosse, seria uma extravagância adotar esta postura. Não é possível demonstrar cientificamente qual seria o dever de um professor acadêmico. Só podemos pedir a ele que tenha a integridade intelectual de ver que uma coisa é apresentar os fatos, determinar as relações matemáticas e lógicas, ou a estrutura interna dos valores culturais, e outra coisa é responder à pergunta sobre o valor da cultura e sobre seus conteúdos individuais, e à questão de como devemos agir na comunidade cultural e nas associações políticas. São problemas totalmente heterogêneos. Se perguntarmos por que não nos devemos ocupar de ambos os tipos de problemas na sala de aula, a resposta será: porque o profeta e o demagogo não pertencem à catedra acadêmica. Ao profeta e ao demagogo dizemos: "Ide para as ruas e falai abertamente ao mundo", ou seja, falai onde a crítica é possível. Numa sala de aula, enfrenta-se o auditório de maneira inteiramente diferente: os professores têm a palavra e os estudantes estão condenados ao silêncio. As circunstâncias exigem que os alunos sejam obrigados a seguir os cursos de um professor, tendo em vista a futura carreira, e que nenhum dos presentes a uma sala de aula possa criticar o mestre. A um professor é imperdoável valer-se de tal situação para incutir, em seus discípulos, as suas próprias concepções políticas, em vez de lhes ser útil, como é do seu dever, transmitindo-lhes conhecimentos e experiência científica. É possível, sem dúvida, que o professor não consiga eliminar totalmente as suas simpatias pessoais. Fica, então, sujeito à crítica mais violenta no foro de sua própria consciência. E tal deficiência nada prova. Outros erros também são possíveis, por exemplo, erros como exposições errôneas de fatos, e, não obstante, nada provam contra o dever de se buscar a verdade. Além disso, é exatamente em nome do interesse da ciência que eu condeno essa forma de proceder. Recorrendo às obras de nossos historiadores, tenho condições de fornecer provas de que, sempre que um homem de ciência permite que se manifestem seus próprios juízos de valor, ele perde a compreensão integral dos fatos. Tal demonstração se estenderia, contudo, para além dos limites do tema que nos ocupa esta noite e exigiria digressões demasiado longas.

Gostaria de colocar apenas uma questão simples: como é possível, numa exposição que tem por objetivo o estudo das diversas formas do Estado e das Igrejas, ou a história das religiões, levar um crente católico e um franco-maçom a submeterem esses fenômenos aos mesmos critérios de avaliação? Ou isto é algo que não se cogita? E, entretanto, o professor deve ter a ambição e exigir de si mesmo servir a um e a outro, com o seu conhecimento e com os seus métodos de raciocínio. Pode objetar-se, justamente, que o crente católico jamais aceitará a maneira de compreender a história das origens do cristianismo tal como a expõe um professor que não admite os mesmos pressupostos dogmáticos. Isto é verdade. As razões das discordâncias provêm do fato de que a "ciência sem pressupostos", recusando a submissão a uma autoridade religiosa, não conhece nem "milagre", nem "revelação". Se o fizesse, a ciência seria infiel a seus próprios pressupostos. O crente, entretanto, conhece as duas posições. A ciência "sem pressupostos" exige dele nada menos — mas, igualmente, nada mais — que a cautela de simplesmente reconhecer que, se o fluxo das coisas deve ser explicado sem intervenção de qualquer dos elementos sobrenaturais, e que a explicação empírica recusa caráter causal, aquele fluxo só pode ser explicado pelo método que a ciência se esforça por aplicar. E isso o crente pode admitir, sem ser infiel a sua crença.

Contudo, uma nova questão se levanta: a contribuição da ciência terá qualquer sentido para um homem que não se interessa em conhecer os fatos como tais, e para quem apenas o ponto de vista prático tem importância? Creio que, mesmo em tal caso, a ciência possa contribuir com alguma coisa. A tarefa principal de um bom professor é ensinar aos seus alunos reconhecer que há fatos "inconvenientes" — e quero dizer que se trata de fatos que são inconvenientes para as suas opiniões partidárias. E para cada opinião partidária há fatos que são extremamente inconvenientes, para a minha própria opinião e para a opinião de outras pessoas. Acredito que um professor que obriga seus alunos a se habituarem a esse tipo de coisas realiza uma obra mais que puramente intelectual, e não hesito em qualificá-la de "moral", embora esse adjetivo possa parecer demasiado grandioso para designar uma evidência tão banal.

Até agora, mencionei apenas as razões práticas que levam a evitar a imposição de um ponto de vista pessoal. Mas estas não são as únicas razões. A impossibilidade de defender "cientificamente" as posições práticas — exceto na discussão entre meios e fins firmemente dados e pressupostos — baseia-se em razões muito mais profundas. Tal atitude é, em princípio, absurda, porque as diversas ordens de valores se defrontam no mundo, em luta incessante. Sem pretender traçar o elogio da filosofia do velho Mill, impõe-se, não obstante, reconhecer que ele tem razão ao dizer que, quando se parte da pura experiência, chega-se ao politeísmo. A fórmula parece ser superficial e mesmo paradoxal, mas, apesar disso, encerra algo de verdadeiro. Se há uma coisa que atualmente não ignoramos é que uma coisa pode ser santa, sem ser bela — mas por que e em que medida é bela — e a isso há referências no capítulo 53 do livro de Isaías e no salmo 21. E, desde Nietzsche, compreendemos que uma coisa pode ser bela, não só por ser boa, mas antes por ser bela. Isso foi explicado anteriormente nas *Fleurs du mal*, nome que Baudelaire deu ao seu livro de poemas. A sabedoria nos ensina, enfim, que uma coisa pode ser verdadeira, não sendo bela, nem santa, nem boa. Esses porém não passam dos casos mais elementares da luta que opõe os deuses das diferentes ordens e dos diferentes valores. Não sei como poderemos desejar decidir "cientificamente" o valor da cultura francesa e alemã: pois também aqui deuses diferentes lutam entre si, agora e em todos os tempos futuros. Tudo se passa, portanto, exatamente como se passava no mundo antigo que se encontrava sob o encanto dos deuses e dos demônios, mas assume um sentido diferente. Os gregos ofereciam sacrifícios a Afrodite, depois a Apolo e, sobretudo, a cada qual dos deuses da cidade; e, da mesma maneira, nós continuamos a fazer, embora o nosso comportamento haja rompido com o encanto e se haja despojado do mito que ainda há em nós. É o destino que governa os deuses e não uma ciência, seja esta qual for. O máximo que podemos compreender é o que o divino significa para determinada sociedade, ou o que esta ou aquela sociedade considera como divino. Eis aí o limite que um professor não pode ultrapassar quando ministra uma aula, o que não quer dizer que se tenha assim resolvido o imenso problema vital que se esconde por trás dessas questões. Entram, então, em jogo, outros poderes que não são os de uma cátedra acadêmica universitária. Que homem teria a pretensão de refutar "cientificamente" a ética do Sermão da Montanha, ou, por exemplo, a máxima "não oponha resistência ao mal", ou a parábola de oferecer a outra face? É, entretanto, claro que, do ponto de vista estritamente humano, esses preceitos fazem o apologo de uma ética que se levanta contra a dignidade. A cada um cabe decidir entre a dignidade religiosa conferida por essa ética e a dignidade de um ser viril, que prega algo muito diferente, como, por exemplo, "resiste ao mal ou serás responsável pela vitória que ele alcance". Nos termos das convicções mais profundas de cada pessoa, uma dessas éticas assumirá as feições do diabo, a outra as feições divinas e cada indivíduo terá de decidir, de seu próprio ponto de vista, o que, para ele, é deus e o que é diabo. O mesmo acontece em todos os planos da vida. O racionalismo grandioso, subjacente à orientação ética de nossa vida e que brota de todas as profecias religiosas, destronou o politeísmo em benefício do "Único de que temos necessidade", mas, desde que se viu diante da realidade da vida interior, foi compelido a consentir em compromissos e acomodações de que nos deu notícia a história do cristianismo. A religião tornou-se, em nossos tempos, "rotina cotidiana". Os deuses antigos abandonaram as suas tumbas e, sob a forma de poderes impessoais, porque desencantados, esforçam-se por ganhar poder sobre nossas vidas, reiniciando suas lutas eternas: como se mostrar à altura do cotidiano? Todas as buscas de "experiência vivida" têm sua fonte nessa fraqueza, pois é fraqueza não ser capaz de encarar de frente o severo destino do tempo em que se vive.

Tal é o fato de nossa civilização: impõe-se que, de novo, tomemos claramente consciência desses choques que a orientação de nossa vida em função exclusiva de *páthos* grandioso da ética do cristianismo conseguiu mascarar por mil anos.

Basta, porém, dessas questões que ameaçam levar-nos demasiado longe. O erro que uma parte de nossa juventude comete, quando, àquilo que observamos, replica: "Seja. Mas se frequentamos os cursos que vocês ministram é para ouvir coisa diferente das análises e determinações de fatos", esse erro consiste em procurar no professor coisa diversa de um mestre diante de seus discípulos: a juventude espera um líder e não um professor. Ora, só como professor é que se ocupa uma cátedra. É preciso que não se faça confusão entre coisas tão diversas e, facilmente, podemos convencer-nos da necessidade dessa distinção. Permitam-me que os conduza mais uma vez aos Estados Unidos da América, pois que lá se pode observar certo número de realidades em sua feição original e mais contundente. O jovem norte-americano aprende muito menos coisas que o jovem alemão. Entretanto, e apesar do número incrível de exames a que é sujeitado, não se tornou ainda, em razão do espírito que domina a universidade norte-americana, a besta de exames em que está transformado o estudante alemão. Pois, na América, a burocracia que pressupõe o diploma de exame como bilhete de entrada para o reino das prebendas está apenas em seus primórdios. O jovem norte-americano nada respeita, nem a pessoa, nem a tradição, nem a situação profissional, mas inclina-se diante da qualidade profissional de qualquer indivíduo. É a isso que ele chama de "democracia". Por mais caricatural que possa parecer a realidade americana quando a colocamos diante da significação verdadeira da palavra democracia, aquele é o sentido que lhe atribuem e, de momento, só isso importa. O jovem norte-americano faz do seu professor uma ideia simples: é aquele que lhe vende conhecimentos e métodos em troca do dinheiro pago pelo pai, exatamente como o merceeiro vende repolhos à mãe. Nada além disso. Se o professor for, por exemplo, campeão de futebol, ninguém hesitará em conferir-lhe a posição de um líder em tal setor. Se, porém, não for um treinador (ou qualquer outra coisa num setor esportivo diverso), é simplesmente um professor, e nada mais. E a um jovem norte-americano jamais ocorreria que seu professor pudesse vender-lhe "concepções de mundo", ou regras válidas para a conduta na vida. Claro está que nós, alemães, rejeitamos uma concepção deste tipo. Cabe, entretanto, perguntar se nessa maneira de ver, que por mim foi exagerada até certo ponto, não há alguma verdade.

Meus caros alunos: Vocês acorrem aos nossos cursos, exigindo de nós, que somos professores, qualidades de líder, sem jamais levar em consideração que, de cem professores, noventa e nove não têm e não devem ter a pretensão de ser campeões de futebol da vida, nem "orientadores", no que diz respeito às questões que se referem à conduta da vida. É preciso não esquecer que o valor de um ser humano não se põe, necessariamente, na dependência das condições de líder que ele possa possuir. De qualquer maneira, o que faz, o que transforma um homem em sábio eminente ou professor universitário não é, por certo, o que poderia transformá-lo num líder no domínio da conduta prática da vida, e, especialmente, no domínio prático. O fato de um professor possuir esta última qualidade é algo que brota do puro acaso. Seria inquietante o fato de todo professor titular de uma cátedra universitária ter a opinião de estar diante da absoluta necessidade de provar que é um líder. E mais inquietante ainda seria o fato de permitir-se que todo professor de universidade julgasse ter a possibilidade de desempenhar esse papel na sala de aula. Com efeito os que a si mesmos se julgam líderes são, frequentemente, os menos qualificados para tal função: de qualquer forma, a sala de aula não será jamais o local em que o professor possa fazer prova de tal aptidão. O professor que sente a vocação de conselheiro da juventude e que tem a confiança da juventude, deve desempenhar esse papel no contato pessoal com os jovens. Se ele se sente chamado a intervir nas opiniões dos partidos, deve fazê-lo fora da sala de aula, deve fazê-lo em lugar público, ou seja, através da imprensa, em reuniões, em associações, onde queira. É, com efeito, demasiado cômodo exibir coragem num local em que os assistentes e, talvez, os oponentes, estão condenados ao silêncio. Após tais considerações, os senhores poderão dizer: "se assim é, que contribuição real e positiva traz a ciência para a vida prática e pessoal?" Com isso estamos novamente de volta ao problema da ciência como "vocação".

Em primeiro lugar, a ciência coloca naturalmente à nossa disposição certo número de conhecimentos que nos permitem dominar tecnicamente a vida por meio da previsão, tanto no que se refere à esfera das coisas exteriores como ao campo da atividade dos homens. Os senhores replicarão: "afinal das contas, isso não passa do comércio de legumes do jovem norte-americano". Concordo plenamente. Em segundo lugar, a ciência pode contribuir com algo que o comerciante de legumes não pode: métodos de pensamento, instrumentos técnicos e treinamento científico. Os senhores poderão replicar: "talvez não se trate mais de legumes, porém de meios através dos quais se consegue facilmente obter legumes". Admitamos por enquanto essa opinião. Felizmente, a contribuição da ciência ainda não termina com isso. Temos a convicção de apontar claramente uma terceira contribuição: a ciência contribui para a clareza. Na medida em que isso ocorre, podemos afirmar o seguinte: na prática, podeis tomar esta ou aquela posição em relação a um problema de valor simplificando; pensai, por favor, nos fenômenos sociais, por exemplo. Quando se adota esta ou aquela posição, será preciso, de acordo com o procedimento científico, aplicar tais ou quais meios para se levar o projeto a bom termo. Pode acontecer que, em certo momento, os métodos apresentem um caráter que nos obriguem a recusá-los. Neste caso, será preciso escolher entre o fim e os meios inevitáveis que esse fim exige. O fim justifica ou não justifica os meios? O professor só pode mostrar a necessidade da escolha, mas não pode ir além, caso se limite a seu papel de professor e não queira transformar-se em demagogo. Além disso, ele poderá demonstrar que, quando se deseja tal ou qual fim, torna-se necessário consentir em tais consequências subsidiárias que também se manifestarão, como mostram as lições da experiência. Hipoteticamente podem apresentar-se as mesmas dificuldades que surgem a propósito da escolha dos meios. A este nível só defrontamo-nos, entretanto, com problemas que podem apresentar-se igualmente a qualquer técnico. Este se vê compelido, em numerosas circunstâncias, a decidir, apelando para o princípio do mal menor ou para o princípio do que é relativamente melhor. Com uma diferença, entretanto: geralmente, o técnico dispõe, de antemão, de um dado e de um dado que é capital, o objetivo. Ora, quando se trata de problemas fundamentais, o objetivo não nos é dado. Com base nesta consideração, podemos referir, agora, a última contribuição que a ciência dá ao serviço da clareza, contribuição além da qual não há outras. Os cientistas podem — e devem — mostrar que tal posição adotada deriva, logicamente e com toda a clareza, quanto ao seu significado, de uma visão última e básica do mundo. Uma tomada de posição pode derivar de uma visão única do mundo ou de várias, diferentes entre si. Desta forma, o cientista pode esclarecer que determinada posição deriva de uma e não de outra concepção. Retomemos a metáfora de que há pouco falamos. A ciência mostrará que, adotando tal posição, certa pessoa estará a serviço de tal Deus e ofenderá outro Deus e que, se desejar ser fiel a si mesma, chegará, certamente, a determinadas consequências íntimas, últimas e significativas. Eis o que a ciência pode proporcionar, ao menos em princípio. Essa mesma obra é a que procura realizar a disciplina especial que se intitula filosofia e as disciplinas metodológicas próprias das outras disciplinas. Se estivermos, portanto, enquanto cientistas, à altura da tarefa que nos incumbe (o que, evidentemente, é preciso aqui supor), podemos compelir uma pessoa a dar-se conta do sentido último de seus próprios atos ou, quando menos, ajudá-la em tal sentido. Parece-me que este resultado não é desprezível, mesmo no que diz respeito à vida pessoal. Se um professor alcança esse resultado, inclino-me a dizer que ele se põe a serviço de "forças morais", ou seja, a serviço do dever de levar a brotarem, nas pessoas alheias, a clareza e o sentido da responsabilidade. Creio que lhe será tanto mais fácil realizar este intento quanto mais ele evite, escrupulosamente, impor ou sugerir à audiência uma convicção.

As opiniões que aqui lhes exponho têm por base, em verdade, a condição fundamental seguinte: a vida, enquanto encerra em si mesma um sentido e enquanto se compreende por si mesma, só conhece o combate eterno que os deuses travam entre si ou — evitando a metáfora — só conhece a incompatibilidade das atitudes últimas possíveis, a impossibilidade de dirimir seus conflitos e, consequentemente, a necessidade de se decidir em prol de um ou de outro. Quanto a saber se, em condições tais, vale a pena que alguém faça da ciência a sua "vocação", ou a indagar se a ciência constitui, por si mesma, uma vocação objetivamente valiosa, impõe-se reconhecer que esse tipo de indagação implica, por sua vez, um juízo de valor, a propósito do qual não cabe manifestação em sala de aula. A resposta afirmativa a essas perguntas constitui, com efeito e precisamente, o pressuposto do ensino. Pessoalmente, respondo-as de maneira afirmativa, tal como é atestado por meus trabalhos. Tudo isso se aplica igualmente e, até mesmo, especialmente ao ponto de vista fundamentalmente hostil ao intelectualismo onde vejo, tal como a juventude moderna vê ou na maior parte das vezes imagina ver, o mais perigoso de todos os demônios. É talvez este o momento de relembrar a essa juventude a sentença: "Não esqueça que o diabo é belo e, assim, espere tornar-se velho para poder compreendê-lo." O que não quer dizer que se faça necessário provar-lhe a idade apresentando uma certidão de nascimento. O sentido daquelas palavras é diverso: se você deseja se defrontar com essa espécie de diabo, não caberá optar pela fuga, tal como acontece muito frequentemente em nossos dias, mas será necessário examinar a fundo os caminhos que trilha, para conhecer-lhe o poder e as limitações.

A ciência é, atualmente, uma "vocação" alicerçada na especialização e posta ao serviço de uma tomada de consciência de nós mesmos e dos conhecimentos das relações objetivas. A ciência não é um produto da revelação, nem é graça que um profeta ou um visionário houvesse recebido para assegurar a salvação das almas: não é tampouco porção integrante de meditação de sábios e filósofos que se dedicam a refletir sobre o sentido do mundo. Tal é o dado inelutável de nossa situação histórica, a que não podemos escapar se desejamos permanecer fiéis a nós mesmos. E agora, se à maneira de Tolstói, novamente se colocar a indagação: "Falhando a ciência, onde poderemos obter uma resposta para a pergunta — que devemos fazer e como devemos organizar a nossa vida?", ou, colocando o problema nos termos empregados nesta noite: "Que deus devemos servir dentre os muitos que se combatem? Devemos, talvez, servir a um outro deus, mas a qual?" — a essa indagação, responderei: um profeta ou um salvador. E se esse salvador não existe mais ou se não é mais ouvida a sua mensagem, estejam certos de que não conseguirão fazê-lo descer à Terra apenas porque milhares de professores, transformados em pequenos profetas privilegiados e pagos pelo Estado, procuram desempenhar esse papel em uma sala de aula. Por esse caminho só se conseguirá uma coisa: impedir a geração jovem de se dar conta de um fato decisivo: o profeta, que tantos integrantes da nova geração chamam a plena voz, não mais existe. Além disso, só se conseguirá impedir que essa geração apreenda o significado amplo de tal ausência. Estou certo de que não se presta nenhum serviço a uma pessoa que exulta com uma religião quando dela se esconde, como, aliás, dos homens, que seu destino é viver numa época indiferente a Deus e aos profetas. Ou quando, aos olhos de tal pessoa, se dissimula aquela situação fundamental, por meio dos sucedâneos que são as profecias feitas do alto de uma cátedra universitária. Parece-me que o crente, na pureza de sua fé, deveria insurgir-se contra semelhante engodo. Talvez, entretanto, ocorra-lhe pergunta nova: qual é a posição a adotar diante de uma teologia que pretende o título de "ciência"? Não vamos nos esquivar e contornar a questão. Por certo que não se encontram, em toda parte, "teologia" e "dogmas", o que, entretanto, não equivale a dizer que eles só se encontram no cristianismo. Contemplando o curso da história, encontramos teologias amplamente desenvolvidas no islamismo, no maniqueísmo, na gnose, no orfismo, no parcismo, no taoismo, no budismo, nas seitas hindus nos Upanishadas e, naturalmente, também no judaísmo. Tais teologias tiveram, em cada caso, desenvolvimento sistemático diferente. Não é, porém, produto do acaso o fato de o cristianismo ocidental ter não somente elaborado ou procurado elaborar de maneira mais sistemática a sua teologia — contrariamente ao que se passou com os elementos de teologia que se encontram no judaísmo — como também procurado emprestar-lhe desenvolvimento cuja significação histórica é, indiscutivelmente, a de maior relevância. Isto se explica por influência do espírito helênico, pois toda teologia ocidental dimana desse espírito, para poder pensá-lo. Trata-se de ponto de vista idêntico ao enfrentado pela teoria do conhecimento, elaborada por Kant, que, partindo do pressuposto "a verdade científica existe e é válida" indaga, em seguida, acerca de dois pressupostos que a tornam possível. A questão nos lembra ainda o ponto de vista dos estetas modernos que partem (explicitamente, como faz, por exemplo, G. V. Lukács, ou de forma afetiva) do pressuposto de que "existem obras de arte" e indagam, em seguida, como é isso possível. Certo é que, em geral, as teologias não se contentam com esse pressuposto último, que brota, essencialmente, da filosofia da religião. Partem elas, normalmente, de pressupostos elementares: por um lado, do pressuposto de que se impõe crer em certas "revelações" que são importantes para a salvação da alma, isto é, fatos que são os únicos a impregnar de sentido possível certa forma de comportamento na vida. Contudo também a teologia se vê diante da questão: como compreender em função de nossa representação total do mundo esses pressupostos? Responde a teologia que tais pressupostos pertencem a uma esfera para lá da "ciência". Não corresponde, por conseguinte, a um "saber", no sentido comum da palavra, mas a um "ter", no sentido de que nenhuma teologia pode fazer às vezes da fé e de outros elementos de santidade em que não os possui. Com mais forte razão, não o poderá também nenhuma outra ciência. Em toda teologia "positiva", o crente chega, necessariamente, num momento dado, a um ponto em que só lhe é possível recorrer à máxima de Santo Agostinho: *Credo non quod, sed quia absurdum est.* O poder de realizar essa proeza, que é o "sacrifício do intelecto", constitui o traço decisivo e característico do crente praticante. Se assim é, vê-se que, apesar da teologia (ou, antes, por causa dela) existe uma tensão invencível (que a teologia precisamente revela) entre o domínio da crença na "ciência" e o domínio da salvação religiosa.

Só o discípulo faz legitimamente o "sacrifício do intelecto" em favor do profeta, como só o crente o faz em favor da Igreja. Nunca, porém, se viu nascer uma nova profecia (repito deliberadamente essa metáfora que a alguns talvez terá chocado) em razão de certos intelectuais modernos experimentarem a necessidade de mobiliar a alma com objetos antigos e portadores, por assim dizer, de garantia de autenticidade, aos quais acrescentam a religião, que, aliás, não praticam, simplesmente pelo fato de recordarem que ela faz parte daquelas antiguidades. Dessa maneira, substituem a religião por um sucedâneo com que enfeitam a alma, como se enfeita uma capela privada, ornamentando-a com ídolos trazidos de todas as partes do mundo. Ou criam sucedâneos de todas as possíveis formas de experiência, aos quais atribuem a dignidade de santidade mística, para traficá-los no mercado de livros. Ora, tudo isso não passa de uma forma de charlatanismo, da maneira de se iludir a si mesmo. Há, contudo, um outro fenômeno que nada tem de charlatanismo e que consiste, ao contrário, em algo muito sério, embora às vezes interpretado, talvez falsamente, em sua significação. Pretendo referir-me a esses movimentos de juventude que se vêm desenvolvendo nos últimos anos e que têm o objetivo de dar às relações humanas de caráter pessoal, que se estabelecem no interior de uma comunidade, o sentido de uma relação religiosa, cósmica ou mística. Se é certo que todo ato de verdadeira fraternidade é acompanhado da consciência de incluir algo de imperecível no mundo das relações suprapessoais, parece-me, ao contrário, duvidoso que a dignidade das relações comunitárias possa ser realçada por essas interpretações religiosas. Essa consideração, contudo, nos afasta do assunto.

O destino do nosso tempo, que se caracteriza pela racionalização, pela intelectualização e, sobretudo, pelo "desencantamento do mundo", levou os homens a banirem da vida pública os valores supremos e mais sublimes. Tais valores encontraram refúgio na transcendência da vida mística ou na fraternidade das relações diretas ou recíprocas entre indivíduos isolados. Nada há de fortuito no fato de que a arte mais eminente de nosso tempo é íntima e não monumental, nem no fato de que, hoje em dia, só nos pequenos círculos comunitários, no contato de homem a homem, em pianíssimo, se encontra algo que poderia corresponder ao pneuma profético que abrasava as comunidades antigas e as mantinha solidárias. Enquanto buscamos, a qualquer preço, "inventar" um novo estilo de arte monumental, somos levados a esses lamentáveis horrores que são os monumentos dos últimos vinte anos. E enquanto tentarmos fabricar intelectualmente novas religiões, chegaremos, em nosso íntimo, à ausência de qualquer nova e autêntica profecia, a algo semelhante e que terá, para nossa alma, efeitos ainda mais desastrosos. As profecias que caem das cátedras universitárias não têm outro resultado senão o de dar lugar a seitas de fanáticos e jamais produzem comunidades verdadeiras. A quem não é capaz de suportar virilmente esse destino de nossa época, só cabe dar o conselho seguinte: volta em silêncio, com simplicidade e recolhimento, aos braços abertos e cheios de misericórdia das velhas Igrejas, sem dar a teu gesto a publicidade habitual dos renegados. E elas não dificultarão este retorno. De uma forma ou de outra, ele tem de fazer o seu "sacrifício do intelecto" — isso é inevitável. Se ele puder realmente fazê-lo, não o criticaremos de maneira nenhuma. Pois tal "sacrifício do intelecto", em favor de uma dedicação religiosa, é eticamente algo diferente daquela tentativa de evitar um posicionamento claro — um dever de probidade intelectual — que surge quando falta a coragem de explicitar e de esclarecer a última posição escolhida, fazendo com que se perceba, em vez de fazer isso, surge uma inclinação para consentir em um relativismo precário. A meu ver, esta atitude, ou seja, o retorno às Igrejas tradicionais, é superior ao procedimento de todas as profecias de catedráticos que não compreendem claramente que nas salas de aula da universidade nenhuma outra virtude é válida a não ser a simples integridade intelectual. A integridade, porém, nos obriga a dizer aos muitos que hoje anseiam por novos profetas e por novos redentores que a situação é a mesma que ressoa na bela canção edomita do vigia — do período do exílio do povo hebreu — e que foi incluída nos oráculos de Isaías: "Vem uma voz de Seir em Edom que diz: Quanto tempo ainda haverá noite? O vigia responde: Vem a manhã, mas ainda é noite. Se quereis perguntar, voltai noutro dia."

O povo a quem foram ditas essas palavras não cessou de fazer esta pergunta e de esperar mais de dois mil anos, e conhecemos o seu destino perturbador e comovente. Temos de aprender esta lição: apenas esperar a aguardar não é suficiente. Temos de proceder de maneira diferente, ou seja: temos de entregar-nos ao trabalho e corresponder às "exigências de cada dia" — tanto no campo das nossas relações humanas, como das atividades profissionais. Esta exigência, decerto, é simples e clara, se cada um de nós encontra e obedece ao "demônio"[2] que tece as teias de sua vida.

2. "Demônio", em alemão "Dämon" que pode significar: a divindade do mal, ou seja, o demônio, mas também — veja-se nos escritos de Sócrates — "a voz interior", ou seja, "a consciência" (N.T.)

*Fontes originais:*
Schmollers Jahrbuch. 27., 29., 30. Jahrgang. 1903-1906.
Archiv für Sozialwissenschaft und Sozialpolitik. 19. Bd. 1904.
Archiv für Sozialwissenschaft und Sozialpolitik. 22. Bd. 1906.
Archiv für Sozialwissenschaft und Sozialpolitik. 24. Bd. 1907.
Aus dem Nachlass.
Archiv für Sozialwissenschaft und Sozialpolitik. 27. Bd. 1908.
Archiv für Sozialwissenschaft und Sozialpolitik. 29. Bd. 1909.
Logos. Band 4. 1913.
Aus dem Nachlass. Preussische Jahrbücher. 187. Bd. 1922.
Logos. Band 7. 1918.
Grundriss der Sozialökonomik. III. Abteilung: Wirstschaft und Gesellschaft, I. Teil. Kapitel I, §§ 1-7. 1921.
Vortrag. 1919.